工业和信息化普通高等教育“十二五”规划教材立项项目
普通高等学校计算机教育“十二五”规划教材

Office高级应用案例教程

Office Advanced Application Case Tutorial

文海英 王凤梅 宋梅 主编
李艳芳 陈友明 戴振华 胡美新 肖辉军 薛晓铂 副主编

人民邮电出版社
北京

图书在版编目（CIP）数据

Office高级应用案例教程 / 文海英，王凤梅，宋梅主编. -- 北京 : 人民邮电出版社，2017.1(2021.2重印)
普通高等学校计算机教育“十二五”规划教材
ISBN 978-7-115-44504-9

Ⅰ. ①O… Ⅱ. ①文… ②王… ③宋… Ⅲ. ①办公自动化－应用软件－高等学校－教材 Ⅳ. ①TP317.1

中国版本图书馆CIP数据核字(2016)第320508号

内 容 提 要

本书主要介绍了 Microsoft Office 2010 软件包中常用办公软件的使用，包括文字处理软件 Word 2010、电子表格处理软件 Excel 2010、演示文稿制作软件 PowerPoint 2010 的高级应用技术，同时介绍了数据库管理软件 Access 2010 和编程语言 VBA 在办公软件 Office 中的应用。

全书共分 9 章，主要内容包括：Word 2010 固定版式长文档编排、Word 2010 统一版式及自由版式文档编排、Excel 2010 数据处理与分析、Excel 2010 综合案例、PowerPoint 2010 演示文稿设计、VBA 基础知识及在 Office 软件中的应用、Access 2010 数据库和表、Access 2010 查询设计、Access 2010 报表和窗体的建立。

本书采用案例驱动的方式组织内容，注重实用性。全书将理论与实践相结合，内容丰富，图文并茂，结构清晰，语言通俗易懂，操作性强，且每章后都附有习题，有助于读者理解并掌握相应的理论知识和操作实践。

本书适合高等院校非计算机专业本、专科学生使用，也可作为计算机二级 Office 等级考试的培训教材及普通读者提高办公自动化应用能力的参考书。

◆ 主　　编　文海英　王凤梅　宋　梅
副 主 编　李艳芳　陈友明　戴振华　胡美新
肖辉军　薛晓铂
责任编辑　邹文波
责任印制　沈　蓉　彭志环

◆ 人民邮电出版社出版发行　北京市丰台区成寿寺路 11 号
邮编　100164　电子邮件　315@ptpress.com.cn
网址　http://www.ptpress.com.cn
固安县铭成印刷有限公司印刷

◆ 开本：787×1092　1/16
印张：22　2017 年 1 月第 1 版
字数：581 千字　2021 年 2 月河北第 11 次印刷

定价：52.00 元

读者服务热线：(010)81055256　印装质量热线：(010)81055316
反盗版热线：(010)81055315

前言

随着信息技术的蓬勃发展，计算机的运用已深入各行各业，办公软件已成为人们工作、学习和日常生活中不可或缺的工具。Microsoft Office 软件包含了多种办公软件，其中，Word 具有强大的文字处理功能，Excel 具有丰富的电子表格制作及数据分析处理功能，PowerPoint 具有方便的演示文稿制作和演示功能，Access 具有完善的数据库管理功能。这些软件已广泛用于行政、财务、教学、金融等众多领域。

“大学计算机基础”作为高校非计算机专业的通识必修课，其学习的用途和意义是重大的。大学生应熟练掌握办公软件的高级应用技术，使计算机这样一种必备工具在自己的专业领域更好地发挥作用。

本书的内容紧跟当下的主流应用，介绍了 Word、Excel、PowerPoint、VBA，以及 Access 软件的基本操作和高级应用技术。其中，Word 部分以毕业论文、书籍、公文、邀请函、电子板报的编排为案例，介绍 Word 的高级应用技术；Excel 部分以制作期末考试成绩表、图书产品销售情况表、应收账款账龄分析表等为案例，介绍数据的计算、数据的查看、数据的汇总与分析、数据的保护与输出等高级应用技术；PowerPoint 部分以毕业论文答辩演示文稿的制作为例，介绍 PPT 演示文稿的高级设计技术；VBA 部分主要介绍 VBA 语言基础，并以案例的形式介绍 VBA 在 Word、Excel 及 PowerPoint 中的运用；Access 部分以案例的形式介绍如何使用 Access 数据库进行程序设计的方法。由于大多数读者并不从事编程工作，故本书将 VBA 的难度控制在普通读者可理解的范围内。

本书以应用、实用、高级技能为主旨，采用案例驱动方式组织内容。教学的主线是案例，实训的主线是技能。每个案例按照提出问题及要求，并结合知识点介绍案例完成的方法，引导读者在“学中做”“做中学”，把知识的学习和技能的掌握有机地结合在一起，从具体的操作实践中培养读者的应用能力。在介绍案例的实现过程中，本书利用图文结合的方式使读者在学习过程中能够直观、清晰地看到操作的过程及效果，便于更快地理解和掌握。本书结构清晰、内容丰富、层次清楚、图文并茂、通俗易懂。

学习本书大约需要 56 学时。本书旨在培养读者应用计算机分析问题、解决问题的能力，融知识、思维与操作于一体，体现了“计算思维”的理念。

本书由湖南科技学院的文海英、王凤梅、宋梅等人编著，其中文海英、王凤梅、宋梅担任主编，李艳芳、陈友明、戴振华、胡美新、肖辉军、薛晓铂担任副主编。本书第 1、2 章由王凤梅、李艳芳编写，第 3、4 章由胡美新编写，第 5 章由文海英、陈友明编写；第 6 章由宋梅编写，第 7、8、9 章由戴振华、薛晓铂、肖辉军编写。全书由文海英、肖辉军统稿。在本书的编写过程中，编者的同事给予了许多帮助和支持，特别是唐鹏飞、李中文、刘倩兰、胡丽霞对全书的编写工作提出了许多宝贵的意见，同时还得到了黄文教授、潘庆红副教授、李文副教授的大力支持，在此由衷地向他们表示感谢！此外，本书的编写还参考了大量的文献资料和许多网站资料，在此也向这些文献资料的作者表达深深的谢意。

由于时间仓促及编者水平有限，书中不足和疏漏之处在所难免，恳请读者批评指正。读者如果遇到问题，敬请与我们联系，电子邮箱：512000487@qq.com，我们将全力提供帮助。

编　者
2017 年 1 月

目　录

第1章 Word 2010 固定版式长文档编排

Word 2010 是 Microsoft 公司开发的 Office 2010 办公组件之一，Word 提供了许多易于使用的文档创建工具，同时也提供了丰富的功能集供创建复杂的文档时使用。在日常学习和工作中，我们经常需要写学习报告、出通知、写论文、编书稿、写邀请函、写项目企划书等文档，利用 Word 强大的编辑排版功能，可以帮助我们高效地制作出各类精美的文档。

根据文档操作要求不同，可将文档分为固定版式文档、统一版式文档和自由版式文档。固定版式文档是指对排版布局有格式限制和约束，即有严格的格式标准的文档，如法律文件、政府公文、毕业论文。统一版式文档是指内容框架固定、排版布局完全相同的文档，如通过邮件合并功能批量生成的文档，比如邀请函、成绩通知书、准考证。自由版式文档是指排版布局不受格式限制，或受有限的格式限制的文档，如宣传单、板报，用户可以根据个人喜好与审美，将各种元素在页面上自由布局。

根据文档长短可将文档分为长文档与短文档两种类型。长文档一般指页数较多的文档，一般有封面、摘要、目录、正文、附录、参考文献等几部分，如书籍、毕业论文。短文档内容相对较少，如通告、邀请函。

本章以毕业论文、书籍、公文编辑排版为例，按文档的实际编排流程，循序渐进地介绍 Word 相关的高级应用技巧。通过本章的学习，读者可以掌握如模板、域、样式、分节、交叉引用、自动目录等文档编排的高级应用技术。

1.1 毕业论文结构模板固定框架制作

毕业论文要求繁多，格式复杂，排版费时，提交的电子文档要包含所有需要打印的内容，若能将其固定框架制作成模板，将省时省力不少。

1.1.1 案例分析

小李当助教期间担任了毕业论文答辩秘书一职，他当年也排版过毕业论文，深知其中的麻烦。比如，正文前放置的一堆表格，格式要求有很多，打印后还一次又一次被指出错误，正文里的格式也一样，看着不难，真正做起来却很费时。而且在担任该职务期间，小李还要检查学生的论文格式，做完后小李就在想：这种重复的工作实在不适合像我这样的高级知识分子，当年学 Word 时记得有模板制作的，干脆花点时间制作一个结构模板，学生们只需对正文部分进行排版就行，公共模块只需套用模板，不需要花费太多时间，至少前置表格只需填入内容即可，不用再检查格式，还有正文的字体、段落这种简单格式，也不需要再检查，既省时又省力。小李准备认真阅读完论文撰写规范的要求后，着手制作模版。

论文装订及要求如下。

毕业论文（设计）包括前置部分、主体部分、附录部分。前置与主体部分所包含的内容较多，一般构成如下。

前置表格：
- 封面
- 毕业论文（设计）诚信声明（签名必须手写）
- 毕业论文（设计）任务书
- 毕业论文（设计）开题报告书
- 毕业论文（设计）中期检查表
- 毕业论文（设计）评审表
- 指导教师评定成绩表
- 评阅教师评定成绩
- 毕业论文（设计）答辩记录表

主体部分：
- 封面
- 目录
- 插图索引（必要时）
- 附表索引（必要时）
- 中文题目
- 中文摘要
- 关键词（中文）
- 英文题目
- 英文摘要
- 关键词（英文）
- 绪论
- 正文
- 结论
- 参考文献
- 致谢

论文封面由学校名称（图片）、题目、姓名、学号、年级专业、院（系）、指导老师、完成日期组成。封面填写时字号统一为小三号、加粗，中文一律采用楷体，西文一律采用新罗马字体（Times New Roman）。论文封面如图 1-1 所示。

任务书封面同样由校名、题目、姓名等必填项组成。填写时字号统一为小三号、加粗，中文一律采用楷体，西文一律采用新罗马字体（Times New Roman）。填写内容中，若姓名为单名的，需在两字中间加一个中文空格，指导老师一栏先填写导师姓名，空格后再填导师职称。任务书封面如图 1-2 所示。

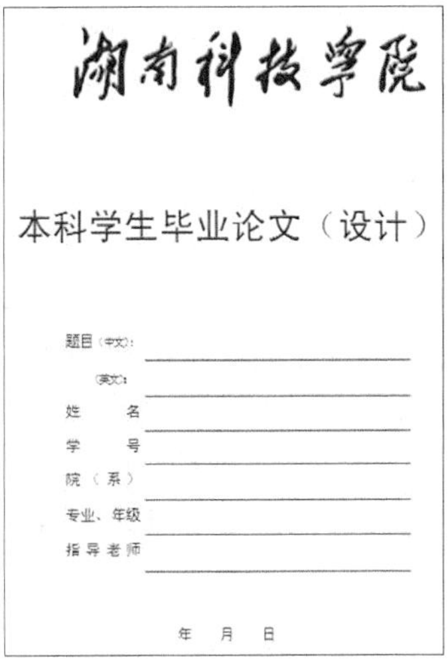

图 1-1　论文封面

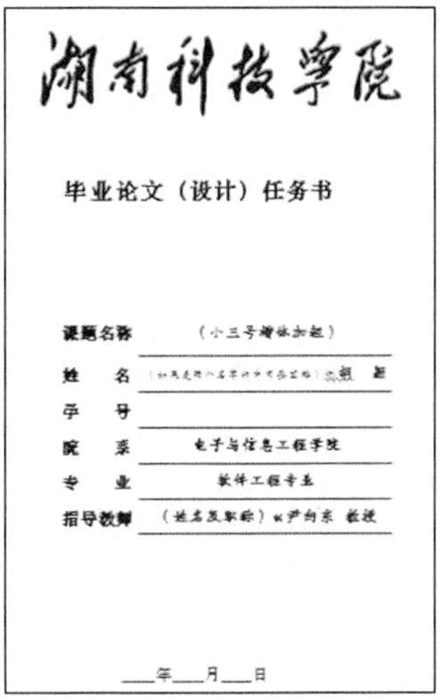

图 1-2　任务书封面

开题报告书填写要求：格式统一为宋体五号，行距为 1.25 倍行距；内容按表中提示填写，内容充实、条理清晰。开题报告书如图 1-3 所示。

前置表格中其他表格的具体要求在此不一一列举。主体部分内容书写要求及格式限定较多，在此只列出标题、摘要的书写要求及格式限制。

论文题目应该简短、明确、有概括性，通过题目，读者能大致了解论文内容、专业特点和学科范畴，但字数要适当，一般不宜超过 20 字，英文题名一般不宜超过 10 个实词。论文应不设副标题。题名应避免使用不常见的缩略词、字符、代号和公式等。

摘要应概括反映出毕业论文（设计）的前提、目的和任务所涉及的主题范围，主要内容与方法，成果和结论。语句通顺，文字流畅。摘要中不宜使用公式、图表，以及不标注引用文献编号。中文摘要以 300~500 字为宜，英文摘要应与中文摘要一致，文字表达自然流畅，无语法错误。

图 1-3　开题报告书

1.1.2　知识储备

1. Word 表格

Word 表格由水平行与垂直列交叉形成的单元格组成，在单元格中可输入文字、数字，也可插入图形图像。表格能够将数据清晰而直观地组织起来，并进行比较、运算和分析。这种简明扼要的文字与数据表达方式，使它的应用在 Word 中占据重要位置。

在科技论文、毕业论文或一些书稿的正式文档中，表格的边框一般被要求设置成“三线表”。所谓“三线表”通常只有三条线，即顶线、底线和栏目线，没有竖线，顶线和底线稍粗，可设置为 1.5 磅，栏目线稍细，可设置为 0.5 磅。在毕业论文撰写过程中如果要用到表格，用户可以自定义一个名为“三线表”的表格样式，然后对包含所有行列边框线的表格应用该“三线表”样式即可。具体操作如下。

（1）新建表格。单击【插入】|【表格】菜单选项的下拉三角，新建任意行列数的表格。本例中新建一个 4 列 2 行的表格。

（2）新建“三线表”样式。将光标放置于新建表格的任意一个单元格内，菜单选项卡中出现【表格工具】选项卡，单击其中的【设计】选项卡菜单，展开【表格样式】组的下拉三角，会发现“简明型 1”样式与“三线表”非常相似，但又不完全一样。新建样式时，可以以此为样式基准，当然以“普通表格”为样式基准创建毕业论文中所需三线表是最简单的。具体操作如下。

① 单击【表格样式】组的下拉三角，单击展开的“样式列表”的“新建表格样式”按钮，如图 1-4 所示。

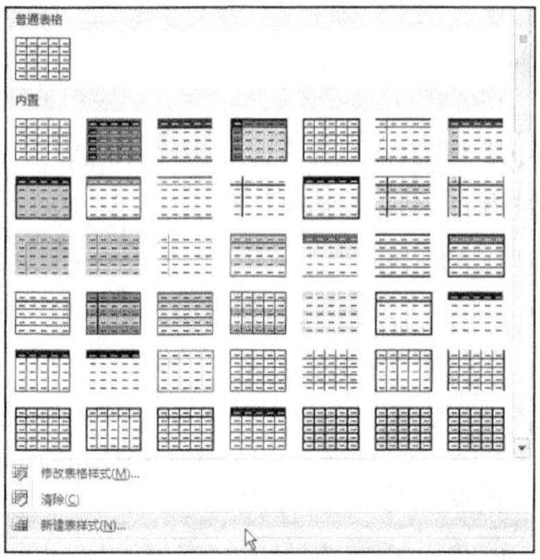

图 1-4　表格样式列表

② 在打开的“根据格式设置创建新样式”对话框中，在“属性”一栏中将“名称”改为“三线表”，“样式类型”“样式基准”如图 1-5 所示设置不变。

③ 在“格式”栏的“将格式应用于”选择“整个表格”，“线型”选择单实线、1.5 磅、黑色、上框线、下框线。

④ 在“格式”栏的“将格式应用于”选择“标题行”，“线型”选择单实线、0.5 磅、黑色、下框线。此时样表显示出完整的三线表，如图 1-6 所示。

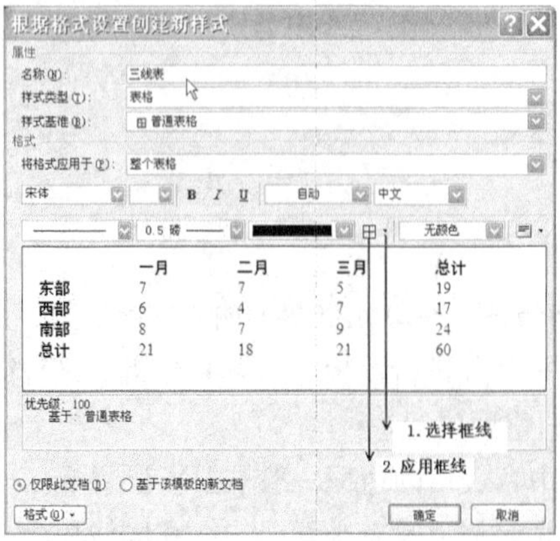

图 1-5　创建表格新样式

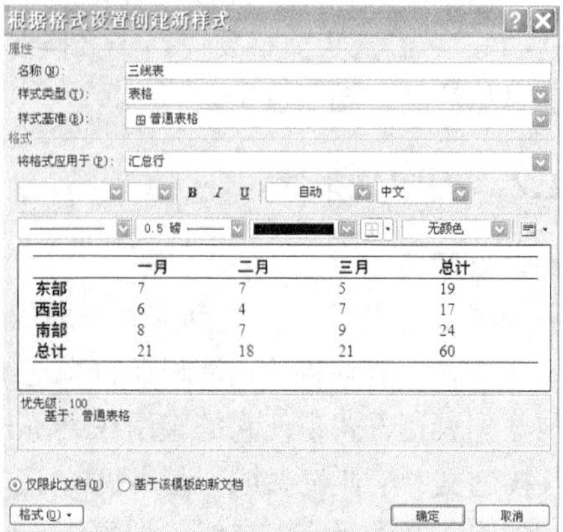

图 1-6　三线表样式

（3）应用“三线表”样式。将光标放置于新建表格中，单击【表格工具】|【设计】|【表格样式】组的下拉三角，样式列表中会出现“自定义”栏，该栏内就有步骤（2）创建的“三线表”样式。单击该样式，则新建的表就应用了该样式。

（4）查看表格网格线。如果习惯看到线条的表格，则可显示表格的网格线，这些线条以虚线形式显现，只是为了便于查看，非真实打印框线。该命令位于【表格工具】|【布局】|【表】组中，命令名为“查看网格线”。

2. 域

在 Word 中使用域，主要是因为它可以在无需人工干预的条件下自动完成任务。比如自动编页码，自动编图表的题注、脚注、尾注的号码；自动编制目录、关键词索引、图表目录；实现邮件的自动合并与打印；执行加、减及其他数学运算；创建数学公式等。

域是 Word 中一种特殊命令，它由花括号、域名（域代码）及选项开关构成。域代码类似于公式，域选项开关是特殊指令，在域中可触发特定的操作。

（1）Word 域的一般格式：{ 域名[域参数][域开关] }，其中域参数和域开关是可选项。它与 Excel 中的公式相似，域代码类似于公式，而域结果类似于公式产生的值，域结果与 Excel 公式产生的值一样，也会根据文档的变动或相关因素的变化自动更新。

（2）插入域的方法有以下三种。

① 自动插入。比如插入页码、在文档中引用自动目录，在文档看到的是域结果。如果需要看域代码，将光标定位于域所在位置，按【Shift+F9】组合键可在其域结果和域代码之间进行切换显示，按【Alt+F9】组合键可在文档中所有域的域结果和域代码之间进行切换显示。

② 选择域代码。单击【插入】菜单选项卡【文本】组中“文档部件”的下拉命令，选择“域”命令，即可打开“域”对话框。在该对话框内可查看 Word 提供的所有域名和域功能，如图 1-7 所示。

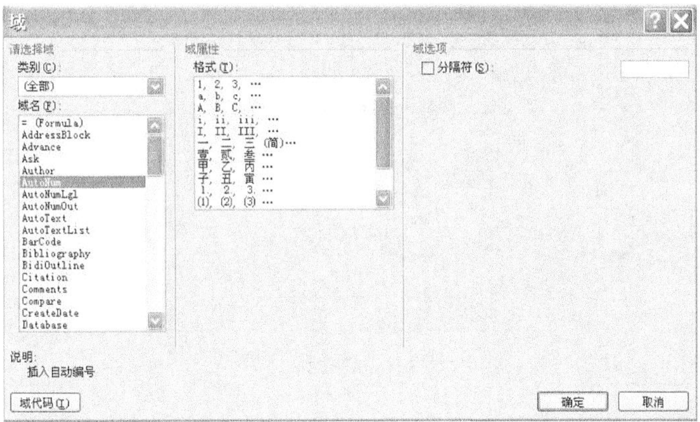

图 1-7　“域”对话框

③ 手动输入域代码。此方法只适合对域代码十分熟悉的用户进行操作。将光标定位于要插入域代码的位置，按【Ctrl+F9】组合键，即出现域特征字符“{ }”，在其中直接输入或编辑域代码。

（3）更新域是域最突出的优点。例如，当插入自动目录域后，在正文目录修改后，光标定位于目录域，按【F9】功能键即可更新目录；或者右击域，在弹出的快捷菜单中选择需要更新的域选项。再例如，在表格中某一单元格的计算应用了公式域“=sum(left)”，该公式域是可以复制的，其后若均用该公式，则直接复制粘贴后，在域为选中状态下，按【F9】功能键，其域结果即可立即被更新。

（4）域的锁定与解除链接。域的自动更新功能虽然给文档编辑带来很多方便，但有些时候，我们并不希望它再更新，只想要当前结果，并希望它能变成普通文本，可以进行复制。单击某个域，按【Ctrl+F11】组合键可锁定该域，从而禁止这个域被自动更新；若要解除锁定，按【Ctrl+Shift+F11】组合键即可；若想域结果变成普通文本，需要解除域的链接，按【Ctrl+Shift+F9】组合键即可，一旦解除链接，则域结果成为普通文本，域代码被删除，不再更新，且该解除操作是不可逆的。

（5）常用域举例

① Page 域

语法：{ PAGE [* Format Switch] }

用途：在 Page 域所在处插入页码。

选项开关说明：*FormatSwitch 可选开关，该开关可替代在“页码格式”对话框的“数字格式”框中选择的数字样式。要改变页码的字符格式，可修改“编号格式”框中的字符样式。

例如：在当前位置插入当前页的页码。

操作：光标定位于当前需要插入本页页码处，单击菜单选项命令【插入】|【文本】|【文档部件】|“域”，在打开的“域”对话框中找到“page”域名，然后单击该对话框左下角处的“域代码”按钮，会显示出图 1-8 所示的该域“高级域属性”对话框，再单击该对话框左下角“选项”按钮，选择页码格式。“域选项”与在页眉页脚处插入页码时“设置页码格式”中的“编号格式”一致。

图 1-8　设置 page 域

② PageRef 域

语法：{ PAGEREF Bookmark [* Format Switch] }

用途：插入书签的页码，作为交叉引用。

选项开关说明：* Format Switch 可选开关，该开关可替代在“页码格式”对话框的“编号格式”框中选择的数字样式。

\h 创建指向用书签标记的段落的超链接。

\p 使域显示其相对于源书签的位置。当 PageRef 域不在当前页时使用字符串“on page #”。当 PageRef 域在当前页时，省略“on page #”并且只返回“见上方”或“见下方”。

例如：在书籍或其他文档编写过程中，需要提到前面写过的内容“请参考**页提到的**内容”。

操作：选择“**内容”，单击【插入】|【链接】|【书签】命令，在打开的“书签”对话框中，为该书签命名。然后回到当前文档编辑处，单击【插入】|【文本】|【文档部件】|“域”，在打开的“域”对话框中找到“PageRef”域名，然后选择刚才定义的书签名。这样做，当文档进行增删后，“**内容”即使更换了页码，当前页提到的“**页”也会自动更新。

③ Index 域

语法：{ INDEX [Switches] }

用途：建立并插入一个索引。

选项开关说明：

\b 书签为文档中由指定书签标记的部分建立索引。

\c 列在一页上建立多于一栏的索引。

\d "分隔符" 与\s 开关连用时，指定序列号与页码之间的分隔符（最多为五个字符）。

\e "分隔符" 指定索引项和页码之间的分隔符（最多为五个字符）。

\f "标识符" 只用于指定类型的索引项建立索引。

\g "分隔符" 指定表示页面范围时所用的分隔符（最多为五个字符）。

\h "标题" 在索引中按字母顺序排列的各组索引项之间插入具有“索引标题”样式的文本。

\l "分隔符" 指定多页引用间的分隔符。

\p "范围" 根据指定的字母生成索引。

\r 把次索引项与主索引项放在同一行中。

\s 其后跟有序列名时，将序列号添加到页码中。

④ NumChars 域

语法：{ NUMCHARS }

用途：插入文档包含的字符数，该数字来自“文件”菜单的“属性”对话框中的“统计信息”选项卡。

⑤ NumWords 域

语法：{ NUMWORDS }

用途：插入文档的总字数，该数字来自“文件”菜单的“属性”对话框中的“统计信息”选项卡。

⑥ CreateDate 域

语法：{ CREATEDATE [\@ "Date-Time Picture"] }

用途：插入第一次以当前名称保存文档时的日期和时间。

选项说明：

\@" Date-Time Picture" 指定替代默认格式的日期和时间格式。

⑦ Date 域

语法：{ DATE [\@ "Date-Time Picture"] [Switches] }

用途：插入当前日期。

选项开关说明：

\l 使用“插入”选项卡的“日期和时间”命令，以上次所选的格式插入日期。

⑧ If 域

语法：{ IF Expression1 Operator Expression2 TrueText FalseText }

用途：比较二值，根据比较结果插入相应的文字。如果用于邮件合并主文档，则 If 域可以检查合并数据记录中的信息，如邮政编码或账号等。

选项指令意义：

Expression1、Expression2　要进行比较的值或表达式（可以是书签名、字符串、数字、返回一个值的嵌入域或数学公式）。

Operator　比较操作符= 、<>、>、<、>= 、<= （其前后必须各插入一个空格）。

TrueText、FalseText　比较结果为真时得到 TrueText，为假时得到 FalseText。

⑨ MacroButton 域

语法：{ MACROBUTTON MacroName DisplayText }

用途：插入宏命令。

选项指令意义：

MacroName　双击域结果时运行的宏名。活动文档模板或通用模板中必须有要运行的宏。

DisplayText　显示为“按钮”的文字或图形。可使用结果为文字或图形的域，如 BOOKMARK 或 INCLUDEPICTURE。在域结果中，文字或图形必须在一行内，否则会出错。

3. 模板

模板是提高工作效率的一种重要途径，对于有规律的、重复性的文档，制作一个具有统一规范的模板，然后直接“拿来”使用，稍做修改即可完成任务。这种利用模板快速完成工作的方法，不管从效率上还是质量上都是让人满意的。

每个模板都提供了一个样式集合，除了样式之外，模板还包含其他元素，比如域、宏、自动图文集、自定义的工具栏等。因此我们可以把模板形象地理解成一个容器，它包含上面提到的各种元素。不同功能的模板包含的元素当然也不尽相同，而一个模板中的这些元素，在我们处理同一类型的文档时是可以重复使用的，由此我们可以体会到模板在避免重复劳动过程中的重要意义。

在 Word 2010 中创建模板的方法一般有以下 3 种。

（1）使用现有模板修改创建。现有模板包含“样本模板”和“office.com 模板”。使用现有模板创建文档的一个前提条件是，用户要对现有模板的特性和功能比较了解，否则，如果选择了不恰当的模板，那么制作完成的文档外观，可能会非常别扭，也可能更加费时。

（2）使用文档原型法。这种方法是指用常规方法完成了一篇文档的制作，同时，修饰这篇文档的各种样式也已经修改或创建好。并且这种类型的文档若经常被使用，则可将该文档保存为模板类型。使用文档原型法是最为常用的创建模板的方法。

（3）自定义模板。单击【文件】菜单选项卡中【新建】命令，在“可用模板”中选择“我的模板”按钮，打开图 1-9 所示的新建个人模板对话框，在该对话框的“个人模板”中选择“空白文档”，在“新建”一栏中选择“模板”，单击【确定】按钮，则该文件即为模板文档。用户可在该文档中设计所需要的样式、域、宏、图片、文字等信息，进行保存。

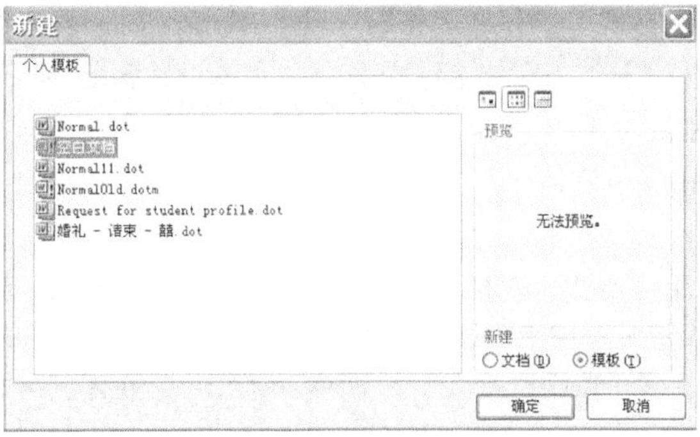

图 1-9　新建个人模板

1.1.3　案例实现

1. 创建模板文件

单击桌面左下角【开始】菜单，打开【Microsoft Word 2010】应用程序，在打开的 Word 2010 文档的菜单选项卡上，单击【文件】|【另存为】命令，弹出图 1-10 所示的“另存为”对话框，将文件名改为“论文模板”，保存类型选择“Word 模板（*.dotx）”。单击【确定】按钮后，先前该文档名为“文档 1”，此时已经变成“论文模板”。

说明：方法不止此一种，也可以使用 1.1.2 节中“3.模板”小节里提到的另外两种方法。

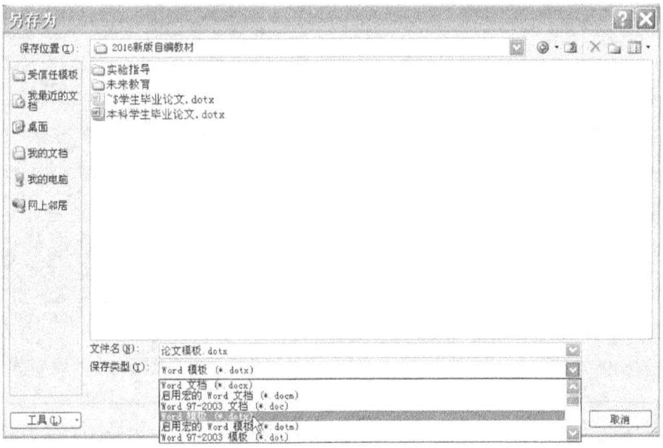

图 1-10　保存模板文件

2. 制作前置表格部分

封面模板最终效果如图 1-11 所示。

（1）复制校名及封面名称。封面样式已经存在，直接将前两项复制后，粘贴到“论文模板.dotx”文件第一页顶端。用户若要自已动手重新设置，则校名为图片，插入图片后，输入三个正文段落的回车号后，输入文字“本科学生毕业论文（设计）”，格式为黑体、小初。

（2）设计表格。鉴于封面中标题、姓名等需要输入的文字均有下划线，且排列整齐，使用表格来制作是最简单方便的。其操作步骤如下。

① 新建表格。光标定位于“本科学生毕业论文（设计）”后的第六行，单击【插入】|【表格】组中“下拉三角”命令，选择“2×7 表格”。

② 设置第一列单元格格式。首先在表格第一列各单元格按图 1-11 分别输入文字，并选择第一列各单元格，单击【开始】|【字体】组中命令，字体设置为黑体、三号；然后使用鼠标拖动方式，调整第一列宽度刚好容纳第一列文字；最后单击【开始】|【段落】组中“分散对齐”命令，使单元格内文字填满单元格，其中“(英文):”所在单元格使用“右对齐”命令，使之与中文题目对齐。

③ 设置第二列各单元格格式。选择第二列所有单元格，单击【开始】|【字体】组右下角，打开字体对话框，在“字体”选项卡下将“中文字体”选择为“楷体”，“西文字体”选择“Times New Roman”，“字形”选择“加粗”，“字号”选择“小三”，如图 1-12 所示。并在【段落】组中单击“居中对齐”命令。

④ 修改表格边框线。首先选择表格的第一列，单击【表格工具】|【设计】|【表格样式】组中边框命令下拉三角，选择“无框线”命令 无框线(N)；然后选择表格第二列，选择“上框线”命令 上框线(P)，取消第二列的上边框线，继续选择“右框线”命令 右框线(R)，取消第二列右边框线显示，只剩下各单元格下框线，作为需填内容的下画线。

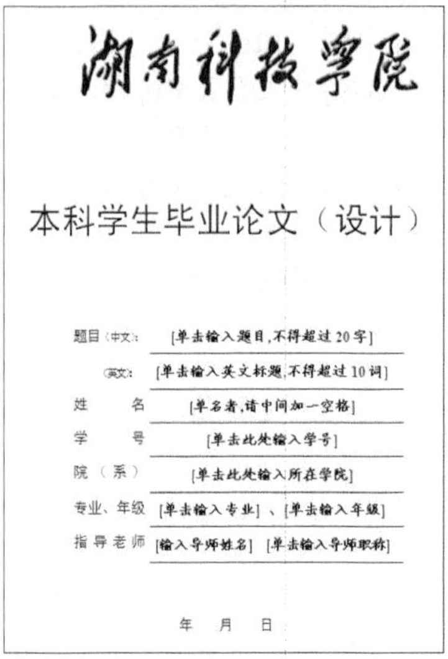
湖南科技学院

本科学生毕业论文（设计）

题目（中文:	[单击输入题目,不得超过 20 字]
(英文):	[单击输入英文标题,不得超过 10 词]
姓　　名	[单名者,请中间加一空格]
学　　号	[单击此处输入学号]
院（系）	[单击此处输入所在学院]
专业、年级	[单击输入专业]、[单击输入年级]
指导老师	[输入导师姓名] [单击输入导师职称]

年　月　日

图 1-11　论文封面模板

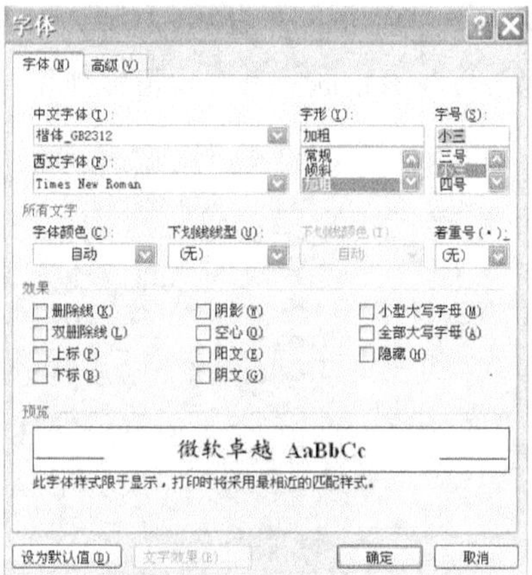

图 1-12　设置表格字体

（3）插入域。插入域后，学生直接单击域的提示，即可输入封面内容。将光标置于“题目(中文)”后的单元格，单击【插入】|【文本】|【文档部件】的下拉三角，选择“域”命令 域(F)...，在打开的“域”对话框的“类别”中选择“文档自动化”，“域名”选择“MacroButton”，“宏名”选择第一个“AcceptAllChangesInDoc”，“显示文字”输入“【单击输入题目,不得超过 20 字】”，也可输入其他提示，方便学生正确填写。第二列其他单元格均可按图 1-13 所示进行设置，只要修改“显示文字”内容即可。

（4）任务书封面制作。任务书封面制作的操作过程和制作效果和封面相似，效果如图 1-14 所示，不再缀述。其中“毕业论文（设计）任务书”文字格式为：华文中宋、二号、加粗、居中对齐；表格第一列文字格式为：华文中宋、三号、加粗、两端对齐；表格第二列文字格式为：楷体、小三号、加粗、居中对齐。

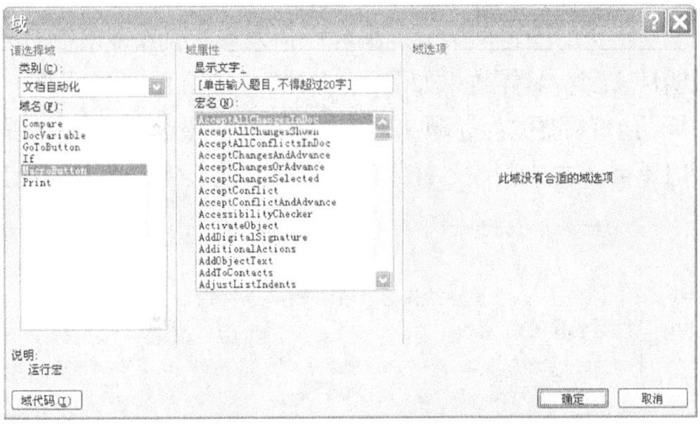

图 1-13　插入自动文档域

（5）开题报告书及其他表格制作。开题报告等表格可从历届论文样本中原样复制粘贴，选择表格中待填写的提示信息。如"【单击此处添加论文标题】"，格式设置均为：中文为宋体、西文为 Times New Roman、字号为五号，段落行距为 1.25 倍。表格内各部分内容填写要求以任务书表格为例，效果如图 1-15 所示，将需要填写的内容、填写方法及要求用"/*……*/"引用起来存放，并将该填写要求的提示部分设置好格式，以便学生在填写时，将"/*……*/"部分删除后即可直接输入。

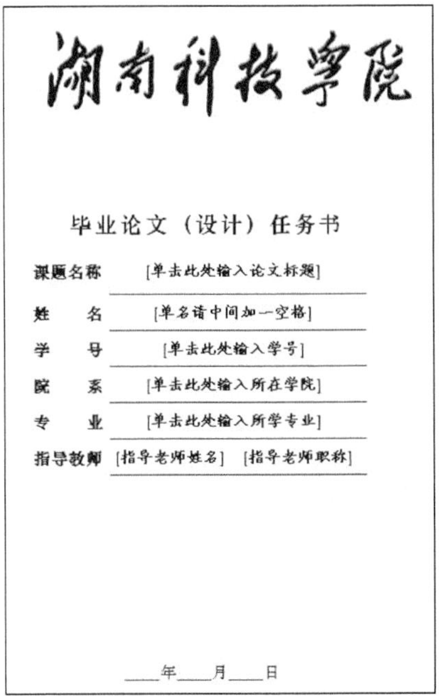
湖南科技學院

毕业论文（设计）任务书

课题名称　[单击此处输入论文标题]

姓　　名　[单名请中间加一空格]

学　　号　[单击此处输入学号]

院　　系　[单击此处输入所在学院]

专　　业　[单击此处输入所学专业]

指导教师　[指导老师姓名]　[指导老师职称]

____年____月____日

图 1-14　任务书封面模板

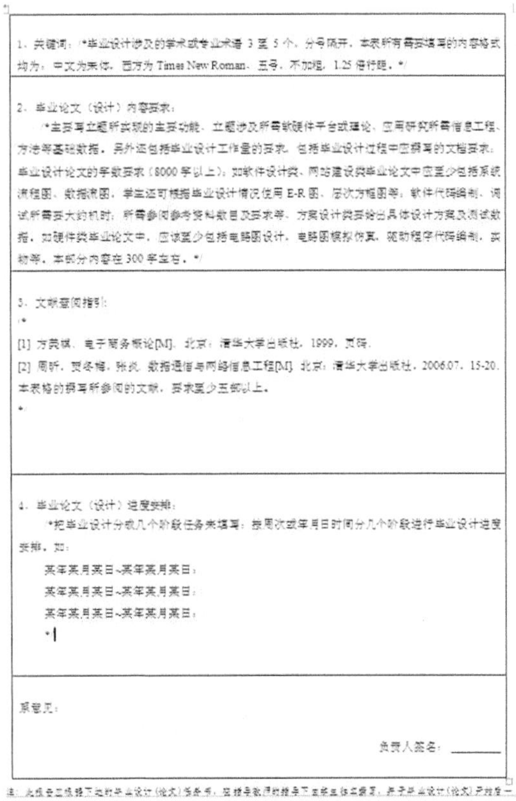
1．关键词：/*毕业设计涉及的学术或专业术语 3 至 5 个，分号隔开，本表所有需要填写的内容格式均为：中文为宋体，西方为 Times New Roman、五号，不加粗，1.25 倍行距。*/

2．毕业论文（设计）内容要求：

/*主要写立题所实现的主要功能、立题涉及所需软硬件平台或理论、应用研究所需信息工程、方法等基础数据，另外还包括毕业设计工作量的要求，包括毕业设计过程中应撰写的文档要求：毕业设计论文的字数要求（8000 字以上）；如软件设计类、网站建设类毕业论文中应至少包括系统流程图、数据流图，学生还可根据毕业设计情况使用 E-R 图、层次方框图等；软件代码编制、调试所需要大约机时；所需参阅参考资料数目及要求等。方案设计类要给出具体设计方案及测试数据，如硬件类毕业论文中，应该至少包括电路图设计、电路图模拟仿真、驱动程序代码编制、实物等。本部分内容在 300 字左右。*/

3．文献查阅指引：

/*

[1] 方美琪．电子商务概论[M]．北京：清华大学出版社，1999，页码．

[2] 周昕，贺冬梅，张炎．数据通信与网络信息工程[M]．北京：清华大学出版社，2006.07，15-20．

本表格的撰写所参阅的文献，要求至少五部以上。

*/

4．毕业论文（设计）进度安排：

/*把毕业设计分成几个阶段任务来填写：按周次或年月日时间分几个阶段进行毕业设计进度安排，如：

某年某月某日~某年某月某日：

某年某月某日~某年某月某日：

某年某月某日~某年某月某日：

*/

系意见：

负责人签名：________

图 1-15　任务书内容要求填写模板

3. 制作主体部分

主体部分包括目录、中英文摘要、绪论、正文、结论、参考文献、致谢 7 个部分。由于正文的内容错综复杂，在制作固定框架时没有对其进行很详细的设置，因此正文部分具体排版请参考 1.2

节毕业论文排版的内容。正文的固定框架只能编写一个大致的引导型模板，比如设置一定的字体段落格式，插入一些说明性文字，具体效果如图 1-16、图 1-17 和图 1-18 所示。除此之外，还应该将该文档的样式列表中标题 1、标题 2、标题 3、正文的样式按照论文撰写规范的格式要求先修改好，这样学生使用该模板时不需要再次修改。样式的设置与修改具体操作方法请参考 1.2 节。

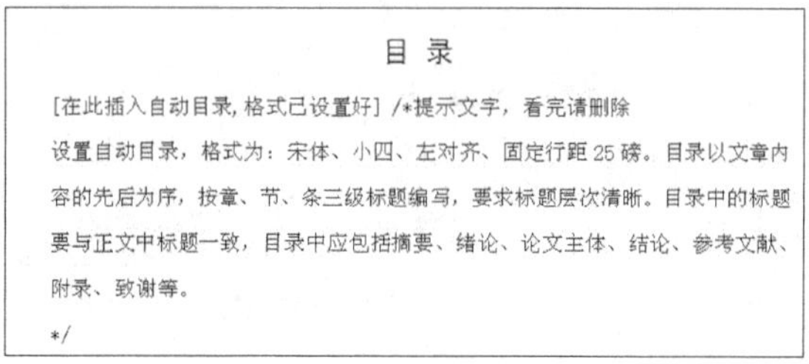
目 录

[在此插入自动目录, 格式已设置好] /*提示文字，看完请删除

设置自动目录，格式为：宋体、小四、左对齐、固定行距 25 磅。目录以文章内容的先后为序，按章、节、条三级标题编写，要求标题层次清晰。目录中的标题要与正文中标题一致，目录中应包括摘要、绪论、论文主体、结论、参考文献、附录、致谢等。

*/

图 1-16　目录模板

[单击此处输入论文题目]

摘 要

[在此插入中文摘要, 格式已设置好] /*提示文字，看完请删除

摘要应概括反映出毕业论文(设计)的前提、目的和任务所涉及的主题范围，主要内容与方法；成果和结论。语句通顺，文字流畅，摘要中不宜使用公式、图表、不标注引用文献编号。中文摘要以 300—500 字为宜。格式为：中文宋体、西文 Times New Roman、小四、首行缩进 2 字符、单倍行距。*/

【关键词】 /*关键词 1 关键词 2 关键词 3*/

[单击此处输入英文题目]

Abstract

"[write your abstract here]" /*提示文字，看完请删除

英文摘要应与中文摘要一致，文字表达自然流畅，无语法错误。格式参考中文摘要。*/

【Key words】 /*key1 key2 key3*/

图 1-17　摘要模板

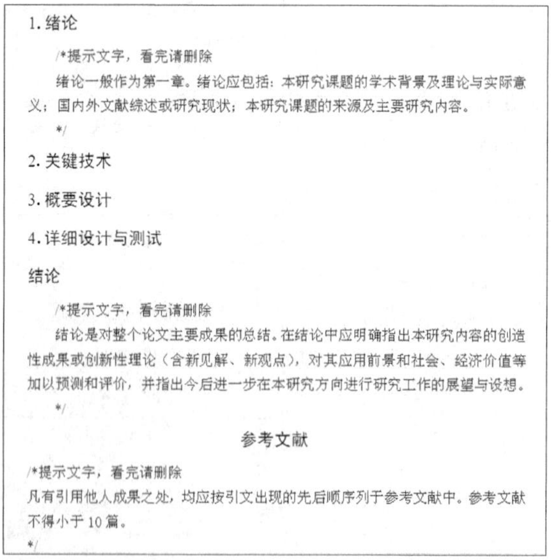
1. 绪论

/*提示文字，看完请删除

绪论一般作为第一章。绪论应包括：本研究课题的学术背景及理论与实际意义；国内外文献综述或研究现状；本研究课题的来源及主要研究内容。

*/

2. 关键技术

3. 概要设计

4. 详细设计与测试

结论

/*提示文字，看完请删除

结论是对整个论文主要成果的总结。在结论中应明确指出本研究内容的创造性成果或创新性理论（含新见解、新观点），对其应用前景和社会、经济价值等加以预测和评价，并指出今后进一步在本研究方向进行研究工作的展望与设想。

*/

参考文献

/*提示文字，看完请删除

凡有引用他人成果之处，均应按引文出现的先后顺序列于参考文献中。参考文献不得小于 10 篇。

*/

图 1-18　正文引导型模板

1.2　毕业论文排版

毕业论文的设计与排版一般由毕业生亲手制作，每位毕业生所面临的设计方面的问题、困难或许不同，但在使用 Word 排版与格式设置过程中所面临的困难就大同小异了。本节主要介绍毕业论文这种长文档在规定了格式要求情况下的排版。

1.2.1　案例分析

小王大四了，面对毕业论文，他胸有成竹，当看到导师所发的毕业论文撰写规范，仍觉得很简单。但当他把写好的论文按要求设置格式时，发现问题来了：①正文中一级、二级、三级标题及项目编号均手动设置，花了很多时间；②目录也是手动录入并设置格式的，后来正文中又加入了一些内容，结果这一页之后的页码全部变了，目录中的页码又要重新输入；③正文中有些章节标题改动了，目录中又忘记改……总而言之，小王给论文设置格式的时间快赶上写论文的时间了。后来导师又对他的论文给出很多修改意见：①某章节应该再增加内容或删除内容；②某章节应加入图片或表格；③参考文献再加几篇；④目录请用自动方式；⑤将论文前置部分如封面、开题报告书、中期检查、摘要等全部放一个文档中，以便统一管理……

根据导师的建议，小王先修改内容，当插入新图片时，该图片后的其他图片的标号及文中引用提到的标号需全部修改，增加参考文献后，参考文献标号又需修改，还有奇数页页眉和偶数页页眉要求不一样，论文前置部分与正文部分页码不能一样，这么多问题的出现，小王对自己的 Word 应用能力捉襟见肘。但小王是个爱动脑的人，他想，如果使用 Word 排版这样费时的话，它也不可能如此受欢迎，并且该软件还有一些功能选项卡中的命令没用过，小王决定按毕业论文格式规范中提到的要求一点点学习。

小王所在学校毕业论文书写格式规范与要求如下。

（1）学位论文必须由学生本人在计算机上输入、编排与打印。论文需用 A4 纸印刷，论文每页 30 行，每行 36 字，（Word 中“页面设置”的 A4 纸纵向为“页边距：上、左边距 2.5 厘米、下、右边距 2 厘米”，左侧预留 1 厘米装订线）双面打印，页码在边线之下隔行放置；论文摘要之前的前置表格不设置页眉页脚。

（2）目录、摘要、各章、参考文献、致谢等分别另起一页。

（3）章节标题样式及层次如下。

一级标题（章）：黑体、小二号、不加粗；段前段后各 1 行，行距最小值 12 磅，居中；

二级标题（节）：黑体、小三号、不加粗；段前段后各 0.5 行，行距最小值 15 磅，顶格；

三级标题（节）：黑体、小四号、不加粗；段前 12 磅，段后 6 磅，行距最小值 12 磅，顶格；

条、款、项、正文：宋体、小四、首行缩进 2 字符、行距最小值 20 磅、两端对齐；“条”直接顶格，无特殊格式。

（4）论文中表格与图片序号按章编号（不加节号），分别在表格上方和图片下方添加形如“表 1.1，表 1.2，表 1.*n*”“图 1-1，图 1-2，图 1-*n*”的题注，各章节图和表分别连续编号，所有表格必须为三线表。表题、图题：黑体、小五号、居中。表格内文字：宋体、五号。

章	第一章　绪论（一级标题）	居中排，章编号用中文数字
节	1.1 □□---□（二级标题） 1.1.1 □□---□（三级标题）	顶格，第一个数字为章号，用阿拉伯数字 不接排（指内容另起一行） 不接排
条	1.1.1.1 □□---□□□□□□□□□□□---	顶格，接排
款	1. □□---□□□□□□□□□□□□---	接排
项	(1) □□---□□□□□□□□□□□□---	接排

（5）页眉与页脚要求如下。

学位论文各页均加页眉，在版心上边线隔一行加粗、细双线（粗线在上，1.5 磅），其上居中打印页眉；

奇数页眉：所在章题序及标题（如第 1 章绪论）；

偶数页眉：湖南**大学学士学位论文。

目录、摘要页码使用大写罗马数字居中显示；正文页码使用阿拉伯数字连续编码到最后论文结束，奇数页页码显示在页脚右侧，偶数页页码显示在页脚左侧；字体均为 Times New Roman、小五号。

……

1.2.2　知识储备

1. 页面设置

通常情况下，用 Word 制作的文档都需要纸质稿呈现，即使以电子稿形式呈现，为了视觉上的效果也会对页面做要求。所以，在进行具体的文档编排前必须先进行页面设置：页边距（包括装订线、纸张方向、多页设置）、纸张（包括打印选项）、版式（包括页眉与页脚、行号、页面边框）、文档网格（包括文字排列方向、栏数、每页行数、每行字数）。如果在编排之前没有定好页面设置，而是在编排之后再进行页面的设置或改变页面设置，则很可能会引起版面各种错乱，导致排版困难。

单击【页面布局】|【页面设置】组右下角 命令，打开“页面设置”对话框，对于页面设置中的四个选项卡（如图 1-19 所示）中一些不常使用的高级设置将以选项卡为标题进行简要说明。

（1）“页边距”选项卡

装订线：如果为 0 厘米，则不需要装订线，一般针对装订无要求的文件。

装订线位置：只有左、上两个，即只能在页面左边和上边进行装订。

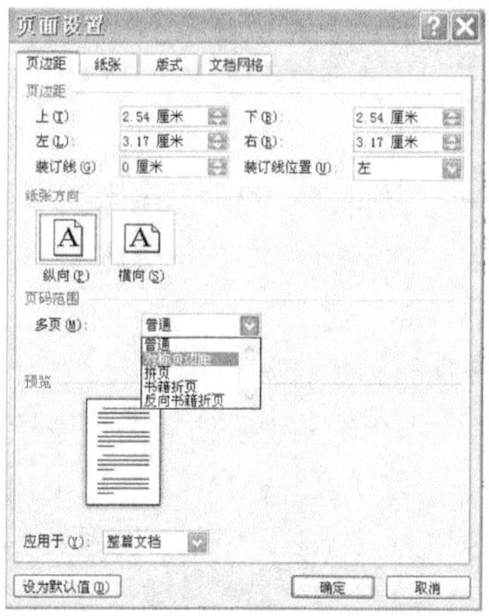

图 1-19　页面设置—页边距选项

多页：①对称页边距指的是左、右页边距标记会修改为“内侧”“外侧”边距，同时“预览”框中会显示双页，且设定第 1 页从右页开始。一般而言，需要双面打印的文件，并且左、右页边距可不相等或设置装订线要求的，应该使用对称页边距。②拼页是指将两张小幅面的编排内容拼在一张大幅面纸张上，适用于按照小幅面内容编排，用大幅面纸张打印的情况，如试卷在 A4 纸上进行编辑排版，打印时使用 A3 纸。③书籍折页是指将纸张一分为二，中间是折叠线，打印效果类似于请柬等开合式文档。请柬打开为正面，正面的左面为第 2 页，右面为第 3 页，请柬背面的左面为第 4 页，右面为第 1 页，再合并后，页码为正序 1、2、3、4。④反向书籍折页与书籍折页相似，不同之处是折页方向相反，如古装书籍一般采用反向书籍折页。

应用于：如果文档没有分节，当前也没有选择文字，则该选项只有两个内容：整篇文档、插入点之后。如果该文档分了节，并且当前选择了文字后才进行该页面设置的，则该选项就会多两个内容：本节、所选文字。需要提醒的是，页面设置的四个选项卡中最后一个命令都是“应用于”选项，默认选择为“整篇文档”。①应用于“所选文字”指仅应用于当前所选定的文字。Word 将自动在所选文字的前后各插入一个“下一页”分节符，使当前所选文字单独存在于一页中。②应用于“插入点之后”是指在当前插入点位置插入一个“下一页”分页符，使其后的文字从下一页开始，并且其后到下一节开始之间的文字使用当前页面设置。③应用于“整篇文档”和应用于“本节”请按字面意思理解。

（2）“纸张”选项卡

该选项卡主要针对打印纸及打印项进行选择，页面设置—纸张选项卡、打印选项如图 1-20、图 1-21 所示。纸张大小中应用最多的是 A4 纸，它属于设计印刷的标准尺寸，其他纸张大小如表 1-1 所示。

表 1-1　纸张大小尺码表

纸张类型	宽度（厘米）	高度（厘米）
Letter	21.59	27.94
Legal	21.59	35.56
Executive	18.41	26.67
A3	42	29.7
A4	21	29.7
A5	14.8	21
10 号信封	10.48	24.13
DL 信封	11	22
C5 信封	16.2	22.9
B5 信封	17.6	25
Momarch 信封	9.84	19.05
B5（JIS）	18.2	25.7
B5(ISO)	17.6	25
A6	10.5	14.8
双面明信片	14.8	20
明信片	10	14.8
8.5 × 13	21.59	33.02
16K	19.69	27.31

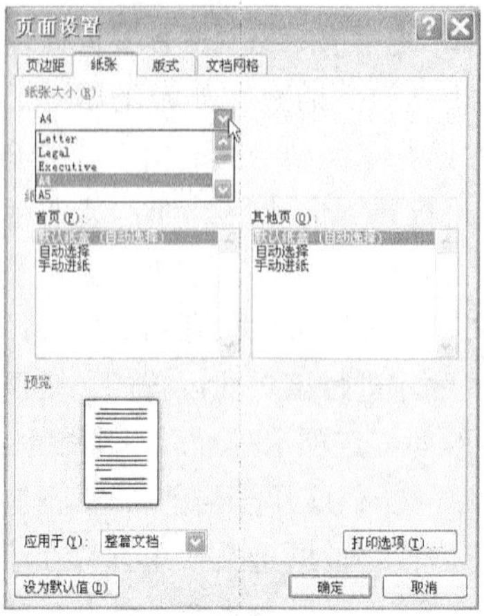

图 1-20　页面设置—纸张选项卡

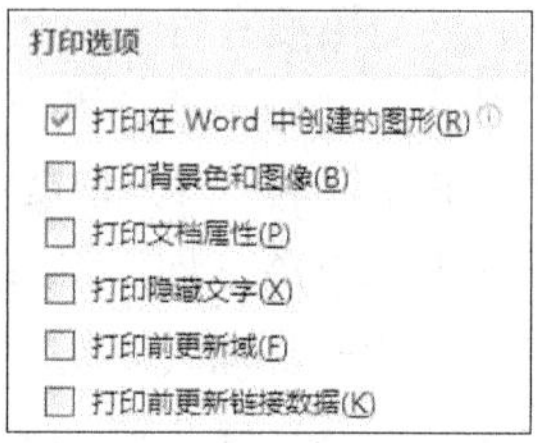

图 1-21　打印选项

（3）“版式”选项卡

节的起始位置：有 5 种可选项，如图 1-23 所示。在设计文档时，如果使用【页面布局】|【页面设置】|【分隔符】中“分节符”命令插入了一种分节符后，又想要更改此种分节符性质，则可选择该节（选择节时，可切换到草稿视图）后，在“节的起始位置”处重新设置。比如，先前在设计文档时插入了一个“连续”分节符，后面因排版原因想将该节分到下一页，则可切换到草稿视图，将光标定位于该节所在任意位置，进入页面设置的“版式”选项卡（图 1-22 所示），在“节的起始位置”处选择“新建页”，并将“应用于”选项选择“本节”，则在草稿视图中可看到 “分节符（连续）”变成“分节符（下一页）”。

奇偶页不同：指文档在双面打印时，在奇数页和偶数页使用不同的页眉或页脚，以体现不同页面的页眉或页脚特色。首页不同：指在文档首页使用不同的页眉或页脚，以区别文档首页与其他页面的不同。

垂直对齐方式：设置文本内容，调整文字的垂直间距，使段落或者文章中的文字沿垂直方向对齐。垂直对齐方式决定段落相对于上或下页边距的位置，它包含 4 种方式：顶端对齐（默认）、居中、两端对齐、底端对齐。当一页中文字未排满时，这 4 种对齐方式排版的效果就非常明显。在图 1-24 中，四个页面原始文字与段落一模一样，但对每一页分别设置了顶端对齐、居中、两端对齐、底端对齐后，效果就非常明显。

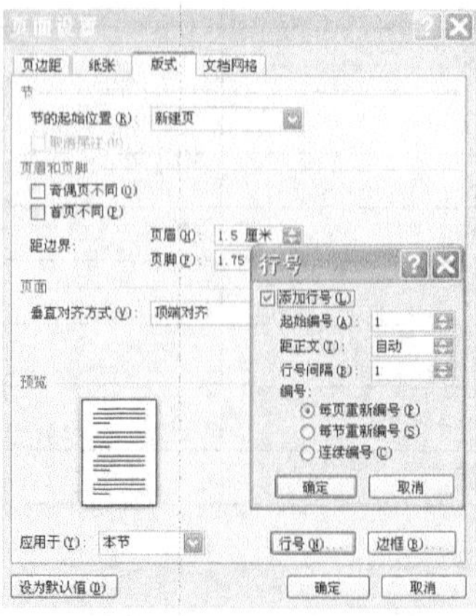

图 1-22　页面设置—版式选项卡

图 1-23　节的起始位置

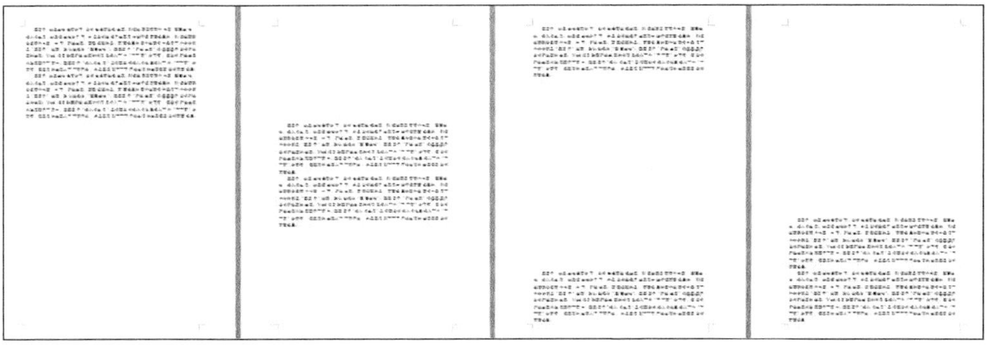

图 1-24　不同垂直对齐方式效果图

行号：适用于在阅读过程中需要标记某内容所在行数的情况，如名人手稿、法律文书等。在图 1-22 中，单击“行号”按钮打开“行号”对话框，勾选“添加行号”后，该对话框中所有灰色区变成可选项，用户按需求选择即可。此外，【页面布局】菜单选项卡中【页面设置】组中也有“行号”命令，如果需要，使用此命令更加快捷。

（4）“文档网格”选项

该选项卡（页面设置—文档网格选项如图 1-25 所示，绘图网格如图 1-26 所示）设置的是页面版心内容，即页面视图中页面的四个直角中间的区域。“网格”栏中各选项含义如下。

无网格：采用默认的字符网格，包括每行字符数、字符跨度、每页行数和行跨度等。

只指定行网格：采用默认的每行字符数和字符跨度，允许设定每页行数（1~48）或行跨度，改变其中之一，则另一个数值将随之改变。

指定行和字符网格：允许设定每行字符数、字符跨度、每页行数、行跨度。改变了字符数（或行数），跨度会随之改变；反之，改变跨度，字符数（或行数）也会随之改变。

文字对齐字符网格：可以设定每行字符数和每页行数，但不允许更改字符跨度和行跨度。

“绘图网格”按钮则是为了方便调整图形位置与尺寸而设置的。当文档中图形对象较多时为了使各图形能较快地调整到理想状态，“绘图网格”将会起到重要作用。打开“绘图网格”对话框（图 1-26），勾选并设置相应选项。“绘图网格”各选项含义如下。

对象对齐：该选项被选中时，拖动对象会使对象与其他对象的垂直和水平边缘的网格线对齐。

网格设置：设置网格线的垂直与水平间距。

网格起点：勾选“使用页边距”选项，则使用左、上页边距作为网格起点；若不勾选，则自己设置水平与垂直起点。

显示网格：勾选“在屏幕上显示网格线”选项，则会在屏幕上按所设定的“垂直间隔”和“水平间隔”显示网络线。

网格线未显示时对象与网格对齐：如果勾选此项，则拖动对象时对象会自动吸附到最近的网格线上，否则，对象不会自动吸附到最近的网络线上。

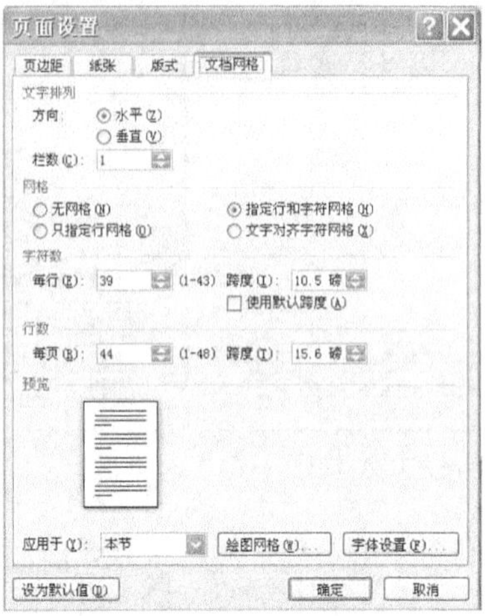

图 1-25　页面设置—文档网格选项

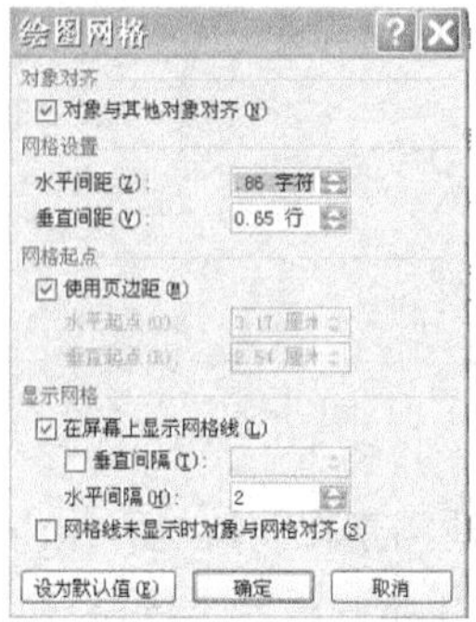

图 1-26　绘图网格

2. 分节符与分页符

节是一段连续的文档块，同节的页面拥有同样的边距、纸型或方向、打印机纸张来源、页面边框、垂直对齐方式、页眉和页脚、分栏、页码编排、行号、脚注和尾注。如果没有插入分节符，Word 默认一个文档只有一个节，所有页面都属于这个节。若想对页面设置不同的页眉页脚，必须将文档分为多个节。论文或者书籍里同一章的页面采用章标题作为页眉，不同章的页面页眉不同，这可以通过每一章作为一个节，每节独立设置页眉页脚的方法来实现。

要将文档分成几个子部分，只需在分隔处插入分节符。插入分节符的操作步骤：先将光标定位于需要插入分节的位置，然后单击菜单选项功能【页面布局】|【页面设置】的“分隔符”命令分隔符·的下拉三角符号，打开如图 1-27 所示的两栏分隔符选项，上一栏是分页符选项，下一栏是分节符选项。分节符共 4 种类型可选，可以按需要选择分节符类型，每一种类型对应的功能均已在类型名称下方显示出来，比如【分节符】|【下一页】指的是插入分节符并在下一页上开始新节，其他类型功能请直接参看图 1-27，并按字面意思理解。

比如，要设置第 1 章和第 2 章的页眉不同，则可将光标定位于第 1 章末尾，然后单击如图 1-27 所示的“分节符”栏的“下一页”命令，则第 2 章另起一页，与第 1 章不同节。

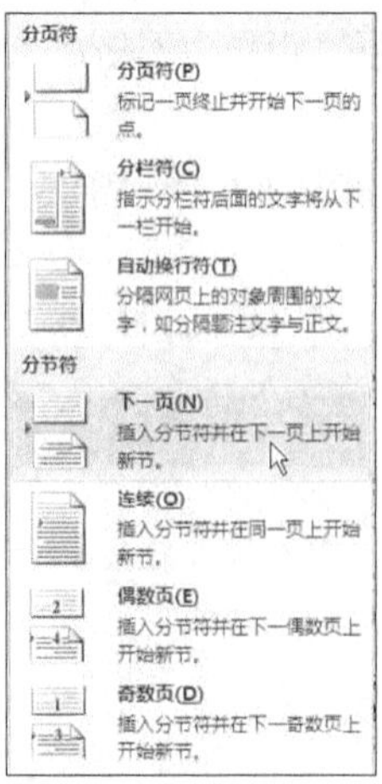

图 1-27　分隔符

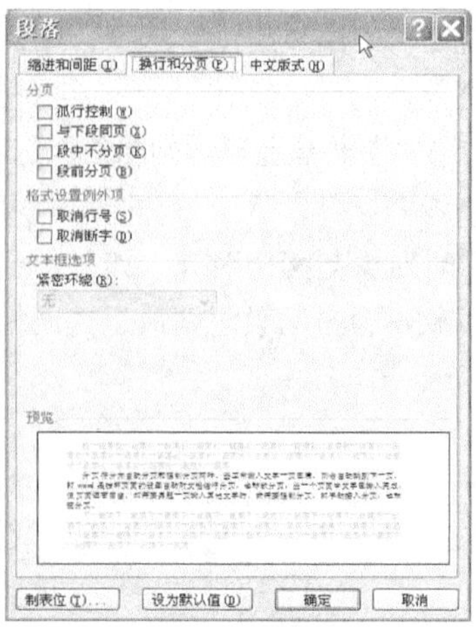

图 1-28　段落自动分页选项

分页符分为自动分页和强制分页两种。当正常输入文字一页已满，则会自动跳到下一页，即 Word 是按照页面的设置自动对文档进行分页，也称软分页；当一个页面中文字已输入完成，但页面还有留白，却需要另起一页输入其他文字时，就需要强制分页，即手动插入分页，也称硬分页。

对于自动分页，在“段落”对话框中还为用户提供了 4 种用于调整段落自动分页的属性选项（如图 1-28 所示）：“孤行控制”——防止该段的第一行出现在页尾，或最后一行出现在页首，否则该段整体移到下一页；“与下段同页”——用于控制该段与下段同页，如表格的标题；“段中不分页”——防止该段从中间分页，否则该段整体移到下一页；“段前分页”——用于控制该段必须重新开始一页。

插入硬分页的方法与插入分节符相同，即在图 1-27 中的“分页符”栏选择“分页符”命令。也可以通过按【Ctrl+Enter】组合键实现快速硬分页。

3. 样式

样式是一组格式集合，它集字体、段落、编号与项目符号、多级列表格式于一体。利用样式可以使文档格式随样式同步自动更新，以达到快速改变文字格式，高效统一文档格式的目的。另外，标题使用样式，是生成自动目录的前提。Word 样式分为内置样式和自定义样式。

（1）内置样式及应用

单击【开始】菜单选项卡【样式】组下拉列表，打开如图 1-29 样式列表与样式窗格左侧所示的样式列表；如果要应用标题 3、标题 4、标题 5 等未在该列表中显示出来的样式，则可单击样式组命令右下角 命令，打开如图 1-29 右侧所示的样式窗格，再单击该图鼠标箭头指示的“选项”按钮，在“样式窗格选项”对话框（图 1-30）“选择要显示的样式”一栏中选择“所有样式”，其中共有 9 级标题样式可供选择。所有这 9 级标题与大纲视图下的大纲级别中 1~9 级对应，并且内置样式中的“标题”也对应 1 级大纲级别。如果某段文字需要使用样式，则将光标定位于该段，单击图 1-29 中相应样式名即可。

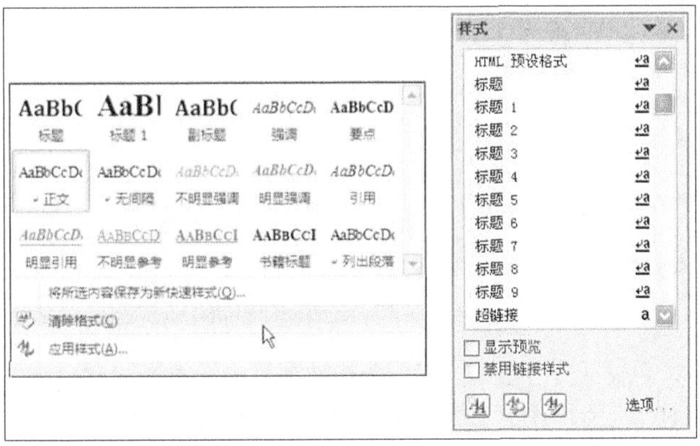

图 1-29　样式列表与样式窗格

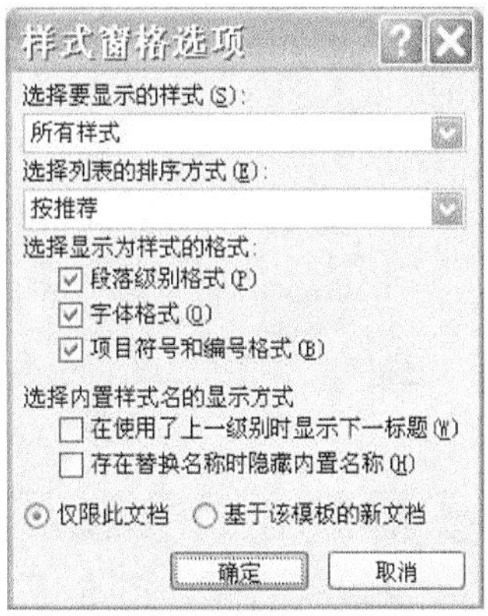

图 1-30　“样式窗格选项”对话框

（2）修改标题样式

考虑到内置样式所定义的字体、段落等格式与论文、实际文档等所要求的样式有一定差距，所以，需要先进行标题样式的修改，再应用。比如要修改标题 1 样式，方法如下。

① 右击如图 1-29 所示的样式列表或样式窗格中“标题 1”样式，在打开的快捷命令中选择“修改”命令，弹出如图 1-31 所示的“修改样式”对话框。并输入一个新的样式名称，如“一级标题”。

② 在该对话框左下角单击“格式”按钮，选择“字体”命令，即可打开“字体”对话框进行字体格式设置，或者选择“段落”命令，打开“段落”对话框进行段落格式设置。

③ 当“格式”设置完成后，返回到“修改样式“对话框，勾选“自动更新”选项，则当前文档中，所有应用了该样式的文本会自动更新到刚才修改后的格式，同时生成一个新的样式名。如果修改样式是为了以后使用，则可不选“自动更新”，也就是说，当前文档还没有任何文字应用修改前的该样式。

④ 样式修改完成，单击“确定”按钮，则原来的“标题 1”样式修改为“标题 1，一级标题”。

（3）定义多级列表

标题的输入除了样式应用外，还需要在标题前附上章节等编号，如 1.1、1.2、1.1.1、1.2.1，如果不用多级列表而是采用手工输入的话，在后期增加或者调整章节、修改内容时会比较麻烦，往往改动一个序号，后面的序号都要重新调整，效率低、易出错。若要在标题的前面自动生成章节号，则需要对标题进行多级列表设置。定义新的多级列表的步骤如下。

① 单击【开始】|【段落】组中“多级列表”命令下拉三角，在展开的下拉列表（图 1-32）中单击“定义新的多级列表”。

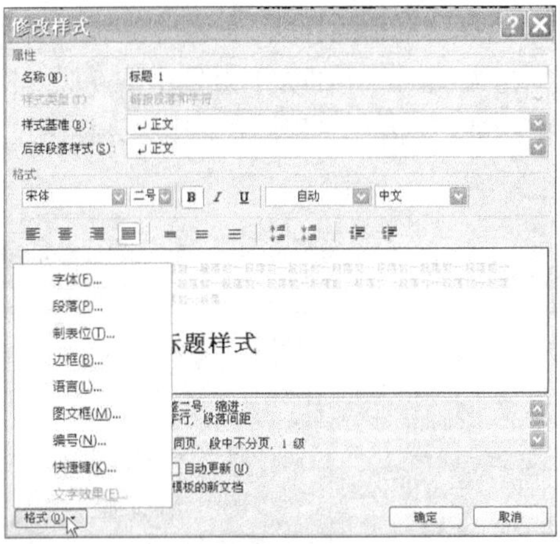

图 1-31 “修改样式”对话框

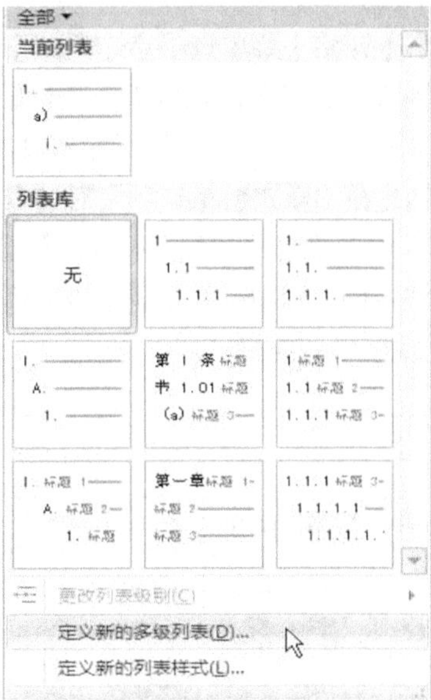

图 1-32 多级列表下拉列表

② 在打开的“定义新多级列表”对话框（图 1-33）中“单击要修改的级别”一栏选择“1”，它对应标题样式中的“标题 1”和“标题”，该栏中其他大纲级别 2~9，分别对应标题样式中的标题 2~标题 9。如果要查看某标题样式与大纲级别的对应情况，可在样式窗格中，将鼠标指向该标题样式，会列出如图 1-34 所示的详细格式。

③ 在“将级别链接到样式”中选择“标题 1”，“在库中显示的级别”选择“级别 1”，“起始编号”选择“1”。

④ “此级别的编号样式”按文档要求选择，比如论文要求为简体中文，可选择“一，二，三（简）…”选项，然后“输入编号的格式”则按论文要求，在编号“一”的左右两边分别输入“第”和“章”，效果如图 1-35 所示。

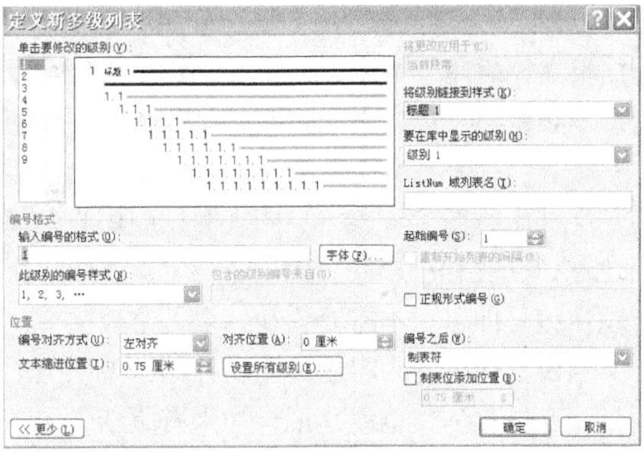

图 1-33　“定义新多级列表”对话框

⑤ 设置 2 级、3 级大纲样式，与设置 1 级步骤一样，只是当 1 级“编号样式”改成中文简体后，2 级大纲中“输入编号的格式”不是“一、1”而是“1.1”时，要勾选图 1-35 中的“正规形式编号”选项。

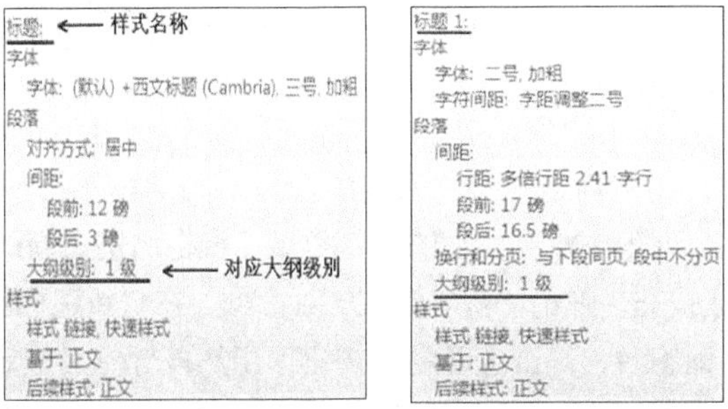

图 1-34　标题模式与大纲级别

⑥ 如果在设置 2 级大纲编号时，将“输入编号的格式”文本框中自动出现的“1.1”删除了，不能手动在该文本框中输入“1.1”，而是需要先选择“包含的级别编号来自”下拉列表中的“级别 1”。此时“输入编号的格式”文本框中自动生成编号“1”，在“1”后面输入“.”，单击“此级别的编号样式”列表，选择“1，2，3…”样式，这样系统会自动在“.”分隔符后添加表示 2 级标题的编号数字“1”。

⑦ 直到将所需要设置的多级都设置完成后，单击图 1-35 中的【确定】按钮。

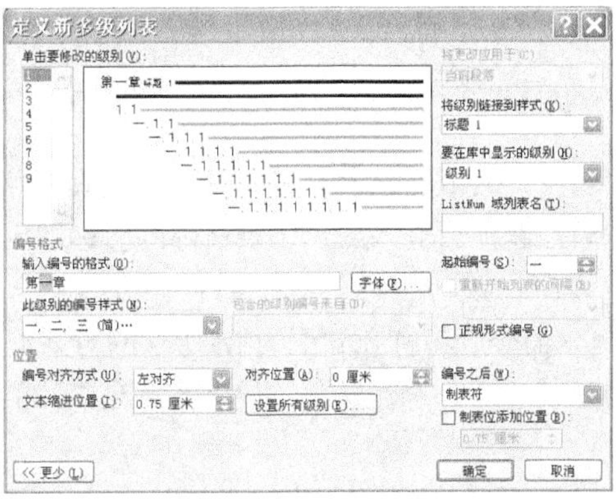

图 1-35　定义多级列表编号格式

4. 题注与交叉引用

题注与交叉引用是制作长文档时用于带编号的图片、图表最常用的命令，它是域的自动引用。

题注的出现可以使用户不必费心于记住当前到底是第几张图片或第几十张表格，也不必费心于在中间插入一张图或一张表后，后续图片及表格的序号。因为题注会在用户单击【引用】|【插入题注】命令时，保证在长文档中将图片、表格、图表等按顺序自动编号，这对文档后期修改和完善提供了很大的便利。比如，在文档中删除“图 1-3”后，该图后所有序号均要提前一个，此时只需要一次性更新所有题注编号即可，不需要手动一个一个改。

交叉引用是对 Word 文档中其他位置内容的引用，并用于说明当前内容。引用说明文字与被引用的图片或表格的题注是相互链接的，也就是说，如果有更新，则一起更新。比如，在文档中写到“请参考图 1-4”，而“图 1-4”因为之前删除了一张图后，变成了“图 1-3”，则文档中写到的“请参考图 1-4”与会自动更新为“请参考图 1-3”。

（1）插入题注

一般来说，长文档中需要插入题注的对象为表格或者图片、公式等，表格的题注一般在表格上方，图片的题注一般在图片的下方，但插入题注的方法却大同小异。操作方法如下。

① 在文档中，将光标定位于表格上方一个空白行，或者将光标定位于图片下方空白行；当然，直接选中表格或者图片也可以。

② 单击【引用】|【题注】命令组中“插入题注”命令，打开“题注”对话框（图 1-36），根据添加题注的对象不同，在“标签”下拉列表中选择不同的标签类型。

③ 如果默认的“标签”列表中没有合适的标签类型，可自己定义新的标签。单击图 1-36 中“题注”对话框的【新建标签】按钮，弹出“新建标签”对话框，在“新建标签”对话框中输入类似“表 1.”“图 1-”“公式 1.”的标签名，单击【确定】按钮（当然该标签名应定义为编辑文档时要求的格式）。“题注”对话框的“标签”列表中会加入刚才自定义的标签名。如图 1-37 所示是为第 1 章中的图片插入题注所新建的题注标签；如果为第 2 章的图片插入题注，则要重新定义新标签，如“图 2-”。

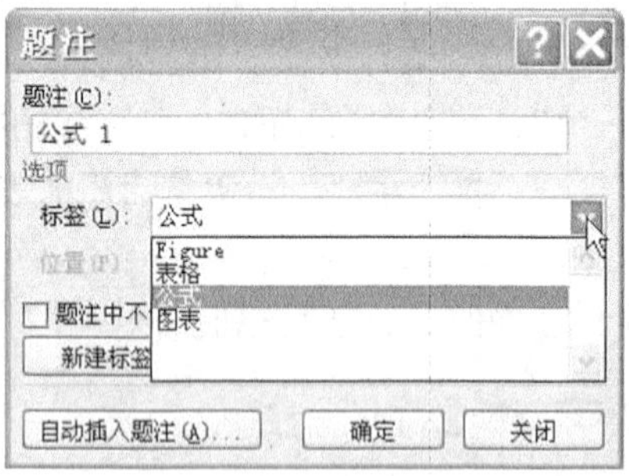

图 1-36 “题注”对话框

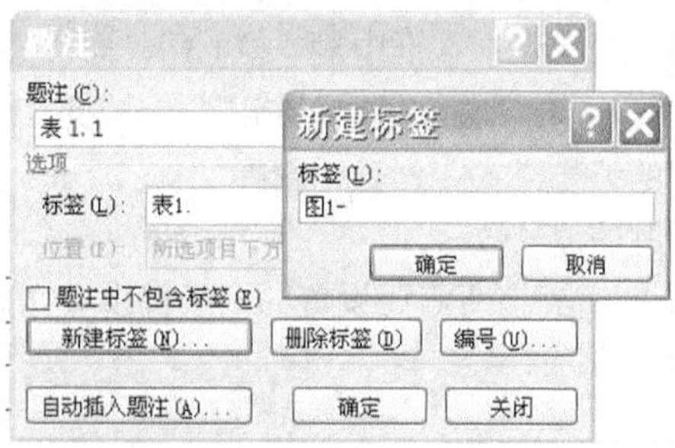

图 1-37 新建题注标签

④ 选定“标签”后，“题注”文本框显示标签名并自动生成序号，设置完成，单击【确定】按钮，则题注自动生成，然后在题注后输入图片、表格等的名称即可。

（2）设置交叉引用

如果正文中写到“单击***命令，将打开如图 N-M 所示的对话框”，其中“图 N-M”为题注，为让正文中的引用文字“如图 N-M”与题注链接，使之实现当图片的题注更改时能产生更新。操作方法如下。

① 将光标置于正文中写到“单击***命令，将打开如图 N-M 所示的对话框”的“如”字之后。

② 单击【引用】|【题注】命令组中“交叉引用”命令。

③ 在打开的“交叉引用”对话框（如图 1-38）中，“引用类型“选择“图 N-”，“引用内容”选择“只有标签和编号”，并勾选“插入为超链接”，在“引用哪一个题注”列表框中选择“图 N-1……”。

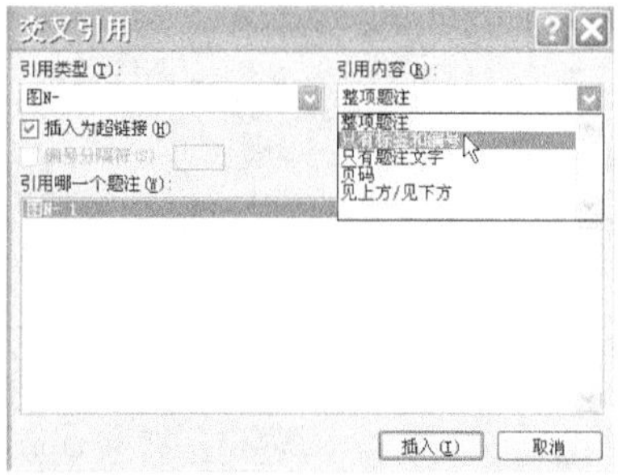

图 1-38　交叉引用设置

④ 单击【插入】按钮，指定的引用内容将自动插入到光标处。因为交叉引用为链接形式，所以，按【Ctrl】键后，单击交叉引用的内容，则可直接定位于该题注。

当然，如果交叉引用的对象，如对图片、表格、公式等进行了插入或删除等修改操作后，题注的序号并不会自动重新编号，而需要全部更新文档（即全选文档后），按【Ctrl+F9】组合键更新域，此时题注部分将重新按顺序编号，并且设置交叉引用的引用内容也会随着相应对象的变化而变化。

5. 索引与目录

在编辑长文档时，为了方便浏览，或便于打印后能快速找到指定内容，需要为整个文档设置目录或索引。

目录通常是长文档中不可缺少的一项内容，它列出了文档中的各级标题及其所在页码，方便读者快速查找所需内容。此处所说的目录绝非原始的手工一条一条输入的目录编辑方式，而是根据已经设置了大纲级别的各级标题自动生成目录。这种方式可以实现快速更新目录。

索引与目录相似，它可以把文档中的主要概念或各种名词标明页码，并按次序排列，以供用户查阅。如论文编写要求中，有图或表的索引项，如有必要都可以插入。操作方法如下。

（1）插入索引

在插入索引前，首先要对需要索引的项进行标记，如特定的单词、名词、符号、图、表、公式等。索引项是用于标记索引中特定文字的域代码“XE”。比如，在论文目录之后创建一个插图索引，操作方式如下。

① 在论文中选择需要标志成索引的图片序号及图名。

② 单击【引用】|【索引】命令组中“标记索引项”命令，打开“标记索引项”对话框（图 1-39），单击【标记】按钮。

③“标记索引项”对话框可保持打开状态，然后选择下一个需要标记成索引的对象，如图 2-2***；选择下一个对象后，再单击该对话框，并单击【标记】按钮。按此方法将所有需要索引的图片标记为索引项。

④ 标记为索引项的图片名后，会自动多出“{ XE“标记索引项时选择的文字”}”，除此外，全文会出现很多默认已经隐藏的格式标记，如空格号、回车号、制表符号等。如果要取消这些默认隐藏的格式标记，可单击【开始】|【段落】命令组中“显示/隐藏编辑标记”命令，隐藏编辑标记。

⑤ 单击【引用】|【索引】命令组中“插入索引”命令，打开“索引”对话框（图 1-40）。

⑥ 在该对话框中对索引目录按论文或编文要求设置索引格式。其中“类型”中“缩进式”指当有次索引时，次索引相对于主索引项缩进排列，“接排式”指有次索引时，主索引与次索引排在一行中。“制表符前导符”“格式”与自动目录设置项一样，若索引项是一项一页，可选择“正式”，若一个索引项在多个页面出现，也可选择“默认”格式。

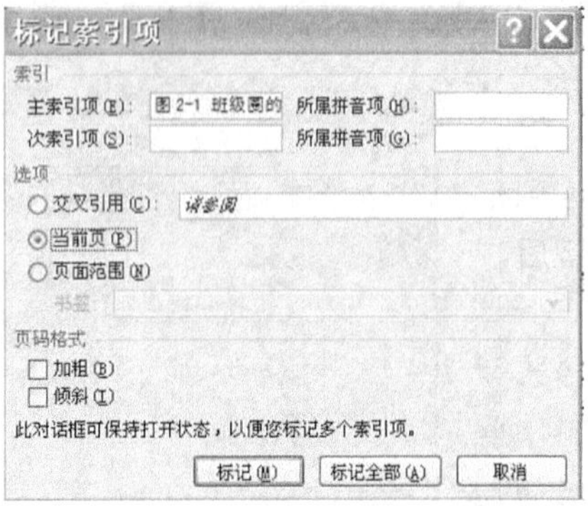

图 1-39 “标记索引项”对话框

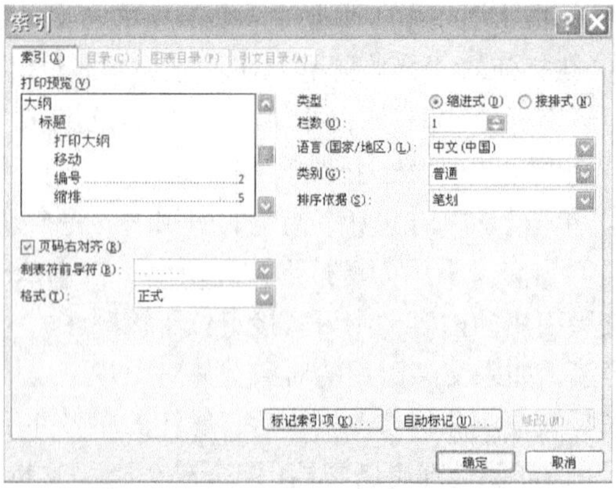

图 1-40 “索引”对话框

⑦ 设置完成后，单击【确定】按钮，则创建的索引会出现在光标当前所在处。图 1-41 所示为论文插入设置的索引。

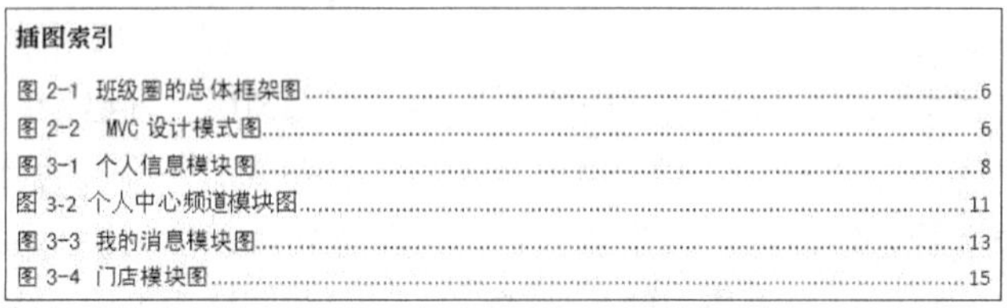
插图索引

图 2-1 班级圈的总体框架图......6
图 2-2 MVC 设计模式图......6
图 3-1 个人信息模块图......8
图 3-2 个人中心频道模块图......11
图 3-3 我的消息模块图......13
图 3-4 门店模块图......15

图 1-41 索引样本

（2）自动目录

一般而言，目录在正文之前（若是论文有可能要求在摘要之前）为了便于设置页码，可以将光标置于目录插入处，插入两个分节符，让其自成一节。插入目录的方法如下。

① 光标置于目录插入处。

② 单击【引用】|【目录】命令组“目录”下拉三角，在展开的内置“目录库”中选择“自动目录 1”或者“自动目录 2”，则目录自动生成，如图 1-42 所示。在论文“绪论”之前插入分节符后，将生成自动目录样式。

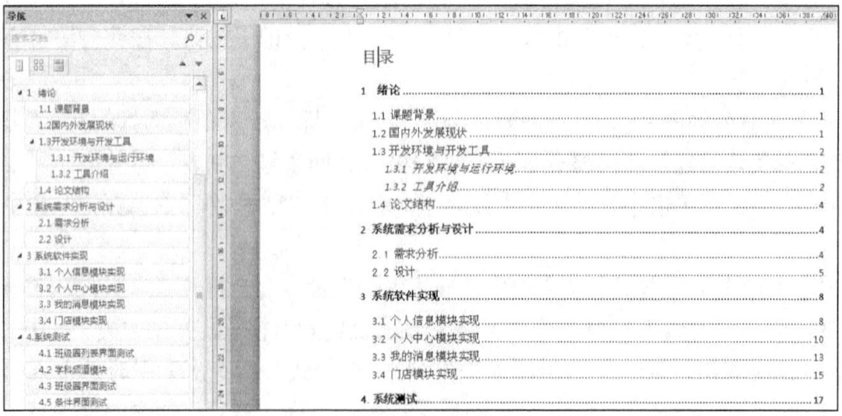

图 1-42 自动目录效果

③ 为自动生成的目录按论文或编文要求设置字体或段落格式。

④ 如果在“目录库”中没有找到合适的目录样式，可以自己定义。单击“目录”下拉三角中的“插入目录”命令，打开“目录”对话框（图 1-43）。

⑤ 在“目录”对话框中，按编辑要求勾选“显示页码”或 “页码右对齐”选项，以及“制表符前导符”。

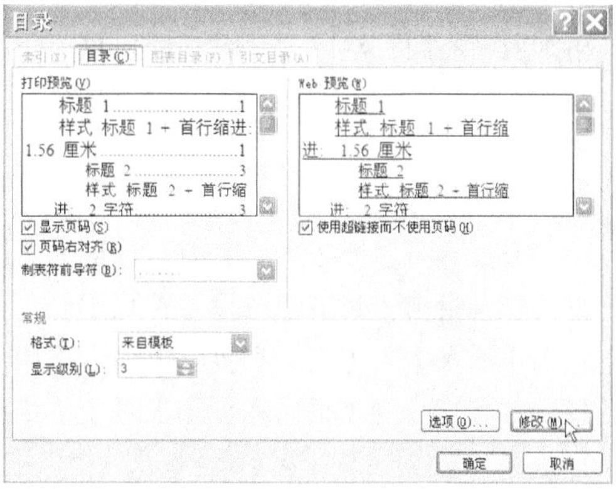

图 1-43　“目录”对话框

⑥ 在“目录”对话框的“常规”一栏中，“格式”选择为“来自模板”时，右边的【修改】按钮为可用状态。若选择其他“格式”选项时，此【修改】按钮为不可用状态。“显示级别”可选择“1~9”。例如，目录格式为：宋体、小四，固定 20 磅行距，下级标题缩进 1 字符。则“格式”选项可选择“来自模板”，然后单击【修改】按钮。打开“样式”对话框，选择“目录 1”，并单击“预览”一栏的【修改】按钮，打开“样式修改”对话框（图 1-44）。

⑦ 在“修改样式”对话框中设置好字体等格式，单击【格式】按钮中的“段落”命令，对段落按要求进行设置（包括缩进、段前段后间距、行距、对齐等）；设置完成后，单击【确定】按钮，返回“样式”对话框，准备修改“目录 2”格式、“目录 3”格式。

⑧ 目录中需要显示的目录 N 格式修改后，返回到“目录”对话框，单击【确定】按钮，完成自定义目录设置。

使用⑥⑦⑧操作步骤完成目录自定义格式的修改有一个好处：当正文中标题有异动时，可以选择更新整个目录，而格式不会发生变化。若在第⑥步选择的是其他内置“格式”，“目录”对话框提供的【修改】按钮为不可用状态，即不能修改目录格式，所以当在正文中修改标题产生异动后，需要更新整个目录时，还要重新将目录选定，再次进行字体、段落的设置。

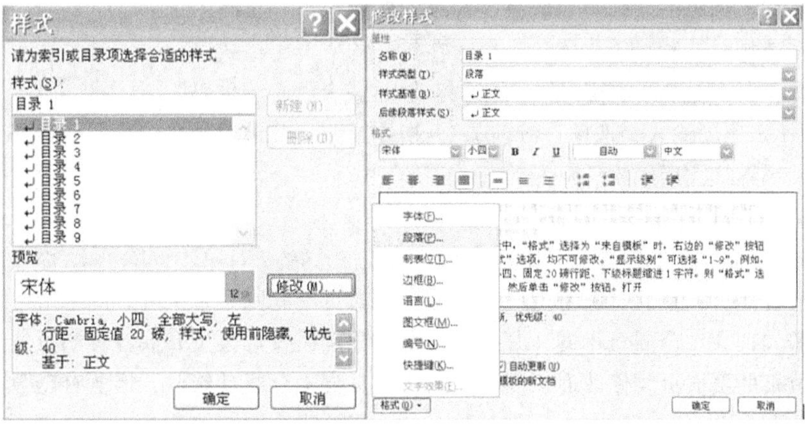

图 1-44　目录样式修改

6. 页眉与页脚

页眉与页脚分布于一页的顶部与底部的非版心处，用于显示文档的附加信息，如公司徽标、章节标题、单位名称、日期时间、页码等。在同一个文档中，不同的页面要求添加的页眉页脚或许不同，但其要求无外乎三种情况：①首页不同；②各小节页眉页脚不同；③奇偶页不同。而凡事涉及“不同”这两个字时，插入页眉页脚之前则需要对不同之处做分节处理（分节方法在本小节“2.分节符与分页符”中有详细描述）。分节后，对页眉页脚不同的情况就可以轻松完成。操作方法如下。

（1）首页不同

首页不同是指在当前节中，首页的页眉页脚和其他页不同，通常首页为封面时不设置页眉页脚（特别指出：每节都可设置首页不同）。比如，设计一张简历，需要封面，而方法也非常简单。单击【插入】|【页眉和页脚】命令组中“页眉”或“页脚”命令，然后在页眉或页脚处输入信息，并在打开的【页眉和页脚工具】|【设计】|【选项】组中勾选“首页不同”复选框，如图 1-45 所示。

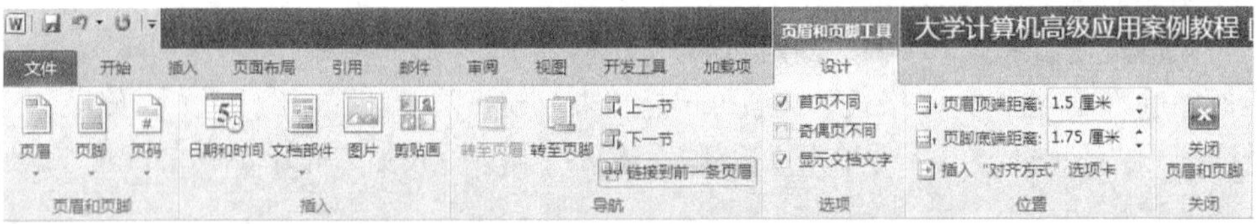

图 1-45　页眉和页脚工具—“首页不同”选项

打开页眉和页脚工具的方法不止一种，也可用最简单的方式：双击该页面页眉所在处（即页面顶端两个垂直符号中间），即可打开页眉和页脚工具。

（2）各小节页眉页脚不同

当文档分成多节时，默认情况下，设置完当前节页眉页脚后，单击图 1-45 所示的“下一节”命令设置下一节页眉页脚时，该节页眉会自动与上一节相同，即【页眉和页脚工具】|【设计】|【导航】命令组中“链接到前一条页眉”呈高亮显示。若该小节与前一节设置不同页眉，则单击“链接到前一条页眉”取消高亮显示，并在该节页眉处输入新页眉；若页码与前一节页码也要不同，则单击“转至页脚处”命令，然后单击“页码”下拉三角命令，选择“设置页码格式”命令，在打开的“页码格式”对话框（图 1-46）中，按需求重新选择“编号格式”，或者“起始页码”。“起始页码”还可手动输入，选项“续前节”，指连续前一节最后一页页码序号的大小继续往后编排。

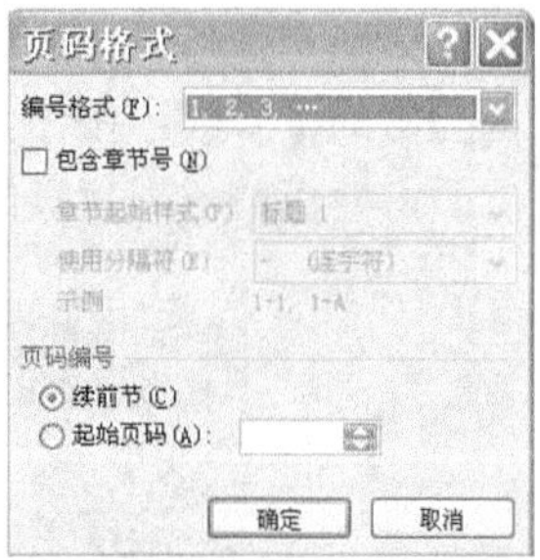

图 1-46　设置页码格式

（3）奇偶页不同

默认情况下，同一节中所有页面的页眉页脚都是相同的（首页不同除外），修改任意一页的页眉页脚，本节其他页的页眉页脚都会跟着修改。奇偶页不同则是个例外，同一节中，在设置页眉和页脚时，若勾选了“奇偶页不同”复选框，则可分别设置奇数页和偶数页的页眉与页脚。也就是说，当奇数页的页眉页脚修改时，偶数页的页眉页脚不会联动修改，但所有奇数页会联动跟着修改；在修改偶数页页眉页脚时，所有偶数页的页眉页脚会跟着修改，奇数页则不会修改（首页不同除外）。

7. 文档审阅

文档审阅提供了修订、批注等功能，用以对文档进行修改时留下修改痕迹，便于被审阅者阅读与修正。当然，文档编写者还可以利用审阅功能对文档进行字数统计、简体与繁体字转换（繁体转简体时可能出现误识别，转换完成后需要作者再次检查）、限制编辑等操作。

（1）修订

在 Word 文档编辑过程中，进入修订状态后，文档将保留标记后对文档所做的所有修改，如插入、删除、格式更改等。如果在确定修改后，想要不留痕迹，并保持文档完美外观，可通过“接受”或“拒绝”修订。退出修改状态后，再对文档所做的修改将不会留下任何痕迹，之前留下的痕迹如果没有做“接受”或者“拒绝”操作，也不会消失。

① 打开或关闭修订状态

单击【审阅】|【修订】命令组“修订”命令，启动修订状态，此时该命令呈高亮显示，再次单击该命令，即可关闭修订状态。

在修订状态下，不同的修改操作，其默认显示结果会根据修订作者不同以不同的颜色和形式标记，其修改内容（除了插入和删除）会在页面右侧空白的灰色区域显示出来，如图 1-47 所示。

② 多用户修订同一文档

如果有多个用户用同一台计算机对同一个文档进行了修订，文档在默认情况下会通过不同的颜色来区分不同用户的修订内容，并且会在相应修订标记上显示该修订用户的名称，从而避免由多人参与文档修订而造成混乱。为了区别不同用户，修订者应在审阅文档打开后修订之前，单击【文件】|【选项】命令，在“常规”选项卡下设置修订者，如图 1-48 所示；修订者也可以在进入修订状态后，单击“修订”命令的下拉三角，从列表中选择“更改用户名”命令，更改修订用户，如图 1-49 所示。

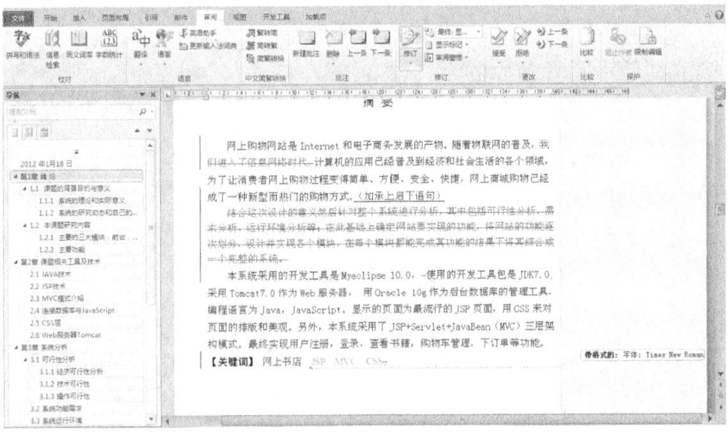

图 1-47　修订状态下的修订效果

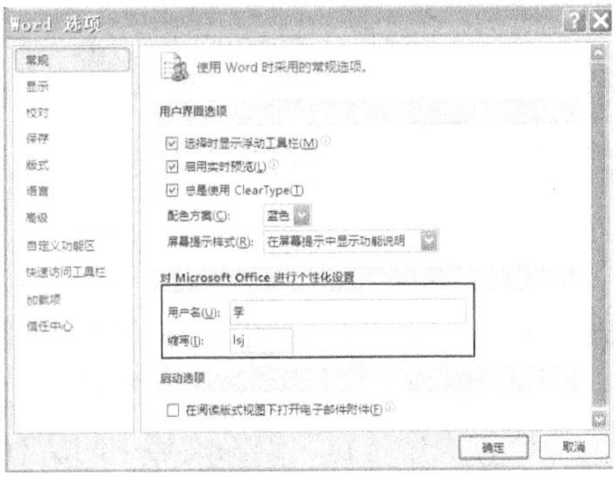

图 1-48　修改修订用户

图 1-49　修订下拉列表

③ 修订标记颜色调整

如果修订者不喜欢默认的修订颜色，可以通过修订选项进行调整。单击“修订”命令的下拉三角，在展开的下拉列表中选择“修订选项”，在打开的“修订选项”对话框中选择各标记内容的颜色，默认是按作者标记不同颜色。

④ 接受或拒绝修订

修订完成后，原作者还需要对文档的修订情况进行最终确认，比如接受或者拒绝。原作者在打开被修订过的文件后，可以单击【审阅】|【更改】命令组中“接受”或“拒绝”命令的下拉三角，将光标置于被修订处，按图 1-50 所示的字面意思选择确认。

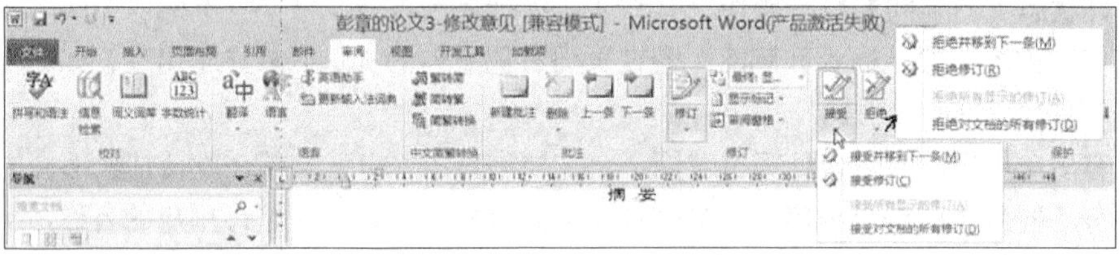

图 1-50 接受或拒绝修订

⑤ 查看审阅者

修订文档被返回原作者后，如果该文档是被多人修订的，可从【修订】命令组中单击“显示标记”下拉列表，展开“审阅者”，如图 1-51 所示。如果只看某个审阅者的修订，可取消其他审阅者前面的复选框。

图 1-51 查看审阅者

（2）批注

批注与修订不同，批注不在原文的基础上进行修改，而是在文档页面的空白处生成有颜色的文本框，并在其中添加批注信息。比如老师在修改论文时，不好对论文做具体修改，只能给出修改意见，或者对论文中不明白的语句进行提问等，此时用批注是最好不过的。

① 添加批注

选择需要添加批注的文字，单击【审阅】|【批注】命令组中“新建批注”命令，批注文本框显示在文档右面空白灰色区域，并标示审阅作者，然后输入批注信息，效果如图 1-52 所示。

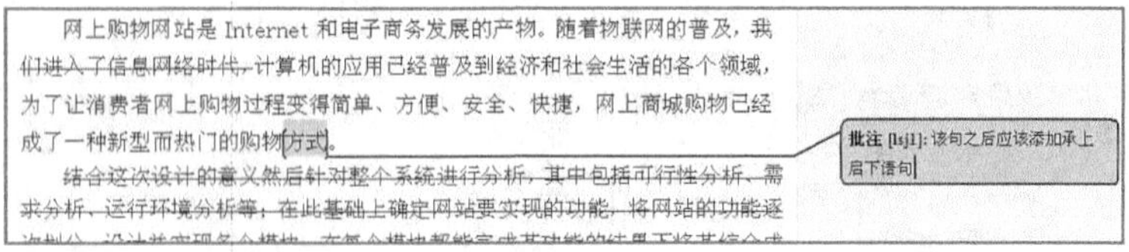

图 1-52 添加批注

② 删除批注

若要删除某批注，可直接右击该批注文本框，在展开的快捷菜单中选择“删除批注”命令；也可单击菜单选项卡中【审阅】|【批注】命令组中“删除”下拉三角的“删除”命令。如果要删除文档中所有批注，可在“删除”下拉三角的命令行表中选择“删除文档中的所有批注”，如图 1-53 所示。

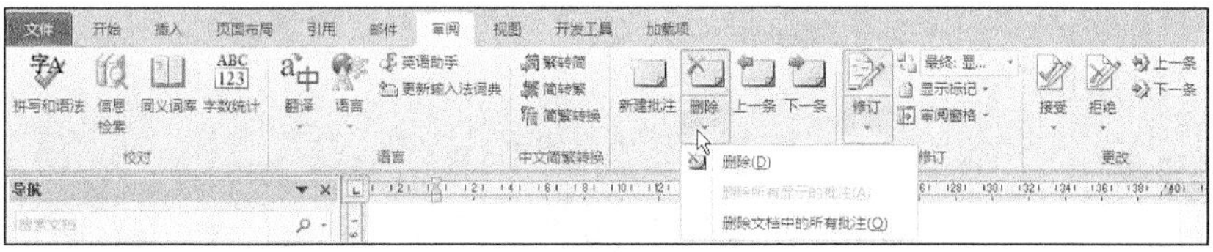

图 1-53　删除批注命令

8. 打印设置

当文档编辑完成，需要打印之前，应先进行打印预览，将所有页面缩放到一定程度来查看。操作方法：按下【Ctrl】键的同时向下滚动鼠标滑轮，缩放至如图 1-54 所示大小。若发现没有页面设置上的问题后，设置打印选项。如果打印出来是为了检查，可以设置缩放打印，操作方法：单击【文件】|【打印】，将“设置”栏最后一个选项“每版打印 1 页”展开，进行缩放打印选择，如图 1-55 所示。

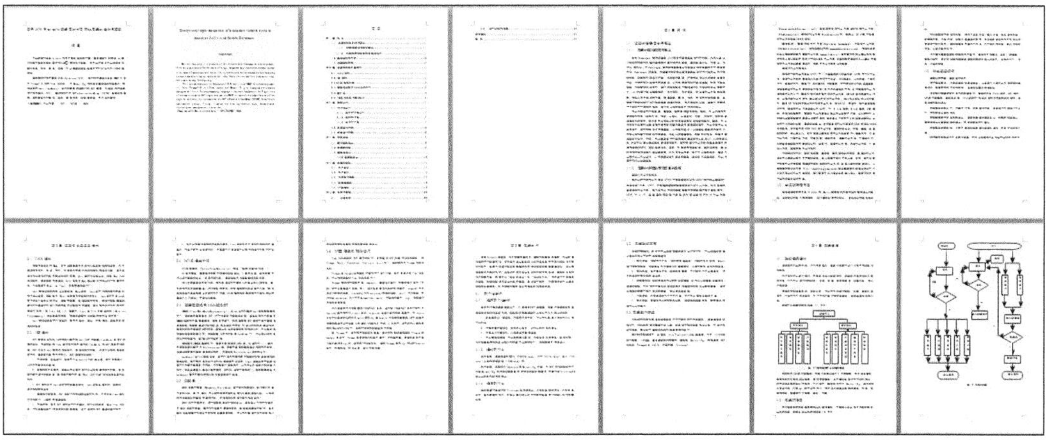

图 1-54　打印预览

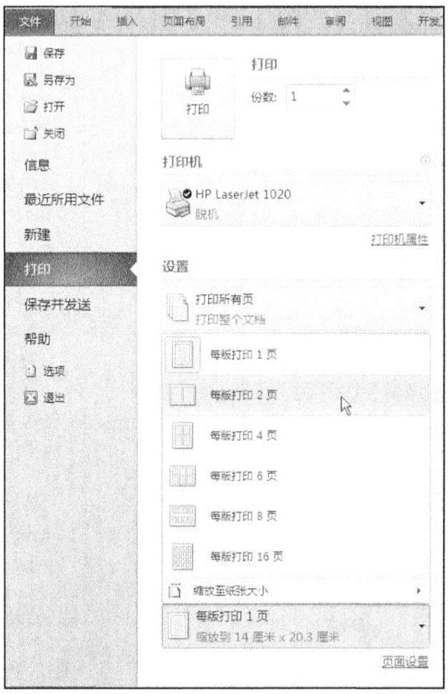

图 1-55　缩放打印

1.2.3 案例实现

1. 页面设置

根据学位论文要求：论文需用 A4 纸印刷，论文每页 30 行，每行 36 字，（Word 中的“页面设置”A4 纸纵向“页边距：上、内侧边距 2.5 厘米、下、外侧边距 2 厘米”，左侧预留 1 厘米装订线）双面打印。

（1）新建 Word 文档。

（2）在打开的新文档中单击【页面布局】|【页面设置】组右下角“页面设置”对话框，在打开的对话框中，按图 1-56~图 1-58 所示进行设置，纸张选择 A4。

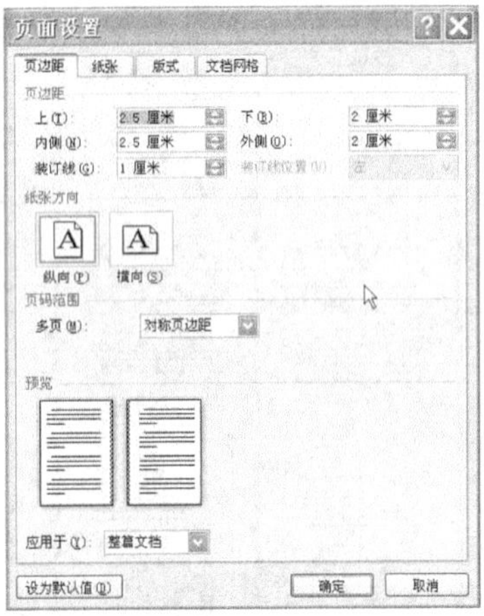

图 1-56 页边距设置

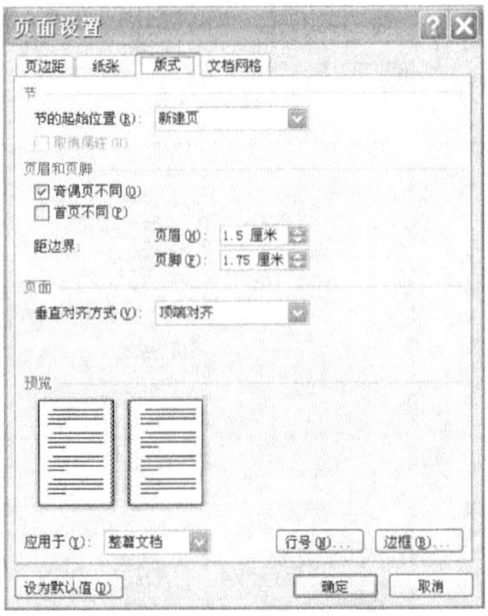

图 1-57 版式设置

2. 编辑论文列提纲

当论文页面版式定好后，通过一定思考，学生可以开始编辑论文提纲，即章节的大标题与小标题，大致确定各章节应该写什么内容。图 1-59 所示是列出的部分论文提纲。

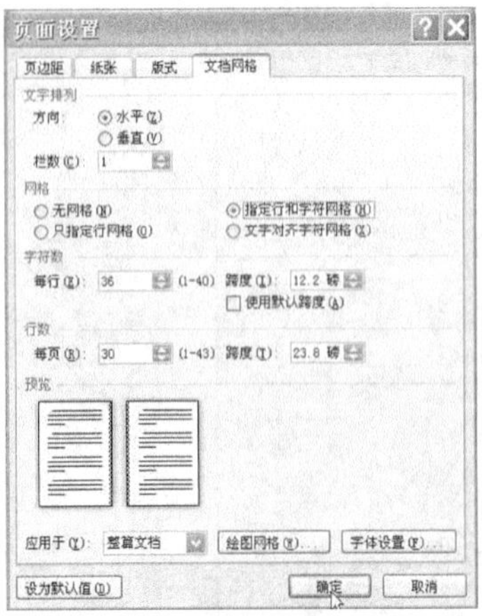

图 1-58 文档网格设置

目录
中文摘要
英文摘要
绪论
课题的背景目的与意义
系统的理论和实际意义
系统的研究动态和自己的见解
本课题研究内容
论文组织结构
课题相关工具及技术
Java 技术
JSP 技术
MVC 模式
系统分析
可行性分析
经济可行性分析
技术可行性分析
操作可行性分析
系统功能需求
系统运行环境

图 1-59 输入论文提纲

3. 修改并定义样式

提纲设计好后，即可为论文复杂的格式设计样式，以便直接应用。论文格式如下。

摘要（标题为小二号黑体），然后隔行书写摘要的文字部分（宋体小四号字）。摘要文字之后隔一行，顶格（齐版心左边线）印有：关键词（小四号黑体）词 1；词 2；……词 5（关键词 3 ~ 5 个，宋体小四号字）。西文字体统一为：Times New Roman。

一级标题（章）：黑体、小二号、不加粗；段前段后各 1 行，行距最小值 12 磅，居中；

二级标题（节）：黑体、小三号、不加粗；段前段后各 0.5 行，行距最小值 15 磅，顶格；

三级标题（节）：黑体、小四号、不加粗；段前 12 磅，段后 6 磅，行距最小值 12 磅，顶格；

条、款、项、正文：宋体、小四、首行缩进 2 字符、行距最小值 20 磅、两端对齐；“条”直接顶格（无特殊格式）。

（1）修改“正文”样式。所有“标题”样式均基于“正文”样式，若先修改“标题”样式，后修改“正文”样式，则先前被修改的“标题”样式又会发生变化。①右击【开始】|【样式】组中“正文”样式，在弹出的快捷菜单中选择“修改”。②在打开的“修改样式”对话框中，单击【格式】按钮，选择“字体”命令，在打开的“字体”对话框中将“中文字体”改为“宋体”、西文字体改为“Times New Roman”、小四、常规；③单击【格式】按钮，选择“段落”命令，“特殊格式”设置：首行缩进 2 字符，“行距”选择“最小值”，输入“20 磅”。

（2）修改“标题”样式，将其应用于“摘要”的标题。①鼠标右击【开始】|【样式】列表中“标题”样式，在展开的列表命令中选择“修改”；②在打开的“修改样式”对话框中，单击【格式】按钮，选择“字体”命令，在打开的“字体”对话框中将“中文字体”改为“黑体”、西文字体改为“Times New Roman”、小二号、不加粗；③单击【格式】按钮，选择“段落”命令，将其段前段后距离设置为 0 磅、单倍行距。

（3）修改“标题 1”到“标题 4”样式，以适应目录中要求列出的 3 级标题。①如果各级标题样式没有全部出现在样式列表中，则单击“样式”命令组右下三角，打开“样式窗格”，在“样式窗格”右下角，单击【选项】按钮，在打开的“样式窗格选项”对话框的“选择要显示的样式”列表框中选择“所有样式”；②在“样式窗格”中右击“标题 1”样式，选择“修改”命令；③在“修改样式”对话框中，将“名称”改为“一级标题”，如图 1-60 所示；④分别打开“字体”“段落”格式，按论文格式要求修改；⑤将“标题 2”名称改为“二级标题”，将“标题 3”名称改为“三级标题”，将“标题 4”名称改为“条”，其他的“字体”“段落”格式按论文格式要求一一改好。

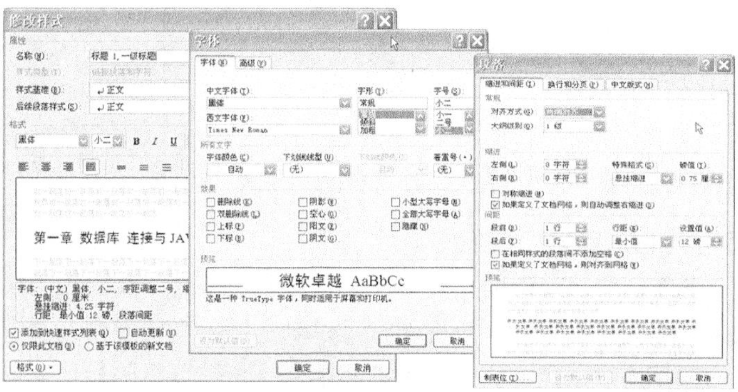

图 1-60　修改“标题 1”样式

（4）定义新的多级列表，使其为各级标题自动编号。①单击【开始】|【段落】组中“多级列表”下拉三角，选择“定义新的多级列表”；②在打开的“定义新多级列表”对话框中单击【更多】按钮，展开该对话框；③“单击要修改的级别”项选择“1”，“将级别链接到样式”选择“标题 1”，“要在库中显示的级别”选择“级别 1”，“此级别的编号样式”选择“一，二，三”，“输入的编号格式”文本框中，在“一”左右分别输入“第”“章”，“起始编号”选“1”；④“单击要修改的级别”项选择“2”，“将级别链接到样式”选择“标题 2”，“要在库中显示的级别”选择“级别 2”，“此级别的编号样式”选择“1，2，3”，“起始编号”选“1”，勾选“重新开始列表的间隔”，并选择“级别 1”，勾选“正规形式编号”；⑤“单击要修改的级别”项选择“3”，“将级别链接到样式”选择“标题 3”，“要在库中显示的级别”选择“级别 3”，“此级别的编号样式”选择“1，2，3”，“起始编号”选“1”，勾选“重新开始列表的间隔”，并选择“级别 2”，勾选“正规形式编号”，如图 1-61 所示；⑥“单击要修改的级别”项选择“4”，“将级别链接到样式”选择“标题 4”，“要在库中显示的级别”选择“级别 4”，“此级别的编号样式”选择“1，2，3”，“起始编号”选“1”，勾选“重新开始列表的间隔”，并选择“级别 3”，勾选“正规形式编号”；⑦当 4 级列表都定义好后，单击【确定】按钮；⑧按【Ctrl】键，首先用鼠标选择要定义成一级标题的题目，如绪论、课题相关工具及技术、系统分析、系统设计……然后单击“样式窗格”中“标题 1，一级标题”样式，进行应用；用同样的方法，选择将要成为二级标题的文字，单击“样式窗格”中“标题 2，二级标题”，进行应用；三级标题同样如此设置，效果如图 1-62 所示。

论文中“总结”“参考文献”“致谢”这 3 个一级标题，在应用了“标题 1，一级标题”后，也会显示“第 *N* 章”的编号，而正常情况下是不需要对这 3 个一级标题进行编号的，所以，需要取消其前面的编号。操作方法：将这 3 章大标题应用“标题 1，一级标题”后，保持选中状态，右击鼠标，在打开的快捷菜单中选择“编号”命令，在打开的“编号库”列表中选择“无”，则此 3 章前面的“第 *N* 章”的编号就取消了。

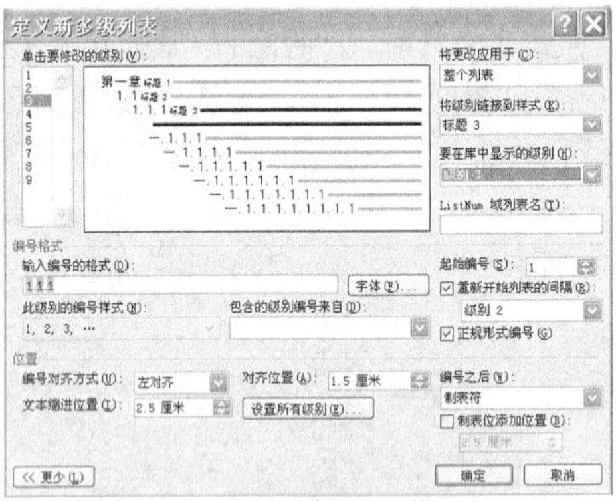

图 1-61　定义新的多级列表

图 1-62　应用多级列表后的标题样式应用

4. 分节并书写论文（使用题注、三线表）

论文格式要求：论文摘要之前的前置表格不设置页眉与页脚。页码在边线之下隔行放置，各页均加页眉。奇数页页眉为所在章题序及标题，且目录、摘要页码使用大写罗马数字居中显示。正文页码使用阿拉伯数字连续编码，直到最后论文结束，奇数页页码显示在页脚右侧，偶数页页码显示在页脚左侧。目录、摘要、各章、参考文献、致谢等分别另起一页。

根据 1.2.2 节“2.分节符与分页符”知识，不同的页眉与页脚设置时，需要分节。由此则需要将目录与摘要作为一节，各章各自为一节，并且还要分页。

（1）目录与摘要之间分节并分页

如果只是单纯地分页，可以将光标定位于“中文摘要”的“中”字之前，按组合键【Ctrl+Enter】即可直接分页；或者使用菜单命令，单击【插入】|【页】|“分页”命令。使用同样的方法，将光标定位于“英文摘要”文字最前面，按组合键【Ctrl+Enter】。但此处是分节并分页，所以要按照下面步骤（2）进行。

（2）各章分节

将光标定位于“绪论”二字之前，单击【页面布局】|【页面设置】|“分隔号”下拉列表中的“分节符”栏中“下一页”命令。用同样的方法，使光标定位于各章标题文字之前，通过使用“下一页”的方式进行分节。分节后，将当前“页面视图”切换到“草稿视图”（视图切换可直接单击当前 Word 窗口的状态栏视图选项）查看分节的效果，如图 1-63 所示。在“目录”之前再插入一个分节符，用以放置前置表格。

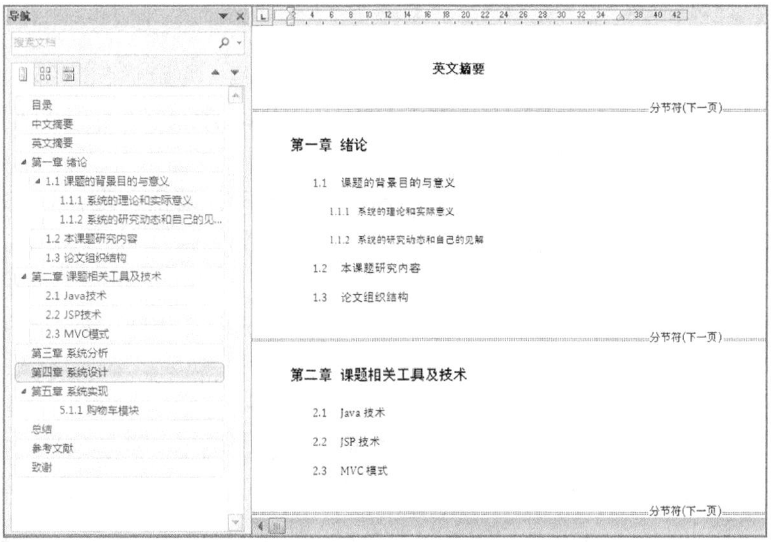

图 1-63　各章分节（草稿视图）

（3）在相应小节中输入论文内容

① 在论文设计过程中会插入图片或表格，并在正文中对图片或表格进行引用，此时应该用“插入题注”与“交叉引用”的方式进行，以便图片或者表格即使经过修改，序号有变时，引用内容也会自动更新。插入题注与交叉引用的方法请参考 1.2.2 节“4.题注与交叉引用”中的内容。

② 论文中所出现的表格均要求使用三线表，请参考第 1.1.2 节“1.Word 表格”三线表样式制作。

③ 论文中还会涉及 “参考文献”中列出的所有文献编号均在正文中有引用标志，且用上标的形式在正文中按顺序显示“参考文献”中列的编号。此处也应该使用“交叉引用”，以便在论文修改过程中，引用的编号没按顺序排列时，调整编号后能产生联动反应，无需手动更新。

操作方法：首先，在“参考文献”章节中分段列出每一条参考文献；然后，选择各条参考文献，单击【开始】|【段落】|“编号”命令，选择“【1】【2】【3】”类型对各条文献自动编号，并通过“标尺”快速调整编号后的文字缩进方式；接着，将光标定位于正文中某引用文字之后，单击【插入】|【链接】|“交叉引用”命令，在打开的“交叉引用”对话框中，“引用类型”选择“编号项”，“引用内容”选择“段落编号”，勾选“插入为超链接”，在“引用哪一个编号项”列表框中选择一条参考文献编号，单击【插入】按钮，如图 1-64（a）所示；最后，该文

献编号出现在光标所在处，选择该编号（编号“【1】”呈现出灰色底纹），单击【开始】|【字体】|“上标”命令 x^2，将其设置为上标显示，效果如图 1-64（b）所示。

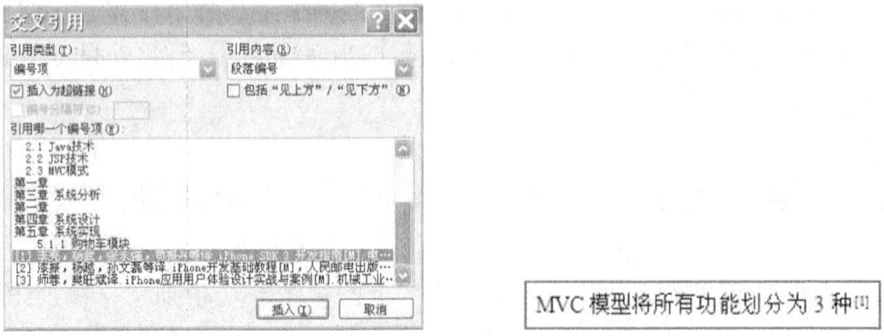

（a）　　　　　　　　　　　　（b）

图 1-64　交叉引用-编号项

5. 设置页眉页脚

页眉页脚要求：页码在边线之下隔行放置，各页均加页眉，在版心上边线隔一行加粗、细双线（粗线在上，1.5 磅）；其上居中打印页眉，奇数页眉：所在章题序及标题（如第 1 章绪论）；偶数页眉：湖南**大学学士学位论文。

目录、摘要页码使用大写罗马数字居中显示。正文页码使用阿拉伯数字连续编码，直到最后论文结束，奇数页页码显示在页脚右侧，偶数页页码显示在页脚左侧。字体均为 Times New Roman、小五号。

在论文设计完成后，设置页眉页脚，根据论文格式要求，即可发现：同一节中，奇偶页不同；不同节中页眉和页码不同。操作方法如下。

（1）设计页眉上的粗细线

① 单击目录所在页面的页眉，打开“页眉和页脚工具”，勾选“奇偶页不同”复选框。此时页眉处会自动出现一条段落直线，光标在直线正中心位置，用鼠标选择光标之后的空格（即选择该段），单击【开始】|【段落】|“框线”的下拉列表，选择“下框线”，将默认出现的段落直接取消。

② 按【Enter】键后，将光标上移一行（论文要求版心上边线隔一行设置页眉），然后选择光标后该行的空格，单击【开始】|【段落】|“框线”的下拉列表，选择“边框和底纹”命令，在打开的“边框和底纹”对话框中进行图 1-65 所示的设置。首先选择“样式”为“粗细线”，接着选择“宽度”为“1.5 磅”，然后在“应用于”下拉列表中选择“段落”，最后在预览区域用鼠标分别单击上、下、左、右框线，将所有框线取消后，再单击一次下框线，以便让其变成粗细线而非细粗线。当然，如果选择的“样式”是“细粗线”，则在预览区域，只需要取消上、左、右框线，留下下框线即可。

③ 粗细线设计完成后，所有奇数页页眉上都有一条 1.5 磅的粗细线。滚动鼠标滑轮，移到目录的偶数页，用同样的方法，将偶数页页眉上也设置好一条 1.5 磅的粗细线。

（2）设计各页页眉上文字

① 将光标定位于目录页奇数页所在页眉，输入“目录”二字，并设置其字体为“宋体、小五号”，然后滚动鼠标滑轮到目录偶数页，在共页眉上输入“湖南**大学学士学位论文”字样，设置其字体为“宋体、小五号”。

② 单击【页眉和页脚工具】上“下一节”命令，切换到“摘要”节。光标所在处若是奇数页，就单击“链接到前一条”命令，取消该命令的使用，输入“摘要”；若是偶数页，就不取消“链接到前一条”命令的使用，让其使用上一节中页眉文字“湖南**大学学士学位论文”。注意：一定要先决定“链接到前一条”命令的使用后，再输入页眉文字，否则就需要返回上一节中重新修改。

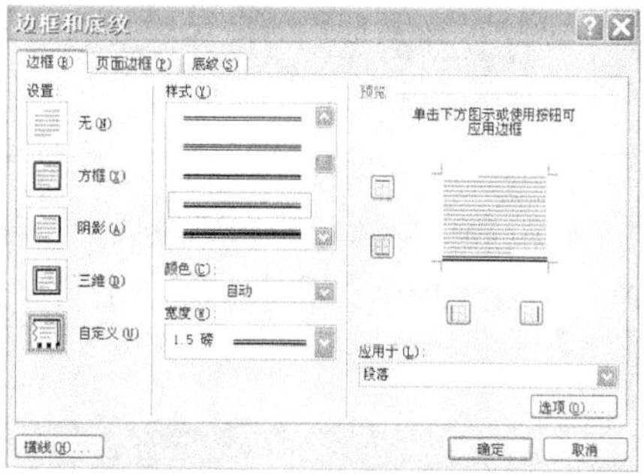

图 1-65　设置段落下边框

③ 切换到下一节，按②中提到的方法，光标所在处若是奇数页，取消“链接到前一条”命令的使用，再输入页眉信息；然后单击“下一节”进入偶数页页眉，应用“链接到前一条”命令，不修改页眉信息。直到所有页眉均设计完成后，关闭“页眉和页脚”。缩放文档页面，浏览一下设置是否有误。效果如图 1-66 所示。

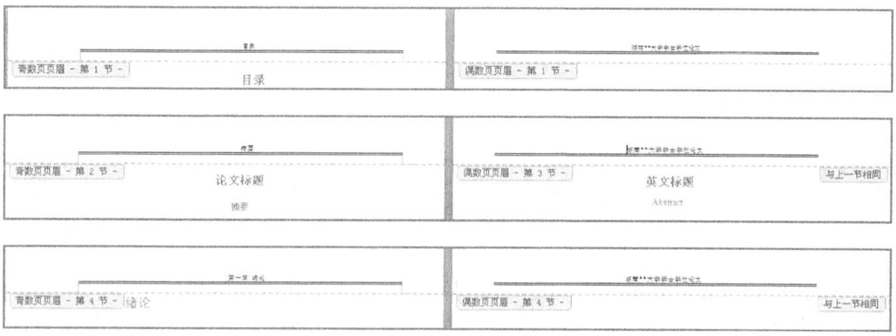

图 1-66　各节奇数页不同页眉样本

（3）设置页码

① 双击“目录”页页脚所在处，打开【页眉和页脚工具】，单击“页码”命令的下拉三角，在展开的命令中选择“页面底端”中“普通数字 2”页码类型，居中显示页码。

② 光标仍在页脚处，再单击“页码”命令的下拉三角，在展开的命令中选择“设置页码格式”，在打开的“页码格式”对话框中，“编号格式”选择“Ⅰ，Ⅱ，Ⅲ…”，“页码编号”选择“起始页码”的“Ⅰ”，如图 1-67 所示。

③ 单击“下一节”命令，切换到偶数页页码处，依然是居中显示在页面底端，设置的“编码格式”依然是大写罗马字，并设置“续前节”页码。

④ 使用与③同样的方法设置“中英文摘要”的页码。

⑤ 单击“下一节”命令，切换到正文所在页脚时，取消“链接到前一条”命令的应用，因为正文页码编号格式为阿拉伯数字，而之前的页码是罗马数字。如果切换到的当前页为奇数页，则单击“页码”命令的下拉三角，在展开的命令中选择“页面底端”中“普通数字 3”页码类型，右对齐显示页码；若切换到的当前页为偶数页，则选择“普通数字 1”页码类型，左对齐显示页码。

⑥ 将光标置于正文第 1 页页脚处，单击“页码”命令的下拉三角，在展开的命令中选择“设置页码格式”，在打开的“页码格式”对话框中，“编号格式”选择“1，2，3…”，“页码编号”

选择“起始页码”的“1”。完成之后，会发现该页后的所有页码均为连续的阿拉伯数字页码。当然，为了保险起见，可以通过单击“下一节”命令，一处一处查看是否有需要修改的页码。

6. 生成目录

目录中各章题序及标题用小四号黑体，其余用小四号宋体，单倍行距。操作方法如下。

（1）将光标置于目录所在页中“目录”二字的下一行，单击【引用】|【目录】命令组中“目录”列表，选择“插入目录”，打开“目录”对话框，如图 1-68 所示。

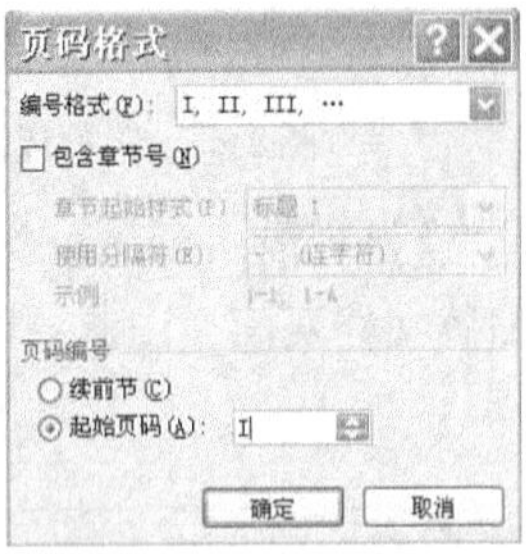

图 1-67　设置页码格式

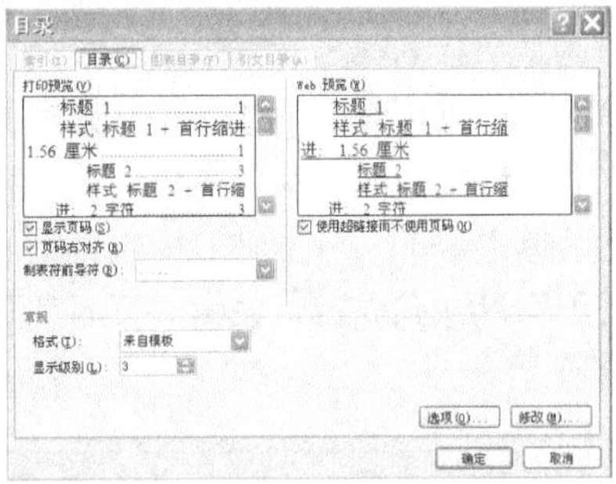

图 1-68　“目录”对话框

（2）单击“目录”对话框的“修改”按钮，打开“样式”对话框（图 1-69），选择“目录 1”，单击【修改】按钮。打开“修改样式”对话框（图 1-70），将字体改为：黑体、小四号，段落改为：无左右缩进、无特殊格式、段前段后 0 行、单倍行距。修改完成后，返回“样式”对话框。

（3）选择“目录 2”进行修改，将字体改为：宋体、小四号，段落改为：左缩进 2 厘米，无特殊格式、段前段后 0 行、单倍行距。修改完成后，返回“样式”对话框。

（4）选择“目录 3”进行修改，将字体改为：宋体、小四号，段落改为：左缩进 4 厘米，无特殊格式、段前段后 0 行、单倍行距。修改完成后，返回“样式”对话框。单击【确定】按钮，返回“目录”对话框；单击【确定】按钮，完成目录格式定义。

（5）所有设置了一级、二级、三级标题样式的文字内容均出现在目录中，若目录中出现不需要的标题，可以直接删除。效果如图 1-71 所示。

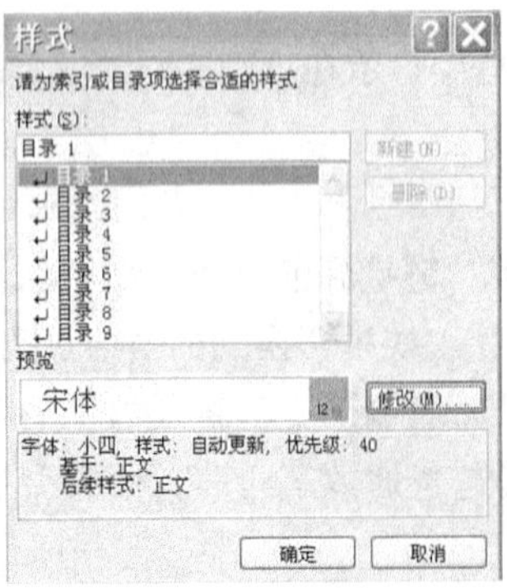

图 1-69　样式对话框

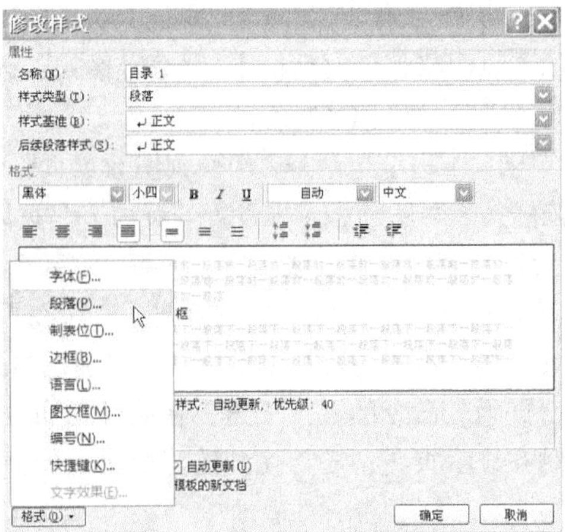

图 1-70　修改样式对话框

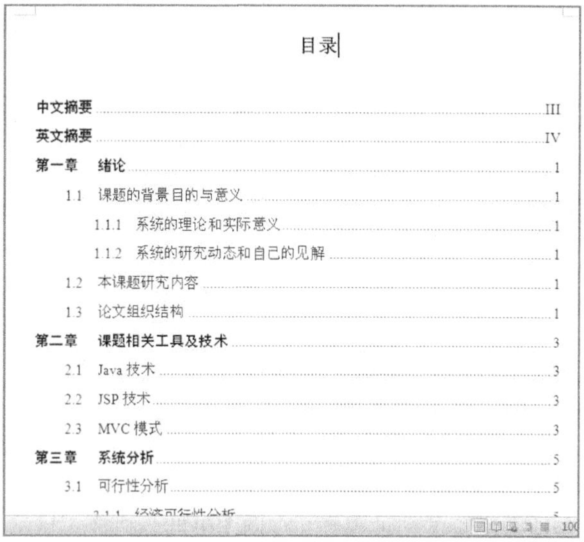

目录

中文摘要 III
英文摘要 IV
第一章　绪论 1
1.1　课题的背景目的与意义 1
1.1.1　系统的理论和实际意义 1
1.1.2　系统的研究动态和自己的见解 1
1.2　本课题研究内容 1
1.3　论文组织结构 1
第二章　课题相关工具及技术 3
2.1　Java 技术 3
2.2　JSP 技术 3
2.3　MVC 模式 3
第三章　系统分析 5
3.1　可行性分析 5

图 1-71　目录样本

1.3　书籍编稿控制

在 Word 的使用过程中，书籍作为另一种长文档，其编辑工作是很苦很累的。并且书籍编写者很可能不止一个，如果将所有的内容都放在一个文档中，那么工作起来会非常慢，因为文档太大，会占用大量的资源。如果将文档的各个部分分别作为独立的文档，又无法对整篇文章做统一处理，而且文档过多也容易引起混乱。

使用 Word 的主控文档，是制作长文档最合适的方法。主控文档包含几个独立的子文档，可以用主控文档控制整篇文章或整本书，而把书的各个章节作为主控文档的子文档。这样，在主控文档中，所有的子文档可以当作一个整体，用户可以对其进行查看、重新组织、设置格式、校对、打印和创建目录等操作。对于每一个子文档，用户又可以对其进行独立的操作。此外，用户还可以在网络地址上建立主控文档，与别人同时在各自的子文档上进行工作。

1.3.1　案例分析

小宇在一所高校任教，所用的教材每年都换，但未能找到令自己满意的教材。所以，在学校领导以及他自己联系的几位教授同一门课程同事的支持下，小宇决定，与几位同事共同编写一本适用于自己学校该门课程的教材。

小宇与几位同事共同商量教材内容，各章节写什么、怎么写都已经清楚明白。到最后几位同事把各自编写的 Word 文档都提交到他手里后，他不知如何将多个 Word 文档合成一个文档送交出版社。更何况，每位同事若有后期修改，也不可能让他们在合并的稿件中修改，万一将其他章节改乱了那就更加麻烦，所以各自修改各自编写的文档，还能体现在合成的主文档中那是最好不过的事情。想要达成这个目标，Word 提供了一个好帮手，那就是主控文档与子文档。

使用大纲视图提供的主控文档与子文档功能可以将文档通过网络共享的方式共同编辑。几位同事已经将各自编辑好的章节用 Word 文档提交给小宇，每个 Word 文档按章号及标题命名，然后小宇将这些不同的 Word 文档合并到一个文档中，形成一本书。如果发现某章内容有问题或者需要修改，再将他们先前发过来的文件返回去，让其修正后，再发回来；这发回来的修正内容会自动合并到最后的主控文档中，直到出版社校稿后可以打印时将主控文档转换成普通文档进行打印。

1.3.2 知识储备

1. 大纲视图

（1）5 种视图简介

Word 2010 提供了 5 种视图供用户选择，每种视图下想要查看的该文档的效果是不一样的，但都不会改变文档原本内容。

“页面视图”可以显示 Word 2010 文档的打印结果外观，主要包括页眉、页脚、图形对象、分栏设置、页面边距等元素，是最接近打印结果的页面视图。

“阅读版式视图”，是适合阅读的一种视图，它以图书的分栏样式显示文档，“文件”等菜单选项功能区窗口元素被隐藏起来。在阅读版式视图中，用户还可以单击【工具】按钮选择各种阅读工具。

“Web 版式视图”以网页的形式显示文档，Web 版式视图适用于发送电子邮件和创建网页。

“大纲视图”主要用于文档的设置和显示标题的层级结构，并可以方便地折叠和展开各种层级的文档。大纲视图广泛用于 Word 2010 长文档的快速浏览和编辑设置中。

“草稿视图”取消了页面边距、分栏、页眉页脚和图片等元素，仅显示标题和正文，是最节省计算机系统硬件资源的视图方式。在草稿视图中还可以清楚地看到“分节符”。

（2）大纲视图的主要作用

大纲视图便于组织长文档，单击标题前的标志，可以折叠或者展开该标题下低级别的文档，便于进行大块文本的移动、生成标题目录等操作。

大纲视图还便于文档层次的变更，比如原本的小节标题要升级为节标题，可以将鼠标定位于该小节所在段落任意位置，单击大纲工具上的【升级】按钮（图 1-72），则光标所在段落所有文字均跟着上升一个标题样式级别（注意：在大纲级别中，只按段落升级或降级，不按选中的文字进行升级或降级，但在页面视图中，可以对选定的文字设置标题样式，但即使设置了标题样式，在大纲视图中依然以正文文本对待）。反之，可以对某段文字进行降级。

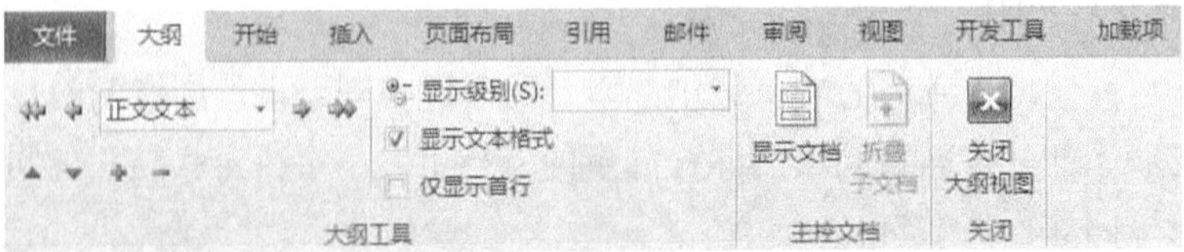

图 1-72　大纲视图工具栏

大纲视图方便移动标题到文档的不同位置。将光标置于标题任意位置，单击大纲工具上的按钮，可以轻松将光标所在行的标题上移或者下移。

大纲视图配合导航窗格可以轻松地将文档内容按大纲级别的标题显示或隐藏，即用鼠标单击导航窗格某标题，然后单击大纲工具上的按钮，可以按要求将内容展开或者隐藏，以方便浏览或编辑固定章节内容。

2. 主控文档与子文档

大纲视图工具栏上会显示一个主控文档的命令组按钮。其实，主控文档就是一组单独文件的容器，这一组单独文件又称为子文档，而主控文档便是这些相关子文档关联的链接。使用主控文档，用户可以将长文档分成较小的、更易于管理的子文档，从而便于组织和维护。在工作组中，用户可以将主控文档保存在网络上，并将文档划分为独立的子文档，从而共享文档的所有权。

创建主控文档，要从大纲视图开始，在其中创建或者插入子文档。此处介绍两种创建主控文档的方法。不管是插入还是创建的方式，都应将主控文档与子文档放在同一文件夹中。

（1）由主控文档生成子文档

① 为主控文档确定一个目录文件夹，如“D:\新版教材编写”。

② 在该文件夹新建一个 Word 文档，并为其命名，如“大学计算机基础教程”。

③ 打开该文档，切换到“大纲视图”。

④ 在大纲视图中输入书籍各章标题，并确定“大纲级别”文本框中显示的是“1 级”，各章标题各自成独立段落。如图 1-73 所示，单击【显示文档】按钮，将主控文档命令组中所有命令全部显示出来。而刚才所输入的标题也将成为各子文档的文件名一起保存于主控文档所在文件夹。

⑤ 选择所有输入的各章标题后，单击【大纲】|【主控文档】|“创建”命令，并单击【保存】按钮，则主控文档与主控文档所在文件夹均发生变化，主控文档变化如图 1-74 所示。其所在文件夹则生成多个子文档，效果如图 1-75 所示。

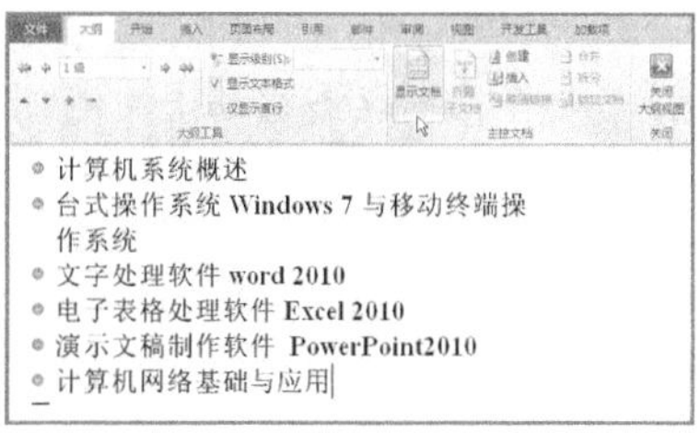

图 1-73　创建子文档文件标题

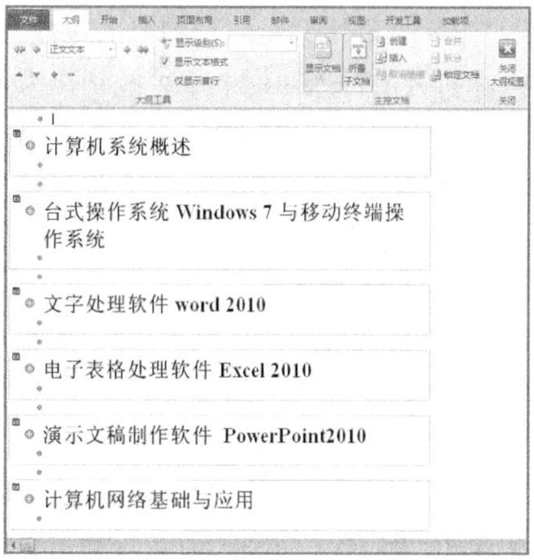

图 1-74　创建子文档并保存

⑥ 在图 1-74 中，“折叠子文档”按钮高亮显示，即子文档处于折叠状态。此时主控文档将显示各子文档的文件地址，如图 1-76 所示，按【Ctrl】键并单击各项，可直接打开子文档进行编辑。编辑完成后关闭子文档，并单击“展开子文档”命令，则刚才编辑的内容直接在主控文档中显示。

⑦ 不管主控文档的文件名如何，每个子文档指定的文件名不会受到影响，因为它只是根据主控文档标题行文本自动命名的。如果文件夹中有相同文件名，它们会自动在后面加上“1，2，…”来区别。

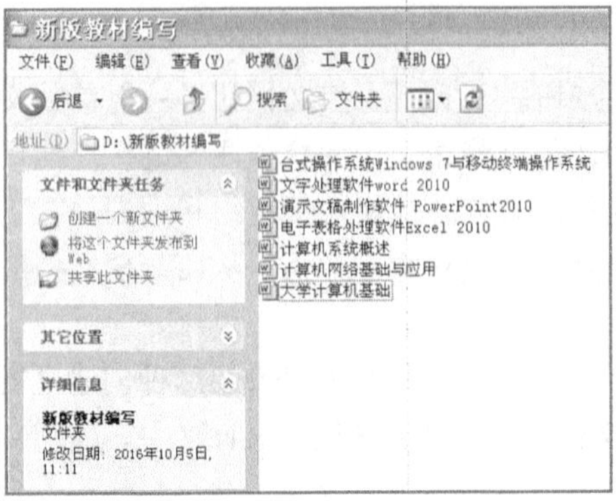

图 1-75 在同一目录下生成子文档

图 1-76 展开子文档超链接

（2）在主控文档中插入子文档

主控文档可以是一个新建的 Word 文档，也可以是一个已经编辑过的 Word 文档；子文档可以由主控文档来创建，也可以直接新建完成后，插入到主控文档中去。而子文档在主控文档中是以超链接的方式存在，当然一旦文档最终确定，可以将子文档全部展开在主控文档中，并取消超链接，形成主文档。

① 确定一个目录文件夹，其中存放了可以作为主控文档的 Word 文件，以及作为子文档的 Word 文件。

② 打开作为主控文档的 Word 文件，并切换到“大纲视图”。

③ 在当前打开的 Word 文档中文字的最后按【Enter】键，换一行后单击【大纲】|【主控文档】|“显示文档”命令，在展开的主控文档命令中选择“插入”命令。

④ 在打开的插入对话框中，找到作为子文档的文件目录，并选择子文档，确定插入。

⑤ 子文件的所有内容显示在主控文档中，可以切换到“页面视图”进行查看与调整。

⑥ 可以将其他子文档按③④⑤步骤一个一个插入到主控文档中。

⑦ 当所有子文档插入完成后，单击【保存】按钮，保存主控文档与子文档之间的超链接关系。

（3）重命名子文档

不能用【资源管理器】等程序或 DOS 命令来对该子文档重命名或移动子文档，否则，将找不到主控文档，并重新组织子文档。

可以按如下步骤对子文档进行重命名。

① 打开主控文档，并切换到主控文档显示状态。

② 单击“折叠子文档”命令折叠子文档。

③ 单击要重新命名的子文档的超级链接，打开该子文档。

④ 单击【文件】选项卡【另存为】选项，打开“另存为”对话框。

⑤ 选择主控文档所在目录输入子文档的新文件名，单击【保存】按钮，即可保存。

关闭该子文档并返回主控文档，此时会发现在主控文档中原子文档的文件名已经发生改变，而且主控文档也可以保持对子文档的控制。注意：保存该主控文档即可完成对子文档的重命名。

在重新命名子文档后，原来子文档的文件仍然以原来的名字保留在原来的位置，并没有改变原来的文件名和路径。Word 只是将子文档文件以新的名字或位置复制了一份，并将主控文档的控制转移到新命名后的文档上。原版本的子文档文件仍保留在原来的位置，用户可以对原来的文件进行自由处理，删除或者移动都不影响主控文档。

（4）合并与拆分子文档

合并子文档就是将几个子文档合并为一个子文档。合并子文档的操作步骤如下。

① 在主控文档中移动子文档，将要合并的子文档移动到一块，使它们两两相邻。

② 单击子文档图标，选定第一个要合并的子文档。

③ 按住【Shift】键不放，单击下一个子文档图标，选定整个子文档。

④ 如果有多个要合并在一起的子文档，重复步骤③。

⑤ 单击【大纲】|【主控文档】|“合并”命令，即可将它们合并为一个子文档。在保存主文档时，合并后的子文档将以第一个子文档的文件名保存。

如果要把一个子文档拆分为两个子文档，具体步骤如下。

① 主控文档中展开子文档。

② 如果文档处于折叠状态，需要展开；如果处于锁定状态，需要解除锁定状态。

③ 在要拆分的子文档中选定要拆分出去的文档，也可以为其创建一个标题后再选定。

④ 单击【大纲】|【主控文档】|“拆分”命令，被选定的部分将作为一个新的子文档从原来的子文档中分离出来。

该子文档将被拆分为两个子文档，子文档的文件名由 Word 自动生成。用户如果没有为拆分的子文档设置标题，可以在拆分后再设定新标题。

（5）锁定主控文档和子文档

在多用户协调工作时，主控文档可以建立在本级硬盘上，也可以建立在网络盘上。合作可以共享一台计算机，也可以通过网络连接起来。如果某个用户正在某个子文档上工作，那么该文档应该对其他用户锁定，防止引起管理上的混乱，避免出现意外损失。这时其他用户可以（也只能）以只读方式打开该子文档，其他用户只可以对其进行查看，修改后不能以原来的文件名保存，直到解除锁定后才可以。

锁定或解除主控文档的步骤如下。

① 打开主控文档。

② 将光标移到主控文档中

③ 单击【大纲】|【主控文档】|“锁定文档”命令。

此时主控文档自动设为只读，用户将不能对主控文档进行编辑，但可以对没有锁定的子文档进行编辑并保存。如果要解除主控文档的锁定，只需再将光标移到主控文档中，单击“锁定文档”命令按钮即可。

要锁定子文档，同样要把光标移到该子文档中，单击【大纲】工具栏中的“锁定文档”命令按钮即可锁定该子文档。锁定的子文档同样不可编辑，即对键盘和鼠标的操作不反应，锁定后的子文档以图标标识，锁定后的主文档在文档中没有标识，但在标题栏中用【只读】两个字来标识。

解除子文档的锁定与解除主控文档的锁定方法相同。

（6）删除子文档

在主控文档中删除某子文档，其实就是删除该子文档在主控文档中的超链接地址。只需要单击【大纲】|【主控文档】|“显示文档”命令，不要启动“展开子文档”命令，即让子文档以图 1-76 所示的形式显示。然后单击需要删除的子文档图标，并按【Delete】键进行删除。从主控文档删除的子文档，并没有真的在硬盘上删除，只是从主控文档中删除了这种主从关系，该子文档仍保存在原来的磁盘位置上。

（7）将子文档转换为主控文档的一部分

当在主控文档创建或插入了子文档之后，每个子文档都被保存在一个独立的文件中。如果想把某个子文档转换成主控文档的一部分，只需要在子文档展开时，将光标定位于该子文档内容的任意位置，单击【大纲】|【主控文档】|“取消链接”命令，则此时该子文档的外围虚线框和左上角的子文档图标消失，该子文档就变成主控文档的一部分。特别注意“取消链接”后，若要再恢复链接，也可以通过撤销操作  来实现。

这种“将子文档转换为主控文档的一部分”的操作，与常规的将两个文件合并为一个文件相似，只是操作方法略有不同，常规的将“文件 2”合并到“文件 1”中只需如下两个过程：①打开“文件 1”；②单击【插入】|【文本】|“对象”下拉三角，选择“文件中的文字”（图 1-77）。

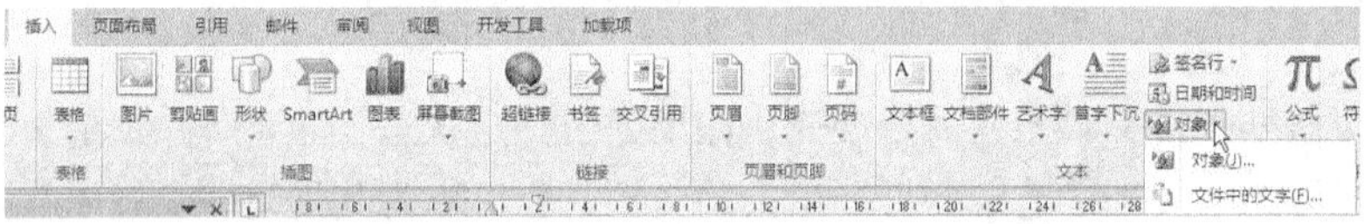

图 1-77　文件合并命令

3. 导航窗格

“导航窗格”主要用于显示 Word 2010 文档的标题大纲，用户可以通过单击“文档结构图”中的标题来展开或收缩下一级标题，可以通过单击标题名称快速定位到标题对应的正文内容，还可以显示 Word 2010 文档的缩略图。

单击【视图】|【显示】|“导航窗格”命令复选框可以显示或隐藏导航窗格，显示导航窗格对编辑长文档非常有帮助。

1.3.3　案例实现

小宇和五位同事经过商议，已经确定各自要编写的章节内容，并且约定只用 Word 提供的标题样式对各级标题进行应用，以便小宇统稿后，对所有格式或样式进行规范。

1. 编辑子文档

小宇及其几位同事在规定的时间内完成了新版教材所有章节的编写，每位同事编写的内容单独成一个 Word 文档，并且在编辑过程中直接使用 Word 提供的标题样式来设置章节标题，编写过程中只需要大致应用题注与交叉引用即可，其他的页面设置、页眉与页脚、目录等均在最后合并成书后进行设置。

当小宇和几位同事完成子文档的编写后，几位同事通过 QQ 将子文档发到小宇计算机上。小宇特地新建了一个文件夹用来管理，其效果如图 1-78 所示，其中“第 1 章”为小宇自己编写的。

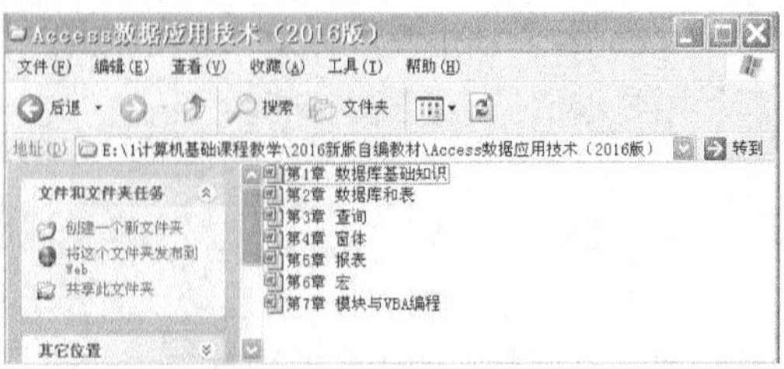

图 1-78　各子文档存放于同一文件夹

2. 创建主控文档

小宇原打算将自己写作的"第 1 章"作为主控文档，后来觉得为了避免后期修改发生错乱，还是应该新建一个文档作为主控文档。

（1）在当前文件夹新建一个空白的 Word 文档，命名为：Access 数据库应用技术。

（2）打开"Access数据库应用技术.docx"文档，单击 Word状态栏右下角的"大纲视图"，切换到"大纲视图"页面。

（3）单击【大纲】|【主控文档】|"显示文档"命令，在展开的命令中，单击"插入"命令，打开如图 1-79 所示的对话框，在该对话框中找到子文档存放的地址，然后选择一个 Word 文档。

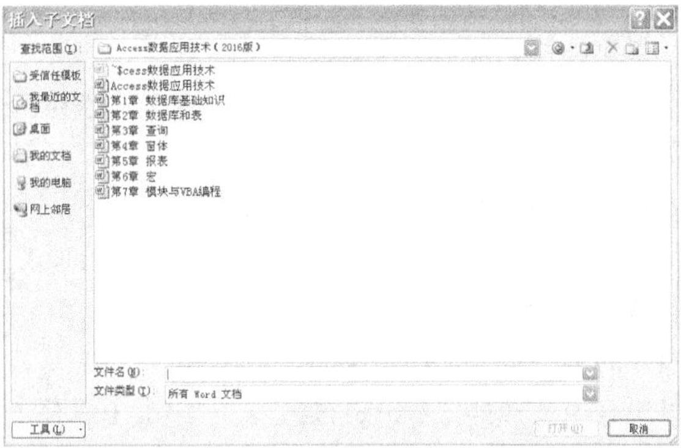

图 1-79　选择插入的子文档

（4）按（3）的方法继续在主控文档中插入其他子文档，只能一个一个插入，并且只能在"展开子文档"的状态下进行插入，子文档内容插入处即是主控文档中光标所在处。

（5）所有 7 个子文档插入完成后，单击"折叠子文档"命令，会发现每一个子文档各自成为一节。

（6）展开子文档，单击 Word 状态栏下"页面视图"页面，并单击勾选【视图】|【显示】命令组中"导航窗格"选项，用导航窗格浏览。图 1-80 所示是在页面视图下，浏览所有展开的子文档形成的主控文档。

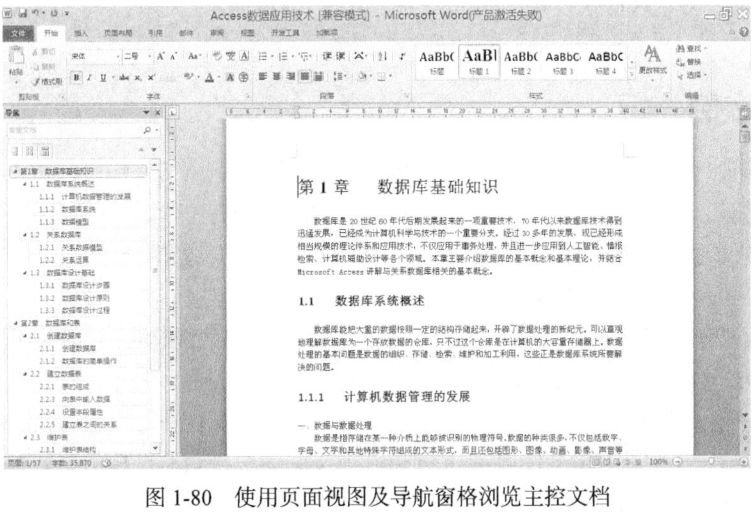

图 1-80　使用页面视图及导航窗格浏览主控文档

3. 修改子文档

所有书稿最终完成之前都需要检查多次。小宇在校对过程中，发现有问题的章节，直接跟编写该章节的同事进行联系。当同事将修改好的 Word 文档再次发送过来后，小宇只需要接收该文档，放在同一个地方，只要文件名不变，覆盖原有文件即可。

因为所有子文档体现在主控文档中的是一个超链接，如果在主控文档中修改展开了的子文档内容，那么所做的修改，在主控文档保存之时也会保存到子文档中。

4. 合并子文档

当所有章节内容已经确定无误后，可以将所有子文档合并成一个文档，进行页面设置、页眉页脚设置、标题样式修改、生成自动目录等工作。要完成将子文档合并成一个文档的效果，有两种方法：第一种方法是将所有子文档合并到第一个子文档中；第二种方法是在主控文档中取消所有子文档的超链接关系，让主控文档成为一个普通文档。

为了保持各章 Word 文档的独立性，小宇应采用第二种方法将所有子文档内容直接在主控文档中普通化。操作步骤如下。

（1）将光标定位于展开的第一个子文档内容的任意位置。

（2）单击【大纲】|【主控文档】|“取消链接”命令，则此时该子文档的外围虚线框和左上角的子文档图标消失，该子文档就变成主控文档的一部分。

（3）将光标定位于展开的第二个子文档内容的任意位置。

（4）用同样的方法将所有子文档都“取消链接”，然后单击【保存】按钮。

5. 统一格式

打开主控文档“Access 数据库应用技术.docx”，在“页面视图”中，小宇可以对该文档按出版社要求设置格式，当格式设置完成后，可以使用导航窗格，用缩略图进行预览。

1.4 公文格式与制作

公文一般指公务文书。公务文书是法定机关与组织在公务活动中，按照特定的体式、经过一定的处理程序形成和使用的书面材料，又称公务文件。无论从事专业工作，还是从事行政事务，都要学会通过公文来传达政令政策、处理公务，以保证协调各种关系，决定事务，使工作正确、高效地进行。

1.4.1 案例分析

小莉本科毕业后，应聘到了一个较为理想的公司，做办公室文秘工作。起初一段时间，她做一些文件录入、打印、收发、传递等工作，倒也得心应手。直到有一天，王总秘书小张告诉小莉，公司需要发布一份重要的公文通知，要求小莉尽快打印出来。公文通知？这可是一项新任务，尽管小莉以前没做过，但考虑到大一时学过 Office 软件的基本操作，毕业时的毕业论文就是自己编排打印的，有着一些经验和技巧，于是，她愉快地接受了这项任务。等小张走后，小莉就开始忙活起来，先分析公文结构，然后进行录入编排，可事情并没有开始想象的那么简单，对一些地方反复进行编排，依然达不到理想的效果。这让小莉很是郁闷，静下来一想，现在是网络时代，何不上网找些资料、查阅些文档呢？通过上网查阅，小莉才知道，公文的编辑排版有严格的格式标准，需要掌握相应的编排技巧，才能编排好，通过反复的操作练习，聪明能干的小莉交出了满意的答卷。

小莉要打印的公文式样如图 1-81 所示。

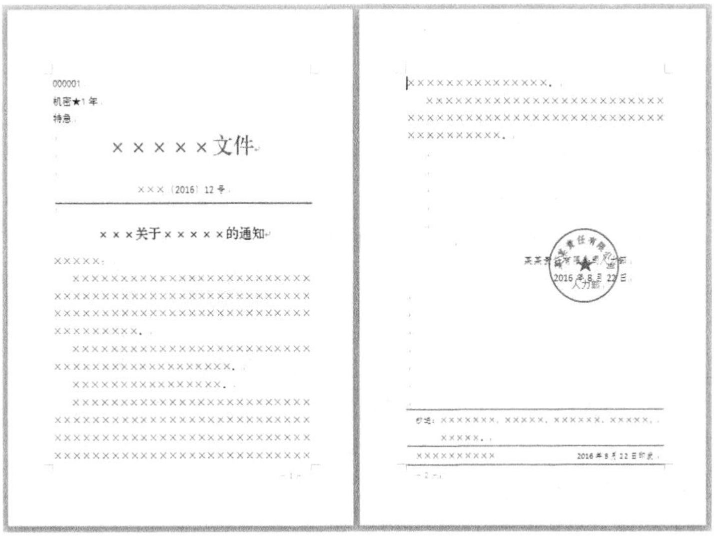

图 1-81　公文示例

1.4.2　知识储备

1. 公文的概念

公文是公务文书的简称，它是党政机关、企事业单位、法定团体等组织在公务活动中形成的具有法定效力和规范体式的书面材料。

2. 公文的特点

公文具有以下三个特点。

（1）权威性。首先，公文由法定的作者制成和发布；其次，无论是事实、数字还是各种意见、结论，一旦进入正式公文，就不能任意更改、解释、否定；最后，公文是机关、团体、组织的喉舌、意图，是其开展工作的依据。

（2）规范性。公文的撰写和处理，从起草、成文，到收发、传递、分办、立卷、归档、销毁等，都有一套规范化的制度。另外，公文具有特定的体式，其文体、结构、用纸的尺寸、文件标记都有统一的规定。

（3）工具性。公文是各机关、团体、组织在公务管理过程中最经常、最大量使用的一种工具。公务管理的方法很多，而最科学最正规的方法就是利用公文进行公务管理。

3. 公文的种类

（1）从行文关系上划分有三种。行文是指一个机关给另一机关的发文。

① 上行文。下级向它所属的上级领导机关的行文，即自下而上的行文，如报告、请示。

② 下行文。上级领导机关给其所属的下级机关的行文，即自上而下的行文，如命令、决定、指示、批复等。

③ 平行文。同级机关或者互不隶属机关之间的行文。函是最典型的平行文。

（2）从具体的文种来看，根据 2016 年国务院办公厅《党政机关公文处理工作条例》的规定，公文有下列文种。

① 决议：适用于会议讨论通过的重大决策事项。

② 决定：适用于对重要事项作出决策和部署、奖惩有关单位和人员、变更或者撤销下级机关不适当的决定事项。

③ 命令：适用于公布行政法规和规章、宣布施行重大强制性措施、批准授予和晋升衔级、嘉奖有关单位和人员。

④ 公报：适用于公布重要决定或者重大事项。

⑤ 公告：适用于向国内外宣布重要事项或者法定事项。

⑥ 通告：适用于在一定范围内公布应当遵守或者周知的事项。

⑦ 意见：适用于对重要问题提出见解和处理办法。

⑧ 通知：适用于发布、传达要求下级机关执行和有关单位周知或者执行的事项，批转、转发公文。

⑨ 通报：适用于表彰先进、批评错误、传达重要精神和告知重要情况。

⑩ 报告：适用于向上级机关汇报工作、反映情况，回复上级机关的询问。

⑪ 请示：适用于向上级机关请求指示、批准。

⑫ 批复：适用于答复下级机关请示事项。

⑬ 议案：适用于各级人民政府按照法律程序向同级人民代表大会或者人民代表大会常务委员会提请审议事项。

⑭ 函：适用于不相隶属机关之间商洽工作、询问和答复问题、请求批准和答复审批事项。

⑮ 纪要：适用于记载会议主要情况和议定事项。

4. 公文格式的种类

根据公文载体的不同，公文可分为文件格式、信函格式、电报格式、命令格式、纪要格式等。

以下介绍的公文格式一般指文件格式。信函格式、电报格式、命令格式、纪要格式等属于特定格式。

5. 公文格式的基本要求

我国在《党政机关公文格式》（GB/T 9704—2012）标准（下文简称为《标准》）中对公文的布局排版进行了详细的规定。

（1）公文用纸幅面尺寸及版面要求

幅面尺寸：公文用纸采用 GB/T 148 中规定的 A4 型胶版印刷纸或复印纸纸，其成品幅面尺寸为：210mm × 297mm。

版面：公文用纸天头（上白边）为 37mm ± 1 mm，公文用纸订口（左白边）为 28mm ± 1mm，版心尺寸为 156mm × 225mm，如图 1-82 所示。

（2）字体和字号

如无特殊说明，公文格式各要素一般用 3 号仿宋体字。特定情况可以进行适当调整。

（3）行数和字数

一般每面排 22 行，每行排 28 个字，并撑满版心。特定情况可以进行适当调整。

（4）文字的颜色

如无特殊说明，公文中文字的颜色均为黑色。

（5）印制装订要求。

制版要求：版面干净无底灰，字迹清楚无断划，尺寸标准，版心不斜，误差不超过 1mm。

印刷要求：双面印刷；页码套正，两面误差不超过 2mm。

装订要求：公文应当左侧装订，不掉页，两页页码之间误差不超过 4mm，裁切后的成品尺寸允许误差 ± 2mm，四角成 90°，无毛茬或缺损。

骑马订或平订的公文应当满足以下要求。

① 订位为两钉外订眼距版面上下边缘各 70mm 处，允许误差 ± 4mm。

② 无坏钉、漏钉、重钉，钉脚平伏牢固。

③ 骑马订钉锯均订在折缝线上，平订钉锯与书脊间的距离为 3mm~5mm。

包本装订公文的封皮（封面、书脊、封底）与书芯应吻合、包紧、包平、不脱落。

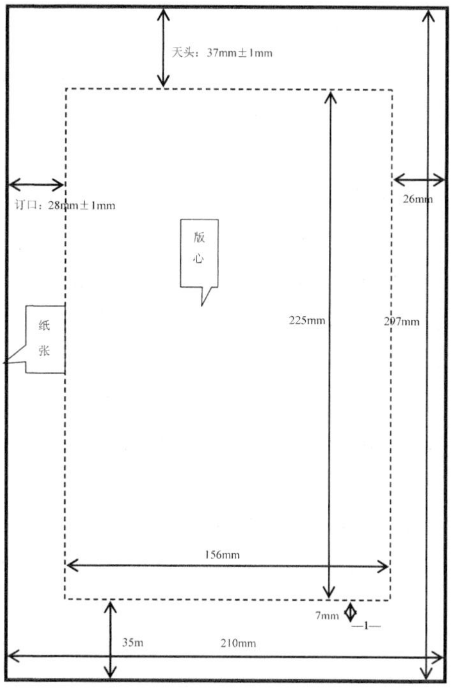

图 1-82　公文版面示意图

6. 公文格式要素

《标准》将版心内的公文格式各要素划分为版头、主体、版记三部分。

（1）版头

公文首页红色分隔线以上的部分称为版头。版头一般包括：份号、密级和保密期限、紧急程度、发文机关标志、发文字号、签发人等。红色分隔线属于版头，如图 1-83（a）所示。

（2）主体

公文首页红色分隔线（不含）以下、公文末页首条分隔线（不含）以上的部分称为主体。主体一般包括：标题、主送机关、正文、附件说明、发文机关署名、成文日期、印章、附注、附件等，如图 1-83（b）所示。

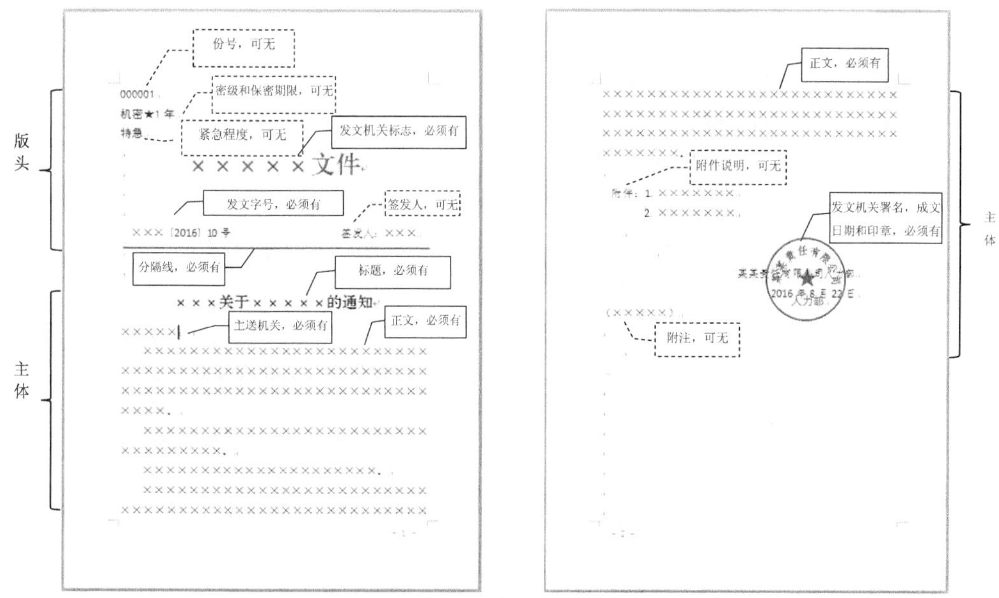

（a）　　　　（b）

图 1-83　公文格式要素示例

（3）版记

公文末页首条分隔线以下、末条分隔线以上的部分称为版记。版记一般包括：抄送机关、印发机关和印发日期等。如图 1-84 所示。

（4）页码

页码位于版心外，分单页码和双页码。

7. 公文模板

综上所述，一份完整的公文编排需要花费很多精力和时间才能完成，而对于办公室文秘来说，以后编排公文的事经常会有，难道每次都要这样辛苦地一个一个要素进行编排么？答案是：不需要。

功能强大的 Word 给我们提供了一项很好的功能，可以将编排好的文档保存为模板文件，以后要编排公文时，只需要打开这个公文模板，然后将内容做相应修改就可以了。保存为模板文件的方法是：单击“文件”菜单中的“另存为”命令，打开“另存为”对话框，在“保存类型”中选择“Word 模板”即可，如图 1-85 所示。

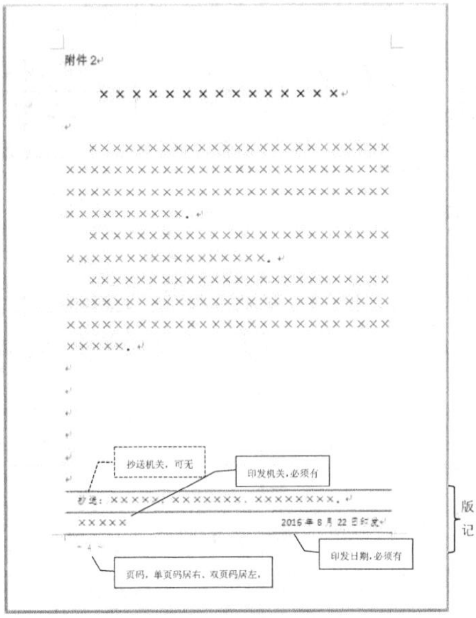

图 1-84　公文格式要素示例

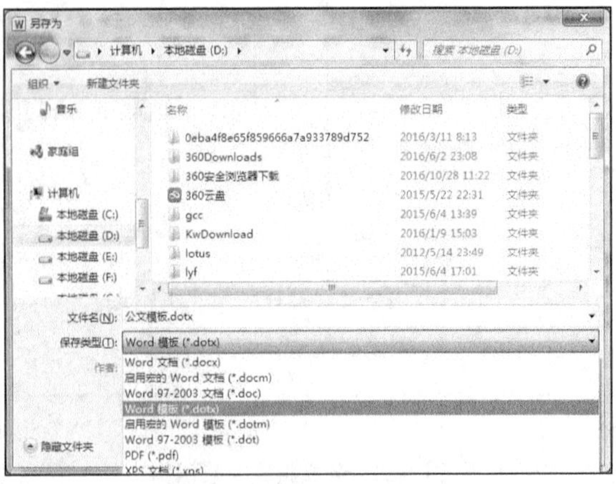

图 1-85　“另存为”模板文件

1.4.3 案例实现

下面我们以文件格式的公文为例，介绍公文内容编排方法。

1. 页面设置

（1）页边距设置

根据《标准》规定，公文用纸天头（上边距）为 37mm ± 1mm，订口（左边距）为 28mm ± 1mm，版心尺寸为 156mm × 225mm，计算得到右边距为 26mm，下边距为 35mm。在页面设置对话框中进行页边距的设置，如图 1-86 所示。

（2）页脚边距设置

根据《标准》规定，页码一般用四号、半角、宋体阿拉伯数字，编排在公文版心下边缘之下，数字左右各放一条一字线；一字线上距版心下边缘 7 mm。单页码居右空一个字，双页码居左空一个字。

四号字与 14 磅对应，1 磅=0.3528mm，所以，四号字高=14 × 0.3528≈4.94（mm）。

页脚边距=下边距-（页码一字线距版心距离）-四号字高/2 =35-7-4.94/2=25.53（mm）

经过实际反复测试，页脚边距值设为 24.5mm ~ 24.7mm，最为接近“一字线上距版心下边缘 7 mm”的要求，我们取页脚距边界值为 24.7mm。

由于单页码居右空一字，双页码居左空一字，故页脚需设置奇偶页不同，如图 1-87 所示。

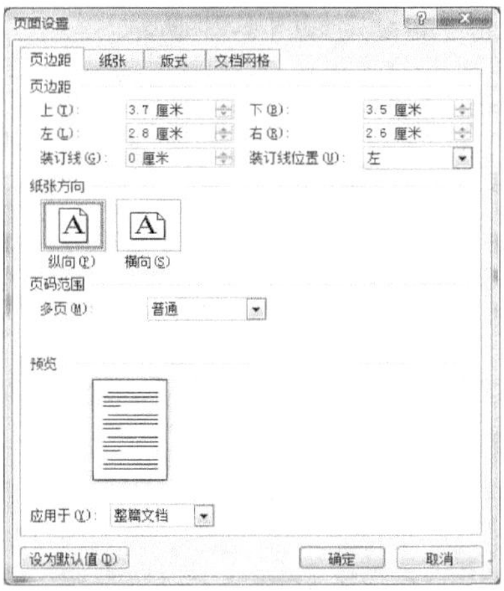

图 1-86 页边距设置

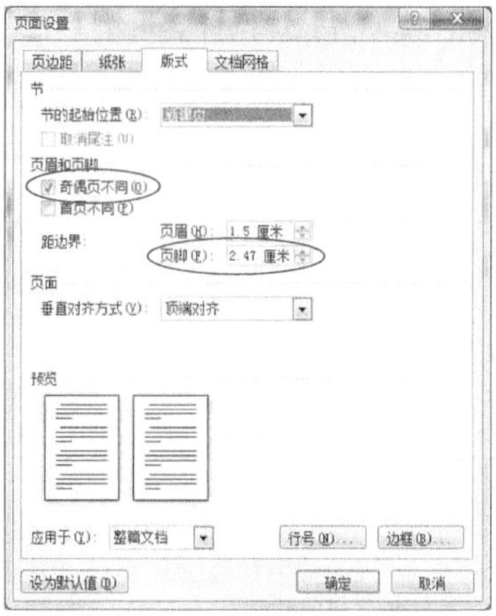

图 1-87 页脚边距设置

（3）页码设置

① 双击第 1 页的页脚，先单击【插入】|【页码】|【页面底端】|“普通数字 3”命令，再单击【插入】|【页码】|【设置页码格式…】命令，打开图 1-88（a）所示的“页码格式”设置对话框，其中，“编号格式”选择左右各有一条一字线的数字形式，“页码编号”选择“起始页码”。

② 设置页码字体和页码缩进值。选中第 1 页的页码文字，设置为宋体四号字，右侧缩进 1 字符。

③ 双击第 2 页的页脚，先单击【插入】|【页码】|【页面底端】|“普通数字 1”命令，再单击【插入】|【页码】|【设置页码格式…】命令，打开图 1-88（b）所示的“页码格式”

设置对话框，其中，“编号格式”选择左右各有一条一字线的数字形式，“页码编号”选择“续前节”。

选中第 2 页的页码文字，设置为宋体四号字，左侧缩进 1 字符。

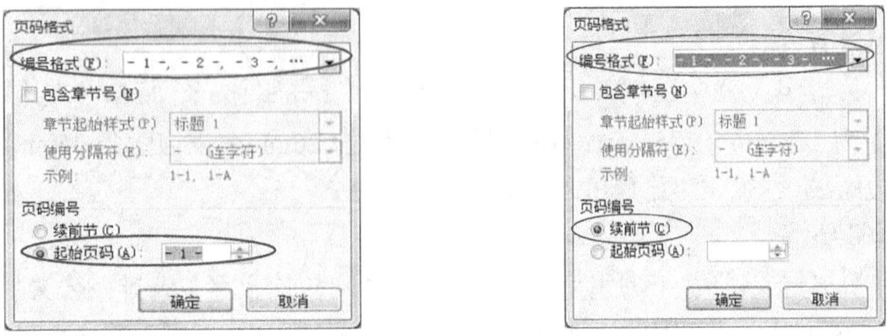

(a)　　　　　　　　(b)

图 1-88　页码格式设置

（4）正文设置

《标准》对每页的行数、字数及默认字体字号的规定是：一般每页排 22 行，每行排 28 个字，并撑满版心，特定情况可以进行适当调整；如无特殊说明，公文格式各要素一般用三号仿宋体字，特定情况可以进行适当调整。

根据《标准》规定，对页面的网格及默认字体字号的设定如图 1-89 所示。

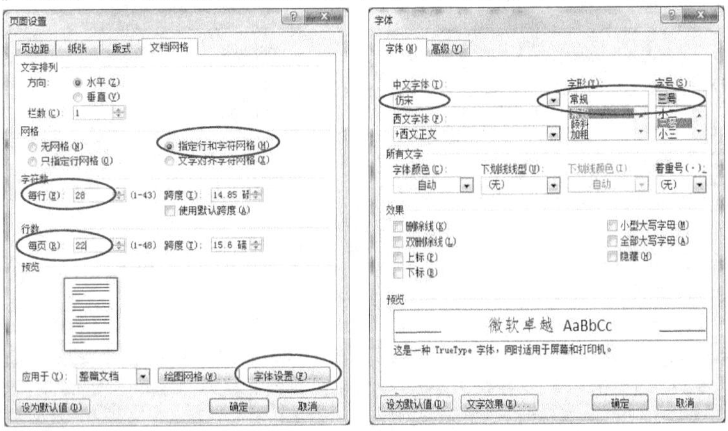

图 1-89　文档网格和默认字体设置

2. 内容编排

（1）版头编排

① 份号、密级和保密期限、紧急程度

如需标注份号，一般用 6 位三号阿拉伯数字，顶格编排在版心左上角第一行。

如需标注密级和保密期限，一般用三号黑体字，顶格编排在版心左上角第二行；保密期限中的数字用阿拉伯数字标注。

如需标注紧急程度，一般用三号黑体字，顶格编排在版心左上角第三行。

如需同时标注份号、密级和保密期限、紧急程度，按照份号、密级和保密期限、紧急程度的顺序自上而下分行排列。

② 发文机关标志

《标准》对发文机关标志规定如下。

由发文机关全称或者规范化简称加“文件”二字组成，也可以使用发文机关全称或者规范化简称。

发文机关标志居中排布，上边缘至版心上边缘为 35mm，推荐使用小标宋体字，颜色为红色，以醒目、美观、庄重为原则。

联合行文时，如需同时标注联署发文机关名称，一般应当将主办机关名称排列在前；如有“文件”二字，应当置于发文机关名称右侧，以联署发文机关名称为准，上下居中排布，如图 1-90 所示。

图 1-90　联合行文示例

发文机关标志处在第四行，字体设置为小标宋体字，默认情况下，Windows 系统里没有小标宋体字，需要从网上下载安装，也可以使用其他相近字体。

发文机关标志的字号大小没有具体限定，可根据需要进行设置，所以发文机关标志所占位置高度是不确定的，要精确定位发文机关标志上边缘至版心上边缘为 35mm 的布局设置，可采用参照物定位法来实现，其操作方法如下。

a．插入参照直线

单击【插入】|【形状】中的水平直线，作为定位用的参照物，设置直线的垂直绝对位置为距版心上边缘 35mm 处，叠放次序为“置于顶层”，版式为“浮于文字上方”。等发文机关标志定好位置后，再将参照直线删除。

参照直线的位置的设置方法：选择水平直线，单击【绘图工具】选项卡 |【位置】|“其他布局选项…”命令，进行图 1-91 所示的设置。

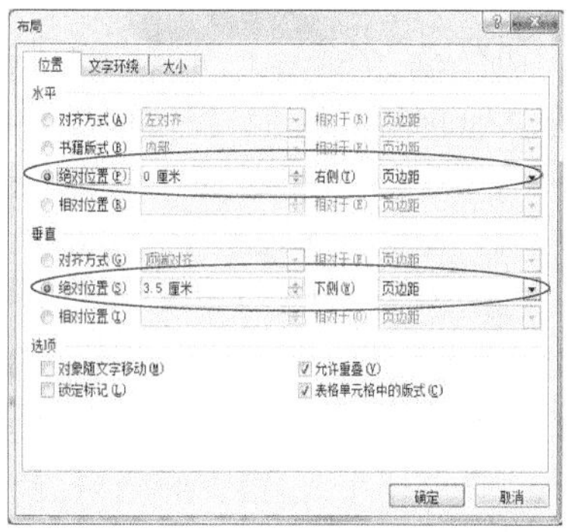

图 1-91　参照直线绝对位置设置

b．设置文本

为了能够使发文机关标志自由移动，精确定位到对应位置，发文机关标志使用文本框方式来添加。

插入文本框后，在文本框中输入发文机关标志，然后对文本框进行设置：文本框宽度为 15.6cm，形状填充为“无填充颜色”，形状轮廓为“无轮廓”，版式为“衬于文字下方”（一是方便自由拖动，二是不遮挡参照直线），文字为居中、小标宋体、红色，字号大小根据需要设置。

c．定位参照物

拖动文本框，使得发文机关标志文字的上边缘与插入的参照直线水平重合（注意：这里对齐的是文字的上边缘而非文本框的上边缘），如图 1-92 所示。

为了精准定位，降低误差，可适当放大视图显示比例。

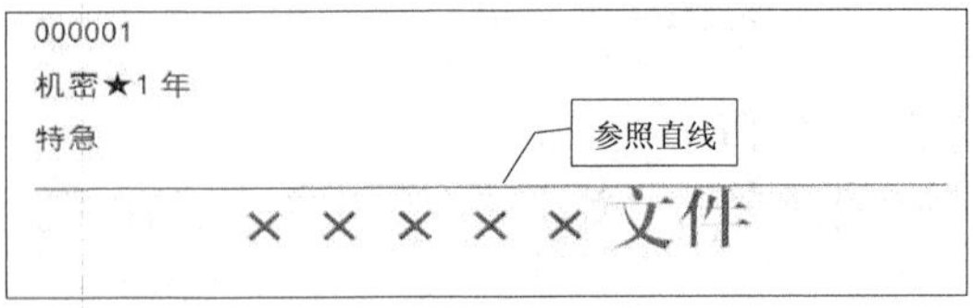

图 1-92　发文机关标志编排定位示意图

d．联合发文的文本设置

联合发文时，多个发文机关标志的插入需要采用表格来实现。

表格采用 N 行 × 2 列的规格，N 为发文机关数。各发文机关名称分别写在表格各行的第一列中，文字的对齐方式设置为“分散对齐”，以确保各发文机关名称文字两端对齐。表格第二列合并居中，输入“文件”二字。表格设置无框线、无填充，调整合适列宽，将整个表格对象设为水平居中对齐。然后采用与设置文本框类似的方法进行设置，使其与参照直线对齐。

e．删除参照直线

最后，删除参照直线，恢复视图显示比例。

③ 发文字号与签发人

《标准》对“发文字号”的规定为：发文字号编排在发文机关标志下空两行位置，居中排布。年份、发文顺序号用阿拉伯数字标注；年份应标全称，用六角括号“〔 〕”括入；发文顺序号不加“第”字，不编虚位（即 1 不编为 01），在阿拉伯数字后加“号”字。

上行文的发文字号居左空一个字编排，与最后一个签发人姓名处在同一行。

《标准》对“签发人”的规定为：由“签发人”三字加全角冒号和签发人姓名组成，居右空一个字，编排在发文机关标志下空两行位置。“签发人”三字用 3 号仿宋体，签发人姓名用 3 号楷体字。

如有多个签发人，签发人姓名按照发文机关的排列顺序从左到右、自上而下依次均匀编排，一般每行排两个姓名，回行时与上一行第一个签发人姓名对齐，如图 1-93 所示。

输入发文字号与签发人，将文字对齐方式设置为分散对齐，设置该段的左右缩进各为一个字符，然后在发文字号与签发人之间键入若干个空格，使它们挤向两端，这样就可以完成发文字号居左空一个字、签发人居右空一个字的设置，如图 1-94 所示。

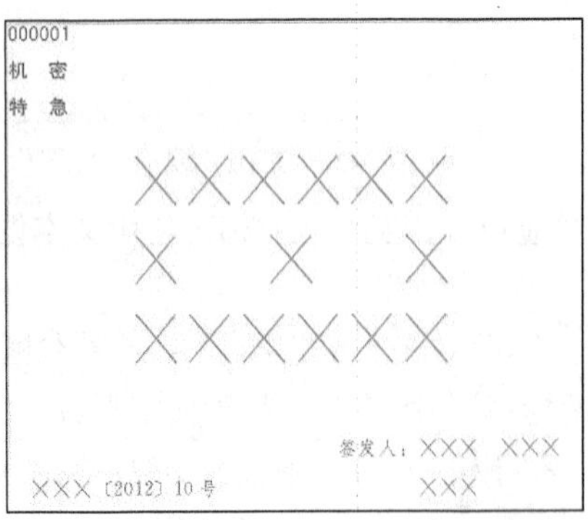

图 1-93　多个签发人姓名编排示意图

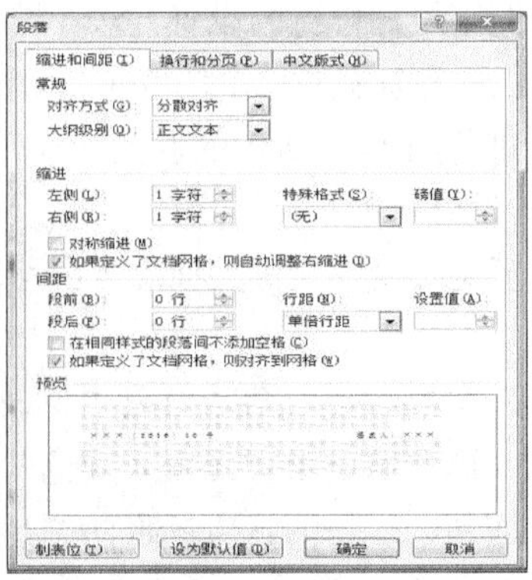

图 1-94　发文字号与签发人段落设置

④ 版头中分隔线的定位

《标准》对公文版头分隔线的规定为：发文字号之下 4 mm 处居中印一条与版心等宽的红色分

隔线，线的粗细根据需要进行设置。

经测试比较，红色分隔线的高度在 0.35mm ~ 0.5mm 比较美观。

要精确定位分隔线，也可以采用参照物定位法来进行，具体操作方法如下。

a. 插入参照文本框

插入一个用作参照物的文本框，将其高度设置为 4mm，宽度设置为 156mm，叠放次序为“置于顶层”，版式为“浮于文字上方”。

b. 定位参照文本框

适当放大视图显示比例，拖动文本框，使其边框上边缘与发文字号文字下边缘对齐。

c. 插入分隔线

沿着文本框的下边缘线，对齐插入一条直线，将其设置为红色，按需设置其粗细，宽度设置为 156mm，并在版面上居中。

d. 删除参照文本框

将参照文本框删除，恢复视图显示比例。

版头中红色分隔线的编排定位示意图如图 1-95 所示。

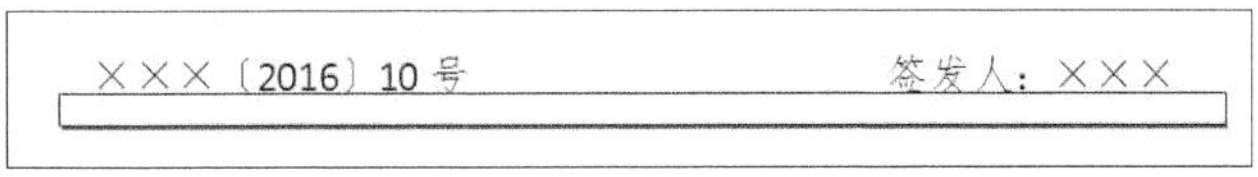

图 1-95　版头中红色分隔线的编排定位示意图

（2）主体编排

① 标题

标题一般用 2 号小标宋体字，编排于红色分隔线下空两行位置，分一行或多行居中排布；回行时，要做到词意完整、排列对称、长短适宜、间距恰当，标题排列应当使用梯形或菱形。

② 主送机关

主送机关编排于标题下空一行位置，居左顶格，回行时仍顶格，最后一个机关名称后标全角冒号。如主送机关名称过多导致公文首页不能显示正文时，应当将主送机关名称移至版记。

③ 正文

公文首页必须显示正文。正文一般用 3 号仿宋体，编排于主送机关名称下一行，每个自然段左空两个字，回行顶格。文中结构层次序数依次可以用“一、”“（一）”“1.”“（1）”标注；一般第一层用黑体字、第二层用楷体字、第三层和第四层用仿宋体字标注。

④ 附件说明

如有附件，在正文下空一行左空两个字编排“附件”二字，后标全角冒号和附件名称。如有多个附件，使用阿拉伯数字标注附件顺序号（如“附件：1. ××××××”）；附件名称后不加标点符号。附件名称较长需回行时，应当与上一行附件名称的首字对齐。

⑤ 发文机关署名、成文日期和印章

a. 加盖印章的公文

成文日期一般右空四字编排，印章用红色，不得出现空白印章。

单一机关行文时，一般在成文日期之上、以成文日期为准居中编排发文机关署名，印章端正、居中下压发文机关署名和成文日期，使发文机关署名和成文日期居印章中心偏下位置，印章顶端应当上距正文（或附件说明）一行之内。

联合行文时，一般将各发文机关署名按照发文机关顺序整齐排列在相应位置，并将印章一一对应、端正、居中下压发文机关署名，最后一个印章端正、居中下压发文机关署名和成文日期，印章之间排列整齐、互不相交或相切，每排印章两端不得超出版心，首排印章顶端应当上距正文（或附件说明）一行之内。

b. 不加盖印章的公文

单一机关行文时，在正文（或附件说明）下空一行右空两个字编排发文机关署名，在发文机关署名下一行编排成文日期，首字相对发文机关署名首字右移两个字。如果成文日期长于发文机关署名，应当使成文日期右空两个字编排，并相应增加发文机关署名右空字数。

联合行文时，应当先编排主办机关署名，其余发文机关署名依次向下编排。

c. 加盖签发人签名章的公文

单一机关制发的公文加盖签发人签名章时，在正文（或附件说明）下空两行右空四个字的位置加盖签发人签名章，签名章左空两个字标注签发人职务，以签名章为准上下居中排布。在签发人签名章下空一行右空四个字的位置编排成文日期。

联合行文时，应当先编排主办机关签发人职务、签名章，其余机关签发人职务、签名章依次向下编排，与主办机关签发人职务、签名章上下对齐；每行只编排一个机关的签发人职务、签名章；签发人职务应当标注全称。签名章一般用红色。

d. 成文日期中的数字

用阿拉伯数字将年、月、日标全，年份应标全称，月、日不编虚位（即 1 不编为 01）。

e. 特殊情况说明

当公文排版后所剩空白处不能容下印章或签发人签名章、成文日期时，可以采取调整行距、字距的措施解决。

⑥ 附注

如有附注，将其居左空两个字加圆括号编排在成文日期下一行。

⑦ 附件

附件应当另面编排，并在版记之前，与公文正文一起装订。“附件”二字及附件顺序号用 3 号黑体字顶格编排在版心左上角第一行。附件标题居中编排在版心第三行。附件顺序号和附件标题应当与附件说明的表述一致。附件格式要求同正文。

如附件与正文不能一起装订，应当在附件左上角第一行顶格编排公文的发文字号并在其后标注“附件”二字及附件顺序号。

图 1-96　电子印章示意图

⑧ 印章制作

用 Word 可以制作电子印章，如图 1-96 所示，制作的方法如下。

a. 绘制印章的圆形轮廓

i. 插入圆形轮廓

单击【插入】|【插图】|【形状】下拉按钮，选择“椭圆形”，然后在文档空白区域按住【Shift】键并拖动鼠标，画出一个正圆形。

ii. 设置圆形轮廓

选中圆形轮廓，单击“绘图工具”选项卡；单击【形状样式】|【形状填充】下拉按钮，设置为“无填充颜色”；单击【形状样式】|【形状轮廓】下拉按钮，将圆形的轮廓设置红色，并根据需要设定印章轮廓的粗细，本节实例中设置为 3 磅；单击“排列”|“自动换行”下拉按钮，设置为“浮于文字上方”；在“大小“功能组里，根据需要设定印章的高度和宽度。需要注意的

是，为了保证圆形是正圆，高度和宽度应设置相同的数值。本节实例中设置圆形的高度和宽度尺寸都为 4.2cm。

b. 制作弧形文字

i. 插入弧形文字

单击【插入】|【文本】|【艺术字】下拉按钮，选择一种艺术字样式，插入一个艺术字对象，输入公章上的弧形文字内容。

ii. 设置弧形文字格式

选中艺术字，分别单击【绘图工具】|【艺术字样式】|【文本填充】和【文本轮廓】下拉按钮，将填充颜色和文本轮廓均设置为红色；多次单击【艺术字样式】|【文本效果】下拉按钮，分别设置“阴影”“映像”“发光”“棱台”“三维旋转”效果均为“无”，去年艺术字样式中自带的格式设置；单击【艺术字样式】|【文本效果】下拉按钮，设置“转换”为“跟随路径”下的“上弯弧”选项；单击【排列】|【自动换行】下拉按钮，设置为“浮于文字上方”。

iii. 调整弧形文字弯曲幅度和大小

选中艺术字文本框，按住粉红色菱形控制点并拖动，可以调整文字弯曲幅度，同时文字的大小也随之改变。如果文字过密，可以双击艺术字，在文字间添加空格，效果会更好。

在“绘图工具”选项卡的“大小”功能组中，根据需要设置艺术字的高度和宽度，高度和宽度值要相同，才能保证艺术字对称正向弯曲，且曲度跟圆的曲度匹配，本节实例中设置艺术字的高宽尺寸均为 5cm；拖动艺术字文本框到红色圆形内适当位置。

为了便于操作，将艺术字的叠放次序设置为“置于底层”，按住【Shift】键，依次选中艺术字和圆形，单击【绘图工具】|【排列】|【对齐】下拉按钮，设置它们为“左右居中”和“上下居中”，保证它们在位置上绝对居中对齐；右击艺术字和圆形，在弹出的快捷菜单中选择“组合”命令，将其组合为一个对象，以避免无意中改变其相对位置。

与艺术字的制作方法基本一样，再添加印章里的正五角星，并与圆形、艺术字组合；采用类似方法，添加印章底部文本框，并将其与圆形、艺术字、正五角星组合。至此，一个完整的印章就制作好了。

提示　用 Word 制作电子公章可以用在一般的文档中，但如果是正式的行文，则要求公章有防伪功能，别人不能仿制，这时我们可以用办公之星或印章制作大师来制作可以防伪的电子公章。

（3）版记编排

在公文末尾与版记第一个要素之间插入若干空行，根据实际情况依次输入版记部分各要素的文字内容，并按要求设置其格式。调整各空行的字号，使版记最后一个要素的文字与版心下边缘基本对齐，仅留出末条分隔线的空间。

① 版记中的分隔线

版记中的分隔线有三条，《标准》规定：版记中的分隔线与版心等宽，首条分隔线和末条分隔线用粗线（推荐高度为 0.35mm），中间的分隔线用细线（推荐高度为 0.25mm）。首条分隔线位于版记中第一个要素之上，末条分隔线与公文最后一页的版心下边缘重合，如图 1-97 所示。

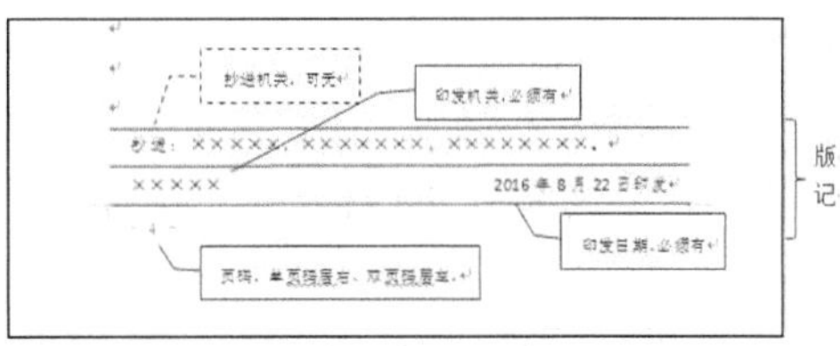

图 1- 97　版记示意图

公文版记中分隔线设置的基本操作方法：先在页面版心内插入线条，再设置线条大小、粗细和位置。

a．插入线条

在版记页，单击【插入】|【插图】|【形状】项，弹出下拉菜单。在其下拉菜单的“线条”项中，选择直线型线条。此时鼠标变为十字形，在版记页版心下方，从左至右绘制一条直线，完成线条插入。

b．设置线条大小

选中线条后，可以发现“格式”选项卡出现在功能区。在【格式】|【大小】选项组中，将线条高度设置为 0cm，宽度设置为 15.6cm，完成线条大小设置。

c．设置线条粗细

选中线条，单击【格式】|【形状样式】|【形状轮廓】，弹出下拉菜单。在其下拉菜单中的“粗细”项中，设置线条的粗细。首条和末条分隔线设置为 1 磅，中间分隔线设置为 0.75 磅。

> 提示　选中 1 磅线线条，单击鼠标右键，在弹出的快捷菜单中选择“设置为默认线条”，可将 1 磅线设置为默认线条。

d．设置线条位置

i. 选中线条，单击【格式】|【排列】|【位置】选项，弹出下拉菜单。在其弹出的菜单中，单击“其它布局选项”命令，弹出“布局”对话框。在“布局”对话框的“位置”选项卡上，设置分隔线的水平位置和垂直位置，如图 1-96 所示。

> 提示　也可以选中线条后，单击鼠标右键，在弹出的快捷菜单中选择“其它布局选项”命令，弹出“布局”对话框。

ii. 设置分隔线水平位置。单击【水平】|【对齐方式】下拉菜单，选择“居中”项；单击【水平】|【相对于】下拉菜单，选择“页边距”项。用户要保证版记中每条分隔线的“水平”选项中的设置值都是一致的。

iii. 设置分隔线垂直位置。版记中每条分隔线的垂直位置值是不同的，需要分别设置。

末条分隔线垂直位置的设置：由于末条分隔线与公文最后一页的版心下边缘重合，因此将图 1-96 中的“垂直”栏中的“绝对位置”值设为 0cm；在“下侧”下拉菜单中，选中“下边距”项。

> 提示　在“下侧”下拉菜单中，选中“上边距”项时，将“绝对位置”值设为 26.2cm。

第一条分隔线的垂直位置的设置：第一条分隔线位于版记中第一个要素之上，假定第一条分隔线距版心底部是两行，整页共 22 行，因此它处于第 20 行的底部下边缘位置，而版心高为 22.5cm，所以第一条分隔线的垂直绝对位置为（22.5/22）×20≈20.45（cm）。

同理，第二条分隔线处于第 21 行底部下边缘，其垂直绝对位置为 21.48cm。

iv. 单击【布局】|【位置】|【选项】，取消“对象随文字移动”复选项和“允许重叠”复选项，如图 1-98 所示。

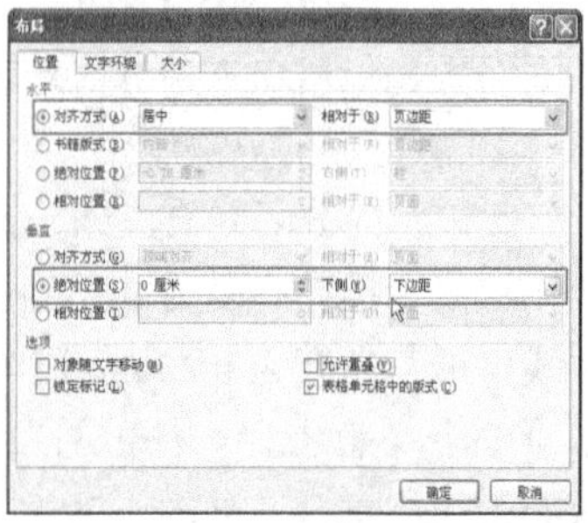

图 1-98　“布局”对话框中末条分隔线位置设置

② 抄送机关

《标准》规定：如有抄送机关，一般用 4 号仿宋体，在印发机关和印发日期之上一行、左右各空一个字处编排。“抄送”二字后加全角冒号和抄送机关名称，回行时与冒号后的首字对齐，最后一个抄送机关名称后标句号。

如需把主送机关移至版记，除将“抄送”二字改为“主送”外，编排方法同抄送机关。既有主送机关又有抄送机关时，应当将主送机关置于抄送机关之上一行，之间不加分隔线。

③ 印发机关和印发日期

《标准》规定：印发机关和印发日期一般用 4 号仿宋体，编排在末条分隔线之上，印发机关左空一个字，印发日期右空一个字，用阿拉伯数字将年、月、日标全，年份应标全称，月、日不编虚位（即 1 不编为 01），后加“印发”二字。

④ 其他

《标准》规定：版记中如有其他要素，应当将其与印发机关和印发日期用一条细分隔线隔开。

需要说明的是，版记位于公文最后一页，置于偶数页上。公文的版记页前有空白页的，空白页和版记页均不编排页码。

习　题

【习题一】

编辑并设计一份市场调查报告，要求有封面、目录、调查分析全文。封面包含：题目、成员、班级、指导老师、完成日期，格式自己定义。目录要求自动生成。调查分析全文格式要求：一级标题，小二号、黑体、加粗、顶格；二级标题，三号、黑体、加粗、顶格；三级标题，小四号、黑体、加粗、左缩进 2 字符；正文部分，宋体、小四号、首行缩进 2 字符、行间距固定值 22 磅。另：各标题与正文前后间距 0.5 行。

【习题二】

大学新生手册编辑与制作。多人合作制作该手册，要求至少包含以下几个部分：学校简介、机构设置、办事指南（与取得学籍有关的）、学校社团、学校周边等。纸张使用 32 开、双面打印，要求灵活运用大纲视图、样式、题注、交叉引用、页眉页脚。

【习题三】

图 1-99 所示是信函格式公文示例，请参照《党政机关公文格式》（GB/T 9704—2012）标准要求及本节介绍的编排方法进行编排练习。

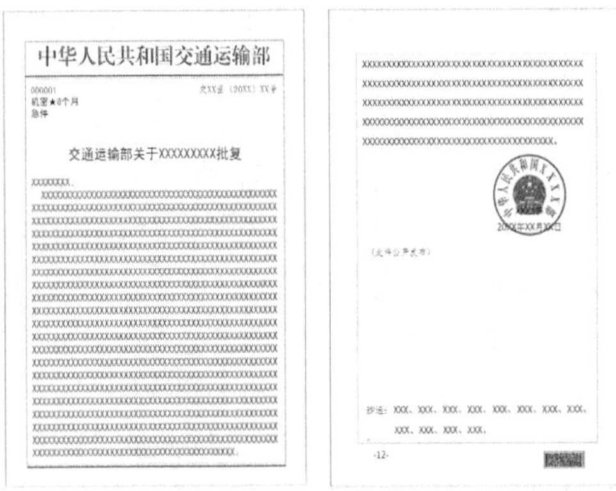

图 1-99　信函格式公文版式

第 2 章 Word 2010 统一版式及自由版式文档编排

本章主要讲解如何制作具有统一版式的文档，制作可以自由设计、有发挥空间的文档，以及制作排版形式不太花哨，但趣味性和娱乐性稍强的文档。

2.1 邀请函制作

不管是什么类型的单位，事业单位也好，企业单位也好，都会有意地培养友好单位、兄弟单位，在单位举办活动时邀请友好单位及其领导人参加，不但可以联络感情，还可以促进进一步合作意向。因此，像批量的邀请函、请柬一类文档的制作对单位的办公文秘来说是必学的内容。

如果要批量创建一组文档，可以通过 Word 2010 提供的邮件合并功能来实现。邮件合并主要是指在主体文档的固定内容中，合并一组通信资料，从而批量生成所需邮件文档，这种文档可以大大提高工作效率。这类文档称为统一版式文档。在实际应用中，还有很多类似的文档，如学生成绩单、准考证号、信封、明信片、录取通知书等。

2.1.1 案例分析

小萌进到一家企业单位应聘的是办公室文秘一职，但一年来所做的事情非常琐碎，都是些打印、复印、校对，甚至端茶倒水之类的工作，小萌快要失去继续下去的动力了，因为当前所做的事情跟自己所学的文秘专业太不对口了。但是一次机会来了，年底的时候，为了增进友谊、拓展业务，公司将举办一个大型庆典活动，正好办公室主任请假，李总让小萌给所有与公司有业务往来的负责人以邮件的形式发送邀请函，邀请他们参加本公司成立十周年庆典活动以及新研发的产品推介活动。

面对大量的客户，小萌打起十二分精神，决定一定要表现出自己作为一名专业文秘的实力。小萌开始对自己的功课理清思路：如果要逐一制作邀请函，再一封一封地将邀请函邮寄给不同客户，比较费时；如果使用电子邮件群发功能，就不能做到邀请函的个性化，而且将内容完全相同的邀请函同时发给所有客户，会给收件人或者被邀请人一种不被重视的感觉。这种批量处理信函的文档应该属于邮件合并技术，因为小萌在大二的时候，自学通过全国计算机二级时学习过里面的内容，虽然现在有点模糊，但稍加复习应该可以马上解决问题。

仔细分析这类邮件的内容，可以将其分为固定的和变化的两个部分。邀请函中的活动内容、时间、地点、落款等部分都是固定的内容；收信人的邮箱、姓名、称呼等属于变化的内容。

要编辑这类文档，需要准备好至少两个必需的文档：一是主体文档，用于创建邀请函主体内容的编排；二是数据源文件，是将要合并到主体文档中的一个数据列表，这里可以制作一个 Excel 表格，用来存储各公司负责人的具体信息，如姓名、性别、职务、邮箱地址、电话等。

当两个文档均准备妥当，就可以在主体文档中，将数据源文件相关内容合并进来，即邮件合并操作，然后自动生成大量独立的文档。

2.1.2　知识储备

1. 创建信封

如果需要打印信封，可以直接使用 Word 2010“邮件”技术中的创建功能来制作，可以制作批量信封，当然也可以制作单个信封，只要用户的打印机具有打印信封的功能，制作信封完全可以交给 Word 来处理。邮件菜单选项如图 2-1 所示。

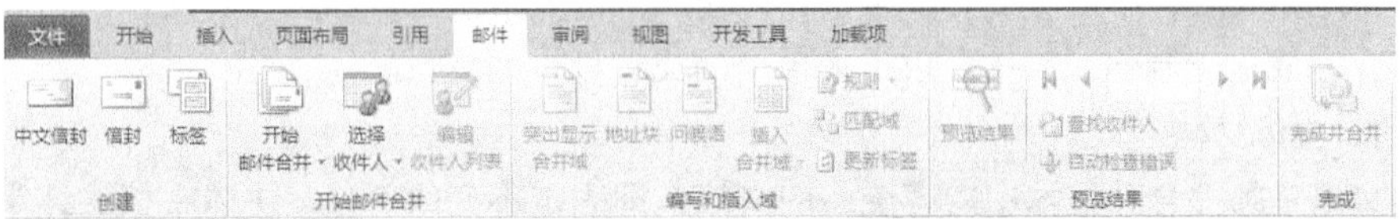

图 2-1　邮件菜单选项

使用 Word 2010 邮件功能制作信封的步骤如下。

（1）打开 Word 2010，单击【邮件】|【创建】命令组中“中文信封”命令，打开“信封制作向导”对话框，如图 2-2 所示。

（2）单击“信封制作向导”对话框的【下一步】按钮，选择信封样式，如图 2-3 所示。

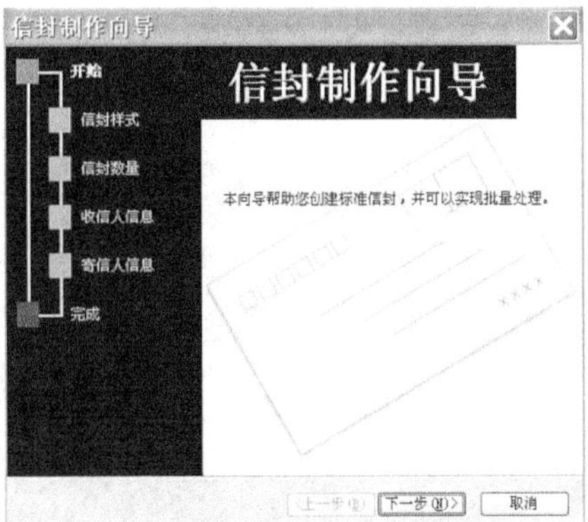

图 2-2　“信封制作向导”对话框

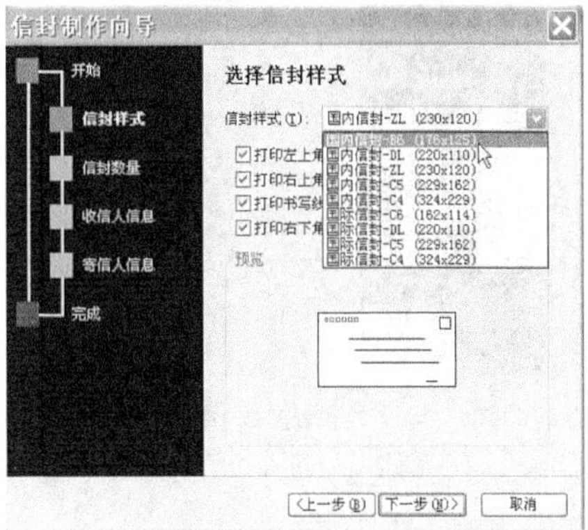

图 2-3　选择信封样式

（3）选择好样式后，通过预览可以查看样式，单击【下一步】按钮，可以选择生成信封的数量与方式。若选择第一个，则生成单个信封，并需要手动输入收件人通信内容；若选择第二个则可按给定的地址簿生成批量信封，并且地址簿的书写方式应按该选项下所做的说明来设置，选项之后的文字说明如图 2-4 所示。

（4）若选择的是“基于地址簿文件，生成批量信封”，并单击【下一步】按钮，则可以从选定的地址簿中匹配收信人信息，如图 2-5 所示。

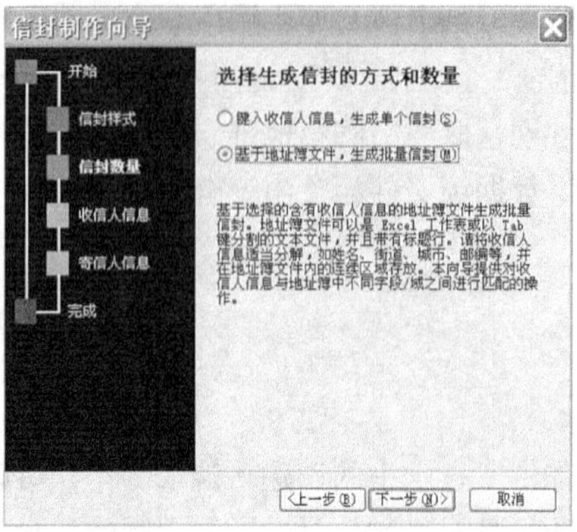

图 2-4　选择生成信封的方式与数量

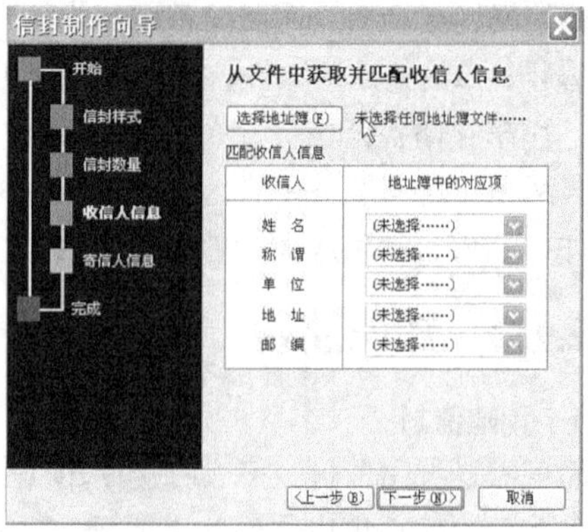

图 2-5　关联地址薄文件

（5）匹配完成后，单击【下一步】按钮，输入寄信人信息后，如图 2-6 所示；再单击【下一步】按钮，完成信封制作，将按要求生成单个的或者批量的信封。

2. 设计主体文档

主体文档是邮件合并技术中内容统一的文档，即固定不变的部分。主体文档的编辑与设计就是普通的 Word 短文档的编排过程，相当于自由版式的文档。用户可以对该文档中的文本进行字体、段落设置，还可以在文档中插入图片、表格、背景等。此外，根据不同需求，用户还要进行页面设置，如设置边框底纹、纸张大小、页边距等。图 2-7 和图 2-8 所示分别为两种已经设计好的主体文档。

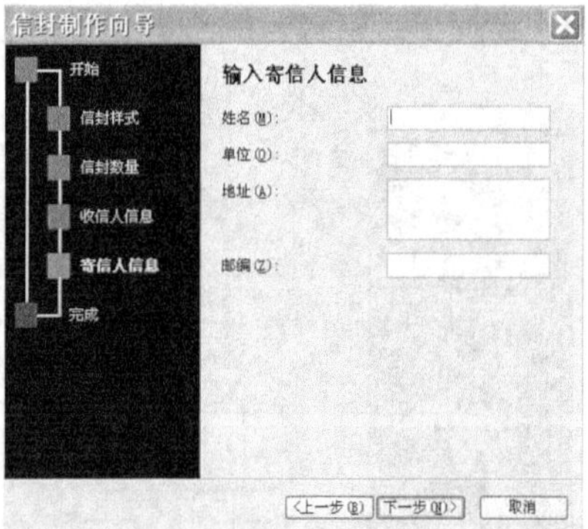

图 2-6　输入寄信人信息

图 2-7　录取通知书主体文档

图 2-8　邀请函主体文档

3. 创建数据源

邮件合并所需要的数据源（图 2-9），除可以使用由 Word 创建的表格外，还可以利用的数据类型非常多，像 Excel 工作簿、Access 数据库、Query 文件、Foxpro 文件内容，甚至文本文件，都可以作为邮件合并的数据源。只要有这些文件存在，邮件合并时就不需要再创建新的数据源，直接打开这些数据源使用即可。需要注意的是：不管是哪一种数据源，必须要保证第一行是标题行，如果是文本文件，其数据也是以行列形式排列，行与行用回车分开，列之间用空格分开。

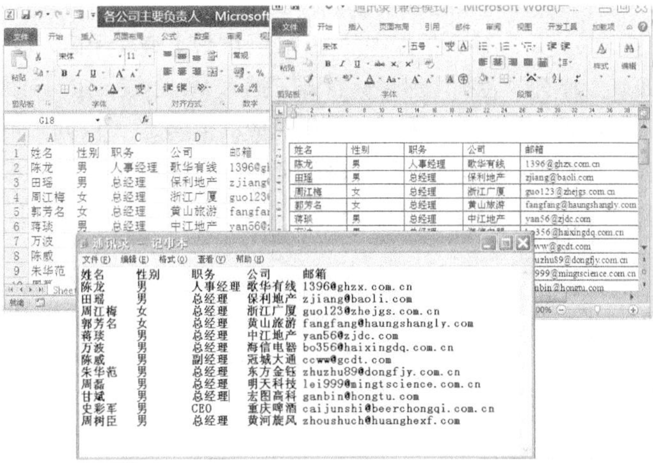

图 2-9 邮件合并所需数据源样式

4. 邮件合并

当主体文档创建完成，为了可以按通讯录生成批量文档，所需的步骤就是邮件合并。进行邮件合并有两种方法：一是利用邮件合并向导，二是利用功能区的“邮件合并”选项卡中各按钮。

（1）使用邮件合并向导

① 新建一个 Word 文档后，单击【邮件】|【开始邮件合并】组中“开始邮件合并”下拉三角，选择“邮件合并分步向导”命令，此时文档窗口右侧出现“邮件合并窗格”。

② 按图 2-10 下方显示的 6 个步骤一步一步操作。比如，在第一步中选择“信函”，然后单击该窗格下方的“下一步”。

③ 第二步为“选择开始文档”，可以以当前正在编辑的文档为开始文档。

④ 第三步为“选择收件人”，此时要将数据源关联到开始文档，单击“邮件合并窗格”中的“浏览”命令选择现有的数据源文件。

⑤ 第四步为“撰写信函”，即撰写或设计邮件合并的主体文档。若主体文档已经设计完成，并且为当前文档，则可以在该步将数据源中的信息进行合并，如果要合并的内容不是“地址”“问候语”等，可以选择“其他项目”，会弹出一个“插入合并域”对话框图，列出关联的数据源中所有标题项，如图 2-11 所示。

⑥ 第五步为“预览信函”。

⑦ 第六步为“完成合并”，单击“邮件合并窗格”中的“编辑单个信函”命令，可以通过打开的对话框，将合并后的文档存储为批量的单个 Word 文档进行浏览。

（2）手动邮件合并

① 设计好主体文档。

② 选择数据源。在主体文档中单击【邮件】|【开始邮件合并】组中“选择收件人”下拉三角，在展开的列表中选择邮件合并的数据源类型，一般选择“使用现有列表”，即现有的已经存储的文件。此时若选择的是一个 Excel 文件，则需要选择使用哪个数据表中的哪些数据。

③ 插入域。当选择数据源完成后，可以发现【邮件】|【编写和插入域】组中的命令均为可用命令；将光标定位于主体文档中需要插入域位置，然后单击“插入合并域”下拉三角，其显示内容为所关联的数据源中标题项列表；选择所需标题名称，则主体文档光标所在处会显示类似“《学号》”的域名样式。

④ 除了插入一般的域还可以插入带规则的 IF 域。单击【编写和插入域】命令组中“规则”下拉三角，选择“如果...那么...否则”命令，打开“插入 Word 域：IF”对话框，图 2-12 中“域名”为关联的数据源的标题名各项；如果某标题所对应的值满足一个条件，则可显示一组文字，否则显示另一组文字，这些显示的文字可以自己定义。

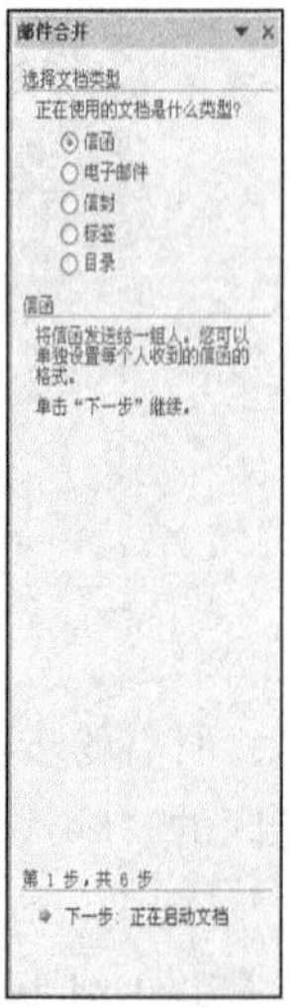

图 2-10 邮件合并窗格

图 2-11 “插入合并域”对话框

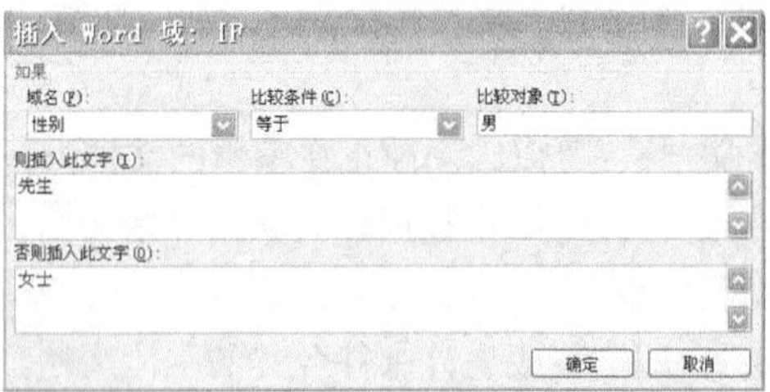

图 2-12 插入 IF 域

⑤ 预览与合并。单击【邮件】|【预览结果】组中“预览结果”命令按钮，可以对合并后的各条记录进行查看。单击【完成】组中“完成并合并”命令按钮，选择“编辑单个文档”，在弹出的“合并到新文档”对话框中选择“全部”单选按钮，即可将邮件合并生成的所有文档暂时分别保存在单个的 Word 文档中。

（3）在一个页面打印多条邮件合并记录

在邮件合并操作中，肯定会遇到主文档内容较少的情况，如工作标签、准考证号、物资标签等，如果一页纸只打印一个标签，就太过于浪费纸张，可以将多个标签全部打印在一页纸上，直到纸张满为止。其操作也较为简单，只需要标志记录并复制粘贴设置好的合并内容即可。具体操作如下。

① 按“（2）手动邮件合并”方法完成前三步。

② 复制合并后的所有文字，并在文字块最后按【Enter】键换行，然后单击【邮件】|【编写和插入域】|【规则】|“下一记录”命令。

③ 在标志“《下一记录》”的下一行，粘贴②中复制的内容。注意：“《下一记录》”标志同样可以被复制并使用。

④ 再重复“下一记录”，并复制粘贴已经设置好的插入域的文档内容。图 2-13 所示为一个期末考试座次标签的设计，将主体文档按四栏排版，当插入域后，使用“下一记录”命令，直接将图 2-13 中“学号”到“下一记录”的内容全部复制并进行多次粘贴直到页满。当然，为了最后裁剪方便，最好让每条记录对齐，对齐后预览合并结果如图 2-14 所示。

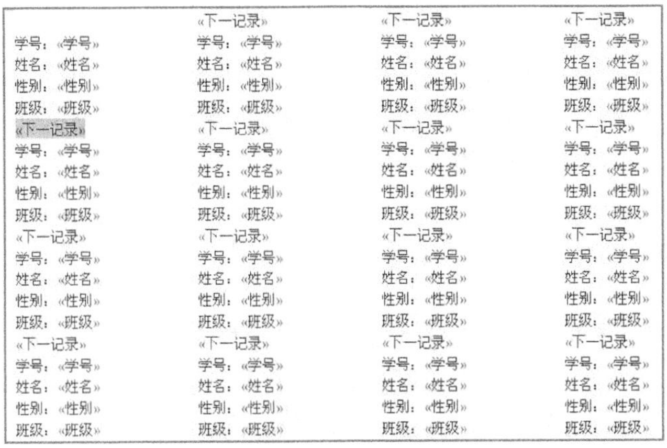

	«下一记录»	«下一记录»	«下一记录»
学号：«学号»	学号：«学号»	学号：«学号»	学号：«学号»
姓名：«姓名»	姓名：«姓名»	姓名：«姓名»	姓名：«姓名»
性别：«性别»	性别：«性别»	性别：«性别»	性别：«性别»
班级：«班级»	班级：«班级»	班级：«班级»	班级：«班级»
«下一记录»	«下一记录»	«下一记录»	«下一记录»
学号：«学号»	学号：«学号»	学号：«学号»	学号：«学号»
姓名：«姓名»	姓名：«姓名»	姓名：«姓名»	姓名：«姓名»
性别：«性别»	性别：«性别»	性别：«性别»	性别：«性别»
班级：«班级»	班级：«班级»	班级：«班级»	班级：«班级»
«下一记录»	«下一记录»	«下一记录»	«下一记录»
学号：«学号»	学号：«学号»	学号：«学号»	学号：«学号»
姓名：«姓名»	姓名：«姓名»	姓名：«姓名»	姓名：«姓名»
性别：«性别»	性别：«性别»	性别：«性别»	性别：«性别»
班级：«班级»	班级：«班级»	班级：«班级»	班级：«班级»
«下一记录»	«下一记录»	«下一记录»	«下一记录»
学号：«学号»	学号：«学号»	学号：«学号»	学号：«学号»
姓名：«姓名»	姓名：«姓名»	姓名：«姓名»	姓名：«姓名»
性别：«性别»	性别：«性别»	性别：«性别»	性别：«性别»
班级：«班级»	班级：«班级»	班级：«班级»	班级：«班级»

图 2-13　期末考试座次标签

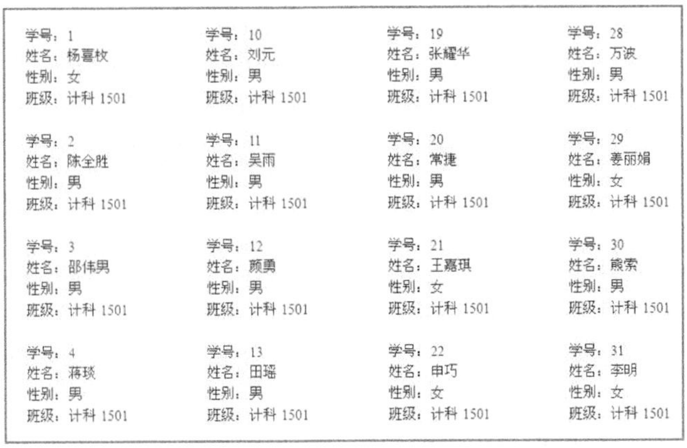

学号：1 姓名：杨喜枚 性别：女 班级：计科 1501	学号：10 姓名：刘元 性别：男 班级：计科 1501	学号：19 姓名：张耀华 性别：男 班级：计科 1501	学号：28 姓名：万波 性别：男 班级：计科 1501
学号：2 姓名：陈全胜 性别：男 班级：计科 1501	学号：11 姓名：吴雨 性别：男 班级：计科 1501	学号：20 姓名：常捷 性别：男 班级：计科 1501	学号：29 姓名：姜丽娟 性别：女 班级：计科 1501
学号：3 姓名：邵伟男 性别：男 班级：计科 1501	学号：12 姓名：颜勇 性别：男 班级：计科 1501	学号：21 姓名：王嘉琪 性别：女 班级：计科 1501	学号：30 姓名：熊索 性别：男 班级：计科 1501
学号：4 姓名：蒋琰 性别：男 班级：计科 1501	学号：13 姓名：田瑶 性别：男 班级：计科 1501	学号：22 姓名：申巧 性别：女 班级：计科 1501	学号：31 姓名：李明 性别：女 班级：计科 1501

图 2-14　邮件合并预览结果—期末座次标签

2.1.3　案例实现

1. 编辑并设计主体文档

（1）新建一个空白的 Word 文档。

（2）在文档中输入邀请函文字内容，插入背景图片及其他图片元素，或设计艺术字，最终效果可参考图 2-15 所示的样本。

图 2-15　邀请函主体文档设计样本

（3）设置背景图片时，为避免图片太小，从而变成平铺效果，可直接插入图片并拉伸，然后将其置于文字下方。若需要不带背景的图片，在搜索图片时可选择 PNG 格式图片。另外还可以利用 Photoshop 软件自己制作所需图片。

2. 选择数据源

（1）在主体文档中单击【邮件】|【开始邮件合并】|【选择收件人】|“使用现有列表”命令。

（2）在打开的“选择数据源”对话框中（图 2-16）选择各公司负责人联系通讯录表格——“各公司主要负责人.xlsx”文件；单击【打开】按钮，打开“选择表格”对话框（图 2-17），选择数据所在工作表，并勾选“数据首行包含列标题”，单击【确定】按钮。

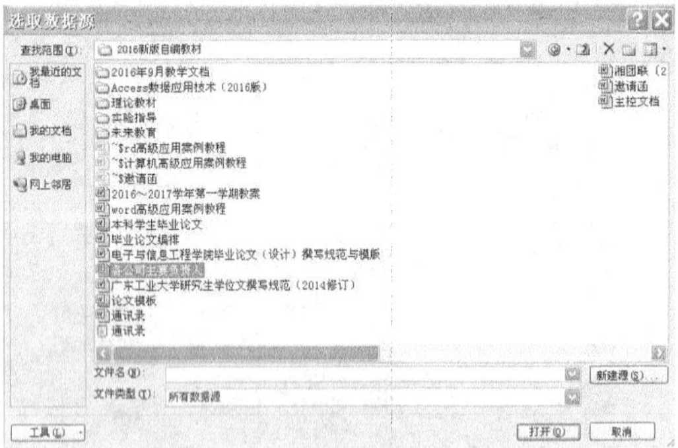

图 2-16　“选取数据源”对话框

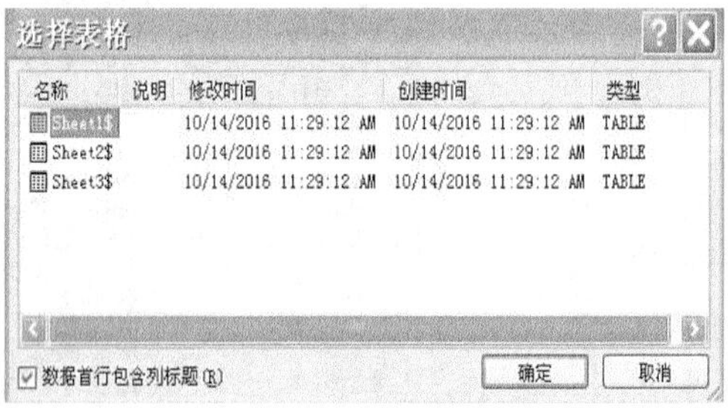

图 2-17　“选择表格”对话框

3. 插入合并域

将光标定位于主体文档需要插入姓名处（或者选择需要插入姓名的空白位置），本例中选择“尊敬的”之后下划线所在位置，然后单击【邮件】|【编写和插入域】|【插入合并域】|“姓名”命令，如图 2-18 所示。

“插入合并域”的下拉三角显示的是“选择数据源”所选工作表中数据的所有列标题名称。

4. 插入 IF 域

单击【邮件】|【编写和插入域】|【规则】|“如果...那么...否则”命令，在打开的“插

入 Word 域：IF”对话框中插入“姓名”域，并按图 2-19 所示对插入 IF 域进行设置，“域名”选择“性别”，“比较条件”选择“等于”，“比较对象”输入“男”，“则插入此文字”输入“先生”，“否则插入此文字”输入“女士”。

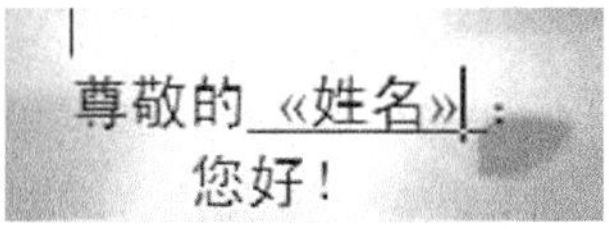

图 2-18　插入“姓名”域

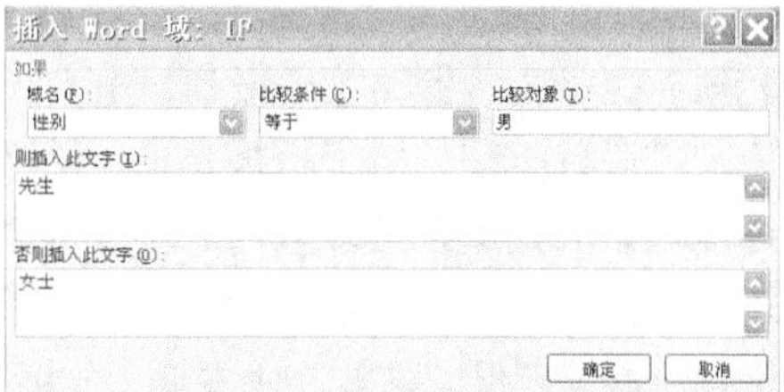

图 2-19　插入 IF 域

5. 预览与合并

单击【邮件】|【预览结果】|“预览结果”命令，主体文档将显示邮件合并后第一条记录的效果。若要在当前文档显示其他邮件记录，可单击图 2-20 鼠标箭头所指示的“下一记录”按钮。

图 2-20　预览邮件合并

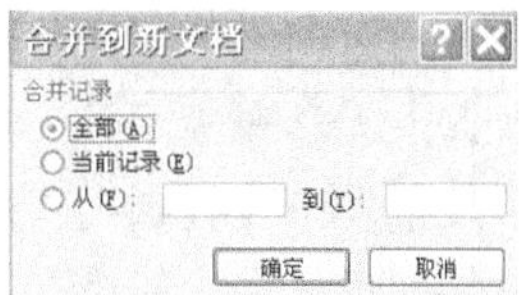

图 2-21　合并到新文档对话框

如果要将邮件合并后的所有记录暂时保存在 Word 文档中进行打印输出，可以单击【邮件】|【完成】|【完成并合并】|“编辑单个文档”命令，打开“合并到新文档”对话框（图 2-21），选择“全部”选项，将全部记录合并成独立的新文档，效果如图 2-22 所示。

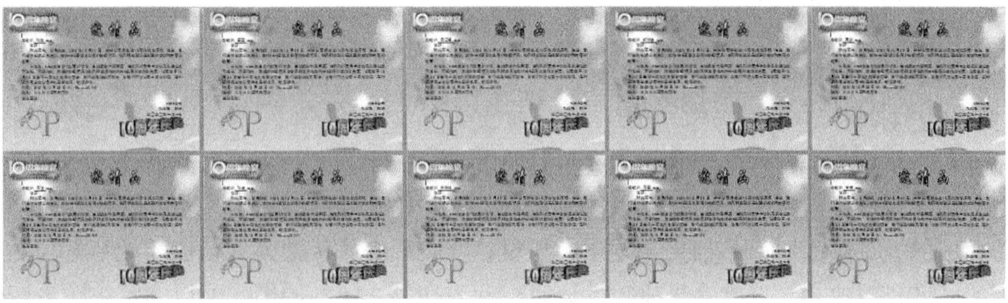

图 2-22　所有记录合并到新文档

如果本机设置了 Microsoft Office Outlook 邮箱，并且在本机的【控制面板】|【添加/删除程序】|【设定程序访问和默认值】|【自定义】|【选择一个默认的电子邮件程序】项选择的是“Microsoft Office Outlook”程序。用户还可以直接在 Word 中发送邮件，即在 Word 中单击【邮件】|【完成】|【完成并合并】|“发送电子邮件”命令，在打开的“合并到电子邮件”对话框中，“收件人”选择“邮箱”，“主题行”输入“来自####公司的邀请函”，“邮件格式”可以是“html”也可以是“附件”，“发送记录”选择“全部”，然后单击【确定】按钮。

2.2 电子板报制作

随着办公软件的普及，各类电子报刊、电脑小报、电子板报、宣传报、海报等均使用计算机技术进行编辑、排版并打印。电子板报是指运用文字、图形、图像处理软件所创作的电子报纸，它的结构与印刷出来的报纸以及教室内的墙报等基本相同。电脑小报大多是用 Word 文档制作而成的电子版小报，而直接使用 Word 软件提供的工具及技术同样可以制作出优秀的电子板报。

板报电子化，不仅环保、高效、成本低、传播速度快，而且在制作与修改方面既方便又快速，还可以通过网络素材的增加而使图文更加丰富与生动，让人赏心悦目。

2.2.1 案例分析

在进入电子化时代的今天，常见的传统宣传小报如黑板报、手抄报等已经逐渐被讲究环保与高效的人类赶入退伍的部队中。小昔所在的大学几乎所有数据都已经电子化、数字化，其实这样做之后，所有的信息通过网络传播速度更快，信息更及时，成本也更低。同样大学里的黑板报也已经电子化。小昔进入大学充满干劲，通过竞选，担任了学院的宣传部干事。宣传部每两周都要为学院做一期电子板报发布在校园网，现在教师节这期的电子板报需要小昔来完成。幸好小昔在高中所学的办公软件知识还在，但第一次编辑，还是有些没底，电子板报究竟应该如何做才能丰富与生动，还需要借鉴与学习。当然这难不倒热爱学习的他，在他系统地学习电子板报的制作流程后，就开始画草图并收集素材，准备使用 Word 进行创作了。

2.2.2 知识储备

1. 制作电子板报制作流程

电子板报的制作流程通常包括：确定主题、收集素材、设计版式、制作草图与电子稿、保存作品以及发布作品等环节。

（1）确定主题

任何一个作品都要有一个主题，通过不同的表现形式和艺术处理，向读者表达一种思想、一种情感，来实现电子板报的作用。所以 Word 制作活动的开端是主题，一个好的作品，绝不是东拼西凑而成的几个版面，而是根据主题来组织材料，实现电子板报的知识性与教育性功能，主题出现偏差，就难以成功。这就是把思想性评审指标放在第一位的原因。所以确定主题最好遵循以下原则。

① 主题要小，内容要精，不可包罗万象，无亮点。

② 题材要源自生活，注意力要放在自己的生活环境，发掘要深刻、视角要独特。

③ 主题时代感要强，要以自己的感受、语言风格和年龄特征来表述，注重原创性与可读性。

④ 主题要有地方特色或创新意识，并且以有助于开阔视野或有助于社会公益事业的作品为选题重要方向。

（2）收集素材

电子板报素材包括文字、图片、图形，与电子报刊不一样，它只作为直接浏览，不提供点击功能，所以一般不含声音与视频。文字类素材一般只作为参考，还需要经过作者语言重组与简练，它以简短与知识性为重点。图片类素材可以从网络上获取或自己通过绘图软件制作拿来使用，一般作为文字边框或者页面边框，还可用于丰富主题。图形类素材一般可通过 Word 自己手绘并进行组合，用于描述主题或丰富主题元素。

（3）设计版式

用于制作电子板报的版式分为规则的与不规则的。规则的版式可以直接用分栏或者表格来规划，而不规则的版式则可直接使用 Word 提供的文本框来实现。

（4）制作草图与电子稿

当前面三个步骤已经确定后，可先在纸上画出简易的草图，然后通过 Word 软件实现其电子化，因为用 Word 制作板报的过程中可以随时对页面中任意元素进行修改与调整，如此可以在制作过程中随时调整思路，节约用纸。

2. 制作电子板报所需的素材解析

（1）图片与剪贴画

在 Word 2010 中，用户可以在文档中插入图片以提高文档的美观性。插入的图片有两种，一种是来自外部存储文件的图片，另一种是来自 Office 剪辑库中的图片，称剪贴画。单击 Word 菜单选项卡【插入】|【插图】组，可看到“图片”与“剪贴画”命令。

① 插入剪贴画

Word 2010 内部提供了剪辑库，其中包含 Web 元素、背景、标志、地点和符号等，可以直接插入到文档中，步骤如下。

a．将光标置于图片插入点，单击【插入】|【插图】|“剪贴画”命令，弹出图 2-23 所示的“剪贴画”窗格。

b．在“剪贴画”窗格的“搜索文字”文本框中输入要找的剪贴画的关键字信息，在“结果类型”列表框中勾选合适的图片类型，单击【搜索】按钮。

c．搜索结果显示在窗格的图片区，单击某一剪贴画，则该剪贴画自动插入到光标所在处。

注意　如果 Office 为不完全安装，在 Word 中插入剪贴画时将遇到费时现象，很可能 Word 会不响应，因此，如果想要使用图片来丰富文档，最好使用来自文件的图片。

② 插入图片

在 Word 插入已经保存在硬盘上的图片，任何一种图片格式均可，而无背景色的.png 格式图片最受欢迎，当然现在 Word 2010 已经提供了消除背景色的功能，但使用起来并不完美。插入图片的方法有以下两种。

a. 将光标定位于需要插入图片处，单击选项卡命令【插入】|【插图】|“图片”命令，在打开的“插入图片”对话框中，选择需要插入的图片，单击【插入】按钮，则图片插入到光标所在处。

b. 打开图片所在文件夹，以“大图标”的显示方式查看，选择需要插入到 Word 中的图片，按组合键【Ctrl+C】进行复制，按组合键【Ctrl+V】粘贴到 Word 文档光标所在处。

③ 设置图片格式

插入的图片以一种巨型文字的方式出现，图片在插入后，还需要对其进行格式处理，如大小、位置、样式、颜色调整等。

a．调整图片大小与角度

单击已插入的图片，其周围会出现 8 个句柄，用鼠标指向图片的任意一个句柄，并按鼠标左键进行拖放，则图片将沿句柄拖放方向进行放大或缩小。还可以通过单击【图片工具】|【格式】|

【大小】|“裁剪”命令对图片进行修剪，被剪掉的部分会被隐藏起来，“裁剪”命令下有几个选项，其中“裁剪为形状”命令（图 2-24）在设置图片时也较为常用。

图 2-23　“剪贴画”窗格

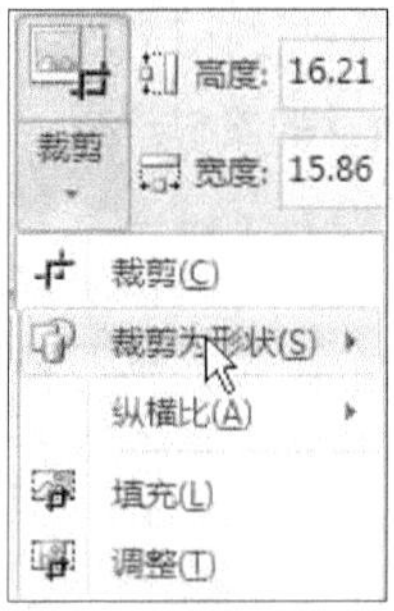

图 2-24　“裁剪”命令

图片在选中状态时，顶端的中间句柄上有一个绿色圆形旋转按钮，可以将图片旋转至任意角度。

如果要精确更改图片的大小及旋转角度，可以单击【图片工具】|【格式】|【大小】命令组的右下角按钮，打开“布局”对话框，精确设置值，若设置有误，可单击【重置】按钮，如图 2-25 所示。

b．图片与文字的位置关系

将图片插入到 Word 文档中，默认的位置为“嵌入型”，这种位置一般用于长文档的编排时插入的图片，即图片相当于一个巨型文字插入到当前输入的文字处，一般一张图片单独占一行。如果设置了段落的固定行距，则此图片很有可能显示不完全，如果想让图片完全显示出来，则应在设置该行段落行距时，将行距选择“最小值”而非“固定值”。

在制作的海报类自由版式文档时，一般要求图片处于文字的中间，此时设置图片的“自动换行”方式为“四周型环绕”较为合适（图 2-26）。除“嵌入型”外的其他“自动换行”方式均可与文字友好相处，即图片可以拖放到文档任意位置。

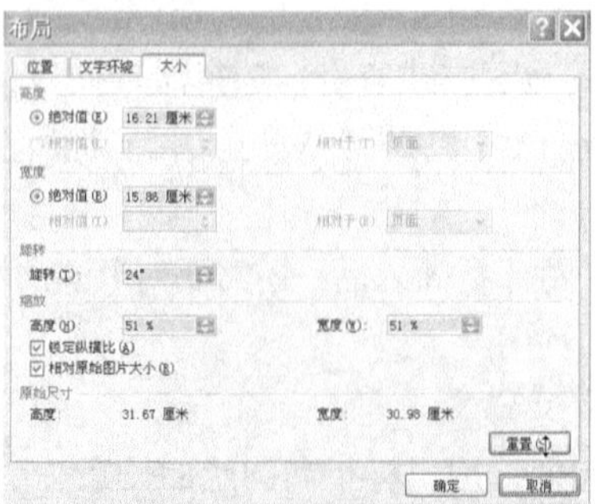

图 2-25　精确设置图片大小与旋转角度

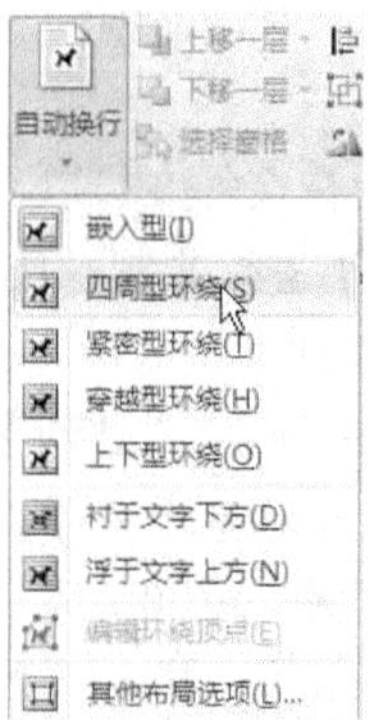

图 2-26　图片自动换行方式

c．图片样式与调整

为了适应图片在文档中的不同需求，图片工具还提供了各种样式设置，比如为图片设置投影、柔化、加边框等；还提供了调整色调与对比度、删除背景、艺术效果的调整。

（2）形状（自选图形）

在文档中绘制图形时，为了避免随着文档中其他文本的增删导致插入的图形位置发生错乱，并使绘制的图形能够组合在一起不被分开，一般先新建画布，再在画布中绘制图形。

注意　先新建绘图画布，再在画布中插入的任何形状或图片均可被组合。而插入到正文中的图片则不提供组合功能，即使它们是非“嵌入型”的换行方式。

插入形状的方法如下。

① 将光标定位于需要插入形状的空白行。

② 单击【插入】|【插图】|【形状】|“新建绘图画布”命令。

③ 选择画布，再单击“形状”的下拉三角，选择一种形状，在画布中拖动画出该形状。

④ 以与③相同的方式，选择形状，在画布中画出形状。

⑤ 若要将画布中所有形状组合成一个图形，则可以按【Shift】键或【Ctrl】键，并用鼠标单击画布中需要合并的形状（也可以按下鼠标左键，拖动出一个虚框，选中需要合并的形状），然后右击选中的形状，在打开的快捷菜单中选择“组合 | 组合”命令。

⑥ 若要取消已经合并后的形状，则可右击组合图形，在打开的快捷菜单中选择“组合 | 取消组合”命令。

⑦ 设计图形时，隐藏不需要显示的线条或形状时，可通过单击鼠标右键，在打开的快捷菜单中选择“叠放次序”命令，将不需要显示在观众面前的一部分形状置于需要显示出来的形状的下一层。图 2-27 所画的自绘图片“哆啦 A 梦”，其嘴巴由两条弧线组成，下面的弧线填充红色，上面的弧线填充白色，为了遮住多余的红色填充形状，需要将红色弧形置于白色弧形的下一层。

⑧ 若要对计算机中存储的图片进行合并，则可以先选择“新建绘图画布”命令，然后选择画布，单击【插入】|【插图】|“图片”命令，在打开的“插入图片”对话框中，选择需要进行重新调整并合并的图片。图 2-28 所示的组合图片原本是插入了两张图片，其中“卡通鸟”是一张 Png 格式图片。

图 2-27　自绘形状并组合成图形

图 2-28　合并多个图片为一个图片

（3）艺术字与文本框

艺术字是文档中具有特殊效果的文字，它是以图片的形式出现的，在文档中适当插入艺术字既可以美化文档，又可以突出所要表达的内容。单击【插入】|【文本】|“艺术字”下拉三角，

选择一种艺术字样式，即可输入需要以艺术字样式出现的文字，当输入文字并确定后，菜单栏上会显示出“艺术字工具”（图 2-29）。其中，各命令组的含义如下。

【文字】命令组，可以为选中的艺术字直接编辑文字。

【艺术字样式】命令组，可以为选中的艺术字重新调整样式，填充字面形状颜色（非三维效果或阴影的形状颜色），若艺术字不是三维效果的，还可设置字面形状的轮廓。

【阴影效果】命令组，可为选择的艺术字设置投影效果，并设置阴影的颜色。

【三维效果】命令组，可为选择的艺术字设置透视效果及透视的角度与深度。

【排列】命令组，与图片工具中相应命令一致，可设置艺术字与文档中正常文本的相对位置。

【大小】命令组，用于调整艺术字高度与宽度，也可用鼠标根据所选艺术字的 8 个控制句柄来调整艺术字大小。

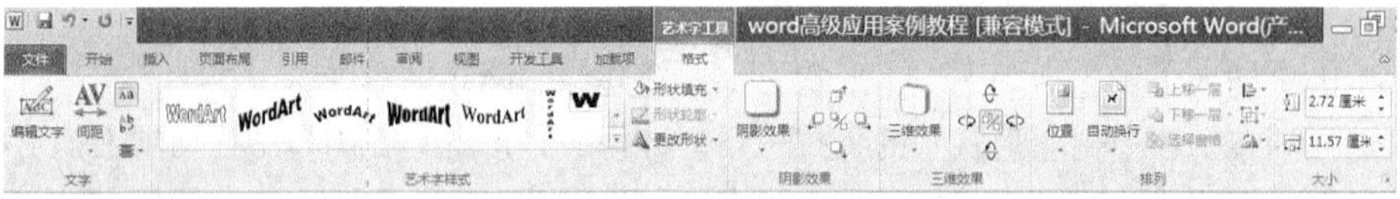

图 2-29　艺术字工具栏

文本框的出现，活跃了文字在文档中显示的位置。它是一种特殊类型的文本，以图片的形式存在，用以在任意位置显示文字或图片。在文本框中插入图片，该图片以文字的格式存放，图片会按比例缩放到文本框刚好可以容纳的高度，一张图片占据一个大字所占据的空白，如图 2-30 所示。当然可以通过调整文本框大小，将“图片文字”放大。

插入文本框的方式有两种：一种是单击【插入】|【插图】|“形状”下拉三角，选择“基本形状”栏中的第一个选项“文本框”，然后在文档中拖出一个文本框，在文本框中输入内容；另一种是单击【插入】|【文本】|“文本框”下拉三角，选择一种内置的文本框样式，或者选择“绘制文本框”命令，在文档中画出文本框大小后，输入内容。

在图文混排类文档中，可以利用文本框将文字放置于文档的任意位置处，因为文本框的默认位置为“浮于文字上方”，在输入文字后，如果想让该文字与正文中文字无异，则要设置文本框格式：将其“形状填充”改为“无填充颜色”，“形状轮廓”改为“无轮廓”，如图 2-31 矩形框所示。如果利用文本框输入大段文字，并设置文字花边，同样可以设置其“形状轮廓”，还可对文本框内文字设置字体与段落格式。

图 2-30　在文本框中插入图片

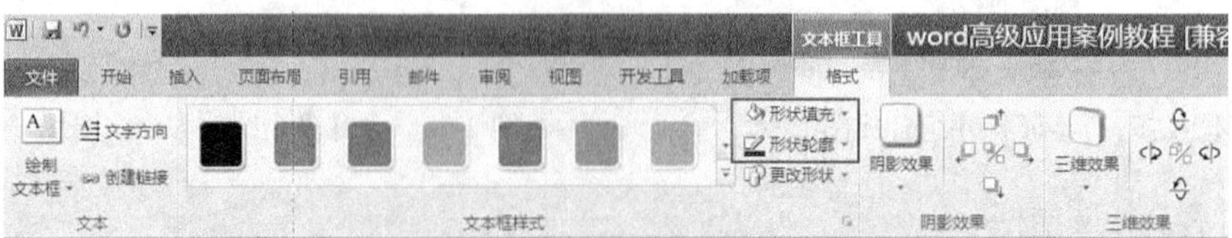

图 2-31　设置文本框格式

（4）SmartArt 图形

SmartArt 图形是 Word 中预设的形状、文字、样式的集合，包括列表、流程、循环、层次结构、关系、矩阵、棱锥图和图片 8 种类型，每种类型下又包括若干个图形样式。使用 SmartArt 图形功能可以快速创建出专业而美观的图形化效果，且在创建更加完美的图形化效果时，可对 SmartArt 图形进行一些简单的编辑。插入并调整 SmartArt 图形的方法如下。

① 插入 SmartArt 图形。单击【插入】|【插图】| “SmartArt” 命令，打开 “选择 SmartArt 图形” 对话框，如图 2-32 所示，列出了 8 种类型以供选择。

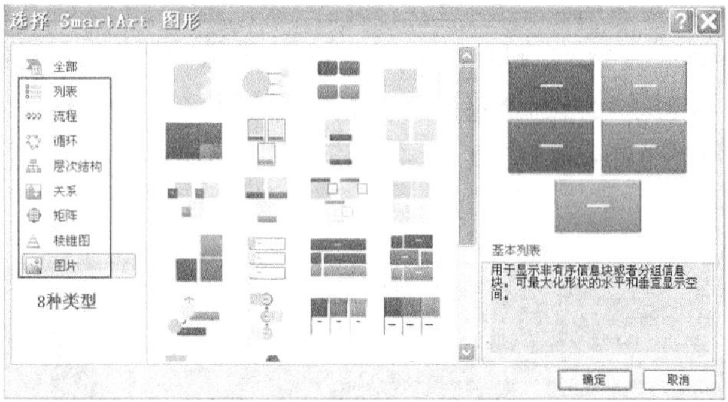

图 2-32 “选择 SmartArt 图形” 对话框

② 选择 SmartArt 图形类型。若需要在 SmartArt 中插入图片，则选择 “图片” 类型中的任意一种图形即可；若不需要使用图片进行说明，则可选择前 7 种类型。

③ 添加或删除形状。在文档中插入一种 SmartArt 图形后（例如，选择 “详细流程” 图），菜单栏上出现 “SmartArt 工具” 菜单选项卡。选择该图形边框，单击【SmartArt 工具】|【创建图形】| “添加形状”，可添加一个输入选项，如图 2-33 的第四个形状即为新添加的形状。若要删除该图形中一个形状，只需要选择该形状后，按【Delete】键。

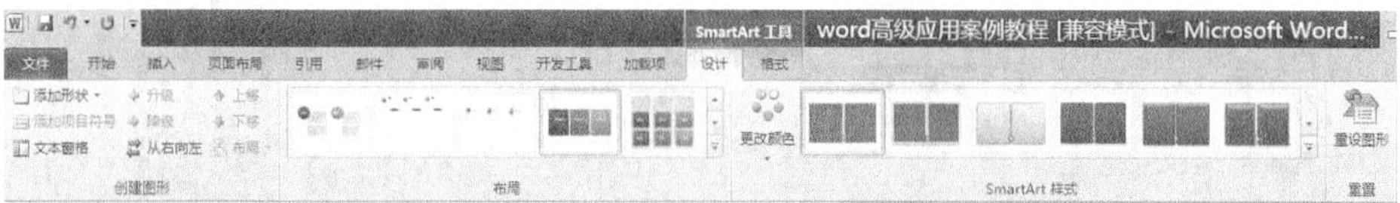

图 2-33 SmartArt 工具

④ 在新添加的形状中输入文本。如图 2-34 所示，新添加的形状没有文本框显示；若要添加文本，可单击 SmartArt 工具中的 “文本窗格” 命令，在打开的 “在此处键入文字” 窗口中，定位到新添加的形状所在的文本框，输入文字，如图 2-35 所示。

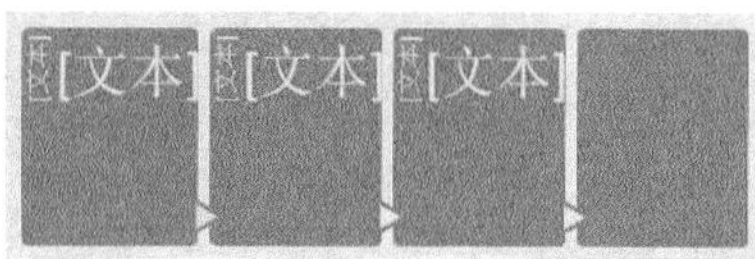

图 2-34 添加形状

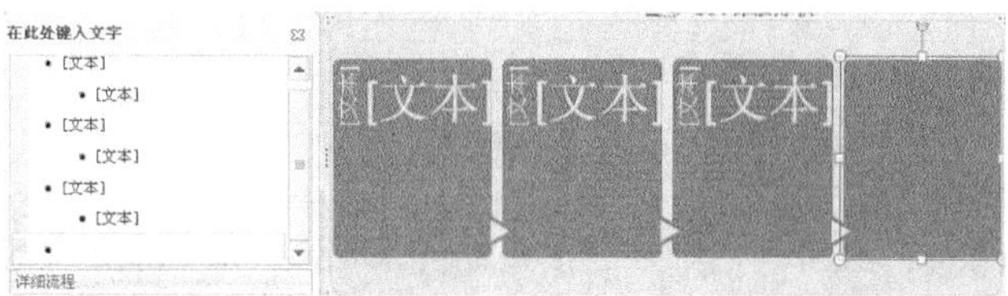

图 2-35 使用 “文本窗格” 输入文本

⑤ 重新布局。用户可以通过 SmartArt 工具中【布局】组选项，对已经选择的 SmartArt 图形换一种图形，已经输入的文本信息不变。

⑥ 修改 SmartArt 图形的颜色与样式。使用 SmartArt 工具中提供的【SmartArt 样式】组命令对颜色和样式进行调整。

（5）表格

Word 中使用表格可以简洁明了地描述数据，还可以进行规则排版。图 2-36 所示的宣传海报，首先直接在 A4 纸大小的横向版式的页面上创建了一个 5 行 4 列的表格。然后将表格调整到与页面编辑区同样大小。接着对表格中单元格进行相应合并，具体合并的单元格为：合并第一、二列 1、2 行单元格，合并第一列 3、4 行单元格，合并第二列 3、4、5 行单元格，合并第三列所有单元格，合并第四列 2、3 行单元格，合并第四列 4、5 行单元格。然后调整各列宽度，使第 3 列处于页面中间位置。最后选择各合并后的单元格，设置其上下左右边框样式，完成后的缩略效果如图 2-37 所示。

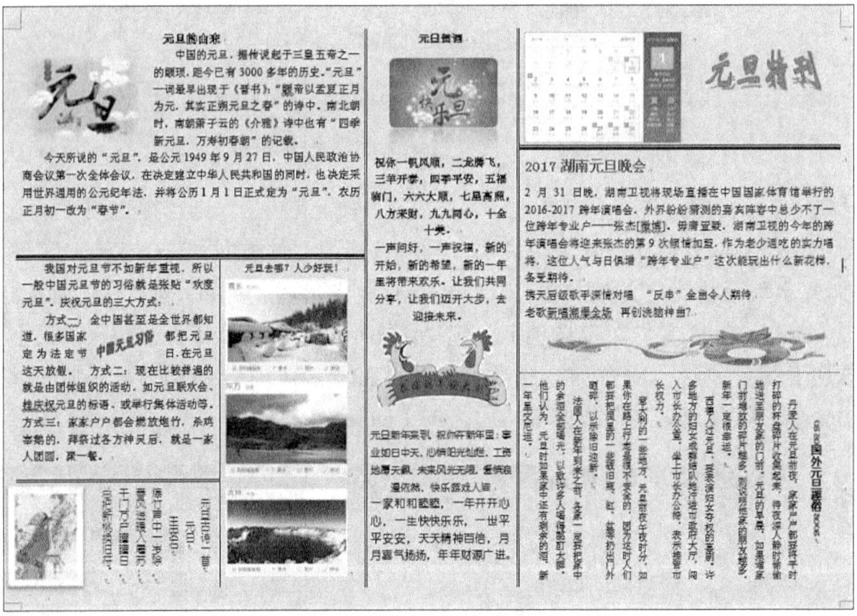

图 2-36　元旦海报表格排版

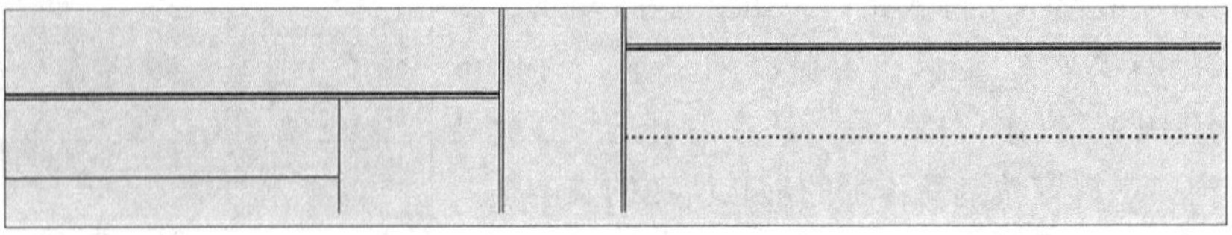

图 2-37　表格布局缩略效果

2.2.3　案例实现

1. 确定主题及标题

当小昔听到他们漂亮的经济学老师妙趣横生地讲课时，一下子来了灵感，立即决定以“老师您才是最美的花”为标题，以“鲜花”为此期电子板报的主题。总是说学生是祖国的花朵，老师是辛勤的园丁，其实园丁一样很美。

2. 收集以鲜花为边框的图片及以教师节为主题的文字

通过百度图片或谷歌图片搜索“***花边框”，比如“大气花边”“简约花边”“小清新花边”等，作为输入文字块的背景。再搜索“教师颂”“园丁颂”“好老师”等文字素材用于描述教师，为语言输入做参考。

3. 大致确定边框素材

经过筛选，小昔根据版面需求，大致确定了三个花边框作为这次的文字块背景，有横向的、竖向的、圆形的，小昔还准备自绘几个不规则的图形作为文字块背景，这样图片元素既丰富又简约。

4. 使用 Word 设计电子板报

新建一个 Word 文档，命名为“教师节电子板报.docx”，并将页面布局“纸张方向”设置为“横向”，“页边距”选择为“窄”。

（1）设置图案水印

为了设置一种半透明的背景图案，小昔决定用一支康乃馨图片作为水印，插入到页面来做背景效果。具体操作如下。

① 单击【页面布局】|【页面背景】|【水印】|“自定义水印”命令。

② 在打开的“水印”对话框中，选择“图片水印”单选框，并单击对话框中的【选择图片】按钮，选择已确定好的图片。单击该对话框的【确定】按钮。

③ 此时出现页眉页脚，如果页眉出现下框线，可以选择下框线之上的回车号，单击【开始】|【段落】|“边框”命令，选择“无边框”命令。

④ 调整图片水印的大小、位置，以适应设计需求。调整后如图 2-38 所示。

图 2-38　插入并调整图片水印

（2）添加鲜花边框

从收集好的素材库中，复制 4 张已经确定的边框图片，并打开“教师节电子板报.docx”，将复制的 4 张图片粘贴到文档中。

对插入的 4 张图片分别设置其“自动换行”方式。如图 2-39 所示，标示“1、2、3”的图片作为文字背景边框，设置其“自动换行”方式为“衬于文字下方”，并缩放到适当大小，使用【图片工具】中的“裁剪”命令，对标示“1、2、3”的图片进行适当裁剪。对标示“4”的图片，设置其“自动换行”方式为“浮于文字上方”，该图片原本是横向的，通过旋转按钮将其调整为标示“4”的角度。

分别选择 4 张图片设置白色为透明色。单击【图片工具】|【格式】|【调整】|【颜色】|“设置透明色”命令，再单击标示“1”图的中间白色区域，使白色变为透明色。用同样的方法，使其他 3 张图片的白色设置为透明色。

如果需要，可以为各图片设置“图片效果”，比如“柔化边缘”。如果设置了“柔化边缘”效果，则将白色设置为透明色有可能达不到想要的效果。

（3）使用形状自绘新图形

单击【插入】|【插图】|【形状】|“直线”命令，首先在图 2-39 中标示“2、3”的边框中间画出一条约 30° 的斜线，使用【绘图工具】|【格式】|【形状样式】|【形状轮廓】|【虚线】|【划线-点】命令，修改直线样式；然后选择【形状轮廓】|“粗细”命令，设置直线为“4.5 磅”，将直线加粗，再将“形状轮廓”的颜色改为“鲜绿色”；最后使用组合键【Ctrl+D】复制该斜线，并移动到相应位置。

用同样的方式再画一条水平直线，与斜线进行同样的“形状轮廓”设置，颜色为“黑色”，并使用【Ctrl+D】组合键复制多次；然后同时选中这几条水平直线，单击【绘图工具】|【格式】|【排列】|【对齐】|“左对齐”或者“右对齐”命令。如果纵向分布不均匀，还需要将选中的几条水平直线设置【对齐】|【纵向分布】，使它们分布均匀。

图 2-39　插入图片并设置“自动换行”方式

单击【插入】|【插图】|【形状】|“任意多边形”命令，画出一个类似于“心”形的多边形，如图 2-41 所示。在绘制该图时，单击一次能确定一条直线的一个端点，通过【BackSpace】键后退一步画线，用【Esc】键能退出画线。在画出大致形状后，可以通过【绘图工具】|【格式】|【插入形状】|“编辑形状”命令调整多边形的各个顶点，使该形状更完美。然后设置该多边形的“形状轮廓”为“虚线”“圆点”，设置“粗细”为“1.5 磅”，轮廓颜色为淡蓝色，然后使用【Ctrl+D】组合键复制两次，并调整这三个多边形的间距。

（4）使用 PPT 设计艺术字

当 Word 提供的艺术字预设效果没有 PPT 中提供的预设效果漂亮，则可使用 PPT 设计艺术字，再截图到 Word 文档中。

打开 PPT 软件，在新建的“演示文稿 1”中将当前幻灯片版式改为“空白”，并按图 2-40 鼠标所指样式设计艺术字。输入文字“最美的花”，并将字体改为“华文琥珀”，将该文本填充为“橙色”，然后使用“红蜻蜓抓图精灵”工具将设置好的艺术字截图（直接复制到 Word，则会失去立体效果，使效果失真，所以只有使用截图工具才能保证效果完整）。

以类似的方法在 PPT 中再设计 3 次艺术字效果，具体效果如图 2-41 所示，文字分别为“老师您才是”、“9.10”及自绘多边形中的文字，将该多边形文字截图到电子板报后，需经过一定调整，如旋转一定角度、放大、缩小，以适应多边形形状。

图 2-40　在 PPT 中插入艺术字

图 2-41　“教师节”电子板报设计效果

习　题

【习题一】

从辅导员老师处获取本班第一学期的期末成绩，利用邮件合并功能制作本班每个学生的成绩单。

【习题二】

制作一份请柬，邀请全班同学或老师参加圣诞派对。

【习题三】

制作一份小学生数学报，打印要求：横向，A3 纸打印。

第 3 章 Excel 2010 数据处理与分析

Excel 2010 是微软公司 Office 2010 组件之一。Excel 2010 提供了强大的数据处理与分析功能，集成了数据采集、数据编辑、数据图表化、数据管理和数据分析处理等功能，它可以创建和修改工作表、三维图表，同时还可以创建和使用宏。因此，Excel 2010 广泛应用在财务、管理、统计分析、市场营销、工程计算等方面，可以帮助用户有效地组织和管理数据，发现模式或趋势，从而做出更明智的决策，并提高用户分析大型数据集的能力。在 Excel 中，用户可以高效地输入数据，还能轻松地将数据转化为各类图表。Excel 更强大的功能体现在通过公式和函数计算数据，用户可以对数据进行排序、筛选、汇总等处理。本章以案例的形式由浅入深逐步介绍数据的准备、数据的计算、数据的查看、数据的汇总与分析、数据的保护与输出等高级应用技术。

3.1 编辑与格式化电子表格

3.1.1 案例分析

【案例 3-1】

本案要求在 Excel 中制作一张“期末成绩表”工作薄，其中涉及的操作有：在单元格中输入和编辑数据，填充序列，设置数据的有效性，插入、删除和移动单元格，修饰工作表等。读者通过本案例的学习，能基本掌握电子表格的编辑与格式化方法。

编辑完成的“期末成绩表”参考效果如图 3-1 所示。

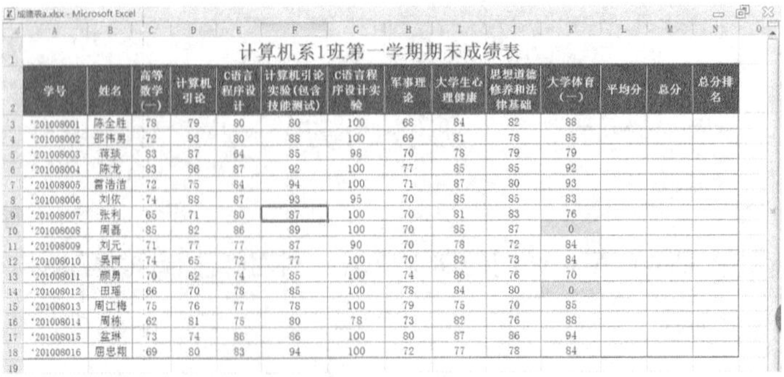

计算机系1班第一学期期末成绩表

学号	姓名	高等数学（一）	计算机引论	C语言程序设计	计算机引论实验（包含技能测试）	C语言程序设计实验	军事理论	大学生心理健康	思想道德修养和法律基础	大学体育（一）	平均分	总分	总分排名
'201008001	陈全胜	78	79	80	80	100	68	84	82	88			
'201008002	邵伟男	72	93	80	88	100	69	81	78	85			
'201008003	蒋琪	83	87	64	85	98	70	78	79	79			
'201008004	陈龙	83	86	87	92	100	77	85	85	92			
'201008005	雷浩洁	72	75	84	94	100	71	87	80	93			
'201008006	刘依	74	88	87	93	95	70	85	85	83			
'201008007	张利	65	71	80	87	100	70	81	83	76			
'201008008	周磊	85	82	86	89	100	70	85	87	0			
'201008009	刘元	71	77	77	87	90	70	78	72	84			
'201008010	吴雨	74	65	72	77	100	70	82	73	84			
'201008011	颜勇	70	62	74	85	100	74	86	76	70			
'201008012	田瑶	66	70	78	85	100	78	84	80	0			
'201008013	周江梅	75	76	77	78	100	79	75	70	85			
'201008014	周栋	62	81	75	80	78	73	82	76	88			
'201008015	蓝琳	73	74	86	86	100	80	87	86	94			
'201008016	屈忠翔	69	80	83	94	100	72	77	78	84			

图 3-1 期末成绩表

案例操作要求：

（1）启动 Excel 并输入数据；

（2）修改单元格的数据；
（3）删除/插入行；
（4）删除/插入列；
（5）填充序列；
（6）移动行/列；
（7）设置数据有效性；
（8）单元格合并居中；
（9）设置单元格文字格式；
（10）调整行高/列宽；
（11）设置单元格格式；
（12）设置条件格式；
（13）设置表格边框样式。

3.1.2 知识储备

启动 Excel 2010 后，窗口如图 3-2 所示。

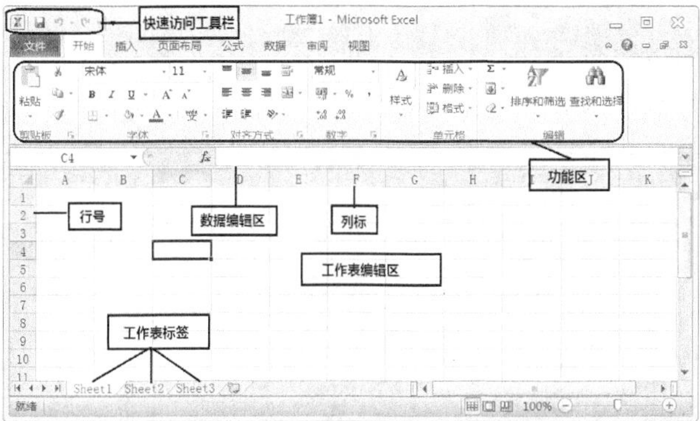

图 3-2 Excel 2010 窗口界面

（1）快速访问工具栏：位于工作界面的左上角，包含一组用户使用频率较高的工具，如“保存”“撤销”和“恢复”。用户可单击“快速访问工具栏”右侧的倒三角按钮，在展开的列表中选择要在其中显示或隐藏的工具按钮。

（2）功能区：位于标题栏的下方，是一个由 9 个选项卡组成的区域。Excel 2010 将用于处理数据的所有命令组织在不同的选项卡中。单击不同的选项卡标签，可切换功能区中显示的工具命令。在每一个选项卡中，命令又被分类放置在不同的组中。组的右下角通常都会有一个对话框启动器按钮，用于打开与该组命令相关的对话框，以便用户对要进行的操作做更进一步的设置。

（3）数据编辑区：由名称框、工具框和数据编辑框 3 个部分组成。名称框主要用于显示活动单元格名称；工具框主要用于在活动单元格中插入函数；数据编辑框主要用于输入和修改活动单元格中的数据或公式。

（4）工作表编辑区：用于显示或编辑工作表中的数据。

（5）工作表标签：位于工作簿窗口的左下角，默认名称为 Sheet1、Sheet2、Sheet3……单击不同的工作表标签可在工作表间进行切换。

（6）工作簿：用于处理和存储数据的 Excel 文件，扩展名为.xlsx。每个工作簿由多张工作表组成，最多可包含 255 个工作表。默认情况下，每个工作簿由 Sheet1、Sheet2、Sheet3 三张工作表组成。用户可以对工作表改名，也可根据需要添加或删除工作表。

（7）工作表：由行和列构成的电子表格。行号用数字 1~65535（共 65535 行）表示，列号用字母 A、B、C、……Z，AA、AB、AC、……AZ，BA、……IV（共 256 列）表示。当前被选中的工作表称为当前工作表，其标签显示为白色。工作表的常用操作有插入、删除、移动或复制、隐藏与取消隐藏、重命名、显示或隐藏网格线及标题等。

（8）单元格及单元格区域：工作表中行和列相交处的小方格称为单元格，单元格是 Excel 处理信息的最小单位。单元格内可存放文字、数值、日期、时间、公式和函数。每个单元格的名称取决于它所在的行号与列号。例如，第 B 列（第 2 列）第 3 行处交叉的单元格的名称是 B3。单元格或单元格区域的常用操作有选择、插入、删除、移动或复制、合并等。

在工作表中输入数据后，可以对数据进行格式设置。格式设置包括字符的字体、字号、颜色等设置；单元格和整个表格的对齐方式、行高、列宽的设置；边框与底纹的修饰；数字格式的设置等。

3.1.3　案例实现

【案例 3-1 实现】

1. 启动 Excel 并输入数据

操作要求：启动 Excel，输入图 3-3 所示数据。

	A	B	C	D	E	F	G	H	I	J	K	L	M	N
1	班第一学期期末成绩表													
2	姓名	高等数学(一)	计算机引论	C语言程序设计	计算机引论实验(包含技能测试)	C语言程序设计实验	军事理论	大学生心理健康	思想道德修养和法律基础	大学体育(一)	平均分	总分	总分排名	
3	陈全胜	78	79	80	80	100	68	84	82	88				
4	邵伟男	72	93	80	88	100	69	81	78	85				
5	蒋瑛	83	87	64	85	98	70	78	79	79				
6	陈龙	83	86	87	92	100	77	85	85	92				
7	雷浩洁	72	75	84	94	100	71	87	80	93				
8	刘依	74	88	87	93	95	70	85	85	83				
9	张利	65	71	80	87	100	70	81	83	76				
10	周磊	85	82	86	89	100	70	85	87	0				
11	刘元	71	77	77	87	90	70	78	72	84				
12	吴雨	74	65	72	77	100	70	82	73	84				
13	颜勇	70	62	74	85	100	74	86	76	70				

图 3-3　期末成绩表的原始数据

（1）用户可以通过下列方式启动 Excel。

① 单击屏幕左下角的【开始】按钮，选择【所有程序】|【Microsoft Office】|“Microsoft Office Excel 2010”命令。

② 双击桌面上的 Excel 快捷图标。

③ 在“我的电脑”或“资源管理器”中双击任一个 Excel 文件，则启动 Excel，同时打开指定的电子表格文件。

（2）启动 Excel 后，系统新建一个名为“工作簿 1”的工作簿，并选定当前工作表为“Sheet1”。在工作表名“Sheet1”上双击，或单击鼠标右键，在打开的快捷菜单上选择【重命名】命令，输入新的工作表名“期末成绩表”。

单击要输入数据的单元格，单元格的周围出现黑框，表示已选中为活动单元格。编辑栏左边的名称框显示活动单元格的名称，用户可直接在单元格内录入数据，也可在右边的编辑栏中录入数据。所输入的内容会同时出现在编辑栏和单元格中。

输入数据后，用户可通过下列方式确认。

① 按【Enter】键确认，将活动单元格下移一个单元。

② 按【Tab】键确认，将活动单元格右移一个单元。

③ 按【↑↓←→】光标键确认，切换到其他单元格。

④ 单击编辑栏的【输入】按钮✓确认。

在未确认之前，按【Esc】键或单击编辑栏的【取消】按钮✕，可取消用户的输入。

在单元格中可输入文字、数值、日期和时间。

① 输入文字

文字是键盘上可输入的任何符号，默认情况下向左对齐。

数字形式的文字数据，如身份证号、学号、电话号码等，应在数字前加上单引号（英文状态下输入）。

例如，输入身份证号：'43010519700102102，单元格以43010519700102102形式显示。

② 输入数值

数值包含“0~9”数字符号，还包括 +（正号）、-（负号）、( )（括号）、.（小数点）、,（千位分隔符）、%（百分号）、$￥（货币符号）、E e（科学计数法）等特殊字符。默认情况下向右对齐。

若数据长度超过 11 位，系统将自动转换为科学计算法表示。例如，输入数值 123456789123，单元格以 1.23457E+11（1.23457×10^{11}）形式显示。

若要输入负数，应在数字前加一个负号（-）或将数字置于括号内。

若要输入分数，应先输入 0 和空格，再输入分子/分母。

③ 输入日期和时间

Excel 中有多种日期格式，比较常见的有月/日（10/1）、月-日（10-1）、年/月/日（2010/10/1）、年-月-日（2010-10-1）。

时间格式为时：分：秒，若要以 12 小时制输入时间，需在时间数字后空一格，并键入字母 a、am（上午）或 p、pm（下午），如 2:00 p 表示下午两点。否则，Excel 以 24 小时制来处理时间。

按【Ctrl +;（分号）】组合键在单元格中插入系统日期，按【Ctrl +Shift+;】组合键插入系统时间。

2. 修改单元格的数据

操作要求：将 A1 单元格的内容改为“计算机系 1 班第一学期期末成绩表”。

操作步骤：选中 A1 单元格为活动单元格，采取下列方法可修改单元格的数据。

① 在编辑栏中单击鼠标，出现插入点，将插入点移到“系” / “班”的前面，删除或选中“*”，输入“计算机” / “1”，单击【输入】按钮✓确认修改或按【Enter】键确认，如图 3-4 所示。

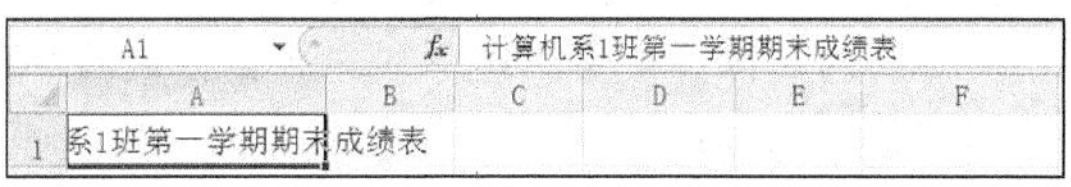

图 3-4　修改数据

② 双击鼠标，在单元格内出现插入点，将插入点移到“系” / “班”的前面，删除或选中“*”，输入“计算机” / “1”，按【Enter】键确认修改，并将活动单元格下移一个单元。

3. 删除行/列

操作要求：删除第 16 行，即删除“周栋（删）”行。

操作步骤：采用下列方式可删除行。

① 选中第 16 行的任意一个单元格，单击【开始】|【单元格】|【删除】命令的下拉按钮，在下拉列表中选择【删除工作表行】命令。

② 选中第 16 行的任意一个单元格，单击鼠标右键，在快捷菜单中选择【删除】命令，打开“删除”对话框，选择“整行”单选按钮。

③ 在行标题 16 上单击鼠标右键，打开快捷菜单，选择【删除】命令，则第 16 行被删除。

删除列时，需先选中要删除的列，方法与删除行类似。

注意　删除与清除内容。如果是删除单元格，则使单元格本身从工作表中消失，空出的位置由周围的单元格来补充。而选中单元格后按【Delete】键，只能将单元格的内容清除，空白单元格仍保留在工作表中。此外，选中单元格，单击【开始】|【编辑】选项组的【清除】命后的下拉按钮，如图 3–5 所示，可在其下拉菜单中选择清除单元格的全部或格式、内容、批注。

4. 插入列/行

操作要求：在“姓名”列（A 列）前插入一个“学号”列。

操作步骤：采用下列方式可插入列。

① 选中“姓名”列（A 列）的任意一个单元格，单击【开始】|【单元格】|【插入】命令的下拉按钮，在下拉列表中选择【插入工作表列】命令，如图 3-6 所示。

② 选中“姓名”列（A 列）的任意一个单元格，单击鼠标右键，在快捷菜单中选择【插入】命令，打开“插入”对话框，如图 3-7 所示，选择“整列”单选按钮。

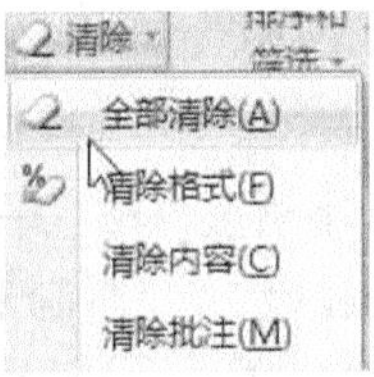

图 3-5　清除

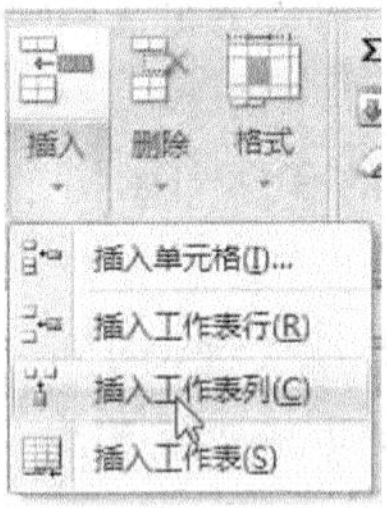

图 3-6　插入列

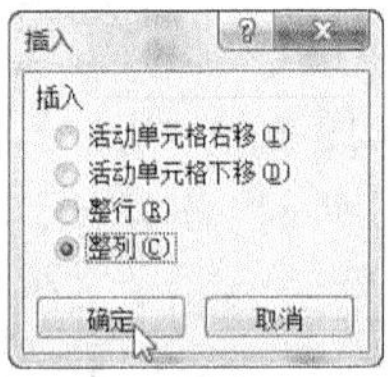

图 3-7　“插入”对话框

③ 在列标题 A 上单击鼠标右键，在快捷菜单中选择【插入】命令。插入列后，将鼠标定位到 A2 单元格，输入“学号”。

插入行的操作与插入列的方法类似，只是在图 3-7 中选择“整行”单选按钮即可。

5. 填充序列

操作要求：在 A3 ~ A18 单元格区域，通过序列填充输入学号“201008001” ~ “201008016”。

注意　序列是指按规律排列的数据。使用填充序列，可根据前面单元格中的数据，推出后面单元格中的数据，从而提高工作效率。

Excel 中有 4 种形式的序列：等差序列、等比序列、时间和自动填充序列。

等差序列是指序列中每两个相邻的数间隔相同的值，这个固定的值被称为步长。

等比序列是指序列中每两个相邻的数之间的比例关系相等。

时间序列是指序列中每两个相邻的日期之间的相差天数相等。

自动填充序列包括时间序列和等差序列，还包括系统预定义的填充序列和用户自定义的新序列。

操作步骤：选中 A3 单元格，由于学号是数字形式的文字数据，输入英文标点符号状态下的单引号，再输入 201008001。

采取下列方法可以填充序列。

① 将鼠标放在 A3 单元格的填充柄上（右下角的小黑点），鼠标指针变为实心十字+。

从填充柄向下拖曳鼠标，此时显示虚线框，表示填充的目的单元格，同时显示标签表示填充的值，如图 3-8 所示。

填充到 201008016，释放鼠标，完成填充。

② 鼠标指向 A3 单元格，鼠标指针为空心十字✢，拖曳鼠标到 A18 单元格，选中 A3 ~ A18 单元格。

单击【开始】|【编辑】|【填充】命令 填充 后的下拉按钮，在下拉列表中选择【系列】命令，打开“序列”对话框，如图 3-9 所示。

在“序列产生在”栏选择“列”单选项，在“类型”栏选择“自动填充”单选项。

图 3-8　填充序列

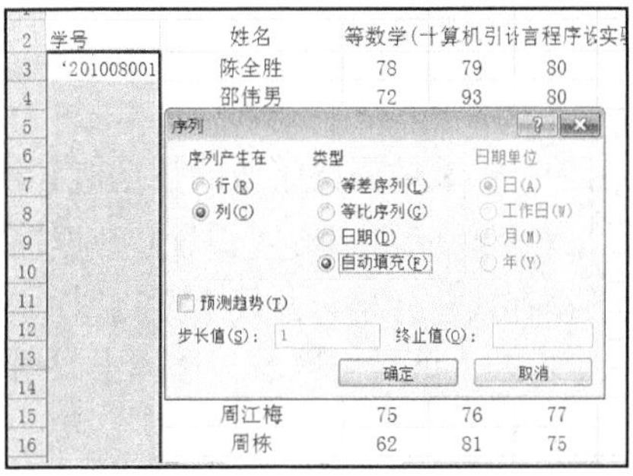

图 3-9　“序列”对话框

选定操作：在对单元格进行编辑或格式化时，首先要选定单元格，可采取下列方法来选定单元格。

① 选定一个单元格：单击要选定的单元格。

② 选定相邻的单元格区域：单击区域左上角的第一个单元格，沿对角线方向拖曳鼠标到区域右下角的最后一个单元格，释放鼠标。或者，单击区域左上角的第一个单元格，按【Shift】键，单击右下角的最后一个单元格。

③ 选定一行：单击行号。

④ 选定一列：单击列标。

⑤ 选定整个表格：单击工作表左上角行号和列标的交叉按钮，即【全选】按钮。

⑥ 选定不相邻的单元格区域：按住【Ctrl】键，依次单击要选定的单元格。

6. 移动行/列

操作要求：将“C 语言程序设计”列（E2 ~ E18）的数据移动到“计算机引论”列（D2 ~ D18）的前面。

操作步骤：采用下列方式可移动单元格。

① 选中单元格区域 E2 ~ E18，将鼠标移到选中区域的边框，鼠标指针变为✥形。按下【Shift】键，拖曳鼠标到 E 列的前面，当 B 列和 D 列之间出现灰色的工字形，并显示图标 D2:D18（图 3-10）时释放鼠标。

② 选中单元格区域 E2 ~ E18，在快捷菜单中选择【剪切】命令，再右击 D2 单元格，如图 3-11 所示，在快捷菜单中选择【插入已剪切的单元格】命令。

移动列操作方法类似。

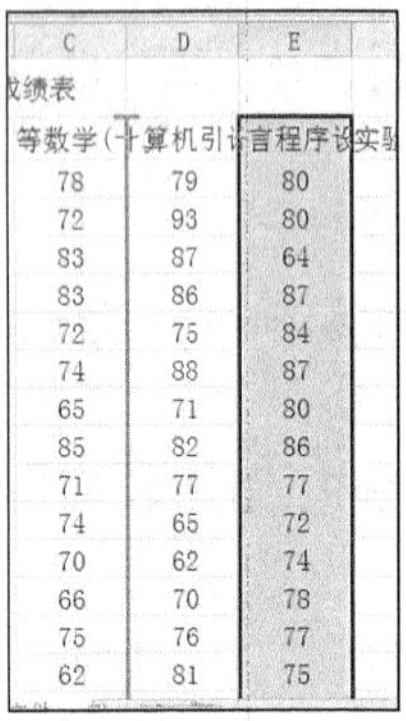

图 3-10　移动列

图 3-11　移动列

7. 设置数据有效性

操作要求：C3 ~ K18 单元格区域的数据值必须设置为 0 ~ 100。

数据有效性:对于单元格可设置有效的数据输入范围。当输入的数据不满足有效性规则时，系统将不允许此数据存入单元格，从而有效地减少输入数据的错误。

（1）选中 C3 ~ K18 单元格区域，选择【数据】|【数据工具】|【数据有效性】命令，打开“数据有效性”对话框。

（2）在“数据有效性”对话框中，选择“设置”选项卡，如图 3-12 所示。在“允许”下拉列表中选择“整数”，在“数据”下拉列表中选择“介于”，在“最小值”文本框中输入“0”，在“最大值”文本框中输入“100”。

（3）在“数据有效性”对话框中，选择“出错警告”选项卡，如图 3-13 所示。在“错误信息”编辑框中输入“成绩必须在 0 到 100 之间”。

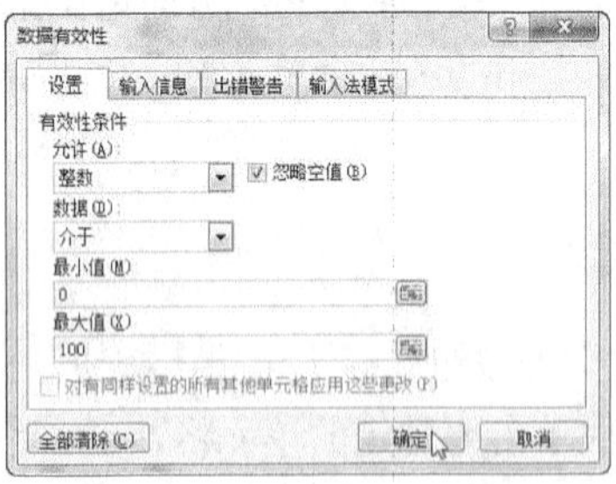

图 3-12　“数据有效性”对话框“设置”选项卡

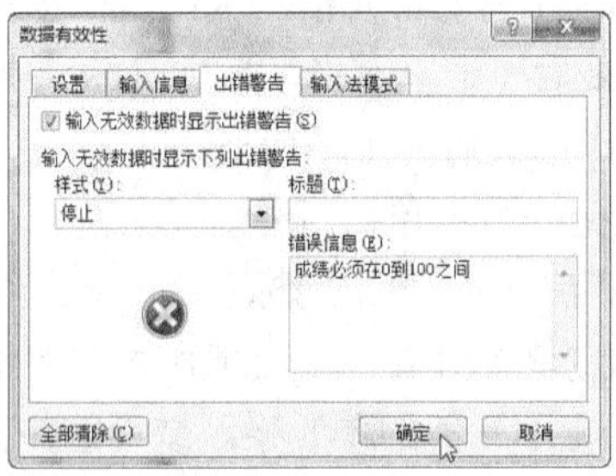

图 3-13　“数据有效性”对话框“出错警告”选项卡

如果将 C3 ~ K18 的任意一个单元格中的数据改为一个小于 0 或大于 100 的数，试图离开该单元格时，系统会打开一个警告对话框，如图 3-14 所示。如果选择【重试】，则该单元格仍为活动单元格，要求用户输入正确的数据；如果选择【取消】，则取消用户对数据的修改。

8. 单元格合并居中

操作要求：将 A1 ~ N1 单元格区域合并为一个单元格，设置文字内容居中。

操作步骤：选中 A1 ~ N1 单元格区域，采用下列方式可合并及居中单元格。

① 选择【开始】|【对齐方式】|【合并后居中】命令，则 A1 ~ N1 单元格区域合并为一个单元格，文字显示在单元格的中央。

② 单击【开始】|【对齐方式】选项组旁边的箭头，打开“设置单元格格式”对话框，如图 3-15 所示，在“对齐”选项卡中“水平对齐”的下拉列表中选择“居中”，再选中“合并单元格”复选框，单击【确定】按钮。

图 3-14　警告对话框

图 3-15　“设置单元格格式”对话框的“对齐”选项

若要取消单元格的合并，可选中已合并的单元格，再次单击【合并及居中】按钮；或在“设置单元格格式”对话框的“对齐”选项卡中，取消选择“合并单元格”复选框。

9. 设置文字格式

操作要求：设置 A1 单元格中字体为宋体，字号为 20，字形为加粗，颜色为红色。

操作步骤：采用下列方式可设置单元格的格式。

① 选中 A1 单元格，在【开始】|【字体】选项组的“字体”下拉列表中选择“宋体”，在“字号”下拉列表中选择“20”，在“颜色”下拉列表中选择“红色”，并单击【加粗】按钮。

② 选中 A1 单元格，单击【开始】|【字体】选项组旁边的箭头，打开“设置单元格格式”对话框，选择“字体”选项，如图 3-16 所示。在“字体”下拉列表中选择“宋体”，在“字形”下拉列表选择“加粗”，在“颜色”下拉列表中选择“红色”，在“字号”下拉列表选择“20”。

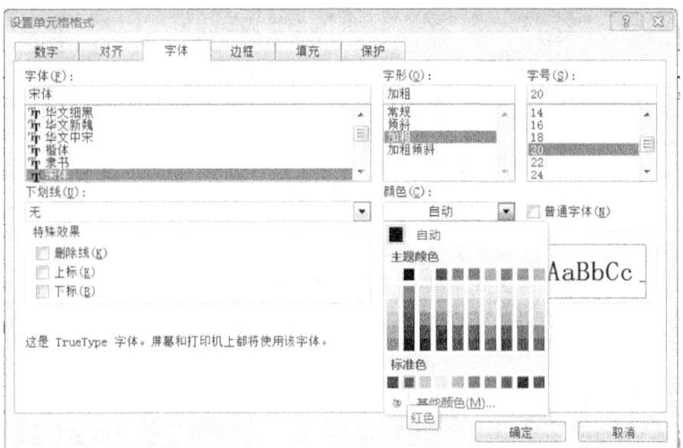

图 3-16　“设置单元格格式”对话框的“字体”选项

10. 调整行高/列宽

操作要求：将第一行的行高设置为 30，第一列的列宽设置为 12，其他各行高/列宽调整适当。

操作步骤：采用下列方式可设置单元格的行高。

① 在第一行的行标上单击鼠标右键，选择快捷菜单中的【行高】命令，打开“行高”对话框，如图 3-17 所示，在“行高”文本框中输入“30”。

图 3-17 “行高”对话框

此外，选中第一行的任意一个单元格，选择【开始】|【单元格】【格式】命令，在下拉列表中选择【行高】命令，也可打开“行高”对话框。

② 将鼠标指向行标题的分隔线，指针变为带箭头的十字，拖曳鼠标可调整其他各行行高至适当高度。

③ 直接双击行标题的分隔线，Excel 会根据单元格的内容自动设置适当的行高。

调整列宽操作方法与调整行高相似，只是在设置第一列的列宽为 12 时选中第一列，并打开“列宽”对话框。将鼠标指向列标题的分隔线，指针变为带箭头的十字，拖曳鼠标可调整其他各列列宽至适当宽度。

11. 设置单元格格式

操作要求：设置 A2 ~ N2 单元格区域字形加粗，底纹颜色为蓝色，字体颜色为白色，居中对齐。

操作步骤：选中 A2 ~ N2 单元格区域，采用下列方式可设置单元格的格式。

① 选择【开始】|【字体】|【加粗】按钮；单击【填充颜色】按钮右边的下拉按钮，在其下拉列表中选择“蓝色”；单击【字体颜色】按钮右边的下拉按钮，在其下拉列表中选择“白色”。再选择【对齐方式】|【居中】命令。

② 单击【开始】|【字体】选项组的旁边的箭头，打开“设置单元格格式”对话框。选择【对齐】选项卡，在“水平对齐”的下拉列表中选择“居中”。选择【字体】选项卡，在“字形”下拉列表中选择“加粗”，在“颜色”下拉列表中选择“白色”。选择【填充】选项卡，如图 3-18 所示，在“背景色”中选择“蓝色”。

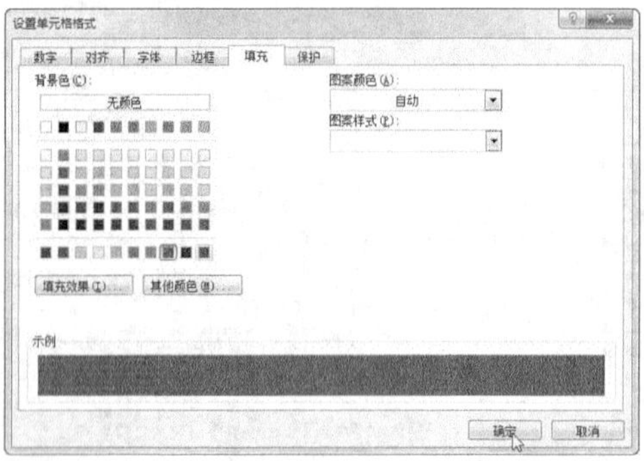

图 3-18 “设置单元格格式”对话框的“填充”选项卡

12. 设置条件格式

操作要求：对 C3 ~ K18 单元格区域设置条件格式，60 分以下的，设置为浅红色填充深红色文本，字形加粗。

条件格式是指根据单元格的数据动态地显示格式。当单元格中的数据符合指定条件时，就应用所设的条件格式；不符合指定条件时，就沿用以前的格式。

操作步骤如下。

（1）选中 C3 ~ K18 单元格区域，选择【开始】|【样式】|【条件格式】命令，如图 3-19 所示。在下拉列表中选择【突出显示单元格规则】|【小于】命令，打开“小于”对话框，如图 3-20 所示。

（2）在“小于”对话框中，在文本框中输入“60”，在“设置为”列表框中选择“浅红填充色深红色文本”，单击【确定】按钮。

（3）再次打开“小于”对话框，在文本框中输入“60”，在“设置为”列表框中选择“自定义格式”，打开“设置单元格格式”对话框，如图 3-21 所示，在“字形”列表框中选择“加粗”。

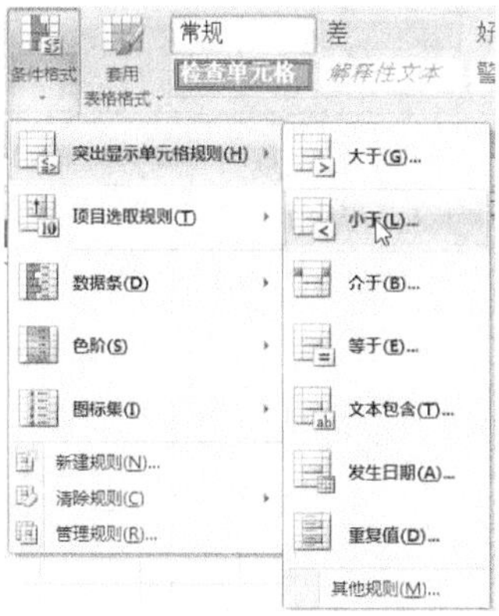

图 3-19　“条件格式”对话框

图 3-20　“小于”对话框

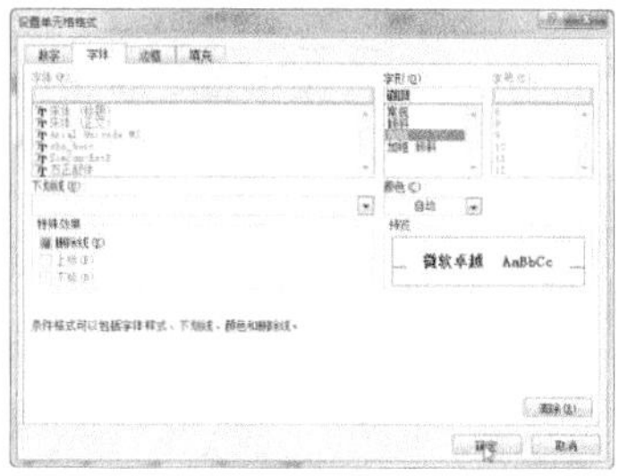

图 3-21　“设置单元格格式”对话框

13. 设置表格边框

操作要求：设置 A3 ~ N18 单元格区域为蓝色的外边框粗线和内边框细线，设置 A2 ~ N2 单元格区域为红色双线边框。

操作步骤如下。

（1）选中 A3 ~ N18 单元格区域，采用下列方式可设置表格的边框。

单击【开始】|【字体】|【边框】命令右边的下拉按钮，在其下拉列表的 “线条颜色”选择“蓝色”，再单击下拉列表中的【所有框线】按钮。再次单击【边框】按钮右边的小三角形，在其下拉列表中单击【粗匣框线】按钮。

（2）选中 A2 ~ N2 单元格区域，采用下列方式可设置红色双线边框。

单击鼠标右键，在快捷菜单中选择【设置单元格格式】命令，打开“设置单元格格式”对话框如图 3-22 所示。选择【边框】选项卡，在“线条样式”列表框中选择双线，在“颜色”下拉列表中选择“红色”，单击“预置”的【外边框】按钮。

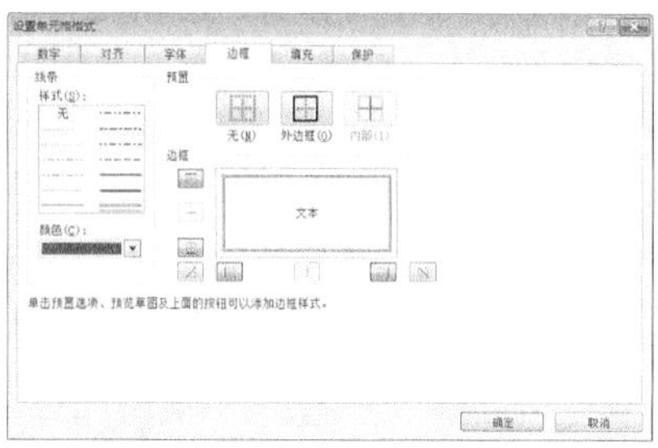

图 3-22　“设置单元格格式”对话框

操作完成后，用文件名“期末成绩表.xlsx”保存默认文件“工作薄 1.xlsx”。

3.1.4　课堂练习

现有图 3-23 所示的素材文件“学生信息表.xlsx”工作簿，需要为单元格设置文本格式、边框和底纹，具体要求如下。

（1）将工作表 Sheet1 重命名为“学生信息表”，删除 J 列，并在最后增加一个“备注”列。

删除重复的“林丽娜”中的一行，并在其后增加一行，数据如下。

013 刘丽 女 1982年2月1日 团员 河北省廊坊市 南苑 593 118.6 13

（2）合并表格标题所在单元格，并设置格式为“华文新魏、16、加粗”，表头格式为“宋体、12”，颜色为“深红”，标题和表头都居中显示。

（3）设置表头只有上下边框，边框线为最粗样式，颜色为“青色”，相同格式的还包括表格最底边的边框线。

（4）为表头添加底纹，颜色为灰；为表格隔行添加底纹，颜色为灰。

提示 隔行添加底纹时使用的公式为“=mod(row(),2)=1”。

操作完成后用原文件名进行保存，结果如图 3-24 所示。

1	学 生 信 息 表										
2	学号	姓名	性别	出生年月	政治面貌	籍贯	所在公寓	入学成绩	平均成绩	平均成绩	名次
3	001	马依鸣	男	29799	党员	山东省日照市莒县	西苑	628	125.6	125.6	1
4	002	高英	女	30042	党员	山东省滨州市无棣县	南苑	621	124.2	124.2	2
5	003	郭建华	男	29587	团员	山西省阳泉市	西苑	619	123.8	123.8	3
6	004	张厚营	男	29738	团员	河北省唐山市玉田县	西苑	618	123.6	123.6	4
7	005	周广冉	男	29830	团员	山东省荷泽市郓城县	西苑	616	123.2	123.2	5
8	006	张琳	男	30011	党员	山东省威海市环翠区	西苑	611	122.2	122.2	6
9	007	马刚	男	30317	团员	甘肃省天水市成县	西苑	609	121.8	121.8	7
10	008	田清涛	男	29465	团员	广东省东莞市	西苑	603	120.6	120.6	8
11	009	白景泉	男	30103	团员	吉林省九台市	西苑	601	120.2	120.2	9
12	010	张以恒	男	30286	团员	云南省大理市永平镇	西苑	600	120	120	10
13	011	荆艳霞	女	29618	党员	山东省济宁市开发区	南苑	598	119.6	119.6	11
14	012	林丽娜	女	30348	团员	山东省烟台市莱山区	南苑	597	119.4	119.4	12
15	012	林丽娜	女	30348	团员	山东省烟台市莱山区	南苑	597	119.4	119.4	12
16	014	何孝艳	女	30103	党员	河北省廊坊市	南苑	589	117.8	117.8	14
17	015	胡小灵	女	30498	党员	河北省廊坊市	南苑	589	117.8	117.8	15
18	016	李春铃	女	30286	团员	河北省廊坊市	南苑	587	117.4	117.4	16
19	017	郑妤	女	30011	团员	河北省廊坊市	南苑	586	117.2	117.2	17

图 3-23　学生信息表原件

学 生 信 息 表

性别	出生年月	政治面貌	籍贯	所在公寓	入学成绩	平均成绩	名次	备注
男	1981年8月1日	党员	山东省日照市莒县	西苑	628	125.6	1	
女	1982年4月1日	党员	山东省滨州市无棣县	南苑	621	124.2	2	
男	1981年1月1日	团员	山西省阳泉市	西苑	619	123.8	3	
男	1981年6月1日	团员	河北省唐山市玉田县	西苑	618	123.6	4	
男	1981年9月1日	团员	山东省荷泽市郓城县	西苑	616	123.2	5	
男	1982年3月1日	党员	山东省威海市环翠区	西苑	611	122.2	6	
男	1983年1月1日	团员	甘肃省天水市成县	西苑	609	121.8	7	
男	1980年9月1日	团员	广东省东莞市	西苑	603	120.6	8	
男	1982年6月1日	团员	吉林省九台市	西苑	601	120.2	9	
男	1982年12月1日	团员	云南省大理市永平镇	西苑	600	120.0	10	
女	1981年2月1日	党员	山东省济宁市开发区	南苑	598	119.6	11	
女	1983年2月1日	团员	山东省烟台市莱山区	南苑	597	119.4	12	
女	1982年2月1日	团员	河北省廊坊市	南苑	593	118.6	13	
女	1982年6月1日	党员	河北省廊坊市	南苑	589	117.8	14	
女	1983年7月1日	党员	河北省廊坊市	南苑	589	117.8	15	
女	1982年12月1日	团员	河北省廊坊市	南苑	587	117.4	16	
女	1982年3月1日	团员	河北省廊坊市	南苑	586	117.2	17	

图 3-24　学生信息表结果图

3.2　公式及函数的使用

3.2.1　案例分析

【案例 3-2】

对“期末成绩表”实例示范通过自动计算来查看数据计算的结果，运用公式和函数对平均分、总分、总分排名列，以及增加的课程平均分、课程最高分和课程最低分进行计算。介绍常用函数 SUM、AVERAGE、MAX、MIN、RANK 的使用方法。

设计要求：

（1）查看自动计算的结果。

（2）自动求和按钮。

（3）设置单元格的数字格式。

（4）SUM 函数的使用。

（5）AVERAGE 函数的使用。

（6）MAX/MIN 函数的使用。

（7）RANK 函数的使用。

编辑完成的“期末成绩表”效果如图 3-25 所示。

1	计算机系1班第一学期期末成绩表													
2	学号	姓名	高等数学（一）	计算机引论	C语言程序设计	计算机引论实验(包含技能测试)	C语言程序设计实验	军事理论	大学生心理健康	思想道德修养和法律基础	大学体育（一）	平均分	总分	总分排名
3	'201008001	陈全胜	78	79	80	80	100	68	84	82	88	82.11	739	6
4	'201008002	邵伟男	72	93	80	88	100	69	81	78	85	82.89	746	5
5	'201008003	蒋琰	83	87	64	85	98	70	78	79	79	80.33	723	8
6	'201008004	陈龙	83	86	87	92	100	77	85	85	92	87.44	787	1
7	'201008005	雷浩洁	72	75	84	94	100	71	87	80	93	84.00	756	4
8	'201008006	刘依	74	88	87	93	95	70	85	85	83	84.44	760	3
9	'201008007	张利	65	71	80	87	100	70	81	83	76	79.22	713	10
10	'201008008	周磊	85	82	86	89	100	70	85	87	0	76.00	684	15
11	'201008009	刘元	71	77	77	87	90	70	78	72	84	78.44	706	11
12	'201008010	吴雨	74	65	72	77	100	70	82	73	84	77.44	697	12
13	'201008011	颜勇	70	62	74	85	100	74	86	76	70	77.44	697	12
14	'201008012	田瑶	66	70	78	85	100	78	84	80	0	71.22	641	16
15	'201008013	周江梅	75	76	77	78	100	79	75	70	85	79.44	715	9
16	'201008014	周栋	62	81	75	80	78	73	82	76	88	77.22	695	14
17	'201008015	盆琳	73	74	86	86	100	80	87	86	94	85.11	766	2
18	'201008016	屈忠翔	69	80	83	94	100	72	77	78	84	81.89	737	7
19	课程平均分		73.25	77.88	79.38	86.25	97.56	72.56	82.31	79.38	74.06			
20	课程最高分		85	93	87	94	100	80	87	87	94			
21	课程最低分		62	62	64	77	78	68	75	70	0			

图 3-25 “期末成绩表”计算结果

【案例 3-3】

图 3-26 所示的“员工工资表”是按车间、部门编制的某月工资表，本表包括职工姓名、基本工资、加班工作、奖金、应发工资、个人所得税扣款及实发工资等。需要运用公式和常用函数 SUM、AVERGAE、MAX、MIN、RANK 对应发工资、个人所得税扣款及实发工资等数据列进行计算。

设计要求：

（1）查看自动计算的结果。

（2）DATEDIF 函数的使用。

（3）公式的使用。

（4）自动求和按钮的使用。

（5）SUM 函数的使用。

（6）AVERAGE 函数的使用。

（7）MAX/MIN 函数的使用。

****公司*月份员工工资表**

制表人：**　　　　制表日期：2016/10/5　　　　结算日期：2016年11月

姓名	基本工资			加班工资			奖金			扣款		应发工资	个人所得税扣款	实发工资
	底薪	岗位技能工资	工龄工资	加班天数	加班系数	小计	业绩奖金	全勤奖	特殊贡献奖	社保扣除	考勤扣除			
张丰	4000.0	1200.0		5	108.5		150.0			680.0	0.0			
李小芳	3000.0	800.0		1	98.5		100.0			680.0	300.0			
宋艳	2500.0	1200.0		2	112.5		150.0		100.0	680.0	0.0			
宋燕	3500.0	1200.0		5	98.5		100.0		500.0	680.0	50.0			
郭诚	3500.0	800.0		3	112.5		200.0	200.0		680.0	300.0			
肖小晗	3000.0	800.0		1	108.5		100.0	200.0		680.0	100.0			
周峰	3500.0	800.0		1	98.5		200.0			680.0	50.0			
李韵	4000.0	1000.0		3	112.5		100.0	200.0		680.0	100.0			
张涛	3500.0	800.0		2	108.5		200.0	200.0		680.0	0.0			
胡非	2800.0	1200.0		3	112.5		150.0			680.0	300.0			
黄俐	3000.0	1000.0		1	98.5		200.0		200.0	680.0	100.0			
杨琴	3500.0	1200.0		1	108.5		150.0			680.0	50.0			
													工资总额	
													平均工资	
													最高工资	
													最低工资	

备注：1、根据进入公司时间，每满一年，工龄工资增加200元

2、个人所得税扣款参照工作簿中的“税率表”工作表，其计算方法为：应缴纳的个税=[（应发工资－四金或三金）－3500]×税率－速算扣除数

图 3-26　员工工资表

3.2.2 知识储备

公式是对工作表中的数据进行计算和操作的等式，它以“=”号开头，由常量、运算符、函数及单元格引用组成。

例如，公式=SUM（B1：B5）/10，是用来计算 B1～B5 单元格区域之和再除以 10 的商，其中，SUM 是函数引用，B1、B5 是单元格引用，/是除法运算符，10 是常量。

（1）常量

常量指直接输入公式中的值，如数值“54”、日期“2016-01-01”、字符“ABC”等。

（2）运算符

运算符指公式中将数据连起来的符号。

① 算术运算符：+（加）、-（减）、*（乘）、/（除）、百分号（%）和乘方（^）

其优先级的顺序是：百分号和乘方→乘、除→加、减。

例如，公式=5*2+3^3 的结果为 37。

② 关系运算符：=、<、>、>=、<= 、<>（不等于）

关系运算符用于比较两个值，产生逻辑值 TRUE 或 FALSE。例如，公式“A5>=B5”，当 A5 单元格的值大于或等于 B5，结果为 TRUE，否则为 FALSE。

③ 文本运算符：&（文本连接符）

例如，公式=“AB”&“BCD”的结果为“ABBCD”。

（3）函数

函数是预定义好的内置公式，通过使用参数进行计算结果，函数的一般结构为：

函数名（参数 1，参数 2，…）

函数名说明函数的功能，参数是函数运算的对象。参数可以是常量、单元格、单元格区域、公式或其他函数。

例如，公式“=IF（A3>20,D4,D5）”表示表达式的结果是根据对 A3 单元格数据大小的判断而来，如果 A3>20 成立，则表达式的结果为 D4，否则为 D5；公式“=SUM（5,1+2,D4:E5,F3）”表示对 5、公式 1+2 的计算结果、D4 到 E5 单元格区域和 F3 单元格求和。

Excel 提供了财务、日期与时间、数学和三角函数、统计、查询和引用、数据库文本、逻辑、信息等函数。最常用的函数如下。

① 求和函数 SUM（number1,number2,…）。

② 求平均值 AVERAGE（number1,number2,…）。

③ 计数函数 COUNT（value1,value2,…）。

④ 最大值函数 MAX（number1,number2,…）。

⑤ 最小值函数 MIN（number1,number2,…）。

（4）单元格引用

单元格引用是在公式中通过单元格的名称来引用此单元格的数据。

当公式中所引用单元格的数据发生变化时，公式会自动更新计算结果。

① 相对引用

相对引用是默认的引用方式，直接由单元格的列号和行号组成。当公式被复制到其他单元格时，引用单元格的地址会根据位置的变化自动调节。

例如，在 G1 单元格输入公式“=D1+E1”，将其复制到 G4 单元格时，变为“=D4+E4”。

② 绝对引用

绝对引用是在单元格的列号和行号加上符号$。当公式被复制到其他单元格时，引用单元格的地址固定不变。

例如，在 G1 单元格输入公式“=$D$1+$E$1”，将其复制到 G4 单元格时，公式仍为“=$D$1+$E$1”。

③ 混合引用

混合引用是在单元格的列号或行号加上符号$。当公式被复制到其他单元格时，若行号为绝对引用，行地址不变；若列号为绝对引用，列地址不变。

例如，在 G1 单元格输入公式“=D$1+$E1”，将其复制到 G4 单元格时，为“=D$1+$E4”。

3.2.3 案例实现

【案例 3-2 实现】

1. 增加行并格式化

操作要求：在原工作表数据行后增加三行。

操作步骤：在单元格区域 A19 ~ A21 中，分别输入“课程平均分”“课程最高分”和“课程最低分”，将 A19 与 B19 两个单元格设置合并居中，将 A20 与 B20 两个单元格设置合并居中，将 A21 与 B21 两个单元格设置合并居中，最后设置 A19 ~ A21 的文字大小为 12 号，字体为宋体。

2. 自动求和按钮

操作要求：利用自动求和按钮计算总分和平均分列。

操作步骤如下：

（1）选中 M3 单元格，单击【开始】|【编辑】|【求和】命令 Σ · 后的下拉按钮，在打开的下拉列表中选择【求和】命令。

（2）在 M3 单元格中出现函数“=SUM（C3:L3）”，默认的参数“C3:L3”不正确，需重新设置。将鼠标指向 C3 单元格，拖曳到 K3 单元格，显示虚线框表示被选中的作为参数的区域，此时函数参数已设为“C3:K3”，表示对第 3 行的第 3 列到第 11 列单元格区域进行求和，按【Enter】键表示确认。在 M3 单元格中显示根据公式计算的结果，在编辑栏中显示此单元格所引用的公式。

也可以直接在 M3 单元格中输入“=C3+D3+E3+F3+G3+H3+I3+J3+K3”或“=SUM（C3:K3）”。

（3）用户可以通过下列方式将公式复制到其余单元格。

① 将鼠标指针指向 M3 单元格右下角的填充柄上，当鼠标指针变为黑色的十字＋，向下拖曳鼠标填充公式，直到 M18 单元格。

由于函数“SUM（C3:K3）”的参数为相对引用，当该公式被填充到其他位置时，Excel 能够根据公式所在单元格位置的改变自动调节所引用的单元格。如在 M4 单元格，公式自动变为“SUM（C4:K4）”。

在 M18 单元格右下角出现【自动填充选项】按钮，单击其右边的小三角形，出现图 3-27 所示的下拉菜单，在该菜单中选择“不带格式填充”。否则，默认为带格式填充。

② 用户也可以将公式复制到其他单元格。在 M3 单元格上，单击鼠标右键，打开快捷菜单，选择【复制】命令。选中 M4 ~ M18 单元格区域，单击鼠标右键，在快捷菜单中选择【选择性粘贴】命令，打开“选择性粘贴”对话框，如图 3-28 所示。选择“粘贴”下的“公式”，单击【确定】按钮，即可在 M4 ~ M18 单元格区域中出现求和公式。

（4）选中 L3 单元格，单击【开始】|【编辑】|【求和】命令 Σ 后的下拉按钮，在打开的下拉列表中选择【平均值】命令，如图 3-29 所示。

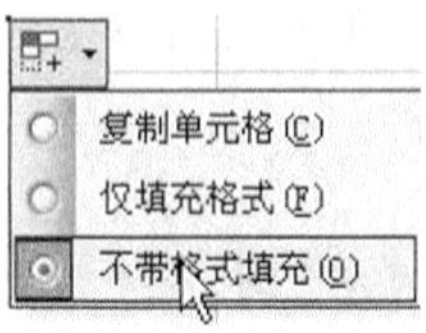

图 3-27 自动填充选项

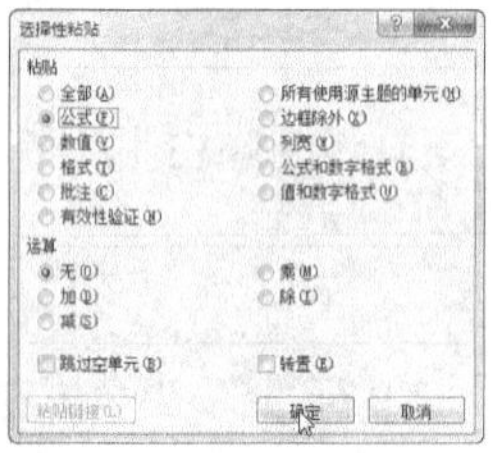

图 3-28 “选择性粘贴”对话框

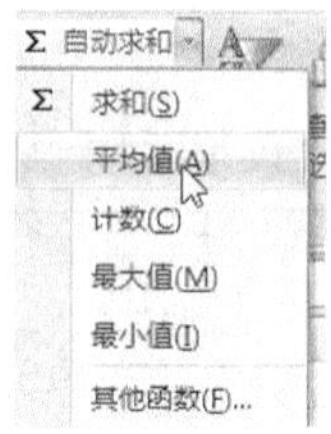

图 3-29 选择“平均值”

（5）在 L3 单元格中出现函数“=AVERAGE（C3:K3）”，按【Enter】键表示确认。默认的参数如果不正确，需重新设置。也可以直接在 L3 单元格中将公式改为“=AVERAGE（C3:K3）”或输入公式“=M3/9”，将求平均值函数填充或复制到其他单元格。

（6）用同样的方法，可以计算出每门课程平均分。

3. MAX/MIN 函数的使用

操作要求：计算出每门课程的课程最高分和课程最高分。

操作步骤：

（1）选中 C20 单元格，单击【开始】|【编辑】|【求和】命令 Σ 后的下拉按钮，在打开的下拉列表中选择【最大值】命令，在 C20 单元格中出现函数“=MAX（C3:C19）”。默认的参数不正确，将鼠标指向 C3 单元格，拖曳到 C18 单元格，显示虚线框表示被选中的作为参数的区域。此时函数参数已设为“C3:C18”，表示对 3 列 3 行到 3 列 18 行的单元格求最大值，按【Enter】键表示确认。也可以直接在 C20 单元格中将公式改为“=MAX（C3:C18）”。将 C20 单元函数填充或复制到 D20 ~ K20 单元格。

（2）选中 C21 单元格，单击【开始】|【编辑】|【求和】命令 Σ 后的下拉按钮，在打开的下拉列表中选择【最小值】命令，在 C21 单元格中出现函数“=MIN（C3:C20）”。默认的参数不正确，将鼠标指向 C3 单元格，拖曳到 C18 单元格，显示虚线框表示被选中的作为参数的区域。此时函数参数已设为“C3:C18”，表示对第 3 列的第 3 行到第 18 行的单元格区域求最小值，按【Enter】键表示确认。也可以直接在 C21 单元格中将公式改为“=MIN（C3:C18）”。将 C21 单元函数填充或复制到 D21 ~ K21 单元格。

4. 设置单元格的数字格式

操作要求：设置平均分列和每门课程的课程平均分显示为小数点后两位。

对单元格可设置数值、货币、百分比、科学计数等多种数字格式。设置格式后，单元格中显示的是格式化后的结果，编辑栏中显示的是原始数据。

操作步骤：选中 L3 ~ L18 单元格区域，单击【开始】|【数字】选项组“数字格式”列表框右边的箭头，如图 3-30 所示，在下拉菜单中选择“数字”。或单击“数字”选项组的右下角的箭头，打开“设置单元格格式”对话框，如图 3-31 所示，在“数字”选项卡下“分类”列表框中选择“数值”，在“小数位数”数值框中输入“2”。

用同样的方法，可设置课程平均分显示为小数点后两位。

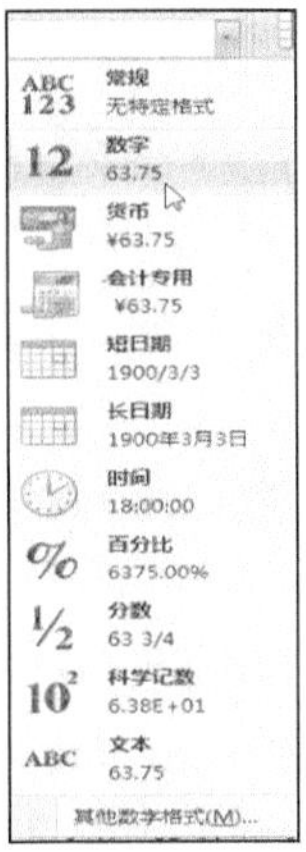

图 3-30　“数字格式”列表

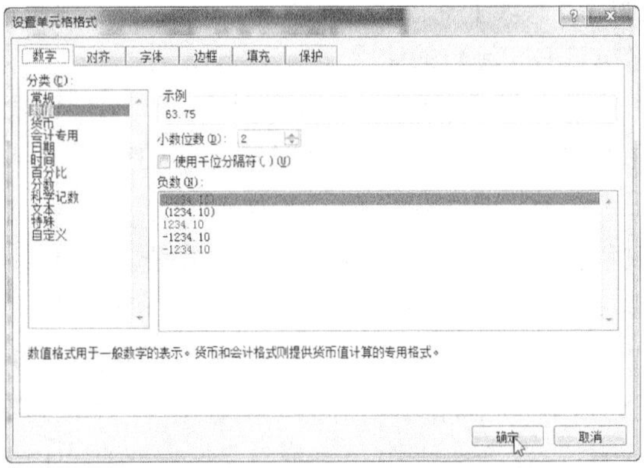

图 3-31　“设置单元格格式”对话框的“数字”选项卡

5. RANK 函数的作用

操作要求：根据课程总分，对每个人的成绩进行排名。

RANK 函数是排名函数，最常用的是求某一个数值在某一区域内的排名，其语法形式为：

RANK (number,ref,[order])

函数名后面的参数中，number 为需要求排名的数值或者单元格名称（单元格内必须为数字）；ref 为排名的参照数值区域，是一组数对一个数据列的引用，非数字值将被忽略；order 是排序方式，为 0 或忽略、降序，其他非 0 值（常用值 1）升序。

操作步骤：选中 N3 单元格，输入“= RANK(M3,$M$3:$M$18,0)”，此处为求 M3 单元格数据在 M3:M18 单元格区域数据列中的降序排名。注意此处 number 参数要用相对引用，因为此公式被填充或复制到区域时，被排名数字要发生变化；但 ref 参数要用绝对引用，因为此公式被填充或复制到区域时，排名数据列不能发生变化。order 参数缺省或为 0，此处要求降序排名。通过“填充”或“选择性粘贴”将公式复制到 N4 ~ N18 单元格区域。

也可通过函数向导来插入函数，其步骤如下：

（1）选中 N3 单元格，单击编辑栏的【插入函数】按钮，打开“插入函数”对话框，如图 3-32 所示，在“选择函数”列表框中选择“RANK”，打开“函数参数”对话框，如图 3-33 所示。

（2）在“函数参数”对话框中，在“Number”文本框中输入“M3”，在“Ref”文本框中输入“$M$3:$M$18”,在“Order”文本框中输入“0”或忽略，单击【确定】按钮。

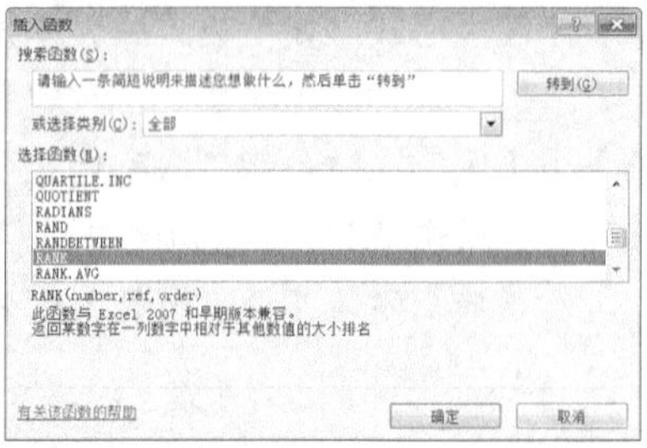

图 3-32　插入函数

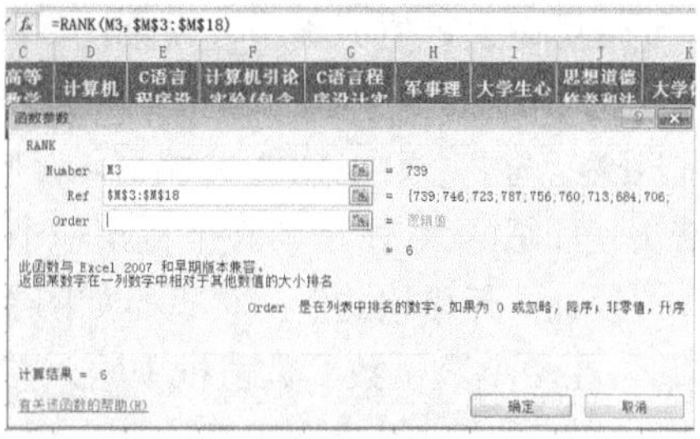

图 3-33　“函数参数”对话框

【案例 3-3 实现】

1. DATEDIF 函数的使用

操作要求：利用 DATEDIF 函数计算“员工工资表”中工龄工资列数据。

DATEDIF 函数用于计算两个日期之间的年\月\日间隔数，其基本语法格式为：

```
DATEDIF(start_date,end_date,unit)
```

函数名后面的参数中，start_date 表示起始日期；end_date 表示结束日期；unit 表示所需信息的返回类型，其中 Y 表示年，M 表示月，D 表示天。

操作步骤：打开“员工工资表”工作薄后，选中 D5 单元格，在编辑框中输入公式“=DATEDIF(员工通讯录!H3,TODAY(),"Y")*200”。此处为求“张丰”的工龄工资，注意此处 start_date 参数为“员工通讯录!H3”，表示要引用“员工通讯录”工作表中 H3 单元格中数据；end_date 参数为“TODAY()”，表示要引用当前系统的日期；unit 参数为"Y"，表示返回类型要用年表示，工龄工资的增加是根据每个人的入职年份计算的。

通过“填充”或“选择性粘贴”将公式复制到 D6 ~ D16 单元格区域。

2. 公式的使用

操作要求：利用公式计算“员工工资表”中加班工资、应发工资、个人所得税扣款及实发工资 4 列数据。

（1）利用公式计算加班工资

操作步骤：选中 G5 单元格，在编辑框中输入公式“=E5*F5”，按【Enter】键后加班工资小计列数据自动计算出来。此处公式表示为，加班工资=加班天数*加班系数。通过“填充”或“选择性粘贴”将公式复制到 G6 ~ G16 单元格区域。

（2）利用公式计算应发工资

操作步骤：选中 M5 单元格，在编辑框中输入公式“=B5+C5+D5+G5+H5+I5+J5−K5−L5”，按【Enter】键后，自动计算出应发工资列数据。此处公式表示为，应发工资=基本工资（底薪+岗位技能工资+工龄工资）+加班工资（小计）+奖金（业绩奖金+全奖金+特殊贡献奖）−扣款（社会扣除+考勤扣除）。通过“填充”或“选择性粘贴”将公式复制到 M6 ~ M16 单元格区域。

（3）利用公式计算个人所得税扣款

操作步骤：选中 N5 单元格，在编辑框中输入公式“=(M5−3500)*10%−105”，按【Enter】键后，自动计算出张丰的个人所得税扣款列数据。此处公式不能通过“填充”或“选择性粘贴”将公式复制到 N6 ~ N16 单元格区域，因为每个人的工资不一样，所对应的捐款税率是不一样的。张丰的应发工资为 7012.5，个税起征点为 3500 元，全月应纳税额超过 1500 元至 4500 元，因此可以直接减去 3500，再乘以税率，最后减去速算。如果不知道个人工资税率，所有人应纳税额都没超过 35000 元，可以用 IF 的嵌套公式：“=IF（M5−3500<0,0,IF(M5−3500<1500,(M5−3500)*0.03,

IF(M5-3500<4500,(M5-3500)*0.1-105,IF(M5-3500<9000,(M5-3500)*0.2-555,IF(M5-3500<35000,(M5-3500)*0.25-1005))))）”，如图 3-34 所示。

N5　=IF(M5-3500<0,0,IF(M5-3500<1500,(M5-3500)*0.03, IF(M5-3500<4500,(M5-3500)*0.1-105, IF(M5-3500<9000,(M5-3500)*0.2-

	C	D	E	F	G	H	I	J	K	L	M	N	O
2										制表日期：2016/10/5		结算日期：2016年11月	
3	基本工资		加班工资			奖金			扣款		应发工资	个人所得税扣款	实发工资
4	岗位技能工资	工龄工资	加班天数	加班系数	小计	业绩奖金	全勤奖	特殊贡献奖	社保扣除	考勤扣除			
5	1200.0	1800.0	5	108.5	542.5	150.0			680.0	0.0	7012.5	246.25	
6	800.0	1800.0	1	98.5	98.5	100.0			680.0	300.0	4818.5		
7	1200.0	1600.0	2	112.5	225	150.0		100.0	680.0	0.0	5095.0		
8	1200.0	1400.0	5	98.5	492.5	100.0		500.0	680.0	50.0	6462.5		
9	800.0	1400.0	3	112.5	337.5	200.0	200.0		680.0	300.0	5457.5		
10	800.0	1400.0	1	108.5	108.5	100.0	200.0		680.0	100.0	4828.5		
11	800.0	1200.0	1	98.5	98.5	200.0			680.0	50.0	5068.5		
12	1000.0	1200.0	3	112.5	337.5	100.0	200.0		680.0	100.0	6057.5		
13	800.0	1200.0	2	108.5	217	200.0	200.0		680.0	0.0	5437.0		
14	1200.0	1000.0	3	112.5	337.5	150.0			680.0	300.0	4507.5		
15	1000.0	1000.0	1	98.5	98.5	200.0		200.0	680.0	100.0	4718.5		
16	1200.0	1000.0	1	108.5	108.5	150.0			680.0	50.0	5228.5		
17												工资总额	

公司时间，每满一年，工龄工资增加200元

图 3-34　个人所得税扣款计算

选中 N6 ~ N16 单元格区域，单击【开始】|【数字】选项组“数字格式”列表框右边的箭头，在下拉菜单中选择“数字”。或单击“数字”选项组的右下角的箭头，打开“设置单元格格式”对话框，在“分类”列表框中选择“数值”，在“小数位数”数值框中输入“2”。

（4）利用公式计算实发工资

操作步骤：选中 O5 单元格，在编辑框中输入公式“=M5-N5”，按【Enter】键后，自动计算出实发工资列数据。此处公式表示，实发工资=应发工资-个人所得税扣款。通过“填充”或“选择性粘贴”将公式复制到 O6 ~ O16 单元格区域。

3. 自动求和按钮、SUM 函数、AVERAGE 函数、MAX 函数和 MIN 函数的使用

操作要求：利用自动求和按钮或函数计算工资总额、平均工资、最高工资及最低工资。

（1）计算工资总额

操作步骤：

① 选中 O17 单元格，单击【公式】|【库函数】|【自动求和】命令的下拉按钮，也可单击【开始】|【编辑】|【求和】命令 Σ 右边的下拉按钮，在打开的下拉列表中选择【求和】命令。

② 在 O17 单元格中出现函数“=SUM（O5:O16）”，如果默认的参数不正确，需重新设置。将鼠标指向 O5 单元格，拖曳到 O16 单元格，显示虚线框表示被选中的作为参数的区域，此时函数参数已设为“O5:O16”，表示对 O5 ~ O16 单元格区域求和，按【Enter】键表示确认。在 O17 单元格中显示出根据公式计算的结果，在编辑栏中显示出此单元格所引用的公式。

也可以直接在 M3 单元格中输入“= O3+ O4+ O5+……+ O16”或“=SUM（O5:O16）”。

（2）计算平均工资

操作步骤：

① 选中 O18 单元格，单击【公式】|【库函数】|【自动求和】命令的下拉按钮，在下拉菜单中选择【平均值】命令。

② 在 O18 单元格中出现函数“=AVERAGE（O5:O17）”，默认的参数如果不正确，需重新设置成“O5:O16”，按【Enter】键表示确认。也可以直接在 O18 单元格中将公式改为“=AVERAGE（O5:O16）”，或输入公式“= O17/12”。

（3）计算最高工资及最低工资

操作步骤：

① 选中 O19 单元格，单击【公式】|【库函数】|【自动求和】命令的下拉按钮，在下拉

菜单中选择【最大值】命令，在 O19 单元格中出现函数 “=MAX（O5:O18）”。默认的参数不正确，将鼠标指向 O5 单元格，拖曳到 O16 单元格，显示虚线框表示被选中的作为参数的区域，此时函数参数已设为“O5:O16”，按【Enter】键表示确认。也可以直接在 O19 单元格中将公式改为“=MAX（O5:O16）”。

② 选中 O20 单元格，单击【公式】|【库函数】|【自动求和】命令 Σ 的下拉按钮，在下拉菜单中选择【最小值】命令，在 O20 单元格中出现函数 “=MIN（O5:O19）”。默认的参数不正确，将鼠标指向 O5 单元格，拖曳到 O16 单元格，显示虚线框表示被选中的作为参数的区域，此时函数参数已设为“O5:O16”，按【Enter】键表示确认。也可以直接在 O19 单元格中将公式改为“=MIN（O5:O16）”。

操作完成后用原文件名保存，编辑完成的“员工工资表”效果如图 3-35 所示。

**公司*月份员工工资表

制表人：**　　制表日期：2016/10/5　　结算日期：2016年11月

姓名	基本工资			加班工资			奖金			扣款		应发工资	个人所得税扣款	实发工资
	底薪	岗位技能工资	工龄工资	加班天数	加班系数	小计	业绩奖金	全勤奖	特殊贡献奖	社保扣除	考勤扣除			
张丰	4000.0	1200.0	1800.0	5	108.5	542.5	150.0			680.0	0.0	7012.5	246.25	6766.3
李小芳	3000.0	800.0	1800.0	1	98.5	98.5	100.0			680.0	300.0	4818.5	39.56	4778.9
宋艳	2500.0	1200.0	1600.0	2	112.5	225	150.0		100.0	680.0	0.0	5095.0	54.50	5040.5
宋燕	3500.0	1200.0	1400.0	5	98.5	492.5	100.0		500.0	680.0	50.0	6462.5	191.25	6271.3
郭诚	3500.0	800.0	1400.0	3	112.5	337.5	200.0	200.0		680.0	300.0	5457.5	90.75	5366.8
肖小晗	3000.0	800.0	1400.0	1	108.5	108.5	100.0	200.0		680.0	100.0	4828.5	39.86	4788.6
周嵘	3500.0	800.0	1200.0	1	98.5	98.5	200.0			680.0	50.0	5068.5	51.85	5016.7
李韵	4000.0	1000.0	1200.0	3	112.5	337.5	100.0	200.0		680.0	100.0	6057.5	150.75	5906.8
张涛	3500.0	800.0	1200.0	2	108.5	217	200.0	200.0		680.0	0.0	5437.0	88.70	5348.3
胡非	2800.0	1200.0	1000.0	3	112.5	337.5	150.0			680.0	300.0	4507.5	30.23	4477.3
黄俐	3000.0	1000.0	1000.0	1	98.5	98.5	200.0		200.0	680.0	100.0	4718.5	36.56	4681.9
杨琴	3500.0	1200.0	1000.0	1	108.5	108.5	150.0			680.0	50.0	5228.5	67.85	5160.7

备注：1、根据进入公司时间，每满一年，工龄工资增加200元
2、个人所得税扣款参照工作簿中的“税率表”工作表，其计算方法为：应缴纳的个税＝[（应发工资－四金或三金）－3500]×税率－速算扣除数

工资总额	63603.9
平均工资	5300.3
最高工资	6766.3
最低工资	4477.3

图 3-35　“员工工资表”计算结果

3.2.4　课堂练习

【练习一】

现有图 3-36 所示的原材料明细表，用公式及函数对数据进行相应处理，实现对原材料的计算管理。

具体操作要求如下。

（1）用 PRODUCT 函数计算购入初期余额。

（2）用 SUM 函数汇总结存的数量、金额。

（3）用 PRODUCT 函数计算发出材料单价、金额。

（4）用 TRUNC 函数对合计栏的单价进行截尾取整。

原材料明细账

类别：　　材料名称和规格：甲材料　　计量单位：　千克

2015 年		凭证	摘要	收入			发出			结存		
月	日	字号		数量	单价	金额	数量	单价	金额	数量	单价	金额
3	1		月初结存							800	120.00	96,000.00
	5	记5	购入材料	350	116.56							
	8	记6	发出材料				270					
	9	记12	购入材料	380	123.15							
	11	记15	发出材料				400					
	15	记36	购入材料	425	115.45							
	17	记47	发出材料				360					
	19	记53	购入材料	160	116.25							
	22	记54	发出材料				140					
	26	记61	购入材料	175	122.36							
	29	记71	发出材料				180					
	31		本月合计									

图 3-36　原材料明细表

操作步骤：

（1）打开文件后，在 G6 单元格中输入公式“=PRODUCT(E6,F6)”，可计算出 3 月 5 日购入某甲材料花费的金额，并将公式填充至 G6:G15 单元格区域。

（2）在 I7 单元格中输入公式“=SUM(M5,G6)/SUM(K5,E6)”，可计算出 3 月 8 日发出甲材料的单价。

（3）在 J7 单元格中输入公式“=PRODUCT(I7,H7)”，可计算出 3 月 8 日发出甲材料的金额。

（4）在 K7 单元格中输入公式“=K5+E6-H7”，可计算出 3 月 8 日结存甲材料的数量。

（5）在 L7 单元格中输入公式“=I7”，可计算出 3 月 8 日结存甲材料的单价。

（6）在 M7 单元格中输入公式“=PRODUCT(L7,K7)”，可计算出 3 月 8 日结存甲材料的金额。使用相同的方法计算甲材料其他日期的发出和结存数据。

（7）在 E16 单元格中输入公式“=SUMIF($D$6:$D$15, " 购入材料 " ,E6:E15)”，计算出本月收入甲材料的数量。使用相同的方法计算本月收入甲材料的金额 G16、本月发出甲材料的数量 H16、金额 J16。

（8）在 F16 单元格中输入公式“=TRUNC(G16/E16,2)”，计算出本月收入甲材料的单价。使用相同的方法计算本月发出甲材料的单价 I16、结存单价 L16。

（9）在 K16 单元格中输入公式“=K5+E16-H16”，计算出本月结存甲材料的数量，在 M16 单元格中输入公式“=M5+G16-J16”，计算出本月结存甲材料的金额，在 L16 单元格中输入公式“=ROUND(M16/K16,2)”，计算出本月结存甲材料的单价。

涉及的函数说明如下：

① PRODUCT()函数返回的是将所有参数的数字相乘的值，如 PRODUCT(A2:A4,2)=A2*A3*A4*2。

② TRUNC()函数返回处理后的数值，其工作机制与 ROUND 函数极为类似，只是该函数不对指定小数前或后的部分做相应舍入处理，而是统统截去。TRUNC（89.985，2）=89.98，TRUNC（89.985）=89 (即取整)，TRUNC（89.985，−1）=80。

③ ROUND()函数返回一个数值，该数值是按照指定的小数位数进行四舍五入运算的结果。ROUND（89.985，2）=89.99，ROUND（89.985）=90 (即取整)，ROUND（89.985，−1）=90。

操作完成后用原文件名保存，编辑完成的“原始材料明细表”效果如图 3-37 所示。

原材料明细账

类别：　　才料名称和规格：甲材料　　计量单位：　千克

2015 年		凭证	摘要	收入			发出			结存		
月	日	字号		数量	单价	金额	数量	单价	金额	数量	单价	金额
3	1		月初结存							800	120.00	96,000.00
	5	记5	购入材料	350	116.56	40,796.00						
	8	记6	发出材料			-	270	118.95	32,117.32	880	118.95	104,678.68
	9	记12	购入材料	380	123.15	46,797.00						
	11	记15	发出材料			-	400	120.22	48,087.52	860	120.22	103,388.16
	15	记36	购入材料	425	115.45	49,066.25						
	17	记47	发出材料			-	360	118.64	42,710.96	925	118.64	109,743.45
	19	记53	购入材料	160	116.25	18,600.00						
	22	记54	发出材料			-	140	118.29	16,560.44	945	118.29	111,783.00
	26	记61	购入材料	175	122.36	21,413.00						
	29	记71	发出材料			-	180	118.93	21,406.50	940	118.93	111,789.50
	31		本月合计	1490	118.57	176,672.25	1350	119.17	160,882.75	940	118.93	111,789.50

图 3-37　“原始材料明细表”计算结果

【练习二】

现有工作表“员工培训成绩表.xlsx”，如图 3-38 所示，要利用公式及函数计算其中有关数据。

员工培训成绩表

编号	姓名	所属部门	办公软件	财务知识	法律知识	英语口语	职业素养	人力管理	总成绩	平均成绩	排名	等级
CM001	蔡云帆	行政部	60	85	88	70	80	82				
CM002	方艳芸	行政部	62	60	61	50	63	61				
CM003	谷城	行政部	99	92	94	90	91	89				
CM004	胡蜀飞	研发部	60	54	55	58	75	55				
CM005	蒋京华	研发部	92	90	89	96	99	92				
CM006	李哲明	研发部	83	89	96	89	75	90				
CM007	龙泽苑	研发部	83	89	96	89	75	90				
CM008	詹姆斯	研发部	70	72	60	95	84	90				
CM009	刘畅	财务部	60	85	88	70	80	82				
CM010	姚凝香	财务部	99	92	94	90	91	89				
CM011	汤家桥	财务部	87	84	95	87	78	85				
CM012	唐萌梦	市场部	70	72	60	95	84	90				
CM013	赵飞	市场部	60	54	55	58	75	55				
CM014	夏侯铭	市场部	92	90	89	96	99	92				
CM015	周玲	市场部	87	84	95	87	78	85				
CM016	周宇	市场部	62	60	61	50	63	61				

所属部门	人数	平均成绩
行政部		
研发部		
财务部		
市场部		
所有部门		

有不及格课程的人数：	

各部门各等级人数情况表				
所属部门	优	良	一般	差
行政部				
研发部				
财务部				
市场部				

图 3-38　员工培训成绩表

具体操作要求如下。

（1）使用 SUM、AVERAGE 函数计算总成绩、平均成绩，其中平均成绩保留 1 位小数。

（2）使用 RANK、IF 函数计算排名、及排名等级。

平均分>=90: 优

80<=平均分<90: 良

60<=平均分<80: 一般

平均分<60: 差

（3）使用 COUNTIF 函数、SUMIF 函数计算每个部门的人数、每个部门平均成绩，其中平均成绩保留至 1 位小数。

（4）使用 COUNTIF 函数计算有不及格课程的人数。

（5）使用 COUNTIF 函数计算各部门各等级人数情况。

函数说明如下。

（1）COUNTIF()函数用来计算区域中满足给定条件的单元格的个数。其语法格式为:

```
COUNTIF(range,criteria)
```

其中，range 为需要计算其中满足条件的单元格数目的单元格区域，即范围；criteria 为确定哪些单元格将被计算在内的条件，其形式可以为数字、表达式或文本。

（2）SUMIF()函数是用来根据指定条件对若干单元格进行求和，即按条件求和。其语法格式为：

```
SUMIF (range, criteria, sum_range)
```

其中，range 为条件区域，criteria 为求和条件，sum_range 为实际求和区域。

（3）countifs()函数用于对某一区域内满足多重条件的单元格进行计数，即多条件计数。其语法格式为：

```
COUNTIFS(criteria_range1,criteria1,criteria_range2,criteria2,…)
```

相当于 countif（第一个条件区，第一个对应的条件，第二个条件区，第二个对应的条件，第 *N* 个条件区，第 *N* 个条件对应的条件）。

（4）计算有不及格课程的人数时，先在 N3 单元格中输入公式“=IF(COUNTIF(D3:I3,"<60")>0,1,0)”，如果其值为“1”就表示此人有不及格课程，否则就没有不及格课程。然后在 Q9 单元格中输入公式“=SUM（N3:N18）”。

操作完成后用原文件名保存，员工培训成绩表统计计算结果如图 3-39 所示。

员工培训成绩表

所属部门	办公软件	财务知识	法律知识	英语口语	职业素养	人力管理	总成绩	平均成绩	排名	等级
行政部	60	85	88	70	80	82	465	77.5	11	一般
行政部	62	60	61	50	63	61	357	59.5	13	差
行政部	99	92	94	90	91	89	555	92.5	3	优
研发部	60	54	55	58	75	55	357	59.5	13	差
研发部	92	90	89	96	99	92	558	93.0	1	优
研发部	83	89	96	89	75	90	522	87.0	5	良
研发部	83	89	96	89	75	90	522	87.0	5	良
研发部	70	72	60	95	84	90	471	78.5	9	一般
财务部	60	85	88	70	80	82	465	77.5	11	一般
财务部	99	92	94	90	91	89	555	92.5	3	优
财务部	87	84	95	87	78	85	516	86.0	7	良
市场部	70	72	60	95	84	90	471	78.5	9	一般
市场部	60	54	55	58	75	55	357	59.5	13	差
市场部	92	90	89	96	99	92	558	93.0	1	优
市场部	87	84	95	87	78	85	516	86.0	7	良
市场部	62	60	61	50	63	61	357	59.5	13	差

所属部门	人数	平均成绩
行政部	3	76.5
研发部	5	81.0
财务部	3	85.3
市场部	5	75.3
所有部门	16	79.5

有不及格课程的人数：	4

各部门各等级人数情况表

所属部门	优	良	一般	差
行政部	1	0	1	1
研发部	1	2	1	1
财务部	1	1	1	0
市场部	1	1	1	2

图 3-39　员工培训成绩表统计计算结果

3.3　数据管理与图表

3.3.1　案例分析

【案例 3–4】

本案例示范对数据进行排序、筛选、分类汇总的数据管理，记录单的使用及分列显示数据。工作簿“开支表”中的原始数据，如图 3-40 所示。

**公司三月份费用开支表

日期	部门	费用科目	说明	预算费用	实际费用	余额
2015/3/8	生产部	材料费		¥7,000.00	¥5,000.00	2,000.00
2015/3/9	总经办	办公费	购买打印纸、订书钉	¥600.00	¥500.00	100.00
2015/3/10	行政部	办公费	购买打印纸	¥600.00	¥300.00	300.00
2015/3/11	销售部	宣传费	制作宣传画报	¥1,000.00	¥880.00	120.00
2015/3/12	销售部	交通费		¥3,500.00	¥3,500.00	0.00
2015/3/13	运输部	运输费	为郊区客户送货	¥1,000.00	¥680.00	320.00
2015/3/14	销售部	通讯费		¥300.00	¥200.00	100.00
2015/3/15	行政部	办公费	购买电脑2台	¥10,000.00	¥9,500.00	500.00
2015/3/16	销售部	交通费		¥300.00	¥1,000.00	-700.00
2015/3/17	总经办	招待费		¥2,500.00	¥2,000.00	500.00
2015/3/18	总经办	办公费	购买圆珠笔20支	¥200.00	¥50.00	150.00
2015/3/19	生产部	服装费	为员工定做服装	¥2,000.00	¥1,800.00	200.00
2015/3/20	运输部	通讯费	购买电话卡	¥300.00	¥200.00	100.00
2015/3/21	销售部	宣传费	宣传	¥2,000.00	¥1,290.00	710.00
2015/3/22	生产部	材料费		¥4,000.00	¥3,000.00	1,000.00
2015/3/23	销售部	招待费		¥1,000.00	¥1,500.00	-500.00
2015/3/24	行政部	办公费	购买记事本10本	¥200.00	¥100.00	100.00
2015/3/25	运输部	运输费	运输材料	¥600.00	¥800.00	-200.00

图 3-40　数据管理“开支表”原始数据

案例操作要求：

（1）简单排序；

（2）高级排序；

（3）自动筛选；

（4）高级筛选；

（5）分类汇总；

（6）记录单操作。

【案例 3–5】

本案例示范对“开支表”建立图表，并对图表进行编辑和格式化，对数据表的页面进行设置及打印。

案例操作要求：

（1）建立独立图表；

（2）编辑图表数据源；

（3）设置图表系列；

（4）编辑图表标题；

（5）设置图例位置；

（6）设置图表纵坐标；

（7）建立嵌入图表；

（8）调整图表大小及移动图表；

（9）设置图表数据标签；

（10）设置图表数据点格式；

（11）设置图表形状样式；

（12）数据透视表；

（13）插入标注；

（14）设置页面方向；

（15）设置页眉页脚；

（16）打印预览；

（17）保护工作簿和工作表。

3.3.2 知识储备

使用 Excel 进行数据处理与分析时，需要对数据进行排序、筛选或分类汇总的数据管理，可以使一格中的数据更整齐，查阅起来更方便。

排序是根据一定的条件，将工作表中的数据按一定的顺序排列。如果只有一个简单条件，可以进行简单排序；当条件有两个以上时就要进行多重排序；有时这两种排序都不能满足实际需要，可利用 Excel 提供的自定义排序功能。

通过数据筛选，将满足指定条件的记录显示出来，将不满足条件的记录暂时隐藏。自动筛选，可以对各列设置自动筛选条件，筛选出同时满足各列条件的数据；高级筛选，可根据自己设置的筛选条件实现数据筛选。

分类汇总是指在对原始数据按某数据列的内容进行分类（排序）的基础上，对每一类数据进行求和、最大/小值、乘积、计数、标准差等基本统计。

图表可以直观地显示数据报表的结果，使用户看到数据之间的关系和变化趋势。Excel 中有嵌入图表和独立图表。图表和工作表数据放在同一工作表中，称为嵌入图表；图表单独存放在一个工作表内，称为独立图表。

嵌入图表和独立图表都与建立它们的单元格数据相链接，当改变了单元格数据时，这两种图表都会随之更新。

3.3.3 案例实现

【案例 3–4 实现】

1. 简单排序

操作要求：对预算费用进行降序排列。

操作步骤：打开工作薄后，选择预算费用列中“表头”数据下对应的单元格区域 E3:E20，选择【数据】|【排序和筛选】|【降序】命令，结果会按预算费用降序排序。

如果要进行升顺排序，则要将选择排序列中“表头”数据下对应的单元格区域，选择【数据】|【排序和筛选】|【升序】命令。

2. 自定义排序

操作要求：使用自定义排序功能对余额和实际费用进行降序排列，完成后的参考效果如图 3-41 所示。

**公司三月份费用开支表

日期	部门	费用科目	说明	预算费用	实际费用	余额
2015/3/8	生产部	材料费		¥7,000.00	¥5,000.00	2,000.00
2015/3/22	生产部	材料费		¥4,000.00	¥3,000.00	1,000.00
2015/3/21	销售部	宣传费	宣传	¥2,000.00	¥1,290.00	710.00
2015/3/15	行政部	办公费	购买电脑2台	¥10,000.00	¥9,500.00	500.00
2015/3/17	总经办	招待费		¥2,500.00	¥2,000.00	500.00
2015/3/13	运输部	运输费	为郊区客户送货	¥1,000.00	¥680.00	320.00
2015/3/10	行政部	办公费	购买打印纸	¥600.00	¥300.00	300.00
2015/3/19	生产部	服装费	为员工定做服装	¥2,000.00	¥1,800.00	200.00
2015/3/18	总经办	办公费	购买圆珠笔20支	¥200.00	¥50.00	150.00
2015/3/11	销售部	宣传费	制作宣传画报	¥1,000.00	¥880.00	120.00
2015/3/9	总经办	办公费	购买打印纸、订书钅	¥600.00	¥500.00	100.00
2015/3/14	销售部	通讯费		¥300.00	¥200.00	100.00
2015/3/20	运输部	通讯费	购买电话卡	¥300.00	¥200.00	100.00
2015/3/24	行政部	办公费	购买记事本10本	¥200.00	¥100.00	100.00
2015/3/12	销售部	交通费		¥3,500.00	¥3,500.00	0.00
2015/3/25	运输部	运输费	运输材料	¥600.00	¥800.00	-200.00
2015/3/23	销售部	招待费		¥1,000.00	¥1,500.00	-500.00
2015/3/16	销售部	交通费		¥300.00	¥1,000.00	-700.00

图 3-41　对“开支表”进行排序后的效果

操作步骤：将光标定位于数据清单中的任意一个单元格，选择【数据】|【排序和筛选】|【自定义排序】命令，弹出图 3-42 所示的“排序”对话框，在对话框中选择排序的主要关键字“余额”降序和次要关键字“实际费用”降序排序。结果会按余额降序排序，余额相同的会按实际费用降序排序。

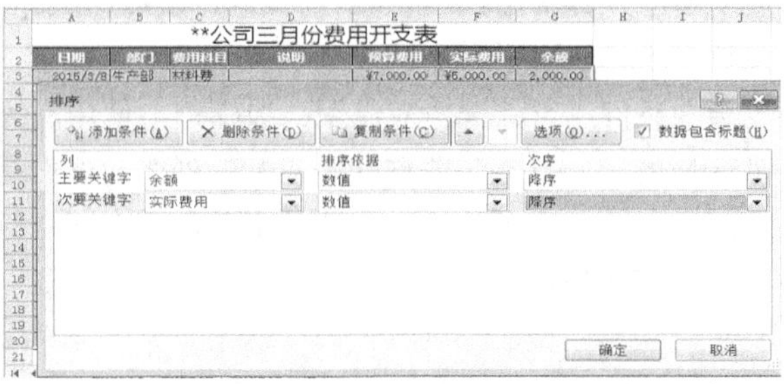

图 3-42　“排序”对话框

在“排序”对话框中，单击【选项】按钮，可在打开的“排序选项”对话框中设置以行、列、字母、笔画等方式进行排序。

3. 自动筛选

操作要求：筛选出行政部门实际费用在 0 ~ 1000 的记录，按实际费用升序排列。

操作步骤：

（1）将光标定位在开支表中任意一个单元格中，选择【数据】|【排序和筛选】|【筛选】命令 ，在每列的列名上出现下拉按钮。

（2）单击“部门”列名后的三角形，打开下拉列表，选择“行政部”前面的复选框，取消其他部门前面的复选框。

（3）单击“实际费用”列名后的三角形，打开下拉列表，如图 3-43 所示；选择【数据筛选】|【介于】命令，打开“自定义自动筛选方式”对话框，如图 3-44 所示。

图 3-43　筛选实际费用

图 3-44　“自定义自动筛选方式”对话框

（4）在“自定义自动筛选方式”对话框中，在“大于或等于”的条件框中输入“0”，在“小于或等于”的条件框中输入“1000”。

（5）再次单击“实际费用”列名后的三角形，在下拉列表中选择【升序】命令 升序(S) 。自动筛选后的数据如图 3-45 所示。

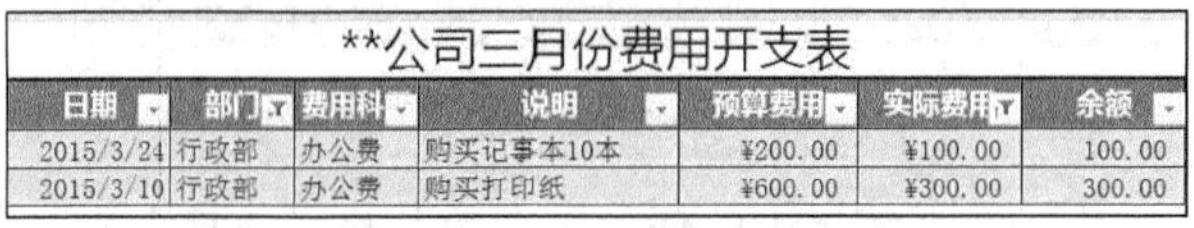

**公司三月份费用开支表

日期	部门	费用科	说明	预算费用	实际费用	余额
2015/3/24	行政部	办公费	购买记事本10本	¥200.00	¥100.00	100.00
2015/3/10	行政部	办公费	购买打印纸	¥600.00	¥300.00	300.00

图 3-45　自动筛选后的数据

如果要取消自动筛选，再次单击【筛选】命令，使其变为原始的状态。

4. 高级筛选

操作要求：筛选出生产部门预算费用在 3000 以上，或行政部门实际费用都在 1000 以下的所有记录，并将筛选结果复制到 Sheet3 工作表。

高级筛选：若针对复杂的条件进行筛选，应使用高级筛选。使用高级筛选，先要在数据列表以外建立条件区域。条件区域的第一行是与数据列表匹配的列名，下面是对该列设置的条件。若要求筛选出来的数据，同时满足某几个条件，应将这几个条件写在同一行；若只要求满足其中的一个条件，应将这些条件写在不同的行。

操作步骤：

（1）在数据列表以外建立条件区域，如在 A25 ~ C27 单元格中输入图 3-46 所示的文本。

（2）由于要将筛选的数据复制到 Sheet3 工作表，需将鼠标定位到 Sheet3 工作表，选择【数据】|【排序和筛选】|【高级】命令 高级 ，打开“高级筛选”对话框，如图 3-47 所示。

部门	预算费用	实际费用
生产部	>=3000	
行政部		<=1000

图 3-46　筛选条件

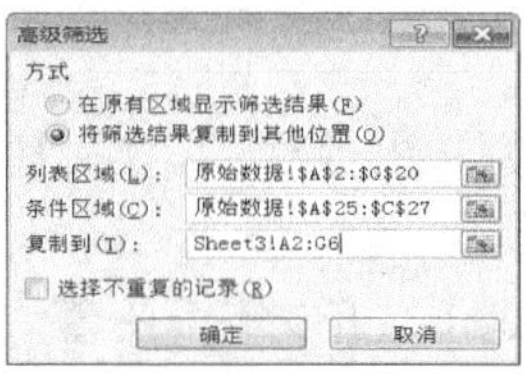

图 3-47　“高级筛选”对话框

（3）在“高级筛选”对话框中，选择方式为“将筛选结果复制到其他位置”。首先指定列表区域为开支表所在的位置，即开支表的 A2 ~ G20 单元格区域；然后指定条件区域为图 3-46 所在的单元格区域，即开支表的 A25 ~ C27 单元格区域；最后指定复制到的目标地址为 Sheet3 表的 A2：G6 单元格。

单击【确定】按钮后，筛选出生产部门预算费用在 3000 以上，或行政部门实际费用都在 1000 以下的所有记录，如图 3-48 所示。

	A	B	C	D	E	F	G
1							
2	日期	部门	费用科目	说明	预算费用	实际费用	余额
3	2015/3/8	生产部	材料费		¥7,000.00	¥5,000.00	2000.00
4	2015/3/10	行政部	办公费	购买打印	¥600.00	¥300.00	300.00
5	2015/3/22	生产部	材料费		¥4,000.00	¥3,000.00	1000.00
6	2015/3/24	行政部	办公费	购买记事	¥200.00	¥100.00	100.00

图 3-48　高级筛选后的数据

5. 分类汇总

操作要求：统计“开支表”每个部门的平均预算费用并在此基础上查看各部门的最高实际费用。最后将结果复制到 Sheet4 工作表中，恢复“开支表”原始数据。

分类汇总：分类汇总就是对数据清单按指定字段进行分类，将此字段值相同的连续的记录作为一类，进行求和、平均值、计数等汇总运算。在分类汇总前，必须要先对分类的字段进行排序，使此字段值相同的记录排列在一起。在第一次分类汇总的基础上进行第二次分类汇总，称为嵌套汇总。

操作步骤：

（1）单击部门所在区域（B3 ~ B20）的任意一个单元格，选择【数据】|【排序和筛选】|【升序】命令，则数据记录按部门的升序排列。

（2）单击数据表区域中任意一个单元格，选择【数据】|【分级显示】|【分类汇总】命令，打开“分类汇总”对话框。

（3）在“分类字段”的下拉列表中选择“部门”，在“汇总方式”下拉列表中选择“平均值”，在“选定汇总项”列表框中，选中需要统计的“预算费用”字段前的复选框，如图 3-49 所示。

在“分类汇总”对话框中，分类字段是指按照哪个字段对数据进行分类汇总；汇总方式是指计算分类汇总值的方法；汇总项是指对哪些字段进行汇总。

（4）单击【确定】按钮，数据表显示出分类汇总的结果，如图 3-50 所示。

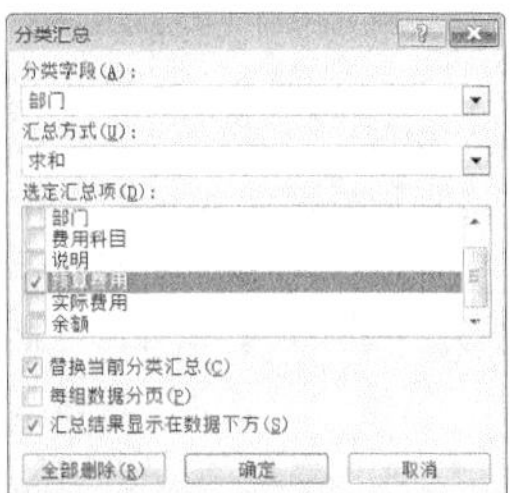

图 3-49　“分类汇总”对话框

	**公司三月份费用开支表						
2	日期	部门	费用科目	说明	预算费用	实际费用	余额
3	2015/3/10	行政部	办公费	购买打印	¥600.00	¥300.00	300.00
4	2015/3/15	行政部	办公费	购买电脑	¥10,000.00	¥9,500.00	500.00
5	2015/3/24	行政部	办公费	购买记事	¥200.00	¥100.00	100.00
6		行政部 平均值			¥3,600.00		
7	2015/3/8	生产部	材料费		¥7,000.00	¥5,000.00	2000.00
8	2015/3/19	生产部	服装费	为员工定	¥2,000.00	¥1,800.00	200.00
9	2015/3/22	生产部	材料费		¥4,000.00	¥3,000.00	1000.00
10		生产部 平均值			¥4,333.33		
11	2015/3/11	销售部	宣传费	制作宣传	¥1,000.00	¥880.00	120.00
12	2015/3/12	销售部	交通费		¥3,500.00	¥3,500.00	0.00
13	2015/3/14	销售部	通讯费		¥300.00	¥200.00	100.00
14	2015/3/16	销售部	交通费		¥300.00	¥1,000.00	-700.00
15	2015/3/21	销售部	宣传费	宣传	¥2,000.00	¥1,290.00	710.00
16	2015/3/23	销售部	招待费		¥1,000.00	¥1,500.00	-500.00
17		销售部 平均值			¥1,350.00		
18	2015/3/13	运输部	运输费	为郊区客	¥1,000.00	¥680.00	320.00
19	2015/3/20	运输部	通讯费	购买电话	¥300.00	¥200.00	100.00
20	2015/3/25	运输部	运输费	运输材料	¥600.00	¥800.00	-200.00
21		运输部 平均值			¥633.33		
22	2015/3/9	总经办	办公费	购买打印	¥600.00	¥500.00	100.00
23	2015/3/17	总经办	招待费		¥2,500.00	¥2,000.00	500.00
24	2015/3/18	总经办	办公费	购买圆珠	¥200.00	¥50.00	150.00
25		总经办 平均值			¥1,100.00		
26		总计平均值			¥2,061.11		

图 3-50　分类汇总结果

单击【分级显示】按钮可查看 1、2、3 级结果。单击【分级显示】按钮 2，显示出各部门的汇总结果，如图 3-51 所示。

图 3-51　显示第二级汇总数据

（5）重新打开“分类汇总”对话框，在“分类字段”的下拉列表中选择“部门”；在“汇总方式”下拉列表中选择“最大值”；在“选定汇总项”列表框中，选中需要统计的“实际费用”字段前的复选框，取消勾选“替换当前分类汇总”前的复选项。单击【确定】按钮，在计算各部门的平均预算费用基础上查看各部门的最高实际费用。嵌套汇总的三级数据结果如图 3-52 所示。

图 3-52　嵌套汇总的三级数据结果

（6）单击【开始】|【编辑】组的【查找和选择】命令下的三角按钮，在下拉列表中选择【定位条件】命令，打开“定位条件”对话框，如图 3-53 所示。在“定位条件”对话框中，选择“可见单元格”单选按钮，单击【确定】按钮后，选中各部门的汇总结果。

（7）选择【开始】|【剪贴板】|【复制】命令，将选中的区域复制到剪贴板。

切换到 Sheet4 工作表，将鼠标定位到 A1 单元格，在快捷菜单中选择【选择性粘贴】命令，打开“选择性粘贴”对话框，如图 3-54 所示。

（8）在“选择性粘贴”对话框中，选择“数值”单选按钮，将各部门的汇总结果粘贴到 Sheet4 工作表中。

图 3-53　“定位条件”对话框

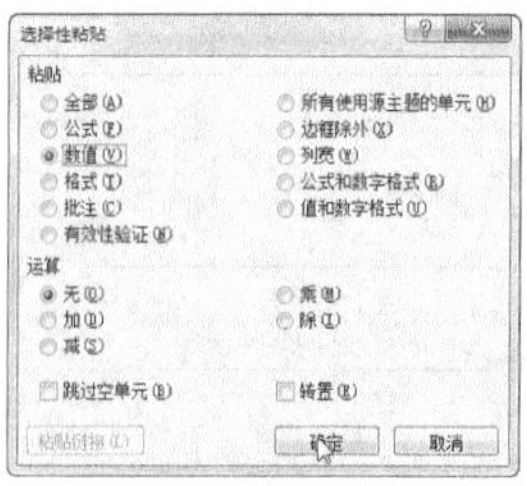

图 3-54　“选择性粘贴”对话框

（9）切换到“开支表”工作表，再次选择【数据】|【分级显示】|【分类汇总】命令，打开“分类汇总”对话框。单击【全部删除】按钮，删除汇总数据。

6. 记录单操作

操作要求：使用“记录单”功能给“开支表”工作簿添加一条图 3-55 所示的新记录数据。

图 3-55　新记录数据

记录单：是用来管理表格中每一条记录的对话框，使用它可以方便地对表格中的记录执行相应操作，有利于数据的管理。在 Excel 中，向一个数据量较大的表单中插入一行新记录时，通常要逐行逐列地输入相应的数据，若使用“记录单”功能则可以帮助用户在一个小窗口中完成添加操作，还可删除、修改、查找记录。由于 Excel 中默认的功能选项中不显示“记录单”的相关命令，必须先将其添加到“快速访问工具栏”中。

操作步骤：

（1）在“开支表”工作界面中，选择【文件】|【选项】命令，打开“Excel 选项”对话框，如图 3-56 所示。选择【快速访问工具栏】选项卡，在“从下列位置选择命令”下列表框中选择“不在功能区中的命令”选项，在下面的列表框中选择“记录单”选项，单击【添加】按钮将其添加到右侧的列表框中，在“自定义快速访问工具栏”下列表框中选择“用于‘开支表.xlsx’”选项。完成后单击【确定】按钮，此时【记录单】按钮便会出现在“快速访问工具栏”中。

（2）在“开支表”工作表中，选择除标题外的其他含有数据的单元格区域，然后单击“快速访问工具栏”中的【记录单】按钮，便会打开中图 3-57 所示的“记录单”对话框。

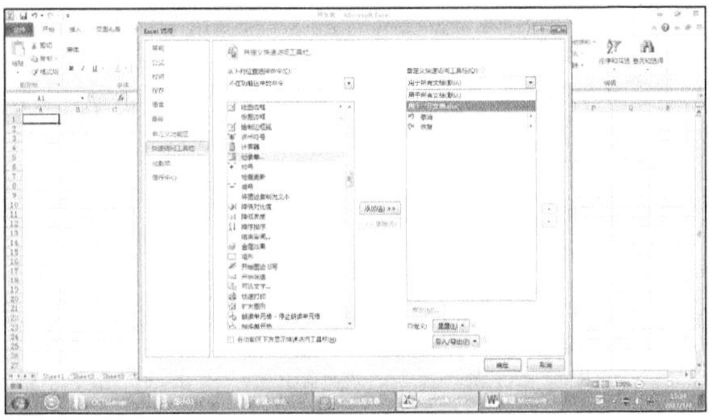

图 3-56　“Excel 选项”对话框

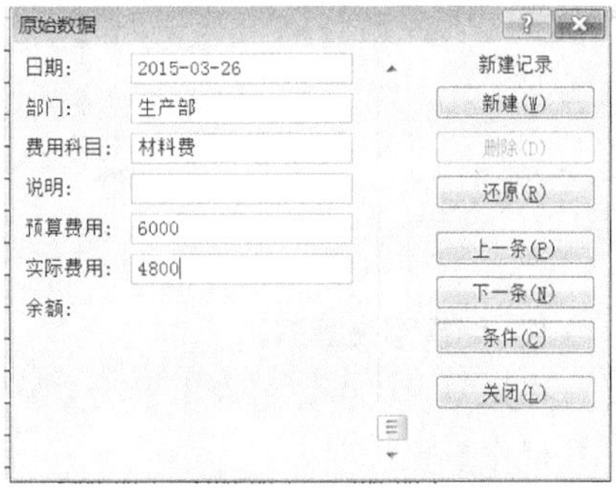

图 3-57　“记录单”对话框

（3）在“记录单”对话框中单击【新建】按钮，在对应的文本框中输入相应的内容，然后单击【新建】按钮即可在原有所有记录的尾部添加新录入的记录。单击【新建】按钮可继续录入，单击【关闭】按钮可退出“记录单”对话框。

【案例 3–5 实现】

1. 建立独立图表

操作要求：根据部门、预算费用、实际费用的数据生成簇状柱形图，将柱形图放在新的工作表中。

操作步骤：

（1）选中 B2 ~ B20 单元格区域，再按住【Ctrl】键，选中 E2 ~ F20 单元格区域。

（2）选择【插入】|【图表】|【柱形图】命令，如图 3-58 所示，在下拉列表中选择“簇状柱形图”，则系统自动生成了一个图表。

（3）在图表上单击鼠标右键，在快捷菜单中选择【移动图表】命令，或选择【图表工具】|【设计】|【位置】|【移动图表】命令，打开“移动图表”对话框。

（4）在“移动图表”对话框中，选择“新工作表”单选按钮，如图 3-59 所示。则系统产生一个新的工作表“Chart1”显示所建的图表，如图 3-60 所示。

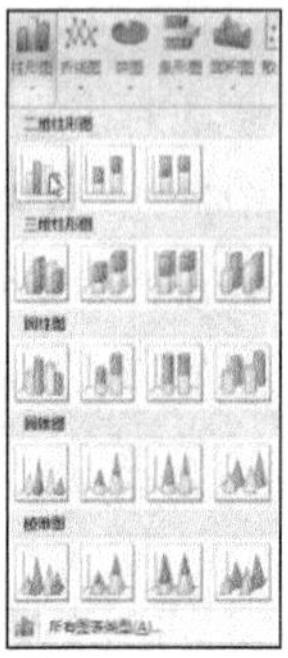

图 3-58　插入图表

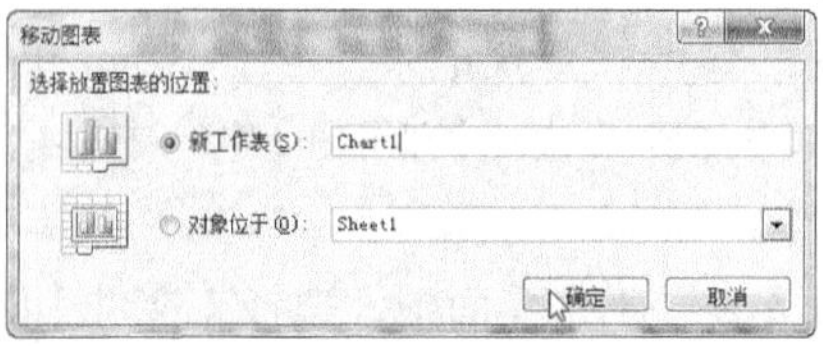

图 3-59　“移动图表”对话框

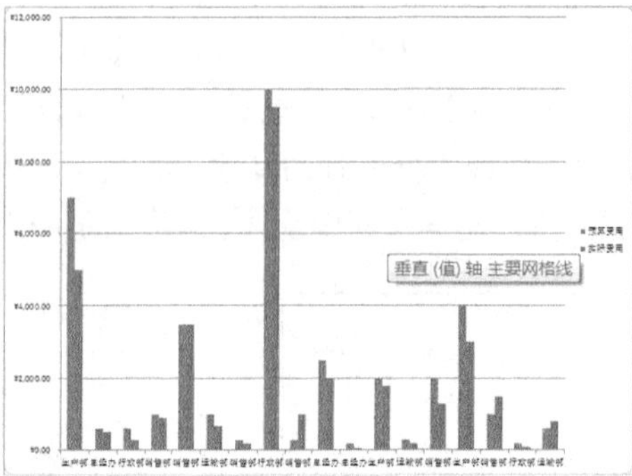

图 3-60　簇状柱形图

2. 编辑图表数据源

操作要求：去掉图表中表示实际费用的列，加入表示余额的列。

操作步骤：

（1）在图表上“实际费用”列的任意一点上单击鼠标，选中图表中的实际费用数据列。

（2）按【Delete】键，或在“实际费用”数据列上单击鼠标右键，选择快捷菜单的“删除”命令，删除“实际费用”数据列。选择【位置】|【移动图表】命令。

（3）切换到开支表工作表，选中 G2 ~ G20 单元格区域（余额），在快捷菜单中选择【复制】命令。

（4）切换到 Chart1 工作表，在图表区的快捷菜单中选择【粘贴】命令，则余额系列出现在图表中。

另一种方法是：在图表区单击鼠标右键，在快捷菜单中选择【选择数据】命令，或单击【图表工具】|【设计】|【数据】|【选择数据】命令，打开“选择数据源”对话框，重新选择数据或输入图表数据区域“=Sheet1!$B$2:$B$20,Sheet1!$E$2:$E$20，Sheet1!$G$2:$G$20”。

3. 设置图表数据系列

操作要求：重新设置数据系列产生的方向——产生在行/列，即设置每个部门的数据为一个数据系列。

操作步骤：通过下列方法可设置数据系列产生的方向。

（1）选择【图表工具】|【设计】|【数据】|【切换行/列】命令，则图表按行（部门）来产生数据系列。

（2）选择【图表工具】|【设计】|【数据】|【选择数据】命令，在“选择源数据”对话框中，选择【切换行/列】命令。

当设置系列产生在列时（图 3-61），工作表的每一列产生一个数据系列，即每种费用数据一个数据系列，在图表中用同一种颜色的图形表示。图表中有预算费用和余额数据系列。

当设置系列产生在行时（图 3-62），工作表的每一行产生一个数据系列，即每个部门的费用为一个数据系列，在图表中用同一种颜色的图形表示。图表中有生产部、总经办、销售部等数据系列。

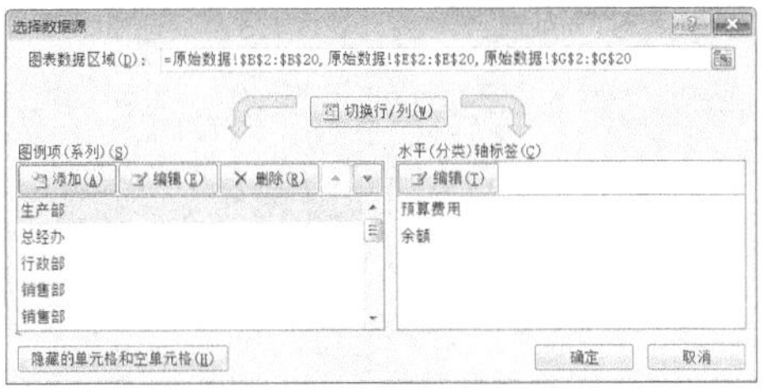

图 3-61　“选择数据源”对话框

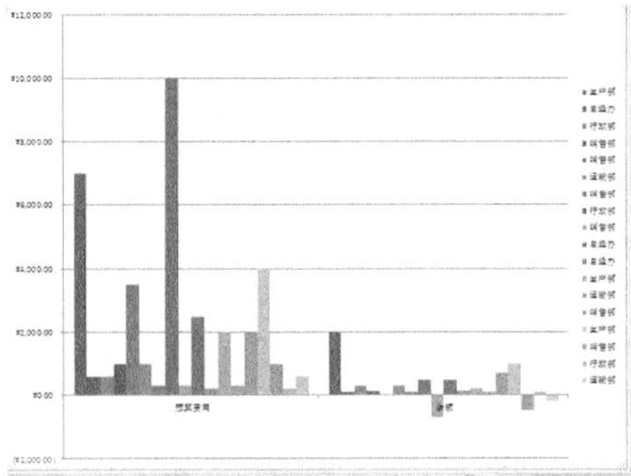

图 3-62　设置数据系列为行的图表

4. 编辑图表标题

操作要求：将上题中所做的图表标题设为“各部门费用情况图”，并设置其字体为黑体，字号为 20 号，颜色为红色。

操作步骤：

（1）单击【图表工具】|【布局】|【标签】选项组【图表标题】命令下的三角按钮，如图 3-63 所示，在其下拉列表中选择【图表上方】命令，并将文字改为“各部门费用情况图”。

（2）选中标题中的文字，单击鼠标右键，在浮动工具栏的字体下拉列表中选择“黑体”，在字号下拉列表中选择“20”，单击【字体颜色】按钮，在其列表中选择红色。也可通过【开始】选项卡的【字体】选项组来设置格式。

5. 设置图例位置

操作要求：设置图例显示在图表下方。

操作步骤：单击【图表工具】|【布局】|【标签】选项组的【图例】命令下的三角按钮，如图 3-64 所示，在其下拉列表中选择【在底部显示图例】选项。

另外，在图例上单击鼠标右键，在快捷菜单中选择“设置图例格式”，打开“设置图例格式”对话框，如图 3-65 所示，也可设置图例的位置。

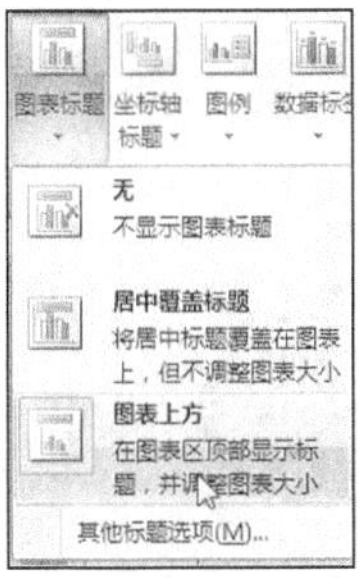

图 3-63　设置图表标题

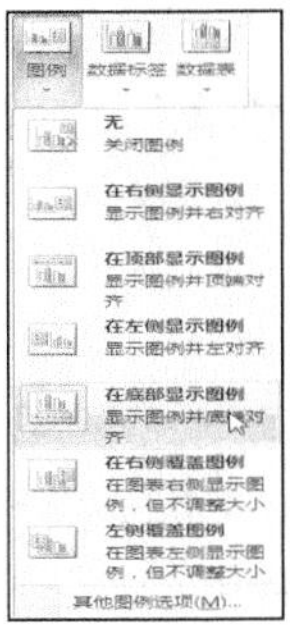

图 3-64　设置图例位置

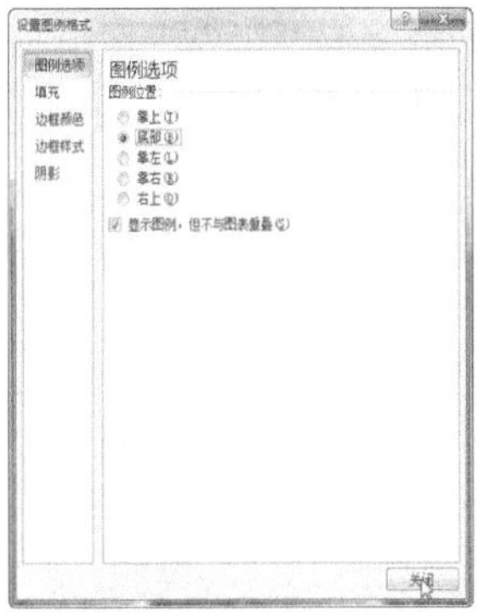

图 3-65　“设置图例格式”对话框

6. 设置图表纵坐标

操作要求：设置图表纵坐标的最大值为 10000，主要刻度单位为 100。

操作步骤：

（1）单击【图表工具】|【布局】|【坐标轴】选项组的【坐标轴】命令下的三角按钮，如图 3-66 所示，在其下拉列表中选择【主要纵坐标轴】|【其他主要纵坐标轴选项】命令，打开“设置坐标轴格式”对话框，如图 3-67 所示。

图 3-66 “图表区格式”对话框“字体”选项卡

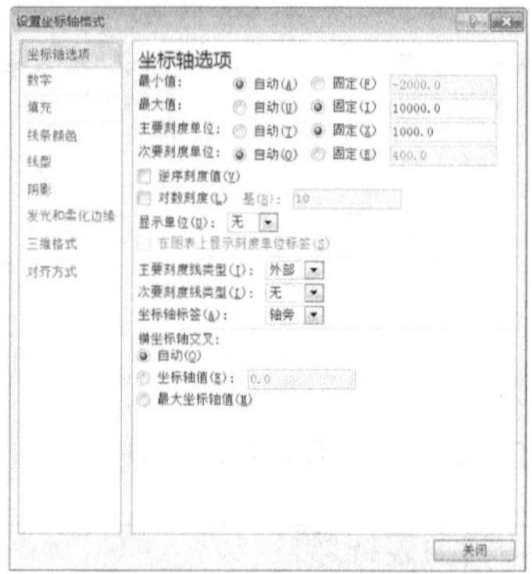

图 3-67 “设置坐标轴格式”对话框

（2）在“设置坐标轴格式”对话框中，在“最大值”中选择“固定”单选按钮，在文本框中输入“10000”。在“主要刻度单位”中选择“固定”单选按钮，在文本框中输入“1000”。

设置完成后的图表如图 3-68 所示。

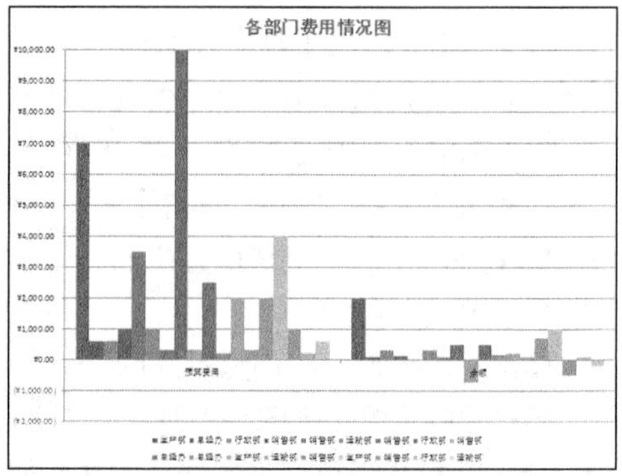

图 3-68 编辑后的图表

7. 建立嵌入图表

操作要求：根据“开支表”表中各个部门的费用余额产生三维分离型饼图，设置图表标题为“余额分析图”，并在数据标签外显示数据标志。

操作步骤：

（1）切换到“开支表”工作表，使用排序、分类汇总等方法，统计各部门的费用余额总和，并将结果复制到 Sheet5 工作表中，结果如图 3-69 所示。

（2）Sheet5 工作表中选中 A1 ~ B6 单元格区域，单击【插入】|【图表】选项组的【饼图】命令下的三角按钮，如图 3-70 所示，选择三维饼图下的分离型饼图。系统根据选择的数据生成一个图表，选择图表的标题，将文字更改为“余额分析图”，如图 3-71 所示。

	A	B
1	部门	余额
2	行政部	900.00
3	生产部	3200.00
4	销售部	-270.00
5	运输部	220.00
6	总经办	750.00

图 3-69 各部门余额总和

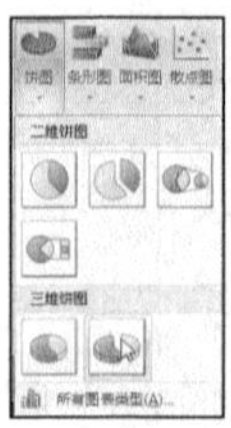

图 3-70 插入饼图

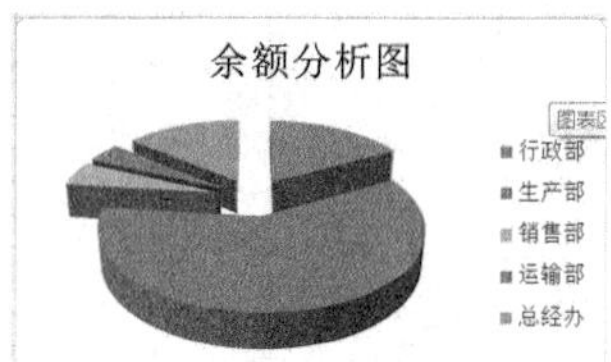

图 3-71 余额三维饼图

（3）单击【图表工具】|【布局】|【标签】选项组的【数据标签】命令下的三角按钮，在其下拉列表中选择【数据标签外】命令。

8. 调整图表大小及移动图表

操作要求：调整“余额分析图”的大小并移动图表到 A10：E20 单元格区域。

操作步骤：

（1）用鼠标指向图表的空白处，按下鼠标左键不动，鼠标指针变为✣形，按下【Alt】键的同时拖曳鼠标，当显示虚线框移动后，左上角对齐 A10 单元格左上角位置时释放鼠标。

（2）选中图表，鼠标指向图表的右下角控制点，鼠标指针变为⤡形，按下【Alt】键的同时拖曳鼠标，当显示虚线框移动后，右下角对齐 E20 单元格右下角位置时释放鼠标，图表被移动到 A10：E20 区域内。

9. 设置图表数据标签

操作要求：设置在图表外部显示类别名称和百分比数据标签，不显示图例。

操作步骤：

（1）单击【图表工具】|【布局】|【标签】选项组的【数据标签】命令下的下拉按钮，如图 3-72 所示，在其下拉列表中选择【其他数据标签选项】命令，打开“设置数据标签格式”对话框，如图 3-73 所示。

图 3-72　设置数据标签

图 3-73　“设置数字标签格式”对话框

（2）在“设置数据标签格式”对话框的“标签包括”中选择“类别名称”复选框和“百分比”复选框，在“标签位置”中选择“数据标签外”单选按钮。

（3）单击【图表工具】|【布局】|【标签】选项组的【图例】命令下的下拉按钮，在其下拉列表中选择【无】命令。或者直接选中图表的图例，按【Delete】键将其删除。

10. 设置图表数据点格式

操作要求：设置生产部、行政部、总经办、运输部、销售部五个数据点的颜色为红、黄、绿、蓝、紫。

操作步骤：

（1）首先单击图表中的饼图区域，再单击饼图中表示“生产部”的数据点，数据点四周出现控制点，处于选中状态，如图 3-74 所示，选择【图表工具】|【格式】|【形状样式】|【形状填充】命令，在其下拉列表中选择“红色”。

（2）用同样的方法，将表示其他各数据点设置为相应在颜色。

也可以在选择数据点后，单击鼠标右键，在快捷菜单中选择【设置数据点格式】命令，打开“设置数据点格式”对话框，如图 3-75 所示，通过“填充”选项来设置数据点的颜色。

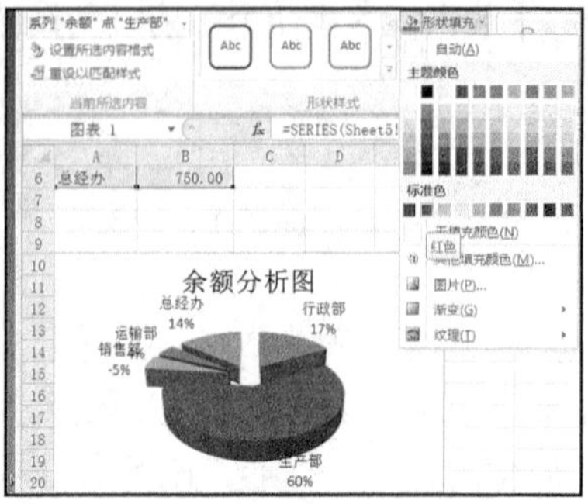

图 3-74　设置数据点格式

图 3-75　“设置数据点格式”对话框

11．设置图表形状样式

操作要求：为饼图选择一种形状样式和形状效果。

操作步骤：

（1）单击【图表工具】|【格式】|【形状样式】选项组的【形状样式】下拉列表中，如图 3-76 所示，可选择一种图表的样式。

（2）单击【图表工具】|【格式】|【形状样式】选项组的【形状效果】命令下的下拉按钮，在其下拉列表中可选择图表的形状效果，如图 3-77 所示。

也可以在图表区右击鼠标，在快捷菜单中选择【设置数据区格式】命令，打开“设置图表区格式”对话框，如图 3-78 所示，在其中设置图表区的格式。

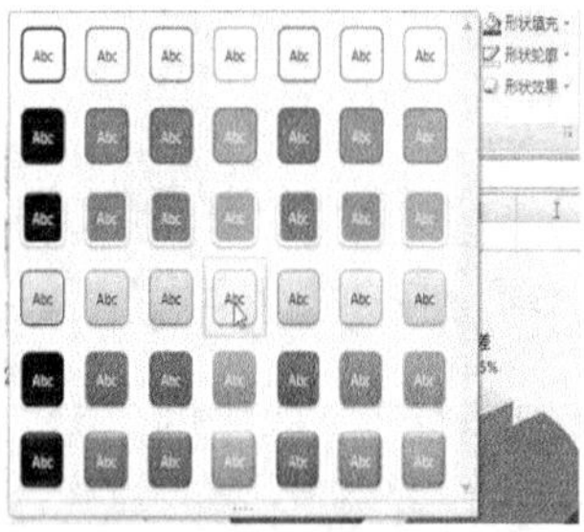

图 3-76　设置图表形状样式

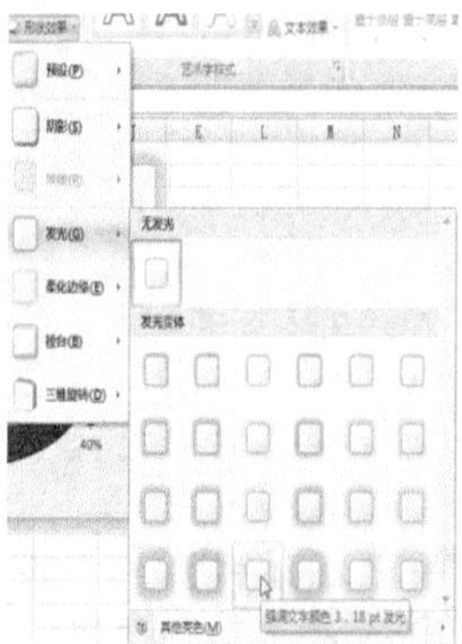

图 3-77　设置图表形状效果

图 3-78　“设置图表区格式”对话框

12．数据透视表

操作要求：在新的工作表中建立数据透视表，以“日期”为筛选，“部门”为行标签，“费用科目”为列表签，“实际费用”作为数值，统计出各部门各种实际费用总和。

数据透视表：数据透视表是一种对数据进行交叉分析的三维表格。它将数据的排序、筛选和分类汇总 3 个过程结合在一起，可以转换行和列以查看源数据的不同汇总结果，可以显示不同页面以筛选数据，还可以根据需要显示所选区域中的明细数据，非常便于用户组织和统计数据。

操作步骤：

（1）将开支表数据区域中任意一个单元格作为活动单元格，选择【插入】|【表格】|【数据透视表】命令，打开“创建数据透视表”对话框，如图 3-79 所示。

（2）在“创建数据透视表”对话框中，指定数据区域，选择“新工作表”单选按钮，单击【确定】按钮。

（3）在系统中新建一个工作表，用户需设置数据透视表的筛选、行、列、数值以确定汇总不同组合的数据透视表报表。如图 3-80 所示，从字段列表中选择所需的字段拖到下部相应的区域中。

将“日期”字段拖至“报表筛选”区域，将“部门”字段拖至“列标签”区域，将“费用科目”字段拖至“行标签”区域，将“实际费用”字段拖至“数值”区域，即可统计出各部门各实际费用的总和。

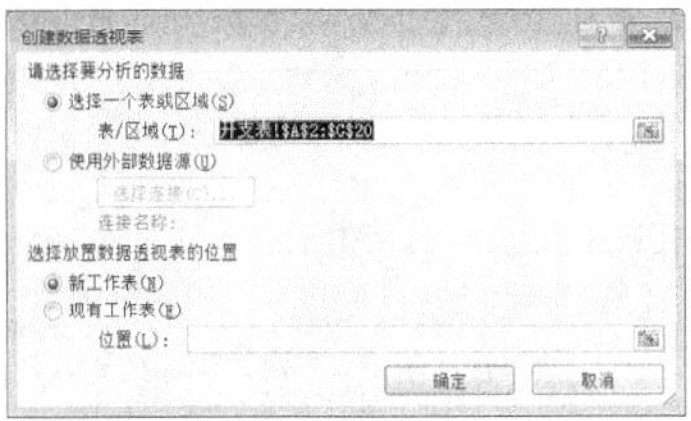

图 3-79 “创建数据透视表”对话框

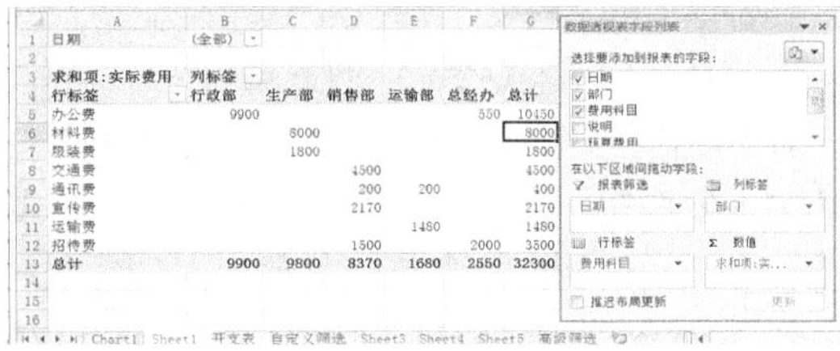

图 3-80 新建的数据透视表

① 用户可以按页框中的字段筛选数据透视表

单击“日期”的下拉按钮，在下拉菜单中选择“2015/3/8”和“2015/3/18”，如图 3-81 所示，则只显示出的“2015/3/8”和“2015/3/18”的数据。如果要取消筛选，选择下拉菜单中的“全部”即可。

② 用户可以按行、列中的字段筛选数据透视表

单击行标签右边的小箭头，在列表中取消“服装费”“交通费”“通讯费”“宣传费”“运输费”复选框的选择，单击【确定】按钮，则汇总结果只统计办公费、材料费和招待费的数据，如图 3-82 所示。

③ 用户可以添加要统计的数据值

如果还要统计各部门各种费用的余额之和，在字段列表中选择“余额”项，将其拖曳到“数据值”中即可。汇总结果如图 3-83 所示。

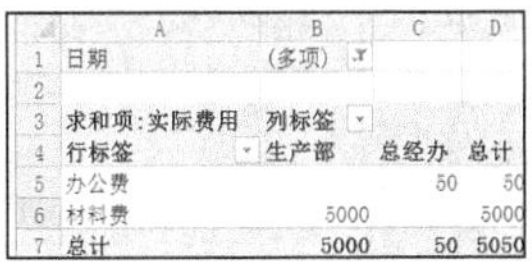

图 3-81 筛选 8 日及 18 日的数据

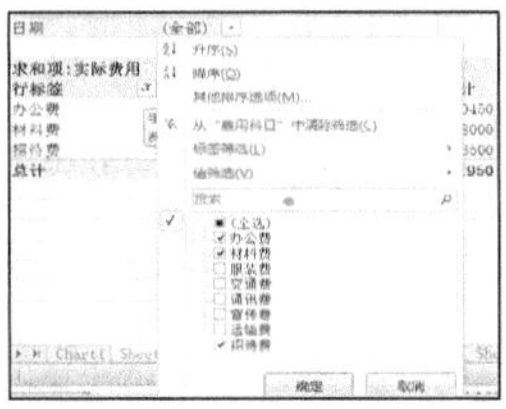

图 3-82 筛选费用类别后的数据

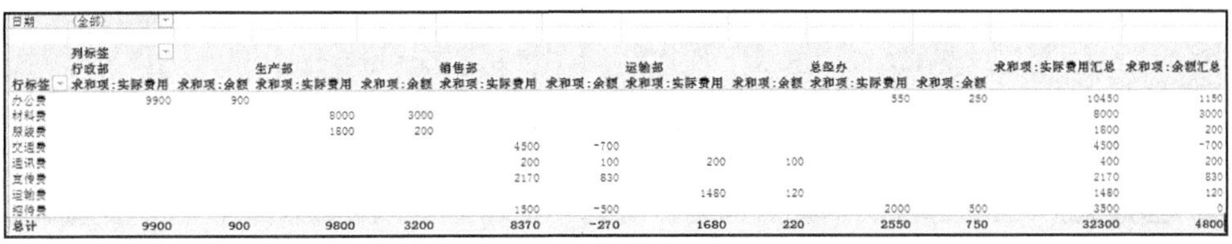

日期 (全部)

行标签	行政部 求和项:实际费用	行政部 求和项:余额	生产部 求和项:实际费用	生产部 求和项:余额	销售部 求和项:实际费用	销售部 求和项:余额	运输部 求和项:实际费用	运输部 求和项:余额	总经办 求和项:实际费用	总经办 求和项:余额	求和项:实际费用汇总	求和项:余额汇总
办公费	9900	900							550	250	10450	1150
材料费			8000	3000							8000	3000
服装费			1800	200							1800	200
交通费					4500	-700					4500	-700
通讯费					200	100	200	100			400	200
宣传费					2170	830					2170	830
运输费							1480	120			1480	120
招待费					1500	-500			2000	500	3500	0
总计	9900	900	9800	3200	8370	-270	1680	220	2550	750	32300	4800

图 3-83 添加数据项后的数据透视表

④ 用户可以改变数据项的统计方式

如果要统计的是实发费用的平均值，在“求和项：实发工资”单元格上单击鼠标右键，在快捷菜单中选择【值汇总依据】下的【平均值】命令，则汇总结果如图 3-84 所示。

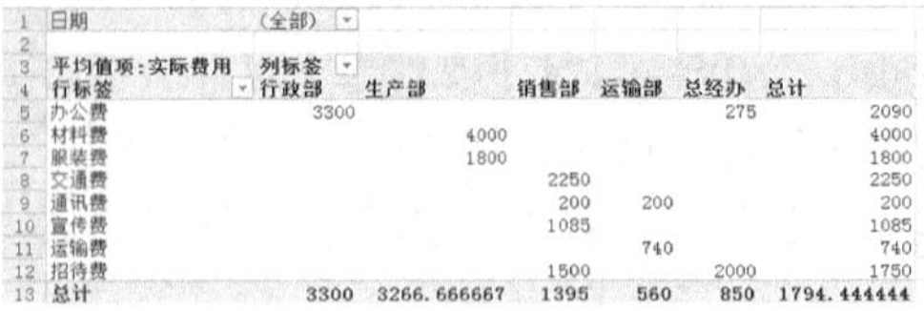

图 3-84　改变汇总方式后的数据透视表

⑤ 用户可以删除要统计的数据项

对于不需统计余额的值，单击字段列表中“求和项：余额”右边的下拉按钮，如图 3-85 所示，在其下拉列表中选择【删除字段】命令，则余额的总和值项被移除。

⑥ 用户可以灵活地设置筛选、行、列、数据值的字段

用户可以根据需要灵活设置各字段。

例如，将“部门”“费用科目”字段删除，将“费用科目”字段拖至列标签字段，将“部门”段拖至行标签字段，则汇总结果变为各部门各种费用的总数值，如图 3-86 所示。

图 3-85　删除字段

图 3-86　改变字段布局后的数据透视表

⑦ 用户可以生成数据透视图

单击【插入】|【图表】选项组的各类图表命令，则系统自动生成自动透视图，如图 3-87 所示。类似于数据透视表，数据透视图也可以重新进行字段的设置以及数据的筛选。

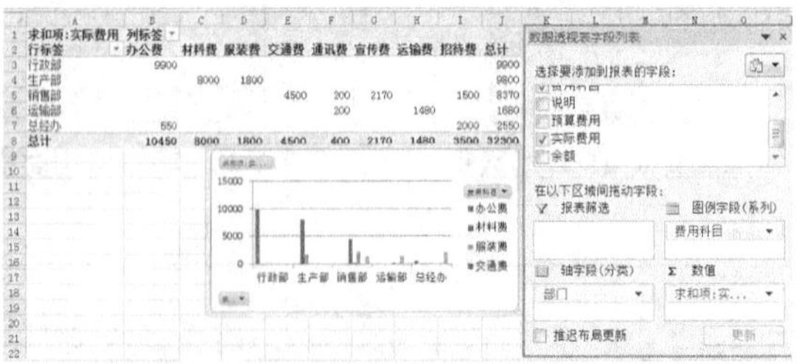

图 3-87　数据透视图

13. 插入标注

操作要求：在表示“负数”的数据点上加入云形标注，输入文字“节省开支”。

操作步骤：

（1）单击【插入】|【插图】选项组的【形状】命令下的下拉按钮，在其下拉列表中选择【矩

形标注】命令。

（2）将指针移到图表的适当位置，拖曳鼠标，绘制标注。

（3）用鼠标指向标注的黄色顶点◇，将其拖曳到需要标注的数据点上。

（4）在标注上单击鼠标右键，在快捷菜单中选择【编辑文字】命令，标注中出现插入点，输入文字“节省开支”。设置完成后的图表如图 3-88 所示。

14. 设置纸张方向

操作要求：将“开支表”工作表页面设置为横向。

操作步骤：切换至“开支表”工作表，单击【页面布局】|【页面设置】选项组的【纸张方向】命令下的三角按钮，在其下拉列表中选择【横向】命令。

在默认情况下，打印纸张为 A4（宽 21 厘米，高 29.7 厘米）。当工作表中有太多列，在一张纸上无法打印出所有的列时，将打印方向设置为横向，纸张的宽度变为 29.7cm，高度变为 21cm，可实现在一张纸上打印所有的列。

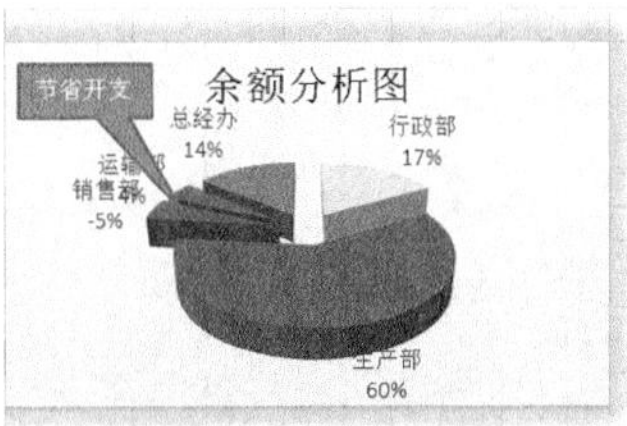

图 3-88　余额分析图

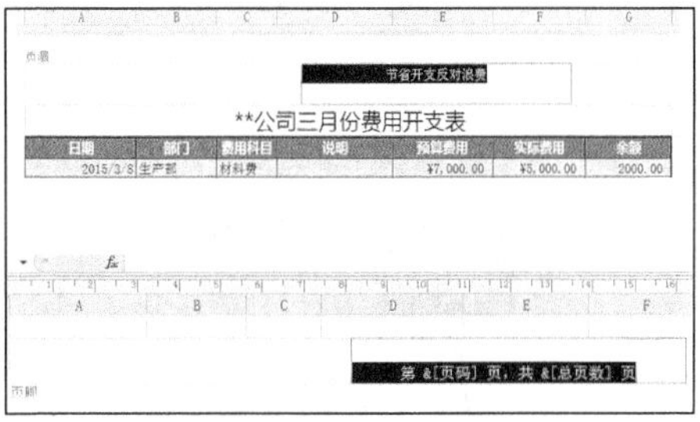

图 3-89　页眉及页脚的设置

15. 设置页眉页脚

操作要求：设置页脚显示当前页号和总页数，页眉为“节省开支反对浪费”。

操作步骤：

（1）选择【插入】|【文本】|【页眉和页脚】命令，文档进入页眉和页脚的编辑界面。

（2）在页眉处输入“节省开支反对浪费”。单击【设计】|【页眉和页脚】选项组的【页脚】命令下的三角按钮，在下拉列表中选择【第 1 页，共？页】命令，设置页面如图 3-89 所示。

16. 打印预览

操作要求：对“开支表”工作表进行打印预览，调整页边距，使工作表显示在页面的中央。

操作步骤：用户可通过下列方式进行打印预览。

① 选择【文件】|【打印】命令，在其右方有“打印预览”按钮。

② 单击快速启动工具栏的【打印预览和打印】按钮或选择【打印预览和打印】命令。

③ 单击【页面布局】|【页面设置】选项组的【打印区域】命令下的下拉按钮，选择【设置打印区域】命令设置打印区域，页面上显示出设置页边距的虚线及标尺。鼠标指向虚线，指针变为┿形。拖曳鼠标，调整边距到合适的位置，使图表显示在页面中央。

17. 保护工作簿和工作表

操作要求：给工作簿和工作表设置密码。

为有效防止他人在工作簿中建立、删除、重命名工作表，用户可保护工作簿。

操作步骤：【坐标轴】命令下的下拉按钮选择【设计】|【数据】|【切换行/列】命令

（1）选择【审阅】|【更改】选项组的“保护工作簿”命令，在其下拉列表中选择“保护结

构和窗口”，打开“保护结构和窗口”对话框，如图 3-90 所示。

（2）在“保护工作簿”对话框中的“保护工作簿”栏下设置要保护的选项“结构”或“窗口”，在“密码”文本框中输入保护密码。

（3）系统打开“确认密码”对话框，再次输入密码，单击【确定】按钮。再次选择【保护工作簿】命令，在打开的“撤销工作簿保护”对话框中输入正确密码，可取消对工作簿的保护。

为有效地防止他人修改工作表中的数据，用户可保护工作表，操作步骤如下。

（1）选择【审阅】|【更改】|【保护工作表】命令，打开“保护工作表”对话框，如图 3-91 所示。

（2）在“保护工作表”对话框中，选择允许其他用户进行的操作选项，输入保护密码，单击【确定】按钮。

（3）系统打开“确认密码”对话框，再次输入密码，单击【确定】按钮。

单击【审阅】|【更改】|【撤销工作表保护】命令，在打开的“撤销工作簿保护”对话框中输入正确密码，可取消对工作表的保护。

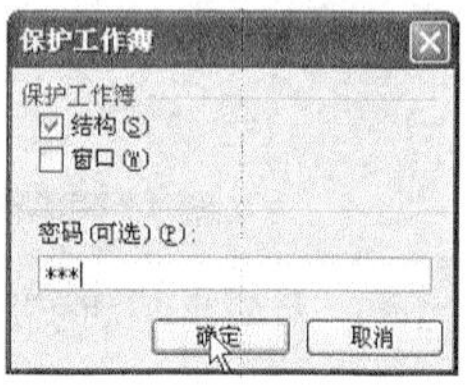

图 3-90 “保护工作簿”对话框

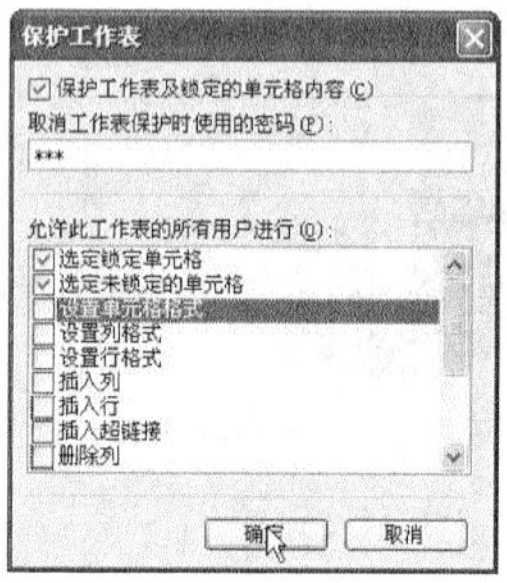

图 3-91 “保护工作表”对话框

3.3.4 课堂练习

【练习一】

现有图 3-92 所示的“**级计算机专业学生成绩管理.xlsx”，对其进行以下数据管理操作。

1. 排序

① 多关键字排序：按总分从高到低排列，总分相同时大学英语成绩由高到低排列。

② 自定义排序：成绩表按照总分等级：优秀、良好、中等、及格、不及格排列。

2. 筛选

① 自动筛选：选出成绩表中数学成绩在 80 的学生。

② 自定义筛选：选出成绩表中 C 语言程序设计成绩在平均分以上的学生。

③ 高级筛选：选出成绩表中英语成绩大于 85 分的男同学和数学成绩小于 85 分的女同学，筛选结果如图 3-93 所示。

3. 分类汇总

① 简单汇总：统计男女学生各门课程的平均成绩。

② 嵌套汇总：统计男女学生各门课程的平均成绩，并统计男女生人数，汇总 3 级结果如图 3-94 所示。

**级计算机专业学生成绩管理										
学号	姓名	年龄	性别	大学英语	C语言程序设计	大学数学	数据库基础	总分	名次	总分等级
01001	张文龙	21	男	91	87	77	66	321	5	优秀
01002	杨　龙	19	男	85	83	81	78	327	2	优秀
01003	刘　军	19	男	78	90	67	79	314	7	良好
01004	曾燕燕	19	女	82	81	90	60	313	10	良好
01005	罗　军	20	男	78	78	98	72	326	3	优秀
01006	杜　图	22	女	67	78	69	91	305	15	良好
01007	王　玲	19	女	92	63	78	79	312	11	良好
01008	阮　航	19	女	78	55	88	45	266	30	及格
01009	欧阳丹	21	女	82	84	78	91	335	1	优秀
01010	张万东	21	男	75	78	94	68	315	6	良好
01011	李　清	21	女	85	77	67	70	299	19	中等
01012	倪　伟	21	男	67	65	48	73	253	32	不及格
01013	郭　唯	21	男	87	82	73	65	307	14	良好
01014	李　惠	22	女	77	73	76	82	308	13	良好
01015	胡丽霞	21	女	50	73	80	65	268	29	及格
01016	唐鹏飞	19	男	67	83	66	65	281	24	中等
01017	万齐安	19	女	79	80	84	82	325	4	优秀
01018	李　准	18	男	65	69	83	84	301	17	良好
01019	孙彩霞	19	女	70	77	70	41	258	31	不及格
01020	孙　彪	22	男	76	69	76	79	300	18	良好
01021	王成成	19	男	70	84	80	80	314	7	良好
01022	廖宇健	19	男	77	69	80	79	305	15	良好

图 3-92　**级计算机专业学生成绩表

**级计算机专业学生成绩管理										
学号	姓名	年龄	性别	大学英语	C语言程序设计	大学数学	数据库基础	总分	名次	总分等级
01001	张文龙	21	男	91	87	77	66	321	5	优秀
01006	杜　图	22	女	67	78	69	91	305	15	良好
01007	王　玲	19	女	92	63	78	79	312	11	良好
01009	欧阳丹	21	女	82	84	78	91	335	1	优秀
01011	李　清	21	女	85	77	67	70	299	19	中等
01013	郭　唯	21	男	87	82	73	65	307	14	良好
01014	李　惠	22	女	77	73	76	82	308	13	良好
01015	胡丽霞	21	女	50	73	80	65	268	29	及格
01017	万齐安	19	女	79	80	84	82	325	4	优秀
01019	孙彩霞	19	女	70	77	70	41	258	31	不及格
01023	甘晓聪	20	女	62	76	76	66	280	25	中等
01024	王艳平	20	女	82	56	65	77	280	25	中等
01025	黄小惠	20	女	83	65	65	79	292	22	中等
01031	喻　欢	20	男	89	69	77	79	314	7	良好

性别	大学英语	大学数学
男	>85	
女		<85

图 3-93　高级筛选结果

A	B	C	D	E	F	G	H	I	J	K
**级计算机专业学生成绩管理										
学号	姓名	年龄	性别	大学英语	C语言程序设计	大学数学	数据库基础	总分	名次	总分等级
18			男 计数							
			男 平均值	75	76.83333333	74.6111	74			
14			女 计数							
			女 平均值	75.071429	72.92857143	76.8571	71.7143			
32			总计数							
			总计平均值	75.03125	75.125	75.5938	73			

图 3-94　嵌套汇总 3 级结果

【练习二】

建立图 3-95 所示的“营业收入”工作表，计算并制作图 3-96 所示的图表。具体操作要求如下。

D15

	A	B	C	D	E	F	G
1	营业收入统计表						
2	收入项目	第一季度	第二季度	第三季度	第四季度	合计	平均
3	汽车销售	120000	200000	180000	190000		
4	保险销售	58000	61000	25000	45000		
5	汽车维修	60000	50000	15000	32000		
6	保险索赔	20000	32000	24000	21000		
7	质量索赔	10000	20000	12000	15000		
8	会所收入	10000	20000	15000	30000		
9	其他收入	2500	3600	4800	5100		

图 3-95　营业收入统计表

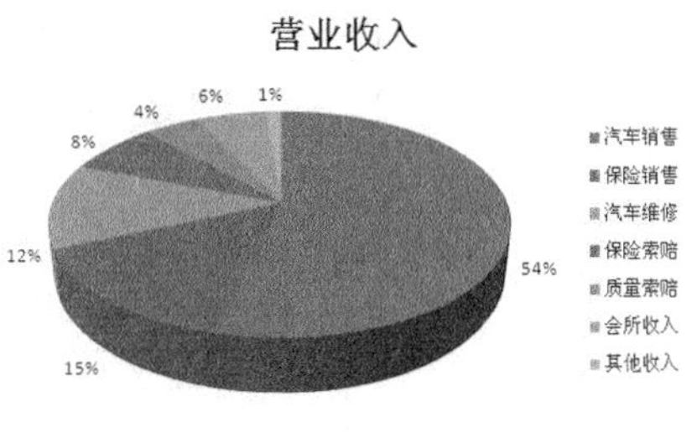

图 3-96　营业收入饼图

（1）填充工作表中的“平均”列和“合计”列的数值。

（2）根据工作表中的数据，建立图表工作表。

① 图表分类轴为“收入项目”，数值轴为各收入项目的“合计”。

② 图表类型：三维饼图。

③ 添加标题：营业收入。

④ 图例：靠右。

⑤ 数据标志：显示百分比。

⑥ 图表位置：作为新工作表插入。

⑦ 工作表名：营业收入图表。

习 题

【习题一】

新建工作簿，在其中制作一个工作表，并在其中输入相关的数据，并使用 IF 函数、POWER 函数和 SUM 函数进行计算，判断是否为直角三角形。最终效果如图 3-97 所示。

D3 `=IF(SUMSQ(A3,B3)=POWER(C3,2),"","非")&"直角三角形"`

	A	B	C	D
1	判断直角三角形			
2	直角边边长1	直角边边长2	斜边边长	判断结果
3	16	12	20	直角三角形
4	8	15	20	非直角三角形

图 3-97　判断是否为直角三角形效果图

提示

A3、B3、C3 三个单元格为三角形的三个边长，D3 单元格中公式是“=IF(SUMSQ(A3,B3)=POWER(C3,2),"" ," 非")&" 直角三角形""。

SUMSQ()函数返回参数的平方和，如：=SUMSQ(3, 4)，则结果是 3 与 4 的平方和，即 25。

POWER()函数返回某数的乘幂，如 2 的 10 次方，可以写为：POWER(2,10)。

【习题二】

建立图 3-98 所示的表格，通过 IF 函数、AND 函数、OR 函数和 MOD 函数，对 2014 ~ 2020 年进行闰年平年判断，并进行相应的格式化操作。

C5 `=IF(OR(AND(MOD(B5,4)=0,MOD(B5,100)<>0),MOD(B5,400)=0),"闰年","平年")`

	A	B	C
1		判断闰年、平年	
2		年份	判断闰年、平年
3		2014	平年
4		2015	平年
5		2016	闰年
6		2017	平年
7		2018	平年
8		2019	平年
9		2020	闰年

图 3-98　判断闰年平年效果图

【习题三】

（1）重命名 Sheet1 工作表为“学历情况”。

（2）在 Sheet1 工作表中输入数据，如图 3-99 所示。

（3）输入公式计算“人数”列的“总计”项及“所占百分比”列的值（所占百分比=人数/总计，其数字格式为“百分比”型，小数点后位数为 2）。

（4）为表格加实线边框，边框样式如图 3-100 所示。

（5）合并 A1 ~ C1 单元格区域，并设置为宋体、16 磅、居中。

（6）表中数据设置为宋体、14 磅；表中数据垂直方向居中对齐，水平方向上文字型数据居中对齐，数值型数据右对齐。

（7）自动调整各列的宽度。

（8）按“学历”和“人数”列建立“分离型饼图”，图表标题为“学历情况分布图”，“图例”位置靠右，数据标签显示值，并将生成的图表插入到 D1 ~ H10 单元格区域。

排版后的效果如图 3-100 所示。

	A	B	C
1	学历情况调查表		
2	学历	人数	所占百分比
3	小学	2	
4	初中	8	
5	高中	12	
6	大专	28	
7	本科	40	
8	硕士	12	
9	博士	6	
10	博士后	2	
11	总计		

图 3-99　习题三输入的数据

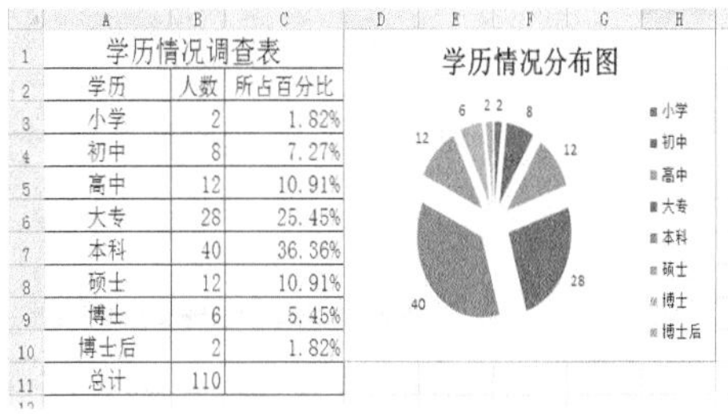

图 3-100　习题三排版后的效果

【习题四】

现有图 3-101 所示的“运动会成绩统计表.xlsx”工作簿，请用公式及函数对其中的相关数据进行统计计算并制作图表。

	A	B	C	D	E	F
1	某运动会成绩统计表(单位:项)					
2	单位代号	第一名(8分/项)	第二名(5分/项)	第三名(3分/项)	总积分	积分排名
3	A01	12	10	11		
4	A02	11	14	9		
5	A03	9	11	13		
6	A04	7	4	8		
7	A05	19	5	12		
8	A06	9	16	6		
9	A07	7	13	9		
10	A08	8	9	14		

图 3-101　运动会成绩统计表

具体操作要求如下。

（1）将 Sheet1 工作表的 A1：F1 单元格合并为一个单元格，内容水平居中；计算“总积分”列的内容，按总积分的降序次序计算“积分排名”列的内容（利用 RANK 函数，降序）；将 A2：F10 数据区域设置为自动套用格式“表样式浅色 3”。

（2）选取“单位代号”列（A2：A10）和“总积分”列（E2：E10）数据区域的内容建立“簇状条形图”（系列产生在“列”），图表标题为“总积分统计图”，清除图例；设置 X 坐标轴格式主要刻度单位为 40，数字为常规型；将图插入到表的 A12：D26 单元格区域内，将工作表命名为“运动会成绩统计表”。

【习题五】

现有图 3-102 所示的“停车场计时收费表.xlsx”工作簿，用公式及函数对其中的相关数据进行统计计算。具体操作如下。

（1）用 MINUTE()函数计算停车分钟数。

（2）用 HOUR()函数计算停车小时数。

（3）用 DAY()函数计算停车天数。

（4）用公式计算停车累计小时数，其中，15 分钟以内不计时，15～30 分钟算半小时，30 分钟以上算 1 个小时。

（5）用公式计算应收费用，按 5 元/小时计算。

**商厦地下停车场计时收费表

时间： 2015年2月11日

车牌号	停车时间	离开时间	累计时间				应收费用
			分钟	小时	天数	累积小时数	
帆A32856	2015/2/11 8:50	2015/2/11 12:35					
帆A8S626	2015/2/11 8:52	2015/2/11 17:20					
帆A381SD	2015/2/11 9:08	2015/2/11 17:56					
帆A377Q1	2015/2/11 11:12	2015/2/11 13:11					
帆A0D000	2015/2/11 11:13	2015/2/11 15:40					
帆A37P11	2015/2/11 11:18	2015/2/11 13:06					
帆B62530	2015/2/11 11:58	2015/2/11 17:32					
帆F37763	2015/2/11 12:00	2015/2/11 15:03					
帆A474Y1	2015/2/11 12:32	2015/2/11 14:21					
帆AAW001	2015/2/11 13:50	2015/2/11 18:09					
帆A695S6	2015/2/11 14:11	2015/2/11 15:23					
帆A56DE4	2015/2/11 15:52	2015/2/11 19:47					
帆A2E356	2015/2/11 16:00	2015/2/11 17:30					
帆A9785D	2015/2/11 16:00	2015/2/11 20:16					
帆A06680	2015/2/11 16:16	2015/2/11 21:09					
				停车总计：		总计	
员工签名						日期	
经理签名						日期	

图 3-102　停车场计时收费表

操作完成后用原文件名保存，操作结果如图 3-103 所示。

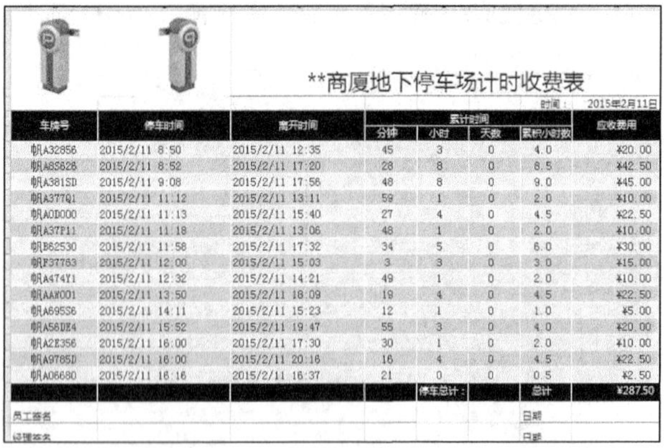

**商厦地下停车场计时收费表

时间： 2015年2月11日

车牌号	停车时间	离开时间	累计时间				应收费用
			分钟	小时	天数	累积小时数	
帆A32856	2015/2/11 8:50	2015/2/11 12:35	45	3	0	4.0	¥20.00
帆A8S626	2015/2/11 8:52	2015/2/11 17:20	28	8	0	8.5	¥42.50
帆A381SD	2015/2/11 9:08	2015/2/11 17:56	48	8	0	9.0	¥45.00
帆A377Q1	2015/2/11 11:12	2015/2/11 13:11	59	1	0	2.0	¥10.00
帆A0D000	2015/2/11 11:13	2015/2/11 15:40	27	4	0	4.5	¥22.50
帆A37P11	2015/2/11 11:18	2015/2/11 13:06	48	1	0	2.0	¥10.00
帆B62530	2015/2/11 11:58	2015/2/11 17:32	34	5	0	6.0	¥30.00
帆F37763	2015/2/11 12:00	2015/2/11 15:03	3	3	0	3.0	¥15.00
帆A474Y1	2015/2/11 12:32	2015/2/11 14:21	49	1	0	2.0	¥10.00
帆AAW001	2015/2/11 13:50	2015/2/11 18:09	19	4	0	4.5	¥22.50
帆A695S6	2015/2/11 14:11	2015/2/11 15:23	12	1	0	1.0	¥5.00
帆A56DE4	2015/2/11 15:52	2015/2/11 19:47	55	3	0	4.0	¥20.00
帆A2E356	2015/2/11 16:00	2015/2/11 17:30	30	1	0	2.0	¥10.00
帆A9785D	2015/2/11 16:00	2015/2/11 20:16	16	4	0	4.5	¥22.50
帆A06680	2015/2/11 16:16	2015/2/11 16:37	21	0	0	0.5	¥2.50
				停车总计：		总计	¥287.50
员工签名						日期	
经理签名						日期	

图 3-103　停车场计时收费表计算结果

第 4 章 Excel 2010 综合案例

本章以制作图书产品销售情况表、员工档案个人简历和应收账款账龄分析表为例，综合上章所学的 Excel 数据处理与分析的知识，进一步巩固利用 Excel 相关操作来进行数据处理与分析的知识，以便熟练制作各种数据表格，利用表格进行数据分析与处理，并将相关数据转换成图表。

4.1 综合案例一

4.1.1 案例分析

设计要求：

销售部的助理小王需要根据 2014 年和 2015 年的图书产品销售情况进行统计分析，以便制订新一年的销售计划和工作任务。请按照如下的需求，在文档“图书产品销售情况.xlsx”中完成以下工作并保存。

1. 在“销售订单”工作表的“图书编号”列中，使用 VLOOKUP 函数填充所对应“图书名称”的“图书编号”，“图书名称”和“图书编号”的对照关系请参考“图书编目表”工作表。

2. 将“销售订单”工作表的“订单编号”列按照数值升序方式排序，并将所有重复的订单编号数值标记为紫色（标准色）字体，然后将其排列在销售订单列表区域的顶端。

3. 在“2015 年图书销售分析”工作表中，统计 2015 年各类图书在每月的销售量，并将统计结果填充在所对应的单元格中。为该表添加汇总行，在汇总行单元格中分别计算每月图书的总销量。

4. 在“2015 年图书销售分析”工作表中的 N4:N11 单元格中，插入用于统计销售趋势的迷你折线图，各单元格中迷你图的数据范围为所对应图书的 1 月 ~ 12 月销售数据。并为各迷你折线图标记销量的最高点和最低点。

5. 根据“订单销售”工作表的销售列表创建数据透视表，并将创建完成的数据透视表放置在新的工作表中，以 A1 单元格为数据透视表的起点位置。将工作表重新命名为“2014 年书店销量”。

6. 在“2014 年书店销量”工作表的数据透视表中，设置“日期”字段为列标签，“书店名称”字段为行标签，“销量（本）”字段为求和汇总项。并在数据透视表中显示 2014 年期间各书店每季度的销量情况。

提示

为了统计方便，请勿对完成的数据透视表进行额外的排序操作。

本电子表格共有 3 个工作表，一个工作表为销售订单表，如图 4-1 所示；一个工作表为 2015 年图书销售分析表，如图 4-2 所示；一个工作表为图书编目表，如图 4-3 所示。

2014年~2015年度图书销售订单记录

订单编号	日期	书店名称	图书名称	图书编号	图书作者	销量（本
BY-08001	2014年1月2日	鼎盛书店	《Office商务办公好帮手》		孟天祥	12
BY-08002	2014年1月4日	博达书店	《Excel办公高手应用案例》		陈祥通	5
BY-08003	2014年1月4日	博达书店	《Word办公高手应用案例》		王天宇	41
BY-08004	2014年1月5日	博达书店	《PowerPoint办公高手应用案例》		方文成	21
BY-08005	2014年1月6日	鼎盛书店	《OneNote万用电子笔记本》		钱顺卓	32
BY-08006	2014年1月9日	鼎盛书店	《Outlook电子邮件应用技巧》		王崇江	3
BY-08007	2014年1月9日	博达书店	《Office商务办公好帮手》		黎浩然	1
BY-08008	2014年1月10日	鼎盛书店	《SharePoint Server安装、部署与开发》		刘露露	3
BY-08009	2014年1月10日	博达书店	《Excel办公高手应用案例》		陈祥通	43
BY-08010	2014年1月11日	隆华书店	《SharePoint Server安装、部署与开发》		徐志晨	22
BY-08011	2014年1月11日	鼎盛书店	《OneNote万用电子笔记本》		张哲宇	31
BY-08012	2014年1月12日	隆华书店	《Excel办公高手应用案例》		王炫皓	19

图 4-1　销售订单表

2015年 图书销售分析

单位：本

图书名称	1月	2月	3月	4月	5月	6月	7月	8月	9月	10月	11月	12月	销售趋势
《Office商务办公好帮手》													
《Word办公高手应用案例》													
《Excel办公高手应用案例》													
《PowerPoint办公高手应用案例》													
《Outlook电子邮件应用技巧》													
《OneNote万用电子笔记本》													
《SharePoint Server安装、部署与开发》													
《Exchange Server安装、部署与开发》													

图 4-2　2015 年图书销售分析表图

图书名称	图书编号
《Office商务办公好帮手》	BKC-001
《Word办公高手应用案例》	BKC-002
《Excel办公高手应用案例》	BKC-003
《PowerPoint办公高手应用案例》	BKC-004
《Outlook电子邮件应用技巧》	BKC-005
《OneNote万用电子笔记本》	BKC-006
《SharePoint Server安装、部署与开发》	BKS-001
《Exchange Server安装、部署与开发》	BKS-002

图 4-3　图书编目表

4.1.2　知识储备

Excel 中所提的函数其实是一些预定义的公式，它们使用一些称为参数的特定数值按特定的顺序或结构进行计算。Excel 自带函数一共有 11 类，分别是数据库函数、日期与时间函数、工程函数、财务函数、信息函数、逻辑函数、查询和引用函数、数学和三角函数、统计函数、文本函数以及用户自定义函数。

1. 数据库函数

当需要分析数据清单中的数值是否符合特定条件时，可以使用数据库函数。例如，在一个包含销售信息的数据清单中，可以计算出所有销售数值大于 1000 且小于 2500 的行或记录的总数。Microsoft Excel 有 12 个工作表函数用于对存储在数据清单或数据库中的数据进行分析，这些函数的统一名称为 Dfunctions，也称为 D 函数，每个函数均有三个相同的参数：database、field 和 criteria。这些参数指向数据库函数所使用的工作表区域。其中参数 database 为工作表上包含数据清单的区域。参数 field 为需要汇总的列的标志。参数 criteria 为工作表上包含指定条件的区域。

2. 日期与时间函数

通过日期与时间函数，可以在公式中分析和处理日期值和时间值。

3. 工程函数

工程函数用于工程分析。这类函数中的大多数可分为三种类型：对复数进行处理的函数、在不同的数字系统（如十进制系统、十六进制系统、八进制系统和二进制系统）间进行数值转换的函数、在不同的度量系统中进行数值转换的函数。

4. 财务函数

财务函数可以进行一般的财务计算，如确定贷款的支付额、投资的未来值或净现值，以及债券或息票的价值。财务函数中常见的参数如下。

未来值（fv）——在所有付款发生后的投资或贷款的价值。

期间数（nper）——投资的总支付期间数。

付款（pmt）——对于一项投资或贷款的定期支付数额。

现值（pv）——在投资期初的投资或贷款的价值。例如，贷款的现值为所借入的本金数额。

利率（rate）——投资或贷款的利率或贴现率。

类型（type）——付款期间内进行支付的间隔，如在月初或月末。

5. 信息函数

可以使用信息函数确定存储在单元格中的数据的类型。信息函数包含一组称为 IS 的工作表函数，在单元格满足条件时返回 TRUE。例如，如果单元格包含一个偶数值，ISEVEN 工作表函数返回 TRUE。如果需要确定某个单元格区域中是否存在空白单元格，可以使用 COUNTBLANK 工作表函数对单元格区域中的空白单元格进行计数，或者使用 ISBLANK 工作表函数确定区域中的某个单元格是否为空。

6. 逻辑函数

使用逻辑函数可以进行真假值判断，或者进行复合检验。例如，可以使用 IF 函数确定条件为真还是假，并由此返回不同的数值。

7. 查询和引用函数

当需要在数据清单或表格中查找特定数值，或者需要查找某一单元格的引用时，可以使用查询和引用函数。例如，如果需要在表格中查找与第一列中的值相匹配的数值，可以使用 VLOOKUP 工作表函数。如果需要确定数据清单中数值的位置，可以使用 MATCH 工作表函数。

8. 数学和三角函数

通过数学和三角函数，可以处理简单的计算，例如对数字取整、计算单元格区域中的数值总和或复杂计算。

9. 统计函数

统计函数用于对数据区域进行统计分析。例如，统计函数可以提供由一组给定值绘制出的直线的相关信息，如直线的斜率和 y 轴截距，或构成直线的实际点数值。

10. 文本函数

通过文本函数，可以在公式中处理文字串。例如，可以改变大小写或确定文字串的长度。可以将日期插入文字串或连接在文字串上。下面的公式为一个示例，借以说明如何使用函数 TODAY 和函数 TEXT 来创建一条信息，该信息包含着当前日期并将日期以"dd-mm-yy"的格式表示。

=TEXT(TODAY(),"dd-mm-yy")

11. 用户自定义函数

如果要在公式或计算中使用特别复杂的计算，而工作表函数又无法满足需要，则需要创建用户自定义函数。这些函数，称为用户自定义函数，可以通过使用 VisualBasicforApplications 来创建。

以上对 Excel 函数的种类及有关知识做了简要的介绍，在以后的实例中将介绍一些重要函数的使用方法及应用技巧。

4.1.3 案例实现

1. 操作步骤

步骤①：打开电子表格文件“图书产品销售情况.xlsx”，在“销售订单”工作表的 E3 单元格中输入“=VLOOKUP(D3,图书编目表!$A$2:$B$9,2,FALSE)”，按【Enter】键完，E3 单元格中图书编号自动计算。

步骤②：将此公式填充至 E4 :E678 单元格区域中。

此处公式“=VLOOKUP(D3,图书编目表!$A$2:$B$9,2,FALSE)”的含义是：返回 D3 单元格数据与图书编目表中$A$2:B$9 单元格区域数据精确匹配后，所对应的 B 列的值。

vlookup 函数的使用方法：“Lookup”的汉语意思是“查找”，在 Excel 中与“Lookup”相关的函数有三个：VLOOKUP、HLOOKUP 和 LOOKUP。Vlookup 函数的作用为在表格的首列查找指定的数据，并返回指定的数据所在行中的指定列处的数据。

其语法格式为：VLOOKUP(lookup_value,table_array,col_index_num , range_lookup)

说明

（1）VLOOKUP(lookup_value,table_array,col_index_num,range_lookup)，可以写为：VLOOKUP(需在第一列中查找的数据,需要在其中查找数据的数据表,需返回某列值的列号,逻辑值 True 或 False)。

（2）lookup_value 为“需在数据表第一列中查找的数据”，可以是数值、文本字符串或引用。

（3）table_array 为“需要在其中查找数据的数据表”，可以使用单元格区域或区域名称等。如果 range_lookup 为 TRUE 或省略，则 table_array 的第一列中的数值必须按升序排列，否则，函数 VLOOKUP 不能返回正确的数值。如果 range_lookup 为 FALSE，table_array 不必进行排序。Table_array 的第一列中的数值可以为文本、数字或逻辑值。若为文本时，不区分文本的大小写。

（4）col_index_num 为 table_array 中待返回的匹配值的列序号。Col_index_num 为 1 时，返回 table_array 第一列中的数值；Col_index_num 为 2 时，返回 table_array 第二列中的数值，以此类推。如果 Col_index_num 小于 1，函数 VLOOKUP 返回错误值 #VALUE!；如果 Col_index_num 大于 table_array 的列数，函数 VLOOKUP 返回错误值 #REF!。

（5）range_lookup 为一逻辑值，指明函数 VLOOKUP 返回时是精确匹配还是近似匹配。如果为 TRUE 或省略，则返回近似匹配值，也就是说，如果找不到精确匹配值，则返回小于 lookup_value 的最大数值；如果 range_value 为 FALSE，函数 VLOOKUP 将返回精确匹配值。如果找不到，则返回错误值 #N/A。

2. 操作步骤

步骤①：光标定于数据范围内，单击【开始】|【编辑】|【排序和筛选】命令的下拉按钮，在下拉列表中选择“自定义”排序，在打开的对话框中将“列”设置为订单编号，“排序依据”设置为数值，“次序”设置为升序，单击【确定】按钮。

步骤②：选中 A3：A678 列单元格，单击【开始】|【样式】|【条件格式】命令的下拉按钮，选择【突出显示单元格规则】|【重复值】命令，弹出“重复值”对话框。单击【设置为】右侧的

按钮，在下拉列表中选择【自定义格式】命令即可弹出【设置单元格格式】对话框，单击“字体”选项卡中【颜色】命令的下拉按钮，在其下拉列表中选择标准色中的“紫色”项，单击【确定】按钮。返回到“重复值”对话框中再次单击【确定】按钮。

步骤③：单击【开始】|【编辑】|【排序和筛选】命令的下拉按钮，在下拉列表中选择【自定义排序】命令，在打开的对话框中将“列”设置为“订单编号”，“排序依据”设置为“字体颜色”，“次序”设置为紫色、在顶端，单击【确定】按钮。

3. 操作步骤

步骤①：在“销售订单”工作表中选中“书店名称”单元格，右键单击在快捷菜单中选择“插入”级联菜单中的【在左侧插入表列】命令，插入两列单元格，然后 C3 单元格中输入“=year($B$3:$B$678)”，按【Enter】键确定后将公式填充至 C4:C678 单元格区域；在 D3 单元格中输入“=month(B3)”，按【Enter】键确定后，将公式填充至 D4:D678 单元格区域中。

year 函数、month 函数为日期函数，此处公式“=year ($B$3:$B$678)”的返回值是 B3 单元格中日期数据的月份数值“2014”，公式“=month(B3)”的返回值是 B3 单元格中日期数据的月份数值“3”。其他日期函数如图 4-4 所示。

常用日期函数列表

函数	描述	公式	计算结果
today	无需填参数，直接返回当天日期	=TODAY()	2013-9-23
now	无需填参数，直接返回当天日期+时间	=NOW()	2013-9-23 13:32
date	参数为分开的数字（年、月、日），返回日期	=DATE(2012,11,12)	2012-11-12
day	格式	=DAY("2012-11-12")	12
month	参数为日期，返回日期中的天/月/年	=MONTH("2012-11-12")	11
year		=YEAR("2012-11-12")	2012
weeknum	参数为日期，返回日期是一年中的第几周，Office 2003版及之前的版本没有此函数	=WEEKNUM("2012-11-12")	46
weekday	参数为日期，返回日期是一周中的第几天，可设置从周日(return type 1)还是周一(return type	=WEEKDAY("2012-11-12",2)	1
datevalue	参数为日期，用于返回日期的序列数	=DATEVALUE("2012-11-12")	41225
workday	用于计算多少个工作日之前或之后的日期，需填参数日期、天数，可在其中扣除假期	=WORKDAY("2012-10-8",-10,"2012-10-1")	2012-9-21
networkdays	用于计算两个日期间间隔多少个工作日，可在其中扣除假期	=NETWORKDAYS("2012-10-8","2012-9-21","2012-10-1")	-11
eomonth	返回当月/前几月/后几月的最后一天	=EOMONTH("2012-11-12",-1)	2012-10-31
edate	用于计算指定日期的前/后几个月的日期	=EDATE("2012-11-12",-2)	2012-9-12

图 4-4　常用日期函数

步骤②：切换至“2015 年图书销售分析”工作表中，选择 B4 单元格，并输入“=SUMIFS(销售订单!$I$3:$I$678,销售订单!$F$3:$F$678,A4,销售订单! $C$3:$C$678,2015,销售订单!$D$3:$D$678,1)”按【Enter】键确定。

此处 B4 单元格中的公式“=SUMIFS(销售订单!$I$3:$I$678,销售订单!$F$3:$F$678,A4, 销售订单! $C$3:$C$678,2015,销售订单!$D$3:$D$678,1)”是用来对“销售订单”工作表中 I3:I678 单元格区域数据进行求和，但条件是 1 月份（条件：销售订单! 销售订单! $C$3:$C$678,2015,$D$3:$D$678,1）的《Office 商务办公好帮手》（条件：销售订单!$F$3:$F$678,A4）这本书。

sumifs 函数是多条件求和，用于对某一区域内满足多重条件（两个条件以上）的单元格求和。sumifs 函数的语法格式为：

```
sumifs(sum_range, criteria_range1, criteria1, [criteria_range2, criteria2], ...)
```

说明

（1）sumifs（实际求和区域，第一个条件区域，第一个对应的求和条件，第二个条件区域，第二个对应的求和条件，第 N 个条件区域，第 N 个对应的求和条件）。

（2）sum_range：指进行求和的单元格或单元格区域。

（3）criteral_range:条件区域，通常是指与求和单元格或单元格式处于同一行的条件区域，在求和时，该区域将参与条件的判断

（4）criteria1：对应的求和条件，通常是参与判断的具体一个值。条件区域及条件可以有多个。

步骤③：选择“2015 年图书销售分析”工作表中的 C4 单元格，并输入“=SUMIFS(销售订单!$I$3:$I$678,销售订单!$F$3:$F$678,A4, 销售订单! $C$3:$C$678,2015,销售订单!$D$3:$D$678,2)”按【Enter】键确定。选中 D4 单元格并输入“=SUMIFS(销售订单!$I$3:$I$678,销售订单!$F$3:$F$678,A4, 销售订单! $C$3:$C$678,2015,销售订单!$D$3:$D$678,3)”按【Enter】键确定。使用同样方法在其他单元格中输入相应有计算公式。

步骤④：在 A12 单元格中输入“每月图书总销量”字样，然后选中 B12 单元输入公式“=SUM(B4:B11)”，按【Enter】键确定后，将此公式填充至 C12:M12 单元格区域中。

4. 操作步骤

步骤①：选择“2015 年图书销售分析”工作表中的 N4:N11 单元格，选择【插入】|【迷你图】|【折线图】命令，在打开的对话框中“数据范围”输入为“B4:M1”，确定“位置范围”文本框为 $N$4:$N$11，单击【确定】按钮。

步骤②：确定选中【迷你图工具】|【设计】|【显示】组中的“高点”“低点”复选框。完成后结果如图 4-5 所示。

2015年 图书销售分析

单位：本

图书名称	1月	2月	3月	4月	5月	6月	7月	8月	9月	10月	11月	12月	销售趋势
《Office商务办公好帮手》	126	3	33	76	132	41	135	46	42	91	44	81	
《Word办公高手应用案例》	116	133	285	63	110	154	33	59	315	27	74	0	
《Excel办公高手应用案例》	87	116	89	59	141	170	291	191	56	110	181	97	
《PowerPoint办公高手应用案例》	99	82	16	138	237	114	198	149	185	66	125	94	
《Outlook电子邮件应用技巧》	134	40	34	87	26	45	122	45	116	62	63	45	
《OneNote万用电子笔记本》	104	108	93	48	36	59	91	58	61	68	73	6	
《SharePoint Server安装、部署与开发》	141	54	193	103	106	56	28	0	41	38	34	104	
《Exchange Server安装、部署与开发》	88	74	12	21	146	73	33	94	54	88	6	83	
每月图书总销量	895	610	755	395	934	712	931	642	670	550	600	510	

图 4-5　销售量统计及迷你图

5. 操作步骤

步骤①：切换至“销售订单”工作表中，单击【插入】|【表格】|【数据透视表】命令下拉按钮，在弹出的下拉列表中选择【数据透视表】命令，在弹出的“创建数据透视表”对话框中将“请选择要分析的数据”项设置为表 1，“选择放置透视表的位置”项选择“新工作表”，单击【确定】按钮。

步骤②：选择【选项】|【操作】|【移动数据透视表】命令，在打开的“移动数据透视表”对话框中选中“现有工作表”，将“位置”设置为“Sheet1!A1”，单击【确定】按钮。

步骤③：在工作表名称上单击鼠标右键，在弹出的快捷菜单中选择【重命名】命令，将工作表重命名为“2014 年书店销量”。

6. 操作步骤

步骤①：根据题意要求，在“2014 年书店销量”工作表的“数据透视表字段列表”窗格中将“日期”字段拖动至“列标签”，将“书店名称”拖动至“行标签”，将“销量（本）”拖动至“数值”中。

步骤②：在 A8:A10 单元格中分别输入各书店的名称，在 B7:E7 单元格中分别输入第 1 季度至第 4 季度，在 B8 单元格中输入“=SUM(B3:BK3)”，将鼠标指针移动至 B8 单元格的右下角，按住鼠标并拖动拖至 B10 单元格中，松开鼠标完成填充运算。

步骤③：使用同样方法在 C8、D8、E8 单元格中分别输入以下公式“=SUM(BL3:DY3)”、“=SUM(DZ3:GL3)”，“=SUM(QM3:SL3)”。结果如图 4-6 所示。

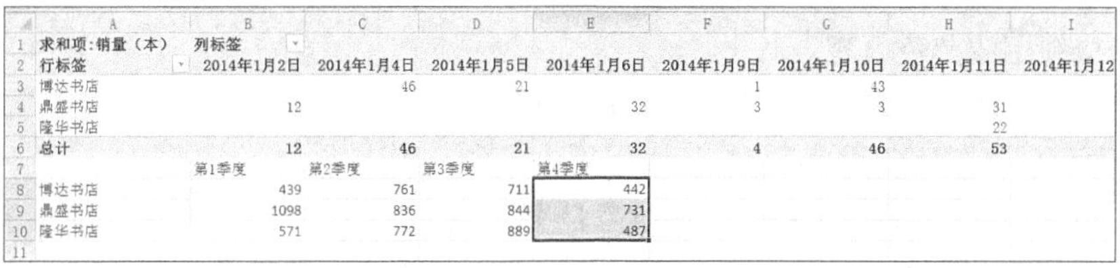

	A	B	C	D	E	F	G	H	I
1	求和项:销量（本）	列标签							
2	行标签	2014年1月2日	2014年1月4日	2014年1月5日	2014年1月6日	2014年1月9日	2014年1月10日	2014年1月11日	2014年1月12
3	博达书店		46	21		1	43		
4	鼎盛书店	12			32	3	3	31	
5	隆华书店							22	
6	总计	12	46	21	32	4	46	53	
7		第1季度	第2季度	第3季度	第4季度				
8	博达书店	439	761	711	442				
9	鼎盛书店	1098	836	844	731				
10	隆华书店	571	772	889	487				
11									

图 4-6　透视表及统计结果

操作完成后，保存文档“图书产品销售情况.xlsx”。

4.1.4　课堂练习

期末考试结束了，初三（1）班的班主任助理王老师需要对本班学生的各科考试成绩进行统计分析，并为每个学生制作一份成绩通知单下发给家长。按照下列要求完成该班的成绩统计工作并按原文件名进行保存。

1. 打开工作簿“学生成绩.xlsx”，在最左侧插入一个空白工作表，重命名为“初三学生档案”，并将该工作表标签颜色设为“紫色（标准色）”。

2. 将以制表符分隔的文本文件“学生档案.txt”自 A1 单元格开始导入到工作表“初三学生档案”中，注意不得改变原始数据的排列顺序。将第一列数据从左到右依次分成“学号”和“姓名”两列显示。最后创建一个名为“档案”、包含数据区域 A1:G56、包含标题的表，同时删除外部链接。

3. 在工作表“初三学生档案”中，利用公式及函数依次输入每个学生的性别“男”或“女”、出生日期“****年**月**日”和年龄。其中：身份证号的倒数第 2 位用于判断性别，奇数为男性，偶数为女性；身份证号的第 7~14 位代表出生年月日；年龄需要按周岁计算，满 1 年才计 1 岁。最后适当调整工作表的行高和列宽、对齐方式等，以方便阅读。

4. 参考工作表“初三学生档案”，在工作表“语文”中输入与学号对应的“姓名”；按照平时、期中、期末成绩各占 30%、30%、40%的比例计算每个学生的“学期成绩”并填入相应单元格；按成绩由高到低的顺序统计每个学生的“学期成绩”排名并按“第 *n* 名”的形式填入“班级名次”列中；按照下列条件填写“期末总评”。

语文、数学的学期成绩	其他科目的学期成绩	期末总评
>=102	>=90	优秀
>=84	>=75	良好
>=72	>=60	及格
<27	<60	不及格

5. 将工作表“语文”的格式全部应用到其他科目工作表中，包括行高（各行行高均为 22 默认单位）和列宽（各列列宽均为 14 默认单位）。并按上述 4.中的要求依次输入或统计其他科目的“姓名”“学期成绩”“班级名次”和“期末总评”。

6. 分别将各科的“学期成绩”引入到工作表“期末总成绩”的相应列中，在工作表“期末总成绩”中依次引入姓名、计算各科的平均分、每个学生的总分，并按成绩由高到低的顺序统计每个学生的总分排名，并以 1、2、3…形式标识名次，最后将所有成绩的数字格式设为数值、保留两位小数。

7. 在工作表“期末总成绩”中用红色（标准色）、加粗格式标出各科第一名成绩。同时将前 10 名的部分成绩用浅蓝色填充。

8. 调整工作“期末总成绩”的页面布局以便打印：纸张方向为横向，缩减打印输出使得所有列只占一个页面宽（但不得缩小列宽），水平居中打印在纸上。

操作完成后的部分表结果，如“初三学生档案”表、“语文”表、“期末成绩”表的结果如图 4-7、图 4-8 和图 4-9 所示。

学号	姓名	身份证号码	性别	出生日期	年龄	籍贯
C121417	马小军	110101200001051054	男	2000-01-05	16	湖北
C121301	曾令铨	110102199812191513	男	1998-12-19	17	北京
C121201	张国强	110102199903292713	男	1999-03-29	17	北京
C121424	孙令煊	110102199904271532	男	1999-04-27	17	北京
C121404	江晓勇	110102199905240451	男	1999-05-24	17	山西
C121001	吴小飞	110102199905281913	男	1999-05-28	17	北京
C121422	姚南	110103199903040920	女	1999-03-04	17	北京
C121425	杜学江	110103199903270623	女	1999-03-27	17	北京
C121401	宋子丹	110103199904290936	男	1999-04-29	17	北京
C121439	吕文伟	110103199908171548	女	1999-08-17	17	湖南
C120802	符坚	110104199810261737	男	1998-10-26	18	山西
C121411	张杰	110104199903051216	男	1999-03-05	17	北京
C120901	谢如雪	110105199807142140	女	1998-07-14	18	北京
C121440	方天宇	110105199810054517	男	1998-10-05	18	河北
C121413	莫一明	110105199810212519	男	1998-10-21	18	北京
C121423	徐霞客	110105199811111135	男	1998-11-11	18	北京
C121432	孙玉敏	110105199906036123	女	1999-06-03	17	山东

图 4-7 “初三学生档案”表结果

学号	姓名	平时成绩	期中成绩	期末成绩	学期成绩	班级名次	期末总评
C121401	宋子丹	97.00	96.00	102.00	98.7	第13名	良好
C121402	郑菁华	99.00	94.00	101.00	98.3	第14名	良好
C121403	张雄杰	98.00	82.00	91.00	90.4	第28名	良好
C121404	江晓勇	87.00	81.00	90.00	86.4	第33名	良好
C121405	齐小娟	103.00	98.00	96.00	98.7	第11名	良好
C121406	孙如红	96.00	86.00	91.00	91	第26名	良好
C121407	甄士隐	109.00	112.00	104.00	107.9	第1名	优秀
C121408	周梦飞	81.00	71.00	88.00	80.8	第42名	及格
C121409	杜春兰	103.00	108.00	106.00	105.7	第2名	优秀
C121410	苏国强	95.00	85.00	89.00	89.6	第30名	良好
C121411	张杰	90.00	94.00	93.00	92.4	第23名	良好

图 4-8 “语文”表结果

初三（14）班第一学期期末成绩表									
姓名	语文	数学	英语	物理	化学	品德	历史	总分	总分排名
刘小红	99.30	108.90	91.40	97.60	91.00	91.90	85.30	665.40	1
陈万地	104.50	114.20	92.30	92.60	74.50	95.00	90.90	664.00	2
郑菁华	98.30	112.20	88.00	96.60	78.60	90.00	93.20	656.90	3
甄士隐	107.90	95.90	90.90	95.60	89.60	90.50	84.40	654.80	4
姚南	101.30	91.20	89.00	95.10	90.10	94.50	91.80	653.00	5
倪冬声	90.90	105.80	94.10	81.20	87.00	93.70	93.50	646.20	6
习志敏	92.50	101.80	98.20	90.20	73.00	93.60	94.60	643.90	7
张杰	92.40	104.30	91.80	94.10	75.30	89.30	94.00	641.20	8
齐小娟	98.70	108.80	87.90	96.70	75.80	78.00	88.30	634.20	9
江晓勇	86.40	94.80	94.70	93.50	84.50	93.60	86.60	634.10	10
康秋林	84.80	105.50	89.00	92.20	82.60	83.90	92.50	630.50	11

图 4-9 “期末成绩”表结果

4.2　综合案例二

4.2.1　案例分析

设计要求：

现有员工个人资料档案工作簿“员工档案.xlsx”，其中有两个工作表：“员工个人资料档案”表（如图 4-10 所示）和空的“简历”表（如图 4-11 所示）。请利用 IF 函数、VLOODUP 函数和 ISERROR 函数调用“员工个人资料档案”工作表中的相关数据，制作完成员工个人“简历”表。

员工档案

姓名	部门	性别	年龄	工号	籍贯	毕业院校	专业	学历	入职时间	联系电话
李波	销售部	男	28	YF324	四川	上海财经大学	工商管理	本科	2008年6月	141******23
蔡云帆	人事部	男	21	YF227	上海	复旦大学	人力资源管理	硕士	2009年11月	142******42
胡珀	销售部	男	24	YF366	北京	北京物资学院	工商管理	本科	2011年7月	141******00
曹玲	后勤部	女	28	YF587	四川	西南财经大学	会计	本科	2008年5月	147******98
姚妮	总经办	女	24	YF112	四川	四川大学	工商管理	硕士	2008年3月	145******50
刘松	技术部	男	28	YF587	重庆	电子科技大学	软件开发	博士	2010年5月	147******79
卫利	售后部	男	28	YF112	湖南	电子科技大学	软件开发	硕士	2010年5月	142******37

图 4-10　“员工个人资料档案”表

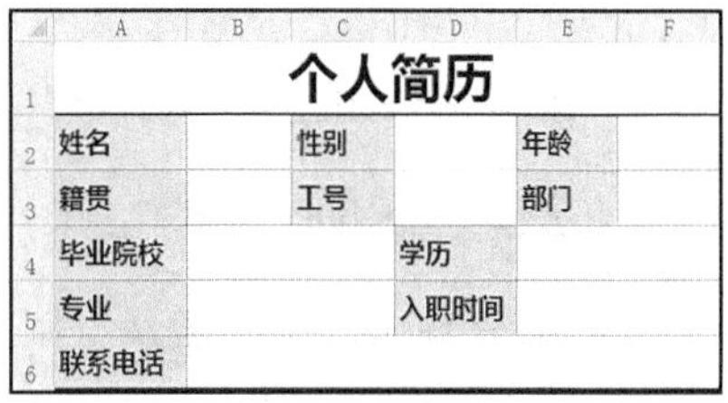

个人简历

姓名		性别		年龄	
籍贯		工号		部门	
毕业院校			学历		
专业			入职时间		
联系电话					

图 4-11　员工“个人简历”空表

4.2.2　知识储备

在 Excel 中使用公式或函数时，常要引其他单元格中数据。被引用的单元格可能是当前工作表的，也可能是非当前工作表或另一工作薄里的，那么在引用时，就要使用正确的引用格式。

1. 引用当前工作表的单元格

Excel 中引用单元格式的方式包括“相对引用”“绝对引用”两种，“绝对引用”又包括通过名称来标识的引用。单元格的引用在利用公式的场合具有十分重要的地位和作用。

相对引用：引用格式形如“A1”。这种对单元格的引用是完全相对的，当引用单元格的公式被复制时，新公式引用的单元格的位置将会发生改变。

绝对引用：引用格式形如“$A$1”。这种对单元格引用的方式是完全绝对的，即一旦成为绝对引用，无论公式如何被复制，对采用绝对引用的单元格的引用位置是不会改变的。

绝对行引用：引用格式形如“A$1”。这种对单元格的引用位置不是完全绝对的，当引用该单元格的公式被复制时，新公式对列的引用将会发生变化，而对行的引用则固定不变。

绝对列引用：引用格式形如“$A1”。这种对单元格的引用位置不是完全绝对的，当引用该单元格的公式被复制时，新公式对行的引用将会发生变化，而对列的引用则固定不变。

通过名称来引用：该引用方式通过名称来实现对特定单元格的引用，实质仍然是绝对引用，通过名称引用即可以对单个单元格进行引用，也可以对单元格区域进行引用。例如：我们在单元格 A1 中输入数值“5”，然后选中单元格 A1，在文档左上角输入“area”并按【Enter】键，在单元格 B1 中输入公式“=area*2”并按【Enter】键，则结果为 10，即实现了对 A1 单元格的引用，最后把 B1 单元格中的公式复制到 B2，则 B2 单元格中的数值也为 10，即实现了对名称单元格的绝对引用。所以利用名称来引用单元格的方式为绝对引用。通过名称来引用如图 4-12 所示。

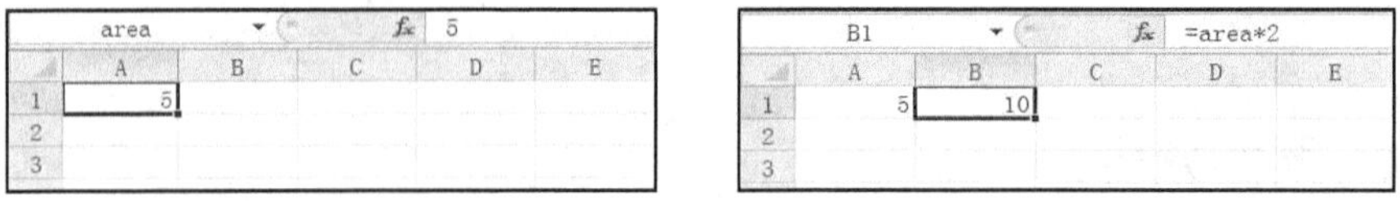

图 4-12　通过名称来引用

2. 引用非当前工作表的单元格

同工作簿不同工作表间相互引用，在引用单元格前加 Sheet*n*!(Sheet*n* 为被引用工作表的名称)。举例：如工作表 Sheet1 中的 A1 单元格内容等于 Sheet2 中单元格 B2 乘以 5，则在 Sheet1 中的 A1 单元格中输入公式“=Sheet1!B2*5”。

不同工作簿间互相引用，在引用单元格前加[Book.xlsx]Sheet*n*!（Book 为被引用工作薄名，Sheet*n* 为被引用工作表名）。举例：如工作薄“Book1”中 Sheet1 中的 A1 单元格内容等于工作薄“Book2”Sheet1 中单元格 B2 乘以 5，则在 Sheet1 中的 A1 单元格中输入公式：

“=[Book2.xlsx]Sheet1!$B$2*5”。

4.2.3　案例实现

下面是李波的“个人简历”制作过程，即假设在 B2 单元格中输入姓名“李波”。

步骤①：根据题意要求，打开工作簿“员工档案.xlsx”，选择“简历”工作表，在 D2 单元格中输入以下公式“=IF(ISERROR(VLOOKUP(B2,员工个人资料档案!A3:K9,3,FALSE))," ",VLOOKUP(B2,员工个人资料档案!A3:K9,3,FALSE))”，按【Enter】键即可计算，显示结果“男”。

说明

①公式“=IF(ISERROR(VLOOKUP(B2,员工个人资料档案!A3:K9,3,FALSE)),"",VLOOKUP(B2,员工个人资料档案!A3:K9,3,FALSE))”表示：如果 VLOOKUP(B2,员工个人资料档案!A3:K9,3,FALSE)返回的值错误，则返回空文本，否则返回 VLOOKUP(B2,员工个人资料档案!A3:K9,3,FALSE)的值。公式“VLOOKUP(B2,员工个人资料档案!A3:K9,3,FALSE)”表示：在“员工个人资料档案”工作表的 A3:K9 单元格区域中查找与个人简历中单元格 B2 对应的数据。

② iserror()函数就是用来判断正确性。其语法格式为：

iserror(value)

其中，value 表示要判断的值或者单元格信息，如果 value 是错误的，那么 iserror 显示的结果是 True；如果 value 没有错误，那么 iserror 显示的结果是 False。

步骤②：在 F2 单元格中输入以下公式“=IF(ISERROR(VLOOKUP($B$2,员工个人资料档案!$A$3:$K$9,4,FALSE)),"",VLOOKUP($B$2,员工个人资料档案!$A$3:$K$9,4,FALSE))”，按【Enter】键即可计算，显示结果“28”。

步骤③：在 B3 单元格中输入以下公式“=IF(ISERROR(VLOOKUP($B$2,员工个人资料档案!$A$3:$K$9,6,FALSE)),"",VLOOKUP($B$2,员工个人资料档案!$A$3:$K$9,6,FALSE))”，按【Enter】键即可计算，显示结果“四川”。

步骤④：在 D3 单元格中输入以下公式“=IF(ISERROR(VLOOKUP($B$2,员工个人资料档案!$A$3:$K$9,5,FALSE)),"",VLOOKUP($B$2,员工个人资料档案!$A$3:$K$9,5,FALSE))”，按【Enter】键即可计算，显示结果“YF324”。

步骤⑤：在 F3 单元格中输入以下公式“=IF(ISERROR(VLOOKUP($B$2,员工个人资料档案!$A$3:$K$9,2,FALSE)),"",VLOOKUP($B$2,员工个人资料档案!$A$3:$K$9,2,FALSE))”，按【Enter】键即可计算，显示结果“销售部”。

步骤⑥：在 B4 单元格中输入以下公式“=IF(ISERROR(VLOOKUP($B$2,员工个人资料档案!$A$3:$K$9,7,FALSE)),"",VLOOKUP($B$2,员工个人资料档案!$A$3:$K$9,7,FALSE))”，按【Enter】键即可计算，显示结果“上海财经大学”。

步骤⑦：在 B5 单元格中输入以下公式“=IF(ISERROR(VLOOKUP($B$2,员工个人资料档案!$A$3:$K$9,8,FALSE)),"",VLOOKUP($B$2,员工个人资料档案!$A$3:$K$9,8,FALSE))”，按【Enter】键即可计算，显示结果“工商管理”。

步骤⑧：在 B6 单元格中输入以下公式“=IF(ISERROR(VLOOKUP($B$2,员工个人资料档案!$A$3:$K$9,11,FALSE)),"",VLOOKUP($B$2,员工个人资料档案!$A$3:$K$9,11,FALSE))”，按【Enter】键即可计算，显示结果“139******23”。

步骤⑨：在 E4 单元格中输入以下公式“=IF(ISERROR(VLOOKUP($B$2,员工个人资料档案!$A$3:$K$9,9,FALSE)),"",VLOOKUP($B$2,员工个人资料档案!$A$3:$K$9,9,FALSE))”，按【Enter】键即可计算，显示结果“本科”。

步骤⑩：在 E5 单元格中输入以下公式“=IF(ISERROR(VLOOKUP($B$2,员工个人资料档案!$A$3:$K$9,10,FALSE)),"",VLOOKUP($B$2,员工个人资料档案!$A$3:$K$9,10,FALSE))”，按【Enter】键即可计算，显示结果“2008/6/1”。

以上单元格公式编辑完成后，只要在 B2 单元格中输入正确的员工姓名（即一定要是“员工个人资料档案”工作表中的姓名），其他单元格将会显示对应的信息。

选择 A1:F6 单元格区域,将其复制到 A9、I1 和 I9 单元格，并设置 10 ~ 14 行的行高为 25。第一个表格 A1:F6 单元格区域中用于定位的数值是单元格 B2 和$B$2，所以最后还要修改新建的三个简历表格的的公式函数：A9:F14 单元格区域中用于定位的数值是单元格 B10 和$B$10；I1:N6 单元格区域中用于定位的数值是单元格 J2 和$J$2；I9:N14 单元格区域中用于定位的数值是单元格 J10 和$J$10。

操作完成后，以原文件名保存方档。操作结果如图 4-13 所示。

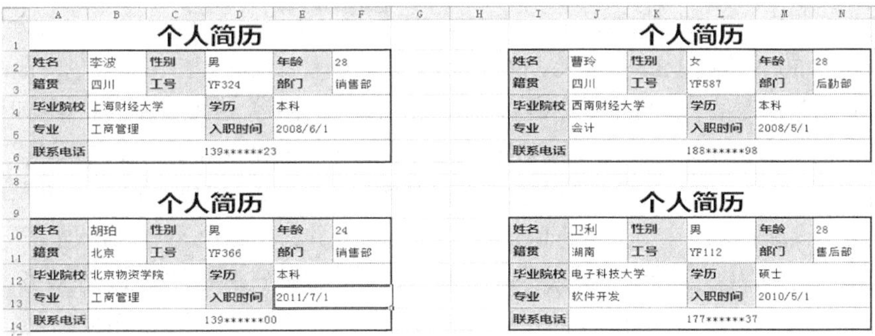

图 4-13　部分员工“个人简历”结果表

4.2.4 课堂练习

打开“通信录.xlsx”工作簿，如图 4-14 所示。利用公式及函数为表格中的电话号码从 11 位升至 12 位，要求凡是以 13X 开头的手机号码，X 如果奇数升位为“131X”，X 如果偶数升位为“132X”。

通讯录			
姓名	住址	电话	升位后的电话号码
张倩	成都市金牛区	1355689XXX	
陈冠宇	成都市武侯区	1384879XXX	
李晓玲	成都市金牛区	1368283XXX	
王宇	成都市龙泉驿区	1378087XXX	
吴亚馨	成都市成华区	1396869XXX	
龙俊亨	成都市锦江区	1329945XXX	
罗小梅	成都市温江区	1317322XXX	
郭钟岳	成都市双流县	1357985XXX	
刘雪萍	成都市青羊区	1364576XXX	
徐锋	成都市成华区	1326932XXX	
翟凌	成都市都江堰市	1358725XXX	
杨静梦	成都市龙泉驿区	1338573XXX	

图 4-14 电话号码升位前

通讯录			
姓名	住址	电话	升位后的电话号码
张倩	成都市金牛区	1355689XXXX	13155689XXXX
陈冠宇	成都市武侯区	1384879XXXX	13284879XXXX
李晓玲	成都市金牛区	1368283XXXX	13268283XXXX
王宇	成都市龙泉驿区	1378087XXXX	13178087XXXX
吴亚馨	成都市成华区	1396869XXXX	13196869XXXX
龙俊亨	成都市锦江区	1329945XXXX	13229945XXXX
罗小梅	成都市温江区	1317322XXXX	13117322XXXX
郭钟岳	成都市双流县	1357985XXXX	13157985XXXX
刘雪萍	成都市青羊区	1364576XXXX	13264576XXXX
徐锋	成都市成华区	1326932XXXX	13226932XXXX
翟凌	成都市都江堰市	1358725XXXX	13158725XXXX
杨静梦	成都市龙泉驿区	1338573XXXX	13138573XXXX

图 4-15 电话号码升位后

提示

可以使用 REPLACE 函数，将手机号码的前两位数字替换为 131 或者 132，替换的过程需要使用 IF 函数对号码的前三位数字进行奇偶判断，可以使用 MOD 函数，也可 MID 或 LEFT 函数。如用 MID 函数，则可以 D3 单元格中输入公式：“=IF(MOD(MID(C3,1,3),2)=1,REPLACE(C3,1,2,"131"),REPLACE(C3,1,2,"132"))”。

操作完成后用原文件名保存，结果如图 4-15 所示。

4.3 综合案例三

4.3.1 案例分析

设计要求：

本案例要求制作“应收账款账龄分析表.xlsx”工作表，将周转天数按 30 天进行分类计算，分别计算出周期在 30 天以内、30 ~ 60 天、60 ~ 120 天、120 天以上的客户应收账款。账龄是指企业未收回的应收账款的时间，对与企业有密切往来关系的客户来说，也可看作应收账款的周转天数。请你按照如下的需求，在文档“应收账款账龄分析表.xlsx”中完成以下工作并保存。

1. 将工作表 Sheet2 改名为“应收账款账龄分析表”，将单元格区域 A1:H1 合并居中，并设置标题为 22 号、“微软雅黑”字体。再将单元格 A3 与 B3 合并居中、12 号、“微软雅黑”，最后将单元格 A2、B2、A17 的内容设置为 12 号、“微软雅黑”，对齐方式分别为右对齐、左对齐、居中对齐。

2. 给表格单元格区域 A3:H17 添加外粗内细的黑色框线，并为表头（A3:H4）设置 12 号、“微软雅黑”字体、居中对齐，并用“浅绿”色进行填充。

3. 为客户名称进行数据有效性设置：本表中的客户名称必须全部来自于“客户资料表”，如“客户资料表”中的客户名称发生变动，当前表的客户名称也会随之变动。

4. 将单元格区域 B5:B16 和 D5:G17 的数字格式设置为“会计专用”格式，单元格区域 H5:H16 的数字格式设置为“数字”格式。

5. 使用 IF、AND、DAYS360 函数计算客户在账龄期间的账款余额，并计算客户的实际账龄及余额合计数据。

6. 根据前面计算出的数据创建数据透视表，透视表放置在“应收账款龄透视分析”新工作表中。设置每 0.5 年为一个账龄期间对客户的应付账款（即期末余额）进行汇总和分析，并用“数据透视表样式浅色 14”修饰透视表。

7. 根据统计并分析完成的数据透视表创建一个名为“应收账款账龄透视分析图表”数据透视图，使数据以簇状圆柱图的形式分别显示每个间段的账款金额。使数据图更直观，用“样式 10”美化图表，将其形状样式设置为“细微效果-橙色，强调颜色 6”，调整数据透视图的大小与位置后，以原文件名保存。

4.3.2　知识储备

数据有效性，是 Excel 中的一项基础功能，在职场中的应用尤为广泛。它作为 Excel 庞大数据分析与处理功能的一个细小分支，位于【数据】|【数据工具】组中，包含设置、输入信息、出错警告、输入法模式共四个二级选项，如图 4-16 所示。

图 4-16　“数据有效性”设置对话框

1. 数据有效性的设置

在【设置】选项卡下有“允许”及“数据”两栏的设置，而“允许”栏主要有“序列”“整数”等设置项。

“序列”作为数据有效性的一个基础应用，可以设定单元格允许显示的内容，对于不显示的内容进行屏蔽，更好地帮助数据分析与处理工作，深受广大办公室工作人员的喜欢，也最为大家所熟知。具体的操作方法简单介绍如下。

① 将单元格显示的内容预先输入到 Excel 的表格中。

② 单击【数据】|【数据工具】|【数据有效性】命令后的下拉按钮，选择【数据有效性】命令，弹出“数据有效性”对话框，在“允许”的下拉菜单中选择“序列”。

③ 在“来源”中选择第一步骤中已预先输入内容的单元格，单击【确定】按钮即可。

“序列”设置完成后，对应单元格数据必须为此序列中的数据之一，否则不能输入。

整数针对特定的单元格，可以设定整数的大小范围。操作步骤类似于序列的设置，不过在“允许”的下拉菜单中选择“整数”，然后可以分别设定整数上限、整数下限，当输入数据不在该范围时，弹出提示框。各项设置完毕后，单击确定即可。

除了序列、整数之外，还有日期、时间、文本长度等其他功能选项，它们的操作方法基本类似。

2. 数据有效性的输入信息

这项功能属于“数据有效性”的第二个基本功能，“输入信息”的作用就是当选定单元格时，会显示之前已设置好的输入信息，包括输入标题、输入信息，这个功能作用可以很大，比如将一些重要的信息输入进去，这样你在选定每一个单元格时，都会提醒你。设置好标题、输入信息后，单击【确定】按钮即可。

3. 数据有效性的出错警告

“出错警告”也是 Excel 多样化的形式之一，可以设置出错警告的输入标题和错误信息的输入内容，这些都会在输入无效数据时显示出来，对用户做出警告。出错警告有三种样式，即停止、警告、信息，都是在输入无效数据时的提示方式，没有本质的区别，只是显示方式的差异，但是标题、错误信息却是一样的。

4. 数据有效性的输入法模式

允许用户对输入法模式在“随意”“打开”与“关闭”中进行选择。

4.3.3 案例实现

1. 操作步骤

步骤①：打开电子表格文件“应收账款账龄分析表.xlsx”，选择单元格区域 A1：H1，选择【开始】|【对齐方式】|【合并后居中】命令，然后用同样的方法合并居中 A3 与 B3 单元格区域。

步骤②：选择 A1 单元格，在【开始】|【字体】组的“字体”下拉列表框中选择“微软雅黑”项，在“字号”下拉列表框中选择“22”项。然后用同样的方法设置 A2、B2、A3、A17 单元格内容为 12 号、“微软雅黑”。

步骤③：选择单元格 A2，选择【开始】|【对齐方式】|【文本右对齐】命令。 用同样的方法设置 B2、A17 单元格内容分别为“左对齐”“居中对齐”。

2. 操作步骤

步骤①：选中单元格区域 A3：H17，在【开始】|【字体】组中，单击【边框】命令右侧的下拉按钮，在打开的下拉列表中选择“所有框线”选项。

步骤②：再次单击【边框】命令右侧的下拉按钮，在打开的下拉列表中选择“粗匣框线”选项。

步骤③：选中单元格区域 A3:H4，用同上的方法设置为 12 号、“微软雅黑”字体、居中对齐。

步骤④：选中单元格区域 A3：H4，在【开始】|【字体】组中，单击【填充颜色】命令右侧的下拉按钮，在打开的下拉列表中选择标准色中的“浅绿”选项。

3. 操作步骤

步骤①：选中单元格区域 A5：A16，在【数据】|【数据工具】组中，选择【数据有效性】命令，打开“数据有效性”对话框，设置如图 4-17 所示。

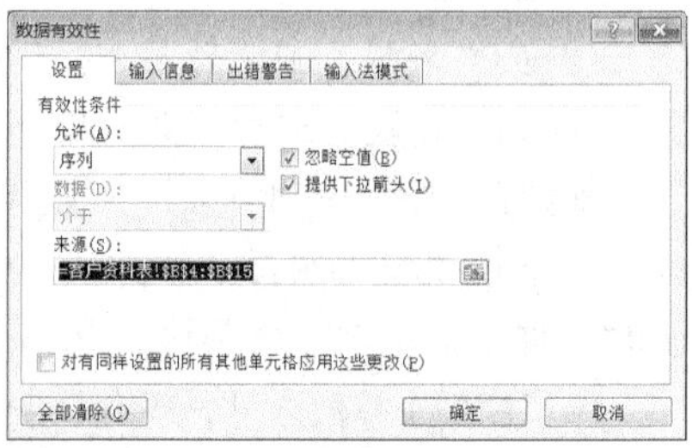

图 4-17 “数据有效性”对话框

步骤②：在“允许”下拉列表框中选择“序列”选项，单击“来源”文本框的按钮，将“数据有效性”对话框最小化。

步骤③：单击“客户资料表”工作表标签，在该工作表中选择 B4:B15 单元格区域，单击按钮，返回至“数据有效性”对话框，确认无误后，单击【确认】按钮。

设置完成后，单击格区域 A5:A16 中的任意一个单元格，会在其后出现一个三角按钮，单击该按钮，在打开的下拉列表中的数据可根据“客户资料表”中的数据发生变化。

4. 操作步骤

步骤①：按下【Ctrl】键的同时，选中单元格区域 B5:B16 和 D5:G17，在【开始】|【数字】组中，单击【数字格式】命令右侧的下拉按钮，在打开的下拉列表中选择“会计专用”选项，将所选区域设置为货币格式。

步骤②：选中单元格区域 H5:H16，在【开始】|【数字】组中，单击【数字格式】命令 常规 右侧的下拉按钮，在打开的下拉列表中选择“数字”选项，将所选区域设置为数字格式。

5. 操作步骤

步骤①：选中单元格 D5，单击【插入函数】按钮，打开“插入函数”对话框，在“或选择类别”下拉列表中选择“逻辑”选项，在“选择函数”列表框中选择“IF”选项后，单击【确定】按钮。

步骤②：在打开的“函数参数”对话框中，在“Logical_test”文本框中输入“AND(DAYS360($C5,$B$2)>=0,DAYS360($C5,$B$2)<30)”，在“Logical_if_true”文本框中输入“$B5”，在“Logical_if_false”文本框中输入“0”，单击【确定】按钮，即可计算出所有客户在 30 天以内的账款余额。

也可选中单元格 D5 后，直接在编辑栏输入公式“=IF(AND(DAYS360($C5,$B$2)>=0,DAYS360($C5,$B$2)<30),$B5,0)”

步骤③：将单元格 D5 中的公式复制填充到 D6:D16 单元格区域中。

步骤④：选中单元格区域 E5:E16，直接在编辑栏输入公式“=IF(AND(DAYS360($C5,$B$2)>=30,DAYS360($C5,$B$2)<60),$B5,0)”，按【Ctrl+Enter】组合键，即可计算出所有客户在 30 ~ 60 天以内的账款余额。

步骤⑤：选中单元格区域 F5:F16，直接在编辑栏输入公式“=IF(AND(DAYS360($C5,$B$2)>=60,DAYS360($C5,$B$2)<120),$B5,0)”，按【Ctrl+Enter】组合键，即可计算出所有客户在 60 ~ 120 天以内的账款余额。

步骤⑥：选中单元格区域 G5:G16，直接在编辑栏输入公式“=IF(DAYS360($C5,$B$2)>=120,$B5,0)”，按【Ctrl+Enter】组合键，即可计算出所有客户在 120 天以上的账款余额。

步骤⑦：选中单元格 D17，直接在编辑栏输入公式“=SUM(D5:D16)”，按【Enter】键即可计算出余额合计。将单元格 D17 中的公式复制填充到 E17:G17 单元格区域中。

步骤⑧：选中单元格区域 H5:H16，直接在编辑栏输入公式“=DAYS360($C5,$B$2)/360”，按【Ctrl+Enter】组合键，即可计算出所有客户的实际账龄。格式化及计算后结果如图 4-18 所示。

应收账款账龄分析表

截止日期： 2015/8/12

客户信息		周转天数	30天	30~60天	60~120天	120天以上	
客户名称	期末余额	交易日期	余额	余额	余额	余额	账龄
火成岩资源开发有限公司	¥ 5,800.00	2013/3/3	¥ -	¥ -	¥ -	¥ 5,800.00	2.44
STT快速	¥ 52,600.00	2013/6/4	¥ -	¥ -	¥ -	¥ 52,600.00	2.19
其他材料有限公司	¥ 36,800.00	2013/12/12	¥ -	¥ -	¥ -	¥ 36,800.00	1.67
马萨诸塞州驻蓉办事处	¥ 56,780.00	2014/1/5	¥ -	¥ -	¥ -	¥ 56,780.00	1.60
韩满屋服饰	¥ 4,800.00	2014/2/6	¥ -	¥ -	¥ -	¥ 4,800.00	1.52
曼森食品	¥ 16,230.00	2014/3/8	¥ -	¥ -	¥ -	¥ 16,230.00	1.43
金色阳光幼儿园	¥ 35,680.00	2014/2/12	¥ -	¥ -	¥ -	¥ 35,680.00	1.50
云帆汽车有限责任公司	¥ 68,740.00	2015/4/6	¥ -	¥ -	¥ -	¥ 68,740.00	0.35
与天齐人寿保险	¥ 25,580.00	2015/5/13	¥ -	¥ -	¥ 25,580.00	¥ -	0.25
大牛证券	¥ 13,650.00	2015/6/12	¥ -	¥ -	¥ 13,650.00	¥ -	0.17
唐宋课件有限公司	¥ 6,600.00	2015/6/21	¥ -	¥ 6,600.00	¥ -	¥ -	0.14
华泰电子元器件厂	¥ 165,480.00	2015/8/1	¥165,480.00	¥ -	¥ -	¥ -	0.03
合计			¥165,480.00	¥ 6,600.00	¥ 39,230.00	¥277,430.00	

图 4-18 格式化及计算后结果图

6. 操作步骤

步骤①：选中单元格区域 A4:H16，在【插入】|【表格】组中，单击【数据透视表】命令 下方的下拉按钮，在打开的下拉列表中选择“数据透视表”选项，打开“创建数据透视表”对话框。

步骤②：在对话框中，确认要分析的数据区域和存放数据透视图表的位置，这里保持默认设置，并单击【确认】按钮。

步骤③：系统自动新建一个名为“Sheetn”的工作表，将该工作表重命名为“应收账款账龄透视分析”。

步骤④：在“数据透视表字段列表”任务窗格的“选择要添加到报表的字段”列表框中，将“客户名称”选项拖到“行标签”列表框，将“期末余额”选项拖到“数值”列表框，将“账龄”选项拖到“列标签”列表框，完成数据透视表的布局。

步骤⑤：选中单元格 A4，输入“客户名称”，选中单元格 B3，输入“账龄”。

步骤⑥：选中单元格 B4，单击鼠标右键，在弹出的快捷菜单中选择【创建组】命令，在打开的“组合”对话框中，取消选中“起始于”和“终止于”复选框，然后分别在“起始于”“终止于”和“步长”文本中输入“0”“3”和“0.5”，设置如图 4-19 所示。单击【确定】按钮。

返回工作表后，系统自动将账龄字段以 0.5 年为时间段进行划分，并统计出每个时间段的欠款余额。

步骤⑦：在【数据透视表工具】|【设计】|【数据透视表样式】组的列表框中，单击下方的下拉按钮，在打开的下拉列表框的“浅色”栏中选择“数据透视表样式浅色 14”选项，结果如图 4-20 示。

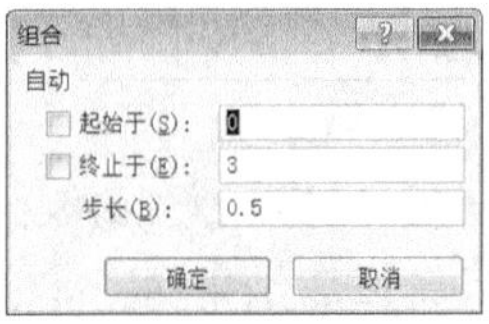

图 4-19 “组合”对话框设置

求和项:期末余额	账龄				
客户名称	0-0.5	1-1.5	1.5-2	2-2.5	总计
STT快速				52600	52600
大牛证券	13650				13650
韩满屋服饰			4800		4800
华泰电子元器件厂	165480				165480
火成岩资源开发有限公司				5800	5800
金色阳光幼儿园			35680		35680
马萨诸塞州驻蓉办事处			56780		56780
曼森食品		16230			16230
其他材料有限公司			36800		36800
唐宋课件有限公司	6600				6600
与天齐人寿保险	25580				25580
云帆汽车有限责任公司	68740				68740
总计	280050	16230	134060	58400	488740

图 4-20 数据透视表结果图

7. 操作步骤

步骤①：单击数据透视表中任意单元格，在【数据透视表工具】|【选项】|【工具】组中，选择【数据透视图】命令 数据透视图。

步骤②：在打开的“插入图表”对话框中，在左侧的列表框中选择“柱形图”选项，在 “柱形图”栏中选择“簇状圆柱图”选项，然后单击【确定】按钮。

步骤③：在【数据透视图工具】|【布局】|【标签】组中，选择【图标标题】命令；在打开的下拉列表中选择“图表上方”选项，并将图标标题改为“应收账款账龄透视分析图表”。

步骤④：在【数据透视图工具】|【设计】|【图表样式】组中，单击其后的下拉按钮，在打开的下拉列表中选择“样式 10”选项。

步骤⑤：在【数据透视图工具】|【格式】|【形状样式】组中，单击下拉按钮，在打开的下拉列表中选择“细微效果-橙色，强调颜色 6”选项，效果如图 4-21 所示。

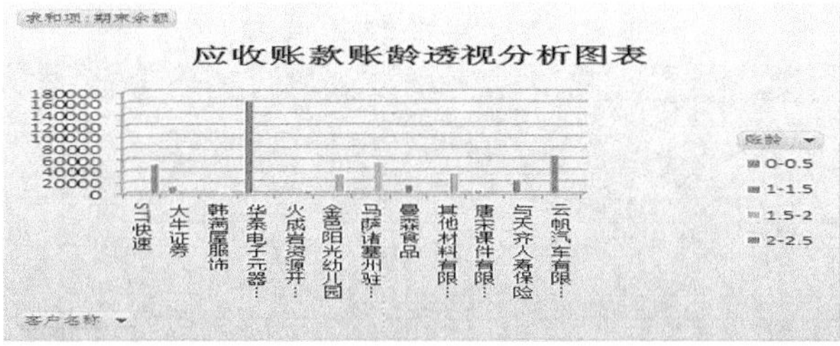

图 4-21　数据透视图

步骤⑥：调整数据透视图的大小与位置，单击“快速访问工具栏”的【保存】按钮。

操作完成后，用原文件名保存。

4.3.4　课堂练习

小李作为某公司的副总经理，为了了解员工在某段时间内的业务情况，小李要对“销售业绩统计表.xlsx”进行统计分析，形成图表，通过统计分析销售人员的业绩，为企业提供产品的销售情况，为下一阶段的产品销售提供最基础的数据依据。具体操作要求如下。

1. 打开工作簿“销售业绩统计表.xlsx”，将 Sheet1 工作表重命名为“销售业绩统计表”，并将该工作表标签颜色设为“蓝色（标准色）”。

2. 将单元格区域 A1:I1 内容合并居中，并设置标题为 24 号、“微软雅黑”、加粗。表头（A2:I2）内容设置加粗、白色、居中对齐，并用“橙色，强调文字色 6，深色 25%”进行填充，并将此行的行高设置为 22。将 E ~ I 列的宽度设为 12。

3. 为“编号”字段进行自动填充。为“地区”字段进行数据有效性设置：本表中的地区名称必须全部来自于上海、广州、北京、武汉或成都。

4. 将单元格区域 E3:I22 的数字格式设置为“货币”格式，给表格单元格区域 A2 :I22 添加外粗内细的深蓝色框线。

5. 计算个人全年销售合计数据。

6. 根据前面计算出的数据创建数据透视表，统计和分析每个地区、每个人的的销售业绩，透视表放置在“各地区销售业绩分析”的新工作表中。最后对其进行以下美化：将各季度数据的“数据透视表选项”设为“经典数据透视表布局（启用网格中的字段拖放）”“字段设置”设置其为“分类汇总—无”，用“数据透视表样式中等深浅 4”修饰美化图表。

> **提示**　“地区”字段拖至“报表筛选”项，“姓名、职务、1 季度、2 季度、3 季度、4 季度”作为“行标签”，“列标签”及“数值”项为空。

7. 数据透视表只显示成都地区的销售业绩，调整工作表的显示内容后，以原文件名保存文件。

操作完成后结果如图 4-22、图 4-23 所示。

**服饰2014年销售业绩统计表

编号	地区	姓名	职务	1季度	2季度	3季度	4季度	合计
CE001	广州	杜泽萍	店员	¥41,354.00	¥41,745.50	¥41,298.50	¥32,804.00	¥157,202.00
CE002	北京	邱红	店长	¥25,404.50	¥24,108.00	¥27,107.00	¥24,260.50	¥100,880.00
CE003	武汉	周明	店长	¥24,453.00	¥23,700.00	¥22,607.00	¥23,273.50	¥94,033.50
CE004	广州	蒋伟	店长	¥22,289.50	¥22,459.50	¥23,500.00	¥24,092.00	¥92,341.00
CE005	成都	刘松	店员	¥29,789.00	¥41,107.50	¥35,245.50	¥32,674.50	¥138,816.50
CE006	北京	胡珀	店员	¥19,217.00	¥21,121.00	¥19,010.00	¥22,452.50	¥81,800.50
CE007	上海	陈绪	店长	¥15,671.00	¥19,138.50	¥15,271.50	¥21,049.00	¥71,130.00
CE008	广州	方敏	店员	¥26,782.00	¥13,708.00	¥26,371.50	¥19,836.50	¥86,698.00
CE009	北京	张树森	店员	¥32,450.50	¥41,370.00	¥32,789.00	¥41,371.00	¥147,980.50
CE010	武汉	李波	店员	¥25,404.50	¥24,108.00	¥27,107.00	¥24,260.50	¥100,880.00
CE011	成都	蔡云帆	店员	¥24,453.00	¥23,700.00	¥22,607.00	¥23,273.50	¥94,033.50
CE012	成都	姚妮	店长	¥22,289.50	¥22,459.50	¥23,500.00	¥24,092.00	¥92,341.00
CE013	广州	李珊珊	店员	¥29,789.00	¥41,107.50	¥35,245.50	¥32,674.50	¥138,816.50
CE014	上海	雷宁	店员	¥24,217.00	¥21,121.00	¥19,010.00	¥22,452.50	¥86,800.50
CE015	上海	张良宾	店员	¥25,671.00	¥19,138.50	¥25,271.50	¥21,049.00	¥91,130.00
CE016	广州	季小军	店员	¥24,782.00	¥23,708.00	¥24,371.50	¥28,836.50	¥101,698.00
CE017	上海	李勇军	店员	¥36,261.50	¥38,798.00	¥32,840.00	¥37,870.00	¥145,769.50
CE018	北京	冯倩	店员	¥22,735.00	¥25,007.00	¥24,837.00	¥24,725.50	¥97,304.50
CE019	武汉	谭桂华	店员	¥19,401.00	¥19,540.50	¥22,429.00	¥16,044.00	¥77,414.50
CE020	北京	姚磊	店员	¥24,087.00	¥17,024.50	¥21,936.00	¥14,571.00	¥77,618.50

图 4-22 销售业绩统计表

地区	成都				
姓名	职务	1季度	2季度	3季度	4季度
[illegible]	店员	24453	23700	22607	23273.5
	店员 汇总				
蔡云帆 汇总					
[illegible]	店员	29789	41107.5	35245.5	32674.5
	店员 汇总				
刘松 汇总					
[illegible]	店长	22289.5	22459.5	23500	24092
	店长 汇总				
[illegible] 汇总					
总计					

图 4-23 成都地区销售业绩分析图

习 题

【习题一】

1. 在 Sheet1 工作表中输入如图 4-24 所示的数据，在 Sheet2 工作表输入如图 4-25 所示的数据。

	A	B	C	D	E	F	G	H	I
1		成绩表							
2			高等数学	大学英语	计算机	马哲	总成绩	平均分	评语
3		张明	80	87	82	77			
4		刘星	85	80	79	75			
5		李纹	65	66	60	54			
6		黄天	56	69	65	63			
7		朱可	68	78	79	74			
8		赵兰	89	87	85	85			
9		陈雅	99	98	96	92			
10		林霖	75	74	71	71			
11		张小芬	65	65	64	62			
12		梁伟	88	87	85	80			
13		叶雨	78	79	75	76			
14		陈心	54	56	52	51			
15		徐志	89	95	94	93			
16		赵月	80	85	89	82			

图 4-24 Sheet1 工作表中输入的数据

	A	B	C	D	E
1					
2		高等数学	大学英语	计算机	马哲
3	各科最高分				
4	各科最低分				
5	各科平均分				
6	各科及格率				
7	各科优秀率				

图 4-25 Sheet2 工作表中输入的数据

2. 将 Sheet1 表改名为“成绩表”，Sheet2 表改名为“成绩分析表”。
3. 合并 B1 到 I1 单元格区域，并设置为黑体、20 号、居中。
4. 将第二行的行高设为 26，第 B 列的列宽设为 12，在 B2 单元格输入 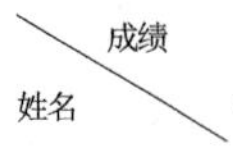

。

5．对 C3 到 F16 单元格区域设置有效性规则为 0 ~ 100 之间，并设置输入信息为 0 ~ 100。

6．将总成绩、平均分通过公式计算出来，要求平均分的小数位数显示为两位。

7．将所有同学按平均分从高到低的顺序排列。

8．将每位同学的评语通过 IF 函数计算出来，规则为 60 分以下显示不及格，60 ~ 79 分显示及格，80 ~ 100 分显示优秀。

9．对 C3 ~ F16 和 H3 ~ H16 单元格区域设置条件格式为小于 60 分，以红色加粗的格式显示。

10．将成绩表的 B2 ~ I16 单元格区域加上粗线样式的外部边框和细线样式的内部线条。

11．将 B2 ~ B16 及 C2 ~ I2 单元格区域设置填充颜色为“白色，背景 1，深色 5%”。

12．将成绩表的 B2 ~ F16 单元格区域的数据生成簇状柱形图，将图表移到表格的下方。再将 H2 ~ H16 的数据也添加到图表中。

13．将图表区字体设置为宋体、10 号字。

排版后的效果如图 4-26 所示。

14．将成绩分析表的各科最高分、各科最低分、各科平均分通过函数计算出来，要求平均分的小数位数显示为两位。

15．将各科及格率（60 分以上的人数/总人数）、各科优秀率（80 分以上的人数/总人数）通过 COUNTIF 函数计算出来，并以百分比的形式显示。

16．合并成绩分析表的 A1 ~ E1 单元格区域，输入艺术字“成绩分析”（4 行 1 列样式），设为华文形楷、24 号字、加粗。

17．对 A2 ~ A7 及 B2 ~ E2 单元格区域设置填充颜色为“深蓝，文字 2”，字体颜色为白色，加粗。

18．各科平均分生成圆柱图，将数据系列的填充效果为斜纹布，字体设置为加粗、倾斜、宋体 12 号，不显示图例，显示数据标签。

19．设置图表标题为“各科平均分”，字体设置为加粗、宋体、14 号字、红色。

20．插入自选图形显示提示：“各科成绩接近”。

操作完成后用原文件名保存，排版后的效果如图 4-27 所示。

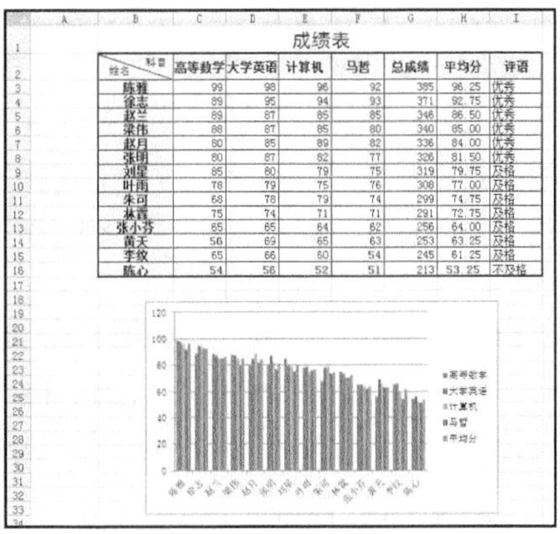

图 4-26　成绩表排版后的效果

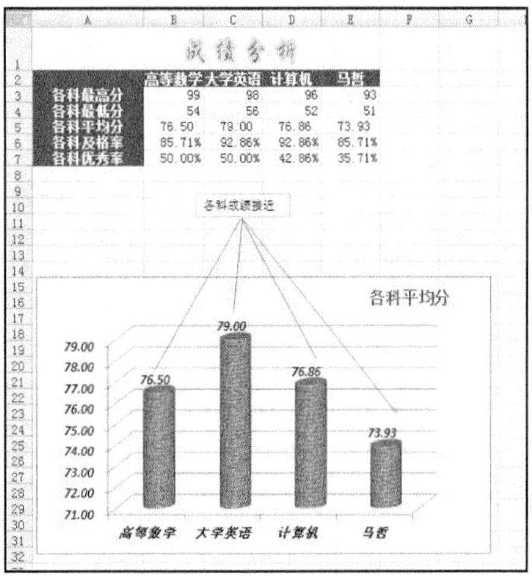

图 4-27　成绩分析表排版后的效果

【习题二】

作为财务部助理肖某,需要每年年底向主管汇报本年度公司差旅报销情况,现他对 2015 度“公司差旅费用报销管理.xlsx”进行数据管理与分析。具体操作要求如下。

1. 在“费用报销管理”工作表“日期”列的所有单元格中，标注每个报销日期属于星期几，例如日期为“2015 年 1 月 20 日”的单元格应显示为“2015 年 1 月 20 日星期日”，日期为“2015 年 1 月 21 日”的单元格应显示为“2015 年 1 月 21 日星期一”。

2. 如果“日期”列中的日期为星期六或星期日，则在“是否加班”列的单元格中显示“是”，否则显示“否”(必须使用公式)。

3. 使用公式统计每个活动地点所在的省份或直辖市，并将其填写在“地区”列所对应的单元格中，例如“北京市”“浙江省”。

4. 依据“费用类别编号”列内容，使用 VLOOKUP 函数，生成“费用类别”列内容。对照关系参考“费用类别”工作表。

5. 在“差旅成本分析报告”工作表 B3 单元格中，统计 2015 年第二季度发生在北京市的差旅费用总金额。

6. 在“差旅成本分析报告”工作表 B4 单元格中，统计 2015 年员工钱顺卓报销的火车票费用总额。

7. 在“差旅成本分析报告”工作表 B5 单元格中，统计 2015 年差旅费用中，飞机票费用占所有报销费用的比例，并保留 2 位小数。

8. 在“差旅成本分析报告”工作表 B6 单元格中，统计 2015 年发生在周末(星期六和星期日)的通信补助总金额。

操作完成后用原文件名保存。

【习题三】

现有某单位的各季度考核情况表。为了了解所有员工的全年工作情况，评出各员工优良等级，发放年终奖金，现对各季度考核表进行统计分析，年度考核的绩效总分根据“各季度总分 + 奖惩记录”来评定，总分为 120 分。

优良评定标准为“>=105 为优，>=100 为良，其余为差”。

年终奖金发放标准为“优等为 3500 元，良为 2500 元，差为 2000 元”。

具体操作要求如下。

1. 打开文件“年度绩效考核表.xlsx”，将 Sheet1 工作表重命名为“年度绩效考核”，并从其他工作表中引用“员工编号”“姓名”列数据。

2. 合并 A3:B3 单元格区域。合并 A1:J1 单元格区域，并设置为微软雅黑、24 号、居中对齐。合并 A4:J4 单元格区域，并设置为文本右对齐。将第一、四、六行的行高设为 33、48、30，调整各列的列宽。

3. 为单元格区域 A2:J2、单元格 A3、单元格区域 A6:J6 用绿色底纹进行填充。将单元格区域 A2:J2、单元格 A3 字体设置为宋体、10 号、加粗、白色、居中对齐，单元格区域 A6:J6 字体设置为宋体、11 号、加粗、白色、居中对齐。

4. 为表格添加如图 4-28 所示的黑色细框线。

5. 为“奖惩记录”列中数据设置条件格式：奖惩记录为负数的用红色文本填充。

6. 使用 AVERAGE、INDEX 和 ROW 函数从其他工作表中引用员工假勤考评、工作能力、工作表现的值并计算出，最后用 SUM 函数计算员工的绩效总分。

7. 用公式及函数评定员工等级：根据绩效总分的值与 IF 函数来计算员工的绩效等级，并根据绩效等级耿评定员工的年终奖金。

操作完成后用原文件名保存。其结果效果如图 4-28 所示。

年度绩效考核表

	嘉奖	晋级	记大功	记功	无	记过	记大过	降级
基数：	9	8	7	6	5	-3	-4	-5

备注：年度考核的绩效总分根据"各季度总分＋奖惩记录"来评定，总分为120分。
优良评定标准为">=105为优，>=100为良，其余为差"；
年终奖金发放标准为"优等为3500元，良为2500元，差为2000元"。

员工编号	姓名	假勤考评	工作能力	工作表现	奖惩记录	绩效总分	优良评定	年终奖金（元）	核定人
1101	刘松	29.52	32.64	33.79	5.00	100.94	良	2500	杨乐乐
1102	李波	28.85	33.23	33.71	6.00	101.79	良	2500	杨乐乐
1103	王慧	29.41	33.59	36.15	3.00	102.14	良	2500	杨乐乐
1104	蒋伟	29.50	33.67	33.14	2.00	98.31	差	2000	杨乐乐
1105	杜泽平	29.35	35.96	33.70	1.00	100.01	良	2500	杨乐乐
1106	蔡云帆	29.68	35.18	34.95	6.00	105.81	优	3500	杨乐乐
1107	侯向明	29.60	31.99	33.55	7.00	102.14	良	2500	杨乐乐
1108	魏丽	29.18	33.79	32.71	-2.00	93.68	差	2000	杨乐乐
1109	袁晓东	29.53	34.25	34.17	5.00	102.94	良	2500	杨乐乐
1110	程旭	29.26	33.17	33.65	6.00	102.08	良	2500	杨乐乐
1111	朱建兵	29.37	34.15	35.05	2.00	100.57	良	2500	杨乐乐
1112	郭永新	29.18	35.90	33.95	6.00	105.03	优	3500	杨乐乐
1113	任建刚	29.20	33.81	35.08	5.00	103.09	良	2500	杨乐乐
1114	黄慧佳	28.98	35.31	34.00	5.00	103.28	良	2500	杨乐乐
1115	胡珀	29.30	33.94	34.08	6.00	103.32	良	2500	杨乐乐
1116	姚妮	29.61	34.40	33.00	5.00	102.00	良	2500	杨乐乐

图 4-28　年度绩效考核表排版后的效果

提示

如刘松的假勤考评、工作能力、工作表现对应单元格数据计算公式如下。

假勤考评：=AVERAGE(INDEX(第一季度绩效!$A$1:$E$18,ROW(A3),3),INDEX(第二季度绩效!$A$1:$E$18,ROW(A3),3),INDEX(第三季度绩效!$A$1:$E$18,ROW(A3),3),INDEX(第四季度绩效!$A$1:$E$18,ROW(A3),3))。

工作能力：=AVERAGE(INDEX(第一季度绩效!$A$1:$E$18,ROW(A3),4),INDEX(第二季度绩效!$A$1:$E$18,ROW(A3),4),INDEX(第三季度绩效!$A$1:$E$18,ROW(A3),4),INDEX(第四季度绩效!$A$1:$E$18,ROW(A3),4))。

工作表现：=AVERAGE(INDEX(第一季度绩效!$A$1:$E$18,ROW(A3),5),INDEX(第二季度绩效!$A$1:$E$18,ROW(A3),5),INDEX(第三季度绩效!$A$1:$E$18,ROW(A3),5),INDEX(第四季度绩效!$A$1:$E$18,ROW(A3),5))。

第 5 章 PowerPoint 2010 演示文稿设计

PowerPoint 2010 是 Microsoft 公司开发的 Office 2010 办公组件之一，是一个演示文稿制作软件。它集文字、表格、公式、图表、图片、声音、视频、动态 SmartArt 图形、艺术字等多种媒体元素于一身，配合母版、版式、超链接、动作按钮、主题模板、动画设置、幻灯片切换、幻灯片放映等丰富便捷的编辑技术，可以快速地创建极具感染力和视觉冲击力的动态演示文稿。

本章以毕业论文答辩演示文稿的制作为案例，介绍 PowerPoint 2010 的高级设计功能和技术，如设计原则、设计思路、主题应用、母版的使用、交互设置、美化与修饰、效果设计及文档保护等。

5.1 PowerPoint 2010 演示文稿设计基础

5.1.1 案例分析

小李是大四的学生，通过努力，他终于完成了毕业论文写作与编排。其论文格式规范、内容丰富、思路清晰、有条理，较好地体现了创新能力，获得了指导老师的赞赏。现在，小李要准备毕业论文的最后一关——毕业论文答辩。毕业论文答辩需要将毕业论文的撰写思路、内容、所获得的研究成果等内容向评委老师进行汇报，虽然答辩的好坏与自己对论文的熟悉程度、答辩内容的组织及口才有很大的关系，但答辩演示文稿的好坏也是至关重要的。因此小李的首要任务是要制作出一个美观的毕业论文答辩演示文稿。

当前，有很多专业的演示文稿制作软件或辅助软件，例如 Authorware、iSpring、Flash、PowerPoint 等，均可制作出精美的演示文稿。小李已学习过 PowerPoint 的一些基本操作，对其他的软件不甚了解。由于时间紧，并没有足够的时间和精力再学一门专业软件。实际上，PowerPoint 2010 提供了强大的演示文稿制作和设计功能，可以非常方便地应用文字、图形、音频、视频等对象设计出丰富多彩的演示文稿。

5.1.2 PPT 设计的一般原则

一个优秀的 PPT 演示文稿，能够缩短会议时间、增强报告说服力、取得良好的教学效果、提高订单成交率。一个成功的 PPT 演示文稿必须满足：内容精炼、结构清晰、页面整洁三个准则，因此，做好一个 PPT 演示文稿，一般应当遵循以下原则。

1. 一个目标、一个灵魂、两个中心

一个 PPT 只为一类人服务，针对不同听众制作不同层次内容的 PPT，每一个 PPT 只说明一个重点。逻辑是 PPT 的灵魂，通过结构和布局把主题表达清楚。做提纲时，用逻辑树将大问题分解成小问题，小问题用图表现。演讲时 PPT 为辅，演讲者和观众才是中心，PPT 更依赖于演讲来表述更多的细节去说服观众，这也是 PPT 与其他文档的区别。

2. 简洁、鲜明的风格

PPT 不是依靠效果堆砌，风格应简洁而鲜明。一般来说，一个演示文稿中不超过 3 种字体、不超过 3 种色系、不超过 3 种动画（包括幻灯片的切换）。一个 PPT 演示文稿应干净、简洁、有序。

3. 七个概念、八字真言

每份幻灯片传达 5 个概念效果最好。七个概念人脑恰好可以处理，超过 9 个概念负担太重，需要重新组织。“文不如表，表不如图！”能用图时不用表，能用表时不用字。人先看图表，再才看文字，杜绝长篇大论。人看图表时，第一眼就是找最高的和最低的，然后找跟自己相关的，标出这 3 点，观众很省事。

4. 10—20—30 原则

任何一个单一的话题，一定不要超过 10 张幻灯片，单张页面最好不要超过 10 行。标题或关键字用 20 磅以上的字标出，演讲时间不超过 20 分钟。任何辅助性文字说明不要超过 30 个字，整个 PPT 不要超过 30 张。

5. 统一原则

整套幻灯片的设计格式应该一致，即结构清晰，风格一致，包括统一的配色、文字格式、图形使用的方式和位置等，在幻灯片中形成一致的风格。

6. 艺术性原则

美的形式能激发观众的兴趣，优秀的 PPT 应是内容与美的形式的统一，展示的对象结构对称、色彩柔和、搭配合理、协调、有审美性。

7. 可操作性原则

PPT 课件的操作要尽量简便、灵活，便于控制。在 PPT 课件的操作界面上设置简洁的菜单、按钮和图标，切忌不停地来回倒腾幻灯片，使演讲者自己和听众都陷入混乱。

5.1.3　PPT 制作的一般流程

1. 准备素材

主要是搜集和整理演示文稿中所需要的一些文字、图片、声音、动画等文件。

2. 构思

首先，明确制作这个 PPT 的目的及要表达的中心思想是什么，了解演讲的对象。其次，要梳理结构，确定先展示什么，后展示什么？如何展示 PPT 的素材，是否需要用到多媒体元素或超链接？最后，要弄明白采用什么样的方式放映更合适？如何展示才会更生动、更吸引人？

3. 设计

先对自己掌握的资料进行分析和归纳，找到一条清晰的逻辑主线，构建 PPT 的主体框架，然后根据 PPT 使用的场合确定整个 PPT 的风格及主题配色、主题字体等，完成模板和导航系统的设计。在设计的过程中，筛选出比较简单的实现方法，体现“简洁即美”的 PPT 设计原则。

4. 制作

制作阶段的任务是将 PPT 的内容视觉化，将文字进行提炼，按层次逻辑进行组织，将复杂的原理通过进程图和示意图等表达出来，将表格中的数据转化为直观的图表。制作过程可分两步进行。

（1）添加对象。将文本、图表、图形等对象输入或插入到相应的幻灯片中。

（2）美化修饰。为了达到更好的表达效果，还要对幻灯片中各个对象元素进行排版、美化，添加必要的动画。排版与美化是对信息进一步组织与制作，区分出信息的层次和要点，提高页面的展示效果。动画是引导观众思维的一种重要手段，应当根据演示场合的实际情况决定是否需要添加动画及确定添加何种类型的动画。如果需要添加动画，除了完成为对象元素添加合适的动画，还要根据实际需要设计自然、无缝的页面切换，提高 PPT 的动感。

5. 预演

预演是最后一个环节，也是非常重要的一个环节。在 PPT 制作完成之后，开始正式演讲之前应该花足够的时间进行排练和计时，熟悉讲稿的内容，并且适当修改讲稿，直到能够熟练而自然地背诵出讲稿，这样正式演讲时才会得心应手，连贯流畅。

5.1.4 案例实现

根据 PPT 制作一般流程，小李开始对毕业论文答辩演示文稿进行素材的整理和构思（假定小李学的是工科，以工科为例）。毕业论文答辩演示文稿的目的是将自己撰写的毕业论文展示给评委老师和同学们，传达的是毕业论文的设计需求、设计思想、研究内容、创新点、实现及实验结果与分析、结论等。要让评委老师认为论文的选题是有意义的，研究思路是可行的，研究内容是创新的并有一定的实用价值，实验结果表明设计思路是正确的，方法是有效的，结论是正确的。这样演示文稿的目的就达到了，答辩自然也会通过。

由于毕业论文答辩的场合是非正式的学术性场合，观众是评委老师和同学，因此设计的主体风格应该保持庄重，文字与背景设计应反差较大，结构清晰，逻辑性强，动画不应过多，文字尽量少，并且要添加适量的图和图表，采用手动翻页。

因为小李已具备 PowerPoint 的基本操作技能，所以后续章节将逐步介绍毕业论文答辩演示文稿的设计思路和高级应用，而一些基本的制作方法，例如文本框、图表的插入，字体字号的设置等，将不再过多叙述。

5.2 演示文稿的外观设计

5.2.1 案例分析

小李的毕业论文答辩 PPT 设计的主体风格应该保持庄重，并且希望在每张幻灯片上加上母校的校徽或校名，以示对母校的尊重。所以，小李首先对答辩演示文稿的外观进行设计。演示文稿的外观设计，包括设置幻灯片的主题、制作幻灯片的母版、设置幻灯片的背景及页眉和页脚。

设计要求：

（1）新建一个 PPT 文档；

（2）应用主题；

（3）设置母版标题和文本的字体格式；
（4）在母版上添加动作按钮；
（5）在母版上添加母校的校徽和校名；
（6）在母版视图中设置所有幻灯片的背景；
（7）更改幻灯片的版式；
（8）改变部分幻灯片的背景。

美化后的演示文稿如图 5-1 所示。

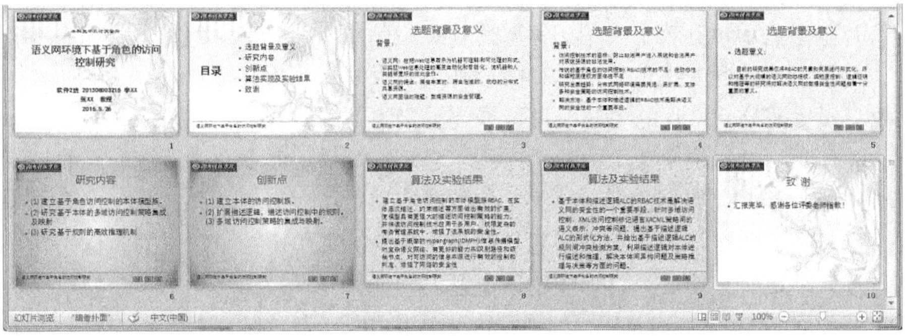

图 5-1　对演示文稿进行外观设置的效果图

5.2.2　知识储备

外观设计应从全局考虑整个演示文稿的布局、背景、颜色、字体、页眉、页脚等界面元素的设计。PowerPoint 提供了多种演示文稿的外观设计功能，用户可以采用多种方式修饰和美化演示文稿，制作出精美的幻灯片，更好地展示要表达的内容。为提高效率，外观设计一般按主题应用、母版设计、背景设置等顺序进行组织。

1. 主题设置

启动 PowerPoint 将自动建立一新的演示文稿，并创建一个新的 PPT 空白文档，新文档包含一张“标题幻灯片”版式的幻灯片，应用默认主题“Office 主题”，如图 5-2 所示。

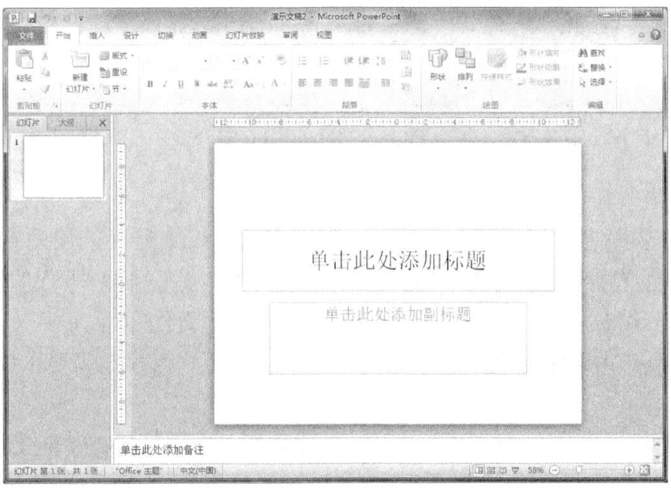

图 5-2　新建 PPT 文档

PowerPoint 中幻灯片的主题是指对幻灯片背景、版式、字符格式及颜色搭配方案的预先定义。在幻灯片的制作过程中用户可以根据幻灯片的制作内容及演示效果随时更改幻灯片的主题。即可以对整个演示文稿应用一种主题，也可以对单张幻灯片应用一种主题。

PowerPoint 提供多种主题，包括内置的主题和来自 Office.com 的主题，为满足设计需要，用户还可以从网上搜索下载主题，也可以自定义主题。

（1）应用主题

打开演示文稿，在“设计”选项卡的“主题”选项组内显示了部分内置主题列表，单击主题列表右下角的“其他”按钮，就可以显示全部内置主题。鼠标移到某主题，会显示主题的名称，并且在幻灯片上会显示预览效果。例如将鼠标移到主题“华丽”上，预览效果如图 5-3 所示。单击该主题，会按所选主题的颜色、字体和图形外观效果修饰演示文稿。

若需要只设置部分幻灯片的主题，可选择要设置主题的幻灯片，右击该主题，则弹出快捷菜单，如图 5-4 所示。选择快捷菜单中的“应用于选定幻灯片”命令，则所选幻灯片按该主题效果更新，其他幻灯片不变。如果选择快捷菜单中的“应用于相应幻灯片”命令，那么原本与当前幻灯片相同主题的所有幻灯片将应用该主题。如果选择快捷菜单中的“设置为默认主题”命令，则当用户新建演示文稿时，幻灯片自动应用该主题。

如果可选的内置主题不能满足用户的需求，可单击主题列表右侧的“其他”按钮，在弹出的下拉列表中选择“浏览主题(M)...”命令，并在“选择主题或主题文档”对话框中选取所需主题。

图 5-3 内置主题的设置

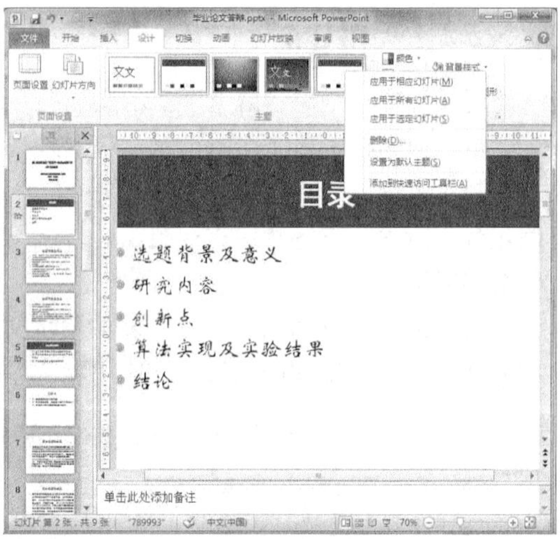

图 5-4 内置主题的应用于所选定的幻灯片

（2）自定义主题

若对当前的主题进行了修改，同时在以后制作演示文稿中还可能使用到，则可将其另存为“*.thmx”文件格式的自定义主题，保存到 Office 主题文件中。这样在下次使用时只需在如图 5-4 所示的菜单中选择“浏览主题”命令，定位到该自定义主题文件即可。

主题是主题颜色、主题字体和主题效果三者的组合，用户可根据需要单独设置主题的颜色、字体和效果。

① 设置主题颜色。主题颜色是指一组可以预设背景、文本、线条、阴影、标题文本、填充、强调和超链接的色彩组合。PowerPoint 可以为指定的幻灯片选取一个主题颜色方案，也可以为整

个演示文档的所有幻灯片应用同一种主题颜色方案。默认情况下，演示文稿的主题颜色是由用户使用的主题决定的，用户也可根据需要更改颜色方案。

单击“设计”选项卡“主题”选项组的“颜色”按钮![颜色]，打开如图 5-5 所示的主题颜色列表。“内置”栏显示 Office 内置的可选颜色组，鼠标指针经过这些颜色组的时候，当前幻灯片显示应用该主题颜色组的效果。单击某个颜色组，即可将其应用于与当前幻灯片同主题的所有幻灯片。右键单击颜色组，用户可根据需要选择只将该颜色应用于所选幻灯片或全部幻灯片等。

如果用户对内置的颜色组不满意，可单击主题颜色列表下方的“新建主题颜色(C)...”命令，打开如图 5-6 所示的“新建主题颜色”对话框。设置完各部分颜色后，若对“示例”栏显示的效果不满意，单击“重置”按钮即可将所有颜色还原到原始状态；若对效果满意，可在“名称”文本框中输入新建主题颜色的名称，如“自定义 2”，单击“保存”按钮保存且自动应用该主题颜色。保存后的自定义主题颜色将出现在颜色列表的最上方。若要删除或再次编辑该主题颜色，可在其上单击鼠标右键，在弹出的快捷菜单中选择“编辑”或“删除”命令。

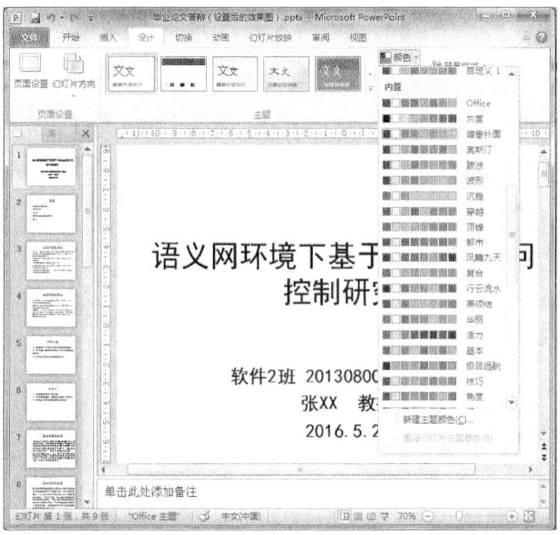

图 5-5　主题颜色列表

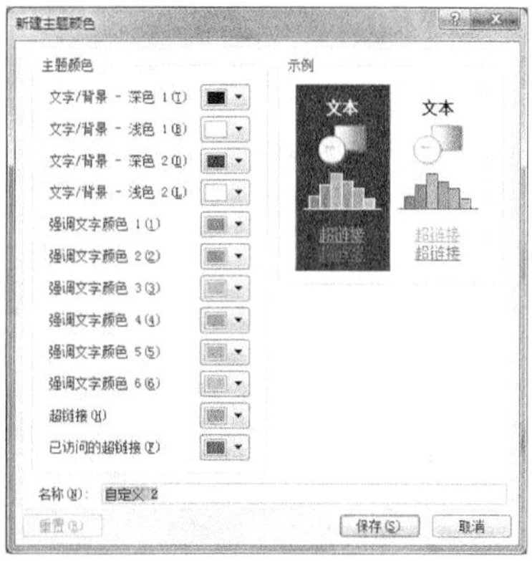

图 5-6　“新建主题颜色”对话框

② 设置主题字体。单击“设计”选项卡的“主题”选项组的“字体”按钮![字体]，打开主题字体列表，如图 5-7 所示。“内置”栏显示 Office 内置的可选字体，鼠标指针经过这些字体的时候，当前幻灯片预览显示应用该字体的效果。单击某个字体，即可将其应用于与当前幻灯片同主题的所有幻灯片。右键单击字体，将弹出快捷菜单，用户可根据需要选择将该字体应用于相应幻灯片或全部幻灯片等。

如果用户对内置字体不满意，可单击列表下方的“新建主题字体”命令，弹出如图 5-8 所示的“新建主题字体”对话框。用户可在对话框中设置标题和正文的中、西文字体。在“名称”文本框中输入新建主题字体的名称，如“自定义 3”，并单击“保存”按钮即可保存该主题字体，并自动应用到当前文档。保存后的自定义主题字体将出现在字体列表的最上边。若要删除或再次编辑该主题字体，可在其上右击，在弹出的快捷菜单栏中选择“编辑”或“删除”命令。

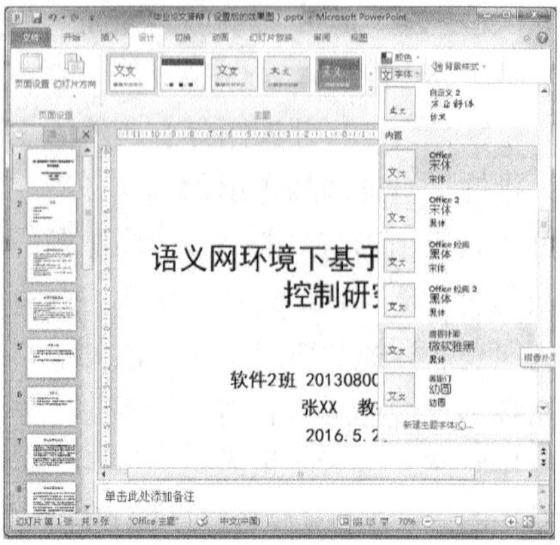

图 5-7 主题字体列表

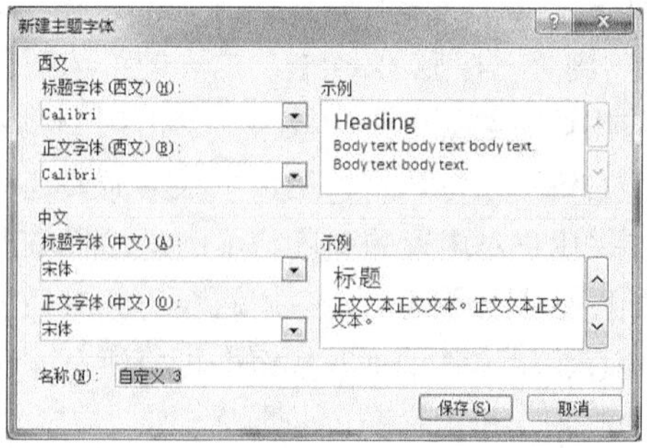

图 5-8 “新建主题字体”对话框

③ 设置主题效果。单击“设计”选项卡的“主题”选项组的“效果”按钮 效果，打开主题效果列表，显示出系统内置的各种效果，如图 5-9 所示。单击某个效果图标即可将其应用于当前演示文稿。

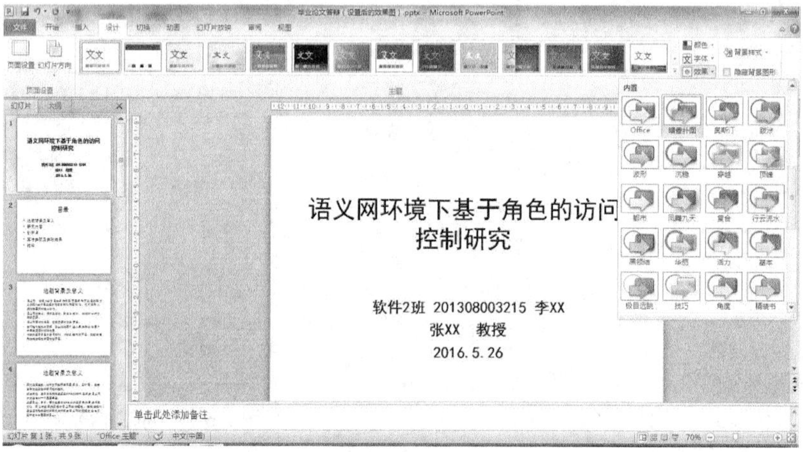

图 5-9 主题效果列表

2. 母版设计

母版是定义演示文稿中所有幻灯片或页面格式的幻灯片视图或页面，用它可以制作演示文稿中的统一标志、文本格式、背景、颜色、主题以及动画等。对母版进行相关编辑后，即可快速制作出多张样式相同的幻灯片，从而能极大地提高工作效率。在“视图”选项卡中的“母版视图”组中有 3 种类型母版：幻灯片母版、讲义母版、备注母版。讲义母版、备注母版在演示文稿中应用比较少，因为在演示文稿的放映过程中不会显示出来，只有通过打印才能看到。

（1）幻灯片母版

幻灯片母版是幻灯片层次结构中的顶层幻灯片，用于存储有关演示文稿的主题和幻灯片版式的信息，包括背景、颜色、字体、效果、占位符大小和位置。所谓版式就是幻灯片上标题和副标题文本、列表、图片、表格、图表、自选图形和视频等元素的排列方式。每个演示文稿至少包含一个幻灯片母版。使用幻灯片母版的主要优点是可以对演示文稿中的每张幻灯片（包括以后添加到演示文稿中的幻灯片）进行统一的样式更改。使用幻灯片母版时，由于无需在多张幻灯片上键入相同的信息，因此节省了时间。如果演示文稿非常长，其中包含大量幻灯片，则使用幻灯片母版特别方便。

由于幻灯片母版影响整个演示文稿的外观，因此在创建和编辑幻灯片母版或相应版式时，应在“幻灯片母版”视图下操作。单击“幻灯片母版”按钮，进入“幻灯片母版”视图，同时打开“幻灯片母版视图”工具栏，如图 5-10 所示。在幻灯片母版视图中，左侧的窗格中幻灯片母版缩略图中第一个较大的母版为幻灯片母版，其余 11 个较小的为与它上面的幻灯片母版相关联的幻灯片版式。幻灯片母版可以看作是幻灯片版式的母版，幻灯片母版的设置是对所有幻灯片进行控制生效的，包括幻灯片版式；而各种幻灯片版式则是在幻灯片母版的基础上，根据各自版式的特点经过“个性化”设置之后的结果。

值得注意的是，如果幻灯片版式中相对幻灯片母版的对应元素的对应样式没有发生更改，则幻灯片母版中该元素样式的变化会自动应用到幻灯片版式及相应的幻灯片中，否则不会应用。另外，在修改幻灯片母版下的一个或多个版式时，实质上是在修改该幻灯片母版。每个幻灯片版式的设置方式都不同，然而，与给定幻灯片母版相关联的所有版式均包含相同主题（配色方案、字体和效果）。

在图 5-10 左侧窗格的幻灯片母版缩略图中，将鼠标置于幻灯片母版上时会显示“暗香扑面幻灯片母版：由幻灯片 1～9 使用”，这段文字说明了该母版是基于“暗香扑面”主题创建的母版，且演示文稿中 1～9 张幻灯片是基于该母版创建的。幻灯片母版默认主题是 Office 主题。如果希望演示文稿中包含两种或更多种不同的样式或主题，则需要为每种不同的主题插入一个幻灯片母版。如图 5-11 所示，基于“流畅”主题和“时装设计”主题创建了两个幻灯片母版，每个的下方均有相关版式，它们显示在“幻灯片母版”视图中，每个幻灯片母版应用了不同的主题。所有演示文稿都有幻灯片母版，无论你是否直接修改过它。

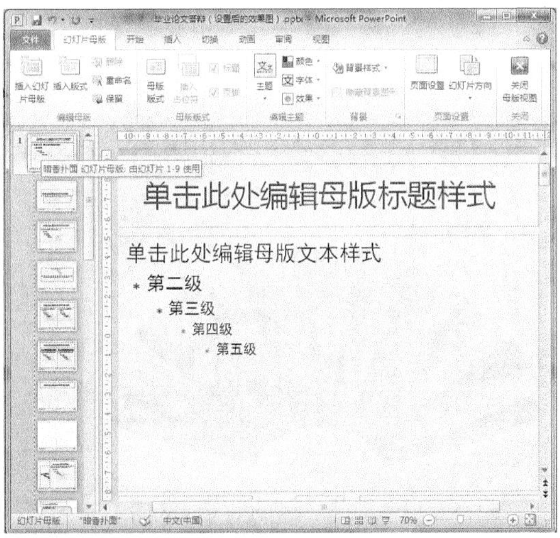

图 5-10 “幻灯片母版”视图

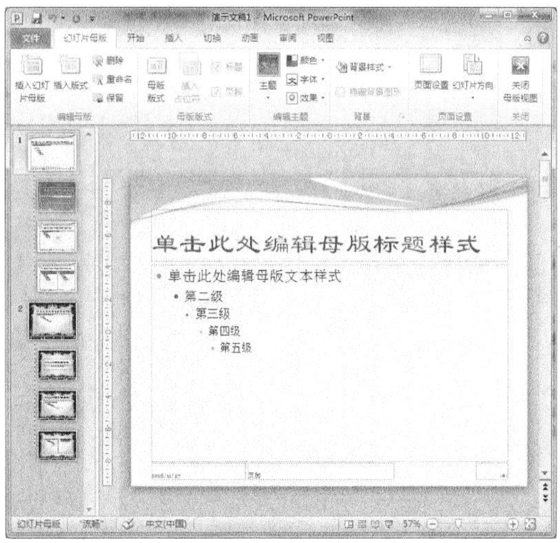

图 5-11 含两个主题的幻灯片母版

创建和使用幻灯片母版的最佳作法是：最好在开始构建各张幻灯片之前创建幻灯片母版，而不要在构建了幻灯片之后再创建母版。如果先创建了幻灯片母版，则添加到演示文稿中的所有幻灯片都会基于该幻灯片母版和相关联的版式。开始更改时，应在幻灯片母版上进行。

如果在构建了各张幻灯片之后再创建幻灯片母版，则幻灯片上的某些项目可能不符合幻灯片母版的设计风格。此时可以使用背景和文本格式设置功能在各张幻灯片上覆盖幻灯片母版的某些自定义内容，但其他内容，例如页脚和微标等，只能在“幻灯片母版”视图中修改。

制作幻灯片母版的操作主要包括设置背景、占位符、文本和段落格式、页眉、页脚等。

① 设置母版背景。单击“幻灯片母版”按钮，进入“幻灯片母版”视图，单击“幻灯片母版”选项卡的“背景”选项组中的背景样式按钮，在打开的下拉列表框中选择任一种系统背景样式即可；若要自定义背景样式，则选择“设置背景格式”选项，在打开的“设置背景格式”对话框中进行设置。

② 设置占位符。单击“幻灯片母版”选项卡的“母版版式”选项组中的“插入占位符”按钮下方的三角形箭头，弹出下拉列表，如图 5-12 所示，插入可选的占位符（如文本），并调整到幻灯片上适当的位置，选定该文本占位符，设置好占位符的大小、字体、颜色、段落等格式（其设置方法与设置文本相同），删除底部占位符。

③ 设置页眉和页脚。在幻灯片母版中还可以为幻灯片添加页眉、页脚，包括日期、时间、编号、页码等内容，具体操作如下。

进入“幻灯片母版”视图，在“插入”选项卡的“文本”组中单击“页眉页脚”按钮，在打开的“页眉页脚”对话框中，如图 5-13 所示。单击“日期和时间”复选框设置日期和时间，若选中“自动更新”单选项，页脚显示的日期将自动根据计算机日期进行修改，若选中“固定”单选项，则可在下方的文本框中输入一个固定的时间，不会根据计算机日期而变化；单击选中“幻灯片编号”复选框设置幻灯片的编号；单击选中“页脚”复选框，在下面的文本框中输入文字，将其设置为页脚；若在标题幻灯片中不显示页眉和页脚，则需要单击选中“标题幻灯片中不显示”复选框；最后单击“应用”按钮完成设置。

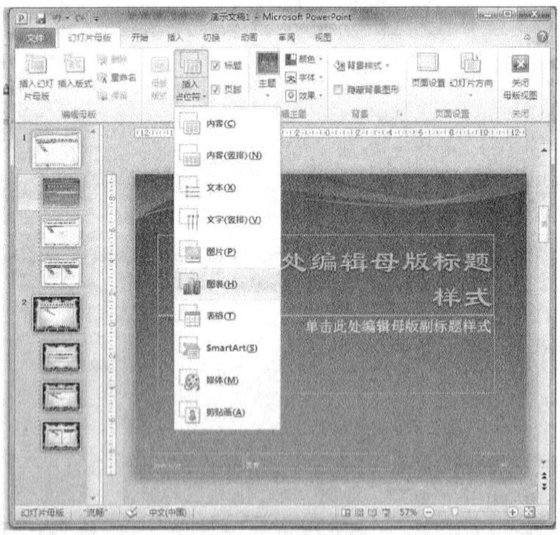

图 5-12　修改和插入占位符设置

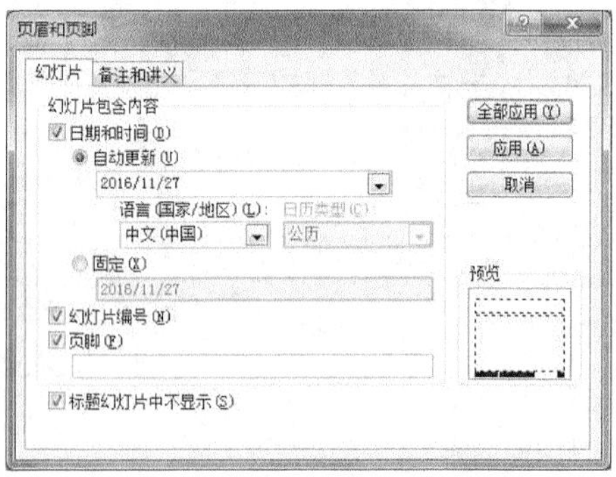

图 5-13　设置页眉页脚

④ 退出幻灯片母版的设计。完成幻灯片母版修改后，单击“幻灯片母版”选项卡的“关闭”组中的“关闭母版视图”按钮，关闭该视图模式，切换到原来的视图模式，母版的改动就会反映在使用相应母版的幻灯片上。

（2）讲义母版

讲义是演讲者在演示文稿时使用的纸稿，纸稿中显示了每张幻灯片的大致内容、要点等。讲义母版就是设置该内容在纸稿中的显示方式，制作讲义母版主要包括设置每页纸张上显示的幻灯片数量、排列方式以及页眉和页脚信息等。制作方法为：在“视图”选项卡的“母版视图”组中单击“讲义母版”按钮，进入讲义母版的编辑状态，如图 5-14 所示。在“页面设置”组中可以设置讲义方向、幻灯片方向、每页幻灯片的数量；在“占位符”组中可以通过单击或撤销选中的复选框来显示或隐藏相应内容；在讲义母版中还可以移动各占位符的位置、设置占位符中文本样式等；在“关闭”组中单击“关闭母版视图”按钮，退出讲义母版的编辑状态。

（3）备注母版

备注是指演讲者在幻灯片下方输入的内容，根据需要可将这些内容打印出来。要想使这些备注信息打印在纸张上，就需要对备注母版进行设置。制作备注母版的方法：在“视图”选项卡的“母版视图”组中单击“备注母版”按钮，进入备注母版的编辑状态，如图 5-15 所示。其设置方法和幻灯片母版及讲义母版的设置方法相同。

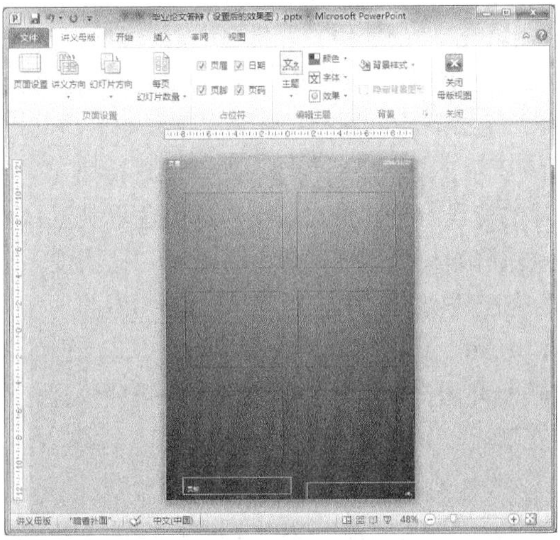

图 5-14　设置“讲义母版”

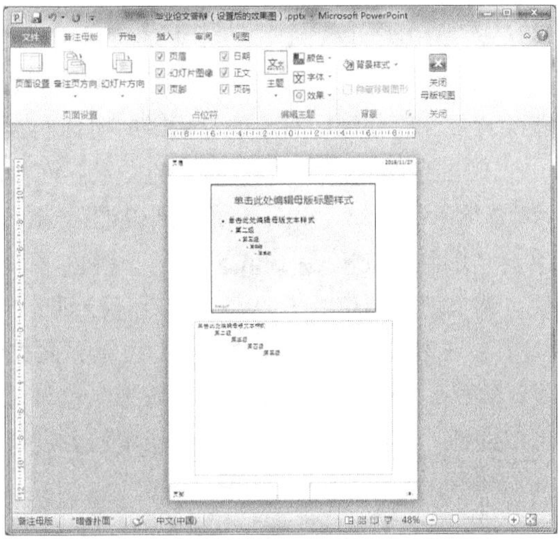

图 5-15　设置“备注母版”

3. 背景设置

一个好的演示文稿不仅内容充实，外表装饰也很重要，其中背景的设计就非常重要，精美绚丽的背景能为 PPT 演示文稿锦上添花，一张淡雅或清新或漂亮的背景图片能把 PPT 包装得更富有创意、更能吸引观众。

可以在整个幻灯片后面插入图片或剪贴画作为背景，也可以在部分幻灯片后面插入图片作为水印、还可以在幻灯片后面插入颜色作为背景。通过向一个或所有幻灯片添加图片作为背景或水印，可以使 PPT 演示文稿独具特色。

（1）背景设置方法

① 直接在 PPT 幻灯片中设置。单击“设计”选项卡中“背景”组中“背景样式”列表中的“设置背景格式…”，打开“设置背景格式”对话框，如图 5-16 所示。

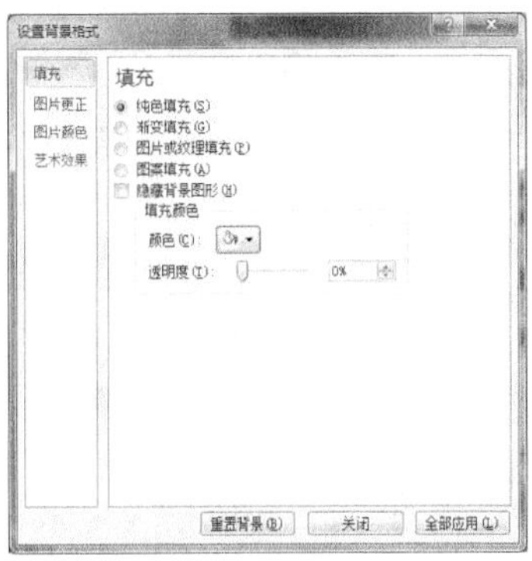

图 5-16　“设置背景格式”对话框

在这种设置方法下，设置结果只对当前选定的幻灯片进行应用，并且不论当前选定的幻灯片的版式是否相同，一律生效；其他未选定的幻灯片，即使与当前选定幻灯片的版式相同，其背景也不会改变；但如果在此对话框中单击“全部应用”按钮，则当前演示文稿中所有幻灯片均应用该背景。如果要清除背景，则单击“重置背景”按钮。

② 在母版中设置。打开“幻灯片母版”视图，在“幻灯片母版”选项卡中单击“背景”组中的 “背景样式”列表中的“设置背景格式...”、打开“设置背景格式”对话框，如图 5-16 所示。在这种设置方法下，如果在幻灯片母版中设置，这种背景在该母版下的所有版式中都会被应用，也就是说所有幻灯片都会被应用；如果在某个版式母版中设置，则这种背景只有该版式的幻灯片才会被应用。

需要注意的是，如果在母版和幻灯片中都设置了背景，则最后生效的是幻灯片中设置的背景。在母版中插入图片，如果是“置于底层”，则相当于背景。

（2）背景类型

背景设置是在如图 5-16 所示的“设置背景格式”对话框中，对背景格式的“填充”方式进行设置。从图中可以看出，可设置的背景类型有“纯色填充”“渐变填充”“图片或纹理填充”“图案填充”4 种类型。“隐藏背景图形”复选框是指在设置了背景的情况下，取消背景的展示但又不删除背景，以便需要显示的时候随时可以再启动。

① 纯色填充。“纯色填充”的设置界面如图 5-16 所示，是指用一种颜色对背景进行填充，在“填充颜色”栏的“颜色”下拉列表框中选择幻灯片的背景颜色。若对所提供的颜色不满意，可单击“颜色”按钮，在弹出的“颜色”对话框中选择自己所需要的颜色。拖动“透明度”滑块可调节填充颜色的透明度，0%为不透明，100%为完全透明，相当于对背景不起作用。

② 渐变填充。“渐变填充”的设置界面如图 5-17 所示，是比较复杂的一种填充方式，但如果设计得好，将会获得意想不到的效果。这种填充方式充许用户指定几种颜色及其关键帧位置，然后以线性、射线等类型方式，按指定的方向进行渐变填充。

其中：

“预设颜色”下拉列表中预先设计好 24 种渐变填充方式，包括颜色及填充的方式和方向等；

“类型”有线性、射线、矩形、路径、标题的阴影 5 种方式，前 4 种和形状中的颜色填充是一致的，而“标题的阴影”是一种动态的填充效果，颜色的起点会根据幻灯片上标题位置的变化而变化；

“方向”是指从填充起点开始，没着什么方向进行渐变填充，不同的填充类型有不同的填充方向，如“线性”填充方式，有“线性对角－左上到右下”等 8 种填充方向，还可设置角度；

“渐变光圈”用来设定渐变的颜色及关键帧位置。在每一个关键帧位置指定一种颜色，相邻关键帧之间根据关键帧的距离进行渐变，从一种颜色均匀按填充类型和填充方向渐变到另一种颜色。右侧的“+”和“×”按钮可以在渐变光圈中实现雷增加或删除关键帧。选定关键帧之后，可以在“颜色”下拉列表框中选定关键帧的颜色，拖动渐变光圈的滑动按钮，可以改变关键帧之间的距离。

“亮度”为 0%时，表示正常亮度，低于 0%时变暗，高于 0%时加亮。

③ 图片或纹理填充。“图片或纹理填充”的设置界面如图 5-18 所示。

默认选择是“纹理填充”，共提供了“纸莎草纸”“画布”“斜纹布”等 24 种纹理，纹理将平铺到整个背景上。

“插入自”栏下边的 3 个按钮分别用于插入 3 种不同来源的图片。单击“文件”按钮，插入来自文件的图片；单击“剪贴板”按钮，可以插入已经复制到剪贴板的图片；单击“剪贴画”按钮，可以在列表中找到所需剪贴画，或在“搜索文字”框中键入描述所需剪贴画的字词或文件名。

若用户选择使用“图片或纹理填充”，则在选择了图片或纹理背景后，还可以使用对话框左栏中的“图片更正”“图片颜色”和“艺术效果”3 种功能对选定的图片或纹理进行更进一步的设置、加工。

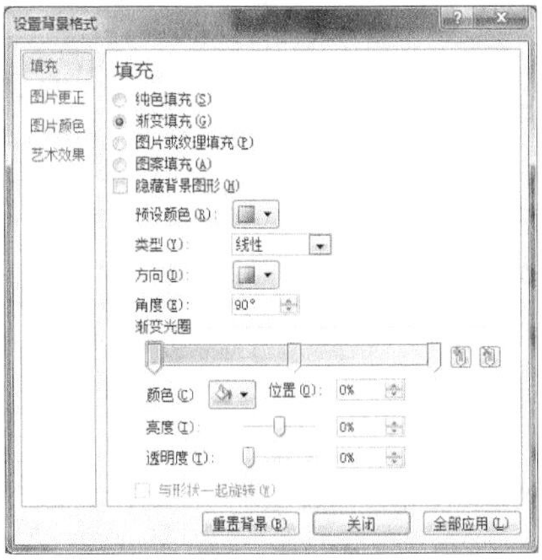

图 5-17　渐变填充

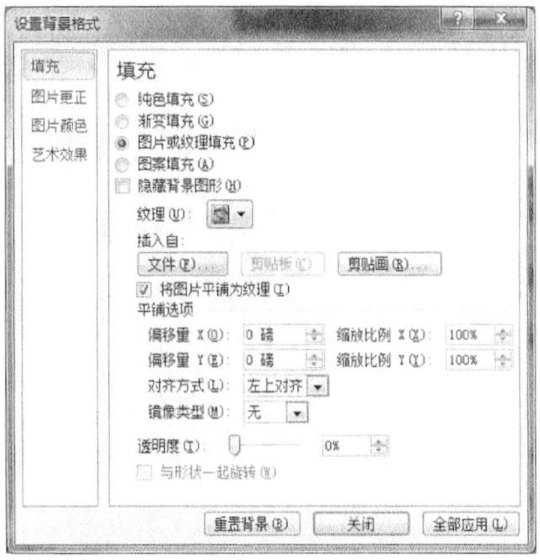

图 5-18　图片或纹理填充

④ 图案填充。“图案填充”的设置界面如图 5-19 所示，共有 48 种图案，可以设置图案的前景色和背景色。

设置完成后，单击“关闭”按钮可将设置应用到当前幻灯片；单击“全部应用”按钮可将设置应用到演示文稿中的所有幻灯片；单击“重置背景”按钮可将对话框中的设置还原到打开对话框时的状态。

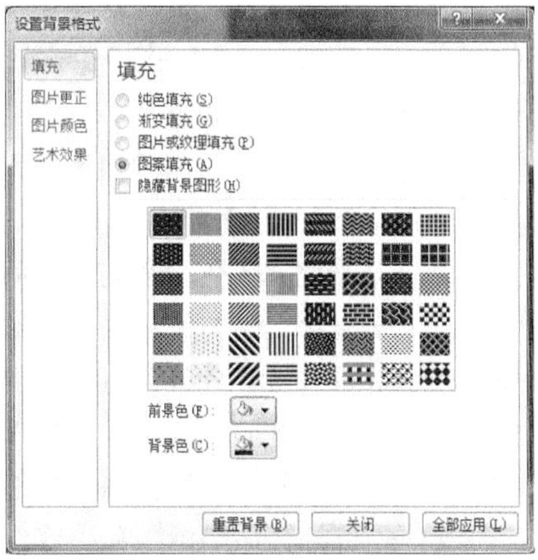

图 5-19　图案填充

5.2.3　案例实现

1. 新建毕业论答辩演示文稿

通常，一个演示文稿的第一张幻灯片都是“标题幻灯片”版式，用以说明演示文稿的主标题及演讲者相关的信息等。对于小李的毕业论文答辩演示文稿来说，第一张幻灯片应给出论文题目、学生班级、学号、姓名、指导老师等相关的信息，后续的幻灯片则可根据需要设置为“标题和内容”“图片与标题”“两栏内容”“比较”等各种版式。具体操作步骤如下。

（1）启动 PowerPoint　2010，新建一个演示文稿，并保存为“毕业论文答辩.pptx”。

（2）在第一张幻灯片，即“标题幻灯片”版式的幻灯片中输入论文题目、答辩者相关信息及指导老师的信息，如图 5-20 所示。

（3）新建一个“标题和内容”版式的幻灯片，输入目录信息。

（4）新建若干张“标题和内容”版式幻灯片，依次录入答辩所需的相关信息。

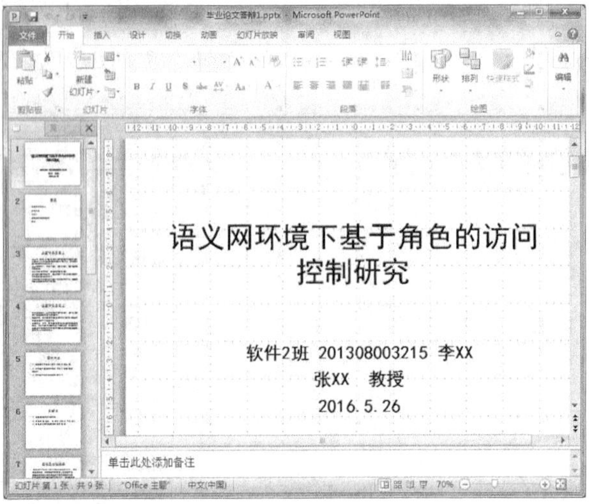

图 5-20　第一张“标题幻灯片”版式幻灯片

2. 设置毕业论文答辩演示文稿的主题

毕业论文答辩演示文稿需要应用庄重的主题。背景适合选用深色调的，如深蓝色，文字选用白色或黄色的黑体字；或者背景用浅色的，如白色，文字用黑色。需要注意，一定要使背景和字体具有明显反差。小李的毕业论文答辩 PPT 选择内置的主题“暗香扑面”应用于 PPT 中所有的幻灯片，具体操作步骤如下。

单击“设计”选项卡“主题”组的其他按钮，打开主题下拉列表，在列表中选择内置的主题“暗香扑面”，并将此应用于演示文稿中所有幻灯片。

3. 利用母版设计各个幻灯片共同的信息

在小李演示文稿的每一页，通常还要加上学校的有关信息，包括校名、校徽或学校标志性建筑，以示尊重母校。此外，可能还要设计导航按钮，这些信息是共同的信息，因此应该放在母版中设计。为了保证与当前版式相协调，在不同的幻灯片上这些信息的放置位置有可能不相同。如在首页的“标题幻灯片”上添加校徽及“本科生毕业论文答辩”文本框，效果如图 5-21 所示。

其他幻灯片，如“标题和内容”版式幻灯片，需要展示共同的信息是在顶端左侧加上校徽，底端加上一横线，横线下面插入论文的标题，在底端右边添加导航按钮，效果如图 5-22 所示。

图 5-21　首页“标题幻灯片”直接插入相关信息

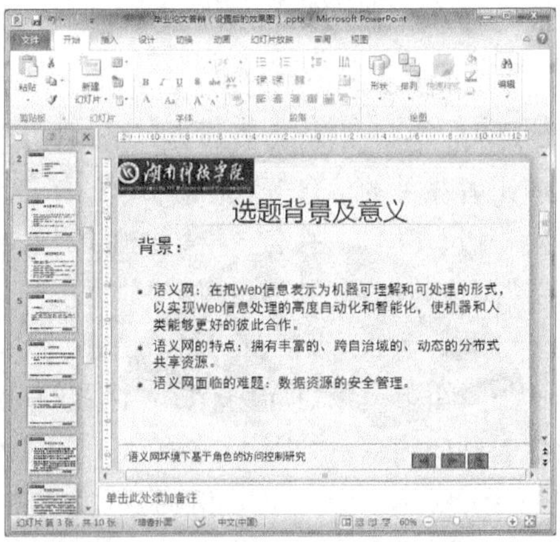

图 5-22　“标题和内容”版式幻灯片效果图

具体操作步骤如下。

（1）单击“视图”选项卡的“母版”组中的“幻灯片母版”，打开母版视图。

（2）选定“幻灯片母版”插入包括校名与校徽图片，调整到适当的位置，这时该幻灯片母版下所有的版式均有此图片。

（3）选定“标题幻灯片版式”，在论文题目的上方插入一个文本框，在文本框中输入“本科生毕业论文答辩”文本。

（4）选定“标题和内容”版式，首先将页脚复选框的对勾去掉，然后在其底端插入一条直线，并设置线条的颜色，横线下面的左端插入一文本框，在文本框中输入论文的标题，右端添加动作按钮作为导航按钮，如图 5-23 所示。

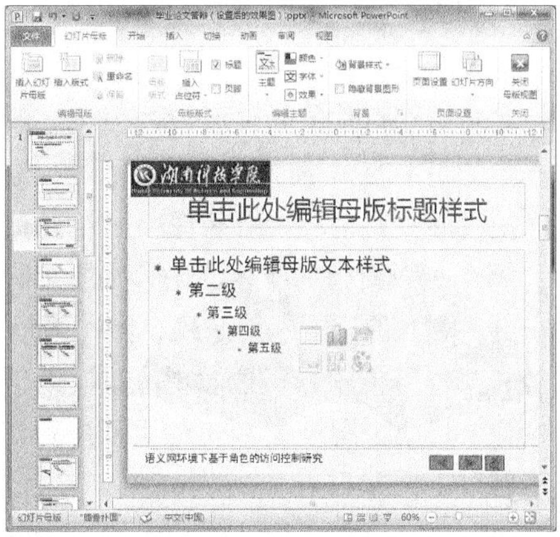

图 5-23 “标题和内容”版式母版中插入相关信息

4. 设置毕业论文答辩演示文稿的背景

对小李的毕业论文答辩 PPT，先在幻灯片母版中插入一张来自文件的图片作为背景，透明度为 70%；关闭幻灯片母版视图，在幻灯片的普通视图中将第 3、4、5 张幻灯片背景设置为纯色填充；第 6、7 张幻灯片背景设置为渐变色。效果如图 5-1 所示。具体操作步骤如下。

（1）单击“视图”选项卡“母版视图”组中的“幻灯片母版”打开母版视图，选定“幻灯片母版”，在“幻灯片母版”选项卡中，单击“背景”组中的“背景样式”，打开背景样式列表。

（2）在背景样式列表中单击“设置背景格式(B)...”，打开“设置背景格式对话框”，选择“图片或纹理填充”单选钮。

（3）单击插入自“文件(F)...”，打开“插入图片”对话框，选择所需的图片文件，单击“插入”按钮，然后调整其透明度为 70%，单击“关闭”按钮，关闭幻灯片母版视图。

（4）在幻灯片的普通视图中，选定第 3、4、5 张幻灯片，将其背景设置为纯色填充；选定第 6、7 张幻灯片，将背景设置为渐变色；选定第 8、9 张幻灯片，将其背景设置为某纹理。其设置方法与在母版视图中设置是一样的，不再赘述。

5.3 演示文稿的内容设计

5.3.1 案例分析

一个完整的 PPT 演示文稿一般包括片头动画、封面、前言、目录、正文页、过渡页、封底、致谢（片尾动画）等几个部分，所应用的对象通常包括文字、艺术字、形状、SmartArt 图形、表格、图片、图表、音频、视频等。根据 PPT 使用的不同目的及相应的应用场合，有些部分不是必需的，可以省略的。对于小李的毕业论文答辩演示文稿来说，一般包含封面、目录、正文页、致谢即可，尽量避免用音频和视频。

设计要求：

（1）插入形状，利用形状设计出点效果来；

（2）插入 SmartArt 图形，并对其美化；

（3）在幻灯片上插入图片；

（4）对多张幻灯片上相同的对象设置形状效果以突出显示。

5.3.2 知识储备

1. 版面布局

在介绍幻灯片的具体设计及美化之前，首先要了解一下版面布局的相关知识。PPT 的版面布局，指的是 PPT 中需要展示的各元素，包括文字、形状、图片等，在版面上进行大小、位置的调整，使版面变得清晰、有条理。优秀的 PPT 往往因为其合理的版面布局给读者带来舒适的视觉体验。那么，版面布局应该遵循哪些原则呢？

（1）对齐原则。一般来说，同一级标题或同一层次的内容在整个 PPT 放映过程中采用同样的对齐方式，方便读者迅速发现最重要的信息。

（2）留白原则。在 PPT 的页面中留出一定的空白，既可以分隔页面、减少压迫感，又能引导读者视线，凸显重点。

（3）重复原则。是指在 PPT 设计中的某些方面要在整个作品中重复，这样可以使作品具有整体性，使 PPT 更具有可读性。重复原则一般应用于固定的模板、在某一页或某个 PPT 中相同层次的内容使用相同的格式。

（4）降噪原则。在 PPT 设计中应减少不必要的干扰因素，如字数和段落应设计合理、分布错落有致，图形简繁得体，避免使用过多的颜色，以避免分散观众的注意力。

（5）对比原则。把具有可比性元素放在一起，用比较的方法加以描述或说明，这样可以加大不同元素的视觉差异，使读者的注意力集中在特定的区域，同时还可以增加页面的活泼性与美感。

2. 文本与 SmartArt 图形

SmartArt 图形是信息和观点的视觉表示形式，是为文本设计的。在演示文稿的展示中，通常会有部分文本内容具有一定层次关系、附属关系或并列关系或循环关系等逻辑关系，利用“SmartArt 图形”，可以准确表达文字间的层次或逻辑关系，制作的图形漂亮精美，具有很强的立体感和画面感。

通常，在形状个数和文字量仅限于表示要点时，SmartArt 图形最有效。例如，创建组织结构图，显示层次结构（如决策树），演示过程或工作流中的各个步骤或阶段，显示过程或程序或其他事件的流、列表信息，显示循环信息或重复信息，显示各部分之间的关系（如重叠概念），创建矩阵图，显示棱锥图中的比例信息或分层信息，通过键入或粘贴文本并使其自动放置和排列来快速创建图示等均可使用 SmartArt 图形。在幻灯片中插入 SmartArt 图形有如下两种方法。

（1）在幻灯片中插入 SmartArt 图形之后输入文本。

在普通视图中，选中要插入 SmartArt 图形的幻灯片，在“插入”选项卡“插图”选项组中单击“SmartArt”按钮，出现“选择 SmartArt 图形”对话框，如图 5-24 所示。SmartArt 图形类型有“流程”“层次结构”“循环”或“关系”等。每种类型的 SmartArt 图形包含几个不同的布局。选择要插入的图形，单击“确定”按钮。

选中已经插入的 SmartArt 图形，功能区将显示“SmartArt 工具”的“设计”和“格式”选项卡，可以编辑图形，更改布局和样式的类型。在 SmartArt 图形中可以添加和删除形状以调整布局结构。例如，虽然“层次结构”布局显示有三个层次，你所设计的层次可能只需两个层次，也可能需要四个层次，每个层次的形状也可以更多或更少。当添加或删除形状以及编辑文字时，形状的排列和这些形状内的文字量会自动更新，从而保持 SmartArt 图形布局的原始设计和边框。

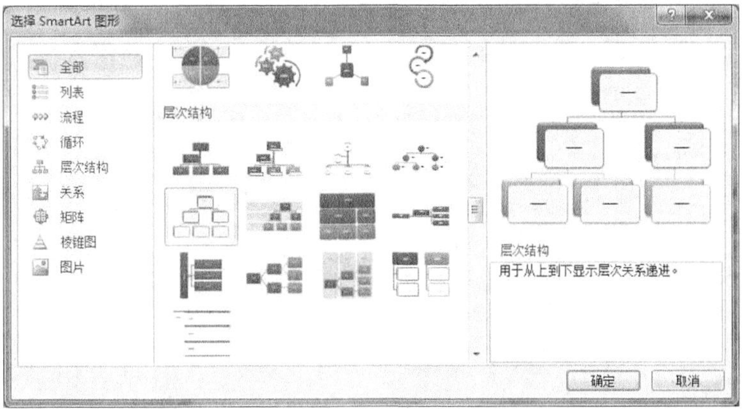

图 5-24　“选择 SmartArt 图形”对话框

例如，已在某幻灯片中插入了一个层次结构图，现在要在图中输入相应的文字，具体操作如下。

方法一：单击“文本窗格”按钮，打开“文本”窗格，在“文本”窗格中的“[文本]”中键入文本。

方法二：在形状中直接输入文本。

图 5-25 为 SmartArt 图形的一个实例。

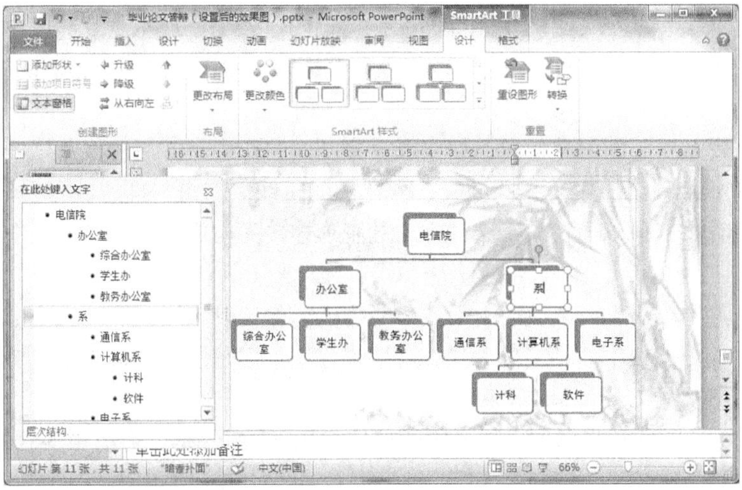

图 5-25　SmartArt 图形实例

（2）直接将幻灯片中的文字变成 SmartArt 图形。

将文本转换为 SmartArt 图形是将现有幻灯片转换为专业设计的插图的快速方法。具体的操作步骤如下。

首先，在幻灯片中插入一个文本框，把需要变为 SmartArt 图形的文字放入其中，然后选中文字所在的文本框，单击“开始”选项卡“段落”功能组的“转换为 SmartArt 图形”下拉按钮，打开如图 5-26 所示的下拉列表，将鼠标放置在一种图形上，即可在幻灯片的设计区预览到应用该图形的效果。选择合适的图形，则所选文本框中的文字将应用该 SmartArt 图形。

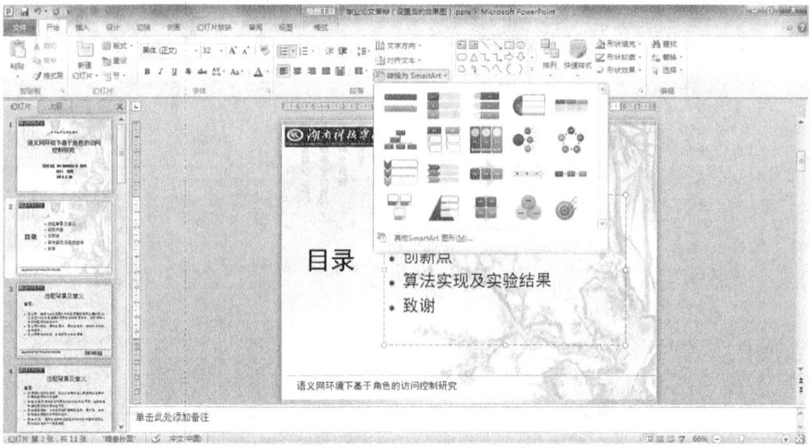

图 5-26 “转换为 SmartArt 图形”图形列表

3. 插入形状

PowerPoint 2010 提供了非常丰富的基本图形，统称为“形状”，“形状”可以使演示文稿更加绚丽多彩。一个好的演示文稿的设计，就是在一个版面上合理地应用点、线、面。

（1）点

点是所有图形的基础，主要用来点缀，起到丰富画面、活跃气氛、给出指示等作用。在演示文稿设计中，点是广义的“点”。“点”在版面上比线和面的面积更小，可以近似于圆形状或其他形状，也可以是文字、显示突出的单元等，无所谓方向、大小、形状。点的应用可以有很多种情况，例如，为了突出所列条目的顺序，可以在条目合适的位置配以序号信息，或加上项目符号等。

（2）线

线主要用来联系、起到引导指向、切割或贯穿画面的作用。常用的线有延伸感的横线、刚毅感的竖线、灵魂感的斜线、柔美感的曲线、立体感的折线。与点一样，线也是广义的“线”。因此，在具体的设计中，可以通过若干个“点”的隐形连接而构成“线”。

（3）面

面由无数个点构成，也可以说面由无数条线构成。相比较来说，面代表一个重点，是信息呈现的重要元素，而点、线主要是辅助元素，起装饰作用。面是演示文稿中最重要的表现部分，是整个版面中无可替代的部分，是整个画面的焦点。

值得注意的是，在绘制形状时，如果同时按住【Shift】键不动，会有很多意外的收获。例如，如果插入的是椭圆、三角形、五角星、矩形，同时按住【Shift】键不动，则绘制出圆、正三角形、正五角星、正方形等；如果对已绘制的直线，只想改变长度，不想改变方向，则可按住【Shift】键不动，然后拖动直线的控制点改变长度即可；如果插入形状时，同时按住【Shift】键不动，则绘制形状将按 45° 的倍数方向绘制，这对于绘制水平、垂直、45° 直线非常方便。其实，对于任意形状，按住【Shift】键不动，然后拖动控制点改变大小都可等比例缩放。

4. 插入图片

一个优秀的演示文稿，有一半的成就归功于图片设计。在动手制作 PPT 之前，通常要精心地准备素材，其中一个重要的任务就是准备图片。PowerPoint 2010 提供了较为丰富的图片处理功能，善用这些功能既可以提高我们的设计效率，也能够获得最佳的显示效果。PowerPoint 2010 图片处理功能在“图片工具”功能选项卡中。以下将介绍较为实用的图片处理高级技术。

（1）删除背景

PowerPoint 2010 的“图片工具”功能选项卡中“调整”组中的“删除背景”具有简单的删除图片背景的功能，可实现抠图。下面以一个实例来说明删除图片背景的功能，具体的操作步骤如下。

① 在 PPT 的某个幻灯片插入图片，选择该图片，单击“图片工具”功能选项卡，打开功能面板，如图 5-27 所示。

② 单击“调整”功能区的“删除背景”按钮，进入“删除背景”功能状态，显示“删除背景”选项卡及其相关功能按钮，图片上会显示两个框，中间那个框带有 8 个控制点，用来选择感兴趣的区域。单击点线框线条上的一个句柄，然后拖动线条，使之包含你希望保留的图片部分，并将大部分希望消除的区域排除在外。系统将在该框内自动检测前景和背景，其中玫红颜色覆盖的区域为背景，没有覆盖的为前景。图 5-28 所示显示了“背景删除”的功能状态，并显示背景消除线和句柄。

当移动感兴趣的区域框或更改感兴趣区域框大小时，系统将自动检测前景和背景。大多数情况下，不需要执行任何附加操作，而只要不断尝试点线框线条的位置和大小，就可以获得满意的结果。

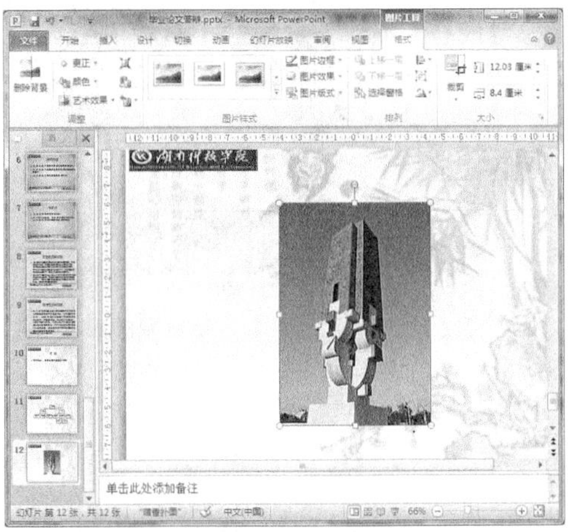

图 5-27　插入图片

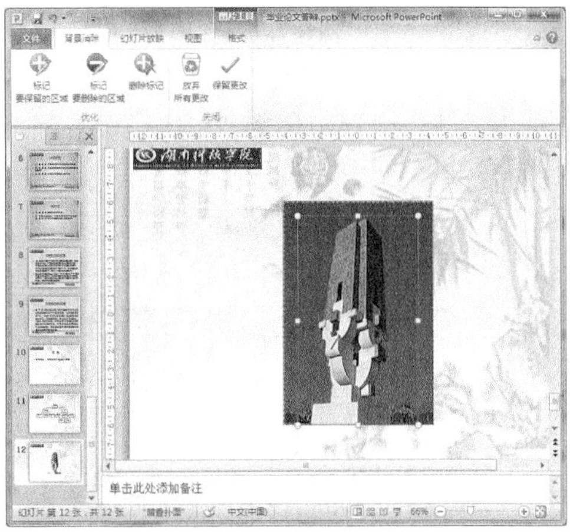

图 5-28　进入“背景删除”功能状态

③ 如有必要，请执行下列一项或两项操作。

- 若要保留不希望自动消除的图片部分，可单击“优化”组中“标记要保留的区域”，会出现一个笔形光标，标记不想删除的部分，在删除背景时会保留下来。
- 若要指出除了自动标记要消除的图片部分外，某些部分确实还要消除，可单击“标记要删除的区域”也会出现一个笔形光标，标记需要删除的部分，在删除背景时会被删除掉。

提示

如果对线条标出的要保留或删除的区域不甚满意，想要更改它，可单击“删除标记”，然后单击线条进行更改。

④ 当调整至检测出的背景和前景符合要求时，可单击“关闭”组中“保留更改”按钮，完成背景删除，如图 5-29 所示。否则，单击“放弃所有更改”按钮，将取消自动背景消除。

（2）图片样式与图片效果

图片样式就是各种图片的外观格式，PowerPoint 2010 提供了一个样式集，包含了 28 种图片样式，用来给用户进行图片美化。图片效果就是对图片进行各种效果处理，包括阴影、映像、发光、柔化边缘、棱台、三维旋转 6 个方面，通过合适的处理产生特定的视觉效果，使图片更加美观。其中，预设效果为系统设计好的一些效果的组合，共有 12 种，可以方便用户直接选用。如图 5-30 所示，左边是应用前图片效果，右边是应用后的图片效果，右边的图片效果设置步骤如下。

① 选择要改变样式和图片效果的图片，单击“图片工具 | 格式”功能选项卡的“图片样式”组的其他按钮 ，打开图片样式下拉列表，选择“棱台型椭圆，黑色”样式。

② 单击“图片边框”，选择“无轮廓”。

③ 单击“图片效果”，单击“发光”项，在其下拉列表中单击“发光变体”中的“茶色，11pt 发光，强调文字颜色 2”。

④ 在“图片效果”中，单击“阴影”项，在其下拉列表中选择“透视”中“左下对角透视”。

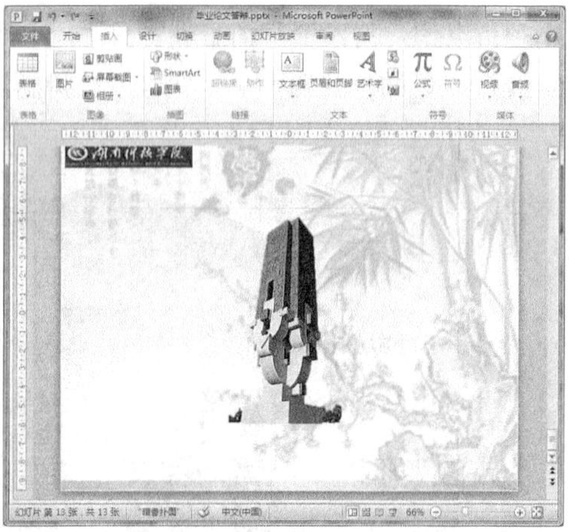

图 5-29 “保留更改”的结果

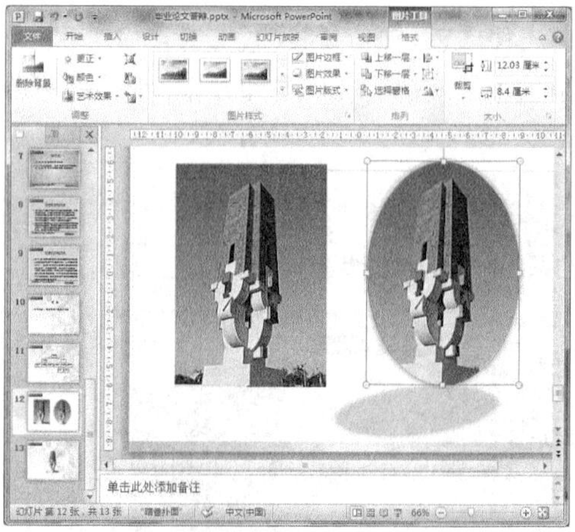

图 5-30 应用“图片样式”与“图片效果”的效果图

（3）图片与 SmartArt 图形

有时在 PPT 的一个幻灯片中需要展示多张照片，如果不精心组织、布局，就会让版面显得非常凌乱。这时，可以将图片与 SmartArt 图形结合起来，应用适当的 SmartArt 图形将图片组织起来。图 5-31 所示的幻灯片中有 4 张图片，如何布局多张图片的设计方法如下。

① 选定这四张图片。

② 单击“图片工具 | 格式”功能选项卡“图片样式”功能组中的“图片版式”下拉按钮，打开图片版式下拉列表框，里面列出了适合整理和组织图片的 SmartArt 图形结构，共有 30 种。将鼠标置于某种结构上，如“六边形群集”，即可预览该结构的效果，如图 5-32 所示，单击可选定所需要的结构。

图 5-31 需要展示多张图片的页面

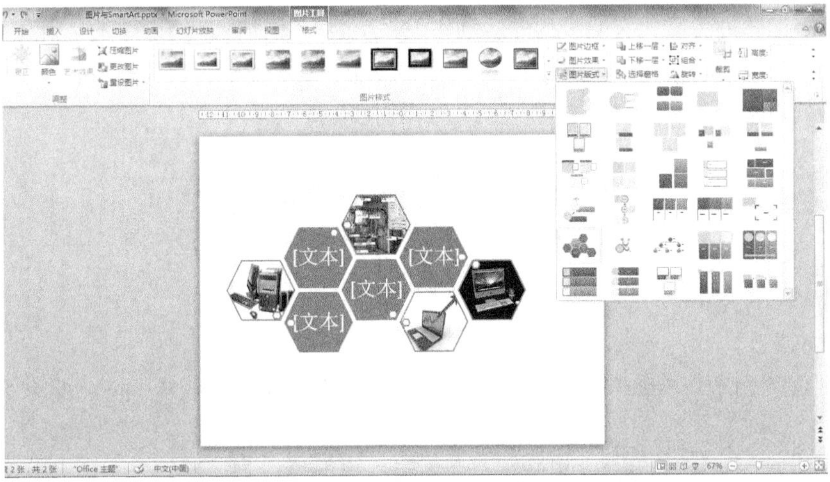

图 5-32　预览“图片版式”效果

③ 在相应的文本框中输入简短的描述对应图片的文字。

④ 可以对整个 SmartArt 图形结构及内部的文本框、图片框进行细节设置，如调整大小、移动位置、设置样式等，效果如图 5-33 所示。

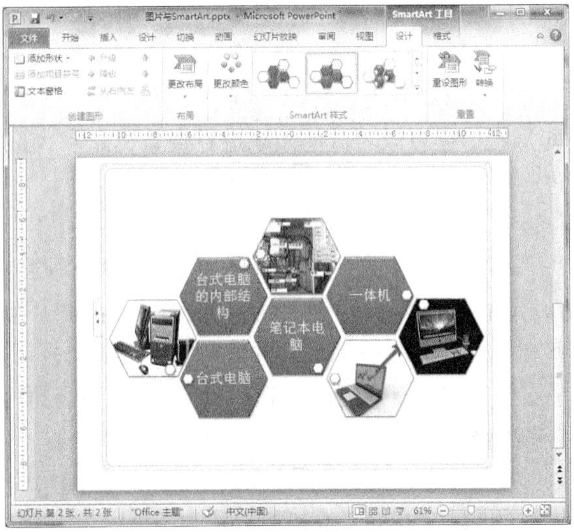

图 5-33　配上文字并调整后的效果

（4）图表与 SmartArt 图形

图表一直是 PPT 设计中不可缺少一个重要元素，图表不仅仅是展示数据及分析结果的本来意义上的数据图表，也包括通过图形及其他元素一起来展示内容间各种关系的概念图表。在 PPT 演示文稿中，数据图表由“插入”选项卡“插图”功能组中的“图表”功能按钮插入并进行设置。概念图表通常应用 SmartArt 图形来设计，PowerPoint 2010 提供了列表、流程等 8 类，共几十种 SmartArt 图形模板，使用起来非常方便。下面给出以“流程”SmartArt 图形功能来展示图表的效果的实例。其他的可以以此类推。

流程用来展示递进关系，有明显的先后顺序关系，且是单向的。例如“基本流程”用于显示行进或者任务、流程的顺序步骤。图 5-34 所示即为应用“基本流程”设计处理的一个软件开发过程五个阶段的处理流程。

图 5-34　应用“基本流程”设计的处理流程

设计过程如下。

① 插入“基本流程”SmartArt 图形后，调整好数目及大小，再输入文本，如图 5-35 所示。

图 5-35　插入“基本流程”

② 选定 5 个项目的矩形框，单击“SmartArt 工具 | 格式”选项卡的“形状”功能组中的“更改形状”下拉按钮，打开“形状”的基本形状列表，选择“对角圆角矩形”形状，则 5 个矩形变成了对角圆角矩形框。

③ 选定 4 个箭头，单击“SmartArt 工具 | 格式”选项卡的“形状”功能组中的“更改形状”下拉按钮，打开“形状”的基本形状列表，选择“燕尾形”箭头，则 4 个箭头变成燕尾形状。

④ 选定 5 个项目的矩形框，还可以对其他效果进行设置，如形状轮廓、形状效果（选择“预设 12”），艺术字样式等进行个性化设置。最后效果如图 5-34 所示。

5. 插入声音和视频

在比较轻松的环境中，边演讲边播放一些轻音乐，会给观众一种美好的享受。在产品推介会上，播放一些关于产品的设计创意或广告视频，会给观众留下深刻的印象。因此，在适当的场合为 PPT 演示文稿插入一些相关的音频和视频是一种值得应用的演讲技巧。

PowerPoint 2010 几乎支持目前所有流行的音频和视频文件格式，但有些格式文件需要相应的播放软件。这里将介绍一些高级应用技巧。

（1）插入音频

在幻灯片上插入音频时，将显示一个表示音频文件的图标 。在进行演讲时，可以将音频设置为在显示幻灯片时自动开始播放、在单击鼠标时开始播放或播放演示文稿中的所有幻灯片。甚至可以循环连续播放媒体直至停止播放。

插入音频的具体操作步骤为：单击要添加音频剪辑的幻灯片；在“插入”选项卡的“媒体”组中，单击“音频”；然后单击“文件中的音频”，找到包含所需文件的文件夹，双击要添加的文件；或单击“剪贴画音频”，在“剪贴画”任务窗格中找到所需的音频，然后单击该音频以将其添加到幻灯片中。

在 PPT 演示文稿中插入音频后，会在相应幻灯片页面上显示一个喇叭图标，选中该图标，则在功能选项卡栏中会增加“音频工具”选项卡，包含“格式”和“播放”两个子选项卡，同时会在该图标下方显示一个播放条，如图 5-36 所示。播放条是用来在设计时进行音频试听控制的，在 PPT 放映时不会显示，放映时仅显示喇叭图标。

“音频工具”中的“格式”选项卡的功能主要是设置喇叭这个图标及美化喇叭的外观；“播放”选项卡提供幻灯片放映时音频播放方式的设置功能，其各功能组介绍如下。

① 书签。书签用来指示音频剪辑中关注的时间点。在音频剪辑下的音频控件中，单击“播放”按钮则播放音频内容。“播放”按钮是控制面板最左侧的箭头，播放时播放按钮将变成暂停按钮，进度条会显示播放进程。如果设置了书签，则在播放条的书签位置会显示一个圆点，如图 5-37 所示。播放条上两个圆点表示该音频设置了两个书签，当鼠标置于某个书签上时会显示该书签的位置信息，即时间点，图中为第一个书签的时间点。如果在设计 PPT 时事先在某句歌词的起始位置设置一个书签，则在幻灯片放映时，就可以轻而易举地通过鼠标精确定位该句歌词的起始位置。具体操作是当播放音频时，在“音频工具”下的“播放”选项卡上，单击“书签”组中的“添加书签”即可。如果要删除书签，则在播放条中找到要删除的书签点，单击“播放”选项卡上“书签”组中的“删除书签”即可。

图 5-36　插入音频及“播放”选项卡

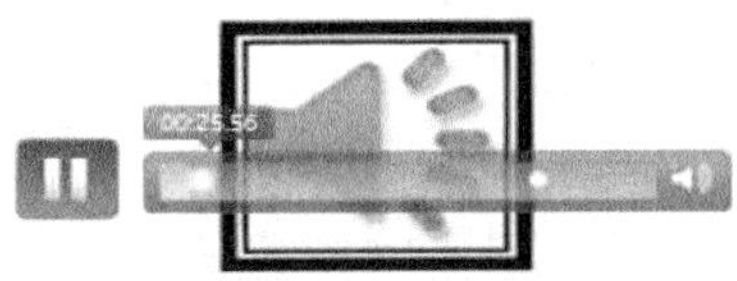

图 5-37　幻灯片中显示的播放条

② 编辑。“剪裁音频”功能可以实现对每个音频剪辑的开头和末尾处进行修剪。若要修剪剪辑的开头，单击起点，如图 5-37 中最左侧的绿色标记所示，看到双向箭头时，将箭头拖动到所需的音频剪辑起始位置。若要修剪剪辑的末尾，单击终点，如图 5-38 中右侧的红色标记所示，看到双向箭头时，将箭头拖动到所需的音频剪辑结束位置。

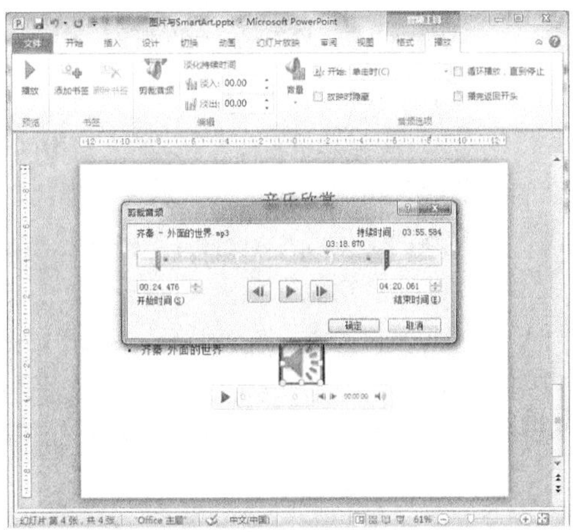

图 5-38　修剪音频

“淡入”功能支持在音频剪辑开始的几秒内使用淡入淡出效果。

“淡出”功能支持在音频剪辑结束的几秒内使用淡入淡出效果。

③ 音频选项。

“音量”功能用来设置播放时音量的大小。

“开始”指音频开始播放的时机，默认是单击鼠标或按空格键时。若要在放映该幻灯片时自动开始播放音频，则在“开始”列表中单击“自动”，但切换到下一张幻灯片时，音频立即停止；若要通过在幻灯片上单击音频来手动播放，则在“开始”列表中单击“单击时”；若要在演示文稿中单击切换到下一张幻灯片时也播放音频，则在“开始”列表中单击“跨幻灯片播放”，此时直到该音频播放完毕（没有设置循环播放）或全部幻灯片放映结束。

选定“循环播放，直到停止”复选框，则音频将在有效范围内一直循环播放直到超出有效范围，然后停止播放。

选定“放映时隐藏”复选框，则幻灯片放映时不会显示喇叭图标，也不能对音频的播放进行干预和控制，则此时一定要设置为“自动”或“跨幻灯片播放”方式，否则该音频将无法启动播放。

选定“播放完返回开头”复选框，则音频播放完后返回开头，而不是停在末尾。

（2）插入视频

视频的插入和音频插入方法基本相同。视频的图标是一个较大的播放区域，称为播放窗口，其初始大小与相应视频的分辨率有关，可调整其大小，画面内容为视频的第一帧内容。因为视频必须进行观看，所以视频有“全屏播放”功能。

5.3.3 案例实现

1. 在 PPT 中插入 SmartArt 图形

对 PPT 中第 2 张幻灯片的目录内容应用 SmartArt 图形，对第 6、7 张的内容都应用 SmartArt 图形。以第 2 张幻灯片为例说明设计步骤，第 6、7 张幻灯片使用类似的设置。

小李的毕业论文答辩 PPT 中有目录页，由于采用的是文本框，设计效果比较平淡。因此，我们可以对其应用 SmartArt 图形，将目录列表的文字转换为 SmartArt 图形。具体操作步骤如下。

① 选定文本框。选择目录内容所在的文本框，单击“开始”选项卡“段落”功能组的“转换为 SmartArt 图形”下拉按钮，打开如图 5-39 所示的下拉列表。

② 预览效果。将鼠标放置在某种图形上，即可在幻灯片的设计区预览到应用该图形的效果。下拉列表中仅列出常用的 20 种图形，如果不满意或不适合，可以单击“其他 SmartArt 图形”按钮，打开“选择 SmartArt 图形”对话框，对话框中按类别给出了所有的 SmartArt 图形。

③ 确定选择。找到合适的图形，单击确定选择。图 5-39 所示给出了“棱锥形列表”SmartArt 图形后的效果图。

④ 进一步修饰美化。当选定了“SmartArt 图形”对象后，可以利用“SmartArt 工具”选项卡的“设计”和“格式”两个子选项提供的美化修饰工具进一步修饰美化，可以调整 SmartArt 样式、更改颜色、更改形状样式、设置艺术字样式及其他诸如大小、位置的调整等。

在“设计”功能选项卡“SmartArt 样式”功能组中打开样式列表，选择“强烈效果”样式，打开颜色列表，选择“渐变循环—强调文字颜色 1”；在“格式”选项卡“形状”组更改形状为“流程图：资料袋”，“形状样式”组更改形状样式为“细微效果：黑色，深色 1”，形状轮廓线颜色为“黄色”、粗细为“1 磅”，效果如图 5-40 所示。

2. 在 PPT 中插入形状

将小李论文答辩 PPT 中的目录幻灯片中的“目录”应用形状叠加设计出点效果来。具体操作步骤如下。

① 单击“插入”选项卡的“形状”下拉按钮，打开形状列表，在形状列表中选择“基本形状”中的椭圆，在插入“椭圆”形状时，同时按住 Shift 键不动，则插入一个圆。选定该圆，打开“绘

图工具 | 格式”选项卡，在“形状样式”组中设置该圆为无填充颜色，轮廓线为实线，粗细为 2.25 磅，颜色为 RGB（105,95,12），无形状效果。

图 5-39　“棱锥形列表”应用效果

图 5-40　修饰美化后的效果

② 插入一个略小一点的圆，轮廓线为实线，粗细为 1 磅，颜色为 RGB（105,95,12），填充颜色为 RGB（105,95,12），无形状效果。圆心与第一个圆重合，即将两个圆均“上下居中对齐”“左右居中对齐”，然后将两个圆组合。

③ 删去原来的“目录”两个字。插入一个文本框，输入“目录”两个字，文本颜色为白色，字体字号适中，居中对齐，文本框无填充颜色、无轮廓颜色，将其置于顶层，中心与组合圆心重合，然后再与圆组合，将三个形状组合为一个形状。然后，将组合的形状置于合适的位置，最后效果如图 5-41 所示。

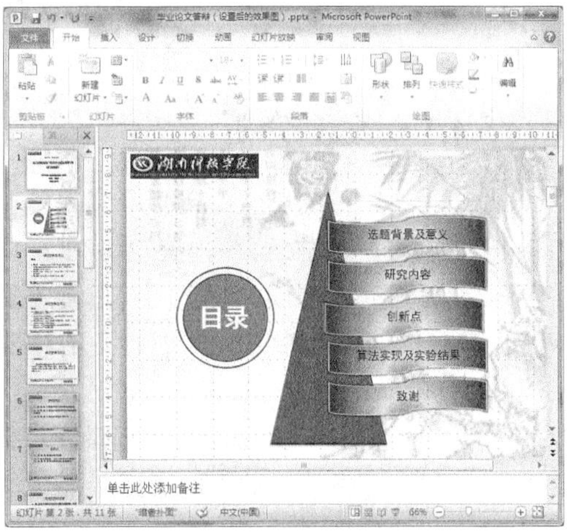

图 5-41　应用形状叠加设置最终效果

3. 在 PPT 中插入图片

对于小李的毕业论文答辩演示文稿来说，图片只需朴实即可，不宜把图片处理得过于精美，以免喧宾夺主。例如，在致谢那一张幻灯片中插入一张图片，具体操作步骤如下。

单击“插入”选项卡中“图像”组中的“图片”，打开“插入图片”对话框，找到所需要的图片，单击“插入”按钮插入该图片。

4. 在 PPT 中设置对象的形状样式

将第 3、4、5、8、9 张幻灯片标题文本框形状样式的主题填充设置为“强烈效果-深黄,强调颜色 1”；添加一个“椭圆”形状，形状样式主题填充设置为“强烈效果-茶色,强调颜色 2”，在该形状中输入“语义网”三个字；其他小标题的文本轮廓设置为橙色。以第 3 张幻灯片为例，其他类似设置。具体操作步骤如下。

① 选定标题文本框，单击“绘图 | 格式”中形状样式的其他按钮，打开主题填充下拉列表，在其中选择“强烈效果-深黄,强调颜色 1”的主题填充效果。

② 插入一个“椭圆”形状，形状样式主题填充效果设置为“强烈效果-茶色,强调颜色 2”，右击该形状，打开快捷菜单，单击“编辑文字”，此时在“椭圆”形状中输入“语义网”三个字，设置合适大小的字体字号。

③ 选择“定义”两个字，在“绘图 | 格式”的“艺术字样式”功能组中，将其“文本轮廓”设置为橙色。

④ 对第 4、5、8、9 张幻灯片相对应的对象作类似的设置。

最终设置的效果如图 5-42 所示。

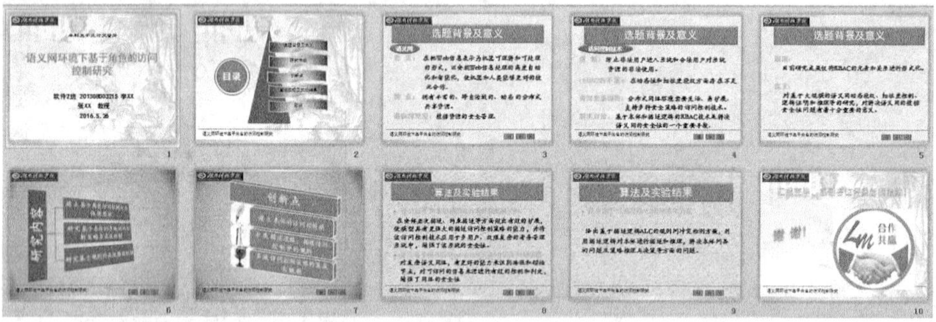

图 5-42　毕业论文答辩演示文稿中幻灯片内容重新设计后的效果图

5.4　演示文稿的放映设计

5.4.1　案例分析

小李为了将他的毕业论文答辩演示文稿内容展示得更加形象逼真，增强动感，增强演示效果，能吸引评委老师的注意力，他决定将 PPT 中某些对象设置动画效果，同时希望在放映演示文稿时，一张幻灯片到下一张幻灯片之间有过渡效果，使放映演示文稿时，幻灯片之间的衔接更加自然、生动有趣，提高演示文稿的观赏性，给评委老师和同学留下深刻的印象。

设计要求：

（1）将 PPT 中的 SmartArt 图形制作成动画；

（2）设置超链接及动作按钮；

（3）设置幻灯片的切换效果。

5.4.2　知识储备

PowerPoint 2010 提供了丰富的放映效果功能，如设置幻灯片中对象的动画、设置幻灯片切换效果、设置幻灯片的链接操作及设置幻灯片的放映。

1．幻灯片中的对象动画

所谓动画就是给文本或对象添加特殊视觉或声音效果，例如，可以使文本项目符号点逐字从左侧飞入，或在显示图片时播放掌声，为幻灯片对象，如文本、图片、形状、表格、SmartArt 图形和其他对象设置动画效果，可以使幻灯片中的对象按一定的规则和顺序运动起来，赋予它们进入、退出、大小或颜色变化甚至移动等视觉效果，既能突出重点，吸引观众的注意力，又使放映过程十分有趣。幻灯片上的每一个对象可以单独设置动画效果，一些组合对象还可以设置分级效果。

值得注意的是，动画使用要适当，过多使用动画也会分散观众的注意力，不利于传达信息，设置动画应遵从适当、简化和创新的原则。

（1）动画类型

PowerPoint 2010 中有以下四种不同类型的动画效果。

① “进入”效果。进入是指对象从外部进入或出现幻灯片播放画面时的展现方式，例如，可以使对象逐渐淡入焦点、从边缘飞入幻灯片或者跳入视图中。

② “退出”效果。退出是指播放画面中的对象离开播放画面时的展现方式，这些效果包括使对象飞出幻灯片、从视图中消失或者从幻灯片旋出。

③ “强调”效果。强调是指在播放动画过程中需要突出显示对象的展现方式，这些效果包括使对象缩小或放大、更改颜色或沿着其中心旋转。

④ “动作路径”。动作路径是指画面中的对象按预先设定的路径进行移动的展现方式，使用这些效果可以使对象上下移动、左右移动或者沿着星形或圆形图案移动（与其他效果一起）。

可以单独使用任何一种动画，也可以将多种效果组合在一起。例如，可以对一行文本应用“飞入”进入效果及“放大/缩小”强调效果，使它在从左侧飞入的同时逐渐放大。

（2）添加动画效果

添加动画的具体操作步骤是：选中幻灯片上某个对象，如一段文本或一幅图片，在“动画”选项卡上的“动画”组中，单击“其他”按钮，弹出四类动画选择列表，如图 5-43 所示。在下拉列表中选择“进入”“强调”“退出”“动作路径”中的某一种动画效果。

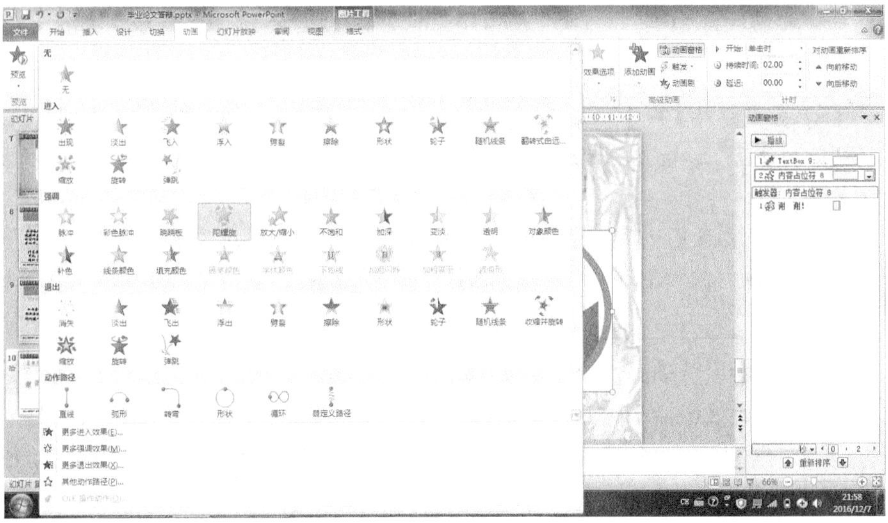

图 5-43　动画效果列表

如果在预设的列表中没有满意的动画效果，可以选择列表下面的“更多进入效果(E)...”“更多强调效果(M)...”“更多退出效果(X)...”“其他动作路径(P)...”命令。将鼠标置于某个动画效果上时，被选中的对象即可预览到该动画效果，选择合适的动画并应用。应用后，幻灯片页面中已应用动画对象的左上角会显示一个动画序号，以标明该页面中各对象的动画播放顺序，此时“效果选项”按钮变成可用状态。

为对象添加动画以后，还可以为动画设置效果选项、选择动画开始播放的时间、调整动画的速度即动画持续的时间、动画延迟时间，具体操作步骤如下。

① 单击“动画”选项卡下的“动画”功能组的“效果选项”按钮，弹出“效果选项”下拉列表，（图 5-44 所示为“陀螺旋”动画效果选项列表）选择合适的效果选项。一般说来，不同的动画，其“效果选项”不同。

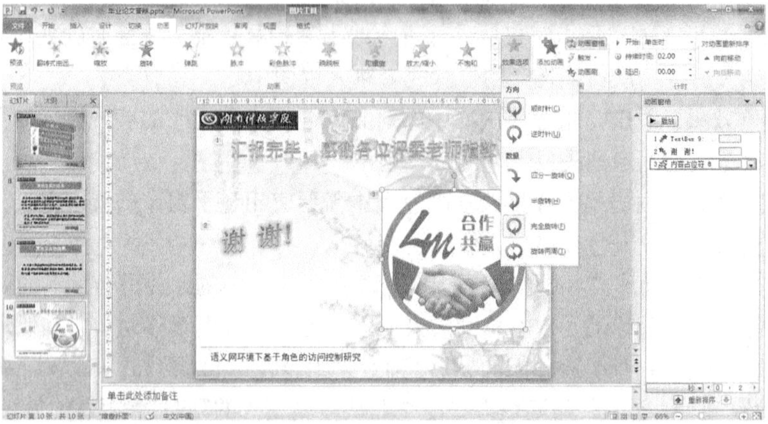

图 5-44 “陀螺旋”动画效果选项列表

② 单击“动画”选项卡下的“计时”功能组，可设置动画播放的开始方式、持续时间、延迟等。“开始”命令中包含“单击时”“与上一动画同时”“上一动画之后”3 个选项，用来设置动画播放的开始方式。在“持续时间”框中输入所需的秒数，“持续时间”越长，动画放映的速度越慢；若要设置动画开始前的延时，则在“延迟”框中输入所需的秒数，“延迟”命令是指经过多少秒之后开始播放动画。

说明

① 如果要对某一个对象添加多个动画，则单击“动画”选项卡下“高级动画”选项组的“添加动画”按钮下方的三角形箭头，可在弹出的动画选择列表中选择所需要的各种动画效果。

② 如果要设置动画的特殊开始条件，则单击“动画”选项卡下“高级动画”选项组的“触发”按钮，在打开的下拉列表中选择“单击”选项，在打开的子列表中选择触发对象即可。

（3）在动画窗格中设置动画选项

为对象添加了动画效果后，该对象就应用了默认的动画格式。这些动画格式主要包括动画开始的运行方向、变化方向、运行速度、延时方案、重复次数等，用户可以设置这些动画选项。操作步骤如下。

① 单击“动画”选项卡下的“高级动画”选项组的“动画窗格”按钮，打开动画窗格，列出了当前幻灯片使用的所有动画，如图 5-44 所示。该窗格中的编号表示动画效果的播放顺序，窗格中的编号与幻灯片上显示的不可打印的编号标记相对应。时间线代表效果的持续时间，图标代表动画效果的类型，在本例中，它代表“强调”效果。

② 在“动画窗格”的列表中单击带编号的对象右侧的下拉箭头，可打开下拉列表，如图 5-45 所示。单击“效果选项”列表项，会弹出如图 5-46 所示的当前动画效果“陀螺旋”对话框。在对话框中选择不同的选项卡对其中的项目进行设置。

③ 在给幻灯片中的多个对象添加动画效果时，添加效果的顺序就是幻灯片放映时的播放次序。可以在动画效果添加完成后，单击窗格底部的上移按钮或下移按钮，对动画的播放次序进行重新调整。

> **说明**　也可以选择“计时”组中“对动画重新排序”中的“向前移动”使动画在列表中另一动画之前发生，或者选择“向后移动”使动画在列表中另一动画之后发生。

④ 在“动画窗格”的列表中单击“播放”按钮来测试动画的效果。

> **说明**　也可以在“动画”选项卡上的“预览”组中，单击“预览”来测试动画的效果。

⑤ 如果要删除某一动画，先选择某一动画并按【Delete】键，将当前动画效果删除。

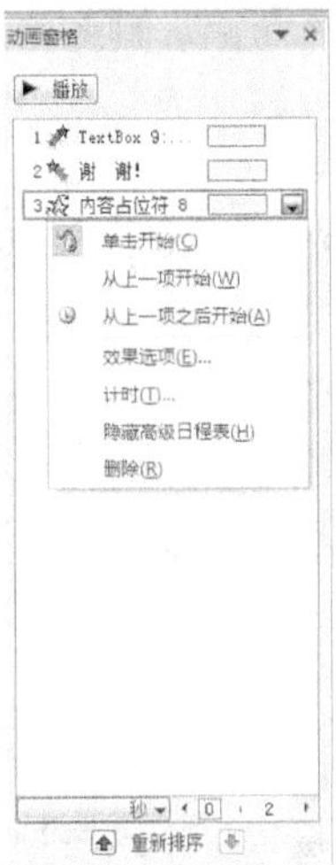

图 5-45　“动画窗格”下拉列表

图 5-46　“陀螺旋”动画对话框

（4）自定义动画路径

如果预设的动画路径不能满足设计要求，我们可以自定义动画路径来规划对象的动画路径。其设置方法如下。

① 首先选中对象，在图 5-43 所示的动画效果下拉列表中选择“自定义路径”选项。

② 将鼠标移到幻灯片上，当鼠标变成“+”字形时，可建立路径的起始点（绿色箭头），当鼠标变成画笔时，可移动鼠标，画出自定义的路径，最后双击鼠标确定终点（红色箭头）。

③ 选中已定义的路径动画，单击鼠标右键，在弹出的快捷菜单中选择“编辑顶点”命令，如图 5-47 所示。在出现的黑色顶点上再单击鼠标右键，在弹出的快捷菜单中选择“平滑曲线”命令，即可修改动画路径。

（5）复制动画

如果需要复制一个对象的动画，并将其应用到另一个对象，则应用“动画”选项卡下的“高级动画”选项组的“动画刷”来完成。其设置方法如下。

首先选择含有要复制的动画的对象，然后单击“动画刷”按钮，则可复制该对象的动画，最后单击要向其中复制动画的对象，则其动画设置就复制应用到了该对象上。如果双击“动画刷”

按钮，则可将同一动画设置复制到多个对象上。

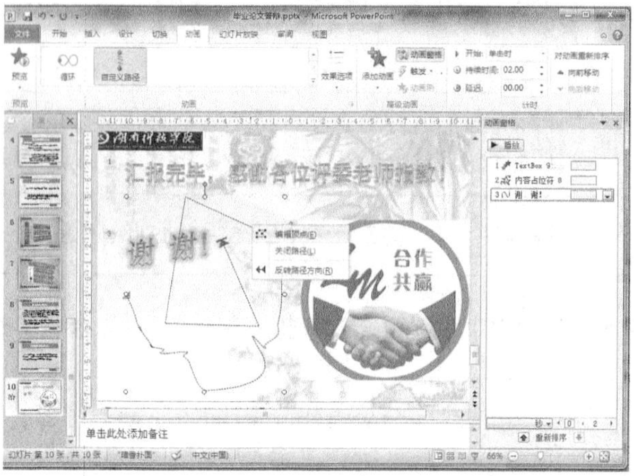

图 5-47　自定义动画路径

2. 幻灯片的超链接操作

幻灯片放映时用户可以使用超链接来增加演示文稿的交互效果。在 PowerPoint 中，超链接可以是从一张幻灯片到同一演示文稿中另一张幻灯片的连接，也可以是从一张幻灯片到不同演示文稿中另一张幻灯片，也可以是到电子邮件地址、网页或文件的连接。

超链接只有在放映幻灯片时才有效。当放映幻灯片时，用户可以在添加了超链接的文本或图形或动作按钮上单击，程序自动跳转到指定幻灯片页面或指定的程序。有如下两种方式插入超链接。

（1）以动作按钮表示的超链接

动作按钮是预先设置好的一组带有特定动作的图形按钮，这些按钮被预设置为指向前一张、后一张、第一张、最后一张幻灯片、播放声音和播放电影等链接，应用这些预设好的按钮，或者自定义的动作按钮可实现在放映幻灯片时跳转的目的。添加动作按钮并设置超链接，具体操作步骤如下。

① 选中需要添加动作按钮的幻灯片，在“插入”选项卡的“插图”选项组单击“形状”按钮，弹出“形状”的下拉列表，最后一行就是“动作按钮”，如图 5-48 所示。

② 选择需要的按钮后，插入到幻灯片中，就会打开“动作设置”对话框，如图 5-49 所示。此时，就可以进行不同的动作设置，完成超链接到某张幻灯片或运行选定的程序。

③ 在插入了超链接之后，若需要对已有的超链接进行修改，选中设置有超链接的对象后，在“插入”选项卡“链接”选项组中单击“超链接”按钮，或“动作”按钮，或者单击鼠标右键，在弹出的快捷菜单中选择“编辑超链接”命令，打开如图 5-49 的“动作设置”的对话框，即可对超链接进行编辑修改。

说明

① 若要使整个演示文稿的每张幻灯片均可通过相应按钮切换到上一张幻灯片、下一张幻灯片、第一张幻灯片，不必对每张幻灯片逐一进行添加按钮，只要在“幻灯片母版”视图对幻灯片母版进行一次设置即可。

② 若要删除超链接，在已添加超链接的对象上单击鼠标右键，在打开的快捷菜单中选择“取消超链接”命令即可。

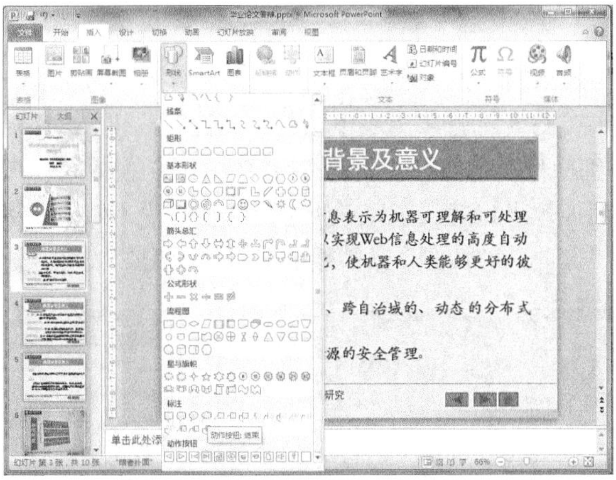

图 5-48　动作按钮菜单

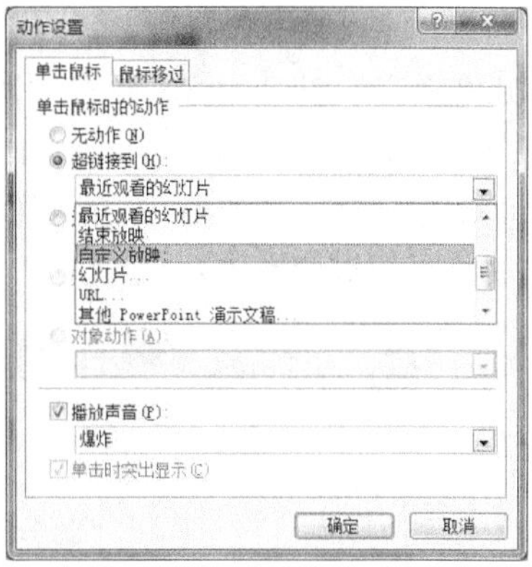

图 5-49　“动作设置”对话框

（2）以带下划线的文本、图片表示的超链接

可以从文本或对象（如图片、图形、形状或艺术字）创建超链接，具体操作步骤如下。

① 在“普通”视图中，选中要创建超链接的文本或图形对象，单击“插入”选项卡“链接”选项组的“超链接”按钮，或者单击鼠标右键，在弹出的快捷菜单中选择“超链接”命令，打开“插入超链接”对话框，如图 5-50 所示。

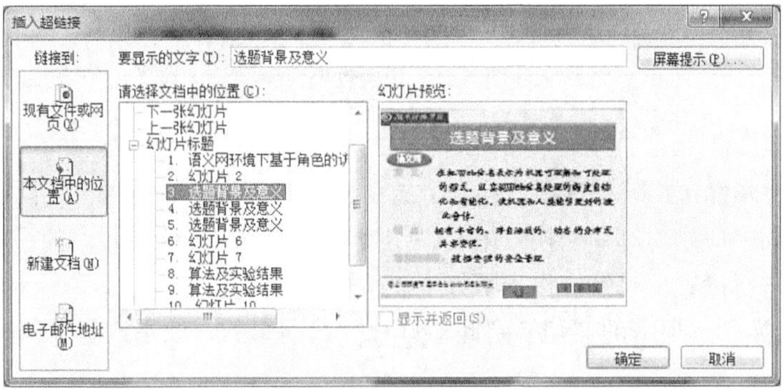

图 5-50　“插入超链接”对话框

② 在“插入超链接”对话框中设置所需要的超链接，设置完成后，作为超链接的文本下有下划线。在播放幻灯片时，鼠标放置到被设置了超链接的文本或对象上时，鼠标的形状变成一个手的形状。

③ 若需要对已有的超链接进行修改，选中设置有超链接的对象，在“插入”选项卡“链接”选项组单击“超链接”按钮，或单击鼠标右键，在弹出的快捷菜单中选择“编辑超链接”命令，打开如图 5-50 的“插入超链接”的对话框，即可对超链接进行编辑修改。

3. 幻灯片的切换

幻灯片的切换效果是指演示文稿放映时幻灯片进入和离开播放画面时的整体视觉效果。选择适当的切换效果可以使得幻灯片的过渡更为自然，增强演示效果，给人以赏心悦目的感觉。PowerPoint 提供了多种不同的幻灯片切换方式，可以使演示文稿中幻灯片间的切换呈现不同的效果。

（1）应用切换效果

打开演示文稿，选择要设置幻灯片切换效果的一张或多张幻灯片，在“切换”选项卡的“切换到此幻灯片”选项组中，单击“切换到此幻灯片”选项组右下角的“其他”按钮，打开切换效果下拉列表，如图 5-51 所示，列出了“细微型”“华丽型”“动态内容”3 类切换效果。在切换效果列表中选择一种切换方式，则设置的切换效果将默认应用于所选择的幻灯片，如果希望所有幻灯片均采用该切换效果，可单击“切换”选项卡“计时”功能组的“全部应用”按钮。

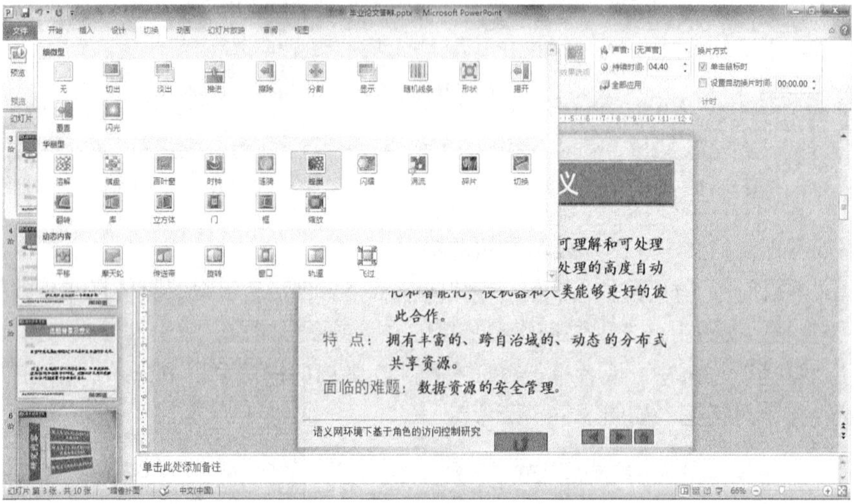

图 5-51 切换效果列表

（2）设置切换属性

幻灯片的切换属性包括效果选项、换片方式、持续时间和声音效果。不同的切换效果，其效果选项也可能不同。应用幻灯片切换效果时，切换属性均采用默认设置。如果对默认切换属性不满意，则可另外进行设置。具体操作步骤如下。

① 单击“切换”选项卡的“切换到此幻灯片”选项组的“效果选项”按钮，可以设置幻灯片切换方向。

② 在“切换”选项卡的“计时”选项组中，单击“全部应用”按钮，可以将切换效果应用到演示文稿的所有幻灯片；单击“声音”栏的下拉箭头，可在下拉列表中选择切换时发出的声音；在“持续时间”栏可设置合适的切换速度；在“换片方式”栏选择合适的换片方式。

4. 幻灯片的放映

设计和制作完成后的演示文稿要放映演示才能达到用户的需求。

（1）启动幻灯片放映

放映幻灯片时，系统默认的设置是播放演示文稿中的所有幻灯片，也可以只播放其中的一部分幻灯片。如果某一演示文稿有很多张幻灯片，例如有 300 张，在某一次播放时只需要播放第 40 ~ 60 张幻灯片，此时，在放映之前先设置放映的范围是很有必要。设置放映范围有以下两种方法。

方法一：打开演示文稿，单击“幻灯片放映”选项卡中的“自定义幻灯片放映”下拉列表中的自定义，打开“自定义放映”对话框，单击“新建”按钮，打开“定义自定义放映”对话框，如图 5-52 所示，添加需要放映的那些幻灯片，然后输入幻灯片放映名称，如“自定义 3”，单击“确定”按钮。在播放演示文稿时单击“自定义幻灯片放映”下拉列表中的的“自定义 3”，就会只播放你所选择的那些幻灯片。

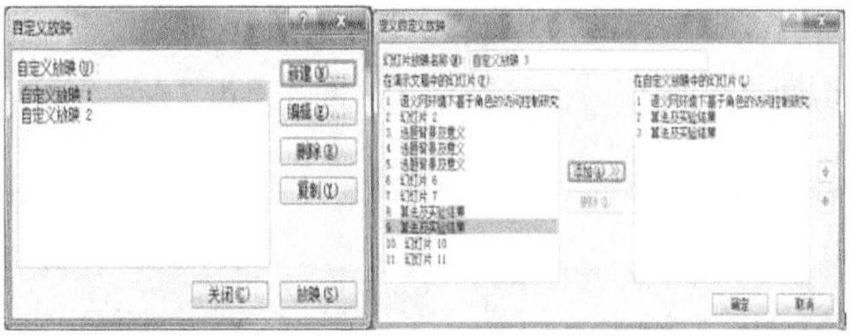

图 5-52　自定义放映

方法二：在“幻灯片放映”选项卡“设置”选项组单击“设置幻灯片放映”按钮，打开“设置放映方式”对话框，如图 5-53 所示。在“放映幻灯片”栏中选择“全部”或在“从”“到”文本框中指定开始到结束的幻灯片编号。如果已定义了某个自定义放映，则也可以选择某个自定义放映来播放。

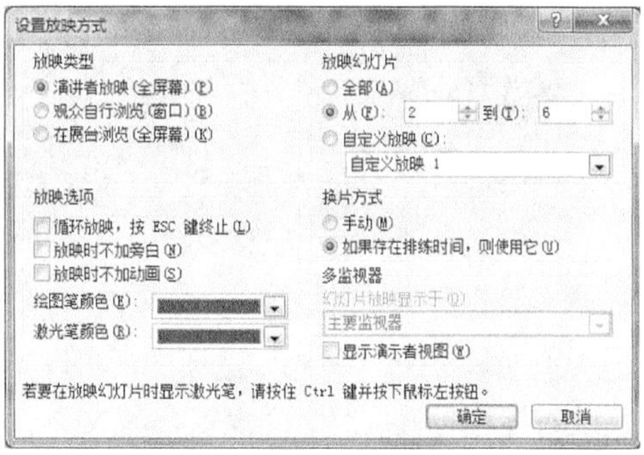

图 5-53　“设置放映方式”对话框

通常情况下可以按【F5】键，或单击状态栏的“幻灯片放映”按钮（从当前幻灯片开始放映），或利用“幻灯片放映”选项卡下的“开始放映幻灯片”选项组中相应按钮进行幻灯片放映，使用鼠标单击一张一张地播放。若要结束幻灯片的放映，可以按【Esc】键来结束放映，或在播放的幻灯片任意位置右击鼠标也会出现“放映控制”快捷菜单，选择“结束放映”菜单项，结束放映。

（2）设置幻灯片放映类型

可以根据需要在三种放映方式类型中选择一种。方法是在“设置放映方式”对话框中，选择不同的放映类型。

① 演讲者放映（全屏幕）。以全屏幕形式显示，演讲者可以控制放映的进程，可用绘图笔进行勾画，适用于大屏幕投影的会议、上课。

② 观众自行浏览（窗口）。以界面形式显示，可浏览、编辑幻灯片，适用于人数少的场合。

③ 在展台放映（全屏幕）。以全屏形式在展台上做演示，按预定的或通过“幻灯片放映”菜单中的“排练计时”命令设置的时间和次序放映，但不允许现场控制放映的进程。

（3）控制幻灯片放映

幻灯片放映时，可以以多种方式控制幻灯片的放映。

方法一：若需要让演示文档按一定的速度连续播放，播放过程中不需要人工干预，则可利用 PowerPoint 提供的“排练计时”功能，可以让每张幻灯片按指定的速度自动播放。具体操作步骤如下。

① 单击“幻灯片放映”选项卡“设置”选项组的“排练计时”按钮，同时进入预演设置状态，会出现如图 5-54 所示的“录制”窗口。

图 5-54　“录制”窗口

② 单击“录制”窗口中的“下一项”按钮可播放下一张幻灯片。放映到最后一张幻灯片时，系统会显示总的放映时间，并询问是否保留该排练时间。单击“是”按钮接受该时间，并自动切换到“幻灯片浏览”视图模式下，每张幻灯片的左下角均会显示出排练时间，如图 5-55 所示。如果单击“否”，则取消计时时间。

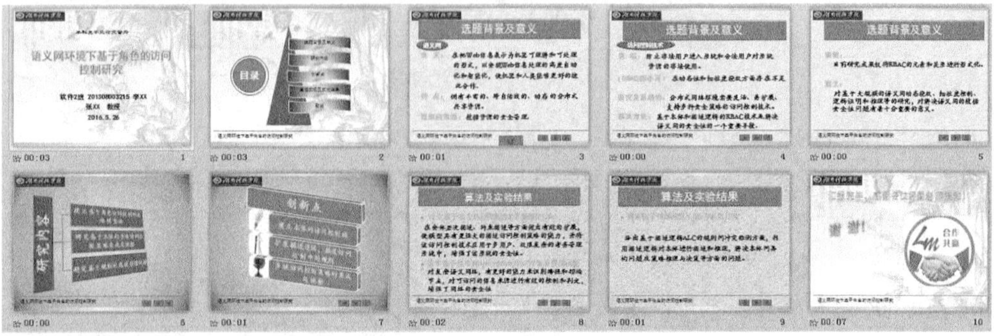

图 5-55　排练计时后的“幻灯片浏览”视图

③ 在“幻灯片放映”选项卡的“设置”选项组中确认选中“使用排练计时”复选框，之后再放映幻灯片时就按照时间设置自动放映了。

方法二：在演讲者放映模式下观看放映时，移动鼠标就在屏幕的左下角出现 4 个按钮，单击 是放映上一张幻灯片，单击 是放映下一张幻灯片。单击 可以弹出“放映控制”快捷菜单，用户可以根据需要选择相应的命令。单击 将在屏幕上画出轨迹，可以用于演讲时强调重点部分。

方法三：在播放的幻灯片的任意位置右击鼠标也会出现“放映控制”快捷菜单。

5.4.3　案例实现

1. 将 SmartArt 图形制作成动画

下面以毕业论文答辩 PPT 中的目录页中的 SmartArt 图形设置动画为例，说明将 SmartArt 图形制作成动画的具体操作步骤。

① 单击目录页中要将其制成动画的 SmartArt 图形。

② 在“动画”选项卡上的“动画”组中，单击“其他” ，然后选择强调动画中的“放大/缩小”动画效果。

③ 设置动画效果选项。选择含有要修改的动画的 SmartArt 图形；在“动画”选项卡上的“高级动画”组中，单击“动画窗格”；在“动画窗格”列表中，单击要修改的动画右侧的箭头，然后选择“效果选项”；打开“放大/缩小”对话框，如图 5-56 所示。单击“SmartArt 动画”选项卡，在“组合图形”列表中，选择某一个选项。其中，“作为一个对象”是将整个 SmartArt 图形当作一个大图片或对象来应用动画；“整批发送”是同时将 SmartArt 图形中的全部形状制成动画；“逐个”是一个接一个地将每个形状单独地制成动画。如果要颠倒动画的顺序，则选择“SmartArt 动画”选项卡中的“倒序”复选框。

图 5-56　“放大/缩小”对话框

④ 利用动画刷将第 2 张幻灯片中 SmartArt 图形的动画复制到第 5、6 张幻灯片中的 SmartArt 图形上。选择含有要复制的动画的 SmartArt 图形，在“动画”选项卡上的“高级动画”组中，单击“动画刷”，单击要向其中复制动画的 SmartArt 图形。

⑤ 若要将 SmartArt 图形中的个别形状制成动画，在“动画窗格”列表中，单击展开图标来显示 SmartArt 图形中的所有形状。在“动画窗格”列表中，按住【Ctrl】键并依次单击每个形状来选择不希望制成动画的所有形状，在“动画”选项卡上的“动画”组中单击“无动画”，或在“动画窗格”列表中单击要修改的动画右侧的箭头，在列表中选择“删除”命令，这将从形状中删除动画效果，但不会从 SmartArt 图形中删除形状本身。对于其余每个形状，通过选择“动画”列表中的动画效果来分别设置动画。完成选择所需的动画选项后，关闭“动画窗格”。

2. 设置超链接和动作按钮

（1）将毕业论文答辩演示文稿目录页中的各个目录条设置超链接，以“研究内容”这个文本为例来说明，其他的设置类似。将“研究内容”链接到第 6 张幻灯片，具体操作步骤如下。

① 在“普通”视图中，选择要用作超链接的文本“研究内容”。

② 在“插入”选项卡上的“链接”组中，单击“超链接”。

③ 在“插入超链接”对话框中的“链接到”下，单击“本文档中的位置”，在“请选择文档中的位置”中选择“6.幻灯片 6”，单击“屏幕提示”输入超链接屏幕提示信息，如“第 6 张幻灯片”等，如图 5-57 所示。最后单击“确定”按钮，文本“研究内容”将带有下划线。则在播放时，将鼠标悬置于文本“研究内容”上时，鼠标变成手形光标，并显示提示信息“第 6 张幻灯片”。

（2）在第 6 张幻灯片，即“研究内容”所在幻灯片设置一个返回到第 2 张幻灯片的动作按钮，具体操作步骤如下。

① 单击“插入”选项卡中“插图”组的“形状”，打开“形状列表”，在其中单击“动作按钮”中的“自定义”动作按钮，打开“动作设置”对话框，在“单击鼠标”选项卡下单击“超链接到”，在其下拉列表中选择“幻灯片...”，打开“超链接到幻灯片”对话框，选择“2． 幻灯片 2”，如图 5-58 所示。最后单击“确定”按钮。

② 选定该动作按钮，右击，打开快捷菜单，单击“编辑文字”，输入“返回第 2 张幻灯片”的文字信息，用来提示该动作按钮的作用。

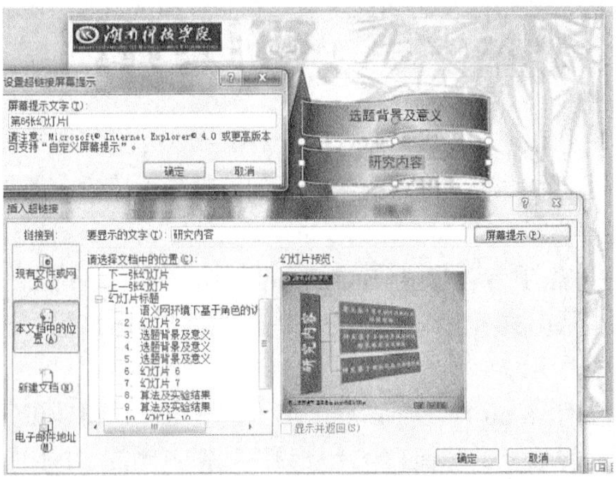

图 5-57　为文本插入超链接

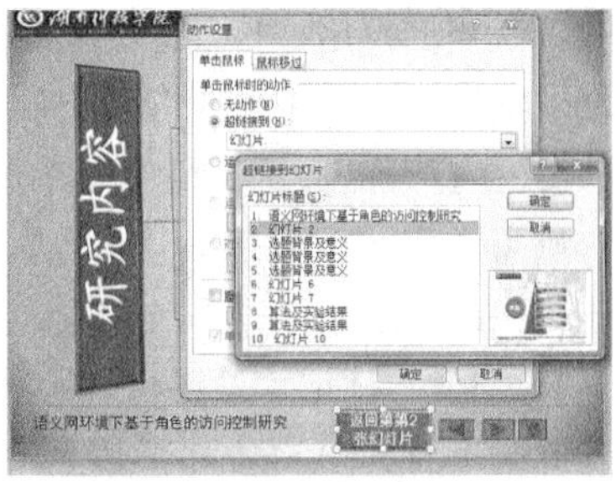

图 5-58　设置动作按钮

3. 设置幻灯片的切换效果

具体的操作步骤如下。

① 打开“毕业论文答辩”演示文稿，单击“切换”选项卡，在“切换到此幻灯片”组中打开幻灯片切换方式列表，在列表中选择“细微型”中的“推进”切换方式。

② 在“效果选项”的下拉列表中选择“自右侧”。

③ 在“计时”组中单击“换片方式”的“单击鼠标时”复选框，然后单击“全部应用”。

5.5 演示文稿的保护和输出

5.5.1 案例分析

经过几天的努力，小李终于制作完了毕业论文答辩演示文稿，自己做的演示文稿漂亮美观而又不失庄重，内容详细而又清新整洁。欣喜之余，小李不免又有些担心，自己好不容易做出来的PPT，要是被别人拷走，或随意修改或传播，这是自己不想看到的。同时也希望将自己做出的这个演示文稿以某种方式长久地保存下来。

设计要求：

（1）为演示文稿加密，实现对演示文稿的保护；

（2）将演示文稿以图片的形式保存下来。

5.5.2 知识储备

PowerPoint 2010 对文稿提供了多种保护措施及多种形式输出演示文稿的功能。

1. 文稿保护

随着网络信息时代的到来，信息传播的速度日益加快，文稿资料的安全不容忽视。如果演示文稿涉及一些重要的机密信息而需要防止文稿被恶意盗用或破坏，或者不希望别人查看自己设计方法等细节，或不希望别人修改相关内容而挪作他用等，则要为文稿设置安全保护。PowerPoint 2010 提供了对演示文稿的几种安全保护措施，例如将文稿标置为最终状态、加密、人员限制、使用数字签名等。从实用性考虑，本小节只介绍设置为最终状态和加密两种保护措施。

（1）文稿的最终状态设置

将演示文稿设置为最终状态，将禁用或关闭键入、编辑命令和校对标记，并且演示文稿将变为只读。当其他用户打开该文稿时，只能浏览阅读而无法篡改文稿里面的内容。该命令还可防止审阅者或读者无意中更改演示文稿，具体操作如下。

① 在打开的演示文稿中，单击“文件”选项卡，打开 Backstage 视图，单击“信息”项按钮，则可看到“有关×××的信息”中的“保护演示文稿”按钮，单击“保护演示文稿”按钮，弹出“保护演示文稿”下拉列表，如图 5-59 所示。

② 选择“标记为最终状态”项，打开如图 5-60 所示对话框，单击“确定”按钮即可完成设定。此时可看到图 5-60 中“信息”列表功能界面上的“保护演示文稿”按钮右侧的“权限”两字变成了桔黄色，且提示文字变成了“此演示文稿已标记为最终状态以防止编辑”。

图 5-59　“保护演示文稿”下拉菜单

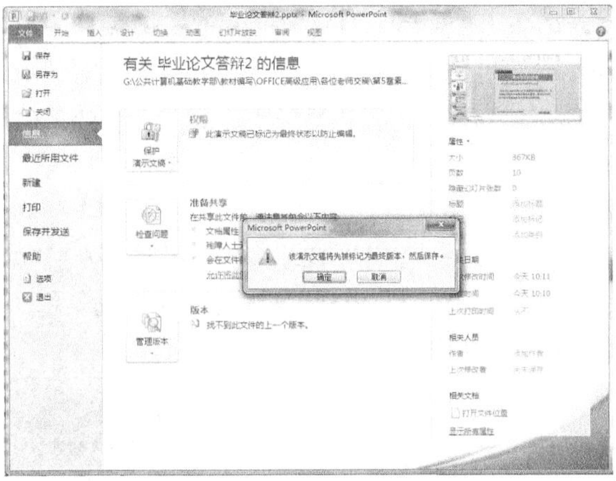

图 5-60　“确定”设定对话框

③ 单击“开始”选项卡或重新打开该演示文稿时，将会弹出一条黄色警告信息，提示用户该演示文稿已经标记为最终状态，并且可以看到“开始”等选项卡中的各个按钮都呈现为未激活状态。但我们发现提示信息中同时提供了一个“仍然编辑”按钮，如图 5-61 所示，单击该按钮后，文稿又可以恢复编辑。这说明这项保护功能有其局限性。

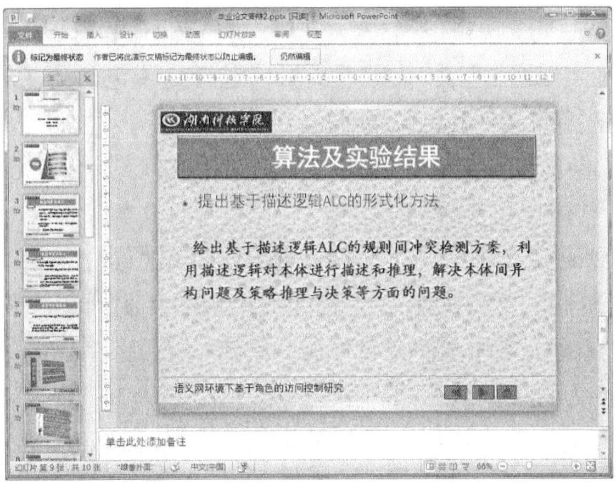

图 5-61　打开已标记为最终状态的演示文稿

（2）加密

对制作好的演示文稿设置密码，可以使陌生用户在不知道密码的情况下无法打开演示文稿进行浏览或篡改。加密的方法如下。

① 在图 5-59 所示和“保护演示文稿”下拉列表中，选择“用密码进行加密”，将显示“加密文档”对话框，如图 5-62 所示。

② 在“密码”框中键入密码，单击“确定”按钮，弹出“确认密码”对话框，输入相同的密码，单击“确定”按钮，完成加密。

则该演示文稿已经实现加密功能，再次打开时需要输入正确的密码，否则将不能打开。值得注意的是：Microsoft 公司也不能取回丢失或忘记的密码，因此应将您的密码和相应文件名的列表存放在安全的地方。

2. 文稿输出

除了放映、打包及打印输出外，PowerPoint 2010 还提供了其他文稿输出功能，例如演示文稿与 Word 文档转换、演示文稿的视频转换、演示文稿生成 PDF 阅读文档、生成图片演示文稿等。

（1）演示文稿的打包

PowerPoint 提供了文件打包功能，可以将演示文稿的所有文件（包括链接文件）压缩并保存在磁盘或 CD 中，以便安装到其他计算机上播放或发布到网上。

① 打包成 CD，具体操作步骤如下。

a. 将 CD 放入刻录机，然后单击“文件”选项卡的“保存并发送”项，选择“将演示文稿打包成 CD”项，单击“打包成 CD”按钮，出现“打包成 CD”对话框，如图 5-63 所示，在“将 CD 命名为”文本框中输入 CD 的名称。

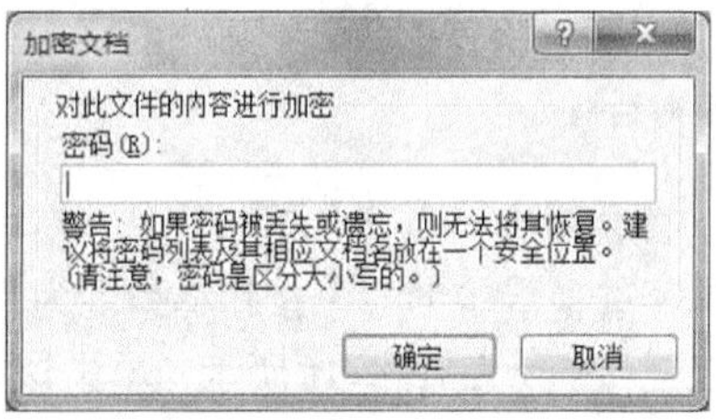

图 5-62 “加密文档”对话框

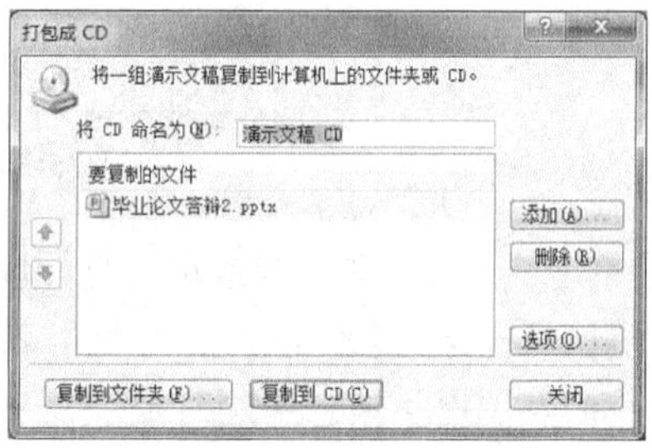

图 5-63 “打包成 CD”对话框

b. 单击“添加”按钮，可以添加多个演示文稿，将它们一起打包。

c. 单击“选项”按钮，出现“选项”对话框，可以选择是否包含链接的文件和嵌入的 TrueType 字体等选项，默认包含链接的文件和嵌入的 TrueType 字体。

d. 单击“复制到 CD”按钮，即可将选中的演示文稿文件刻录到 CD 中。

② 打包到文件夹，具体操作步骤如下。

a. 若要将文件打包到磁盘文件的某个文件夹或某个网络位置，在如图 5-63 所示的“打包成 CD”对话框中，单击“复制到文件夹(F)...”按钮，出现“复制到文件夹”对话框。

b. 选中打包文件所在的位置和文件夹名称后，单击“确定”按钮，系统开始打包。

（2）将演示文稿转换为直接放映格式

将演示文稿转换为直接放映格式后，可以在没有安装 PowerPoint 应用程序的计算机上直接放映。具体的操作步骤如下。

① 打开演示文稿，然后单击“文件”选项卡的“保存并发送”项，在“文件类型”列表中选择“更改文件类型”项，打开“更改文件类型”列表。

② 双击“PowerPoint 放映”按钮，出现“另存为”对话框，其中自动选择保存类型为“PowerPoint 放映（*.ppsx）”，选择存放路径和文件名，然后单击“保存”按钮即可。

说明：双击放映格式（*.ppsx）文件即可放映该演示文稿。

（3）将演示文稿转换成视频

PowerPoint 2010 提供了将演示文稿转换成视频的功能，还可以一并录制背景音乐、旁白。因此，可以生成一个自动播放的演讲，而不需要演讲者本人在场，具体操作步骤如下。

① 打开需要转换的演示文稿，单击“文件”选项卡，选中“保存并发送”项，再单击“创建视频”按钮，出现“创建视频”列表，如图 5-64 所示。

图 5-64　创建视频

② 在列表中单击“不使用录制计时和旁白”下拉按钮，在弹出的快捷菜单中根据需要选择是否录制计时和旁白；

③ 设置完成后，单击下方的“创建视频”按钮，打开“另存为”对话框，选定创建后的视频存放的位置及文件名。创建的视频为“Windows Media 视频（*.wmv）”格式，单击“保存”按钮开始进行转换。如果要将演示文稿中的背景音乐合并到视频中，必须保证该音乐文件是“包含在演示文稿中”的。

（4）将演示文稿转换为 PDF 文件输出

PDF 文件格式是作为全世界可移植电子文档的通用格式，能够正确保存源文件的字体、格式、颜色和图片，使文件的交流可以轻易跨越应用程序和系统平台的限制，是当前流行的一种文档格式。将演示文稿转换为 PDF 文件输出的具体操作如下。

① 单击“文件”选项卡中的“另存为”项，打开“另存为”对话框，在“另存为”对话框中选择“PDF（*.pdf）”选项，如图 5-65 所示。

② 单击“另存为”对话框中的“选项”按钮，打开“选项”对话框，如图 5-66 所示，在该对话框中可以设置幻灯片范围、发布选项、包括非打印信息、PDF 选项等，在设置完成后单击“确定”按钮保存更改。

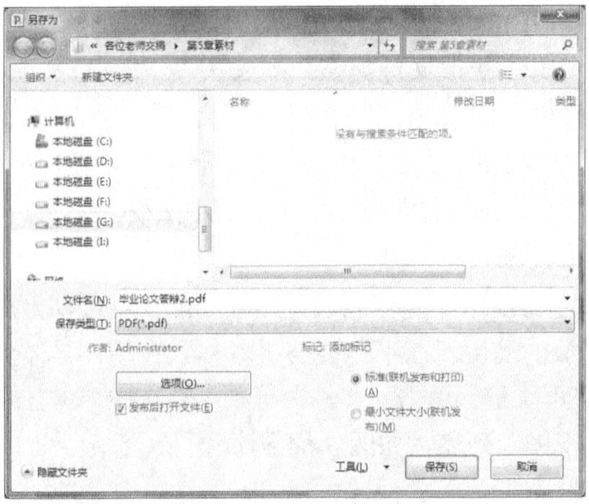

图 5-65　“另存为”对话框

③ 单击“另存为”对话框中的“工具”下拉按钮，在打开的下拉列表中选择“常规选项”命令，打开“常规选项”对话框，如图 5-67 所示，在该对话框中可以为输出得到的 PDF 文件设置密码。

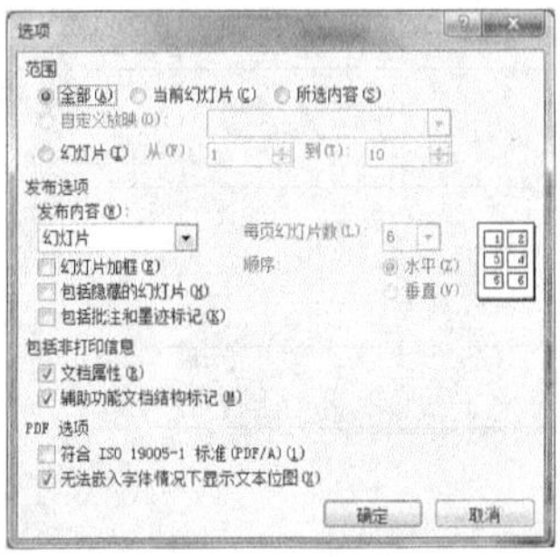

图 5-66　“选项”对话框

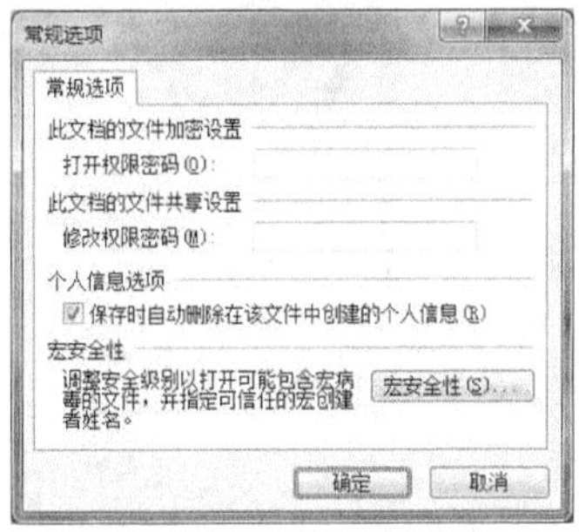

图 5-67　“常规选项”对话框

④ 单击“确定”按钮，返回“另存为”对话框主页面，选定 PDF 文件保存的位置，并输入文件名，最后单击“保存”按钮，完成 PDF 文件的转换输出。

（5）将演示文稿转换为图片输出

演示文稿的图片输出是指将幻灯片转换成图片，生成相应的图片文件。可以仅将当前的幻灯片页面转换为图片，也可以将演示文稿中所有幻灯片转换为多张图片输出，具体操作如下。

① 单击“文件”选项卡，选择“另存为”项，打开“另存为”对话框，在该对话框中选择相应的图片文件格式，如“JPEG 交换文件格式（*.jpg）”或“GIF 可交换的图形格式（*.gif）”或*.png 格式或*.bmp 格式等。

② 选定文件保存的位置，并输入文件名，单击“保存”按钮，打开如图 5-68 所示的对话框，选择希望转换的方式进行转换。其中“每张幻灯片”会将演示文稿中所有幻灯片进行转换，会在选定的目录下创建一个子目录，每张幻灯片都将生成一个图片文件，文件名称为设定的文件名加上自动序号。

图 5-68　转换对话框

5.5.3　案例实现

1. 为小李的毕业论文答辩演示文稿加密

具体操作步骤如下。

① 打开“毕业论文答辩.PPT”演示文稿，单击“文件”选项卡“信息”项，再单击“保护演示文稿”按钮，弹出“保护演示文稿”下拉菜单。

② 单击“用密码进行加密”按钮，打开“加密文档”对话框，在“密码”框中键入密码“123”，单击“确定”按钮，弹出“确认密码”对话框，输入相同的密码“123”，单击“确定”按钮，完成加密。以后要打开此文档必须输入密码“123”才能打开。

2. 将小李的毕业论文答辩演示文稿转换为图片输出

具体操作步骤如下。

① 打开“毕业论文答辩.PPT”演示文稿，单击“文件”选项卡，选择“另存为”项，打开“另存为”对话框，在该对话框中选择“JPEG 交换文件格式（*.jpg）”图片文件格式。

② 选定文件保存的位置，并输入文件名“毕业论文答辩 2”，单击“保存”按钮，在打开的对话框中，单击“每张幻灯片”，此时在选定的目录下创建一个子目录名为毕业论文答辩 2，在该子目录中，图片文件依次为“幻灯片 1.jpg”“幻灯片 2.jpg”等。

5.6　综合案例

5.6.1　案例分析

设置一个“学院简介.pptx”演示文稿，设计效果图如图 5-69 所示。

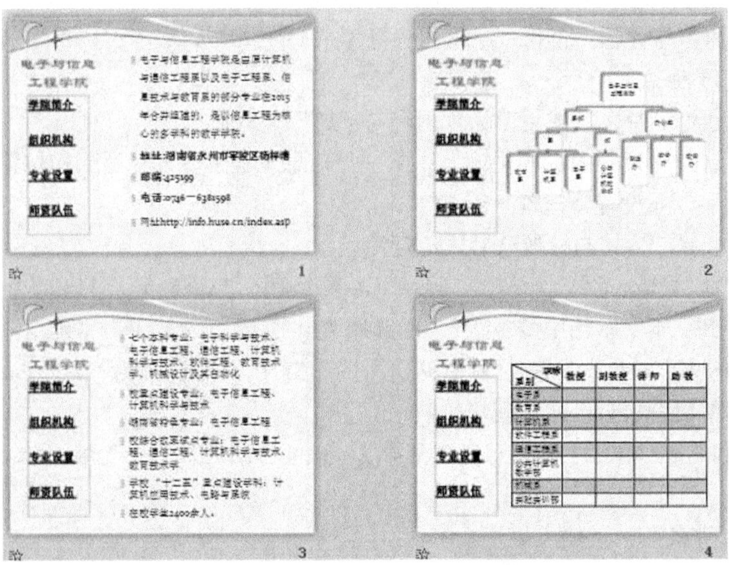

图 5-69　“学院简介”演示文稿效果图

设计要求：

（1）设置幻灯片的主题为“流畅”。配色方案为“文字/背景-深色 1”的颜色定义为黑色，“强调文字颜色 1”的颜色定义为蓝色（15，111，198）。

（2）将所有幻灯片的背景设为“新闻纸”的纹理。

（3）编辑幻灯片母版。在左上角插入自选图形“月亮”和“星星”，适当旋转；在“内容与标题”版式中，将其标题占位符形状效果为“三维旋转中”的“倾斜左上”；设置“内容与标题”版式中标题占位符为隶书，36 号；文本占位符为宋体，28 号，项目符号为 § 。

（4）在“标题和内容”版式中输入如图 5-69 所示的文字，第 2 张幻灯片插入 SmartArt 图形，第 4 张幻灯片插入表格。

（5）对第 2 张幻灯片中 SmartArt 图形设置动画。

（6）对左边的文字“学院简介、组织机构、专业设置、师资队伍”分别设置超链接到相对应的幻灯片，网址也设置超链接到对应的网址上。

（7）设置幻灯片的切换方式。

（8）将演示文稿转换为直接放映格式输出。

5.6.2 案例实现

具体操作步骤如下。

（1）新建一个文件名为“电子与信息工程学院.pptx”演示文稿。

（2）单击“设计”选项卡中“背景”组的“背景样式”，打开“背景样式”列表，单击“设置背景格式...”命令，打开“设置背景格式”对话框，单击“图片或纹理填充”单选钮，单击“纹理”打开纹理下拉列表，选定“新闻纸”纹理，单击“全部应用”即可。

（3）单击“视图”选项卡的“幻灯片母版”，在母版视图中，在幻灯片母版的左上角插入自选图形“月亮”和“星星”，适当旋转，“月亮”黄色、“星星”为红色。

（4）在“内容与标题”版式中，将其标题占位符形状效果设为“三维旋转中”的“倾斜左上”。

（5）设置“内容与标题”版式中标题占位符为隶书，36 号；文本占位符为宋体，28 号，项目符号为 § ，关闭母版视图。

（6）将“标题幻灯片”版式更改为“内容与标题”版式。

（7）在第 1 张幻灯片中的标题栏输入：电子与信息工程学院，在适当的位置输入文字：学院简介、组织机构、专业设置、师资队伍。

（8）再新建 3 张“内容与标题”版式幻灯片。

（9）选定文本“学院简介”，单击“插入”选项卡中的“超链接”，打开“编辑超链接”对话框，选择“链接到：本文本当中的位置”，再选择第 1 张幻灯片，单击“确定”按钮完成设置。同样设置“组织机构”“专业设置”“师资队伍”的超链接，分别链接到第 2、3、4 张幻灯片。然后对文本及文本框设置成自己认为理想的效果。

（10）再将第 1 张幻灯片上的信息复制到第 2、3、4 张幻灯片上，使得 4 张幻灯片版式及内容完全一样。

（11）在第一张幻灯片上输入以下文字：

电子与信息工程学院是由原计算机与通信工程系以及电子工程系、信息技术与教育系的部分专业在 2015 年合并组建的，是以信息工程为核心的多学科的教学学院。

地址：湖南省永州市零陵区杨梓塘

邮编：425199

电话：0746－6381598

网址：http://info.huse.cn/index.asp

（12）选定网址“http://info.huse.cn/index.asp”单击“插入”选项卡中的“超链接”，打开“编辑超链接”对话框，选择链接到：“现有文件或网页”，在地址栏输入 http://info.huse.cn/index.asp 即可。

（13）在第 2 张幻灯片上插入如图 5-70 所示的 SmartArt 图形，并输入相应的文字。

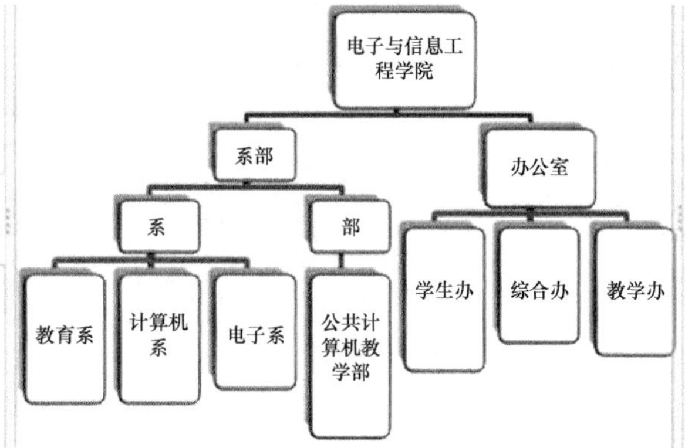

图 5-70　SmartArt 图形

（14）第 3 张幻灯片输入以下文字：

七个本科专业：电子科学与技术、电子信息工程、通信工程、计算机科学与技术、软件工程、教育技术学、机械设计及其自动化。

校重点建设专业：电子信息工程、计算机科学与技术。

湖南省特色专业：电子信息工程。

校综合改革试点专业：电子信息工程、通信工程、计算机科学与技术、教育技术学 。

学校“十二五”重点建设学科：计算机应用技术、电路与系统。

在校学生 2400 余人。

（15）第 4 张幻灯片插入以下的师资队伍表格，如图 5-71 所示的表格。

职称 系别	教授	副教授	讲师	助教
电子系				
教育系				
计算机系				
软件工程系				
通信工程系				
公共计算机教学部				
机械系				
实验实训部				

图 5-71　师资队伍表

（16）选定第 2 张幻灯片中 SmartArt 图形，单击“动画”选项卡，添加“随机线条”动画样式。

（17）单击“切换”选项卡，选择“溶解”的切换方案，然后单击“全部应用”。

（18）单击“文件”选项卡的“保存并发送”项，在“文件类型”列表中选择“更改文件类型”项，打开“更改文件类型”列表，双击“PowerPoint 放映”按钮，出现“另存为”对话框，其中自动选择保存类型为“PowerPoint 放映（*.ppsx）”，选择存放路径和文件名，然后单击“保存”按钮即可。

习 题

【习题一】

制作一个《古诗词欣赏》课件，设计要求如下：

（1）插入第一张版式为标题的幻灯片，第二张版式为两栏内容的幻灯片，第三张为标题和内容幻灯片，第四张版式为垂直排列标题和文本的幻灯片。

（2）在各张幻灯片上输入文本如图 5-72 所示。

图 5-72 《古诗词欣赏》课件示例效果图

（3）在第二张幻灯片上插入图片“李清照”图像文件。其余幻灯片上各插入喜欢的剪贴画。

（4）应用设计模板“暗香扑面”。

（5）将母版文本设为华文行楷，一级文本字号设为 28 号，二级文本字号设为 24 号。

（6）将母版标题文本的动画效果设置为自左侧“擦除”，其他文本动画效果设置为从左上部“飞入”。

（7）重新修改第 1 张幻灯片上字号，标题为 66 号字、副标题为 48 号字。

（8）设置所有幻灯片的切换效果为从左上部“擦除”，换片方式为“单击鼠标时”。

【习题二】

制作一个产品介绍演示文稿，设计要求如下：

（1）设置幻灯片的长为 15cm、宽为 15cm。

（2）将所有幻灯片的背景设为某一图片文件，透明度为 40%。

（3）在幻灯片母版的右上角插入图片为产品所在公司的名称或工司徽标。

（4）插入第一张版式为空白的幻灯片。

（5）在第一张幻灯片上插入该产品图片。

（6）在第一张幻灯片上插入艺术字“2017”，采取“填充-强调文字颜色 2，粗糙棱台”的艺术字样式，字体为 arial black，字号为 60。

（7）将第一张幻灯片的艺术字和图片组合。

（8）在第一张幻灯片上插入音频为某一首歌曲，设置自动播放 3 张幻灯片后停止播放。

（9）对第一张幻灯片自定义动画：从上部飞入。

（10）插入第二张版式为空白的幻灯片，插入该产品图片。再插入文本框，输入产品的名称（隶书、40 号、红色、阴影效果），将文字和图片组合。

（11）对第二张幻灯片自定义动画：动画效果为从右下角飞入。

（12）在第三张幻灯片上插入文本框，输入产品介绍文字（华文行楷、32 号、加粗、阴影、居中），设置文本框填充白色，形状轮廓为红色 3 磅。

（13）设置幻灯片切换的方式为水平百叶窗，每隔 8 秒换页。

（14）设置演示文稿的放映方式为在展台浏览。示例效果图如图 5-73 所示。

图 5-73　产品介绍示例图

【习题三】

现在手机的照相功能越来越强大，每个使用智能手机的用户都可能存放了大量的照片，利用 PowerPoint 2010 的强大功能制作一个电子相册，向亲朋好友展示多姿多彩的生活，并转换成视频输出。

提示

利用“插入”选项卡“图像”组的“相册”可以制作成电子相册，如图 5-74 所示。然后为每个幻灯片中的照片添加文字说明，设置背景、动画效果及切换效果等制作一个精美的相册。

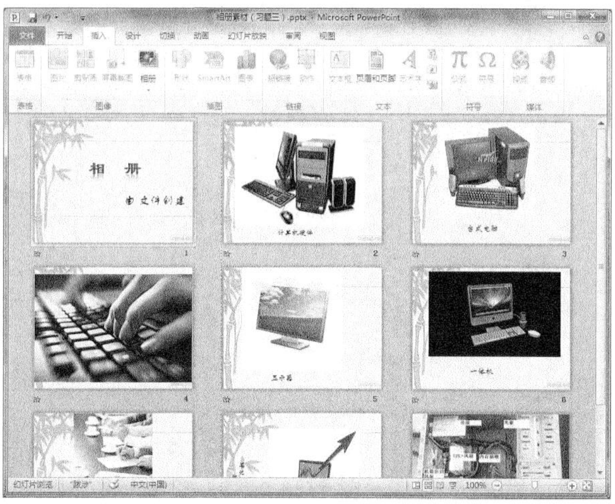

图 5-74　PPT 制作电子相册示例

第 6 章 VBA 基础知识及在 Office 软件中的应用

6.1 VBA 工作环境

Visual Basic for Applications（VBA）是一种编程语言，是 Visual Basic 的一个分支。它依托于 Office 软件，是 Microsoft 公司用于其 Office 软件套件的一种语言，不能独立运行，可供用户编写宏，对 Office 进行二次开发。

6.1.1 启动 VBE

在计算机高级语言中，每一门语言都有自己的开发环境，Microsoft 提供了 VBA 的开发环境，即 Visual Basic 编辑器（Visual Basic Editor，VBE），在 VBE 的窗口中用户可以编写、调试和运行应用程序。

启动 VBE 的方法有以下几种。要打开 VBE 窗口，首先须打开 Word、Excel、Powerpoint 2010 中文版（以下我们主要在 Word VBA 编辑器中介绍 Office VBA 的基本概念和使用方法）。

方法一：使用“开发工具”选项卡。具体操作步骤如下。

（1）选择“文件”选项卡中的“选项”命令，或者在功能区空白处单击鼠标右键，在快捷菜单中选择“自定义功能区”，打开“Word 选项”对话框，如图 6-1 所示。

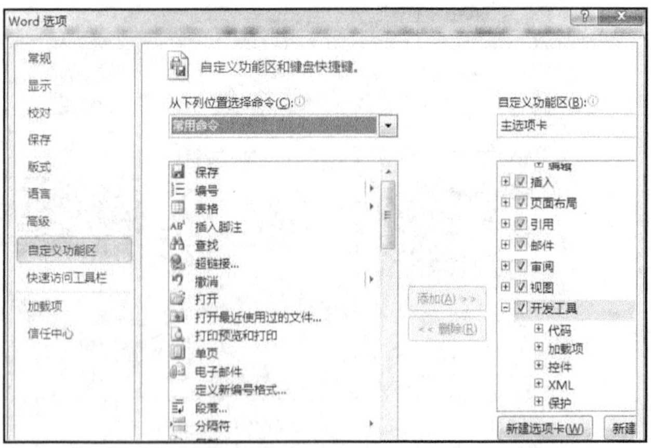

图 6-1 “Word 选项”对话框

（2）在对话框左侧选择“自定义功能区”。勾选对话框右侧列表框中的“开发工具”复选框。单击“确定”关闭对话框。

（3）功能区中增加了“开发工具”选项卡，单击“开发工具”选项卡中的“Visual Basic”按钮，即可打开 VBE。

方法二：使用快捷键。具体操作步骤如下。

在 Office 的工作界面下，直接使用【Alt+F11】组合键即可打开 VBE。

方法三：使用快速访问工具栏。具体操作步骤如下。

（1）选择“文件”选项卡中的“选项”命令，打开“Word 选项”对话框。

（2）在对话框左侧选择“快速访问工具栏”。单击右侧的“从下列位置选择命令”下拉列表中选择“开发工具选项卡”。在下面的列表框中选择“Visual Basic”命令，单击“添加”按钮，将其添加到右侧列表框中，如图 6-2 所示。

（3）添加成功后，在快速访问工具栏中单击“Visual Basic”按钮即可打开 VBE。

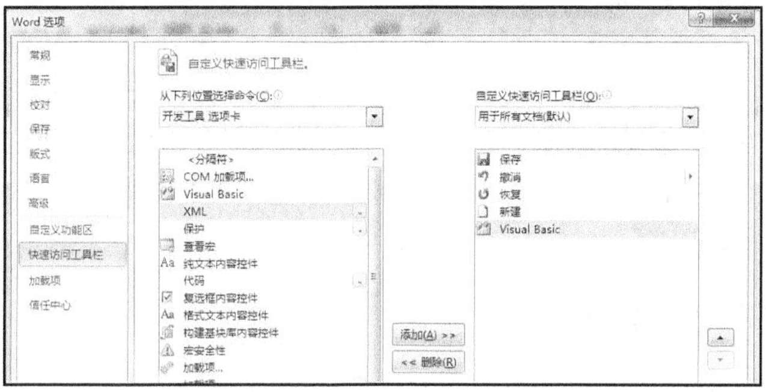

图 6-2　添加了 Visual Basic 的“Word 选项”对话框

6.1.2　VBE 的界面

在 Office 中文版中，VBE 是 Microsoft Visual Basic 6.5 版本，它的操作界面默认状态下由标题栏、菜单栏、工具栏、工程资源管理器窗口、属性窗口、代码窗口组成，如图 6-3 所示。

（1）标题栏。标题栏位于窗口的顶部，含有“控制菜单”图标。其左侧显示当前窗口的标题，右侧是一组最大化、最小化和关闭按钮。

（2）菜单栏。菜单栏位于标题栏之下，有“文件”“编辑”“视图”“插入”“格式”“调试”“运行”“工具”“外接程序”“窗口”和“帮助”11 个菜单项，这些下拉菜单包含了 VBE 的各种功能。

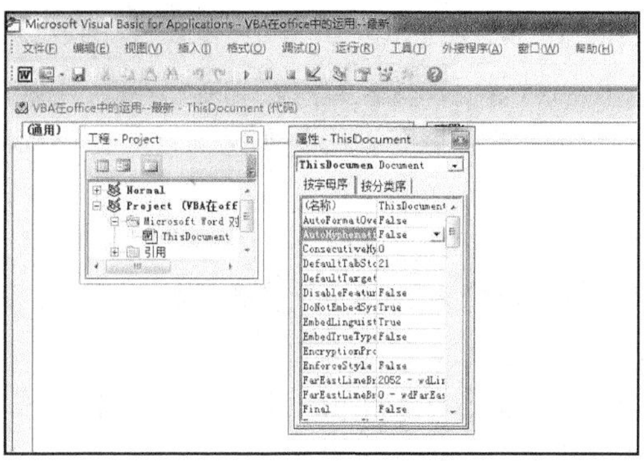

图 6-3　VBE 窗口

（3）工具栏。工具栏中包含了一系列的常用菜单命令，工具栏提供了对命令的快捷访问。VBE 提供了 4 种工具栏，即“标准”“编辑”“调试”和“用户窗体”，用户可以在“视图”菜单中的“工具栏”子菜单中进行选择。

（4）工程资源管理器窗口。工程资源管理器窗口可以对 VBA 工程、Excel 对象、模块等进行管理，它显示了工程层次结构的列表以及每个工程包含和利用的项目，是以树形目录的形式显示了当前工程中的各类文件清单。每一个打开的文档都可作为一个工程，工程节点展开后包含了该文档中的对象，不同的对象都有对应的代码窗口。单击菜单栏中的“视图”→“工程资源管理器”命令（或按下 Ctrl+R 组合键），或单击工具栏中的“工程资源管理器”按钮，就可以显示工程资源管理器窗口。

（5）属性窗口。属性窗口中列出了所选对象在设计时的属性以及当前的设置，可在设计时改变这些属性。单击菜单栏中的“视图”→“属性窗口”命令（或按下 F4 快捷键），可以单击工具栏中的“工程资源管理器”按钮，就可以打开属性窗口。

（6）代码窗口。利用代码窗口可以输入和编辑 VBA 应用程序代码。单击菜单栏中的“视图”→“代码窗口”命令（或按下 F7 快捷键），就可以显示代码窗口。工程资源管理器中的每一个对象都有一个相关联的代码窗口，在代码窗口的顶部有两个下拉列表，左边一个为“对象”下拉列表，用来显示选择的对象名称；右边一个为“过程”下拉列表，列出了所选对象的所有事件。

除了以上的窗口外，VBA 还提供了“本地窗口”“监视窗口”和“立即窗口”，这几个窗口是为了调试和运行程序而提供的。

6.1.3 设置 VBE 开发环境

在 Word VBE 开发环境中，单击菜单“工具”→“选项”命令，可打开“选项”对话框，如图 6-4 所示。

利用该对话框可以根据自己的需要来定义 Word VBE 开发环境。

1. 编辑器选项

在编辑器选项中，可以分别对代码和窗体进行设置。

（1）自动语法检测：用于设置在输入代码时，是否自动检查代码语法。

（2）要求变量声明：选中该选项，VBE 将会在新插入的模块起始处增加如下代码语句：

```
Option Explicit
```

如果该语句出现在模块中，就必须定义模块中使用的每个变量，否则遇到未定义的变量，将出现错误提示。

（3）自动列出成员：如果选中该项，VBE 将自动列出对象的成员列表。

（4）自动显示快速信息：如果选中该项，将显示所输入函数及其参数的信息。

（5）自动显示数据提示：如果选中该项，将显示出指针所在位置的变量值，注意该项只能在中断模式下使用。

（6）自动缩进：如果选中该项，VBE 将按照设置的“Tab 宽度”值自动缩进显示每行代码。

（7）Tab 宽度：设置缩进量，范围为 1 ~ 32 个空格，默认值为 4 个空格。

2. 编辑器格式选项

选择“编辑器格式”选项卡，该选项卡主要用来设置代码编辑区或立即窗口内的代码的显示颜色，字体名称和字体大小等内容，如图 6-5 所示。

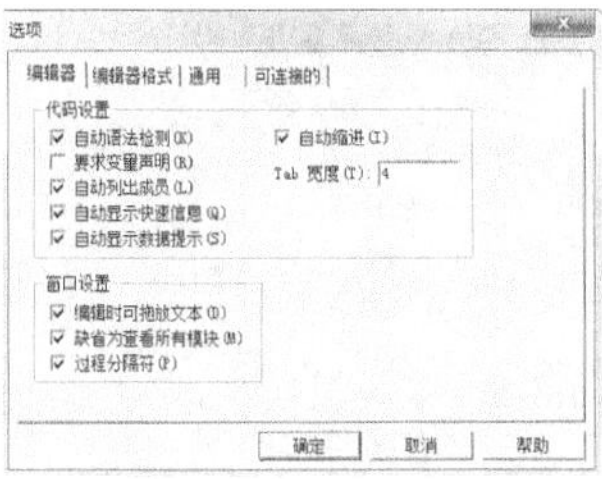

图 6-4 “选项”对话框

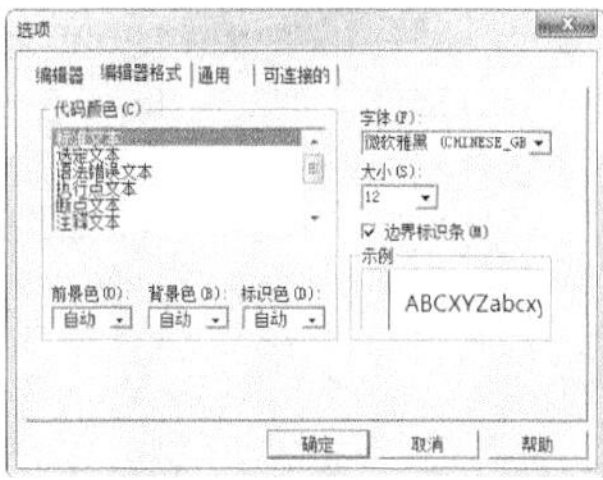

图 6-5 “编辑器格式”选项卡

3. 通用选项

选择“通用”选项卡。在该选项卡中可以设置是否在设计模式下的窗体上显示网格，以及显示网格的宽度和高度等。一般只需采用默认值即可。

除了上面介绍的 3 个选项卡外，通过“可连接的”选项卡可以设置在集成开发环境中能放置的窗口。

6.1.4 宏安全性

宏是一种用 VBA 语言编写的程序模块，完成后可被关联至某个工具栏按钮，方便用户使用。

1. 打开包含宏的文件

在打开包含宏命令的 Word 文件时，可能会在功能区的下方弹出一条“安全警告”或“Microsoft Word 安全声明”（图 6-6）。用户可以单击“启用内容”或“启用宏”按钮，则文档中的宏可以被运行。若单击右侧的关闭按钮×或“禁用宏”按钮，则无法运行文档中的宏，但是可见宏名和可查看宏代码。

2. 设置宏安全性

如果用户非常信任各种来源的 VBA 代码，可以单击功能区“开发工具”选项卡“代码”组中的“宏安全性”按钮，打开“信任中心”对话框（图 6-7），将“宏设置”为“启用所有宏”（但这样很容易中“宏病毒”），具体步骤如下。

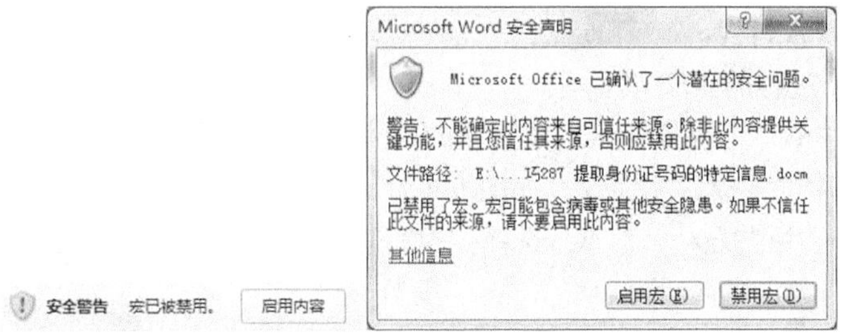

图 6-6 宏安全警告

（1）单击“开发工具”选项卡，选择“代码”选项组中的“宏安全性”命令按钮，弹出“信任中心”对话框，如图 6-7 所示。

（2）在左侧选择“宏设置”命令，在右侧的“宏设置”中选择“启用所有宏”单选按钮。

（3）在“开发人员宏设置”中勾选“信任对 VBA 工程对象模型的访问”，单击“确定”按钮关闭对话框。

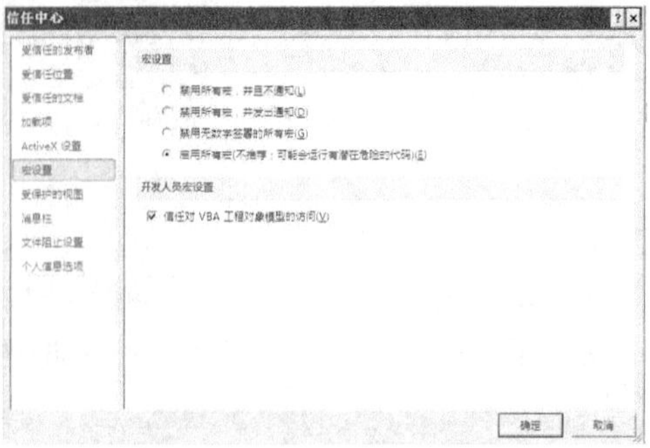

图 6-7 “信任中心”对话框

3. 保存含有宏的文件

宏主要用来实现日常工作中的某些任务的自动化操作，由于使用 VBA 代码可以控制或者运行 Office 软件以及其他应用程序，因此这些强大的功能可以被用来制作计算机病毒。默认情况下，将 Office 软件设置为禁止宏的运行。

在保存含有宏命令的文档时，若按照默认的文件类型来保存，系统将弹出如图 6-8 所示的对话框。单击“是”则宏操作将不能被保存，单击“否”则回到“另存为”对话框。在“文件类型”列表框中重新选择能够运行宏的其他文件类型，包含宏 Word 的文档应保存为 docm 或 dotm 格式。

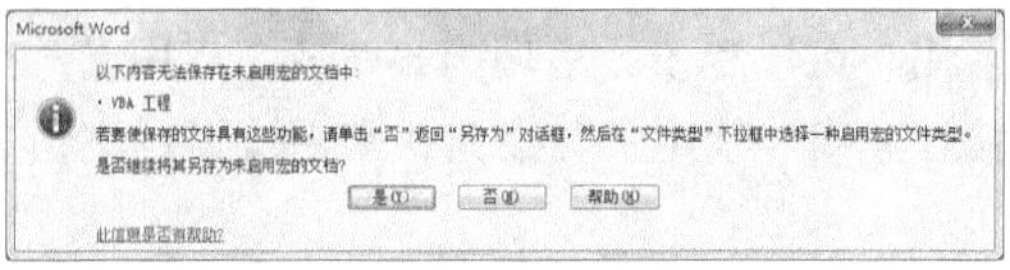

图 6-8 保存含有宏命令的文件时弹出的对话框

6.1.5 在 VBE 中创建一个 VBA 过程代码

下面演示在一个新建的文档中，该如何创建一个 VBA 过程并运行该过程。

1. 新建一个 VBA 过程

新建一个 VBA 过程的步骤如下。

（1）在 VBE 左侧“工程资源管理器”中的“Project1”处单击鼠标右键，在弹出的快捷菜单中选“插入”命令中的“模块”命令，如图 6-9 所示。

（2）单击菜单栏中“插入”菜单，选择“过程”命令，如图 6-10 所示，将弹出“添加过程”对话框窗口，如图 6-11 所示。

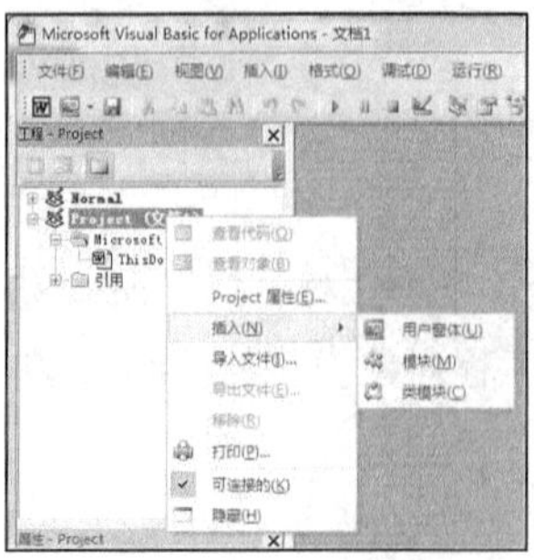

图 6-9 新建模块

图 6-10 新建过程

（3）在图 6-11 的“名称”文本框中输入 First，单击“确定”按钮。在“代码”窗口输入如图 6-12 所示的代码。到此，已经建立了一个 VBA 的过程。

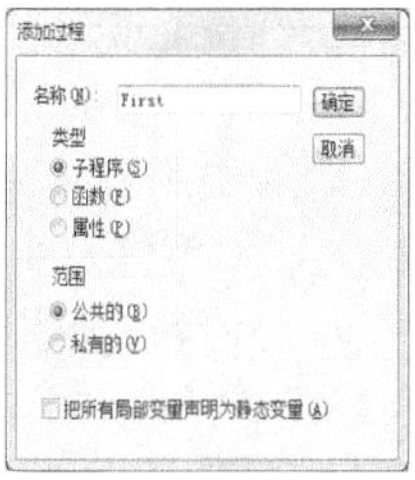

图 6-11　“添加过程”对话框

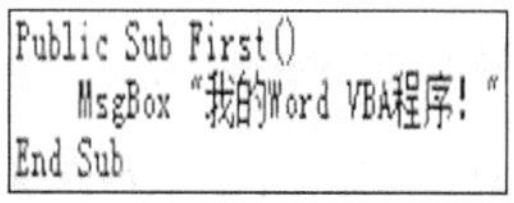

图 6-12　First 过程的代码

2. 运行 VBA 过程

要运行 First 过程，先将光标放在 First 过程中，然后单击 VBE“标准”工具栏上的“运行子过程/用户窗口”按钮▶，或按【F5】键，即可出现代码的运行结果——一个提示对话框。

3. 保存代码

单击 VBE“标准”工具栏上的“保存”按钮，此时将保存含有 VBA 代码的 Word 文档。如前所述，含有宏和 VBA 代码的 Word 文档要存为 docm 或 dotm 格式。

6.2　VBA 语言基础

6.2.1　面向对象程序基本概念

同其他任何面向对象的编程语言一样，VBA 里也有对象、属性、方法和事件。

1. 对象

对象就是代码和数据的结合。而在 VBA 的程序设计中，一个 Word 文档是一个对象，一个按钮也是一个对象。对象就是 VBA 要处理的元素，即 Microsoft Visual Basic 的基本构建基块，如文档、表、段落、书签、工作簿、工作表、单元格、图表等。对象可以相互包含，如一个工作簿中包含了多个工作表，一个工作表包含了多个单元格，这种对象的排列模式就成为对象模型。

2. 属性

属性是指对象的特性，像大小、颜色、状态等。例如对象的名称、标题等属性。每一个对象都有自己的属性，不同类型的对象有不同的属性。设置对象属性值的方法有两种：一种是通过属性窗口来设置；一种是在程序中通过代码来设置。在代码中设置属性时的格式如下：

```
对象名.属性名=属性值
```

例如，给窗体命名

```
Me.Caption = "欢迎! "
```

3. 方法

方法是指对象可以执行的动作，实际上，方法是一个对象内部预设的程序段，可以实现一些特殊的功能或操作。调用对象方式的格式如下：

```
对象名. 方法名 [参数]
```

说明 有些方法是不带参数的，而有些则一定需要参数。参数与方法名之间要用空格隔开。

4. 事件

事件是指由系统预先设置好的，能被对象识别的动作。例如单击鼠标、选中单元格、改变单元格数据、单击按钮、敲击键盘都是一个事件。当对象识别出某一事件发生时，就会响应该事件，即执行一段用户编写好的程序代码，从而实现对应的操作。这段被执行的代码称为事件过程。

6.2.2 VBA 中的关键字和标识字符

1. 关键字

在 VBA 中，系统规定了一些固定的有特殊意义的字符串，称为关键字。例如，变量类型 string、long 等；程序控制语句，如 if、then、else、for、next 等。在命名过程名称或变量名称的时候，不能使用这些关键字。常用的关键字如表 6-1 所示

表 6-1 VBA 中的常用关键字

and	do	goto	new	public	then
array	double	input	next	resume	time
as	else	integer	nothing	run	to
binary	elseif	is	null	seek	type
boolean	empty	let	object	select	until
byte	end	lock	on	set	variant
case	error	long	open	single	while
currency	exit	loop	option	static	with
date	explicit	me	or	step	xor
decimal	for	mid	print	string	false
dim	get	mod	private	sub	true

2. 标识符

标识符就是常量、变量、过程、参数的名称。在 VBA 中，名称的命名规则如下：

（1）变量名只能由字母、数字、下划线或汉字组成，不能包含空格、句点或类型说明符（如 %、@、&、$、#、!）；

（2）变量名必须以字母或汉字开头；

（3）名称的长度不可以超过 255 个字符；

（4）通常，使用的名称不能与 Visual Basic 本身的 Function 过程、语句以及方法的名称等关键字相同，若所使用的内建函数、语句或方法与所指定的名称相冲突，则必须显式地识别它。一般情况下，系统会将内建函数、语句或方法的名称之前加上关联的类型库的名称。例如，如果有一个名为 Lace 的函数，则只能用 VBA.Lace 来调用 Lace 函数；

（5）不能在范围的相同层次中使用重复的名称。

VBA 不区分大小写，但它会在名称被声明的语句处保留大写。

6.2.3 常量与变量

数据类型是告诉计算机将数据（如整数、字符串等）以何种形式存储在内存中。VBA 中的基本数据类型如表 6-2 所示。

表 6-2　　标准数据类型

数据类型（关键字）	存储空间(Byte)	类型符	范　围
整型（Integer）	2 字节	%	－32768 ~ 32767
长整型(Long)	4 字节	&	－2147483648 ~ 2147483647
单精度(Single)	4 字节	!	－3.402823E38 ~ 3.402823E38
双精度(Double)	8 字节	#	－1.79769313486232E308 ~ 1.79769313486232E308
货币型(Currency)	8 字节	@	－922337203685477.5808 ~ 922337203685477.5807
字节型(Byte)	1 字节	—	0 ~ 255
变长字符串(String)	10+串长度	$	0 ~ 大约 21 亿
定长字符串(String*Size)	串长度	$	0 ~ 65535
布尔型(Boolean)	2 字节	—	True 或 False
日期型(Date)	8 字节	—	1/1/100 ~ 12/31/9999
数字、文本（ Variant）	≥16 字节	—	数字：任何数字值，最大可达 double 的范围
对象型（ Object）	4 字节	—	任何对象

1. 常量

常量也叫常数，是指在程序运行过程中其值始终保持不变的量。常量可以是具体的数值，也可以是专门说明的符号。具体数值的常量又根据不同的数据类型分为数值常量、字符常量、逻辑常量、日期常量。符号常量在声明后值不可以再改变。

（1）普通常量

普通常量指的是在程序代码中直接出现的各种类型的数据，常量的数据类型由书写格式自动区分，不需要声明和定义。普通常量包括数值常量、字符串常量、布尔常量和日期常量。

① 数值常量。数值常量包括整数常量和浮点数常量两类。

整数常量主要包括整型、短整型、长整型、无符号整型、无符号长整型、无符号短整型、字符型和符号字节型。使用整数常量时大多采用十进制数，用户也可以根据需要采用八进制、十六进制的形式来书写和表示。

十进制形式：如 100、－256、0。

八进制形式：使用前缀&O 表示，如&O245。

十六进制形式：使用前缀&H 表示，如&H123、&H1A。

浮点数常量包括单精度浮点数常量和双精度浮点数常量。浮点数可以用小数形式和指数形式表示，当用指数形式表示时，由尾数、指数符号和指数 3 个部分组成。单精度浮点数的指数符号是 E，双精度浮点数的指数符号是 D。例如，123.45E3 或 123.45E+3 是单精度浮点数，相当于 123.45×10^3；123.45678D3 或 123.45678d+3 为双精度浮点数，相当于 123.45678×10^3。在上面的例子中，123.45 或 123.45678 是尾数部分，E3、D3 是指数部分，E 和 D 是指数符号。

② 字符串常量。字符串常量是由西文双引号引起来的一个或一串字符，其中的字符可以是 ASCII 码字符、汉字和其他可以打印的字符，而字符和字符串常量两端的双引号不是字符串常量的一部分，只起到界定的作用。例如，"abc"、"李四"、"B"都是合法的字符串常量。

③ 布尔常量。布尔常量只有真和假两个值，在 Visual Basic 中真值用 True 表示，假值用 False 来表示。

④ 日期常量。日期常量在书写时用定界符“#”把表示日期和时间的值括起来，如 #03/01/2010# 、#03/01/2010 18:55:06#、#January 1,2001# 等都是正确的日期常量。

（2）符号常量

在 Visual Basic 中可以定义一个符号来代表一个常量，这就是符号常量。

定义符号常量的语法格式如下。

```
[Public | Private]Const 常量名[As 类型] = 表达式
```

相关说明如下。

① Public 或 Private：可选项。Public 表示所定义的符号在整个项目中都是有效的；Private 表示所定义的符号常量只在当前所声明的模块有效。

② 常量名：必选项。它代表所定义的常量的名称，常量的命名必须符合 Visual Basic 的命名规则。

③ As 类型：可选项。类型可以是 Visual Basic 所支持的任何一种数据类型，每个常量都必须用单独的 As 子句，若省略该项，则数据类型由右边常数表达式值的数据类型决定。

④ 表达式：必选项。表达式由字符常量、算术运算符、逻辑运算符等组成。

声明常量的格式为：

```
Const 常量名 As 数据类型=常量的值
```

以下语句表示声明 Pi 为单精度类型的符号常量。

```
Const Pi As Single=3.1415
```

2. 变量

变量就是以符号形式出现在程序中，且取值可以发生变化的数据。变量具有名称和数据类型，实际上变量代表内存中的一块存储空间，通过变量名可以访问空间中存放的数据，该存储空间中的数据即为给变量赋的值，变量名代表了存储空间的地址，变量的数据类型决定了该变量存储数据的方式。根据变量的作用域的不同，可将变量分为过程级变量、模块级变量和全局变量。

变量有两个方面的特性，即名称和数据类型，因此声明变量也需要注意这两个方面。任何变量都具有一定的数据类型，用户可以通过声明来定义变量的数据类型。变量的声明分为显式声明和隐式声明。

① 显式声明。显式声明是在使用变量之前，先用声明语句声明变量。

声明变量的格式如下：

```
Private|Public|Dim|Static 变量名 As 数据类型
```

过程级变量：在一个过程中，使用 Dim 声明的变量称为过程级变量，也称为局部变量。其作用范围仅限于该过程。

模块级变量：在第一个过程前面的通用声明部分，用 Private 或 Dim 声明的变量是模块级变量。其作用范围是所在的窗体或模块中的所有过程。

全局变量：在第一个过程前面的通用声明部分，用 Public 声明的变量是全局变量。其作用范围是整个工程中所有窗体或模块中的过程。

静态变量：是在过程中用 Static 声明的变量。静态变量的值在过程结束后仍然保留。

② 隐式声明。隐式声明指的是在使用变量之前不需要事先声明该变量，而是在变量名后面加上一个类型说明符来说明该变量的数据类型。例如：IngVar&、StrVar$ 分别表示变量 IngVar、StrVar 为长整形、字符串型的变量。

③ 强制显式声明。良好的编程习惯都应该是先声明变量，后使用变量，因此可以设置强制显式声明，凡是在程序中出现的未经显式声明的变量名，Visual Basic 都会自动发出错误警告，这有效地保证了变量名使用的正确性。

6.2.4 运算符与表达式

1. 运算符

VBA 中运算符包括算术运算符、字符串连接运算符、关系运算符和逻辑运算符。运算符可用来组成不同类型的表达式。

（1）算术运算符。VBA 的算术运算符有 7 个，它们用于构建数值表达式或返回数值运算结果。算术运算符是非常常用的运算符，它的操作对象是数值型数据。表 6-3 列出了常用的算术运算符。

表 6-3 常用算术运算符

运算符	功 能	说 明
+	加法	用法与数学中的一致
−	减法	用法与数学中的一致
*	乘法	用法与数学中的一致
/	浮点除法	不论操作数的类型如何，结果都是双精度数
\	整除	结果为整型或长整型的数
MOD	取模运算	结果是第一个操作数整除第二个操作数所得的余数，正负号与第一个操作数相同，结果为整型
^	指数运算	结果为双精度数

（2）连接运算符。字符串连接运算符有“&”和“+”两种，其中“+”运算符既可用来计算数值的和，也可以用来进行字符串的串接操作。不过，最好还是使用“&”运算符来串接字符串。如果“+”运算符两边的表达式中混着字符串及数值的话，其结果会是数值的求和，只有在操作数都是字符型数据时，才作为字符串连接运算符；“&”不论操作数是何种类型，均作字符串连接运算。

（3）关系运算符。在 VBA 中，关系运算符用于将两个操作数进行比较，根据比较的结果返回逻辑值 True 或 False。表 6-4 列出了常用的比较运算符。

表 6-4 常用关系运算符

运算符	功 能	运算符	功 能
>	大于	≥	大于等于
<	小于	≤	小于等于
=	等于	Like	比较字符串
<>	不等于	Is	比较对象

其中，用前 6 个关系运算符所组成的关系表达式，当符合相应的关系时，结果为 True,否则为 False。如果参与比较的表达式有一个为 Null,则结果为 Null。

Is 运算符用来比较两个对象引用。如果两者引用的对象相同，结果为 True，否则为 False。

Like 运算符用于字符串的比较。如果字符串 1 与字符串 2 匹配，则返回 True，否则返回 False。可以使用通配符、字符串列表或字符区间的任何组合匹配字符串。通配符 “?” 代表任意一个字符，“*” 代表任意多个字符，“#” 代表任何一个数字（0 ~ 9），“[charlist]” 代表 charlist 中任何一个字符，“[!charlist]” 代表任何一个不在 charlist 中的字符。

其中 “＝” 既可以用作关系运算符，也可以用作赋值符号。例如 A=B=2 中，变量 A 后面的 “＝” 是赋值运算，而变量 B 和数值 2 之间的 “＝” 是关系运算符。该语句的作用是将 B 和 2 进行比较，然后将比较的结果赋值给变量 A。

（4）逻辑运算符。逻辑运算符又称布尔运算符，用于对逻辑值进行运算，结果也为逻辑值。表 6-5 中列出了常用的逻辑运算符。

表 6-5　常用逻辑运算符

运算符	功　能	运算规则
Not	逻辑非	Not True 的结果为 False，Not False 的结果为 True
And	逻辑与	操作数都为 True 时，结果才为 True，否则均为 False
Or	逻辑或	只要有一个操作数为 True，结果都为 True，否则为 False
Xor	逻辑异或	两个操作数不同时结果为 True，否则为 False

2. 运算符的优先级

当一个表达式中有多个运算符时，运算次序由运算符的优先级决定，优先级相同时，从左到右依次运算。在表达式中也可以通过圆括号来改变运算次序，圆括号的优先级别最高。各种运算符的优先级别为：

算术运算符＞连接运算符＞关系运算符＞逻辑运算符

算术运算符的优先顺序从高到低依次为：^、－（负号）、*和/、\、Mod、＋和－。

逻辑运算符的优先顺序从高到低依次为：Not、And、Or、Xor。

3. 表达式

把常量和变量用运算符、括号连接起来的式子就是表达式。在 VBA 表达式中只能使用圆括号，且括号必须成对使用。

例如：

```
(a+b+c)/2
"hello"&"Excel"
a+b>c
x=2 or x-y<0 and x+y>3
```

6.2.5　程序控制语句

1. 基本控制结构概述

结构化程序设计包括顺序结构、选择结构和循环结构 3 种基本控制结构。

所谓顺序结构，就是按照语句的书写顺序依次执行，一般程序设计中顺序结构的语句主要是赋值语句、输入/输出语句等。顺序结构如图 6-13 所示，先执行 A 语句，再执行 B 语句，自上而下依次执行。顺序结构是结构化程序设计中最简单的流程控制结构，只能解决流水作业问题。

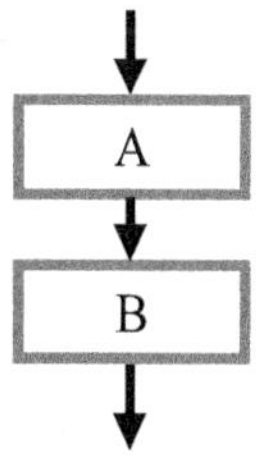

图 6-13 顺序结构

2. 选择结构语句

选择分支语句是根据一个逻辑表达式的值决定程序执行的走向。用来实现选择分支结构的语句，主要有 If-End If 语句和 Select Case-End Select 语句。If-End If 语句主要用于分支比较少的程序，Select Case-End Select 语句通常用于分支比较多的程序。

（1）单分支结构的 If 语句

单分支结构的条件语句的格式为：

```
If <表达式> Then <语句 A> [Else <语句 B>]
```

该语句的功能是：如果表达式的值为 True，则执行语句 A，否则执行语句 B。其中 Else 部分是可选的，若省略 Else 部分，则分支语句成为单分支语句。

（2）多分支结构的 If 语句

多分支结构的 If 语句的格式为：

```
If<表达式 1>Then
         <语句块 1>
[ ElseIf <表达式 2> Then
         <语句块 2> ]
[ ElseIf <表达式 3> Then
         <语句块 3> ]
…
[ ElseIf<表达式 n>Then
         <语句块 n> ]
[ Else
         <语句块 n+1> ]
End If
```

上述语句的执行过程为：如果表达式 1 的值为 True，则执行语句块 1；否则判断表达式 2，如果表达式 2 的值为 True，则执行语句块 2……若所有条件都不成立，则执行语句块 *n*+1。块结构语句中的各个表达式的判断是按照顺序进行的，如果前面的条件成立，则执行对应的语句块，然后便跳出条件语句。

【例 6.1】 判断是否为闰年。

```
Private Sub prime()
    Dim i, n As Integer
    n = Val(InputBox("请输入年份", "判断闰年"))
    If (n Mod 400 = 0) Then
    i = 1
    ElseIf (n Mod 4 = 0 And n Mod 100 <> 0) Then
    i = 1
    Else
```

```
        i = 0
        End If
        If i = 1 Then
            MsgBox n & "年是闰年! ", , "判断闰年"
        Else
            MsgBox n & "年不是闰年! ", , "判断闰年"
        End If
End Sub
```

（3）Select Case 语句

当有多条分支时虽然仍可以使用 If 语句，但是代码的书写往往会比较复杂，因此通常情况下，多分支结构的程序使用 Select Case 语句来实现。Select Case 语句的格式为：

```
Select Case <变量|表达式>
        Case <表达式 1>
            <语句块 1>
        [ Case <表达式 2>
            <语句块 2> ]
            …
        [ Case <表达式 n>
            <语句块 n> ]
        [ Case Else
            <语句块 n+1> ]
End Select
```

Select Case 的功能是：首先求出变量|表达式的值，然后依次与每个 Case 表达式的值进行比较，如果相等，则执行相应的语句块，然后跳出到 End Select 后面的语句继续执行；如果所有的表达式的值都没有匹配的，则执行 Case Else 之后的语句块。

Case 中的表达式可以是下列的几种形式。

① 具体的取值或表达式，值与值之间用逗号分隔，如 1,2,3,a+b 等。当采用多值条件时，各条件之间的关系是“或”的关系，即只要有一个值与测试表达式匹配，则该分支被认为匹配，执行其后的语句块。

② 连续的数据范围，用关键字 To 来间接两个值，如 1 To 10。

③ 满足某个条件的表达式，使用关键字 Is 构成，如 Is≥7。

【例 6.2】 若用 Select Case 语句来实现成绩登记判断，则其代码如下：

```
Sub SelectSample()
    Dim Score As Single
    Score=Range("A1").Value
    Select Case Score
        Case Is>=90
            MsgBox "优秀"
        Case 80 To 90
            MsgBox "良好"
        Case 60 To 80
            MsgBox "合格"
        Case Else
            MsgBox "不及格"
    End Select
```

```
End Sub
```

比较而言，使用 Select Case 语句可以使条件表达式更加简化，且使程序的结构更加清晰。

3. 循环重复语句

在程序中，如果需要重复相同的或相似的操作步骤，就可以用循环语句来实现。VBA 的循环语句主要有 For 循环和 Do 循环两种。For 循环中又分为 For-Next 循环和 For Each-Next 循环，后者是前者的一种变体。

（1）For-Next 循环

For-Next 循环又称为计次循环，即指定循环的次数，其格式为：

```
For <循环变量>=<初值> To <终值> [ Step 步长]
    <循环体>
[Exit For]
    <循环体>
Next [<循环变量>]
```

For-Next 循环中各语句的含义如下：

循环变量是一个数值变量，用来作为循环计数器。

初值和终值是一个数值表达式，分别是循环变量第一次循环的值和最后一次循环的值。

步长是循环变量的增量，也是一个数值表达式，步长的值可正可负，但不能为 0。若步长值为正，则循环变量的值递增，否则循环变量的值递减；若省略步长值，则默认步长值为 1。

循环体是放在 For 和 Next 之间的一条或多条语句，当循环变量超过终值时，循环过程将正常结束。如果要提前退出循环，就需要在循环体内使用 Exit For 语句，Exit For 语句通常在条件判断后使用，使用 Exit For 能退出当前一层循环，执行 Next 语句之后的程序。

Next 是 For 循环的最后一条语句，后面的循环变量可以省略，若不省略则必须与 For 语句中的循环变量一致。

【例 6.3】 求 1+2+3+…+100 的结果，其代码如下：

```
Sub sum()
    Dim i As Integer,s As Integer
    s=0
    For i=1 To 100
    s=s+i
    Next
    MsgBox "1+2+3+…+100="&s
End Sub
```

（2）For Each-Next 循环

如果需要在一个集合对象内进行循环，如在一个工作簿中循环所有的工作表，或者在一个单元格区域内循环所有的单元格，这时会很难指定循环范围和次数，则可以使用 For Each-Next 循环来实现。For Each-Next 循环的格式为：

```
For Each <循环变量> In <集合>
<循环体>
        [Exit For]
    <循环体>
Next [<循环变量>]
```

要注意的是，这里的循环变量必须定义为变体型，即 Variant 类型。

【例 6.4】 设置单元格区域 A1:E5 中所有单元格的数值为 100，其代码如下：

```
Sub ForEachSample()
    Dim C
    For Each C In Range("A1: E5")
        C.Value=100
    Next
End Sub
```

（3）Do-Loop 循环

Do-Loop 循环不指定循环次数，而使用条件来控制循环的开始和结束，有“当型”循环和“直到型”循环。“当型”循环是在循环语句中使用 While 语句来控制，当条件成立时循环；“直到型”循环则是在循环语句中使用 Until 语句来控制，条件成立时退出循环。

“当型”循环常用的格式如下：

```
Do While <条件>
    <循环体>
    [Exit Do]
<循环体>
Loop
```

程序执行的过程是，先对条件进行判断，当条件为真（False）时执行下面的循环体，只有当条件为假（False）时，才跳出循环，执行 Loop 语句后面的语句。

“直到型”循环常用的格式如下：

```
Do
    <循环体>
[Exit Do]
    <循环体>
Loop Until <条件>
```

程序执行的过程是，先将循环体的语句执行一次，然后再判断条件，若条件为真（True）则继续循环，直到条件为假（False）时跳出循环，执行 Loop 语句后面的语句。还有一种 Do 循环是无条件循环，即在程序中既没有 While 语句也没有 Until 语句，但在循环体中必须要有 Exit Do 语句，否则就会造成死循环，同样 Exit Do 语句通常在条件判断之后用来退出当前一层 Do 循环。

【例 6.5】 求 1+2+3+…+100 的结果，若用“当型”循环，其代码如下：

```
Sub sum()
    Dim i As Integer,s As Integer
    s=0:i=1
    Do Whilei<=100
        s=s+i
        i=i+1
    Loop
    MsgBox "1+2+3+…+100="&s
End Sub
```

若用“直到型”循环，其代码如下：

```
Sub sum()
```

```
    Dim i As Integer,s As Integer
    s=0:i=1
    Do
        s=s+i
        i=i+1
    Loop While i<=100
    Print "1+2+3+…+100="&s
End Sub
```

4. With 语句

通过前面的学习，我们知道对象会有多个属性。若在编写程序中，需要同时设置一个对象的多个属性，可以多次反复使用形如“对象名.属性=值”的语句来设置，但是这非常麻烦，而且降低了程序的可读性。为了解决这样的问题，可以使用 With 语句，在避免输入繁琐的同时，还提高了程序的运行速度。With 语句的格式如下，要注意在所有的属性前都要加上英文输入法下的点号“.”：

```
With 对象名
    .属性 1=属性值
    .属性 2=属性值
    …
    .属性 n=属性值
End With
```

6.2.6　常用的 VBA 函数

函数是一种特定的运算，在程序中要使用一个函数时，只要给出函数名和一个或多个参数，就能得到它的函数值。在 VBA 中有内部函数和用户自定义两类函数，用户自定义函数是用户自己根据需要定义的函数，内部函数也称标准函数或公共函数。VBA 提供了大量的内部函数，这些函数大体上可以分为五类：数学函数、字符串函数、日期/时间函数、转换函数和测试函数等。

函数被调用是都有返回值，函数调用的语法格式如下：

```
函数名（参数 1，参数 2，……..）
```

相关说明如下：

函数名是系统规定的函数名称，函数名一般具有一定的含义，用户调用函数时必须写出该函数完整的名称。

参数 1，参数 2，…….是函数的参数列表，参数列表中的各个参数都有一定的顺序和数据类型。

1. 数学函数

数学函数用于各种数学运算，包括三角函数、求平方根、绝对值等。

（1）三角函数：Sin(x)、Cos(x)、Tan(x)等

（2）Exp(x)：返回 e 的 x 次幂。

（3）Abs(x)：返回 x 的绝对值，如 abs(－40.5)返回值为 40.5。

（4）Log(x)：返回 x 的自然对数值。

（5）Sqr(x)：返回 x 的平方根，如 sqr(25)的返回值为 5。

（6）Sgn(x)：符号函数，根据 x 值的符号返回一个整数（－1、0 或 1），规则如下：

$$\text{Sgn}(x)=\begin{cases}1 & x>0\\ 0 & x=0\\ -1 & x<0\end{cases}$$

（7）Fix(*x*)：返回 *x* 的整数部分。

（8）Int(*x*)：返回 *x* 的整数部分。

注意

Int 和 Fix 的不同之处在于，如果 *x* 为负数，则 Int 返回小于或等于 *x* 的第一个负整数，而 Fix 则会返回大于或等于 *x* 的第一个负整数。如：

```
Y1= int(99.8) : Y2 = fix(99.8)              '返回 99 和 99
Y3= int(−99.8) : Y4 = fix(−99.8)            '返回−100 和−99
```

（9）Rnd[(*x*)]:返回一个随机数。如果 *x* 的值小于 0，每次都使用 *x* 作为随机数种子得到的相同结果。如果 *x* 的值大于 0 或省略，返回序列中的下一个随机数。如果 *x* 的值等于 0，返回最近生成的数。

2. 字符串函数

字符串函数用于处理各种字符串的运算，包括大小写转换、截取字符串等。

（1）取字串函数。

Left(*x*,*n*)函数，该函数返回字符串 *x* 从左起取 *n* 个字符组成的字符串，如 Left(" Hello! " ,5) 的返回值是“Hello”。

Right(*x*,*n*)函数，该函数返回字符串 *x* 从右起取 *n* 个字符组成的字符串，Right (" Hello! " ,5) 的返回值是“ello!”。

Mid(*x*,*m*,*n*)函数，该函数返回字符串 *x* 从第 *m* 个字符起的 *n* 个字符所组成的字符串，如 mid (" Hello! " ,2,3)的返回值是“ell”。

（2）删除空格函数。

Ltrim(*x*)函数，该函数返回去掉字符串 *x* 的前导空格符后的字符串。

Rtrim(*x*) 函数，该函数返回去掉字符串 *x* 的尾部空格符后的字符串。

Trim(*x*) 函数，该函数返回去掉字符串 *x* 的前导和尾部空格符后的字符串。

（3）Len(*x*)函数，该函数返回字符串 *x* 的长度，如果 *x* 不是字符串，则返回 *x* 所占存储空间的字节数，如 Len(" Hello! ")的返回值为 6。

（4）Instr(*x*,*y*)函数，该函数为字符串查找函数，返回字符串 *y* 在字符串 *x* 中首次出现的位置，如果字符串 *y* 没有在字符串 *x* 中出现，则返回 0。

（5）大小写转换函数。

LCase(*x*)函数，该函数返回字符串 *x* 全部转换成小写后的字符串，如 LCase(" HELLO! ")的返回值是“hello!”。

UCase(*x*)函数，该函数返回字符串 *x* 全部转换成大写后的字符串，如 UCase(" hello! ")的返回值是“HELLO!”。

（6）Space(*n*)函数，该函数返回由 *n* 个空格字符组成的字符串。例如：

表达式“Hello” & space(4) &“everyone!”表示字符串 “Hello   everyone!”,该字符串中包含 4 个空格。

3. 日期/时间函数

日期/时间函数用于处理日期和时间的运算，包括获取时间、获取日期等。

（1）Date：返回系统当前的日期。

（2）Time：返回系统当前的时间。

（3）Now：返回系统当前的日期和时间。

（4）Year(*x*)：返回 *x* 中的年号整数，*x* 为有效的日期变量、常量或字符表达式。

（5）Month(*x*)：返回 *x* 中的月份整数，*x* 为有效的日期变量、常量或字符表达式。

（6）Day(*x*)：返回 1 ~ 31 之间的整型数，*x* 为有效的日期变量、常量或字符表达式。

（7）Weekday(*x*[,*c*])：返回 *x* 是星期几，*x* 为有效的日期变量、常量或字符表达式，*c* 是用于指定星期几为一个星期第一天的常数，默认以星期天为第一天。

4. 转换函数

转换函数用于处理数据类型或形式的转换，包括整型、浮点型、字符串型之间以及字符与 ASCII 码之间的转换等。

（1）Val(*x*)函数与 Str(*x*)函数：Val(*x*)函数的作用是将数字字符串 *x* 转换成相应的数值型数据，当 *x* 中出现非数字字符时，将第一个非数字字符前面的数字字符串转换成数值型数据。

Str(*x*)函数的作用是将数值型数据 *x* 转换成字符串型数据，当 *x* 是正数或 0 时，转换成的字符串第一位是空格，当 *x* 是负数时，转换成的字符串第一位是负号。转换时小数点右侧最后的 0 会被去掉。

（2）Chr(*x*)函数与 Asc(*x*)函数：Chr(*x*)函数用于将 ASCII 码值转换成对应的字符，*x* 为 ASCII 码值。Asc(*x*)函数用于将字符转换成对应的 ASCII 码值，*x* 为字符。

5. 测试函数

测试函数用于做判断，并返回一个逻辑值，如对数值型数据的判断、对日期型数据的判断等。

（1）IsNumeric(*x*)：返回 Boolean 值，指出 *x* 的运算结果是否为数字。如果为数字，则返回 True，否则返回 False。

（2）IsDate(*x*)：返回 Boolean 值，指出 *x* 的运算结果是否为日期。如果为日期，则返回 True；否则返回 False。

（3）IsEmpty(*x*)：返回 Boolean 值，判断 *x* 是否为空。如果为空，则返回 True，否则返回 False。

（4）IsArray(*x*)：返回 Boolean 值，判断 *x* 是否为数组。如果为数组，则返回 True，否则返回 False。

（5）IsNull(*x*)：返回 Boolean 值，判断 *x* 是否不包含任何有效数据。如果是，则返回 True，否则返回 False。

6. 其他函数

（1）InputBox 函数

InputBox 函数的功能为弹出一个输入对话框，用来接受用户的键盘输入。其格式为：

```
变量名=InputBox(Prompt [,Title] [,Default] [,Xpos] [,Ypos] [, Helpfile] [, Context])
```

其中各参数含义如下。

Prompt：必选参数，用于设定显示在对话框中的提示信息内容。

Title：可选参数，用于设定显示在对话框标题栏中信息。

Default：可选参数，用于设定输入对话框中文本框的默认值。

Xpos 和 Ypos：可选参数，用于设定对话框在屏幕显示时的位置，必须要同时设置。

Helpfile 和 Context：可选参数，用于设定帮助文件名和帮助主题号，必须同时设置。

【例 6.6】　生成输入对话框。

```
Private Sub inputsample()
    Dim a as Integer
    a =Val(InputBox("请输入一个三位的整数", "数据输入框", 123))
End Sub
```

（2）MsgBox 函数

MsgBox 函数用于向用户发布提示信息，要求用户做出响应。可以调用系统预定义的消息对话框，在对话框中显示消息，等待用户单击了某一个按钮后，根据不同的按钮返回一个整数。其格式为：

```
变量名=MsgBox(Prompt[,Buttons] [,Title] [,Helpfile,Context])
```

若弹出消息对话框只有一个“确定”按钮，则表示用户不需要选择操作按钮，此时 MsgBox 函数无需返回值，其格式可以简化为：

```
MsgBox Prompt[,Buttons] [,Title] [,Helpfile] [,Context]
```

其中各参数含义如下。

Prompt：必选参数，用于设定显示在对话框中的消息，并且可以使用“&”符号来输出多个字符串。

Buttons：可选参数，表示消息对话框中显示的按钮和图标形式等。缺省时的默认值为 0，消息对话框中只显示“确定”按钮。Buttons 是一个由 4 个部分组成的数值之和，表 6-6 中列出了各部分参数的可选值和功能，Buttons 的值为表中 a+b+c+d，可以将常数用“+”连接起来，也可以将值相加计算出总和。

Title：可选参数，用于设定显示在对话框标题栏中信息。

Helpfile 和 Context：可选参数，用于设定帮助文件名和帮助主题号，必须同时设置。

表 6-6　Buttons 参数的可选值

常　数		值	功能描述
按钮类型	vbOkOnly	0	显示“确定”按钮
	vbOkCancle	1	显示“确定”和“取消”按钮
	vbAbortRetryIgnore	2	显示“终止”“重试”和“忽略”按钮
	vbYesNoDCancel	3	显示“是”“否”和“取消”按钮
	vbYesNo	4	显示“是”“否”按钮
	vbRetryCancel	5	显示“重试”和“取消”按钮
图标类型	vbCritical	16	显示危急告警图标
	vbQuestion	32	显示警示疑问图标
	vbExclamation	48	显示警告信息图标
	vbInformation	64	显示通知信息图标
默认按钮	vbDefaultButton1	0	第一个按钮为默认按钮
	vbDefaultButton2	256	第二个按钮为默认按钮
	vbDefaultButton3	512	第三个按钮为默认按钮
	vbDefaultButton4	768	第四个按钮为默认按钮

续表

<table>
<tr><th colspan="2">常　数</th><th>值</th><th>功能描述</th></tr>
<tr><td rowspan="2">对话框模式</td><td>vbApplicationModal</td><td>0</td><td>应用程序强制返回，应用程序一直被挂起，直到用户对消息框做出响应才继续工作</td></tr>
<tr><td>vbSystemModal</td><td>4096</td><td>显示“确定”和“取消”按钮</td></tr>
</table>

如果希望弹出一个询问对话框，有“是”和“否”两个按钮，并显示警示疑问图标，默认按钮为第二个按钮“否”，则 Buttons 的取值可以是“vbYesNo+ vbQuestion+ vbDefaultButton2”，或者是数值“292”。

【例 6.7】 生成询问对话框。

```
Private Sub MsgboxSample()
    MsgBox"您是否要关闭",vbYesNo+ vbQuestion+ vbDefaultButton2,"关闭程序"
End Sub
```

运行上面的程序将弹出相应的对话框。

若希望根据用户对信息框的不同选择来进行相应的操作，则可以对 MsgBox 的返回值进行判断。单击不同的按钮将返回不同的数值，具体见表 6-7。

表 6-7　　MsgBox 函数中按钮的返回值

按钮名称	常　数	取　值
确定（Ok）	vbOk	1
取消（Cancel）	vbCancle	2
终止(Abort)	vbAbort	3
重试（Retry）	vbRetry	4
忽略（Ignore）	vbIgnore	5
是（Yes）	vbYes	6
否（No）	vbNo	7

6.2.7　数组

数组是一组具有相同类型和名称的数据的有序集合。例如，*a*（1 to 100）表示一个包含 100 个数组元素的名为 *a* 的数组。这些变量称为数组的元素，每个数组元素都有一个编号，称为下标，可以通过下标来区分这些元素。数组元素的个数有时也称为数组的长度。

1. 一维数组

一维数组只需要一个数字即可确定数组元素在数组中的位置，其语法形式为：

```
Dim 数组名 (n)  As  数据类型
```

在默认情况下，数组中元素的索引值从 0 开始。例如，要定义一个包含 10 个元素的字符串数据的数组，代码为：

```
Dim str(9) As String
```

其中的 10 个字符串分别存放在 str(0)、str(1)、…、str(9)中。

若要使索引值从 1 开始计数，需要在程序的通用申明部分（程序的顶部），使用“Option Base 1”语句。上例中若使用了“Option Base 1”语句，则数组中只能包含 str(1)、str(2)、…、str(9)这 9 个元素。

2. 多维数组

在某些情况下，单一的维度是不够的，这时就需要使用多维数组，最常见的是二维数组。在声明二维数组时，只需要在一维数组的基础上，在参数中再添加一个数组元素的界标即可。例如，若要创建一个 3 行 4 列的数组来存放整型数据，可以使用以下语句：

```
Dim Dig(1 to 3,1 to 4) as Integer
```

3. 数组的赋值和读取

数组的使用就是对数组元素进行赋值以及调用。

（1）数组元素的引用

数组一经定义后，就可在程序中使用。VBA 中不能直接存取整个数组，对数组进行操作时需要引用数组的元素，使用格式为：数组(下标)。

在引用数组元素时，数组名、数据类型和维数必须与定义时的一致。另外还要注意区分数组的定义和数组元素的引用。举例如下：

```
Dim  x(8)  As  Integer
Dim  Temp  As  Integer
……….
Temp = x(8)
```

在上述代码段中，尽管有两个 *x*(8)，但是语句“Dim　*x* (8)　As　Integer”中的 *x* (8)不是数组元素，而是说明由它声明的数组 *x* 的下标最大值为 8，而赋值语句“Temp = *x* (8)”中的 *x* (8)是一个数组元素。

（2）数组的赋值与输入

在程序中，凡是简单变量出现的地方都可以用数组元素代替，普通变量赋值的方法同样适用于数组元素，如“a(1)=123”、“b(5)=b(4)”等。

如果数组较大，用单个赋值语句逐个给数组元素赋值，就会使程序相当长，此时也可使用 Array 函数来为数组赋值。

可以运用循环语句对数组中的每个元素逐一赋值，例如用 For 语句和 InputBox 函数来完成对 10 个学生成绩的输入，代码如下：

```
For i =1 To 10
    a(i) = Val(InputBox("请输入第"& i &"个学生成绩"))
Next i
```

（3）数组元素的输出

数组元素的输出可以使用循环语句和 MsgBox 语句来实现。例如，输出数组 *a* 中的 10 个元素可以使用以下语句。

```
For i =1 To 10
    MsgBox a(i)
Next i
```

6.2.8　过程与自定义函数

VBA 程序是由过程和自定义函数组成的，所有要实现的功能代码都必须放置在过程或自定义函数中。不同功能的程序代码可以放置在不同的过程或函数中，因此通过使用过程或函数可以使程序更清晰、更具结构性。通过 Office 工作界面录制的宏，本质上也是一个过程。自定义函数其实也是过程，但与过程的区别在于，自定义函数有返回值，而过程没有。

1. Sub 过程

Sub 过程是利用 Sub 语句来声明的过程。所有由宏录制器产生的过程，都是 Sub 过程。使用 Sub 语句声明过程的语法如下：

```
[Private | Public] [Static] Sub 过程名称 [(形式参数列表)]
    [语句组]
    [Exit Sub]
    [语句组]
End Sub
```

相关说明如下：

自定义过程，以关键字 Sub 开头，以 End Sub 结束。在 Sub 和 End Sub 之间是描述过程操作的语句组，称为子过程体或过程体。若在过程执行过程中需要提前退出该过程，则可以在过程体内添加 Exit Sub 语句。

Private | Public：为可选关键字。Private 表示自定义过程是私有过程，表示只有在包含其声明的模块中的过程可以访问该 Sub 过程，可以理解为同一个代码窗口中的其他过程可以使用该 Sub 过程。Public 表示定义过程是公有过程，表示所有模块的所有其他过程都可访问这个 Sub 过程。当省略该关键字时，系统默认为 Public。

Static：为可选关键字。它指定过程中的局部变量为静态变量。具有可继承性，表示在每次调用之间保留 Sub 过程的局部变量的值。即下一次的调用将保留上一次调用后的变量值。

形式参数列表：形式参数列表简称形参，它指明了调用时传送给过程的参数的类型和个数。形参在定义时是无值的，只有在过程被调用时，形参和实参结合后才能获得相应的值。过程可以无形式参数，但括号不能省略，若有多个变量则用逗号隔开。

2. 自定义函数

函数与过程相比，其最大的区别为过程只是按照程序代码执行某些操作，而函数在运行了程序代码以后将提供返回值。自定义函数声明的语法如下：

```
[Public | Private ] [Static] Function 函数名称[(形式参数列表)] [As 数据类型]
        [语句块]
        [函数名称 = 表达式]
        [Exit Function]
        [语句块]
        [函数名称 = 表达式]
End Function
```

相关说明如下：

函数过程以关键字 Function 开头，以 End Function 结束，两者之间的语句块称为函数体；

Private | Public：为可选关键字。Private 表示自定义过程是私有过程，表示只有在包含其声明的模块中的过程可以访问该 Function 函数，可以理解为同一个代码窗口中的其他过程可以使用该 Sub 过程。Public 表示定义过程是公有过程，表示所有模块的所有其他过程都可访问这个 Function 函数。当省略该关键字时，系统默认为 Public。

Static：为可选关键字。它指定过程中的局部变量为静态变量。具有可继承性，表示在每次调用之间保留 Sub 过程的局部变量的值。即下一次的调用将保留上一次调用后的变量值。

形式参数列表：形式参数列表简称形参，它指明了调用时传送给过程的参数的类型和个数。形参在定义时是无值的，只有在过程被调用时，形参和实参结合后才能获得相应的值。过程可以无形式参数，但括号不能省略，若有多个变量则用逗号隔开。

As 类型，类型是指函数过程返回的函数值的数据类型，如果省略，则函数返回 Variant 类型值。

在函数体内通过“函数名 = 表达式”语句来给函数名赋值。在程序中，函数名可以作为变量使用，函数的返回值就是通过函数名的赋值语句来实现的，因此在函数过程中至少要对函数名赋值一次。如果省略赋值语句，则该过程返回一个默认值，其中数值函数返回 0，字符串函数返回空字符串。

Exit Function 表示退出函数过程，与 Exit Sub 的使用方法相同。

在函数过程中不能嵌套定义 Sub 过程和函数过程，但可以嵌套调用。

6.3 VBA 在 Word 中的应用

6.3.1 Word 的对象模型

1. Word 的对象和集合

对象是一些相关的变量和方法的集合。Office VBA 是一种面向对象的编程语言。对象是 VBA 的结构基础，VBA 应用程序由许多对象组成。Microsoft Word 的任何元素，如文档、表格、段落、书签、域等，都被视为 Visual Basic 中的对象。要操作 Word 就是访问和修改这些对象。

对象代表一个 Word 元素，如文档、段落、书签或单独的字符。集合也是一个对象，该对象包含多个其他对象，通常这些对象属于相同的类型；例如，Booksmarks 是一个集合对象，它包含文档中的所有书签对象，Booksmarks(1)是文档中的一个书签对象。

Word 常用的对象和集合有：Application 对象、Document 对象、Range 对象、Selection 对象、Paragraph 对象、Sentences 集合对象、Words 集合对象、Characters 集合对象、Find 对象、Replacement 对象、Table 对象（包括 Column 对象、Row 对象和 Cell 对象）等。

2. Word 对象的属性

属性是对象/集合的一种特性或该对象行为的一个方面。例如，文档属性包含其名称、内容、保存状态以及是否启用修订。若要更改一个对象的特征，可以修改其属性值。设置属性值的方法是在对象的后面紧接一个小圆点（.）、属性名称、一个等号及新的属性值。

```
Documents("MyDoc.docx").TrackRevisions = True
```

在上述代码中，Documents 引用由打开的文档构成的集合，而“MyDoc.docx”是打开文档中的一个，该代码设置 MyDoc.docx 文档的 TrackRevisions 属性的值为 True，作用是使“MyDoc.docx”文档启用修订。

对象的属性有的是可读写的，有的是只能读取该属性值的（只读属性）。获取了对象属性的值，便可以了解该对象的相关信息。

3. Word 集合的属性

相对于对象而言，集合的属性比较少，表 6-8 列出了 Word 各个集合的共有属性。

表 6-8　各个集合的共有属性

属　性	说　明
Application	返回一个 Application 对象，该对象代表 Microsoft Word 应用程序
Count	返回一个 Long 类型的值，该值代表集合中的对象数。只读属性
Creator	返回一个 32 位整数，该整数代表在其中已创建指定对象的应用程序。只读 Long 类型
Parent	返回一个 Object 类型的值，该值代表指定对象的父对象

4. Word 对象/集合的方法

方法是对象/集合可以执行的动作。例如，只要文档可以打印，Document 对象就具有 PrintOut 方法。方法通常带有参数，以限定执行动作的方式。

在大多数情况下，方法是动作，而属性是性质。使用方法将导致发生对象的某些事件，而使用属性则会返回对象的信息，或引起对象的某个性质的改变。

5. Word 对象的事件

（1）使用 Application 对象事件

Application 对象表示 Word 应用程序，它是其他所有对象的父级对象。若要创建 Application 对象事件的事件处理器，需要完成下列三个步骤。

① 在类模块中声明对应于事件的对象变量。

在为 Application 对象事件编写过程之前，必须创建新的类模块并声明一个新的 Application 类型对象。例如，假定已创建新的类模块并命名为 EventClassModule。该类模块可以包含代码：Public WithEvents App As Word.Application。

上述代码中，App 就是一个全局的 Application 类型对象变量。

② 编写特定的事件过程。

定义了新对象后，它将出现在类模块的“对象”下拉列表框中，然后可为新对象编写事件过程。在“对象”框中选定新对象后，用于该对象的有效事件将出现在“过程”下拉列表框中，然后从“过程”下拉列表框中选择一个事件，在类模块中会增加一空过程（见图 6-14）。

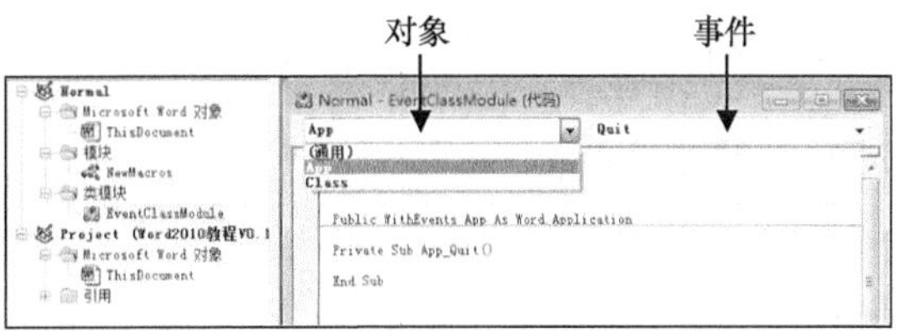

图 6-14　编写 Application 对象事件过程

③ 从其他模块中初始化声明的对象。

在运行过程之前，必须将类模块中已声明的对象（本例中为 App）连接到 Application 对象。在任何模块中使用下列代码：

```
Dim X As New EventClassModule
Sub Register_Event_Handler()
    Set X.App = Word.Application
End Sub
```

运行 Register_Event_Handler 过程。运行该过程后，类模块中的 App 对象指向 Microsoft Word Application 对象，当事件发生时，将运行类模块中的事件过程。

（2）使用 Document 对象的事件

Document 对象支持多种事件，以响应文档状态。若要在名为“ThisDocument”的类模块中编写响应这些事件的过程。可用下列步骤创建事件过程。

① 在“工程资源管理器”窗口中的 Normal 工程或文档工程下，双击“ThisDocument”（“ThisDocument”位于“文件夹”视图中的“Microsoft Word 对象”文件夹中）。

② 在“代码”窗口的“对象”下拉列表框中选择“Document”，如图 6-15 所示。

③ 在“代码”窗口的“过程”下拉列表框中选择一个事件，类模块中即增加了一个空子程序，添加要在事件发生时运行的 Visual Basic 指令。

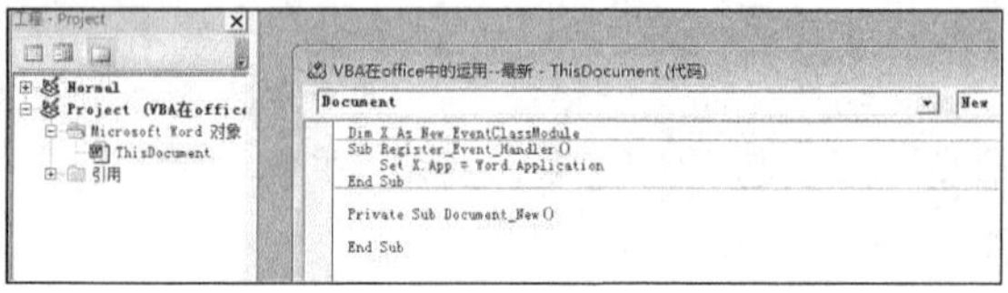

图 6-15　使用 Document 对象的事件

【例 6.8】 在 Normal 工程创建一个 Document 对象的 New 事件过程，它在新建一个基于 Normal 模板的文档时会被运行。

```
Private Sub Document_New()
    MsgBox "New document was created"
End Sub
```

【例 6.9】 在某个文档工程中创建一个新的 Close 事件过程，该过程只在该文档关闭时运行。

```
Private Sub Document_Close()
    MsgBox "Closing the document"
End Sub
```

与自动宏不同，Normal 模板中的事件过程没有全局区。例如，Normal 模板中的事件过程只有在附加模板为 Normal 模板时才发生。如果文档及其附加模板中存在自动宏，则仅运行保存在文档中的自动宏。如果文档及其附加模板中都存在文档事件过程，则两个事件过程都会运行。

6.3.2　Word 中的 VBA 对象

1. Application 对象

用户启动一个 Word 程序的同时，也创建了一个 Application 对象。Application 对象位于对象模型的最高级，它代表整个 Word 应用程序，而且此对象的属性和方法独立于所有文档之外，针对的是 Word 应用程序本身。

可用 Application 对象的属性或方法来控制或返回 Word 应用程序范围内的特性、控制应用程序窗口外观或者调整 Word 对象模型的其他方面。

```
Application.PrintPreview = True '从视图状态切换到打印预览状态
```

Application 对象的一些属性控制着应用程序的外观。例如，如果 DisplayStatusBar 属性为 True，那么状态栏是可见的，如果 WindowState 属性值为 wdWindowStateMaximize，那么应用程序窗口处于最大化状态。例如，以下语句设置了屏幕上应用程序窗口的大小。

```
Sub application1()
  With Application
   .WindowState = wdWindowStateNormal
   .Height = 450
   .Width = 600
  End With
End Sub
```

在使用 Application 对象的属性和方法时，可省略 Application 对象识别符。例如，要调用 Application.ActiveDocument.PrintOut 方法，可简写为 ActiveDocument.PrintOut。

表 6-9 列出了 Application 对象的部分属性，表 6-10 列出了 Application 对象的部分方法。

表 6-9 Application 对象的部分属性

属　性	说　明
Application.ActiveDocument	当前文档，也可直接使用 ActiveDocument
Application.ActivePrinter	返回或设置活动打印机名称。String 类型，可读/写
Application.ActiveWindows	当前窗口
Application.Height	当前应用程序文档的高度
Application.Width	当前应用程序文档的宽度
Application.Caption	当前应用程序名
Application.DefaultSaveFormat	返回空字符串，表示 Word 文档
Application.DisplayRecentFiles	返回是否显示最近使用的文档的状态
Application.Build	获取 Word 版本号和编译序号
Application.RecentFiles.Count	返回最近打开的文档数目
Application.UserName	返回应用程序用户名
Application.Version	返回应用程序的版本号
Application.FontNames.Count	返回当前可用的字体数

表 6-10 Application 对象的常用方法

方　法	说　明
Application.Activate	激活指定的对象
Application.Move	设置任务窗口或活动文档窗口的位置
Application.GoForward	将插入点在活动文档中进行编辑的最后三个位置之间向前移动
Application.PrintOut	打印指定文档的全部或部分内容
Application.Quit	退出 Microsoft Word，并可选择保存或传送打开的文档
Application.Resize	调整 Word 应用程序或某一任务的窗口大小

在 Application 对象中，可以直接使用 ActiveDocument 属性对当前文档进行相关的工作。ActiveDocument 属性返回一个表示当前文档的 Document 对象——活动文档，即在 Word 窗口内具有焦点的文档。ActiveDocument 对象的行为与 Document 对象相像，但使用它工作时，有两个可能出现的问题要加以注意。

（1）如果 Word 中没有任何打开的文档，就没有 ActiveDocument 对象。用户可以用以下的代码检查 Documents 集合的 Count 属性，以确认是否有文档是打开的。

```
Sub application2()
If Documents.Count = 0 Then
  If MsgBox("没有文档被打开!" & vbCr & vbCr & "你希望创建一个空白文档吗? ", _ vbYesNo + vbExclamation,
"No Document is open") = vbYes Then
        Documents.Add
    Else   : End
    End If
End Sub
```

（2）如果对正在使用哪个文档进行操作存在疑问，则应声明一个 Document 对象变量，并使用这个对象变量来工作，而不是使用 ActiveDocument 对象来工作。例如，下述语句声明一个 Document 对象，并将 ActiveDocument 对象指派给它，所以以后的代码可以针对这 Document 对象工作。

```
Dim myDocument As Document
Set myDocument = ActiveDocument
With myDocument
    .PageSetup.RightMargin = InchesToPoints(1)
End With
```

Application 对象的应用示例如下。

① 显示活动文档的路径和文件名。

```
MsgBox ActiveDocument.Path & Application.PathSeparator & ActiveDocument.Name
```

② 显示活动文档的名称，如果没有打开的文档，则显示一条消息。

```
If Application.Documents.Count >= 1 Then  : MsgBox ActiveDocument.Name
Else
    MsgBox "没有文档被打开! "
End If
```

③ 在活动文档的开头插入文本，然后打印该文档。

```
Dim rngTemp As Range
Set rngTemp = ActiveDocument.Range(Start:=0, end:=0)
With rngTemp
    .InsertBefore "公司报告"
    .Font.Name = "Arial"
    .Font.Size = 24
    .InsertParagraphAfter
End With
ActiveDocument.PrintOut
```

④ 将插入点在曾经进行过编辑的最后三个位置之间向前移动。

```
Application.GoForward
```

⑤ 打印活动文档的当前页面。

```
ActiveDocument.PrintOut Range:=wdPrintCurrentPage
```

⑥ 打印当前文件夹中的所有文档。

```
adoc = Dir( " *.DOC " )
Do While adoc <> " "
        Application.PrintOut  FileName:=adoc
        Adoc = Dir()
Loop
```

⑦ 打印活动窗口中文档的前三页。

```
ActiveDocument. ActiveWindow.PrintOut Range:=wdPrintFromTo,From:= " 1 " ,To:= " 3 "
```

⑧ 退出 Word 并提示用户保存自上次保存后已修改过的每篇文档。

```
Application.Quit  SaveChange:=wdPromptToSaveChanges
```

2. Document 对象和 Documents 集合

当用户在 Word 中打开或创建一个文件的同时，也创建了一个 Document 对象。用户可以使用 Document 对象或 Documents 集合的属性或方法来打开、创建、保存、激活或者关闭文件。Document 对象是 Word 编程的中枢，它表示一个 Word 文档及其所有内容。Document 对象被添加到 Application 对象的 Documents 集合中。具有焦点的文档称为活动文档，它由 Application 对象的 ActiveDocument 属性表示。Documents 集合包含 Word 当前打开的所有 Document 对象。

用 Documents(index)可返回单个 Document 对象，index 是文档的名称或索引序号，代表文档在 Documents 集合中的位置。

```
 '关闭名为 Report.docx 的文档，并且不保存所做的修改
Documents("Report.docx").Close SaveChanges:=wdDoNotSaveChanges
Documents(1).Activate   '激活 Documents 集合中的第一篇文档
```

可用 Application 对象的 ActiveDocument 属性引用处于活动状态的文档。

【例 6.10】 用 Activate 方法激活名为“Document1”的文档，然后将页面方向设置为横向，并打印该文档，代码如下。

```
Documents("Document1.docx").Activate
ActiveDocument.PageSetup.Orientation = wdOrientLandscape
ActiveDocument.PrintOut
```

表 6-11 列出了 Document 对象的部分属性，表 6-12 列出了 Document 对象的部分事件，表 6-13 列出了 Document 对象的部分方法，表 6-14 列出了 Document 集合的部分方法。

表 6-11 Document 对象的部分属性

属 性	说 明
ActiveDocument.Bookmarks.Count	返回一个 Bookmarks 集合，该集合代表文档中的所有书签。只读
ActiveDocument.Characters.Count	返回一个 Characters 集合，该集合代表文档中的字符。只读
Content	返回一个 Range 对象，该对象代表主文档的文字部分。只读
ActiveDocument.Fields.Count	返回一个 Fields 集合，该集合代表文档中的所有域。只读
ActiveDocument.FullName	返回一个 String 类型的值，该值代表包括路径的文档的名称。只读
ActiveDocument.HasPassword	如需要密码才能打开指定文档，则该属性值为 True。Boolean 类型，只读
ActiveDocument.Hyperlinks.Count	返回一个 Hyperlinks 集合，该集合代表指定文档中的所有超链接。只读

续表

属　性	说　明
ActiveDocument.Indexes.Count	返回一个代表指定文档中的所有索引的 Indexes 集合。只读
ActiveDocument.Paragraphs.Count	返回一个 Paragraphs 集合，该集合代表指定文档中的所有段落。只读
ActiveDocument.Password=XXX	设置在打开文档必须使用的密码。String 类型，只写
ActiveDocument.ReadOnly	获取当前文档是否为只读属性
ActiveDocument.Saved	获取当前文档是否为被保存
ActiveDocument.Sections.Count	返回当前文档中的节数
ActiveDocument.Sentences.Count	返回当前文档中的语句数
ActiveDocument.Shapes.Count	返回当前文档中的形状数
ActiveDocument.TablesOfFigures	返回表示指定文档中图表目录的 TablesOfFigures 集合。只读

表 6-12　Document 对象的部分事件

事　件	说　明
Close	该事件在关闭文档时发生
New	在创建基于模板的新文档时发生。仅当 New 事件的过程存储在模板中时，才可运行该过程
Open	在打开文档时发生

表 6-13　Document 对象的部分方法

方　法	说　明
Activate	激活指定的文档，使其成为活动文档
Close	关闭指定的文档
Save	保存 Document 对象的文档

表 6-14　Documents 集合的部分方法

方　法	说　明
Close	关闭指定的文档
Save	保存 Documents 集合中的所有文档
Add	返回一个 Document 对象，该对象代表添加到打开文档集合中的新建空文档
Item	返回集合中的单个 Document 对象
Open	打开指定的文档并将其添加到 Documents 集合。返回一个 Document 对象

3. Paragraph 对象和 Paragraphs 集合

Paragraph 对象代表所选内容、范围或文档中的一个段落。Paragraph 对象是 Paragraphs 集合的成员，Paragraphs 集合包含所选内容、范围或文档中的所有段落。

使用 Paragraphs(Index)可返回的单个 Paragraph 对象，其中 Index 是索引号。

用 Paragraphs 集合 Add、InsertParagraph、InsertParagraphAfter 或 InsertParagraph Before 方法在文档中添加一个新的段落。

【例 6.11】 使用 Paragraphs 集合对象。

```
'在所选内容的第一段前添加一个段落标记
Selection.Paragraphs.AddRange:=Selection.Paragraphs(1).Range
```

```
'在所选内容的第一段前添加一个段落标记
Selection.Paragraphs(1).Range.InsertParagraphBefore
```

【例 6.12】 将所选内容的段落格式设为右对齐、双倍行距。

```
With Selection.Paragraphs
    .Alignment = wdAlignParagraphRight          '右对齐活动文档
    .LineSpacingRule = wdLineSpaceDouble
End With
```

表 6-15 列出了 Paragraphs 集合的部分属性，表 6-16 列出了 Paragraph 对象的部分属性，表 6-17 列出了 Paragraph 对象和 Paragraphs 集合的部分方法，表 6-18 列出了 Paragraph 对象的部分方法。

表 6-15 Paragraphs 集合的部分属性

属　性	说　明
First	返回一个 Paragraph 对象，该对象代表在 Paragraphs 集合中的第一个项目
Last	返回一个 Paragraph 对象，该对象代表段落集合中的最后一个项目

表 6-16 Paragraph 对象的部分属性

属　性	说　明
Alignment	返回或设置一个 WdParagraphAlignment 常量，该常量代表指定段落的对齐方式，可读/写
CharacterUnitLeftIndent	该属性返回或设置指定段落的左缩进量（以字符为单位）。Single 类型，可读/写
CharacterUnitRightIndent	该属性返回或设置指定段落的右缩进量（以字符为单位）。Single 类型，可读/写
Format	返回或设置一个 ParagraphFormat 对象，该对象代表指定的一个或多个段落的格式
LeftIndent	返回或设置一个 Single 类型的值，该值代表指定段落的左缩进值（以磅为单位）。可读/写
LineSpacing	返回或设置指定段落的行距（以磅为单位）。Single 类型，可读/写
LineSpacingRule	返回或设置指定段落的行距。WdLineSpacing 类型，可读/写
LineUnitAfter	返回或设置指定段落的段后间距（以网格线为单位）。Single 类型，可读/写
LineUnitBefore	返回或设置指定段落的段前间距（以网格线为单位）。Single 类型，可读/写
Range	返回一个 Range 对象，该对象代表指定段落中包含的文档部分
RightIndent	返回或设置指定段落的右缩进（以磅为单位）。Single 类型，可读/写
SpaceAfter	返回或设置指定段落或文本栏后面的间距（以磅为单位）。Single 类型，可读/写
SpaceBefore	返回或设置指定段落的段前间距（以磅为单位）。Single 类型，可读/写

表 6-17 Paragraph 对象和 Paragraphs 集合的部分方法

方　法	说　明
CloseUp	清除指定段落前的任何间距
Indent	为一个或多个段落增加一个级别的缩进
IndentCharWidth	将段落缩进指定的字符数
IndentFirstLineCharWidth	将一个或多个段落的首行缩进指定的字符数
Reset	删除手动段落格式（不使用样式应用的格式）
Space1	为指定段落设置单倍行距
Space15	为指定段落设置 1.5 倍行距
Space2	将指定段落的行距设为 2 倍行距

表 6-18　　　　Paragraph 对象的部分方法

方　法	说　明
Next	返回一个 Paragraph 对象，该对象代表下一段
Previous	将上一段作为一个 Paragraph 对象返回

4. Selection 对象

Selection 对象表示窗口或窗格中的当前所选内容。所选内容代表文档中选定（或突出显示）的区域，如果文档中没有选定任何内容，则代表插入点。每个文档窗格只能有一个 Selection 对象，并且在整个应用程序中只能有一个活动的 Selection 对象。此外，所选内容可以包含多个不连续的文本块。

【例 6.13】　使用 Selection 对象。

```
Selection.Copy      '复制活动文档中选定的内容
'删除 Documents 集合中第三个文档的所选内容，该文档无需处于活动状态
Documents(3).ActiveWindow.Selection.Cut
```

【例 6.14】　复制活动文档第一个窗格中的所选内容，并将其粘贴到第二个窗格中。

```
ActiveDocument.ActiveWindow.Panes(1).Selection.Copy
ActiveDocument.ActiveWindow.Panes(2).Selection.Paste
```

表 6-19 列出了 Selection 对象的部分属性，表 6-20 列出了 Selection 对象的部分方法。

表 6-19　　　　Selection 对象的部分属性

属　性	说　明
Bookmarks	返回 Bookmarks 集合，该集合表示文档、区域或所选内容中的所有书签。只读
Cells	返回表示所选内容中的表格单元格的 Cells 集合。只读
Characters	返回一个表示文档、区域或所选内容中的字符的 Characters 集合。只读
Comments	返回 Comments 集合，该集合表示指定的所有 Comments。只读
End	返回或设置选定内容的结束字符的位置。Long 类型，可读写
Endnotes	返回一个 Endnotes 集合，该集合代表选定内容中的所有尾注 conatined。只读
Fields	返回一个只读 Fields 集合，该集合代表选定内容中的所有域
Find	返回找到的对象，它包含用于查找操作的条件。只读
Footnotes	返回一个 Footnotes 集合代表区域、所选内容或文档中的所有脚注。只读
Hyperlinks	返回一个 Hyperlinks 集合，该集合代表指定选定内容中的所有超链接。只读
InlineShapes	返回一个 InlineShapes 集合，该集合代表选定内容中的所有 InlineShape 对象。只读
Start	返回或设置选定内容的起始字符位置。Long 类型，可读写
Style	该属性返回或设置用于指定对象的样式
Tables	返回一个 Tables 集合，该集合代表指定选定内容中的所有表格。只读
Text	返回或设置指定的选定内容中的文本。String 类型，可读写
Type	返回选择类型。WdSelectionType 类型，只读
Words	返回一个 Words 集合，该集合代表选定内容中的所有字词。只读

表 6-20　　Selection 对象的部分方法

方　法	说　明
Calculate	计算选定内容中的数学表达式。返回的结果为 Single 类型
ClearFormatting	清除所选内容的文本格式和段落格式
Copy	将指定的选定内容复制到剪贴板
CopyFormat	复制选定文字第一个字符的字符格式
CreateTextbox	在选定内容周围添加一个默认大小的文本框
Cut	从文档中删除指定对象，并将其移动到剪贴板上
Delete	删除指定数量的字符或单词
InsertAfter	将指定文本插入范围或所选内容的末尾
InsertBefore	在指定选定内容之前插入指定文本
InsertBreak	插入分页符、分栏符或分节符
Move	将指定的所选内容折叠到其起始位置或结束位置，然后将折叠的对象移动指定的单位数。此方法返回一个 Long 类型的值，该值代表所选内容移动的单位数；如果移动失败，则返回 0（零）
Paste	将“剪贴板”的内容插入指定的选择范围处
TypeText	插入指定的文本

5. Range 对象

Range 对象代表文档中的一个连续范围，小至一个插入点，或大至包含整篇文档。每一个 Range 对象由一起始和一终止字符位置定义。Range 对象只在定义该对象的过程正在运行时才存在，定义 Range 对象后，就可以应用 Range 对象的方法和属性来修改该区域的内容。

Range 对象和所选内容相互独立。也就是说，可定义和复制一个范围而不需改变所选内容。还可在文档中定义多个范围，但每一个窗格中只能有一个所选内容。

Start、End 和 StoryType 属性唯一地标识一个 Range 对象。Start 和 End 属性返回或设置 Range 对象的开始和结束字符的位置。文档开始处的字符位置为 0，第一个字符后的位置为 1，以此类推。StoryType 属性的 WdStoryType 常量可以代表 11 种不同的文字部分类型。

可用其他对象的 Range 方法返回一个 Range 对象，该对象由指定的起始和终止字符位置定义。Range 对象可用于多种对象（例如，Paragraph、Bookmark 和 Cell）。

```
'返回代表活动文档前 10 个字符的 Range 对象
Set myRange = ActiveDocument.Range(Start:=0, End:=10)
```

【例 6.15】　创建一个 Range 对象，该对象从第二段开头开始，至第三段末尾后结束。

```
Sub NewRange()
    Dim doc As Document
    Dim rngDoc As Range
    Set doc = ActiveDocument
    Set rngDoc = doc.Range(Start:=doc.Paragraphs(2).Range.Start, _
    End:=doc.Paragraphs(3).Range.End)
End Sub
```

【例 6.16】　设置活动文档中第一段的文字格式。

```
Sub FormatFirstParagraph()
   Dim rngParagraph As Range
   Set rngParagraph = ActiveDocument.Paragraphs(1).Range
```

```
    With rngParagraph
        .Bold = True
        .ParagraphFormat.Alignment = wdAlignParagraphCenter
        With .Font
            .Name = "Stencil"
            .Size = 15
        End With
    End With
End Sub
```

表 6-21 列出了 Range 对象的部分属性。

表 6-21　　Range 对象的部分属性

属　性	说　明
Bold	如果选定区域中字体的格式为加粗，则该属性值为 True。Long 类型，可读/写
Characters	返回一个 Characters 集合，该集合代表区域中的字符。只读
End	返回或设置某区域中结束字符的位置。Long 类型，可读/写
Font	返回或设置 Font 对象，该对象代表指定对象的字符格式。Font 类型，可读/写
Italic	如果将字体或范围设置为倾斜格式，则该属性值为 True。Long 类型，可读/写
Paragraphs	返回一个 Paragraphs 集合，该集合代表指定范围中的所有段落。只读
Start	返回或设置某区域中起始字符的位置。Long 类型，可读/写
Text	返回或设置指定的区域或所选内容中的文本。字符串类型，可读/写

6. Sentences、Words 和 Characters 集合

（1）Sentences 集合

由 Range 对象所组成的集合，该集合中的对象代表了选定部分、区域或文档中的所有句子，没有 Sentence 对象。

用 Sentences 属性可返回 Sentences 集合，Sentences 集合的 Count 属性返回句子数。

```
'弹出对话框显示选中的内容包含的句子数
MsgBox Selection.Sentences.Count &" sentences are selected"
```

用 Sentences(index)可返回一个表示单句的 Range 对象，其中 index 为索引序号。索引序号代表该句在 Sentences 集合中的位置。

【例 6.17】 为活动文档的首句设置格式，代码如下。

```
With ActiveDocument.Sentences(1)
    .Bold = True
    .Font.Size = 24
End With
```

对 Sentences 集合无法使用 Add 方法，而是用 InsertAfter 或 InsertBefore 方法向 Range 对象中添加句子。

【例 6.18】 在活动文档首段之后插入一句，代码如下。

```
With ActiveDocument
    MsgBox .Sentences.Count &" sentences"
    .Paragraphs(1).Range.InsertParagraphAfter
    .Paragraphs(2).Range.InsertBefore "The house is blue."
    MsgBox .Sentences.Count &" sentences"
End With
```

表 6-22 列出了 Sentences 集合的部分属性。

表 6-22　Sentences 集合的部分属性

属　性	说　明
Count	文档、区域或选定内容中句子的总数
First	返回一个 Range 对象，该对象代表文档、区域或选定内容中的 Sentences 集合内的第一个句子
Last	返回一个 Range 对象，该对象代表文档、所选内容或范围中的最后一句

（2）Words 集合

Words 集合是所选内容、范围或文档中的单词集合。Words 集合中的每一项是一个 Range 对象，该对象代表一个单词，没有 Word 对象。

用 Words 属性可返回 Words 集合。

Words 集合的 Count 属性返回 Words 集合中的单词数,Count 属性中包括标点符号和段落标记。

```
MsgBox Selection.Words.Count & "words are selected"     '显示当前选定的多少的单词
```

使用 Words(Index)可返回一个 Range 对象（其中 Index 是索引号），该对象代表一个单词。索引号代表单词集合中的单词的位置。

【例 6.19】　将选定内容中的第一个单词的格式设置为 24 磅倾斜。

```
With Selection.Words(1)
    .Italic = True
    .Font.Size = 24
End With
```

Words 集合中的项包括单词及其后的空格。若要删除尾部的空格，可以使用 Visual Basic 的 RTrim 函数。

```
ActiveDocument.Words(1).Select  '选择活动文档中的第一个单词（和其尾部空格）
```

Words 集合常用属性与 Sentences 集合相同。

（3）Characters 集合

Characters 集合是所选内容、范围或文档中的字符集合，没有 Character 对象。Characters 集合中的每一项是一个 Range 对象，该对象代表一个字符。

Characters 属性可返回 Characters 集合。

Count 属性返回所选内容、范围或文档中的字符数。

```
MsgBox Selection.Characters.Count & "characters are selected"        '显示选定的字符数。
```

使用 Characters(Index)可返回一个 Range 对象（其中 Index 是索引号），该对象代表一个字符。索引号表示 Characters 集合中的字符位置。

Characters 集合常用属性与 Sentences 集合相同。

【例 6.20】　将选定内容中的第一个字母的格式设置为 24 磅加粗。

```
With Selection.Characters(1)
    . Bold = True
    .Font.Size = 24
End With
```

7. Section 对象和 Sections 集合

Section 对象代表所选内容、范围或文档中的一节。Section 对象是 Sections 集合的成员。Sections 集合包含所选内容、范围或文档中的所有节。

使用 Sections(Index)可返回单个 Section 对象，其中 Index 是索引号。

【例 6.21】 更改活动文档中第一节的左右页边距。

```
With ActiveDocument.Sections(1).PageSetup
    .LeftMargin = InchesToPoints(0.5)
    .RightMargin = InchesToPoints(0.5)
End With
```

可用 Sections 属性返回 Sections 集合。

【例 6.22】 在活动文档最后一节的结尾插入文字。

```
With ActiveDocument.Sections.Last.Range
    .Collapse Direction:=wdCollapseEnd
    .InsertAfter "end of document"
End With
```

用 Sections 集合的 Add 方法或 InsertBreak 方法在文档中添加新的节。

【例 6.23】 在活动文档的开头添加一节。

```
Set myRange = ActiveDocument.Range(Start:=0,End:=0)
ActiveDocument.Sections.Add Range:=myRange
myRange.InsertParagraphAfter
```

【例 6.24】 显示活动文档中节的数目，在选定内容的第一段之前插入分节符，并再次显示节的数目。

```
MsgBox ActiveDocument.Sections.Count & "sections"
Selection.Paragraphs(1).Range.InsertBreak _Type:=wdSectionBreakContinuous
MsgBox ActiveDocument.Sections.Count & "sections"
```

表 6-23 列出了 Section 对象的部分属性，表 6-24 列出了 Sections 集合的部分属性，表 6-25 列出了 Sections 集合的方法。

表 6-23　　Section 对象的部分属性

属　性	说　明
Footer	返回一个 HeadersFooters 集合表示在指定的节中的页脚。只读
Header	返回 HeadersFooters 集合，该集合表示指定节的页眉。只读
Index	返回 Long 类型的值，该值代表项目在集合中的位置。只读

表 6-24　　Sections 集合的部分属性

属　性	说　明
Count	返回一个 Long 类型的值，该值代表集合中的节数。只读
First	返回一个 Section 对象，该对象代表 Sections 集合中的第一项
Last	将 Sections 集合中的最后一项作为 Section 对象返回

表 6-25　　Sections 集合的方法

属　性	说　明
Add	返回一个 Section 对象，该对象代表添加到文档中的新节
Item(Index)	返回集合中的单个 Section 对象

8. Table 对象和 Tables 集合

Table 对象代表一个单独的表格，Table 对象是 Tables 集合的一个成员。Tables 集合包含了指定的选定内容、范围或文档中的所有表格。可使用 Tables(index)返回一个 Table 对象，其中 index 为索引号。索引号代表选定内容、范围或文档中表格的位置。

```
'将活动文档中的第一个表格转换为文本
ActiveDocument.Tables(1).ConvertToText Separator:=wdSeparateByTabs
```

使用 Tables 集合的 Add 方法可以在指定范围内新增一表格。

【例 6.25】　在活动文档的起始处添加一个 3×4 表格。

```
Set myRange = ActiveDocument.Range(Start:=0, End:=0)
ActiveDocument.Tables.Add Range:=myRange, NumRows:=3, NumColumns:=4
```

使用 Tables 属性可返回 Tables 集合。

【例 6.26】　应用边框格式于每个活动文档中的表。

```
For Each aTable In ActiveDocument.Tables
   aTable.Borders.OutsideLineStyle = wdLineStyleSingle
   aTable.Borders.OutsideLineWidth = wdLineWidth025pt
   aTable.Borders.InsideLineStyle = wdLineStyleNone
Next aTable
```

Tables 集合的 Count 属性返回 Tables 集合中表格的数量。

表 6-26 列出了 Table 对象的部分属性，表 6-27 列出了 Table 对象的部分方法，表 6-28 列出了 Tables 集合的方法。

表 6-26　　Table 对象的部分属性

属　性	说　明
Borders	返回一个 Borders 集合，该集合代表指定对象的所有边框
Columns	返回一个 Columns 集合，该集合代表表格中的所有列。只读
Parent	返回一个 Object 类型值，该值代表指定 Table 对象的父对象
Range	返回一个 Range 对象，该对象代表指定表格中所含的文档部分
Rows	返回一个 Rows 集合，该集合代表表格中所有的表格行。只读
Shading	返回一个 Shading 对象，该对象代表指定对象的底纹格式
Spacing	返回或设置表格中单元格的间距（以磅为单位）。可读写 Single 类型
Style	返回或设置指定表格的样式。可读写 Variant 类型
Tables	返回一个 Tables 集合，该集合代表指定表格中的所有嵌套表格。只读
Title	返回或设置包含指定表格的标题的 String 类型值。可读/写

表 6-27　Table 对象的部分方法

方　法	说　明
AutoFormat	将预定义外观应用于表格
Cell	返回一个 Cell 对象，该对象代表表格中的一个单元格
Delete	删除指定的表格
Select	选择指定的表格
Sort	对指定的表格进行排序
Split	在表格中紧靠指定行的上面插入一空段落，并且返回一个 Table 对象，此对象包含指定行及其下一行

表 6-28　Tables 集合的方法

方　法	说　明
Add	返回一个 Table 对象，该对象代表添加到文档中的新的空白表格
Item	返回集合中的单个 Table 对象

9. Row 对象、Column 对象和 Cell 对象

（1）Row 对象和 Rows 集合

Row 对象代表表格的一行，Row 对象是 Rows 集合中的一个元素，Rows 集合包括指定部分、区域或表格中的所有表格行。

用 Rows(index)可返回单独的 Row 对象，其中 index 为索引序号。

```
ActiveDocument.Tables(1).Rows(1).Delete          '删除活动文档中第一张表格的首行
```

用 Add 方法可在表格中添加行。在选定部分首行前插入一行。

```
If Selection.Information(wdWithInTable) = True Then
   Selection.Rows.Add BeforeRow:=Selection.Rows(1)      '在选定部分首行前插入一行
End If
```

用 Cells 属性可修改 Row 对象中的单个单元格。

【例 6.27】　在选定部分中添加一张表格，并在表格第二行的各单元格内插入数字。

```
Selection.Collapse Direction:=wdCollapseEnd
If Selection.Information(wdWithInTable) = False Then
   Set myTable = ActiveDocument.Tables.Add(Range:=Selection.Range, _
      NumRows:=3, NumColumns:=5)
   For Each aCell In myTable.Rows(2).Cells
      i = i + 1
      aCell.Range.Text = i
   Next aCell
End If
```

（2）Column 对象和 Columns 集合

使用 Columns(index)可返回单独的 Column 对象，其中 index 为索引序号。索引序号代表该列在 Columns 集合中的位置（从左至右计算）。

```
   ActiveDocument.Tables(1).Columns(1).Select       '选定活动文档中的表格 1 的第一列
```

用 Add 方法可在表格中添加一列。

【例 6.28】　为活动文档的第一张表格中添加一列，然后将列宽设置为相等。

```
If ActiveDocument.Tables.Count >= 1 Then
   Set myTable = ActiveDocument.Tables(1)
   myTable.Columns.Add BeforeColumn:=myTable.Columns(1)
   myTable.Columns.DistributeWidth
End If
```

用 Selection 对象的 Information 属性可返回当前列号。

【例 6.29】　选定当前列并在消息框中显示其列号。

```
If Selection.Information(wdWithInTable) = True Then
Selection.Columns(1).Select
      MsgBox "Column " _ & Selection.Information(wdStartOfRangeColumnNumber)
End If
```

（3）Cell 对象和 Cells 集合

Cell 对象代表表格中的单个单元格，它是 Cells 集合中的元素。Cells 集合代表指定对象中所有的单元格。

用 Cell(row,column)或 Cells(index)可返回 Cell 对象，其中 row 为行号，column 为列号，index 为索引序号。

```
Set myCell = ActiveDocument.Tables(1).Cell(Row:=1, Column:=2)
myCell.Shading.Texture = wdTexture20Percent   '给第一行的第二个单元格加底纹
'给第一行的第一个单元格加底纹
ActiveDocument.Tables(1).Rows(1).Cells(1).Shading.Texture = wdTexture20Percent
```

用 Add 方法可在 Cells 集合中添加 Cell 对象，也可用 Selection 对象的 InsertCells 方法插入新单元格。

【例 6.30】　在 myTable 的第一个单元格之前插入一个单元格。

```
Set myTable = ActiveDocument.Tables(1)
myTable.Range.Cells.Add BeforeCell:=myTable.Cell(1, 1)
```

【例 6.31】　将第一个表格的前两个单元格设定为一个域(myRange)。区域设定之后，用 Merge 方法合并两个单元格。

```
Set myTable = ActiveDocument.Tables(1)
Set myRange = ActiveDocument.Range(myTable.Cell(1, 1) _
   .Range.Start, myTable.Cell(1, 2).Range.End)
myRange.Cells.Merge
```

使用 Selection 对象的 Information 属性返回当前行号和列号。

【例 6.32】　改变选中部分第一个单元格的宽度，再显示单元格的行号和列号。

```
If Selection.Information(wdWithInTable) = True Then
   With Selection
      .Cells(1).Width = 22
      MsgBox "Cell "& .Information(wdStartOfRangeRowNumber) _& "," & .Information
(wdStartOfRangeColumnNumber)
   End With
End If
```

10. Find 对象和 Replacement 对象

（1）Find 对象

Find 对象用于在所选内容、范围或文档中查找，它的属性和方法对应于“查找和替换”对话框中的选项。

使用对象的 Find 属性可返回一个 Find 对象。

【例 6.33】 查找和选定下一个出现的“hi”。

```
With Selection.Find
    .ClearFormatting
    .Text = "hi"
    .Execute Forward:=True
End With
```

【例 6.34】 在活动文档中查找所有“hi”并将其替换为“hello”。

```
    Set myRange = ActiveDocument.Content
myRange.Find.Execute FindText:="hi", ReplaceWith:="hello", Replace:=wdReplaceAll
```

在 Selection 对象中使用 Find 对象，找到符合选择条件的文本后选定内容将会改变。

【例 6.35】 选定下一次出现的“blue”。

```
Selection.Find.Execute FindText:="blue", Forward:=True
```

在 Selection 对象中使用 Range 对象时，找到符合选择条件的文本后选定内容不会改变，但 Range 对象将会重新定义。

【例 6.36】 在活动文档中查找出现的第一个“blue”。如果在文档中找到“blue”，myRange 将重新定义，并且“blue”的字体变为粗体。

```
Set myRange = ActiveDocument.Content
myRange.Find.Execute FindText:="blue", Forward:=True
If myRange.Find.Found = True Then myRange.Bold = True
```

表 6-29 列出了 Find 对象的部分属性，表 6-30 列出了 Find 对象的部分方法。

表 6-29 Find 对象的部分属性

属 性	说 明
Font	返回或设置 Font 对象，该对象代表指定对象的字符格式。Font 类型，可读/写
Format	如果在查找操作中包含格式，则该属性值为 True。Boolean 类型，可读/写
Forward	如果查找操作在文档中往前搜索，则该属性值为 True。Boolean 类型，可读/写
Found	如果生成搜索匹配，则该属性值为 True。Boolean 类型，只读
IgnorePunct	返回或设置 Boolean 值，该值表示查找操作是否应忽略找到的文本中的标点符号。可读/写
IgnoreSpace	返回或设置 Boolean 值，该值表示查找操作是否应忽略找到的文本中的额外空格。可读/写
MatchAllWordForms	如果为 True，则在查找操作需查找文本的所有形式（例如，如果要查找的单词是“sit”，那么也查找“sat”和“sitting”）。Boolean 类型，可读/写
MatchByte	如果 Microsoft Word 在搜索过程中区分全角和半角的字符或字母，则该属性值为 True。Boolean 类型，可读/写
MatchCase	如果为 True，则查找操作区分大小写。默认值为 False。Boolean.类型，可读/写
MatchWholeWord	如果查找操作只查找完整单词，而不是一个长单词的一部分，则该属性值为 True。Boolean 类型，可读/写
MatchWildcards	如果要查找的文字中包含通配符，则该属性值为 True。Boolean 类型，可读/写
ParagraphFormat	返回或设置一个 ParagraphFormat 对象，该对象代表指定查找操作的段落设置。可读/写
Replacement	返回一个包含替换操作条件的替换对象
Text	返回或设置要查找的文本。String 类型，可读/写

表 6-30　Find 对象的部分方法

方　法	说　明
ClearFormatting	取消在查找或替换操作中所指定文本的文本格式和段落格式
Execute	运行指定的查找操作。如果查找成功，则返回 True。Boolean 类型
Execute2007	运行指定的查找操作。如果查找操作成功，则返回 True

（2）Replacement 对象

该对象代表查找和替换操作的替换条件。Replacement 对象的属性和方法对应于查找和替换对话框中的选项。使用对象的 Replacement 属性可返回一个 Replacement 对象。

【例 6.37】 将下一处出现的单词“hi”替换为“hello”。

```
With Selection.Find
    .Text = "hi"
    .ClearFormatting
    .Replacement.Text = "hello"
    .Replacement.ClearFormatting
    .Execute Replace:=wdReplaceOne, Forward:=True
End With
```

若要查找和替换格式，可将查找和替换文字设为空字符串("")，并将 Execute 方法的 Format 参数设为 True。

【例 6.38】 删除活动文档中的所有加粗格式。Find 对象的 Bold 属性值为 True，而 Replacement 对象的该属性值为 False。

```
With ActiveDocument.Content.Find
    .ClearFormatting
    .Font.Bold = True
    .Text = ""
    With .Replacement
        .ClearFormatting
        .Font.Bold = False
        .Text = ""
    End With
    .Execute Format:=True, Replace:=wdReplaceAll
End With
```

表 6-31 列出了 Replacement 对象的部分属性。

表 6-31　Replacement 对象的部分属性

属　性	说　明
Font	返回或设置 Font 对象，该对象代表指定对象的字符格式。Font 类型，可读/写
Highlight	如果将突出显示格式应用于替换文本，则该属性值为 True。Long 类型，可读/写
ParagraphFormat	返回或设置一个 ParagraphFormat 对象，该对象代表指定替换操作的段落设置。可读/写
Text	返回或设置要替换的文本。String 类型，可读写

11. HeaderFooter 对象和 HeaderFooters 集合

该对象代表一个单独的页眉或页脚，HeaderFooter 对象是 HeaderFooters 集合的一个成员。HeaderFooters 集合包含指定文档部分中所有的页眉和页脚。

使用对象的 Headers(index)或 Footers(index)可返回单独的 HeaderFooter 对象，其中 index 是 WdHeaderFooterIndex 常量之一（wdHeader_FooterEvenPages、wdHeader FooterFirstPage 或 wdHeader_ FooterPrimary）。

【例 6.39】 更改活动文档第一节中主页眉和主页脚的文字。

```
With ActiveDocument.Sections(1)
    .Headers(wdHeaderFooterPrimary).Range.Text = "Header text"
    .Footers(wdHeaderFooterPrimary).Range.Text = "Footer text"
End With
```

可以使用 Selection 对象的 HeaderFooter 属性返回单独的 HeaderFooter 对象。不能将 HeaderFooter 对象添至 HeadersFooters 集合，使用 PageSetup 对象的 DifferentFirstPageHeaderFooter 属性可指定不同的首页。

【例 6.40】 在活动文档首页的页脚中插入文字。

```
With ActiveDocument
.PageSetup.DifferentFirstPageHeaderFooter = True
.Sections(1).Footers(wdHeaderFooterFirstPage).Range.InsertBefore "Written by Joe"
End With
```

使用PageSetup对象的OddAndEvenPagesHeaderFooter属性可为奇数页和偶数页设置不同的页眉和页脚。如果 OddAndEvenPagesHeaderFooter 属性值为 True，则使用 wdHeaderFooterPrimary 可返回奇数页的页眉或页脚，使用 wdHeaderFooterEvenPages 可返回偶数页的页眉或页脚。

使用 PageNumbers 对象的 Add 方法可在页眉或页脚中添加页码。

【例 6.41】 在活动文档第一节的主页脚中添加页码。

```
With ActiveDocument.Sections(1)
    .PageSetup.DifferentFirstPageHeaderFooter = True
    .Footers(wdHeaderFooterPrimary).PageNumbers.Add
End With
```

表 6-32 列出了 HeaderFooter 对象的部分属性，表 6-33 列出了 HeaderFooter 集合的部分属性和方法。

表 6-32　HeaderFooter 对象的部分属性

属　性	说　明
Exists	如果存在指定的 HeaderFooter 对象，则该属性值为 True。Boolean 类型，可读/写
LinkToPrevious	如果指定页眉或页脚链接至前一节中相应的页眉或页脚，则该属性值为 True。Boolean 类型，可读写
PageNumbers	返回一个 PageNumbers 集合，表示所有指定的页眉或页脚中包含的页编号字段
Range	返回一个 Range 对象，该对象代表包含在指定页眉或页脚中的文档部分
Shapes	返回一个 Shapes 集合，该集合代表页眉或页脚中的所有的 Shape 对象。只读

表 6-33　HeaderFooters 集合的部分属性和方法

属性/方法	说　明
Count 属性	返回一个 Long 类型的值，该值代表集合中页眉和 1 或页脚的数目。只读
Parent 属性	返回一个 Object 类型值，该值代表指定 HeadersFooters 对象的父对象
Item 方法	返回一个 HeaderFooter 对象，该对象代表一个区域或部分中的页眉或页脚

6.3.3 应用案例

【案例 6-1】文本处理

1. 案例目标

本案例应用 VBA 代码对 Word 文本进行添加、删除、修改、设置格式等操作，对表格进行处理。通过本案例，初步掌握用 VBA 操作控制 Word 文档的基本步骤和方法。

2. 知识点

本案例涉及以下两个主要知识点：

（1）Word 文档中 VBA 代码的创建、编辑与运行；

（2）用 VBA 代码对 Word 的各种对象进行操作。

3. 操作步骤

（1）素材准备

新建一个文件夹（如 1601400501 朱卿 08），将案例素材压缩包解压到当前文件夹。本案例中提及的文件均存放在此文件夹下。

（2）打开并另存为

打开 Word 文档“VBA 素材.docx”，并另存为“文本处理.docm”，文档类型选为“启用宏的 Word 文档”。

（3）在当前文档的末尾插入文字

具体步骤如下。

① 按下【Alt+F11】组合键打开 Visual Basic 编辑器，双击“工程资源管理器”中“Project (文本处理)”下的“ThisDocument”模块。

② 单击菜单栏中“插入”菜单，选“模块”命令，选中新出现在“工程资源管理器”中的“模块 1”，在下方的“属性”窗口中将“名称”属性值修改为 EditDocText。

③ 在右侧的“EditDocText”代码窗口中，输入如下代码：

```
Sub Insert()
   ActiveDocument.Content.InsertAfter Text:=" The end."
End Sub
```

④ 将光标放在 Insert 过程中，按下【F5】键运行宏（若同时打开多个 Word 文档，应在进行本步操作前，先切换到“文本处理.docm”，使之成为当前活动文档 ActiveDocument，再切换到 VBE 窗口执行本步操作）；切换到“文本处理.docm”文档，观察 VBA 代码的运行结果。

（4）删除当前文档的第一段

具体操作步骤如下。

① 在“EditDocText”代码窗口中，增加如下代码：

```
Sub Delete()
   Dim rngFirstParagraph As Range
   Set rngFirstParagraph = ActiveDocument.Paragraphs(1).Range
   With rngFirstParagraph
      .Delete
      .InsertAfter Text:="New text"
      .InsertParagraphAfter
```

```
    End With
End Sub
```

② 将光标放在 Delete 过程中，按下【F5】键运行宏，切换到“文本处理.docm”文档，观察 VBA 代码的运行结果。

（5）在当前文档中查找

具体操作步骤如下。

① 在“EditDocText”代码窗口中，增加如下代码：

```
Sub Findw()
    With Selection.Find
        .Forward = True
        .Wrap = wdFindStop
        .Text = "冬天"
        .Execute
    End With
End Sub
```

② 将光标放在 Findw 过程中，按下【F5】键运行宏，切换到“文本处理.docm”文档，观察 VBA 代码的运行结果。

③ 再次按下【F5】键后观察运行结果。

（6）在当前文档中查找并替换

具体操作步骤如下。

① 在“EditDocText”代码窗口中，增加如下代码：

```
Sub WordReplace()
    With Selection.Find
       .ClearFormatting
        .Text = "湖南科技学院"
       .Replacement.ClearFormatting
       .Replacement.Text = "Hunan University Of Science And Engineering"
       .Execute Replace:=wdReplaceAll, Forward:=True, _
          Wrap:=wdFindContinue
   End With
End Sub
```

② 将光标放在 WordReplace 过程中，按下【F5】键运行宏，　切换到“文本处理.docm”文档，观察 VBA 代码的运行结果。

（7）将格式应用选中的内容

具体操作步骤如下。

① 在“EditDocText”代码窗口中，增加如下代码：

```
Sub FormatSelection()
    '设置选定内容的格式
    With Selection.Font
    .Name = "Times New Roman"
    .Size = 14
    .AllCaps = True   '全部大写
    End With
    With Selection.ParagraphFormat
        .LeftIndent = InchesToPoints(0.5)   '左缩进0.5英寸
        .Space1   '这是单倍行距的缩写
```

```
    End With
End Sub
```

② 将光标放在 FormatSelection 过程中，按下【F5】键运行宏，切换到“文本处理.docm”文档，观察 VBA 代码的运行结果。

（8）将格式应用指定区域

具体操作步骤如下。

① 在“EditDocText”代码窗口中，增加如下代码：

```
Sub FormatRange()
    '设置某个区域的格式
    Dim rngFormat As Range
    Set rngFormat = ActiveDocument.Range( _
       Start:=ActiveDocument.Paragraphs(1).Range.Start, _
       End:=ActiveDocument.Paragraphs(3).Range.End)
With rngFormat
       .Font.Name = "Arial"
       .ParagraphFormat.Alignment = wdAlignParagraphJustify   '两端对齐
       End With
End Sub
```

② 将光标放在 FormatRange 过程中，按下【F5】键运行宏 ,切换到“文本处理.docm”文档，观察 VBA 代码的运行结果。

（9）删除段落

在当前文档中，如图 6-16（a）所示，将只有一个回车符的段落删除，具体步骤如下。

① 算法分析。只有一个硬回车符的段落，其段落长度为 1。每个段落的文本内容由当前文档 ActiveDocument 对象的 Paragraphs 集合中所有 Paragraph 对象的 Range 对象的 Text 属性值代表。VBA 中有 Len 函数，用于求字符的长度（即字符个数）。

② 在“EditDocText”代码窗口中，增加如下代码：

```
Public Sub 删除空白段落()
    '删除只有一个硬回车符的段落
    Dim i As Long
    For i = ActiveDocument.Paragraphs.Count To 1 Step -1
        If VBA.Len(ActiveDocument.Paragraphs(i).Range.Text) = 1 Then
             ActiveDocument.Paragraphs(i).Range.Delete
        End If
    Next
        MsgBox "段落处理完毕！"
End Sub
```

③ 切换到 VBE 窗口，确认光标处于过程“删除空白段落”中，按下【F5】键或单击 VBE“标准”工具栏上的“运行子过程/用户窗口”按钮 ▶。

④ 执行上一步后将弹出如图 6-16（b）所示的对话框，单击“确定”按钮，代码运行结束，而当前文档第三页中的部分内容已变为图 6-16（c）的内容。

（a）　　　　（b）　　　　（c）

图 6-16　运行 VBA 代码

（10）将所有表格中的空单元格填充为 0

具体操作步骤如下。

① 算法分析。若表格内单元格为空，则该单元格的字符长度为 2，可理解为包含了 Chr(13) 和 Chr(7)两个字符。

② 在“EditDocText”代码窗口中，增加如下代码：

```
Public Sub AllCellsBlanktoZero()
    '在所有的单元格中循环，在空的单元格中入 0
    Dim tmpTable As Table
    Dim tmpCell As Cell
    For Each tmpTable In ActiveDocument.Tables
        For Each tmpCell In tmpTable.Range.Cells
            If VBA.Len(tmpCell.Range) = 2 Then
                tmpCell.Range.Text = "0"
            End If
        Next
    Next
      MsgBox "表格处理完毕！"
End Sub
```

③ 切换到 VBE 窗口，确认光标处于过程“AllCellsBlanktoZero”中，按下【F5】键或单击 VBE“标准”工具栏上的“运行子过程/用户窗口”按钮 ▶。

④ 切换到“文本处理.docm”文档，观察第三页上的处理的结果。

（11）保存

保存文档，完成操作。

【案例 6-2】提取特定信息

1. 案例目标

本案例应用 VBA 代码对 Word 文本进行添加、删除、修改和设置格式，用 VBA 代码对表格进行处理。通过本案例，读者能初步掌握用 VBA 操作控制 Word 文档的基本步骤和方法。

2. 知识点

本案例主要涉及以下两个知识点：

（1）表格的创建和修改；

（2）用 VBA 代码对 Word 的各种对象进行操作。

3. 操作步骤

（1）新建并保存。新建一个实验文件夹（如 1601400501 朱卿 08），在该文件夹下新建空白 Word 文档，并存盘为“身份证号自动识别.docm”，文档类型选为“启用宏的 Word 文档”。

（2）新建表格。新建如图 6-17 所示的表格。

（3）从身份证中提取信息，具体操作步骤如下。

① 算法分析。中国公民的身份证号是一种特征组合码，新版身份证号为 18 位，旧版为 15 位。新版身份证号的第 7～10 位是出生年份，第 11～12 位是出生月份，第 13～14 为是出生日，第 15～17 位是顺序号，最后第 18 位是校验码，顺序码的最后一位（即第 17 位）是判断性别（第 17 位奇数表示男性偶数表示女性）。旧版 15 位中，第 7～8 位是出生年份，第 9～10 位是出生月份，第 11～12 为是出生日，第 15 位为奇数表示男性，偶数表示女性。若身份证的位数不是 18 或 15 位，则将身份证号设为红色。

姓名	张强	性别	
身份证号码	320501199310184732	出生年月	

根据输入的身份证号码，自动生成“性别”和“出生日期”。

姓名	赵勤	性别	
身份证号码	320230198620192425	出生年月	

姓名	李卫东	性别	
身份证号码	320223199412102613	出生年月	

图 6-17　初始表格

② 打开 Visual Basic 编辑器，在“工程资源管理器”中“Project(身份证号自动识别)”上单击鼠标右键，在弹出的快捷菜单上选“插入”命令中的“类模块”命令。

③ 选中新出现在“工程资源管理器”中的“类 1”，在下方的“属性”窗口中将“名称”属性值修改为 clsIDCard。

④ 在右侧的“clsIDCard”代码窗口中，输入如下代码：

```
Option Explicit
Public WithEvents App As Word.Application    '声明一个包含事件的 Application 类型对象
Private Sub App_WindowSelectionChange(ByVal Sel As Selection)
   On Error Resume Next
   Dim idString As String, idLen As Integer
   Dim sYear As String, sMonth As String
   Dim sYearAndMonth As String
   Dim sLadyOrGentleman As String
   Dim isSex As String
   Dim isSexChar As Integer
   With Selection.Tables(1)
         idString = .Range.Cells(6).Range.Text
         idLen = Len(idString)
         '如果是 15 位的身份证
         If idLen = 17 Then
            '确定年月
            sYear = Mid(idString, 7, 2)
            sMonth = Mid(idString, 9, 2)
            sYearAndMonth = "19" & sYear & "年" & sMonth & "月"
           .Range.Cells(8).Range.Text = sYearAndMonth
           '确定性别
```

```
                isSexChar = Mid(idString, idLen - 2, 1)
                If isSexChar Mod 2 = 0 Then
                   isSex = "女"
                Else
                   isSex = "男"
                End If
            .Range.Cells(4).Range.Text = isSex
            .Range.Cells(6).Range.Font.Color = wdColorBlack
            ElseIf idLen = 20 Then   '如果是18位的身份证
                sYear = Mid(idString, 7, 4)
                sMonth = Mid(idString, 11, 2)
                sYearAndMonth = sYear & "年" & sMonth & "月"
                .Range.Cells(8).Range.Text = sYearAndMonth
                '确定性别
                isSexChar = Mid(idString, idLen - 3, 1)
                If isSexChar Mod 2 = 0 Then
                  isSex = "女"
                Else
                  isSex = "男"
                End If
                .Range.Cells(4).Range.Text = isSex
                .Range.Cells(6).Range.Font.ColorIndex = wdBlack
                Else    '错误的身份证位数
                .Range.Cells(6).Range.Font.Color = wdColorRed
                .Range.Cells(4).Range.Text = ""
                .Range.Cells(8).Range.Text = ""
        End If
    End With
End Sub
```

⑤ 双击“工程资源管理器”中“Project（身份证号自动识别）”下的“This Document”模块，在代码窗口中输入以下代码：

```
Dim newWord As New clsIDCard
Private Sub Document_open()
   '将类模块中已声明的对象（本例中为 App）连接到 Application 对象
   Set newWord.App = Word.Application
End Sub
```

⑥ 将光标放在 Document_open 过程中，按下【F5】键。切换到“身份证号自动识别.docm”的文档窗口，在表格中输入身份证号码（见图 6-18），Word 会根据输入的身份证号自动生成性别和出生年月。

姓名	张强	性别	男
身份证号码	320501199310184732	出生年月	1993 年 10 月

根据输入的身份证号码，自动生成“性别”和“出生日期”。

姓名	赵勤	性别	女
身份证号码	320230198620192425	出生年月	1986 年 20 月

姓名	李卫东	性别	男
身份证号码	320223199412102613	出生年月	1994 年 12 月

图 6-18　VBA 运行结果

（4）进一步改进。增加对身份证号内特征码的判定，图中第二个人的月份是不对的。请读者自行写出改进代码，使 VBA 代码能区分正确的月份和日期。

（5）再次保存文档“身份证号自动识别.docm”。

（6）新建并保存。新建空白 Word 文档，并存盘为“学号信息提取.docm”，文档类型选为“启用宏的 Word 文档”。

（7）新建表格。建立如图 6-19 所示的表格。

（8）根据学号提取学生信息。在图 6-19 的表格中，用户输入学号，自动显示该学生的年级、学院和专业。建立 VBA 代码的详细步骤请读者思考和完成。

学号是一组 10 位的数字字符串，第 1～2 位为年份的末两位，第 3～4 位表示学院，第 3～7 位表示学生的专业。年份靠近 100 的是 19**的年份，年份靠近 0 的是 20**的年份。学院对应的编号、专业的编号见图 6-20。判断输入的学号是否为 10 位，并判断是否是有效的学院编号和专业编号。

学号		姓名	张叁峰	年级	
学院		专业			

图 6-19　初始表格

学院	编号
人文学院	01
管理学院	02
数学学院	03
医学部	04
物理学院	05
艺术学院	06
外语学院	07

专业	专业编码
知识产权	01101
社会学	01201
教育学（师范）	01301
教育技术学(师范)	01302
英语（师范）	07101
俄语	07201
德语	07301
物理学	05101
物理学（师范）	05102
电子信息工程	05201
电子科学与技术	05202

图 6-20　学院编号和专业编号

（9）再次保存文档“VBA 03-学号信息提取.docm”。

6.4　VBA 在 Excel 中的应用

6.4.1　Excel 的对象模型

尽管在 Excel 的对象模型中包括 100 多个对象，但程序设计主要集中在以下 5 个对象。

- Application 对象：Excel 对象模型中的顶层对象，代表 Excel 应用程序。
- Workbooks 对象：Excel 中的工作簿，即一个 Excel 文件，Application 对象包含 Workbooks 对象。
- Worksheets 对象：工作簿中的一个工作表，Workbooks 对象中包含 Worksheets 对象。
- Range 对象：工作表中选中的单元格区域，Worksheets 对象包含 Range 对象。
- Chart 对象：工作表中的图表对象，Worksheets 对象中包含 Chart 对象。

对于工作簿中一个工作表的引用，可以采用下面的格式（其中 book1.xlsx 是工作簿的名称，sheet1 是工作表的名称）：

```
Application.Workbooks("book1.xlsx").WorkSheets("sheet1")
```

6.4.2 Excel 中的 VBA 对象

在 VBA 程序中可以通过代码来控制 Excel 的很多操作，如工作簿和工作表的新建、保存等操作。下面具体介绍这些控制 Excel 的方法。

1. 控制工作簿对象

在控制工作簿的过程中，要使用的是 Workbooks 对象，即工作薄集合对象，一定要注意不能写成 Workbook 对象。控制工作簿的主要操作有以下 4 种。

（1）新建工作薄

Workbooks 对象的 Add 方法用于新建一个工作簿，其格式为：

```
Workbooks.Add [(Template)]
```

其中的 Template 为可选参数，用来确定新建的工作簿中包含什么类型的工作表，如包含空白工作表的工作簿或者包含图表的工作簿等。若省略该参数，则默认情况下表示新建一个包含 3 张工作表的工作簿。

（2）打开工作簿

Workbooks 对象的 Open 方法用于打开一个已经存在的工作簿，如果运行程序时，要打开的文件不存在，则系统会弹出一个错误提示对话框。Open 方法的格式为：

```
Workbooks.Open 文件路径和名称
```

其中文件路径可以是绝对路径，也可以是相对路径。绝对路径是指文件在硬盘上的实际存储路径，而相对路径是指要打开的文件与含有 VBA 代码的 Excel 文件之间的相对关系。

【例 6.42】 “D:\Sample\Chapter4”中有两个文件“Book1.xlsx”和“Book2.xlsx”，若要在“Book1.xlsx”的 VBA 程序中打开“Book2.xlsx”，使用绝对路径的代码如下：

```
Sub WorkbooksOpenSample()
    Workbooks.Open " D:\Sample\Chapter4\book2.xlsx"
End Sub
```

使用相对路径的代码如下：

```
Sub WorkbooksOpenSample()
    Workbooks.Open "book2.xlsx"
End Sub
```

（3）保存工作簿

若要将文件以原文件名和原路径来保存，可以使用 Workbooks 对象的 Save 方法，其格式为：

```
Workbooks("工作簿名称").Save
```

如果用 Save 方法来保存一个新建的工作簿，则系统会自动以默认的文件名将该工作簿保存在包含 VBA 程序的 Excel 文件所在的路径下。

【例 6.43】 若要实现同时保存所有打开的工作簿，可以使用 For Each-Next 循环，其代码如下：

```
Sub WorkbooksSaveSample()
    Dim W As Workbook
    For Each W In Workbooks
        W.Save
    Next
End Sub
```

若要将文件另存为其他的路径或文件名，可以使用 Workbooks 对象的 SaveAs 方法，其格式为：

```
Workbooks("工作簿名称").SaveAs 新的路径和文件名
```

【例 6.44】 将已经打开的工作簿 Book1.xlsx 以文件名 Test.xlsx 保存在 D 盘根目录中，其代码如下：

```
Sub WorkbooksSaveAsSample()
Workbooks("book1.xlsx").SaveAs "d:\Test.xlsx"
End Sub
```

在保存工作簿时，还可以使用 ActiveWorkbook 对象（当前活动工作簿对象），如要保存当前活动工作簿的代码是：

```
ActiveWorkbook.Save
```

（4）关闭工作簿

关闭工作簿，可以使用 Workbooks 对象的 Close 方法。若要关闭指定工作簿，格式为：

```
Workbooks("工作簿名称").Close
```

在关闭指定工作簿时，必须保证该工作簿是被打开的，否则运行程序时，系统将给出一个“下标越界”的错误。

若要关闭所有打开工作簿，则其代码为：

```
Workbooks.Close
```

在使用 Close 方法关闭工作簿时，如果存在尚未保存修改的工作表，则系统会弹出提示是否保存的对话框。利用 VBA 代码可以在程序中设置关闭前不弹出保存更改的提示，则在执行关闭程序时不会再弹出是否保存更改的提示对话框，其格式为：

```
Workbooks("工作簿名称").Close savechanges:=True|False
```

其中 savechanges 参数的取值若为 True，则关闭工作簿并自动保存；若取值为 False，则关闭工作簿但是不保存也不弹出提示保存的对话框。

2. 控制工作表

对于工作表的控制，主要是通过 Worksheets 对象来实现的，具体操作说明如下。

（1）插入工作表

利用 Worksheets 对象的 Add 方法可以实现工作表的插入，一次可以插入一个工作表也可以同时插入多个工作表。其格式为：

```
WorkSheets.Add [Count:=<数值常量>] | [Before:=<工作表引用>] | [After:=<工作表引用>]
```

若一次只需插入一个工作表即可，则省略 Add 方法后面的所有参数。此时运行程序会在当前活动工作表的前面插入一个空白的工作表，工作表的名称为系统默认指定，如“Sheet4”。

【例 6.45】 在新建工作表的同时为其指定名称“成绩表”，其代码如下：

```
Sub WorksheetsAddSample()
    Worksheets.Add
    ActiveSheet.Name = "成绩表"
End Sub
```

除了上述方式，也可以采用创建对象型变量的方法，其代码如下：

```
Sub WorksheetsAddSample()
    Dim sheetObj As Object
    Set sheetObj = Worksheets.Add
    sheetObj.Name = "成绩表"
End Sub
```

注意

因为插入新工作表时指定了名称，所以通常需要在插入之前先判断该名称的工作表是否存在，其代码如下：

```
Sub WorksheetsAddIfSample()
    Dim n As Integer
    For n = 1 To Worksheets.Count
        If Worksheets(n).Name = "成绩表" Then
            MsgBox "该名称的工作表已经存在! "
            Exit Sub
        End If
    Next
    Worksheets.Add
    ActiveSheet.Name = "成绩表"
End Sub
```

若要同时插入多个新的工作表，则在 Add 方法后使用 Count 参数即可。同时插入 2 个工作表的代码如下：

```
Worksheets.Add Count:=2
```

Before 和 After 参数用于确定新工作表插入的位置，如要在“成绩表”的后面插入一张新的工作表，其代码是：Worksheets.Add After:=Sheets(" 成绩表 ")。这条语句也可以写成：Worksheets.Add After:=Worksheets(" 成绩表 ")。Worksheets 对象代表当前工作簿中的工作表，而 Sheets 对象代表当前工作簿中的所有包括工作表、图表、宏表等在内的所有工作表。

Count、After 和 Before 三个参数是并列关系，也就是说一次只能使用其中一个参数，不可以在 Add 方法后同时出现两个及以上参数。

（2）选定工作表

在程序设计过程中，有些操作需要在指定的工作表中完成，这时应该先通过程序选定指定工作表，可以使用 Worksheets 对象的 Select 方法来实现，Select 方法可以使工作表处于被选中的状态，其格式如下：

```
Worksheets("工作表名称").Select
```

除此之外，还可以使用 Worksheets 对象的 Activate 方法，Activate 方法的功能是将工作表置于活动的状态，而当前活动的工作表也就是被选中的工作表，其格式为：

```
Worksheets("工作表名称").Activate
```

对工作表名称的引用，可以有下面 3 种方法。

直接使用工作表标签中显示的工作表名称，如“工资表”。

使用工作表的默认系统名称，即重命名之前的名称，类似于“Sheet1”的名称，在 VBE 窗口的工程资源管理器中可以看到。

使用工作表在工作簿中的索引号（位置），索引号是工作表标签自左向右的排列顺序，第一个工作表的索引号即为“1”，如 Sheets（1）或 Worksheets（1）。

对于单张的工作表来说，使用 Select 方法和 Activate 方法的效果是一样的。但是它们的区别在于，Activate 方法只能使一张工作表处于活动状态，而 Select 方法可以利用数组同时选中多张工作表。

【例 6.46】　工作簿中有两张工作表“学生表”和“成绩表”，选中这两张工作表的代码如下：

```
Sub WorksheetsMultiSelectSample()
  Worksheets(Array("学生表", "成绩表")).Select
End Sub
```

【例 6.47】　要选定工作簿中的所有工作表，代码如下：

```
Sub WorksheetsSelectAllSample()
  Worksheets.Select
End Sub
```

（3）移动或复制工作表

移动或复制工作表，可以使用 Worksheets 对象的 Move 方法和 Copy 方法，并以目标工作表作为参照，用 before 和 after 参数来指明工作表移动或复制的位置，其格式如下：

```
Worksheets("工作表名称").Move|Copy [after | before:=目标工作表名称]
```

当 Move 或 Copy 方法后没有 after 或 before 参数时，表示将工作表移动或复制到一个新建的工作簿中。

【例 6.48】　将“学生表”移动到“sheet1”前面，代码如下：

```
Worksheets("学生表"). Move before:=Worksheets("sheet1")
```

【例 6.49】　将“学生表”移动到新建工作薄中，代码如下：

```
Worksheets("学生表"). Move
```

【例 6.50】　将“学生表”移动到“Book2.xlsx”工作薄中的“sheet1”后面。

```
Worksheets("学生表"). Move after:=Workbooks("Book2.xlsx").Worksheets("sheet1")
```

需要注意的是，这里必须确保“Book2.xlsx”工作簿是被打开的，否则系统会给出“下标越界”的错误提示框。

复制工作表的代码与此类似，这里不再赘述。

（4）删除工作表

删除工作表可以使用 Worksheets 对象的 Delete 方法，其格式如下：

```
Worksheets("工作表名称"). Delete
```

使用 Delete 方法删除工作表时，系统会给出一个询问对话框。若用户单击“删除”按钮，则返回值 True，否则返回值 False。在程序中，可以根据返回值来检查删除工作表的操作是否成功。

【例 6.51】 删除“学生表”工作表，具体代码如下：

```
Sub WorksheetsDeleteSample()
    Dim flg As Boolean
    flg = Worksheets("学生表"). Delete
    If flg = True Then
       MsgBox "删除工作表成功！"
    Else
       MsgBox "删除操作被用户取消！"
    End If
End Sub
```

在删除工作表时，要设定系统不弹出删除的询问对话框，只需设置 Application 对象的 DisplayAlerts 属性值即可，该属性的默认值为 True，即显示系统的警告或提示对话框。下面的代码在运行时，系统会直接删除工作表而不弹出对话框：

```
Sub WorksheetsDeleteNoAlertSample()
   Application . DisplayAlerts=False
   Worksheets("学生表"). Delete
End Sub
```

3. 控制单元格

在对单元格的操作中，主要使用 4 个对象，分别是：Cells、Rows、Columns 和 Range，其含义和使用方法介绍如下。

（1）选取单元格

选取单元格的方法是 Select，此方法在前面的内容中已经介绍，这里主要介绍对于选择区域的表示。

【例 6.52】 若需要选中全部的单元格，可以使用下面 3 种代码中的一种：

```
Cells.Select
Rows.Select
Columns.Select
```

下面分别介绍这几个对象的含义：

Cells(row,column)代表单个单元格，row 表示行号，column 表示列号。

【例 6.53】 若需要选中单元格 A3，可以使用下面代码中的一种：

```
Cells(3,1).Select
Cells(3, "A").Select
```

Rows 对象代表了工作表中的一行或若干连续的行。

【例 6.54】 选中工作表中的第 2 行，可以使用下面代码中的一种：

```
Rows(2) .Select
Rows("2:2") .Select
```

【例 6.55】 选中工作表中的第 1 行到第 5 行，代码如下：

```
Rows("1:5") .Select
```

Columns 对象代表了工作表中的一列或若干连续的列，使用方法与 Rows 类似。

【例 6.56】　选中工作表中第 A 列，代码如下：

```
Colunms("A") .Select
```

【例 6.57】　选中工作表中第 A 列到第 C 列，代码如下：

```
Colunms("A:C") .Select
```

Range 对象代表工作表中的一个或多个单元格区域，可以是一个或多个单元格、一行或多行、一列或多列，也可以是任意的选择区域。

【例 6.58】　使用 Range 对象选择一个或多个单元格区域，示例如下：

```
Range("A5") .Select                 表示选中 A5 单元格
Range("A1:D5") .Select              表示选中 A1:D5 的单元格区域
Range("A1", "D5") .Select           表示选中单元格 A1 和单元格 D5
Range("1:1") .Select                表示选中工作表中的第 1 行
Range("1:3") .Select                表示选中工作表中的第 1 行到第 3 行
Range("A") .Select                  表示选中工作表中的第 A 列
Range("A:C") .Select                表示选中工作表中第 A 列到第 C 列
Range("A1:D5,B8:D11") .Select       表示选中工作表中 A1:D5 和 B8:D11 单元格区域。
```

除此以外，单元格还可以用一种简化的表示方法，如[A3]表示单元格 A3，[A1:B4]表示 A1:B4 的单元格区域。

（2）单元格赋值

对于单元格的赋值，可以使用单元格对象的 Value 属性，该属性可在单元格中输入值或者获取单元格的数值，其格式如下：

单元格引用范围.Value=值

【例 6.59】　在 A1:B5 单元格区域中输入“123”，其代码如下：

```
Sub CellEvaluationSample()
Range("A1:B5").Value = "123"
End Sub
```

用户也可以将一个单元格中的数值复制给其他的单元格。

【例 6.60】　将 E1 单元格的内容复制到 A1:B5 单元格区域，其代码如下：

```
Sub CellEvaluationSample()
Range("A1:B5").Value = Range("E1")
End Sub
```

（3）插入行或列

插入行或列可以使用单元格对象的 Insert 方法，其格式如下：

```
行或列的引用.Insert
```

【例 6.61】　使用 Insert 方法来插入行，示例如下：

```
Rows(2).Insert              表示在第 2 行前插入一个空行
Rows("2:4").Insert          表示在第 2 行前插入四个空行
```

【例 6.62】　使用 Insert 方法来插入列，示例如下：

```
Column("B").Insert          表示在第 B 列前插入一个空列
Column("B:C").Insert        表示在第 B 列前插入两个空列
```

（4）删除行或列

删除行或列可以使用单元格对象的 Delete 方法，其格式如下：

```
行或列的引用.Delete
```

【例 6.63】 使用 Delete 方法来删除行，示例如下：

```
Rows(2). Delete             表示删除工作表中的第 2 行
Rows("2:4"). Delete         表示删除工作表中的第 2 行到第 4 行
```

【例 6.64】 使用 Delete 方法来删除列，示例如下：

```
Column("B"). Delete         表示删除工作表中的第 B 列
Column("B:C"). Delete       表示删除工作表中的第 B 列到第 C 列
```

6.4.3 Excel 的常用事件

为了更好地进行 Excel 中的 VBA 的编程，需要了解 Excel 中常用事件。常用的工作簿级事件和工作表级的事件如下。

1. 工作簿级别的事件

工作簿级别的事件发生在某个工作簿对象中，在“工程资源管理器”窗口中双击“ThisWorkbook”选项打开当前工作簿对象的代码编辑窗口。在“对象”下拉列表中选择“WorkBook”，在“过程”下拉列表中就可以看到工作簿对象的所有事件，其中常用的事件有以下几种。

Open 事件：打开工作簿时将触发 Open 事件。

Activate 事件：激活工作簿时触发 Activate 事件。

SheetActivate 事件：工作簿中的任意一个工作表被激活时触发 SheetActivate 事件。

NewSheet 事件：在工作簿中新建一个工作表时触发 NewSheet 事件。

2. 工作表级别的事件

在“工程资源管理器”窗口中双击要操作的工作表名称，打开该工作表的代码编辑窗口。在“对象”下拉列表中选择“WorkSheet”，在“过程”下拉列表中就可以看到工作表的所有事件，其中常用的事件有以下几种。

Activate 事件：激活该工作表时触发 Activate 事件。

Change 事件：更改工作表中的某单元格内容时触发 Change 事件。

FollowHyperlink 事件：单击工作表中某个超链接时触发 FollowHyperlink 事件。

SelectionChange 事件：改变工作表中单元格的选择区域时触发 SelectionChange 事件。

6.4.4　应用案例

【案例 6-3】打印学生考试准考证

1. 案例目标

设计一个工具栏，该工具栏上有 4 个按钮，分别为“提取”“打印”“清除”“考场安排”。其功能分别为：编排学生的期末考试准考证，打印期末考试准考证，清除上一次准考证为下一次操作做准备，对学生期末考试的考号、座位号和考场地址做随机编排。

2. 知识点

本案例涉及如下主要知识点：

（1）工作簿对象及其属性、方法及事件；

（2）工作表对象及其属性、方法及事件；

（3）单元格对象及其属性、方法及事件；

（4）变量的使用；

（5）分支语句；

（6）循环语句；

（7）用户窗体。

3. 操作步骤

（1）“准考证”工作表的设计

① 在“页面设置”菜单中，设置纸张的大小为 A4，方向为纵向，上、下、左、右边距各为 0.5、0.5、0.9、0.9，水平、垂直居中。

② 每个学生的照片文件以学号为文件名，如学生“应强国”，其照片文件名为 201630304001.jpg，并将照片放在同一文件中。

（2） 工具栏及按钮控件

① 定义工具栏与按钮控件。工具栏与其上的按钮可以使用程序代码的方法进行定义。在 VBA 中，双击 ThisWorkBook 项，对当前工作薄进行编程。代码如下：

```
'声明全局变量
Public butt1, butt2, butt3, butt4 As Object
Private Sub Workbook_Open()
'建立“功能”工具栏
Dim tbar As CommandBar
Set tbar = Application.CommandBars.Add
With tbar
         .Name = "功能"
         .Visible = True
End With
'在工具栏上添加“提取”命令按钮
Set butt1 = tbar.Controls.Add(Type:=msoControlButton)
With butt1
          .Caption = "提取"
          .Style = msoButtonCaption
          .OnAction = "提取"
```

```
End With
'在工具栏上添加“打印”命令按钮
Set butt2 = tbar.Controls.Add(Type:=msoControlButton)
With butt2
          .Caption = "打印"
          .Style = msoButtonCaption
          .OnAction = "打印"
End With
'在工具栏上添加“清除”命令按钮
Set butt3 = tbar.Controls.Add(Type:=msoControlButton)
With butt3
          .Caption = "清除"
          .Style = msoButtonCaption
          .OnAction = "清除"
End With
'在工具栏上添加“考场安排”命令按钮
Set butt4 = tbar.Controls.Add(Type:=msoControlButton)
With butt4
          .Caption = "考场安排"
          .Style = msoButtonCaption
          .OnAction = "考场安排"
End With
Sheets("学生名册").Select
End Sub
```

② 工作簿关闭时，清除工具栏。

```
Private Sub workbook_beforeclose(cancel As Boolean)
   Application.CommandBars("功能").Delete
End Sub
```

③ 为了在不同的情况下控制工具栏的可用性，对工作簿的 SheetActivate 事件编写代码如下：

```
Private Sub workbook_sheetactivate(ByVal sh As Object)
  If sh.Name = "学生名册" Then
    butt1.Enabled = True
    butt2.Enabled = False
    butt3.Enabled = False
    butt4.Enabled = True
 ElseIf sh.Name = "准考证" Then
    butt1.Enabled = False
    butt2.Enabled = True
    butt3.Enabled = True
    butt4.Enabled = False
 ElseIf sh.Name = "考场地址" Then
    butt1.Enabled = False
    butt2.Enabled = False
    butt3.Enabled = False
    butt4.Enabled = False
Else
    butt1.Enabled = False
    butt2.Enabled = True
    butt3.Enabled = False
```

```
    butt4.Enabled = False
End If
End Sub
```

（3）编写工具栏按钮功能的程序代码

工具栏上的 4 个命令按钮“提取”“打印”“清除”“考场安排”，分别指定要执行的宏“提取”“打印”“清除”“考场安排”。这四个宏过程在通用模块中定义。

① “提取”按钮：用于生成期末考试准考证。

```
Sub 提取()
   On Error GoTo ext
   '添加新信息
   Sheets("学生名册").Select
   Cells(1, 1).Select
   dqh = ActiveCell.Row + 1
   For k = 1 To 10
   '提取数据
         Sheets("学生名册").Select
         hh = dqh + k
         zy = Cells(hh, 6)          '专业
         bj = Cells(hh, 7)          '班级
         xh = Cells(hh, 1)          '学号
         xm = Cells(hh, 2)          '姓名
         xb = Cells(hh, 3)          '性别
         cs = Cells(hh, 4)          '出生日期
         se = Cells(hh, 10)         '座位号
        '转存数据
         Sheets("准考证").Select
         hh = IIf(k <= 5, (k - 1) * 9 + 3, (k - 6) * 9 + 3)
         ll = IIf(k < 5, 2, 6)
         Cells(hh + 0, 11) = zy
         Cells(hh + 1, 11) = bj
         Cells(hh + 2, 11) = xh
         Cells(hh + 3, 11) = xm
         Cells(hh + 4, 11) = xb
         Cells(hh + 5, 11) = cs
         Cells(hh + 5, 11 + 1) = "座位号: " & se
   Next
End Sub
```

② “打印”按钮：用于打印准考证。

```
Sub 打印()
msg = "确实要打印当前页吗? "                          '定义信息
Style = vbYesNo + vbQuestion + vbDefaultButton2     '定义按钮
Title = "提示"                                      '定义标题
response = MsgBox(msg, Style, Title)
If response = vbYes Then
ActiveWindow.SelectedSheets.PrintOutFrom:=1,To:=1,Copies:=1, Collate:=True
End If
```

```
End Sub
```

③ “清除”按钮：可以清除准考证中临时的文字信息和照片，以便生成下一组准考证信息。

```
Sub 清除()
        '清除原有信息
        Sheets("准考证").Select
        For k = 1 To 10
              hh = IIf(k <= 5, (k - 1) * 9 + 3, (k - 6) * 9 + 3)
              ll = IIf(k <= 5, 2, 6)
              Cells(hh + 0, ll) = ""
              Cells(hh + 1, ll) = ""
              Cells(hh + 2, ll) = ""
              Cells(hh + 3, ll) = ""
              Cells(hh + 4, ll) = ""
              Cells(hh + 5, ll) = ""
        Next
        For Each sp In ActiveSheet.Shapes
              sp.Delete
        Next
        Sheets("学生名册").Select
End Sub
```

④ “考场安排”按钮：用于随机安排学生的考场教室。

```
Sub 考场安排()
      Dim SheetForRead, SheetForWrite As Object
      Dim i, j, k, sName
      '以下对学生进行随机排序
      Randomize
      Sheets("学生名册").Select
      Cells(1, 1).Select
      dqh = ActiveCell.Row + 1
      k = 1
      hh = dqh + k
      xh = Cells(hh, 2)
      Do While Len(Trim(xh)) <> 0
           Cells(hh, 11) = " = int(rand()*1000)"
           k = k + 1
           hh = dqh + k
           xh = Cells(hh, 2)
      Loop
      '对数据进行排序
      Range("A2").Sort key1:=Range("K2"), Order1:=xlDescending, Header:=xlGuess
      '安排考场
      Sheets("学生名册").Select
      Set SheetForWrite = Sheets("学生名册")
      Set SheetForRead = Sheets("考场地址")
      i = 3
      k = 1
      j = 36
      sName = SheetForWrite.Range("B" & i)          '取学生姓名
      Do
```

```
    For j = 1 To 3
        sName = SheetForWrite.Range("B" & i)
            If sName = "" Then
        Exit For
            Else
            SheetForWrite.Range("H" & i) = i - 2        '设定考号
            SheetForWrite.Range("I" & i) = k            '设定考场号
            SheetForWrite.Range("J"& i) = j             '设定座位号
            '设定考场地址
                SheetForWrite.Range("K" & i) = SheetForRead.Range("A" & k + 1)
            i = i + 1
            End If
        Next j
        k = k + 1
    Loop Until sName = ""
    MsgBox "考场编排成功结束"
End Sub
```

【案例 6-4】成绩管理表

1. 案例目标

修改“期末成绩表.xlsx”工作簿，使用 VBA 程序对工作表进行格式设置，对工作表中的数据进行计算，实现动态分配班级的功能，并在打开该工作簿时进行用户合法性验证，效果如图 6-22 所示。

2. 知识点

本案例涉及如下主要知识点：

（1）工作簿对象及其属性、方法及事件；

（2）工作表对象及其属性、方法及事件；

（3）单元格对象及其属性、方法及事件；

（4）变量的使用；

（5）分支语句；

（6）循环语句；

（7）用户窗体。

3. 操作步骤

（1）创建案例文件夹。新建一个实验文件夹（如 1601400501 朱卿 08），下载案例素材压缩包“应用案例考试成绩表.rar”至该实验文件夹下并解压。本案例中提及的文件均存放在此文件夹下。

（2）打开“考试成绩表.xlsx”工作簿，另存为“考试成绩表.xlsm”，并利用 VBA 程序在原有工作表的后面创建 3 张新的工作表。步骤如下。

① 选择“文件”选项卡中的“另存为”命令，在打开的“另存为”对话框中，将“文件类型”修改为“Excel 启用宏的工作簿（*.xlsm）”，将原有的工作簿保存为启用了宏的工作簿类型。

② 使用【Alt+F11】组合键打开 VBA 的工作环境。

③ 在左侧的“工程资源管理器”窗口中双击“ThisWorkbook”对象，打开该工作簿对象的代码窗口。

④ 在代码窗口中输入如下代码，创建一个名称为“新建工作表”的过程：

```
Sub 新建工作表()
    Dim i As Integer
    For i = 1 To 3
        Worksheets.Add(, Sheets(Sheets.Count)).Name = "sheet" & i
    Next
    MsgBox "工作表新建完成! "
End Sub
```

代码说明：

- 使用 For 循环来使创建工作表的操作执行 3 次；
- Worksheets.Add 方法用于创建新的工作表，第二个参数 After 用于设定创建的工作表位于哪张现有工作表的后面；
- Sheets.Count 方法用于获取工作簿中的工作表数量；
- Sheets(*x*)表示了工作簿中从左到右第 *x* 张工作表。

⑤ 代码编写完成后，使光标位于该 Sub 过程内，单击 VBA 工作环境工具栏中的运行按钮 ▶，或使用快捷键【F5】来运行该过程，从而实现创建工作表的功能。

（3）批量替换工作表的标签，将新建的 3 张工作表分别命名为“班级 1”到“班级 3”。

在代码窗口中输入如下代码，创建一个名称为“批量替换工作表标签”的过程：

```
Sub 批量替换工作表标签()
    Dim sht As Worksheet
    For Each sht In Sheets
        sht.Name = Replace(sht.Name, "sheet", "班级")
    Next
    MsgBox "工作表标签替换完成! "
End Sub
```

代码说明：

- 定义变量 sht 作为工作表对象；
- 使用 For Each-Next 循环来遍历工作簿中所有的工作表；
- sht.Name 表示工作表的名称属性，可以获取工作表的名称，也可以设置工作表的名称。

代码编写完成后，使光标位于该 Sub 过程内，单击 VBA 工作环境工具栏中的运行按钮 ▶，或使用快捷键【F5】来运行该过程，从而实现替换工作表标签的功能。

（4）设置第 1 行的标题字体样式，字体为“楷体”，字号为“24”，加粗，字体颜色为“蓝色”。

在代码窗口中输入如下代码，创建一个名称为“设置标题格式”的过程：

```
Sub 设置标题格式()
    Dim wk As Workbook, wt As Worksheet, ran As Range
    Set wk = Workbooks(1)
    Set wt = wk.Worksheets("学生成绩表")
    wt.Activate                     '激活工作表
    Set ran = wt.Range("a1")
    ran.Select                      '设置 A1 单元格为活动单元格
    With ran.Font
        .Name = "楷体"
        .Size = 24
```

```
        .Bold = True
        .Color = RGB(0, 0, 255)
    End With
    MsgBox "标题格式设置完成！"
    Set wk = Nothing                '清空对象，释放内存
    Set wt = Nothing
    Set ran = Nothing
End Sub
```

代码说明：

- 定义变量 wk 作为工作簿对象，wt 作为工作表对象，ran 作为单元格区域对象；
- With - End With 语句将需要多次使用的公共对象及其属性提取出来，减少下面的代码输入，在本程序中，对字体格式、大小、颜色等操作的代码只需要直接使用其子属性即可。

代码编写完成后，使光标位于该 Sub 过程内，单击 VBA 工作环境工具栏中的运行按钮 ▶，或使用快捷键【F5】来运行该过程，从而实现设置标题格式的功能。

（5）设置其余数据的格式，字体为“宋体”，字号为“12”，居中对齐，第 2 行文字加粗。

在代码窗口中输入如下代码，创建一个名称为“设置数据格式”的过程：

```
Sub 设置数据格式()
    Dim wk As Workbook, wt As Worksheet, ran As Range
    Set wk = Workbooks(1)
    Set wt = wk.Worksheets("学生成绩表")
    wt.Activate                     '激活工作表
    Set ran = wt.Range("A2:K16")
    ran.Select                      '设置 A2:K69 单元格区域的格式
    With ran.Font
        .Name = "宋体"
        .Size = 12
    End With
    ran.HorizontalAlignment = xlCenter      '单元格内容水平居中
    Range("A2:K2").Font.Bold = True         '第 2 行文字加粗
    MsgBox "数据格式设置完成！"
    Set wk = Nothing                        '清空对象，释放内存
    Set wt = Nothing
    Set ran = Nothing
End Sub
```

代码编写完成后，使光标位于该 Sub 过程内，单击 VBA 工作环境工具栏中的运行按钮 ▶，或使用快捷键【F5】来运行该过程，从而实现设置数据格式的功能。

（6）计算“总分”列数据，在 J3：J16 区域内计算每行的成绩总和。

在代码窗口中输入如下代码，创建一个名称为“计算总分”的过程：

```
Sub 计算总分()
    Dim wk As Workbook, wt_from As Worksheet, wt_to As Worksheet
    Dim rownum As Integer, i As Integer, j As Integer, total As Integer
    Set wk = Workbooks(1)
    wk.Activate
    Set wt = wk.Worksheets("学生成绩表")
    rownum = wt.UsedRange.Rows.Count        '获取表格中数据行的总行数
```

```
    For i = 3 To rownum                          '计算第 3 行到最后一行的总分
        For j = 5 To 9                           '计算第 4 列~第 9 列数据的总和
            total = total + wt.Cells(i, j)
        Next
        wt.Cells(i, 10) = total                  '将计算结果放在本行的第 10 列单元格中
        total = 0                                '清空总和，以便下次循环
    Next
    MsgBox "总分计算完成！"
    Set wk = Nothing                             '清空对象，释放内存
    Set wt = Nothing
End Sub
```

代码说明：

- wt_to.UsedRange.Rows.Count 属性用于读取工作表中现有数据的总行数；
- 使用两层 For-next 循环，第一层循环变量为 i，用于控制从第 3 行到最后一行的循环；第二层循环变量为 j，用于控制在某一行中，求和的单元格为从第 5 列~第 9 列，即对 D 列~I 列数据求和。

代码编写完成后，使光标位于该 Sub 过程内，单击 VBA 工作环境工具栏中的运行按钮 ▶，或使用快捷键【F5】来运行该过程，从而实现计算总和的功能。

（7）复制"学生成绩表"中第 1~2 行数据至其他工作表。

在代码窗口中输入如下代码，创建一个名称为"复制表格标题数据"的过程：

```
Sub 复制表格标题数据()
    Dim wk As Workbook, wt_from As Worksheet, ran As Range, wt_to As Worksheet
    Dim i As Integer
    Set wk = Workbooks(1)
    Set wt_from = wk.Worksheets("学生成绩表")    '复制的数据源所在工作表
    wt_from.Activate                              '激活工作表
    Set ran = wt_from.Range("1:2")                '学生成绩表中的第 1~2 行
    ran.Copy                                      '复制数据
    For i = 1 To 3
        Set wt_to = wk.Worksheets("班级" & i)     '复制数据的目标工作表
        wt_to.Range("a1").PasteSpecial            '粘贴数据
    Next
    Set ran = Nothing
    Set wt_from = Nothing
    Set wt_to = Nothing
    Set wk = Nothing
    MsgBox "表格标题数据复制完成！"
End Sub
```

代码说明：

- Range 对象的 Copy 方法用于将选择的单元格区域数据复制到剪贴板中，再使用 Range 对象的 PasteSpecial 方法将剪贴板中的内容复制到选中的单元格中。
- Set wt_to = wk.Worksheets("班级" & i)，表示使用 *i* 作为循环变量，其值为 1~3，控制每次循环时工作表的名称分别为"班级 1"~"班级 3"。

代码编写完成后，使光标位于该 Sub 过程内，单击 VBA 工作环境工具栏中的运行按钮 ▶，或使用快捷键【F5】来运行该过程，从而实现复制标题的功能。

（8）复制工作表中的数据行，按照学号的规则将“学生成绩表”中的数据复制到不同的工作表中，学号中第 2 位表示班级。

在代码窗口中输入如下代码，创建一个名称为“按照班级复制表格数据”的过程：

```
Sub 按照班级复制表格数据()
    Dim wk As Workbook, wt_from As Worksheet, ran As Range, wt_to As Worksheet
    Dim i As Integer, rownum As Integer
    Set wk = Workbooks(1)
    Set wt_from = wk.Worksheets("学生成绩表")
    wt_from.Activate                                       '激活工作表
    For i = 3 To wt_from.UsedRange.Rows.Count
        Set ran = wt_from.Range("A" & i)                   '选中第 i 行中的"学号"单元格
        wt_from.Range(i & ":" & i).Copy                    '将第 i 行数据复制到剪贴板
        Select Case Mid(ran.Value, 2, 1)                   '判断学号中第 2 位字符
            '若为"1"，则复制到"班级 1"工作表
            Case "1"
                Set wt_to = wk.Worksheets("班级 1")
                '计算粘贴目标单元格所在的行号
                rownum = wt_to.UsedRange.Rows.Count + 1
                wt_to.Range("a" & rownum).PasteSpecial     '粘贴数据
            Case "2"
                Set wt_to = wk.Worksheets("班级 2")
                rownum = wt_to.UsedRange.Rows.Count + 1
                wt_to.Range("a" & rownum).PasteSpecial
            Case "3"
                Set wt_to = wk.Worksheets("班级 3")
                rownum = wt_to.UsedRange.Rows.Count + 1
                wt_to.Range("a" & rownum).PasteSpecial

        End Select
    Next
    Set ran = Nothing
    Set wt_from = Nothing
    Set wt_to = Nothing
    Set wk = Nothing
    MsgBox "已经将数据按照班级分配完成！"
End Sub
```

代码说明：

- Mid(ran.Value, 2, 1)表示使用 Range 对象的 Value 属性，取出选中单元格数值，再截取其中第 2 位字符；
- wt_to.UsedRange.Rows.Count 属性用于读取工作表中现有数据的总行数。

代码编写完成后，使光标位于该 Sub 过程内，单击 VBA 工作环境工具栏中的运行按钮 ▶，或使用快捷键【F5】来运行该过程，从而实现按照学号分配班级的功能。

（9）删除“学生成绩表”工作表。

在代码窗口中输入如下代码，创建一个名称为“删除工作表”的过程：

```
Sub 删除工作表()
    On Error Resume Next                                '设定程序遇到错误后继续执行
```

```
    Dim wk As Workbook, wt As Worksheet, ran As Range
    Dim i As Integer
    Set wk = Workbooks(1)
    Set wt = wk.Worksheets("学生成绩表")
    If Err.Number = 0 Then                       '若程序无错误，则继续执行删除操作
        Application.DisplayAlerts = False        '设定不弹出提示对话框
        wt.Delete
        MsgBox "学生成绩表已经删除！"
    Else                                         '若程序有错误，则返回错误对话框
        MsgBox "学生成绩表不存在！"
    End If
End Sub
```

代码说明：

- On Error Resume Next 语句表示程序出错时，仍然继续执行后面的语句，禁止弹出错误提示及中断程序。该语句可以放置在程序的任意位置，不过建议放在程序的顶端；
- Err 对象的 Number 属性代表了错误的编码，当执行程序的过程中，没有错误时，此属性值为 0；
- Application.DisplayAlerts = False 语句用于禁止应用程序显示警告和消息对话框，当用户在删除工作表时，Excel 应用程序将直接删除工作表；
- Worksheet 对象的 Delete 方法用于删除指定工作表。

代码编写完成后，使光标位于该 Sub 过程内，单击 VBA 工作环境工具栏中的运行按钮 ▶，或使用快捷键【F5】来运行该过程，从而实现删除“期末成绩表”工作表的功能。

（10）设置各工作表中数据表区域的边框，内框线为“细”，外框为“粗”。

在代码窗口中输入如下代码，创建一个名称为“设置边框”的过程：

```
Sub 设置边框()
    Dim wk As Workbook, wt As Worksheet, ran As Range
    Dim i As Integer
    Set wk = Workbooks(1)
    For i = 1 To 3
        Set wt = wk.Worksheets("班级" & i)
        wt.Activate                     '激活工作表
        Set ran = wt.Range("A2:K" & wt.UsedRange.Rows.Count)
        ran.Select                      '设置单元格区域的格式
        '设置内部横线为"细"
        ran.Borders(xlInsideHorizontal).LineStyle = xlContinuous    '线型为实线
        ran.Borders(xlInsideHorizontal).Weight = xlThin             '线条的粗细
        '设置内部纵线为"细"
        ran.Borders(xlInsideVertical).LineStyle = xlContinuous
        ran.Borders(xlInsideVertical).Weight = xlThin
        '设置上边框横线为"粗"
        ran.Borders(xlEdgeTop).LineStyle = xlContinuous
        ran.Borders(xlEdgeTop).Weight = xlThick
        '设置下边框横线为"粗"
        ran.Borders(xlEdgeBottom).LineStyle = xlContinuous
        ran.Borders(xlEdgeBottom).Weight = xlThick
```

```
        '设置左边框横线为"粗"
        ran.Borders(xlEdgeLeft).LineStyle = xlContinuous
        ran.Borders(xlEdgeLeft).Weight = xlThick
        '设置右边框横线为"粗"
        ran.Borders(xlEdgeRight).LineStyle = xlContinuous
        ran.Borders(xlEdgeRight).Weight = xlThick
    Next
    MsgBox "边框设置完成！"
End Sub
```

代码说明：

- 使用 For-next 循环，将“班级 1”～“班级 5”中的表格分别设置边框；
- wt.UsedRange.Rows.Count 表示取出工作表中含有数据行总数；
- ran.Borders（边框位置）可以获取单元格区域的上、下、左、右的边框，分别用不同 VBA 常量表示，如 xlEdegeTop 表示上边框，xlInsideHorizontal 表示内部横线等，若省略边框位置的常量，则表示单元格区域的所有边框；
- LineStyle 属性用于指定边框的线型为“细实线”或“点虚线”等；
- Weight 属性用于指定边框线条的粗细，从细到粗，分别为“xlHairline”“xlThin”“xlMedium”“xlThick”这 4 种。

代码编写完成后，使光标位于该 Sub 过程内，单击 VBA 工作环境工具栏中的运行按钮 ▶，或使用快捷键【F5】来运行该过程，从而实现设置边框的功能。

（11）设置各工作表中除第 1 行以外的各行行高为 18，列宽为最适合的列宽。

在代码窗口中输入如下代码，创建一个名称为“设置行高和列宽”的过程：

```
Sub 设置行高和列宽()
    Dim wk As Workbook, wt As Worksheet, ran As Range
    Dim i As Integer
    Set wk = Workbooks(1)
    For i = 1 To 3
        Set wt = wk.Worksheets("班级" & i)
        wt.Activate                              '激活工作表
        '选中所有有数据的行
        Set ran = wt.Range("2:" & wt.UsedRange.Rows.Count)
        ran.RowHeight = 18                                    '设置行高为 18
        ran.Columns.AutoFit                                   '设置列宽为自动调整
    Next
    Set ran = Nothing
    Set wt_from = Nothing
    Set wt_to = Nothing
    Set wk = Nothing
    MsgBox "行高与列宽设置完成！"
End Sub
```

代码说明：

- Set wt_to = wk.Worksheets("班级" & i)，表示使用 *i* 作为循环变量，其值为 1～3，控制每次循环时工作表的名称分别为“班级 1”～“班级 3”。
- Range 对象的 RowHeigt 属性用于设置行高，ColumnWidth 属性用于设置列宽，当列宽为自动调整时，使用 ran.Columns.AutoFit。

代码编写完成后，使光标位于该 Sub 过程内，单击 VBA 工作环境工具栏中的运行按钮 ▶，或使用快捷键【F5】来运行该过程，从而实现设置行高和列宽的功能。

（12）将各工作表数据按照学号升序排列。

在代码窗口中输入如下代码，创建一个名称为“排序”的过程：

```
Sub 排序()
    Dim wk As Workbook, wt As Worksheet, ran As Range
    Dim i As Integer
    Set wk = Workbooks(1)
    For i = 1 To 3
        Set wt = wk.Worksheets("班级" & i)
        wt.Activate                              '激活工作表
        '选中所有有数据的行作为排序区域
        Set ran = wt.Range("a2:j" & wt.UsedRange.Rows.Count)
        '按照"学号"升序排列
        ran.Sort key1:="学号", order1:=xlAscending, Header:=xlYes
    Next
    Set ran = Nothing
    Set wt = Nothing
    Set wk = Nothing
    MsgBox "排序完成！"
End Sub
```

代码说明：

- Range 对象的 Sort 方法用于对区域进行排序，key1 为排序的关键字，order1 为排序的次序类型，Header 为指定区域第一行是否具有标题信息。
- Sort 方法最多可以指定 3 个排序关键字，可以在 key1 和 order1 后面继续添加 key2 和 order2 来指定第二个排序关键字，第三个关键字的添加与此类似。

代码编写完成后，使光标位于该 Sub 过程内，单击 VBA 工作环境工具栏中的运行按钮 ▶，或使用快捷键【F5】来运行该过程，从而实现按照学号排序的功能。

（13）创建登录对话框，用于在打开 Excel 文件时判断用户是否被授权。

① 在“工程资源管理器”中添加一个用户窗体，将窗体的 Caption 属性设置为“用户验证”，Picture 属性中选择案例文件夹中的“bj.jpg”。

② 在窗体中添加 2 个“标签”控件、2 个“文字框”控件和 3 个“命令按钮”控件，调整其位置和大小。

③ 设置 2 个“标签”控件的 Caption 属性，分别为“用户名:”和“密码:”，设置 2 个“标签”控件的 BackStyle 属性为“0-fmBackStyleTransParent”。

④ 设置 2 个“文字框”控件的名称属性，分别为“UserName”和“PassWord”，设置“密码”文字框的 PasswordChar 属性为“*”，将该文字框中输入的内容均以“*”显示。

⑤ 设置 3 个“命令按钮”控件的 Caption 属性，分别为“确定”“重置”和“关闭”。

⑥ 在“确定”按钮上双击鼠标左键，打开该按钮的 Click 事件，添加如下代码：

```
Private Sub CommandButton1_Click()          '该行语句为自动生成，无需输入
    Dim yhm As String, kl As String
    yhm = UserName.Text                     '取出用户名
    kl = PassWord.Text                      '取出密码
```

```
    If Len(yhm) = 0 Or Len(kl) = 0 Then    '若用户名或密码为空
       MsgBox "用户名或密码不能为空！"
     '验证用户名和密码，本例中假设用户名和密码分别为"excel"和"vba"
    ElseIf yhm = "excel" And kl = "vba" Then
        End                                '关闭"用户验证"窗体
    Else
      MsgBox "您的用户名或密码不正确！"
    End If
End Sub                                    '该行语句为自动生成，无需输入
```

编写完成后，保存单击 VBA 工作环境工具栏中的运行按钮▶，或使用快捷键【F5】，测试“确定”按钮功能。

⑦ 在“重置”按钮上双击鼠标左键，打开该按钮的 Click 事件，添加如下代码：

```
Private Sub CommandButton2_Click()         '该行语句为自动生成，无需输入
    UserName.Text = ""                     '清空文本框数据
    PassWord.Text = ""
    UserName.SetFocus                      '将光标定位于"用户名"文本框中
End Sub                                    '该行语句为自动生成，无需输入
```

编写完成后，保存单击 VBA 工作环境工具栏中的运行按钮▶，或使用快捷键【F5】，测试“重置”按钮功能。

⑧ 在“关闭”按钮上双击鼠标左键，打开该按钮的 Click 事件，添加如下代码：

```
Private Sub CommandButton3_Click()         '该行语句为自动生成，无需输入
    '该方法用于关闭当前活动工作簿，参数 False 表示关闭时不保存数据
    ActiveWorkbook.Close (False)
End Sub
```

编写完成后，保存单击 VBA 工作环境工具栏中的运行按钮▶，或使用快捷键【F5】，测试“关闭”按钮功能。

⑨ 在代码窗口的对象列表框中选择“UserForm”，在过程列表框中选择“Terminate”，将在代码中添加窗体的 Terminate 事件代码，该事件在使用 x 按钮关闭对话框时触发，代码如下：

```
Private Sub UserForm_Terminate()
    '该方法用于关闭当前活动工作簿，参数 False 表示关闭时不保存数据
    ActiveWorkbook.Close (False)
End Sub
```

⑩ 为了使用户在打开工作簿时，自动弹出“用户验证”对话框，需要在“工程资源管理器”中双击 ThisWorkbook 对象，打开该对象的代码窗口。在代码窗口的对象列表框中选择“WorkBook”，在过程列表框中选择“Open”，将在代码中添加工作簿被打开时触发的事件代码，具体代码如下：

```
Private Sub Workbook_Open()
    UserForm1.Show   '显示"用户验证"窗体
End Sub
```

代码编写完成后，保存“期末成绩表.xlsm”工作簿文件后关闭 Excel 应用程序。再次打开文件“期末成绩表.xlsm”时，将弹出“用户验证”对话框。

6.5 VBA 在 PowerPoint 中的应用

6.5.1 PowerPoint 的对象模型

Microsoft PowerPoint 的任何元素，例如应用程序、演示文稿、幻灯片模板、幻灯片、形状等，都被视为 Visual Basic 中的对象。要通过 PowerPoint 中的宏来控制 PowerPoint 就需访问和修改这些对象。在使用 PowerPoint 宏制作多媒体交互课件时，经常会用到的对象有：Application 对象、DocumentWindow 对象、Presentation 对象、SlideShowWindow 对象、Slide 对象和 Shape 对象。

6.5.2 PowerPoint 中的 VBA 对象

1. Application 对象

Application 对象代表 PowerPoint 应用程序，使用 PowerPoint 应用程序对象可以获取或设置应用程序对象的属性，例如 Presentations 和 Windows 属性。

【例 6.65】 打开一个名为“Ex_a2a.ppt”的演示文稿代码如下：

```
Set ppt = New Powerpoint.Application
ppt.Visible = True
ppt.Presentations.Open "c:\My Documents\ex_a2a.ppt"
```

【例 6.66】 显示活动打印机的名称和应用程序的路径代码如下：

```
MsgBox "The name of the active printer is "& Application.ActivePrinter
MsgBox  Application.Path
```

表 6-34 列出了 Application 对象的部分属性/方法。

表 6-34　　Application 对象的部分属性/方法

属性/方法名称	说　明
Windows	返回 PowerPoint 应用程序所有打开的文档窗口的集合
Visible	返回或设置指定 PowerPoint 应用程序窗口是否可见
Path	返回当前 Application 的路径
ActiveWindow	返回 PowerPoint 应用程序当前活动的文档窗口
Presentations	返回 PowerPoint 应用程序打开的所有演示文稿对象集合
SlideShowWindows	返回 PowerPoint 应用程序所有放映的幻灯片放映窗口的集合
Quit	用于退出 PowerPoint 应用程序

2. DocumentWindow 对象

DocumentWindow 对象代表 PowerPoint 打开的文档窗口。通过 Application.Windows 属性可获得 PowerPoint 应用程序所有打开的 DocumentWindow 对象集合。

【例 6.67】 将所有打开的文档窗口平铺的代码如下：

```
Windows.Arrange ppArrangeTiled
```

【例 6.68】 将普通窗口视图更改为幻灯片浏览视图的代码如下：

```
With Application.ActiveWindow
```

```
    If .ViewType = ppViewNormal Then
        .ViewType = ppViewSlideSorter
    End If
End With
```

表 6-35 列出了 DocumentWindow 对象的部分属性/方法。

表 6-35　　DocumentWindow 对象的部分属性/方法

属性/方法名称	说　明
Presentation	返回当前文档窗口中的演示文稿对象
Arrange	在工作区中排列所有打开的文档窗口
ActivePane	返回当前文档窗口中的活动窗格
Panes	返回当前文档窗口中的所有窗格
ViewType	返回指定的文档窗口内的视图类型

3. Presentation 对象

Presentation 对象代表 PowerPoint 中的演示文稿，使用 Application.Presentations 属性可以获得 PowerPoint 应用程序打开的所有 Presentation 对象集合，或者使用 Application.ActivePresentation 属性获得 PowerPoint 应用程序当前活动的 Presentation 对象。

【例 6.69】 把当前 PowerPoint 演示文稿另存为 PowerPoint 4.0 格式的文件，代码如下：

```
With Application.ActivePresentation
    .SaveCopyAs "New Format Copy"
    .SaveAs "NewFile", ppSaveAsPowerPoint4
End With
```

【例 6.70】 打印当前演示文稿的第 2 ~ 5 个幻灯片，代码如下：

```
With Application.ActivePresentation
    .PrintOptions.PrintHiddenSlides = True
    .PrintOut From:=2, To:=5
End With
```

表 6-36 列出了 Presentation 对象的部分属性/方法。

表 6-36　　Presentation 对象的部分属性/方法

属性/方法名称	说　明
BuiltInDocumentProperties	返回当前演示文稿的所有文档属性
ColorSchemes	返回当前演示文稿的配色方案
PageSetup	用于控制演示文稿的幻灯片页面设置属性
Slides	返回当前演示文稿中所有的幻灯片
SlideMaster	返回当前演示文稿使用的幻灯片母版对象
SlideShowSettings	返回演示文稿的幻灯片放映设置
SlideShowWindow	返回幻灯片放映窗口对象
AddTitleMaster	用于演示文稿添加标题母版
ApplyTemplate	对演示文稿应用设计模板
PrintOut	打印指定的演示文稿
PrintOptions	返回一个当前文稿的打印选项对象

4. SlideShowWindow 对象

SlideShowWindow 对象代表 PowerPoint 中幻灯片放映窗口，使用 Application.SlideShow Windows 属性可以获得 SlideShowWindow 对象集合，或者使用 Presentation. SlideShow Window 属性可以获得 SlideShowWindow 对象。

【例 6.71】 将全屏的幻灯片放映窗口的高度适当缩小以便可看到任务栏，代码如下：

```
With Application.SlideShowWindows(1)
   If .IsFullScreen Then
      .Height = .Height - 20
   End If
End With
```

【例 6.72】 将当前放映窗口调整到第三页放映，代码如下：

```
Presentation .SlideShowWindow.View.GotoSlide 3
```

表 6-37 列出了 SlideShowWindow 对象的部分属性/方法。

表 6-37　　SlideShowWindow 对象的部分属性/方法

属性/方法名称	说　明
IsFullScreen	用于设置是否全屏显示幻灯片放映窗口
Active	指示当前放映窗口是否处于活动状态
View	返回当前幻灯片放映视图
Height	返回或设置放映窗口的高度

5. Master 对象

Master 对象代表 PowerPoint 中的幻灯片母版、标题母版、讲义母版或备注母版，使用 Application.ActivePresentation.SlideMaster 属性可以获得 Master 对象。

【例 6.73】 将当前演示文稿的模板应用于名称为“MyTheme”的母板，代码如下：

```
ActivePresentation.SlideMaster.ApplyTheme "MyTheme.pot"
```

表 6-38 列出了 Master 对象的部分属性/方法。

表 6-38　　Master 对象的部分属性/方法

属性/方法名称	说　明
TextStyles	返回 TextStyles 集合，代表标题文本、正文文本和默认文本
Active	指示当前放映窗口是否处于活动状态
ApplyTheme	将主题或设计模板应用于指定的幻灯片母板等

6. Slide 对象

Slide 对象代表幻灯片对象，使用 Application.ActivePresentation.Slides 属性可以获得 Slide 对象集合，或者 Application.ActivePresentation.Presentation.SlideShowWind－ow.View.Slide 属性获得 Slide 对象。

【例 6.74】 将在演示文稿中创建新的幻灯片，代码如下：

```
'在 Slide 对象集合中添加一个幻灯片
ActivePresentation.Slides.Add 1, ppLayoutTitleOnly
```

【例 6.75】 将演示文稿中第三张幻灯片保存为 JPEG 格式的文件，代码如下：

```
With Application.ActivePresentation.Slides(3)
    .Export "c:\my documents\Graphic Format\" & "Slide 3 of Annual Sales", "JPG"
End With
```

表 6-39 列出了 Slide 对象的部分属性/方法。

表 6-39　Slide 对象的部分属性/方法

属性/方法名称	说　明
Export	使用指定的图形筛选器导出幻灯片
Shapes	返回当前幻灯片中的所有元素
SlideIndex	返回当前幻灯片在 Slides 集合中的索引号

7. SlideShowView 对象

SlideShowView 对象代表 PowerPoint 中幻灯片放映窗口视图，在 PowerPoint 宏编程中使用 Application.ActivePresentation.SlideShowWindow.View 语句可以获得 SlideShowView 对象。

【例 6.76】　将放映当前演示文稿第一张幻灯片，代码如下：

```
Application.ActivePresentation.View.First
```

表 6-40 列出了 SlideShowView 对象的部分属性/方法。

表 6-40　SlideShowView 对象的部分属性/方法

属性/方法名称	说　明
AcceleratorsEnabled	用于设置是否允许在幻灯片放映时使用快捷键
CurrentShowPosition	返回当前幻灯片在放映中的位置
Slide	返回当前幻灯片视图中的幻灯片对象
DrawLine	在指定幻灯片放映视图中绘制直线
EraseDrawing	用于清除通过 DrawLine 方法或绘图笔工具在放映中绘制的直线
GotoSlide	用于切换指定幻灯片
First	用于切换到第一张幻灯片

8. Shape 对象

Shape 对象代表绘图层中的对象，例如自选图形、任意多边形、OLE 对象或图片，需要注意的是：Shapes 集合代表文档中的所有形状；ShapeRange 集合代表文档中指定的部分形状（例如，ShapeRange 对象可以代表文档中的第一个和第四个形状，或代表文档中所有选定的形状）；Shape 对象代表文档中的单个形状。

【例 6.77】　设置当前演示文稿第一张幻灯片的第三个形状的填充纹理，代码如下：

```
Set newRect = ActivePresentation.Slides(1).Shapes(3)
'设置填充格式对象的纹理
newRect.Fill.PresetTextured msoTextureOak
```

【例 6.78】　将第二张幻灯片第五个形状中表格第一列的宽度设置为 80 磅，代码如下：

```
ActivePresentation.Slides(2).Shapes(5).Table.Columns(1).Width = 80
```

表 6-41 列出了 Shape 对象的部分属性/方法。

表 6-41　Shape 对象的部分属性/方法

属性/方法名称	说　明
Chart	返回当前幻灯片中的图表对象
HasChart	返回当前幻灯片中是否有图表
Table	返回当前幻灯片中表格对象
HasTable	返回当前幻灯片中是否有表格
Fill	返回填充格式对象

6.5.3　应用案例

【案例 6-5】视频选择播放课件

1. 案例目标

利用 VBA 宏编程的方式在 PowerPoint 的页面上播放视频，与在 PPT 中直接插入视频进行播放相比，这种编程实现的视频方式更具有互动性。可以根据用户的需求，直接播放用户感兴趣的视频，播放进程也可以完全自己控制，因此该方法更加方便、灵活。这种方法更适合 PowerPoint 课件中图片、文字、视频在同一页面时使用。

2. 知识点

本案例涉及的主要知识点包括：

（1）VBA 中“命令按钮”“组合框”等控件的使用；

（2）VBA 中“Windows Media Player” Activex 控件的使用；

（3）VBA 控件属性设置；

（4）VBA 中控件事件关联；

（5）PowerPoint 中 Application 对象属性和方法的使用；

（6）保存启用宏的 pptm 格式的 PowerPoint 演示稿文件；

（7）VBA 程序运行，效果如图 6-21 所示。

图 6-21　频选择播放界面

3. 操作步骤

（1）拷贝素材。

新建一个实验文件夹（如 1601400501 朱卿 08），下载案例素材压缩包至该实验文件夹下。右击压缩包，在弹出的快捷菜单中选择“解压到当前文件夹”，将案例素材压缩包解压为一个文件夹，本案例中提及的文件均存放在此文件夹下。然后把此文件夹中“侧耳倾听.wmv、风之谷.wmv、魔女宅急便.wmv”三个视频文件复制到新建的实验文件夹中。

（2）新建“pptm”格式的启用宏的 PowerPoint 演示稿文件。

运行 PowerPoint 程序，把默认的 PowerPoint 文档保存到新建的实验文件夹下，文件名称为“视频播放”，格式为启用宏的 PowerPoint 演示稿文件的“pptm”格式类型。

（3）在界面上添加“命令按钮”、组合框和 Windows Media Player 控件，具体操作步骤如下。

① 在“文件”选项卡中选择“选项”功能，打开“PowerPoint 选项”对话框，在对话框左侧选择“自定义功能区”，在对话框右侧中勾选“开发工具”复选框后关闭对话框。

② 单击“开发工具”选项卡中“控件”选项组列的“命令按钮”按钮，参照样例上的位置将鼠标移到相应的位置并按住鼠标画出一个合适大小的矩形区域，在该区域将出现一个命令按钮。

③ 在生成的“命令按钮”上单击鼠标右键，在快捷菜单中选择“属性”命令，打开属性对话框，在属性对话框中设置控件的 Caption 属性为“加载视频”。

④ 用同样的方式，参照样例上的位置添加组合框。

⑤ 单击“开发工具”选项卡中“控件”选项组最右边的“其他控件”按钮，在出现的对话框中，选中“Windows Media Player”选项，再将鼠标移动到需要插入视频文件的幻灯片的编辑区域中，画出一个大小合适的矩形区域，随后该区域就会自动变为 Windows Media Player 的播放界面。

（4）打开 VBA 的工作环境。

使用【Alt+F11】组合键打开 VBA 的工作环境。

（5）添加视频选择播放代码。

① 在对象列表中选择“CommandButton1”对象，在事件列表中选择“click”事件，在该事件过程中添加如下代码：

```
ComboBox1.Clear
ComboBox1.AddItem ("侧耳倾听")
ComboBox1.AddItem ("风之谷")
ComboBox1.AddItem ("魔女宅急便")
```

② 在对象列表中选择“ComboBox1”对象，在事件列表中选择“change”事件，在该事件过程中添加如下代码：

```
Dim path As String
WindowsMediaPlayer1.Close
path = Application.ActivePresentation.path
If ComboBox1.Value <> "" Then
   WindowsMediaPlayer1.URL = path + "\" + ComboBox1.Value + ".wmv"
 End If
```

（6）播放并保存 VBA 程序。

保存以上添加的代码，在 PowerPoint 2010 窗口中按下【F5】键进行 PPT 播放，在播放页面中，首先单击加载视频按钮，把播放文件列表加入到 ComboBox 下拉框中，然后通过下拉框选择需要播放的视频文件。

【案例 6-6】制作试题型课件

1. 案例目标

利用 VBA 宏编程的方式制作交互型课件，通过课件的形式提供判断题、填空题、选择题等可实时交互的练习试题，学习者做完这些试题，PowerPoint 就当场给出试卷得分。该案例主要讲述如何制作选择题，如图 6-22 所示。

2. 知识点

本案例涉及的主要知识点包括：

（1）VBA 中“命令按钮”“单选按钮”控件的使用；

（2）VBA 控件属性设置；

（3）VBA 中控件事件关联；

（4）PowerPoint 中 Slide 对象属性和方法的使用

（5）PowerPoint 中 Application 对象属性和方法的使用；

（6）保存启用宏的 pptm 格式的 PowerPoint 演示稿文件；

（7）VBA 程序运行，效果图如图 6-22 所示。

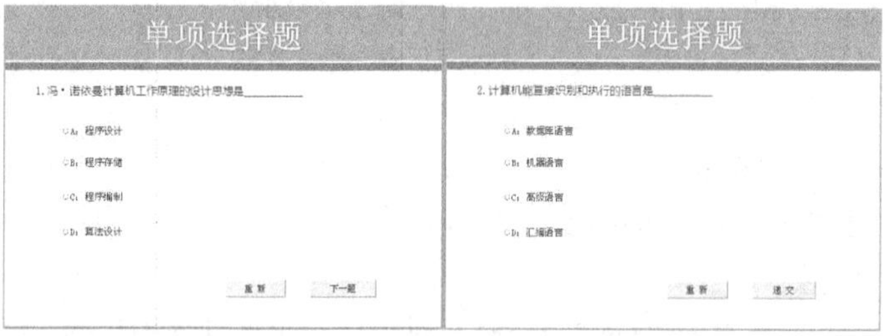

图 6-22　试题界面

3. 操作步骤

（1）新建“pptm”格式的启用宏的 PowerPoint 演示稿文件。

新建一个实验文件夹（如 1601400501 朱卿 08），运行 PowerPoint 程序，在默认 PowerPoint 文档中添加一个 PPT 页，然后把 PowerPoint 文档中两个页面上的默认元素全部删除，并把 PowerPoint 文档保存为启用宏的 PowerPoint 演示稿文件的“pptm”格式类型，文件名称为“试题型课件”，保存在实验文件夹中。

（2）在界面上添加“命令按钮”“单选按钮”和相应文字描述。

运行 PowerPoint 程序，选择“开发工具”选项。制作“试题界面 1”的页面，在控件工具箱中选择“命令按钮”，参照样例上的位置将鼠标移到相应的位置并按住鼠标画出两个大小合适的矩形区域，在该区域将出现两个命令按钮，并在“命令按钮”上单击鼠标右键，选择“属性”菜单，再在属性对话框中设置控件的 Caption 属性；用同样的方式，参照样例上的位置添加 4 个“选项按钮”和 1 个标签，并设置其 Caption 属性，默认设置“选项按钮的”GroupName 属性为 slide1。参照“试题界面 1”的制作过程，制作“试题界面 2”的界面，设置“选项按钮”的 GroupName 属性为 slide2。

（3）打开 VBA 的工作环境。

使用组合键【ALT+F11】打开 VBA 的工作环境。

（4）添加控件事件代码。

在 slide1 的对象列表中选择“CommandButton1”对象，在事件列表中选择“click”事件，在该事件过程中添加如下代码：

```
OptionButton1.Value = False
OptionButton2.Value = False
OptionButton3.Value = False
OptionButton4.Value = False
```

在 slide1 的对象列表中选择“CommandButton2”对象，在事件列表中选择“click”事件，在该事件过程中添加如下代码：

```
Application.ActivePresentation.SlideShowWindow.View.Next
```

在 slide2 的对象列表中选择“CommandButton1”对象，在事件列表中选择“click”事件，在该事件过程中添加如下代码：

```
OptionButton1.Value = False
OptionButton2.Value = False
OptionButton3.Value = False
OptionButton4.Value = False
```

在 slide2 的对象列表中选择“CommandButton2”对象，在事件列表中选择“click”事件，在该事件过程中添加如下代码：

```
Dim score As Integer
score = 0
If Slide1.OptionButton2.Value = True Then
    score = score + 1
End If
If Slide2.OptionButton2.Value = True Then
    score = score + 1
End If
MsgBox ("共做对" & score & "题，最后得分：" & score * 50)
```

说明：Slide1、Slide2 为 PPT 中对应的页面，如果 PowerPoint 页面中的名称不是 Slide1 和 Slide2，则需要替换为实际名称。

（5）播放并保存 PPT。

保存以上添加的代码，使用快捷键【F5】进行 PPT 播放。播放页面中，在第一题放映页面，如果单击“重做”按钮将清空所选项，单击“下一题”按钮，将进入第二题放映页面；在第二页界面，如果单击“递交”按钮，将显示得分对话框；如果单击“重做”按钮将清空所选项。最后把制作的 PPT 文件保存为“pptm”格式的启用宏的 PowerPoint 演示稿文件。

习　题

【习题一】 在 Word 中，创建一个宏，用于插入一张图片。然后，在 VBE 编辑窗口中修改此宏，使宏运行时，最多可插入 15 张图片。

【习题二】 新建一个 Word 文档，输入几段文字，然后运行下面的宏，观察运行结果。

```
Sub test3()
   Text = InputBox("请输入要查找的文本：", "提示")
   With ActiveDocument.Content.Find
   Do While .Execute(FindText:=Text) = True
         tim = tim + 1
   Loop
   End With
   MsgBox ("当前文档查找到" + Str(tim) + "个" + Text), 48, "完成"
End Sub
```

【习题三】空白段落的删除。试在 Word VBA 中编写并运行如下的代码，看有什么效果。

```
Sub DelBlank()
    Dim i As Paragraph, n As Long
    Application.ScreenUpdating = False                '关闭屏幕刷新
    For Each i In ActiveDocument.Paragraphs           '在活动文档的段落集合中循环
        If Len(i.Range) = 1 Then                      '判断段落长段,此处可根据文档实际情况
            i.Range.Delete                            '进行必要的修改可将任意长度段落删除
            n = n + 1                                 '计数
        End If
    Next
    MsgBox "共删除空白段落" & n & "个!"
    Application.ScreenUpdating = True                 '恢复屏幕刷新
End Sub
```

【习题四】根据预定义段落进行段落样式的设置和插入目录。试在 Word VBA 中编写并运行如下的代码，看有什么效果。

```
Sub Contents()
    Dim I As Paragraph, N As Byte, A As Byte, B As Byte, X As Long, DelRange As Range
    Application.ScreenUpdating = False
    A = 2
    B = 13
    With ActiveDocument
    For Each I In .Paragraphs                   '在段落中循环
        X = X + 1                               '计数
        For N = A To B                          '进入文档第 2 段落～第 13 段落间的循环
            If X > B Then
                If I.Range = .Paragraphs(N).Range Then
                    I.Style = .Styles(wdStyleHeading1)
                        A = A + 1               '累计
                    End If
                End If
            Next
        Next
        Set DelRange = Range(.Paragraphs(2).Range.Start, .Paragraphs(13).Range.End)
        DelRange.Delete                          '删除原文档的第 2 段落～第 13 段落
        .Paragraphs(2).Range.Select
        '插入/引用/索引与目录
        .TablesOfContents.Add    Range:=Selection.Range,    RightAlignPageNumbers:=True,
UseHeadingStyles:=True, _
        UpperHeadingLevel:=1,       LowerHeadingLevel:=3,       IncludePageNumbers:=True,
AddedStyles:="", UseHyperlinks:=True, HidePageNumbersInWeb:=True
        .TablesOfContents(1).TabLeader = wdTabLeaderDots
        .TablesOfContents.Format = wdIndexIndent
        End With
        Application.ScreenUpdating = True
        End Sub
```

【习题五】Word 有字、词组的频率统计功能。试在 Word VBA 中编写并运行如下的代码，看有什么效果。

```
Sub WordsCountTwo()
Dim i As Range, aVar As Variable, aString As String, MyStringAs String, YNC As Byte
```

```
'友情提示
MsgBox "受文档字数和可用内存以及Word自身限制,您的操作可能会需要一段时间!", vbOKOnly + vbExclamation,
"Warnning"
YNC = MsgBox("按 YES 统计字的出现频次,按 NO 统计词的出现频次,按 CANCEL 统计字与词! ",
vbYesNoCancel + vbInformation)
Select Case YNC
Case vbYes
For Each iInMe.Characters
If Asc(i) < -2050 And Asc(i) > -20319 Then
If MyString = "" Then GoTo GNY
If InStr(MyString, i.Text& ",") = 0 Then
GNY: aString = i.Text& ","
MyString = MyString&aString
Else
On Error Resume Next                    '忽略错误
Me.Variables.Add Name:=i.Text           '添加文档变量
If Err.Number<> 0 Then                  '设置错误陷阱
Err.Clear                               '清除错误
'将次数累加写入
Me.Variables(i.Text).Value = Me.Variables(i.Text).Value + 1
Else
'首次写入文档变量时,其初始值为 2
Me.Variables(i.Text).Value = 2
End If
End If
End If
Next
Case vbNo
For Each i In Me.Words                       '词中循环
If i.Characters.Count> 1 Then                '按照中文习惯为二个以上为词组
'判断是否为中文字符
If Asc(i.Characters(1)) < -2050 And Asc(i.Characters(1)) > -20319 Then
If MyString = "" Then GoTo GNN               '循环初始阶段跳至 GNN 行标签
If InStr(MyString, i.Text& ",") = 0 Then
GNN: aString = i.Text& ","                   '加入","分隔符以便精确定位
MyString = MyString&aString
Else
On Error Resume Next                         '忽略错误
Me.Variables.Add Name:=i.Text                '添加文档变量
If Err.Number<> 0 Then                       '设置错误陷阱
Err.Clear                                    '清除错误
'将次数累加写入
Me.Variables(i.Text).Value = Me.Variables(i.Text).Value
Else
'首次写入文档变量时,其初始值为 2
Me.Variables(i.Text).Value = 2
End If
End If
End If
End If
Next
```

```
Case vbCancel
For Each i In Me.Words                  '词中循环
'判断是否为中文字符
If Asc(i.Characters(1)) < -2050 And Asc(i.Characters(1)) > -20319 Then
If MyString = "" Then GoTo GNC          '循环初始阶段跳至 GNC 行标签
If InStr(MyString, i.Text& ",") = 0 Then
GNC: aString = i.Text& ","              '加入","分隔符以便精确定位
MyString = MyString&aString
Else
On Error Resume Next                    '忽略错误
Me.Variables.Add Name:=i.Text           '添加文档变量
If Err.Number<> 0 Then                  '设置错误陷阱
Err.Clear                               '清除错误
'将次数累加写入
Me.Variables(i.Text).Value = Me.Variables(i.Text).Value + 1
Else
'首次写入文档变量时,其初始值为 2
Me.Variables(i.Text).Value = 2
End If
End If
End If
Next
End Select
aString = "": MyString = ""             '重新初始化变量
Application.ScreenUpdating = False      '关闭屏幕更新
With Selection
.EndKey unit:=wdStory                   '移到文档末尾
'作一个区分标记
.InsertAftervbCrLf& "----------------词数频次统计列表" - -------------" &vbCrLf"
.EndKey unit:=wdStory                   '移到文档末尾
For Each aVar In Me.Variables           '在文档变量中循环
'插入文档中
aString = "" &aVar.Name& "出现频次:" &vbTab&aVar.Value&vbCrLf
MyString = MyString&aString             '文本累加写入内存变量中,以加速运行
Next
.InsertAfterMyString
'根据出现频次排序
.Sort FieldNumber:="域 1", SortFieldType:= _
wdSortFieldNumeric, SortOrder:=wdSortOrderDescending
End With
VarClear                                '清空文档变量
Me.UndoClear                            '清空撤消
Application.ScreenUpdating = True       '恢复屏幕更新
End Sub
```

【习题六】数据排序。

(1)案例说明

在 Excel 中可以方便地对单元格区域中的数据进行排序。本例使用 VBA 程序首先让用户输入

10 个数据，然后使用冒泡排序法对这 10 个数进行排序。

（2）关键技术

在程序中处理大量数据时，使用数组来保存是比较好的方法。数组使用之前可以使用 Dim、Static、Private 或 Public 语句来声明。在 VBA 中，数组最大可以达到 60 维，最常用的是一维数组和二维数组。

定义一维数组的语法格式如下：

```
Dim 数组名([下界 To] 上界) As 数据类型
```

其中，“下界”可以省略，只给出数组的上界（即可以使用的最大下标值），这时默认值为 0，即数组的下标从 0 开始至定义的上界，如：

```
Dim MyArray(10) As String
```

定义了一个名为 MyArray 的数组，共有 11 个元素，分别为 MyArray(0)、MyArray(1)…MyArray(10)。

如果希望下标从 1 开始，可以通过 Option Base 语句来设置，其语法格式如下：

```
Option Base 1
```

使用该语句指定数组下标的默认下界，只能设为 0 或 1。

该语句只能出现在用户窗体或模块的声明部分，不能出现在过程中，且必须放在数组定义之前。

（3）编写代码

① 新建 Excel 工作簿，按【Alt+F11】组合键进入 VBE 环境。

② 单击菜单“插入/模块”命令向工程中插入一个模块。

③ 在模块中编写以下代码：

```
Option Base 1
Sub 数据排序()
    Dim i As Integer, j As Integer
    Dim k
    Dim s(10) As Integer
    For i = 1 To 10
     s(i) = Application.InputBox("输入第" & i & "个数据：", "输入数组", , , , , , 1)
    Next
    For i = 1 To 9
        For j = i + 1 To 10
            If s(i) < s(j) Then
                t = s(i)
                s(i) = s(j)
                s(j) = t
            End If
        Next
    Next
    For Each k In s
        Debug.Print k
    Next
End Sub
```

在 VBA 中使用 Inputbox 函数接受用户输入数据时，返回的值为文本型。以上代码中使用了 Application 对象的 InputBox 方法来接受用户输入数据，该方法的语法格式如下：

```
Application.InputBox(Prompt, Title, Default, Left, Top, HelpFile, HelpContextID, Type)
```

设置 Type 参数可指定返回的数据类型，如本例设置其值为 2，则返回的值为数值型。

④ 运行上面的宏，提示用户输入数据。循环程序要求用户输入 10 个数据。

⑤ 最后在“立即窗口”输出排序的结果。

【习题七】用数组填充单元格区域。

（1）案例说明

在 Excel 中要处理大量数据时，可使用循环从各单元格读入数据，经过加工处理后再写回单元格区域中。这种方式比在数组中处理数据的速度要慢。因此，如果有大量的数据需要处理时，可先将数据保存到数组中，经过加工处理后，再将数组的数据填充到单元格区域。

本例演示将二维数组中的数据填充到工作表中的方法。

（2）关键技术

在 Excel 工作表中，工作表是一个二维结构，由行和列组成。这种特性与二维数组类似，因此可以很方便地将工作表单元格区域的内容与二维数组之间的内容进行转换。通过以下语句可将单元格区域赋值给一个二维数组：

```
myarr = Range(Cells(1, 1), Cells(5, 5))
```

反过来，也可将二维数组中的值快速地赋给一个单元格区域，如以下语句将二维数组 myarr 中的值赋值给单元格区域 Rng：

```
Rng.Value = arr
```

（3）编写代码

① 新建 Excel 工作簿，按快捷键“Alt+F11”进入 VBE 环境。

② 单击菜单“插入/模块”命令向工程中插入一个模块。

③ 在模块中编写以下代码：

```
Option Base 1
Sub 数组填充单元格区域()
    Dim i As Long, j As Long
    Dim col As Long, row As Long
    Dim arr() As Long
    row = Application.InputBox(prompt:="输入行数: ", Type:=2)
    col = Application.InputBox(prompt:="输入列数: ", Type:=2)
    ReDimarr(row, col)
    For i = 1 To row
        For j = 1 To col
            arr(i, j) = (i - 1) * col + j
        Next
    Next
    Set Rng = Sheets(1).Range(Cells(1, 1), Cells(row, col))
    Rng.Value = arr
End Sub
```

④ 返回 Excel 操作环境，向工作表中添加一个按钮，设置提示文字为“填充数据”，指定该按钮的宏为“数组填充单元格区域”。

⑤ 单击“填充数据”按钮，分别输入数组的行和列。

⑥ VBA 代码生成一个二维数组，最后填充到工作表中。

第 7 章 Access 2010 数据库和表

数据库是 20 世纪 60 年代后期发展起来的一项重要技术，自 20 世纪 70 年代以来数据库技术得到迅猛发展，已经成为计算机科学与技术的一个重要分支。经过 50 多年的发展，已经形成相当规模的理论体系和应用技术，不仅应用于事务处理，并且进一步应用到人工智能、情报检索、计算机辅助设计等各个领域。本章先介绍数据库的基本概念，再详细讲解 Access 2010 数据库和表的建立及其基本操作。

7.1 数据库基本概念

7.1.1 数据库系统

1. 数据库

数据库（DataBase，DB）是数据库系统的数据源，是长期存储在计算机内的、有组织的、可共享的数据的集合。实际上数据库就是为了实现一定的目的按某种规则组织起来的数据的集合。

2. 数据库应用系统

数据库应用系统（DataBase Application System，DBAS）是指系统开发人员利用数据库系统资源开发的面向某一类实际应用的软件系统。例如，学校信息管理系统、财务管理系统、人事管理系统、图书管理系统等，都是以数据库为基础和核心的计算机应用系统。

3. 数据库管理系统

数据库管理系统（DataBase Management System，DBMS）是数据库系统的一个重要组成部分。它是位于用户与操作系统之间的一层数据管理软件。数据库管理系统是为数据库的建立、使用和维护而配置的软件。数据库在建立、运用和维护时由数据库管理系统统一管理、统一控制。如常见的 Access、SQL Server、Oracle 等，都是常用的数据库管理系统。

4. 数据库系统

数据库系统（DataBase System，DBS）是指带有数据库并利用数据库技术进行数据管理的计算机系统。

7.1.2 实体间的联系及分类

实体之间的对应关系称为联系，它反映现实世界事物之间的相互关联。两个实体间的联系可以归结为三种类型。

1. **一对一联系（one-to-one relationship）**

如果对于实体集 A 中的每一个实体，实体集 B 中有且只有一个实体与之联系，反之亦然，则称实体集 A 与实体集 B 具有一对一联系。例如，一所学校只有一个校长，一个校长只有在一所学校任职，校长与学校之间的联系就是一对一的联系。

在 Access 中，一对一联系表现为主表中的每一条记录只与相关表中的一条记录相关联。

2. **一对多联系（one-to-many relationship）**

如果对于实体集 A 中的每一个实体，实体集 B 中有多个实体与之联系，反之，对于实体集 B 中的每一个实体，实体集 A 中至多只有一个实体与之联系，则称实体集 A 与实体集 B 有一对多的联系。例如，一个学院中可以有多名学生，而一个学生只能在一个学院中注册学习，学院和学生之间存在一对多联系。

在 Access 中，一对多联系表现为主表中的每条记录与相关表中的多条记录相关联。即表 A 中的一条记录在表 B 中可以有多条记录与之对应，但表 B 中的一条记录最多只能与表 A 中的一条记录对应。

一对多联系是最普遍的联系，也可以将一对一联系看作是一对多联系的特殊情况。

3. **多对多联系（many-to-many relationship）**

如果对于实体集 A 中的每一个实体，实体集 B 中有多个实体与之联系，而对于实体集 B 中的每一个实体，实体集 A 中也有多个实体与之联系，则称实体集 A 与实体集 B 之间有多对多联系。例如，一个学生可以选修多门课程，一门课程可以被多名学生选修。因此，学生和课程间存在多对多联系。

在 Access 中，多对多的联系表现为一个表中的多条记录在相关表中同样可以有多条记录与之对应。即表 A 中的一条记录在表 B 中可以对应多条记录，而表 B 中的一条记录在表 A 中也可对应多条记录。多对多联系是理论上及实际需求时会有这种情况，但在一般数据库软件中不支持这种联系，因此，会将一个多对多联系分解为多个一对多联系。

7.2 关系数据库

7.2.1 关系数据库基本概念

1. **关系（Relation）**

一个关系就是一张二维表，每个关系有一个关系名。在 Access 中，一个关系存储为一个表，具有一个表名。

对关系的描述称为关系模式，一个关系模式对应一个关系的结构。其格式为：

关系名（属性名 1，属性名 2，…，属性名 n）

在 Access 中，表示为表结构：

表名（字段名 1，字段名 2，…，字段名 n）

2. **元组（Tuple）**

二维表（关系）中的每一行，对应于表中的记录（元组）。例如，学生表和成绩表两个关系各包括多条记录（或多个元组）。

3. 属性（Attribute）

二维表中的每一列，对应于表中的字段（属性）。例如，学生表中的学号、姓名、专业等字段名及其相应的数据类型组成表的结构。

4. 域（Domain）

属性的取值范围称为域，也称为值域。例如，性别只能取“男”或“女”。

5. 关键字（Primary Key）

关键字是属性或属性的集合，关键字的值能够唯一地标识一个元组。例如，学生表中的学号。在 Access 中，主关键字和候选关键字就起唯一标识一个元组的作用。

6. 外部关键字（Foreign Key）

如果表中的一个字段不是本表的主关键字，而是另外一个表的主关键字和候选关键字，这个字段（属性）就称为外关键字。

在 Access 中，将相互之间存在联系的表放在一个数据库中统一管理。例如，在“学生课程信息”数据库中可以加入教师表、学生表、课程表和成绩表等。

7.2.2　关系的特点

在关系模型中对关系有一定的要求，关系必须具有以下特点。

（1）关系必须规范化。关系模型中的每一个关系模式都必须满足一定的要求。最基本的要求是每个属性必须是不可分割的数据单元，即表中不能再包含表。

（2）属性名必须唯一，即一个关系中不能出现相同的属性名。

（3）关系中不允许有完全相同的元组（即冗余）。

（4）在一个关系中元组和属性的顺序都是无关紧要的。

7.2.3　关系运算

对于关系数据库进行查询时，需要找到用户感兴趣的数据，这就需要对关系进行一定的关系运算。关系的基本运算有两类：一类是传统的集合运算（并、差、交等），另一类是专门的关系运算（选择、投影、联接），有些查询需要几个基本运算的组合。

1. 传统的集合运算

进行并、差、交集合运算的两个关系必须具有相同的关系模式，即元组具有相同结构。

（1）并（Union）

两个相同结构关系的并是由属于这两个关系的元组组成的集合。

例如，有两个结构相同的学生关系 $R1$ 和 $R2$，分别存放两个班的学生，将第二个班的学生记录追加到第一个班的学生记录后面就是两个关系的并集。

（2） 差（Difference）

设有两个相同的结构 R 和 S，R 差 S 的结构是由属于 R 但不属于 S 的元组组成的集合，即差运算的结果是从 R 中去掉 S 中也有的元组。

例如，设有选修计算机基础的学生关系 R，选修 C 语言程序设计的学生关系 S。求选修了计算机基础，但没有选修 C 语言程序设计的学生，就应当进行差运算。

（3）交（Intersection）

两个具有相同结构的关系 R 和 S，他们的交是由既属于 R 又属于 S 的元组组成的集合。交运算的结果是 R 和 S 中的共同元组。

例如，有选修计算机基础的学生关系 R，选修 C 语言程序设计的学生关系 S。求既选修了计算机基础又选修了 C 语言程序设计的学生，就应当进行交运算。

2. 专门的关系运算

关系数据库管理系统能完成选择、投影和联接 3 种关系操作。

（1）选择（Select）

从关系中找出满足给定条件的元组的操作称为选择。选择的条件以逻辑表达式给出，使得逻辑表达式的值为真的元组将被选取。例如，要从教师表中找出职称为“教授”的教师，所进行的查询操作就属于选择运算。

（2）投影（Projection）

从关系模式中指定若干属性组成新的关系称为投影。

投影是从列的角度进行的运算，相当于对关系进行垂直分解。经过投影运算可以得到一个新的关系，其关系模式所包含的属性个数往往比原关系少，或者属性的排列顺序不同。投影运算提供了垂直调整关系的手段，体现出关系中列的次序无关紧要这一特点。例如，要从学生关系中查询学生的“姓名”和“专业”，所进行的查询操作就属于投影运算。

（3）联接（Join）

联接是关系的横向结合。联接运算将两个关系模式拼接成一个更宽的关系模式，生成的新关系中包含满足联接条件的元组。

联接过程是通过联接条件来控制的，联接条件中将出现两个表中的公共属性名，或者具有相同的语义、可比的属性。联接结果是满足条件的所有记录。

7.2.4 关系的完整性

1. 实体完整性（Entity Integrity）

实体完整性规则要求关系中记录的关键字字段不能为空，不同记录的关键字，字段值也不能相同，否则，关键字就失去了唯一标识记录的作用。

如学生表将学号字段作为主关键字，那么，该列不得有空值，否则无法对应某个具体的学生，这样的表格不完整，对应关系不符合实体完整性规则的约束条件。

2. 参照完整性（Referential Integrity）

参照完整性规则要求关系中“不引用不存在的实体”，定义了外键与主键之间的引用规则。如学生表中的“学号”字段是该表的主键，但在成绩表中是外键，则在成绩表中该字段的值只能取“空”或取学生表中学号的其中值之一。

3. 用户定义完整性（Definition Integrity）

实体完整性和参照完整性适用于任何关系型数据库系统，它主要是针对关系的主关键字和外部关键字取值必须有效而做出的约束。用户定义完整性则是根据应用环境的要求和实际的需要，对某一具体应用所涉及的数据提出约束性条件。这一约束机制一般不应由应用程序提供，而应由关系模型提供定义并检验。用户定义完整性主要包括字段有效性约束和记录有效性约束。如对成绩表中的“成绩”字段的取值范围规定，只能取 0 ~ 100 之间的值。

7.3 Access 2010 概述

7.3.1 主要功能

Access 2010 数据库管理系统以其系统小、功能强、使用方便、简单易用等优点，深受中小型企业和普通用户的欢迎。现在，Access 已逐步成为一个国内外广泛流行的、功能强大的桌面数据库管理系统。

Access 2010 是 Office 2010 软件包的一个组成部分，是一个面向对象的、采用事件驱动的新型关系型数据库。使用 Access 无需编写程序代码，仅通过直观的可视化操作即可完成大部分数据的管理工作。

Access 2010 数据库管理系统主要有如下一些特点和功能。

（1）单文件型数据库。所有的信息保存在一个 Access 数据库文件中，它不仅包含所有的表，而且包括操作或控制数据的其他对象（如查询、窗体、报表等），通过 Access 可以实现对这个文件的便捷管理。

（2）Access 2010 提供了一个界面友好的可视化开发环境，系统提供了表生成器、查询生成器、报表生成器、报表向导、窗体向导等工具，可以帮助用户很方便地构建一个功能完善的数据库系统。Access 还为开发者提供了 VBA 编程功能，高级用户可以使用该功能开发更完善的数据库系统。

（3）Access 2010 系统能处理各种类型的数据，例如数字、文本、图片、动画、音频等信息。

（4）Access 2010 可以通过 ODBC 与 Oracle、Sybase、Visual FoxPro 等其他数据库相连，实现数据的交换与共享。并且，作为 Office 办公软件包中的一员，Access 还可以与 Word、Outlook、Excel 等其他软件进行数据的交互与共享。

（5）Access 2010 还提供了丰富的内置函数，以帮助开发人员开发出功能更完善、操作更加简便的数据库系统。

7.3.2 工作界面

Access 2010 系统的主窗口与以前的版本相比有较大变化，这种用户界面可以帮助用户提高工作效率。下面介绍其主窗口的主要操作要点。

Access 2010 启动后的主窗口界面如图 7-1 所示。界面的主要元素有标题栏、快速访问工具栏、功能区、导航窗格、文档信息区等。

1. 功能区

功能区包含几个不同的选项卡，包含了该系统的主要操作以及系统的所有功能，每个选项卡有对应的工具按钮。Access 2010 系统主窗口的功能区由文件、开始、创建、外部数据、数据库工具 5 大选项卡构成。选项卡会随着 5 大功能的不同而改变。

（1）“文件”选项卡

“文件”选项卡如图 7-2 所示，它包含了该选项卡的全部功能。该选项卡左侧为导航窗格，主要针对文件的各种操作，右侧为当前使用的文件列表。

图 7-1　Access 2010 启动界面

（2）“开始”选项卡

“开始”选项卡包含的功能如图 7-3 所示，该选项卡包含了当前数据库对象使用的工具选项。

（3）“创建”选项卡

“创建”选项卡所包含的功能如图 7-4 所示。单击“创建”选项卡，可以创建数据库包含的所有对象，这给用户操作带来了极大的方便。

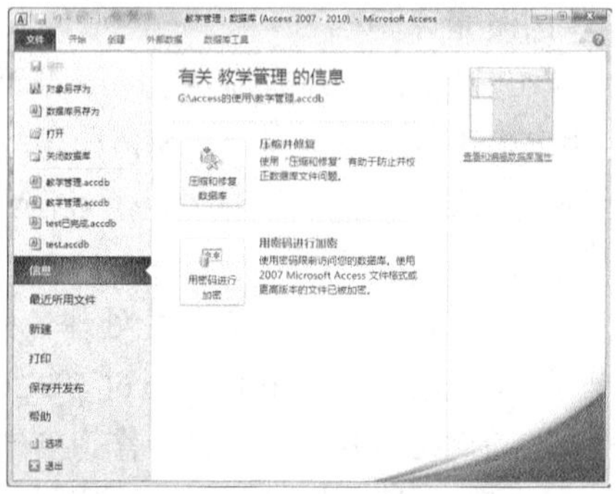

图 7-2　“文件”选项卡

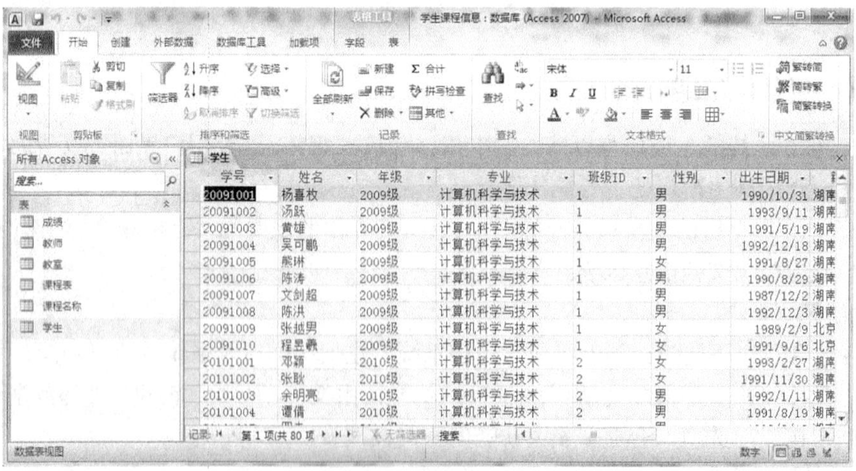

图 7-3　“开始”选项卡

图 7-4　“创建”选项卡

（4）“外部数据”选项卡

“外部数据”选项卡所包含的功能如图 7-5 所示，该选项卡主要提供数据的导入、链接以及导出等操作。

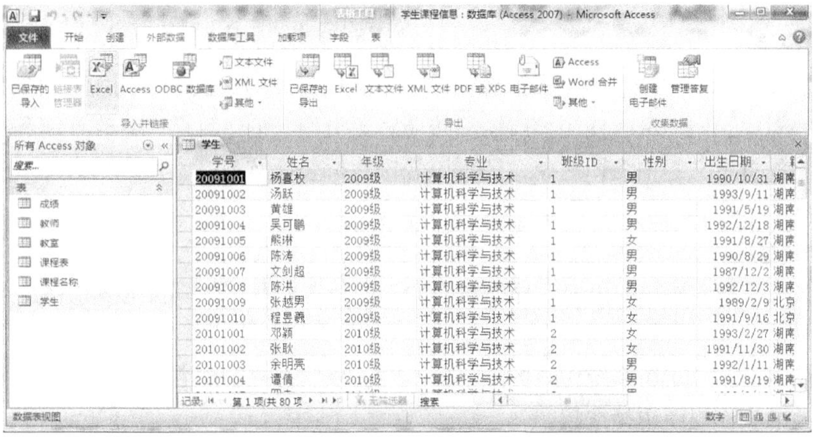

图 7-5　“外部数据”选项卡

（5）“数据库工具”选项卡

“数据库工具”选项卡所包含的功能如图 7-6 所示。

图 7-6　“数据库工具”选项卡

（6）“常用对象”选项卡

系统窗口除了提供 5 个主要选项卡外，还会由于操作对象的不同而出现几个重要选项卡，此处是“表格工具/字段-表”选项卡，如图 7-7 所示。

图 7-7　“常用对象”选项卡

2. 导航窗格

Access 2010 引入了导航窗格。导航窗格列出了当前打开的数据库中的所有对象，用户可以轻松地访问这些对象。用户可以使用导航窗格按照对象类型、创建日期、修改日期和相关表组织对象，或在创建的自定义组中组织对象。还可以轻松地折叠导航窗格，使之只占用极少的空间，但仍保持可用。

3. 文档信息区

文档信息区是当前操作的内容，导航窗格的不同状态以及不同操作的效果在此展示。

4. 状态栏

状态栏在 Access 2010 系统窗口的最下面一栏。该状态栏会随着当前对象的不同而变化，且设有不同对象的操作视图选择按钮。

7.4　Access 2010 基本对象

Access 2010 将数据库定义为一个扩展名为.accdb 的文件，提供了 6 种不同的对象：表、查询、窗体、报表、宏和模块。

1. “表”对象

“表”对象是用来存储数据的基本单元，是数据库的核心与基础，所以“表”对象又称为数据表，报表、查询和窗体都从数据表中获得数据信息。表中的列为字段，行为记录。例如，图 7-8 所示为存放有学生基本信息的“表”对象“学生”。

学生

学号	姓名	年级	专业	班级ID	性别	出生日期	籍
20091001	杨喜枚	2009级	计算机科学与技术	1	男	1990/10/31	湖南
20091002	汤跃	2009级	计算机科学与技术	1	男	1993/9/11	湖南
20091003	黄雄	2009级	计算机科学与技术	1	男	1991/5/19	湖南
20091004	吴可鹏	2009级	计算机科学与技术	1	男	1992/12/18	湖南
20091005	熊琳	2009级	计算机科学与技术	1	女	1991/8/27	湖南
20091006	陈涛	2009级	计算机科学与技术	1	男	1990/8/29	湖南
20091007	文剑超	2009级	计算机科学与技术	1	男	1987/12/2	湖南
20091008	陈洪	2009级	计算机科学与技术	1	男	1992/12/3	湖南
20091009	张越男	2009级	计算机科学与技术	1	女	1989/2/9	北京
20091010	程昱羲	2009级	计算机科学与技术	1	女	1991/9/16	北京
20101001	邓颖	2010级	计算机科学与技术	2	女	1993/2/27	湖南
20101002	张耿	2010级	计算机科学与技术	2	女	1991/11/30	湖南
20101003	余明亮	2010级	计算机科学与技术	2	男	1992/1/11	湖南
20101004	谭倩	2010级	计算机科学与技术	2	男	1991/8/19	湖南

记录: 第 1 项(共 80 项 无筛选器 搜索

数字

图 7-8 “学生表”对象

2. “查询”对象

“查询”对象是用于查询信息的基本模块，利用它可以按照一定的条件或准则从一个或多个表中筛选出需要操作的字段，并可以把它们集中起来，形成所谓的动态数据集，并显示在一个虚拟的数据表窗口中。例如，查找政治面貌为党员学生的基本信息，结果如图 7-9 所示。

政治面貌为党员的学生

政治面貌	学号	姓名	年级	专业	籍贯
中共党员	20091001	杨喜枚	2009级	计算机科学与技术	湖南省城步县
中共党员	20091006	陈涛	2009级	计算机科学与技术	湖南省湘西州
中共党员	20092009	张宇	2009级	音乐学	辽宁省东港市
中共党员	20092010	任传麒	2009级	音乐学	辽宁省东港市
中共党员	20093006	陈杰	2009级	汉语言文学	上海市奉贤区
中共党员	20093007	陆莉	2009级	汉语言文学	上海市崇明县
中共党员	20094008	代卓煌	2009级	法学	湖南省天心区
中共党员	20101003	余明亮	2010级	计算机科学与技术	湖南省宁乡县
中共党员	20102001	伍萍	2010级	音乐学	湖南省邵东县
中共党员	20102008	肖美	2010级	音乐学	湖南省绥宁县
中共党员	20103006	谈晶	2010级	汉语言文学	湖南省临澧县
中共党员	20103007	王浩浩	2010级	汉语言文学	湖南省临澧县
中共党员	20104002	唐淼	2010级	法学	湖南省双峰县
中共党员	20104010	龙杰	2010级	法学	湖南省泸溪县

图 7-9 “政治面貌为党员的查询”对象

3. “报表”对象

“报表”对象是用于生成报表和打印报表的基本模块，可以将数据库中需要的数据提取出来进行分析、整理和计算，并将数据以格式化的方式打印输出。图 7-10 就是打印学生基本信息的一个“报表”对象。

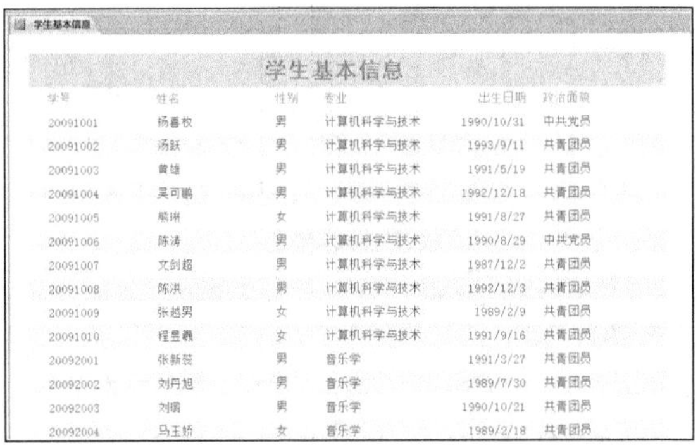

学生基本信息

学生基本信息

学号	姓名	性别	专业	出生日期	政治面貌
20091001	杨喜枚	男	计算机科学与技术	1990/10/31	中共党员
20091002	汤跃	男	计算机科学与技术	1993/9/11	共青团员
20091003	黄雄	男	计算机科学与技术	1991/5/19	共青团员
20091004	吴可鹏	男	计算机科学与技术	1992/12/18	共青团员
20091005	熊琳	女	计算机科学与技术	1991/8/27	共青团员
20091006	陈涛	男	计算机科学与技术	1990/8/29	中共党员
20091007	文剑超	男	计算机科学与技术	1987/12/2	共青团员
20091008	陈洪	男	计算机科学与技术	1992/12/3	共青团员
20091009	张越男	女	计算机科学与技术	1989/2/9	共青团员
20091010	程昱羲	女	计算机科学与技术	1991/9/16	共青团员
20092001	张新蕊	男	音乐学	1991/3/27	共青团员
20092002	刘丹旭	男	音乐学	1989/7/30	共青团员
20092003	刘璐	男	音乐学	1990/10/21	共青团员
20092004	马玉娇	女	音乐学	1989/2/18	共青团员

图 7-10 “学生基本信息报表”对象

4. “窗体”对象

“窗体”对象是数据库与用户进行交互操作的界面，可以提供一种良好的用户操作界面，其数据源可以是表或查询，它可以执行查询、打印、预览、计算等功能，甚至对表进行编辑修改。图 7-11 所示的就是一个用于维护教师基本信息的“窗体”对象。

5. “宏”对象

“宏”对象是一系列操作命令的集合，其中每个操作都能实现特定的功能。

6. “模块”对象

“模块”对象是用 VBA(Visual Basic for Application)语言编写的程序段，它以 Visual Basic 为内置的数据库程序语言。对于数据库的一些较为复杂或高级的应用功能，就需要使用 VBA 代码编程实现。由于课时安排的限制，本书只介绍前面四种对象。

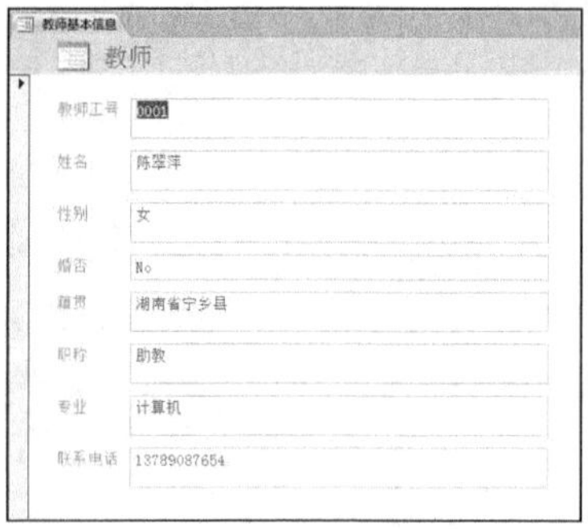

图 7-11 “教师基本信息窗体”对象

7.5 Access 2010 数据库和表的建立

Access 2010 是一个功能强大的关系数据库管理系统，就像一个容器，用于存储数据库应用系统中其他数据库对象。本章将以“学生课程信息”数据库为例，详细介绍建立 Access 2010 数据库文件和数据表的操作步骤和方法，并对表的各种基本操作进行详细讲解。

7.5.1 案例分析

【案例 7–1】

创建一个名为“学生课程信息”的空数据库文件，并将其保存在“E:\教学资料\2014Access 数据库”文件夹中；在学生课程信息数据库中使用设计视图创建学生表，使用数据表视图创建成绩表，其表结构分别如表 7-1、表 7-2 所示。

表 7-1 学生表结构

字段名	类型	字段大小	字段名	类型	字段大小	字段名	类型	字段大小
学号	文本	12	班级 ID	文本	2	政治面貌	文本	4
姓名	文本	4	性别	文本	2	家庭收入	数字	单精度型
年级	文本	8	出生日期	日期/时间				
专业	文本	14	籍贯	文本	12			

表 7-2 成绩表结构

字段名	类型	字段大小	字段名	类型	字段大小
学号	文本	12	考分	数字	单精度型
课程 ID	文本	6			

【案例 7–2】

将 Excel 文件“教师基本信息.xlsx”导入到“学生课程信息”数据库文件中；采用“值列表”的方式，将学生表中的“性别”字段设置为“查阅向导”类型；将学生表中“政治面貌”字段的“字段大小”设置为 4，字段的“默认值”设置为“共青团员”，将学生表中“出生日期”字段的“格式”设置为“yyyy/mm/dd”格式；将成绩表中“考分”字段的“字段大小”设置为“单精度型”，“格式”属性设置为“常规数字”，小数位数为 1；为教师表中“电话”字段设置“输入掩码”，以保证用户只能输入 4 位数字的区号和 7 位数字的电话号码，区号放在括号内，区号和电话号码之间用“-”分隔；最后设置成绩表中“考分”字段的“有效性规则”为“考分>=0 And 考分<=100”；出错的提示信息为：“考分只能是 0 ~ 100 之间的值”。

【案例 7–3】

为学生表创建单一索引，索引字段为“姓名”；为学生表创建多字段索引，索引字段包括“班级 ID”“姓名”；分析并设置学生表和成绩表的主键；设置“学生课程信息”数据库中学生表和成绩表之间的关系，然后将此关系删除；通过实施参照完整性，修改“学生课程信息”数据库中学生表和成绩表之间的关系。

7.5.2　知识储备

1. 创建数据库

创建 Access 数据库有两种方法，一是建立一个空数据库，然后向其中添加表、查询、窗体、报表等对象；二是使用 Access 提供的模板，通过简单操作创建数据库。创建数据库后，可随时修改或扩展数据库。本文主要介绍创建空白数据库方法，Access 2010 创建的数据库文件的扩展名为为.accdb。

注意　创建数据库文件之前，应当先建立用于存放数据库文件的文件夹，以方便管理。

2. 打开和关闭数据库

数据库建好后，就可以对其进行各种操作。例如，可以在数据库中添加对象，可以修改其中的对象。在进行这些操作之前应先打开数据库，操作结束后需要关闭数据库。

（1）打开数据库

打开数据库有两种方法，使用“打开”命令或“最近使用文件”命令。

Access 数据库有 4 种打开方式，可以单击“打开”按钮右侧的箭头，打开一个下拉菜单，然后选择一种打开方式即可。

① 打开。网络环境下，多个用户可以同时访问并修改此数据库。

② 以只读方式打开。采用这种方式打开数据库后，只能查看数据库的内容，不能对数据库做任何的修改。

③ 以独占方式打开。在网络环境下，防止多个用户同时访问此数据库。

④ 以独占只读方式打开。网络环境下，以只读方式打开数据库，并防止其他用户打开。

（2）关闭数据库

当完成数据库操作后，需要将其关闭。关闭数据库的常用方法有以下 4 种。

方法一：单击 Access 2010 窗口右上角的“关闭”按钮☒。

方法二：双击 Access 2010 窗口第一行左侧的快速访问工具栏上的按钮A。

方法三：单击 Access 2010 窗口第一行快速访问工具栏上的按钮A，从弹出菜单中选择“关闭”命令。

方法四：单击 Access 2010 窗口功能区的“文件”选项卡，从弹出菜单中选择“关闭数据库”命令。

使用前三种可关闭当前打开的数据库文件，同时退出 Access 2010；使用方法四仅关闭当前打开的数据库文件，不退出 Access 2010。

（3）设置默认数据库文件的路径

用Access所创建的各种文件都需要保存在磁盘中，为了快速正确地保存和访问磁盘上的文件，应当设置默认的磁盘目录。在 Access 中，如果不指定保存路径，则使用系统默认的保存文件的位置。

选择“文件｜选项”菜单命令，打开“Access 选项”对话框，选择“常规”选项卡，如图 7-12 所示。在“默认数据库文件夹”文本框中输入“E:\教学资料\2014Access 数据库”，并单击“确定”按钮。以后每次启动 Access，此文件夹都是系统默认数据库保存的文件夹，直到再次更改为止。

图 7-12　设置“默认数据库文件夹”

3. 数据表的创建

表是数据记录的集合，是数据库最基本的组成部分。在关系数据库管理系统中，表是数据库中用来存储和管理数据的对象，它是整个数据库系统的基础，也是数据库其他对象的数据来源。在一个数据库中可以建立多个表，通过表与表之间的联接关系，就可以将存储在不同表中的数据联系起来供用户使用。

（1）表的组成

数据表简称表，由表结构和表中的数据两部分组成。

（2）字段数据类型

Access 2010 的数据类型有 12 种，可以是文字、数字、图像或声音。Access 2010 数据库支持的数据类型及用途如表 7-3 所示。

表 7-3　Access 的数据类型及其用途

数据类型	标　识	用　途	字段大小
文本	Text	文本或文本与数字的组合，或者不需要计算的数字	最多为255个中文或英文字符
备注	Memo	长文本或文本和数字的组合，如注释或说明	最多 65535 个字符
数字	Number	用于数学计算的数值数据	1、2、4、8 个字节
日期/时间	Date/time	表示日期和时间	8 个字节
货币	Money	用于计算的货币数值与数值数据，小数点后 1～4 位，整数最多 15 位	8 个字节
自动编号	AutoNumber	在添加记录时自动插入的唯一顺序或随机编号，此类型字段不能更新	4 个字节
是/否	Logical	用于记录逻辑型数据 Yes(−1)/No(0)	1 位
OLE 对象	OLE Object	内容为非文本、非数字、非日期等内容，也就是用其他软件制作的文件	最多为 1GB
超级链接	Hyperlink	存储超链接的字段，超链接可以是 UNC 路径或 URL 字段	最长 2048 个字符
附件	Accessory	存储所有种类的文档和二进制文件，可将其他程序中的数据添加到该字段中	最大为 2GB

续表

数据类型	标　识	用　途	字段大小
计算	Calculation	计算类型用于显示计算结果，计算时必须引用同一表中的其他字段。	8 个字节
查阅向导	Lookup Wizard	在向导创建的字段中，允许使用组合框来选择另一个表中的值	与用于执行查阅的主键字段大小相同

（3）建立表结构

Access 2010 的数据表由“结构”和“内容”两部分构成。通常是先建立数据表结构，即“定义”数据表，然后再向表中输入数据，即完成数据表的“内容”部分。

建立表结构有三种方法，一是使用设计视图创建表，这是一种最常用的方法；二是使用数据表视图创建表，在数据表视图中直接在字段名处输入字段名，该方法比较简单，但无法对每一字段的数据类型、属性值进行设置，一般还需要在设计视图中进行修改；三是通过从外部数据导入的方式建立表。

所谓导入表，就是把当前数据库以外的表导入到当前数据库中。可以通过从另一个数据库文件、Excel 文件、文本文件中导入数据的方法创建新表。本文主要以从 Excel 文件导入来讲解。

（4）向表中输入数据

创建表结构后，数据库的表仍是没有数据的空表，所以，创建表对象的另一个重要任务是向表中输入数据。可直接向表中输入数据，也可以重新打开表输入数据。打开表的方法有以下几种。

方法一：在导航窗格中双击要打开的表。

方法二：右击要打开的表的图标，在弹出的快捷菜单中选择“打开”命令。

方法三：若表处于设计视图状态下，右击表格标题栏并在弹出的快捷菜单中选择“数据表视图”命令，即可切换到数据表视图。

使用以上三种方式打开表后，就可以往表中添加数据了。

（5）常用字段属性及其设置

表结构中的每个字段都有一系列的属性定义，字段属性决定了如何存储和显示字段中的数据。每种类型的字段都有一个特定的属性集。

Access 为大多数属性提供了默认设置，一般能够满足用户的需要，用户也可以改变默认设置。字段的常规属性选项卡如表 7-4 所示。

表 7-4　字段的常规属性选项卡

属　性	作　用
字段大小	设置文本、数据类型的字段中数据的范围，可设置的最大字符数为 255
格式	控制显示和打印数据格式，选项预定义格式或输入自定义格式
小数位数	指定数据的小数位数，默认值是“自动”，范围是 0 ~ 15
输入法模式	确定当焦点移至该字段时，准备设置的输入法模式
输入掩码	用于指导和规范用户输入数据的格式
标题	在各种视图中，可以通过对象的标题向用户提供帮助信息
默认值	指定数据的默认值，自动编号和 OLE 数据类型无此项属性
有效性规则	一个表达式，用户输入的数据必须满足该表达式
有效性文本	当输入的数据不符合“有效性规则”时，要显示的提示性信息

续表

属　性	作　用
必填字段	该属性决定是否出现 Null(空)值
允许空字符串	决定文本和备注字段是否可以等于零长度字符串("")
索引	决定是否建立索引及索引的类型
Unicode 压缩	指定是否允许对该字段进行 Unicode 压缩

（6）建立表之间的关系

前面已经介绍了创建数据库的表的基本方法，并且建立了数据库和表。在 Access 中要想管理和使用好表中的数据，就应建立表与表之间的关系，只有这样，才能将不同表中的相关数据联系起来，也才能为建立查询、创建窗体或报表打下良好的基础。

① 设置主键。主键，也叫主关键字，是唯一能标识一条记录的字段或字段的组合。指定了表的主键后，在表中输入新记录时，系统会检查该字段是否有重复数据。如果有，则禁止重复数据输入到表中。同时，系统也不允许主关键字段中的值为 Null。

② 建立表间的关系。数据库中的多个表之间要建立关系，必须先给各个表建立主键或索引，并且要关闭所有打开的表。否则，不能建立表间的关系。建立好主键或索引后，直接在两表的公共字段上拖动鼠标即可建立两表之间的关系。

7.5.3　案例实现

【案例 7-1 实现】

操作步骤如下。

（1）启动 Access 2010，单击“文件”选项卡，在左侧窗格中单击“新建”命令，在右侧窗格中单击“空数据库”选项，设置好文件名称，如图 7-13 所示。

图 7-13　数据库设置界面

（2）单击图 7-13 所示的“创建”按钮，这时 Access 开始创建数据库，并自动创建一个名称为“表 1”的数据表，该表以数据表视图方式打开。数据表视图中有两个字段，一个是默认的“ID”字段，另一个是用于添加新字段的标识“单击以添加”，光标位于“单击以添加”列的第一个空单元格中，如图 7-14 所示。

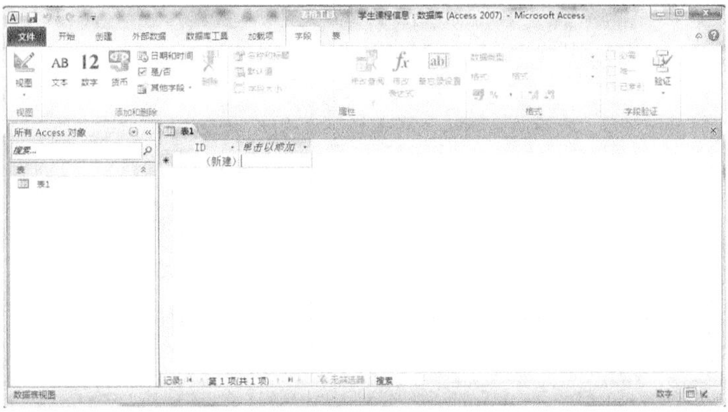

图 7-14　以数据表视图方式打开“表 1”

（3）在创建的“学生课程信息”空数据库中还没有其他数据库对象，可以根据需要建立其他对象。

（4）切换到表 1 的设计视图，如图 7-15 所示。

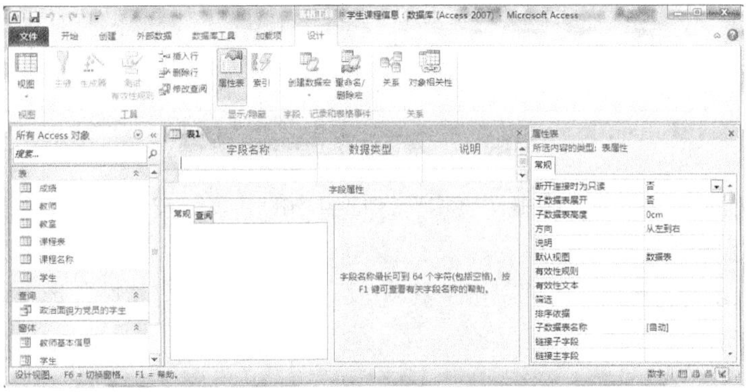

图 7-15　表设计视图

说明　表的设计视图分为上下两部分。上半部分是字段输入区，从左至右分别为字段选定器、字段名称列、数据类型列和说明列。字段选定器用来选择某一字段；字段名称列用来说明字段的名称；数据类型列用来定义该字段的数据类型；如果需要可以在说明列中对字段进行必要的说明。下半部分是字段属性区，在此区中可以设置字段的属性值，由“常规”和“查阅”两个选项卡组成，右侧是帮助提示信息。

（5）单击设计视图的第一行“字段名称”列，并在其中输入学生表的第一个字段名称“学号”，然后单击“数据类型”列，并单击其右侧的向下箭头按钮，这时弹出一个下拉列表，列表中列出了 Access 提供的 12 种数据类型，选择“文本”数据类型。

（6）在“常规”选项卡中设置学号“字段大小”为 12，如图 7-16 所示。

（7）按照上述方法定义完全部字段后，单击第一个字段“学号”的选定器，然后单击工具栏上“主关键字”按钮，给学生表定义了一个主关键字。

（8）单击快速访问工具栏中的“保存”按钮以保存表。在“另存为”对话框中的“表名称”文本框中输入表名“学生”，单击“确定”按钮，便完成了表结构的创建。创建好的“学生”表结构如图 7-17 所示。

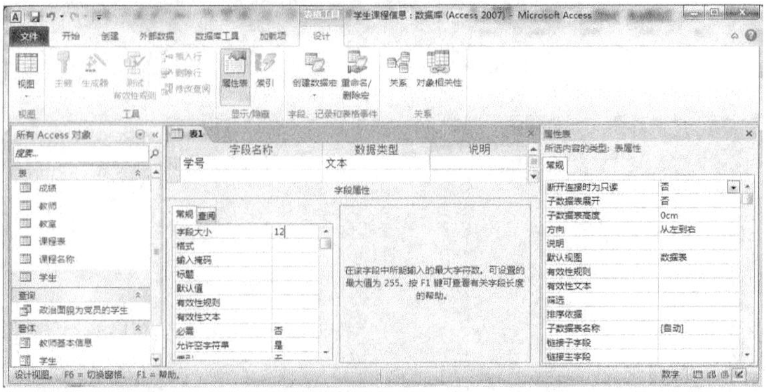

图 7-16　表设计视图中学号字段设置

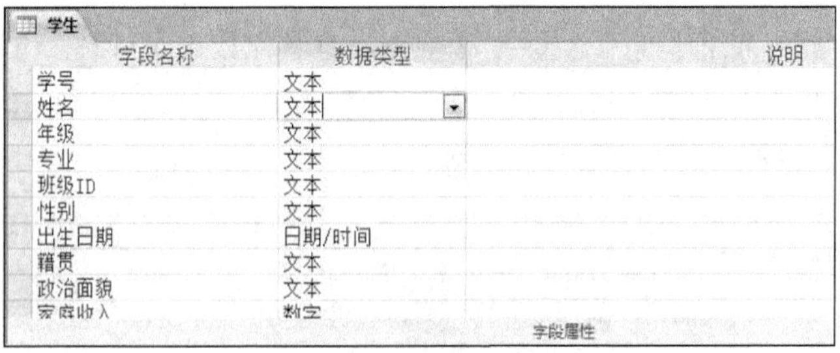

图 7-17　建立好的学生表结构

（9）单击“创建”选项卡，单击“表格”选项组中的“表”按钮 ，这时将创建名为“表 1”的新表，并以数据表视图方式打开。

（10）选中“ID”字段列，在“表格工具/字段”选项卡中的“属性”选项组，单击“名称和标题”按钮，如图 7-18 所示。

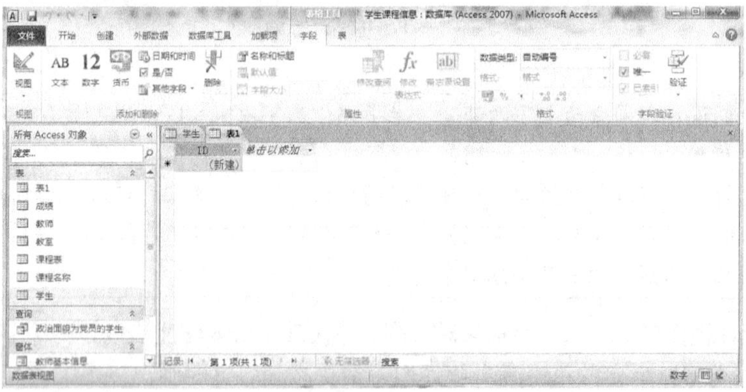

图 7-18　使用数据表视图创建教师表

（11）弹出“输入字段属性”对话框，在该对话框中的“名称”文本框中输入“学号”，如图 7-19 所示。

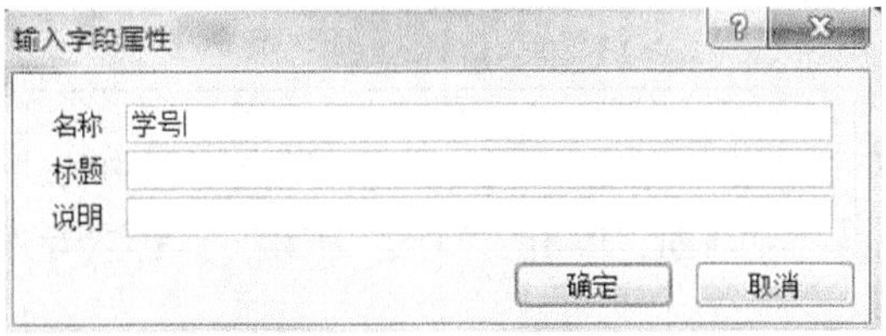

图 7-19　“输入字段属性”对话框

（12）选中“学号”字段列，在“字段”选项卡的“格式”选项组中，单击“数据类型”下拉列表框右侧下拉箭头按钮，从弹出的下拉列表框中选择“文本”；在“属性”选项组的“字段大小”文本框中输入字段大小值“12”，如图 7-20 所示。

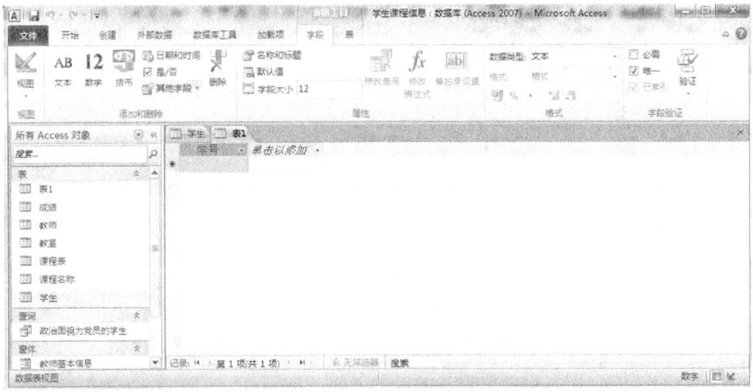

图 7-20　设置字段名称和属性

（13）单击“单击以添加”列，从弹出的下拉表中选择“文本”，这时 Access 自动为新字段命名为“字段 1”，如图 7-21 所示。在“字段 1”中输入“课程 ID”，在“属性”组的“字段大小”文本框中输入字段大小值“6”。

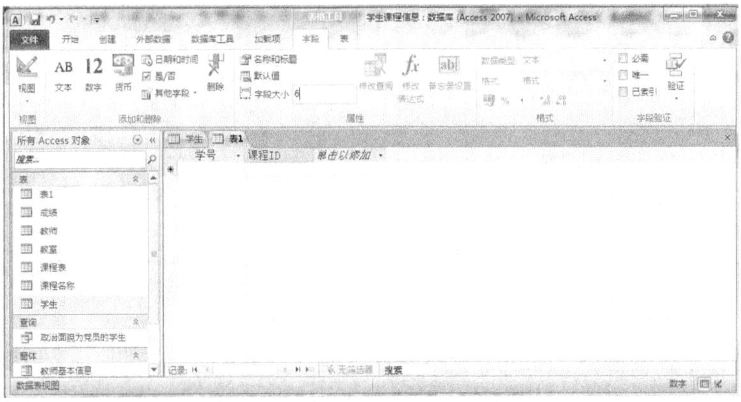

图 7-21　添加新字段

（14）按照成绩表的结构，参照上一步添加其他字段的方法，成绩表结构即可建好。

注意　使用数据表视图建立表结构时无法设置更详细的属性设置，因此，对于比较复杂的表结构，可以在创建完毕后使用设计视图修改表结构。

【案例 7-2 实现】

操作步骤如下。

（1）单击“外部数据”选项卡，单击“导入并链接”选项组中的“Excel”按钮，出现“获取外部数据-Excel 电子表格”对话框，单击“浏览”按钮，选择要导入的 Excel 文件“教师基本信息.xlsx”，如图 7-22 所示。

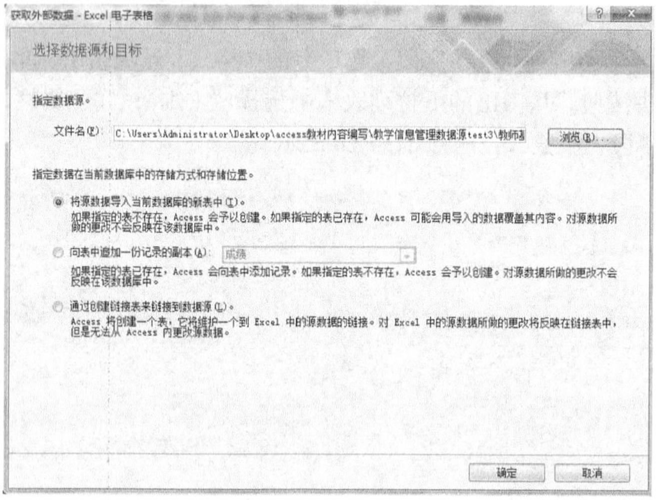

图 7-22 “获取外部数据- Excel 电子表格”对话框

（2）单击图 7-22 中“确定”按钮，弹出“导入数据表向导”对话框 1，如图 7-23 所示。

（3）选择要导入的工作表，然后单击“下一步”按钮，弹出“导入数据表向导”对话框 2，如图 7-24 所示。

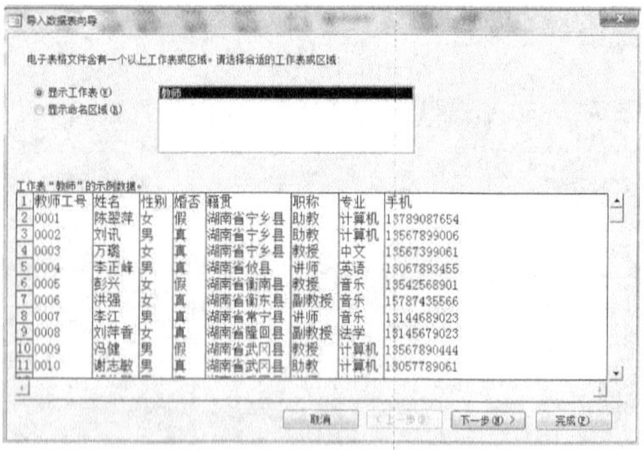

图 7-23 “导入数据表向导”对话框 1

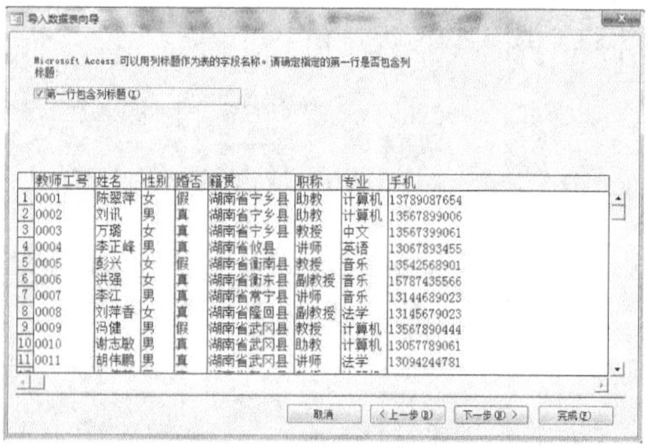

图 7-24 “导入数据表向导”对话框 2

（4）单击“下一步”按钮，弹出“导入数据表向导”对话框 3，如图 7-25 所示。

（5）单击图 7-25 下方列表框中的列，可以分别为各字段命名，然后单击“下一步”按钮，弹出“导入数据表向导”对话框 4，如图 7-26 所示。

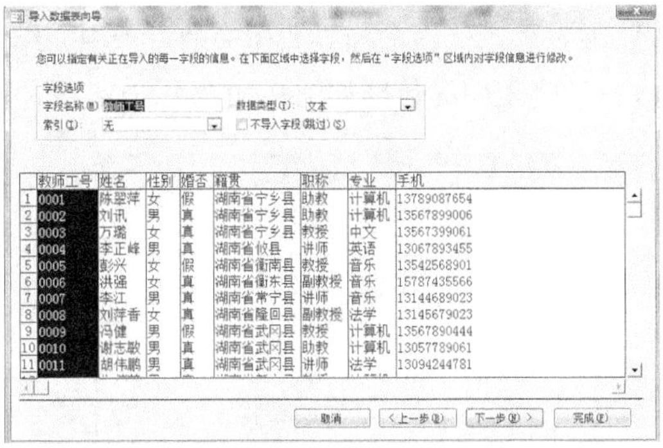

图 7-25 “导入数据表向导”对话框 3

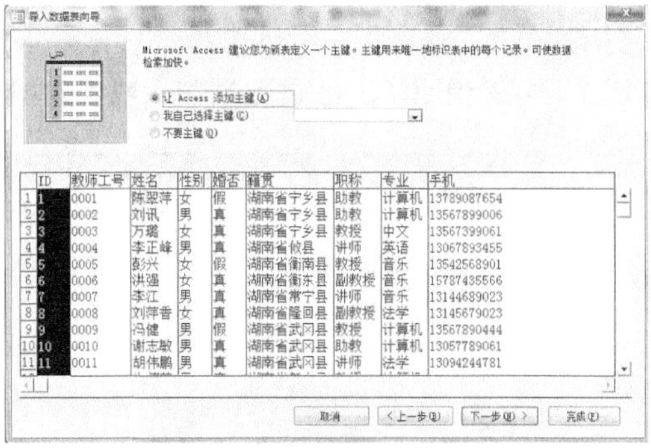

图 7-26 “导入数据表向导”对话框 4

（6）选择“让 Access 添加主键”，然后单击“下一步”按钮，弹出“导入数据表向导”对话框 5，如图 7-27 所示。

（7）在图 7-27 中输入新表名“教师”，然后单击“完成”按钮，弹出“获取外部数据-Excel 电子表格”对话框，如图 7-28 所示，单击“关闭”按钮，完成 Excel 文件的导入。

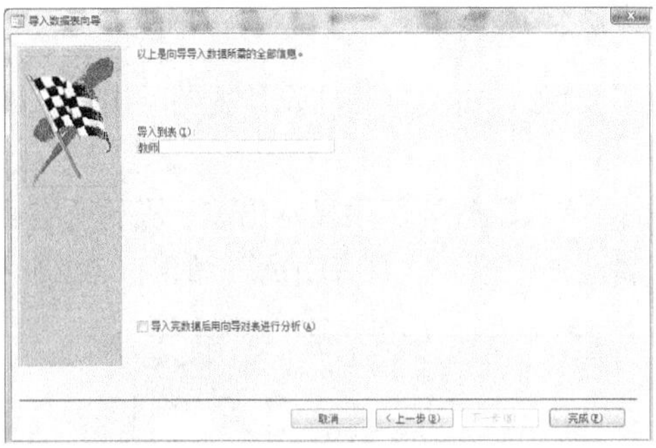

图 7-27 “导入数据表向导”对话框 5

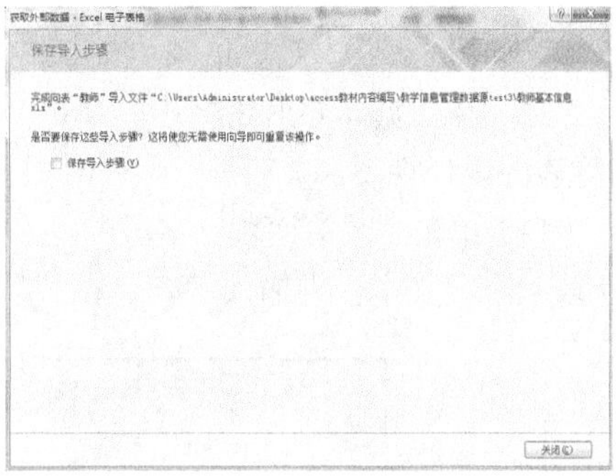

图 7-28 “导入数据表向导”对话框 6

（8）在数据库导航窗格中，单击 “学生表”对象，右击打开学生表的设计视图，设置“性别”字段为“查阅向导”类型。同时弹出“查阅向导”第 1 个对话框，选择“自行键入所需的值”选项，如图 7-29 所示，单击“下一步”按钮。

（9）在“查阅向导”的第 2 个对话框中确定值列表中的值，本例中输入“男”“女”，如图 7-30 所示。

（10）单击“下一步”按钮，打开“查阅向导”最后一个对话框，如图 7-31 所示，完成值列表的设置。

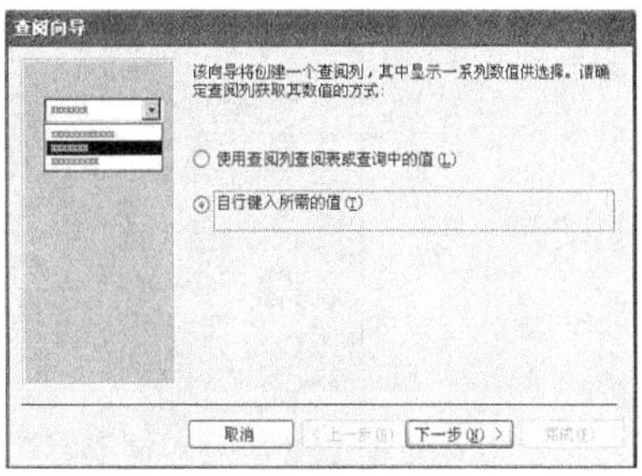

图 7-29 “查阅向导”第 1 个对话框

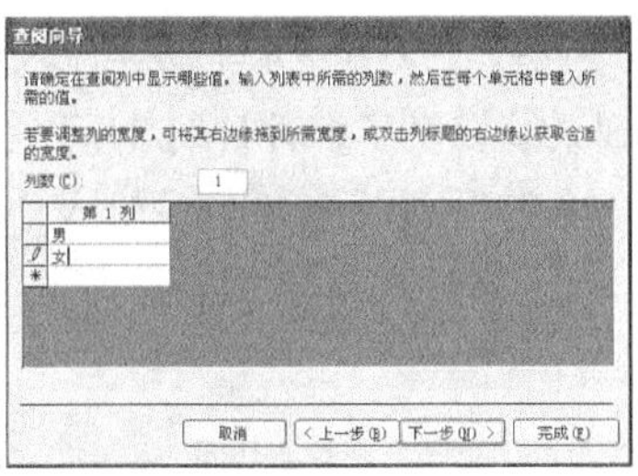

图 7-30 “查阅向导”第 2 个对话框

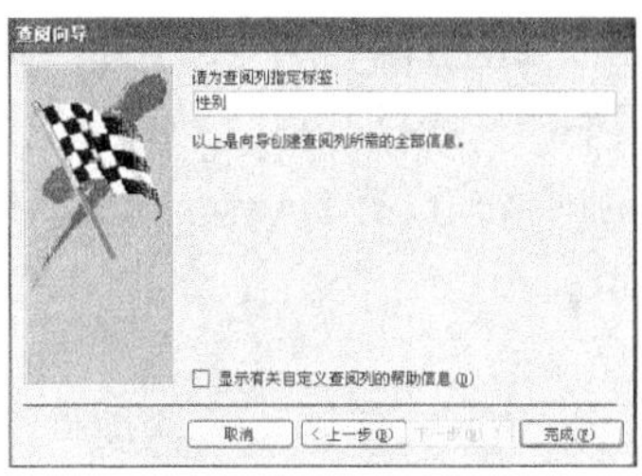

图 7-31 “查阅向导”最后一个对话框

（11）其实，还可以从其他类型文件中导入数据，该方法已经在前面导入建表的过程中介绍了，在此就不再做说明了。经过数据输入或者数据导入，学生表中的数据如图 7-32 所示。

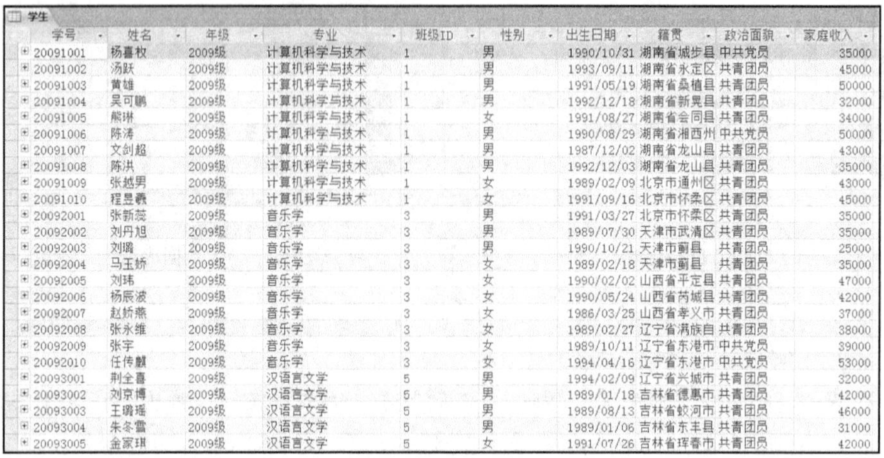

学生

学号	姓名	年级	专业	班级ID	性别	出生日期	籍贯	政治面貌	家庭收入
20091001	杨喜枚	2009级	计算机科学与技术	1	男	1990/10/31	湖南省城步县	中共党员	35000
20091002	汤跃	2009级	计算机科学与技术	1	男	1993/09/11	湖南省永定区	共青团员	45000
20091003	黄雄	2009级	计算机科学与技术	1	男	1991/05/19	湖南省桑植县	共青团员	50000
20091004	吴可鹏	2009级	计算机科学与技术	1	男	1992/12/18	湖南省新晃县	共青团员	32000
20091005	熊琳	2009级	计算机科学与技术	1	女	1991/08/27	湖南省会同县	共青团员	34000
20091006	陈涛	2009级	计算机科学与技术	1	男	1990/08/29	湖南省湘西州	中共党员	50000
20091007	文剑超	2009级	计算机科学与技术	1	男	1987/12/02	湖南省龙山县	共青团员	43000
20091008	陈洪	2009级	计算机科学与技术	1	男	1992/12/03	湖南省龙山县	共青团员	35000
20091009	张越男	2009级	计算机科学与技术	1	女	1989/02/09	北京市通州区	共青团员	43000
20091010	程昱羲	2009级	计算机科学与技术	1	女	1991/09/16	北京市怀柔区	共青团员	45000
20092001	张新蕊	2009级	音乐学	3	男	1991/03/27	北京市怀柔区	共青团员	35000
20092002	刘丹旭	2009级	音乐学	3	男	1989/07/30	天津市武清区	共青团员	35000
20092003	刘璐	2009级	音乐学	3	男	1990/10/21	天津市蓟县	共青团员	25000
20092004	马玉娇	2009级	音乐学	3	女	1989/02/18	天津市蓟县	共青团员	35000
20092005	刘玮	2009级	音乐学	3	女	1990/02/02	山西省平定县	共青团员	47000
20092006	杨宸波	2009级	音乐学	3	女	1990/05/24	山西省芮城县	共青团员	42000
20092007	赵娇燕	2009级	音乐学	3	女	1986/03/25	山西省孝义市	共青团员	37000
20092008	张永维	2009级	音乐学	3	女	1989/02/27	辽宁省满族自	共青团员	38000
20092009	张宇	2009级	音乐学	3	女	1989/10/11	辽宁省东港市	中共党员	39000
20092010	任传麒	2009级	音乐学	3	女	1994/04/16	辽宁省东港市	中共党员	53000
20093001	荆全喜	2009级	汉语言文学	5	男	1994/02/09	辽宁省兴城市	共青团员	32000
20093002	刘京博	2009级	汉语言文学	5	男	1989/01/18	吉林省德惠市	共青团员	42000
20093003	王璐瑶	2009级	汉语言文学	5	男	1989/08/13	吉林省蛟河市	共青团员	46000
20093004	朱冬雪	2009级	汉语言文学	5	男	1989/01/06	吉林省东丰县	共青团员	31000
20093005	金家琪	2009级	汉语言文学	5	女	1991/07/26	吉林省珲春市	共青团员	42000

图 7-32　完成数据输入后的学生表

（12）在数据库导航窗格中，单击　“学生表”对象，右击打开“设计视图”按钮，屏幕显示学生表的设计视图。

（13）单击“政治面貌”字段的任一列，则在“字段属性”区中显示出该字段的所有属性。在“字段大小”文本框中输入“4”，在“默认值”属性框中输入“共青团员”，如图 7-33 所示。

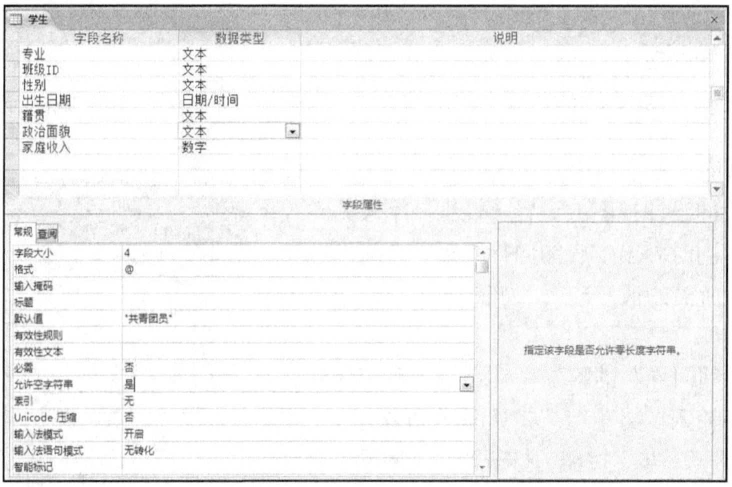

图 7-33　设置“字段大小”和“默认值”属性

（14）单击“出生日期”字段的任一列，则在“字段属性”区中显示出该字段的所有属性。单击“格式”属性框，选择右侧向下箭头按钮，可以看到系统提供了多种日期/时间格式。由于系统提供的日期/时间格式没有“yyyy/mm/dd”格式，所以直接在“格式”属性框中输入“yyyy/mm/dd”，如图 7-34 所示。

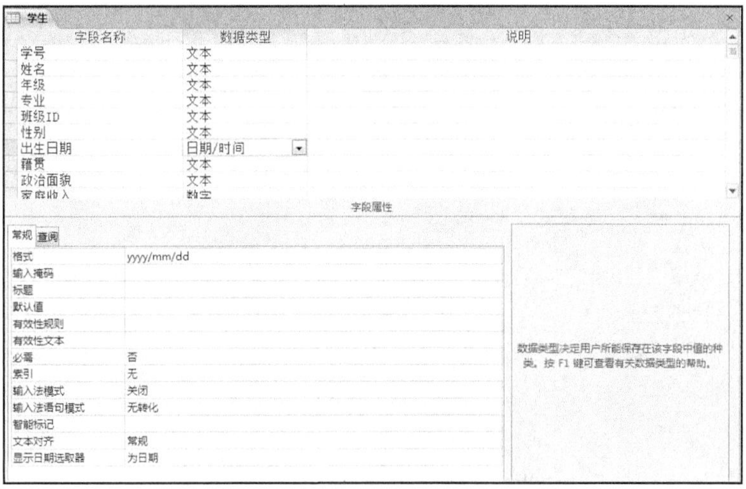

图 7-34　设置字段“格式”属性

（15）在数据库窗口中，单击成绩表，然后右击选择“设计视图”按钮，屏幕显示成绩表的设计视图。

（16）单击“考分”字段的任一列，则在“字段属性”区中显示出该字段的所有属性。单击“字段大小”属性框，选取“单精度型”；再将“格式”属性设置为“常规数字”，小数位数改为 1，结果如图 7-35 所示。

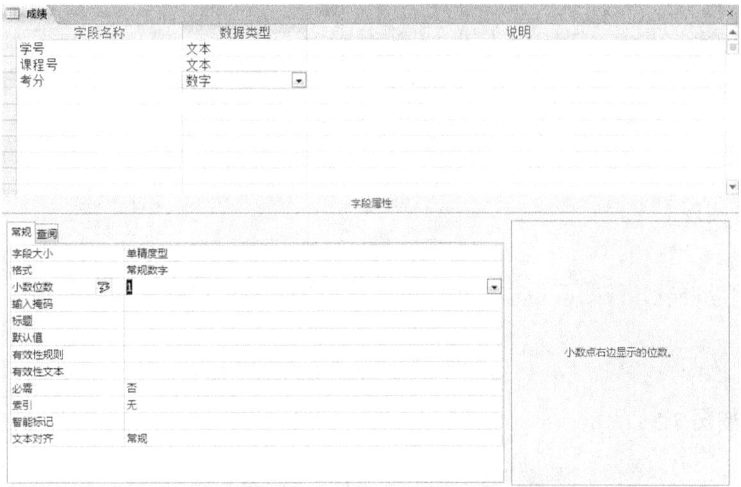

图 7-35　更改数字类型的“字段大小”和“格式”属性

（17）在数据库窗口中，单击教师表，然后右击选择“设计视图”按钮，屏幕显示教师表的设计视图。

（18）单击“电话”字段的任一列，则在“字段属性”区中显示出该字段的所有属性。单击“输入掩码”属性框，输入“(0000)-0000000”,表示可以输入 4 位区号（必须是 4 位）和 7 位数字（必须是 7 位）的电话号码，如图 7-36 所示。

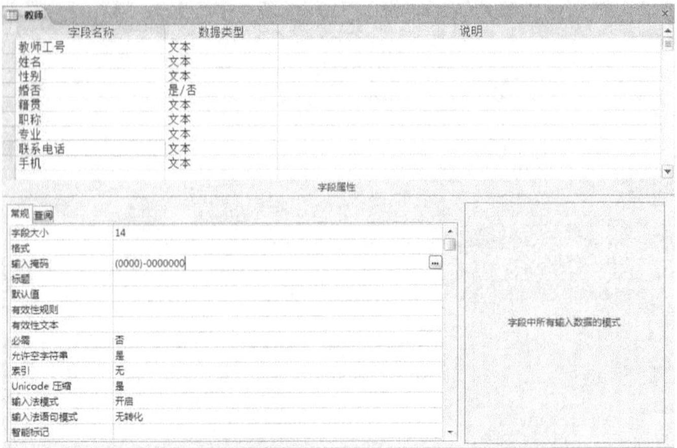

图 7-36 “电话”字段“输入掩码”属性设置

（19）右击教师表打开数据表视图，如果“电话”字段没有输入数据时，当光标移入该字段时，皆显示“(____)-____”格式，就可以按指定格式输入电话号码了。

（20）在数据库窗口中，单击成绩表，然后右击选择“设计视图”按钮，屏幕显示成绩表的设计视图。

（21）单击“考分”字段的任一列，则在“字段属性”区中显示出该字段的所有属性。在“有效性规则”文本框中输入“>=0 And <=100”，在“有效性文本”文本框中输入“考分只能是 0 ~ 100 之间的值”，如图 7-37 所示。

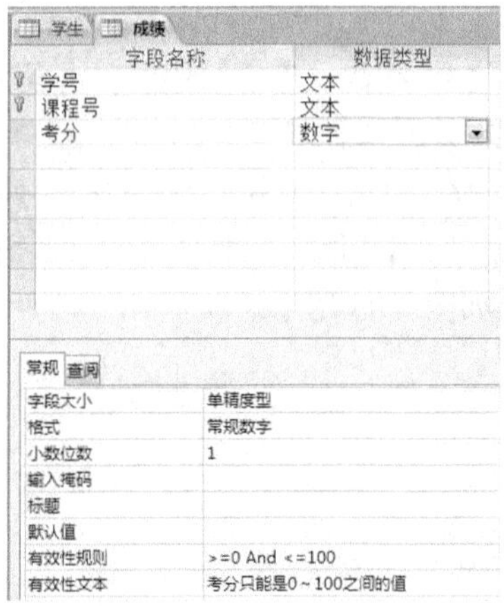

图 7-37 “考分”字段“有效性规则”属性设置

【案例 7–3 实现】

操作步骤如下。

（1）打开学生表设计视图，单击“姓名”字段的任一列，则在“字段属性”区中显示出该字段的所有属性。

（2）单击“索引”属性框，然后单击右侧向下箭头按钮，从打开的下拉列表框中选择“有（有重复）”选项，如图 7-38 所示。

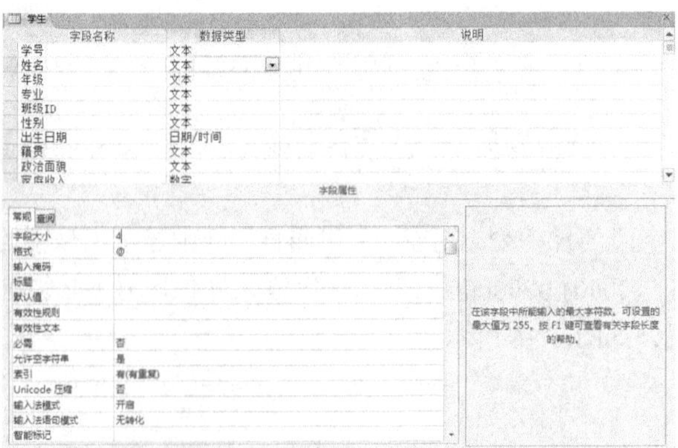

图 7-38 “姓名”字段“索引”属性设置

（3）为学生表创建多字段索引，先单击工具栏上的“索引”按钮，打开“索引”对话框，单击“字段名称”列的第二行，然后单击右侧向下箭头按钮，从打开的列表框中选择“班级 ID”字段，将光标移到下一行，用同样方法将“姓名”字段列。“排序次序”列都沿用默认的“升序”排列方式。设置结果如图 7-39 所示。

（4）分析学生表，该表的主键应是由“学号”构成的。单击“学号”字段左边的行选定器，选定“学号”行。

（5）单击工具栏的“主键”按钮或右击弹出快捷菜单选择“主键”菜单命令即可，如图 7-40 所示。

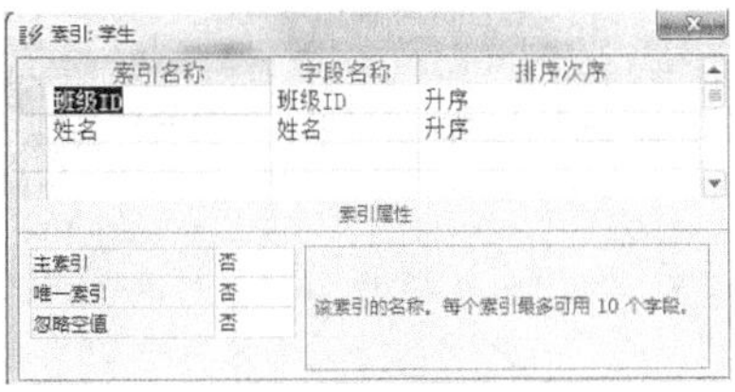

图 7-39 设置多字段索引

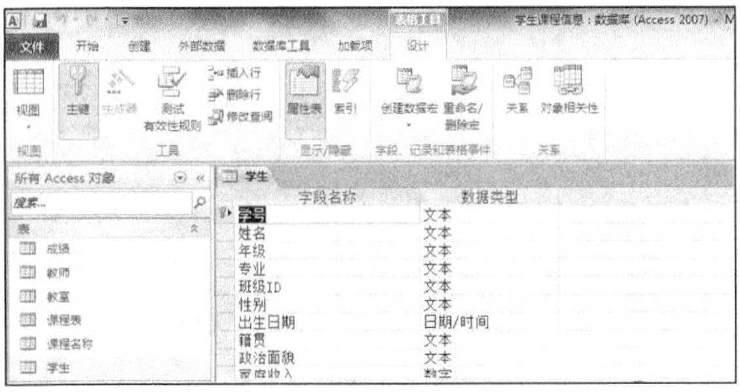

图 7-40 设置学生表的主键

（6）在数据库窗口中，单击成绩表，然后右击打开“设计视图”按钮，屏幕显示成绩表的设计视图。

（7）分析成绩表，该表的主键应是由“学号”和“课程号”两个字段构成的联合主键。单击“学号”字段左边的行选定器，选定“学号”行，再按下“Ctrl”键不放，单击“课程号”字段的行选定器，即可选定“学号”和“课程号”两个字段。

（8）单击工具栏的“主键”按钮或右击弹出快捷菜单选择“主键”菜单命令即可，如图 7-41 所示。

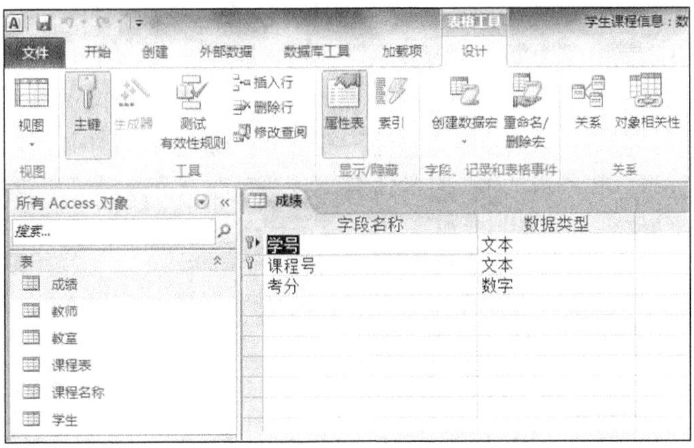

图 7-41 设置成绩表的主键

（9）单击“数据库工具 | 关系”命令，然后单击工具栏上的“显示表”按钮，打开如图 7-42 所示的“显示表”对话框。

（10）在“显示表”对话框中，单击“学生”表，然后单击“添加”按钮，接着使用同样的方法将“成绩”表添加到如图 7-43 所示的“关系”对话框中。

图 7-42　“显示表”对话框

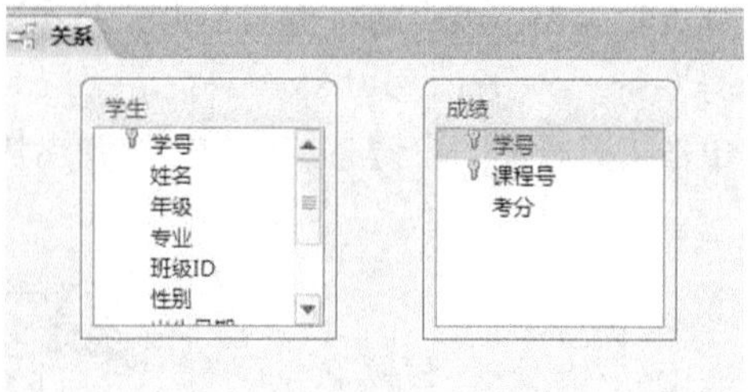

图 7-43　“关系”对话框

（11）选定学生表中的“学号”字段，然后按下鼠标左键并拖曳到成绩表中的“学号”字段上，松开鼠标，屏幕显示如图 7-44 所示的“编辑关系”对话框。

（12）单击“创建”按钮，即可显示所建的两表之间的关系，如图 7-45 所示。

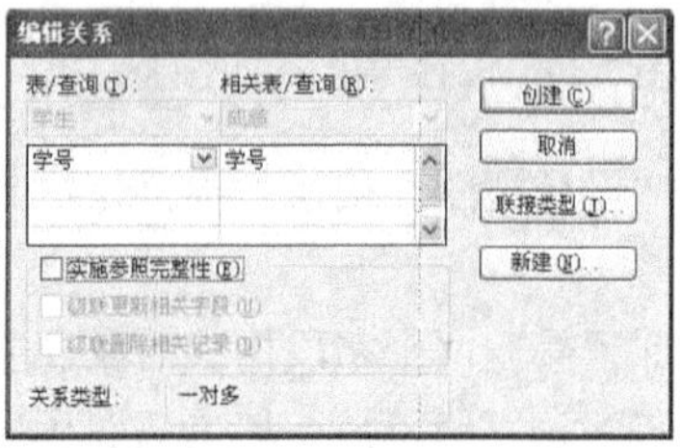

图 7-44　“编辑关系”对话框

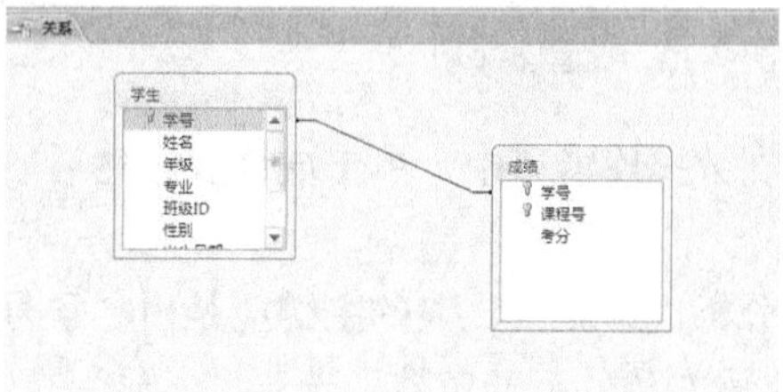

图 7-45　两表建立关系结果

（13）关闭所有打开的表，单击要删除的关系的连线，此时连线会变粗变黑，按下【Delete】键，单击“是”按钮，即可删除关系。

（14）在图 7-45 中，单击学生表和成绩表间的连线，此时连线变粗，然后在连线处单击右键，弹出快捷菜单。在快捷菜单中选择“编辑关系”选项，屏幕显示“编辑关系”对话框，如图 7-46 所示。

（15）在图 7-46 中选择“实施参照完整性”复选框。确定后，这时看到的“关系”窗口如图 7-47 所示，两个数据表之间显示如∞ 1的线条。从关系图上可以很清楚地看到，学生表和成绩表建立的是一对多的关系。

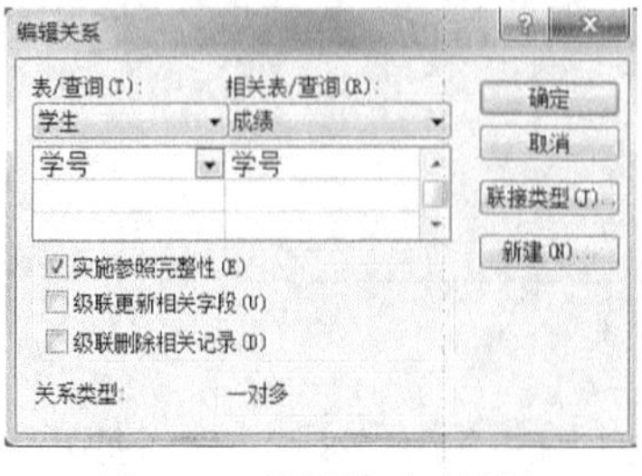

图 7-46　编辑关系对话框

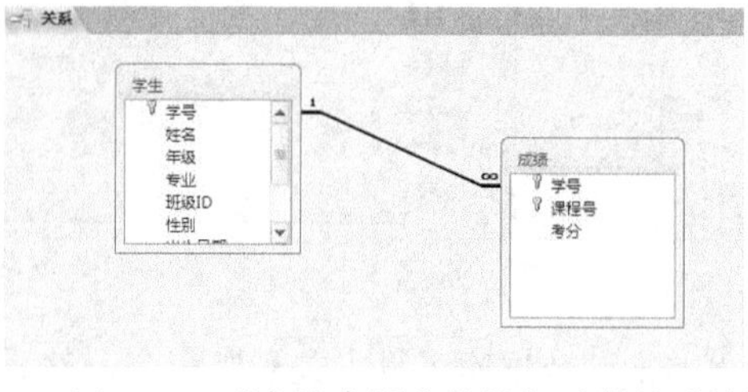

图 7-47　“实施参照完整性”后的关系结果

将学生表和成绩表的关系建立好之后，打开学生表，我们可以发现，每个学生的学号前面多了一个“+”号，单击该“+”号，我们可以展开一个子数据表。通过该方法，我们可以得到每个学生所修课程的课程号以及该课程最终的考试成绩信息。

7.6　维护表

由于各种原因，在执行计算机的相关操作时，不可能是一蹴而就，因此，在创建数据库和表时，表的结构设计可能不尽合理，有些内容不能满足实际需要。另外，随着数据库的不断使用，也需要增加一些内容或删除一些内容。为了使数据库中的表在结构上更加合理，内容得到更新，使用更有效，就需要经常对表进行维护。

7.6.1　案例分析

【案例 7–4】

冻结教师表中的“姓名”列；将学生表复制一份，并命名为“学生表的备份”表；将“学生表的备份”表重命名为“学生基本信息”表，然后再将其删除。

【案例 7–5】

在学生表中按“家庭收入”字段升序排序；在学生表中，使用“高级筛选/排序”功能，先按“专业”升序排序，再按“出生日期”升序排序；在学生表中筛选出政治面貌为“中共党员”的学生记录；在“学生课程信息”数据库的“学生”表中筛选出“专业”为“计算机科学与技术”的学生记录；在成绩表中筛选出考分小于 60 分的记录；在学生表中查找 1992 年出生的男学生，并按“出生日期”降序排序。

7.6.2　知识储备

1. 维护表结构

对表结构的修改是在表设计视图中进行的，主要包括添加字段、删除字段、修改字段名、改变字段顺序及更改字段属性，这个内容相对较容易，在此就不做说明了。

2. 维护表的内容

维护表内容的操作均是在数据表视图中进行的，主要包括添加、删除和修改记录等操作。

（1）添加记录

添加新记录时，使用“数据表视图”打开要添加的表，可以将光标直接移到表的最后一行上，直接输入要添加的数据；也可以单击“记录导航条”上的新空白记录按钮 *，或单击“开始”选项卡下“记录”选项组的“新建”按钮 新建，光标会定位在表的最后一行上，然后直接输入要添加的数据。

（2）删除记录

在数据表视图下，单击记录前的记录选定器选中一条记录，然后单击“开始”选项卡中“记录”选项组的“删除”按钮 ✕ 删除 ，或者单击鼠标右键，从弹出的右键菜单中选择“删除记录”命令 删除记录(R)，在弹出的“删除记录”提示框中，单击“是”按钮。

在数据表中可以一次删除多条相邻的记录。删除的方法是，先单击第一个记录的选定器，然后拖动鼠标选择多条连续的记录，最后执行删除操作。

注意 记录一旦被删除，是不可恢复的。

（3）修改数据

修改数据非常简单，在数据表视图下，直接将光标定位于要修改数据的字段中，输入新数据或修改即可，然后直接关闭表。

（4）查找或替换数据

在一个有多条记录的数据表中，若要快速查找信息，可以通过数据查找操作来完成，还可以对查找到的记录数据进行替换。

（5）修饰表的外观

对表设计的修改将导致表结构的变化，会对整个数据库产生影响。但如果只是针对数据表视图的外观形状进行修改，则只影响数据在数据表视图中的显示，而对表的结构没有任何影响。实际上，可以根据操作者的个人喜好或工作上的实际需求，自行修改数据表视图的格式，包括数据表的行高和列宽、字体、样式等格式的修改与设定。

（6）隐藏列或显示列

如果数据表具有很多字段，以至于屏幕宽度不够显示其全部字段，虽然可以通过拖动水平滚动条的方式左右移动来观察各个字段的数据。但是如果其中有些字段根本就不需要显示，就可以将这些字段设置为隐藏列。隐藏列的含义是令数据表中的某一列或某几列数据不可见。并不是该列数据被删除了，它依然存在，只是被隐藏起来看不见而已。可以采用以下两种方式操作实现。

① 设置列宽为 0：将那些需要隐藏的字段宽度设为 0，这些字段列就成为隐藏列了。

② 设定隐藏列：选定相应列，执行“隐藏字段”菜单命令，就可以很方便地将光标当前所在列隐藏起来。

如果需将已经隐藏的列重新可见，可以选定相应列，执行“取消隐藏字段”菜单命令，即可使得已经隐藏的列恢复原来设定的宽度。

（7）冻结列

如果数据表字段很多，有些字段就只能通过滚动条才能看到。若想总能看到某些列，可以将其冻结，使在滚动字段时，这些列在屏幕上固定不动。例如“学生课程信息”数据库中的学生表，由于字段数比较多，当查看学生表中的“家庭收入”字段值时，“姓名”字段已经移出了屏幕，因而不能知道是哪位学生的“家庭收入”。解决这一问题的最好方法是利用 Access 提供的冻结列功能。

3. 复制、重命名及删除表

复制表可以对已有的表进行全部复制、只复制表的结构以及把表的数据追加到另一个表的尾部。重命名表与删除表内容较为简单，在此就不作说明了。

4. 记录的排序

打开一个数据表进行浏览时，Access 一般是按照输入时的先后顺序显示记录。如果想要改变记录的显示顺序，可以对记录进行排序。可设置字段的值以“升序”或“降序”的方式来重排表中的记录。

Access 可根据某一字段的值对记录进行排序，也可以根据几个字段的组合对记录进行排序。但是应该注意，排序字段的类型不能是备注、超链接和 OLE 对象类型。

在数据表中，按照一个关键字的升序或者降序排列的，称为单关键字排序。如果按两个以上的字段排序，称为多字段排序。

5. 记录的筛选

在数据表视图中，可以利用筛选只显示出满足条件的记录，将不满足条件的记录隐藏起来，方便用户作重点查看。Access 提供了如下 5 种筛选记录的方法。

（1）使用筛选器筛选。

（2）按选定内容筛选。

（3）按窗体筛选。

（4）按筛选条件设置自定义筛选。

（5）高级筛选。

7.6.3 案例实现

【案例 7–4 实现】

操作步骤如下。

（1）打开“学生课程信息”数据库，在数据库窗口中，双击学生表，打开该表的数据表视图。

（2）选定要冻结的字段，单击“姓名”字段名，选择“冻结字段”命令。

（3）在学生表中，移动水平滚动条，结果如图 7-48 所示。

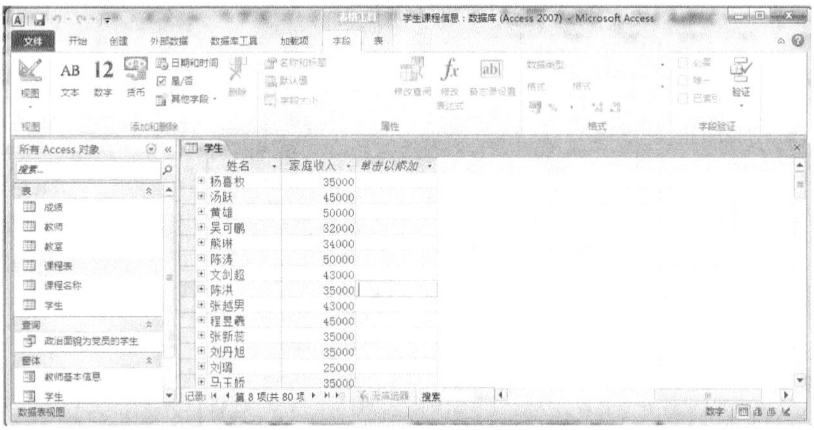

图 7-48 冻结“姓名”字段列结果

可以看出，当向右移动水平滚动条后，“姓名”字段始终固定在最左方，这样一来，对应关系就非常清楚了。若要取消冻结，可选择“取消冻结所有字段”菜单命令，可以取消对所有列的冻结。

（4）选择学生表，右击后，在弹出快捷菜单中选择“复制”命令，或直接按 Ctrl+C 快捷键。

（5）右击后，在弹出快捷菜单中选择“粘贴”命令，或直接按下 Ctrl+V 快捷键，打开“粘贴表方式”对话框，如图 7-49 所示。

（6）在“表名称”文本框中输入“学生表的备份”，并选择“粘贴选项”栏中的“结构和数据”单选按钮，最后单击“确定”按钮即可。

（7）在“学生课程信息”数据库，单击“学生表的备份”表，右击后，在弹出快捷菜单中选择“重命名”命令，图 7-50 所示。

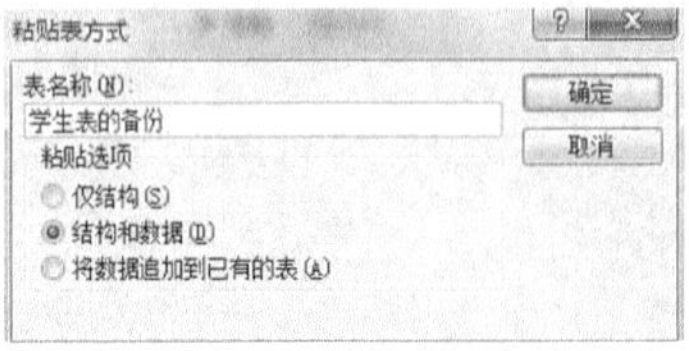

图 7-49 “粘贴表方式”对话框

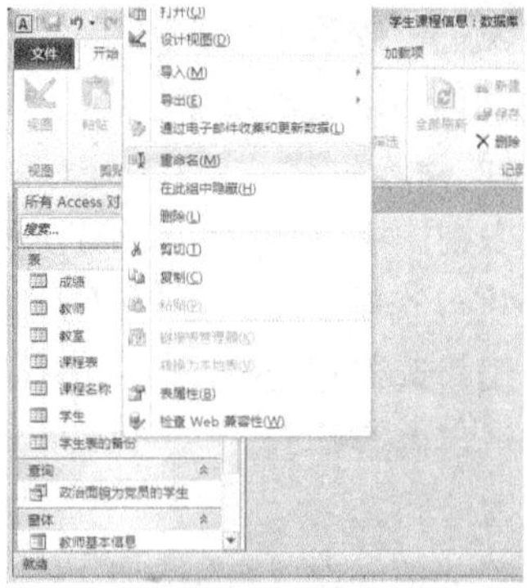

图 7-50 打开“重命名”菜单

（8）输入“学生基本信息”名字，单击“确定”按钮，如图 7-51 所示。

（9）选择“学生基本信息”表，右击后，在弹出快捷菜单中选择“删除”命令，打开是否删除表的对话框，单击“是”按钮执行删除操作。

【案例 7–5 实现】

操作步骤如下。

（1）在“学生课程信息”数据库中，单击“学生表”对象。

（2）双击打开学生表，用鼠标单击“家庭收入”字段列列头三角形符号，打开如图 7-52 所示的命令。

图 7-51 输入表的名称

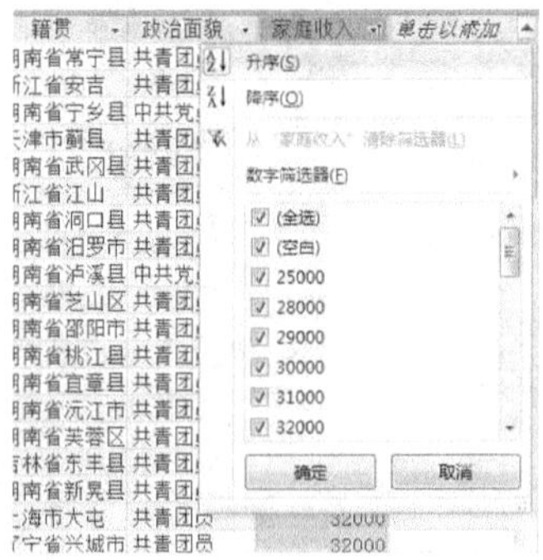

图 7-52 选择相应排序方式

（3）选择“升序”菜单命令，得到的排序结果如图 7-53 所示。

学生

学号	姓名	年级	专业	班级ID	性别	出生日期	籍贯	政治面貌	家庭收入
20101009	谭林	2010级	计算机科学与技术	2	男	1992/12/23	湖南省常宁县	共青团员	25000
20093009	余明亮	2009级	汉语言文学	5	女	1990/06/20	浙江省安吉	共青团员	25000
20101003	余明亮	2010级	计算机科学与技术	2	男	1992/01/11	湖南省宁乡县	中共党员	25000
20092003	刘璐	2009级	音乐学	3	男	1990/10/21	天津市蓟县	共青团员	25000
20102003	易佳豪	2010级	音乐学	4	男	1989/08/30	湖南省武冈县	共青团员	25000
20093010	王超	2009级	汉语言文学	5	女	1993/08/16	浙江省江山	共青团员	28000
20102005	曹健	2010级	音乐学	4	男	1989/12/18	湖南省洞口县	共青团员	28000
20103002	李牛顿	2010级	汉语言文学	6	男	1994/12/09	湖南省汨罗市	共青团员	28000
20104010	龙杰	2010级	法学	8	女	1990/11/05	湖南省泸溪县	中共党员	29000
20104004	吴展图	2010级	法学	8	男	1991/06/28	湖南省芝山区	共青团员	30000
20101010	魏金平	2010级	计算机科学与技术	2	男	1989/12/09	湖南省邵阳市	共青团员	30000
20103009	洪刚	2010级	汉语言文学	6	女	1992/06/16	湖南省桃江县	共青团员	30000
20104003	高旗	2010级	法学	8	男	1992/10/01	湖南省宜章县	共青团员	31000
20103008	邹奥	2010级	汉语言文学	6	女	1991/11/27	湖南省沅江市	共青团员	31000
20094006	周丽娟	2009级	法学	7	女	1993/11/29	湖南省芙蓉区	共青团员	31000
20093004	朱冬雪	2009级	汉语言文学	5	男	1989/01/06	吉林省东丰县	共青团员	31000
20091004	吴可鹏	2009级	计算机科学与技术	1	男	1992/12/18	湖南省新晃县	共青团员	32000
20093008	张耿	2009级	汉语言文学	5	女	1993/06/16	上海市大屯	共青团员	32000
20093001	荆全喜	2009级	汉语言文学	5	男	1994/02/09	辽宁省兴城市	共青团员	32000
20094005	邵伟男	2009级	法学	7	女	1992/08/13	安徽省泗县	共青团员	32000
20091005	熊琳	2009级	计算机科学与技术	1	女	1991/08/27	湖南省会同县	共青团员	34000
20101008	邹志祥	2010级	计算机科学与技术	2	男	1987/12/22	湖南省衡南县	共青团员	35000
20091008	陈洪	2009级	计算机科学与技术	1	男	1992/12/03	湖南省龙山县	共青团员	35000

图 7-53 按“家庭收入”升序排序后的结果

（4）在数据库窗口中，选择“开始｜高级筛选/排序”菜单命令，弹出“筛选”窗口。

（5）用鼠标单击设计网格中第一列字段行右侧的向下箭头按钮，从弹出的列表中选择“专业”字段，单击“排序”单元格，单击右侧向下箭头按钮，选择“升序”，然后用同样的方法在第二列的字段行上选择“出生日期”字段，使用同样的方法在“出生日期”的“排序”单元格中选择“升序”，如图 7-54 所示。

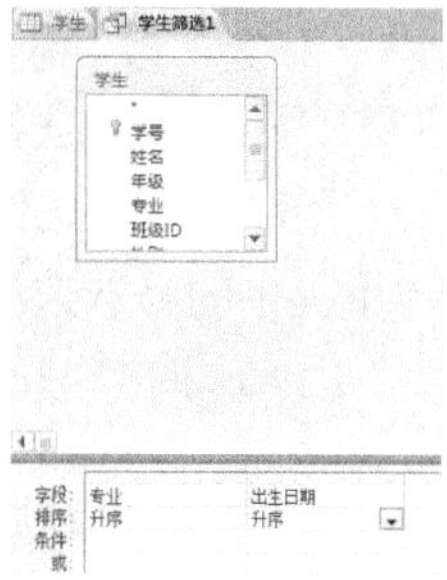

图 7-54 “筛选”窗口

（6）单击工具栏上的“切换筛选”按钮，得到的排序结果如图 7-55 所示。

学号	姓名	年级	专业	班级ID	性别	出生日期	籍贯	政治面貌
20094001	金柳义	2009级	法学	7	男	1988/03/23	浙江省龙泉	共青团员
20104002	唐淼	2010级	法学	8	男	1988/08/23	湖南省双峰县	中共党员
20094009	陈龙	2009级	法学	7	女	1989/10/05	湖南省天心区	共青团员
20104010	龙杰	2010级	法学	8	女	1990/11/05	湖南省泸溪县	中共党员
20094010	周鑫文	2009级	法学	7	女	1991/03/12	湖南省天心区	共青团员
20094003	陈全胜	2009级	法学	7	男	1991/04/28	安徽省怀远县	共青团员
20104004	吴展图	2010级	法学	8	男	1991/06/28	湖南省芝山区	共青团员
20104006	曾军民	2010级	法学	8	女	1991/08/13	湖南省麻阳县	共青团员
20104005	凌华	2010级	法学	8	女	1991/09/04	湖南省溆浦县	共青团员
20094004	王玉松	2009级	法学	7	男	1991/11/04	安徽省太和县	共青团员
20094002	刘永峰	2009级	法学	7	男	1992/01/01	安徽省肥东县	共青团员
20104008	蒋闰燕	2010级	法学	8	女	1992/03/16	湖南省泸溪县	共青团员
20094007	蒋琰	2009级	法学	7	女	1992/04/16	湖南省天心区	共青团员
20104009	谌建飞	2010级	法学	8	女	1992/07/26	湖南省芷江县	共青团员
20094005	邵伟男	2009级	法学	7	女	1992/08/13	安徽省泗县	共青团员
20094008	代卓煌	2009级	法学	7	女	1992/09/26	湖南省天心区	中共党员
20104003	高旗	2010级	法学	8	男	1992/10/01	湖南省宜章县	共青团员
20104007	李群刚	2010级	法学	8	女	1993/01/29	湖南省芷江县	共青团员
20104001	易飞	2010级	法学	8	男	1993/10/16	湖南省双峰县	共青团员
20094006	周丽娟	2009级	法学	7	女	1993/11/29	湖南省芙蓉区	共青团员
20093004	朱冬雷	2009级	汉语言文学	5	男	1989/01/06	吉林省东丰县	共青团员
20093002	刘京博	2009级	汉语言文学	5	男	1989/01/18	吉林省德惠市	共青团员
20093006	陈杰	2009级	汉语言文学	5	女	1989/08/08	上海市奉贤区	中共党员
20093003	王璐瑶	2009级	汉语言文学	5	男	1989/08/13	吉林省蛟河市	共青团员
20103007	王浩浩	2010级	汉语言文学	6	女	1989/08/18	湖南省临澧县	中共党员

图 7-55 排序结果

（7）在“学生”表中，单击“政治面貌”字段的任一行。

（8）单击“开始”选项卡“排序和筛选”选项组的“筛选器”按钮或单击“政治面貌”字段右侧下拉箭头。

（9）在弹出的下拉列表框中，取消“全选”复选框，选中“中共党员”复选框，如图 7-56 所示。单击“确定”按钮，系统显示筛选结果，如图 7-57 所示。

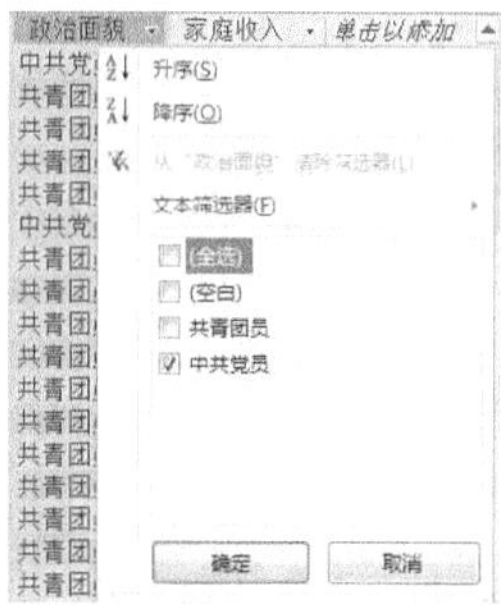

图 7-56 条件选择

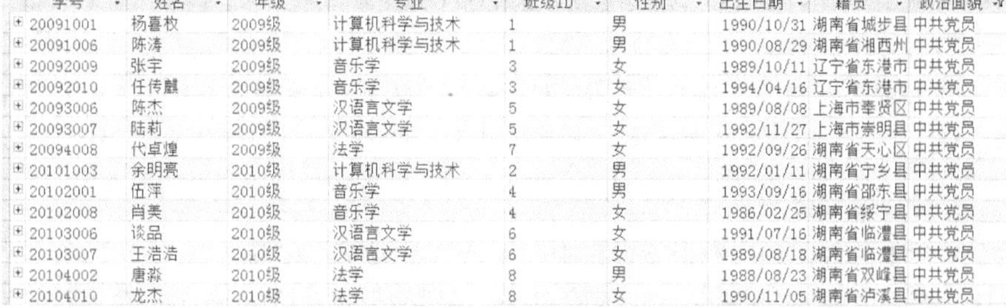

学号	姓名	年级	专业	班级ID	性别	出生日期	籍贯	政治面貌
20091001	杨喜枚	2009级	计算机科学与技术	1	男	1990/10/31	湖南省城步县	中共党员
20091006	陈涛	2009级	计算机科学与技术	1	男	1990/08/29	湖南省湘西州	中共党员
20092009	张宇	2009级	音乐学	3	女	1989/10/11	辽宁省东港市	中共党员
20092010	任传麒	2009级	音乐学	3	女	1994/04/16	辽宁省东港市	中共党员
20093006	陈杰	2009级	汉语言文学	5	女	1989/08/08	上海市奉贤区	中共党员
20093007	陆莉	2009级	汉语言文学	5	女	1992/11/27	上海市崇明县	中共党员
20094008	代卓煌	2009级	法学	7	女	1992/09/26	湖南省天心区	中共党员
20101003	余明亮	2010级	计算机科学与技术	2	男	1992/01/11	湖南省宁乡县	中共党员
20102001	伍萍	2010级	音乐学	4	男	1993/09/16	湖南省邵东县	中共党员
20102008	肖美	2010级	音乐学	4	女	1986/02/25	湖南省绥宁县	中共党员
20103006	谈品	2010级	汉语言文学	6	女	1991/07/16	湖南省临澧县	中共党员
20103007	王浩浩	2010级	汉语言文学	6	女	1989/08/18	湖南省临澧县	中共党员
20104002	唐淼	2010级	法学	8	男	1988/08/23	湖南省双峰县	中共党员
20104010	龙杰	2010级	法学	8	女	1990/11/05	湖南省泸溪县	中共党员

图 7-57 按选定内容筛选结果

（10）在“学生”表中，单击“专业”字段的字段值“计算机科学与技术”。

（11）单击“开始”选项卡“排序和筛选”选项的“选择”按钮，会弹出下拉菜单，如图 7-58 所示，在菜单中选择等于“计算机科学与技术”（E），系统将筛选出相应的记录。

用“选择”按钮，可以轻松地在菜单中找到常用的筛选选项。选中的字段数据类型不同，菜单中提供的筛选选项也会不同。

（12）单击“开始”选项卡中“排序和筛选”选项组的“高级”按钮 ，弹出下拉菜单，如图 7-59 所示。

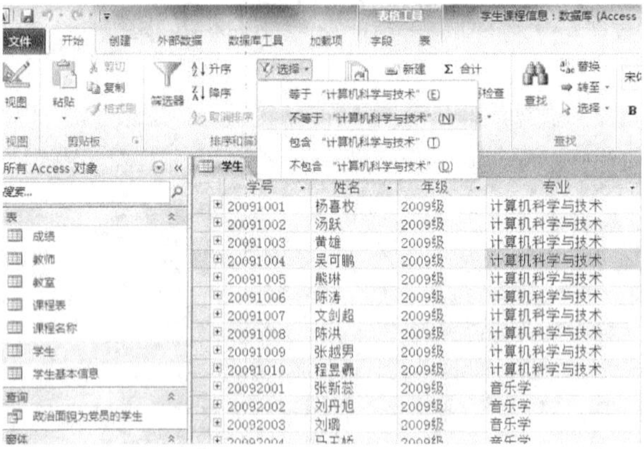

图 7-58　“按内容筛选”菜单

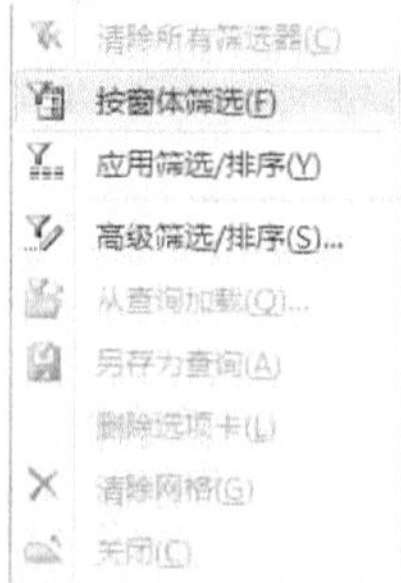

图 7-59　高级按钮菜单

（13）单击“按窗体筛选”，打开“按窗体筛选”窗口。

（14）单击筛选窗口中的“性别”字段下的空白行，单击右边的下拉箭头按钮，从下拉列表中选择“男”。单击“政治面貌”字段下的空白行，单击右边的下拉箭头按钮，从下拉列表中选择“中共党员”，如图 7-60 所示。

图 7-60　“按窗体筛选”窗口

（15）单击“开始”选项卡中“排序和筛选”选项组的“切换筛选”按钮 ，Access 将会把筛选结果显示在窗口中，如图 7-61 所示。再次单击“切换筛选”按钮，可以取消筛选。

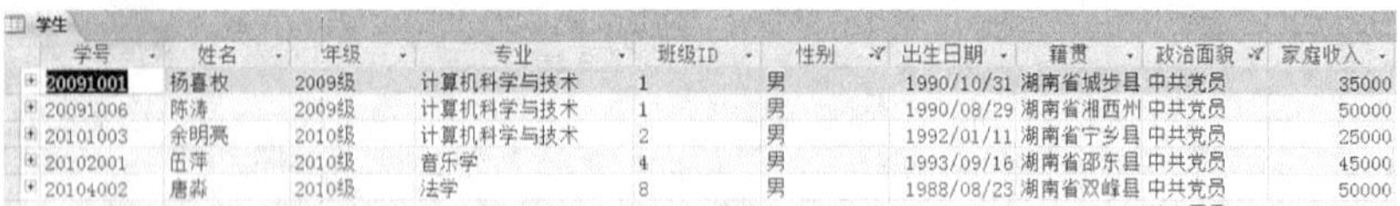

图 7-61　按窗体筛选结果

> **说明**　当筛选条件较为复杂时，可以使用“按窗体筛选”方式进行筛选。窗口底部有两个标签，在“查找”标签中输入的各条件表达式之间是“与”操作，表示各条件必须同时满足，在“或”标签中输入的各条件表达式之间是“或”操作，表示只要满足其中之一即可。

（16）在“学生课程信息”数据库窗口中，单击“成绩表”对象。

（17）双击打开成绩表，将鼠标移动到“考分”字段列列头位置，单击三角形符号，选择小于菜单，如图 7-62 所示。

（18）在“自定义筛选”对话框中的筛选目标“考分小于或等于”框中输入“60”，如图 7-63 所示。

图 7-62　自定义筛选菜单

图 7-63　自定义筛选条件

（19）单击“确定”按钮，筛选结果如图 7-64 所示。

（20）在“学生课程信息”数据库中双击学生表，选择“高级筛选/排序”菜单命令，弹出“筛选”窗口。

（21）用鼠标单击设计网格中第一列“字段”行右侧的向下箭头按钮，从弹出的列表中选择“出生日期”字段，然后用同样的方法在第二列的“字段”行上选择“性别”字段。

（22）在“出生日期”的“条件”单元格中输入筛选条件：“Between #1992-1-1# And #1992-12-31#”，在“性别”的“条件”单元格中输入筛选条件“男”，单击“出生日期”的“排序”单元格，选择“降序”，如图 7-65 所示。

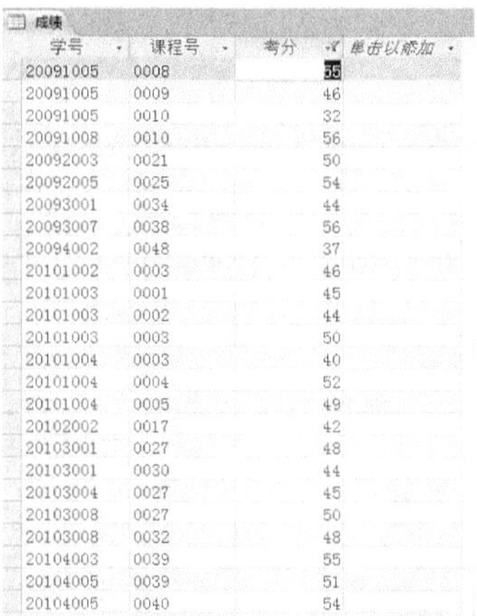

图 7-64　自定义筛选结果

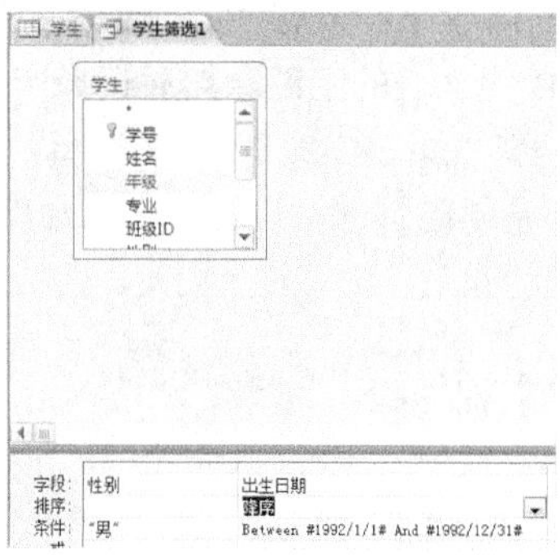

图 7-65　设置筛选条件和排序方式

（23）单击工具栏上的“切换筛选”按钮，筛选结果如图 7-66 所示。

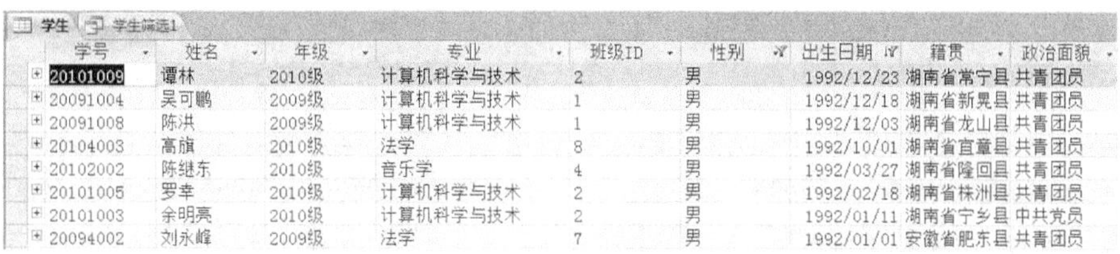

图 7-66　高级筛选结果

7.7 综合案例

7.7.1 案例分析

新建一个实验文件夹（用学号或者姓名命名），下载案例素材压缩包“应用案例 1-表基本操作.rar”至该实验文件夹下并解压。本案例中提及的文件均存放在此文件夹下。

打开“samp1.accdb”数据库文件，完成如下基本操作。

（1）分析“tStock”表的字段构成，判断并设置其主键。

（2）在“tStock”表的“规格”和“出厂价”字段之间增加一个新字段，字段名为“单位”，数据类型为文本，字段大小为 1。

（3）删除“tStock”表中“备注”字段，并为该表的“产品名称”字段创建查阅列表，列表中显示“灯光”“节能灯”“日光灯”三个值。

（4）向“tStock”表中输入数据有如下要求：第一，“出厂价”只能输入 3 位整数和 2 位小数（整数部分可以不足 3 位）；第二，“单位”字段的默认值为“只”。设置相关属性以实现这些要求。

（5）将“tQuota.xls”文件导入到“samp1.accdb”数据库文件中，表名不变，分析该表的字段构成，判断并设置其主键。

（6）建立“tQuota”表与“tStock”表之间的关系。

7.7.2 案例实现

操作步骤如下。

（1）打开“tStock”表，如图 7-67 所示。

从该表可以看出，产品 ID 字段下的值是没有重复值的，其他字段下的值都有重复，因此只能定义产品 ID 为该表的主键。然后选择产品 ID 字段，单击主键命令即可。

（2）选择“tStock”表，右击选择设计视图菜单，在设计视图下增加一个字段“单位”，设计好字段类型及字段宽度，设计好之后如图 7-68 所示。

tStock

产品ID	产品名称	规格	出厂价	库存数量	备注
101001	灯泡	220V-15W	.8	78540	
101002	灯泡	220V-45W	1	221	
101003	灯泡	220V-60W	1.2	4522	
101004	灯泡	220V-100W	1.2	4522	
101005	灯泡	220V-150W	2.2	1522	
201001	节能灯	220V-4W	6	1212	
201002	节能灯	220V-8W	8	2452	
201003	节能灯	220V-16W	12	1122	
301001	日光灯	220V-8W	6	52360	
301002	日光灯	220V-20W	7	25	
301003	日光灯	220V-30W	8	2253	
301004	日光灯	220V-40W	10	1227	
201004	节能灯	220V-20W	20	2339	
201005	节能灯	220V-25W	25	23111	
201006	节能灯	220V-25W	28	26767	
201007	节能灯	220V-40W	50	1240	
201008	节能灯	220V-50W	100	122	
301005	日光灯	220V-50W	15	3560	
301006	日光灯	220V-60W	18	1355	
301007	日光灯	220V-60W	28	2220	
*				0	

图 7-67 “tStock”表

图 7-68 为“tStock”表增加一个字段

（3）在“tStock”表设计视图中，选择备注行，单击右键，弹出快捷菜单，选择“删除行”命令可以将备注行删除。然后打开“产品名称”列数据类型，选择查阅向导命令，如图 7-69 所示。

打开查阅向导命令对话框后，在对话框中选择 “自行键入所需的值”，如图 7-70 所示。

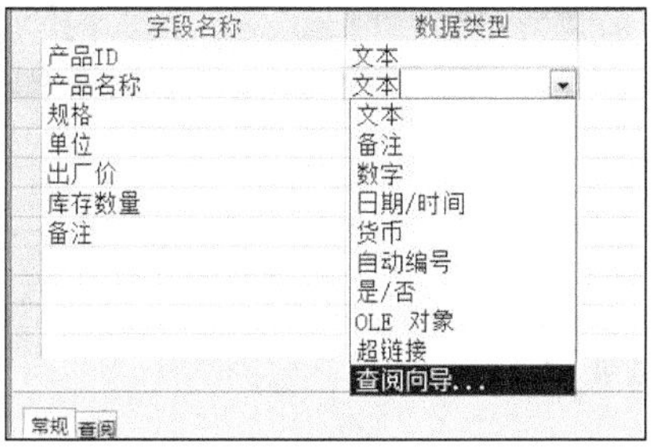

图 7-69　打开“产品名称”列数据类型

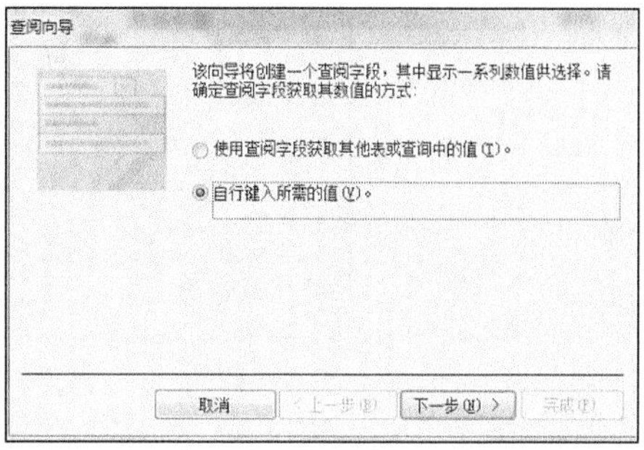

图 7-70　选择获取数值的方式

单击“下一步”按钮后，在该对话框中输入“灯光”“节能灯”“日光灯”三个值，如图 7-71 所示。

单击“下一步”按钮后，再单击“完成”按钮后就可以打开“tStock”表数据视图，查看设置后的结果，如图 7-72 所示。

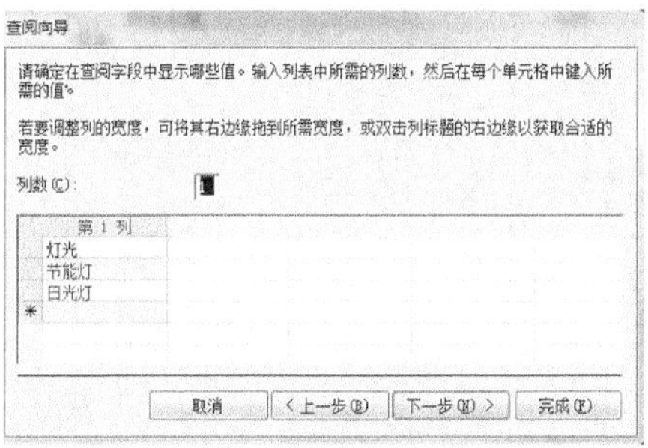

图 7-71　数值输入

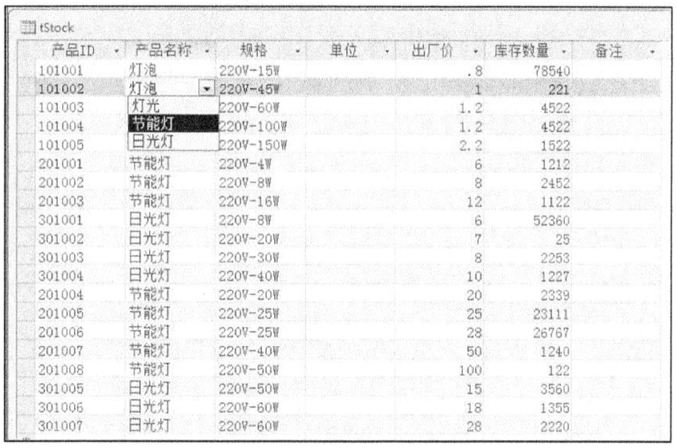

图 7-72　设置查阅向导后的结果

（4）选择“tStock”表，右击选择设计视图菜单，打开表的设计视图后，选择“出厂价”字段，在该字段的输入掩码属性中设置###.##，如图 7-73 所示。

然后选择单位字段，在该字段属性下的默认值中填写“只”，如图 7-74 所示。

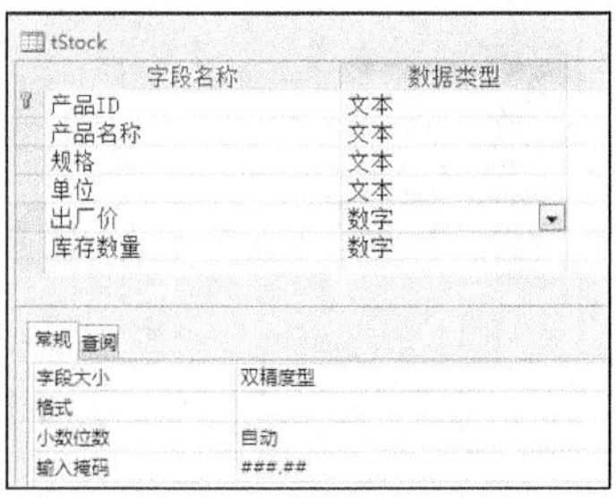

图 7-73　输入掩码属性的设置

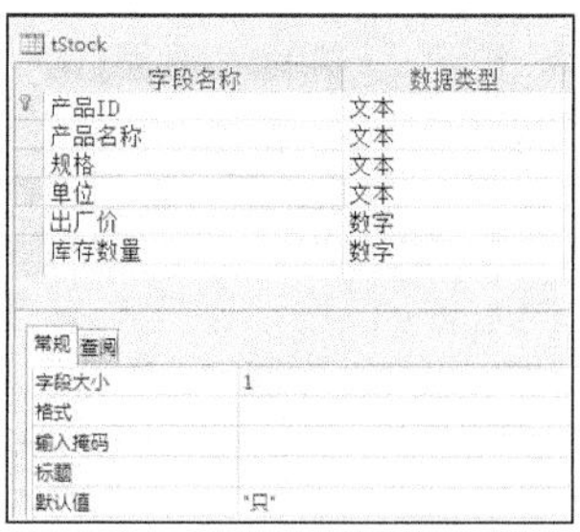

图 7-74　默认值的设置

打开“tStock”表数据视图，查看设置后的结果，如图 7-75 所示。

产品ID	产品名称	规格	单位	出厂价	库存数量	单击以添加
101001	灯泡	220V-15W		.80	78540	
101002	灯泡	220V-45W		1.00	221	
101003	灯泡	220V-60W		1.20	4522	
101004	灯泡	220V-100W		1.20	4522	
101005	灯泡	220V-150W		2.20	1522	
201001	节能灯	220V-4W		6.00	1212	
201002	节能灯	220V-8W		8.00	2452	
201003	节能灯	220V-16W		12.00	1122	
201004	节能灯	220V-20W		20.00	2339	
201005	节能灯	220V-25W		25.00	23111	
201006	节能灯	220V-25W		28.00	26767	
201007	节能灯	220V-40W		50.00	1240	
201008	节能灯	220V-50W		100.00	122	
301001	日光灯	220V-8W		6.00	52360	
301002	日光灯	220V-20W		7.00	25	
301003	日光灯	220V-30W		8.00	2253	
301004	日光灯	220V-40W		10.00	1227	
301005	日光灯	220V-50W		15.00	3560	
301006	日光灯	220V-60W		18.00	1355	
301007	日光灯	220V-60W		12.11	2220	
			只		0	

图 7-75　设置后的结果

（5）选择“外部数据命令”，单击 Excel 项，打开选择数据源和目标对话框，在该对话框中选择要导入的 Excel 表，如图 7-76 所示。

单击“确定”按钮后，进入导入数据表向导对话框，选择 tQuota.xls 表，如图 7-77 所示。

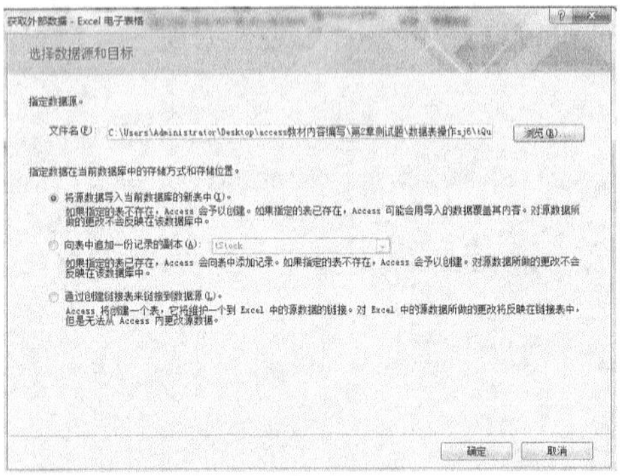

图 7-76　“选择数据源和目标”对话框

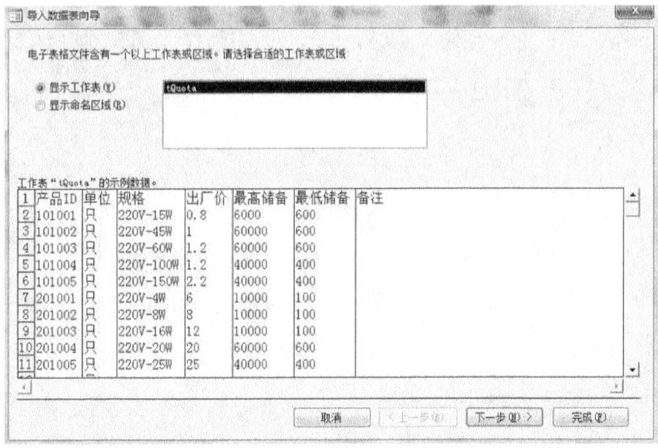

图 7-77　“导入数据表向导”对话框 1

单击“下一步”按钮，选择“第一行包含列标题”项，如图 7-78 所示。

单击“下一步”按钮，进入主键设置界面，选择“我自己选择主键”项，选择“产品 ID”项为主键，如图 7-79 所示。

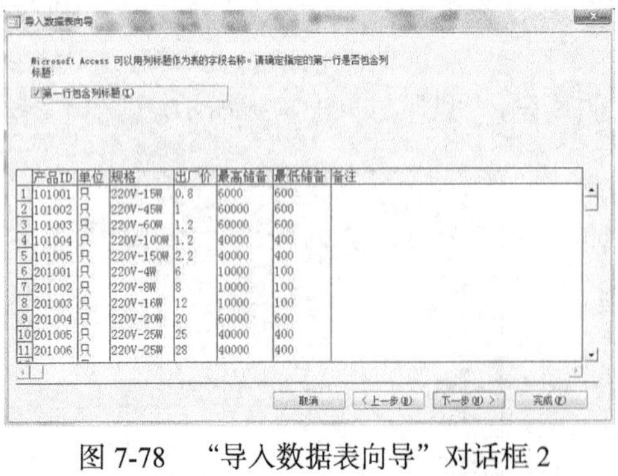

图 7-78　“导入数据表向导”对话框 2

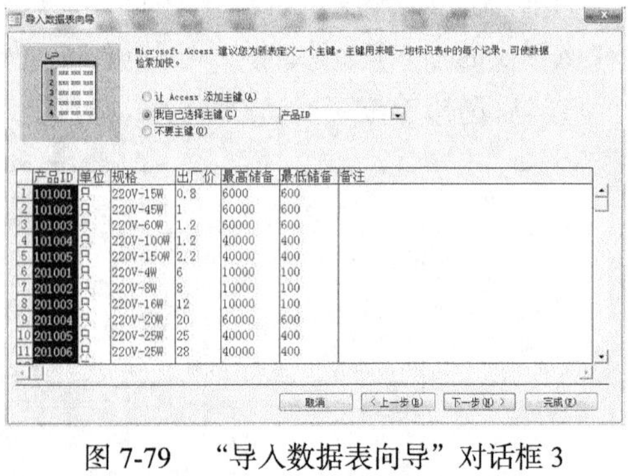

图 7-79　“导入数据表向导”对话框 3

最后确定导入的数据表的名称，如图 7-80 所示。

（6）选择数据库工具项，单击关系命令，在窗口的空白处单击右键，弹出快捷菜单中选择显示表命令，如图 7-81 所示。

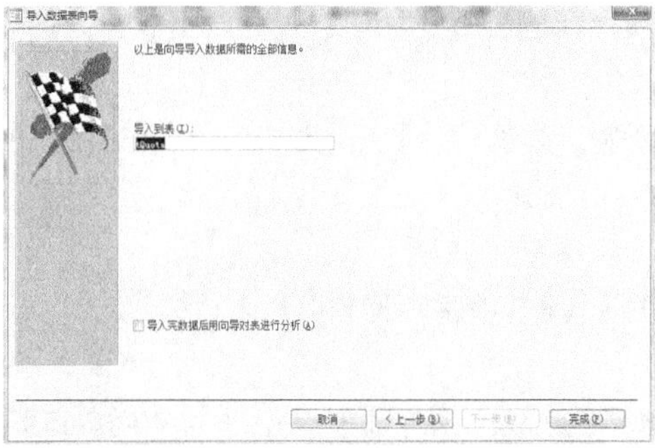

图 7-80　“导入数据表向导”对话框 4

图 7-81　在关系窗口中显示表

将两个表“tQuota”表与“tStock”表添加到该框里，从两个表的字段中，我们可以发现，只有产品 ID 字段中的值是相同且唯一，因此只能通过这个产品 ID 字段建立两个表的联系，用鼠标将一个表的产品 ID 字段拖到另一个表的相应字段，两个表的关系就建立起来了，结果如图 7-82 所示。

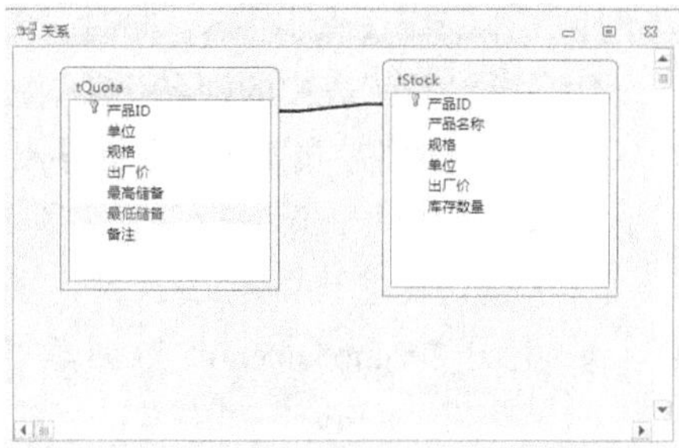

图 7-82　建立两个表关系的结果

习　题

【习题一】操作题

新建一个实验文件夹（以学号或者姓名命名），下载案例素材压缩包“应用案例 2-表基本操作.rar”至该实验文件夹下并解压。本案例中提及的文件均存放在此文件夹下。

1. 打开“samp2.accdb”数据库文件，完成（1）~（6）项基本操作。

（1）将“学生基本情况”表名称更改为“tStud”。

（2）设置“身份 ID”字段为主键；并设置“身份 ID”字段的相应属性，使该字段在数据表视图中的显示标题为“身份证”。

（3）将“姓名”字段设置为有重复索引。

（4）在“家长身份证号”和“语文”两字段间增加一个字段，名称为“电话”，类型为文本，字段大小为 12。

（5）将新增“电话”字段的输入掩码设置为“0746-********”形式。其中，“0746-”部分自动输出，后八位为 0 ~ 9 数字显示。

（6）在数据表视图中将隐藏的“编号”字段重新显示出来。

2. 打开“samp3.accdb”数据库文件，完成（1）~（5）项基本操作。

（1）将 Excel 文件“tCourse.xls”链接到“samp3.accdb”数据库文件中，链接表名称不变，要求：数据中的第一行作为字段名。

（2）将“tGrade”表中隐藏的列显示出来。

（3）将 tStudent 表中“政治面貌”字段的默认值属性设置为“团员”，并将该字段在数据表视图中的显示标题改为“政治面目”。

（4）设置 tStudent 表的显示格式，使表的背景色为“黄色”，网格线为“白色”，文字字号为五号。

（5）建立 tGrade,tStudent 两表之间的关系。

3．打开“samp4.accdb”数据库文件，完成（1）~（6）项基本操作。

（1）将“员工表”的行高设为 15。

（2）设置表对象“员工表”的年龄字段有效性规则为：大于 17 且小于 65（含 17 和 65）；同时设置相应有效性文本为“请输入有效年龄”。

（3）在表对象“员工表”的年龄和职务两字段之间新增一个字段，字段名称为“密码”，数据类型为文本，字段大小为 6，同时，要求设置输入掩码使其以星号方式（密码）显示。

（4）冻结员工表中的姓名字段。

（5）将表对象“员工表”数据导出到‘数据表操作练习-sj3’文件夹下，以文本文件形式保存，字段分隔符用分号，第一行包含字段名称，文件命名为 Test.txt。

（6）建立表对象“员工表”和“部门表”的表间关系，实施参照完整性。

4．打开“samp5.accdb”数据库文件，完成（1）~（6）项基本操作。

（1）分析“tOrder”表对象的字段构成，判断并设置其主键。

（2）设置“tDetail”表中“订单明细 ID”字段和“数量”字段的相应属性，使“订单明细 ID”字段在数据表视图中的显示标题为“订单明细编号”，将“数量”字段取值大于 0。

（3）删除“tBook”表中的“备注”字段；并将“类别”字段的“默认值”属性设置为“计算机”。

（4）为“tEmployee”表中“性别”字段创建查阅列表，列表中显示“男”和“女”两个值。

（5）将“tCustom”表中“电话号码”字段的数据类型改为“文本”，将“电话号码”字段的输入掩码属性设置为“010-××××××××”，其中，“×”为数字位，且只能是 0~9 之间的数字。

（6）建立五个表之间的关系。

【习题二】选择题

1．数据库技术是从 20 世纪（　　）年代中期开始发展的。

A．60　　B．70　　C．80　　D．90

2．从关系中找出满足给定条件的元组的操作称为（　　）。

A．选择　　B．投影　　C．连接　　D．自然连接

3．在 Access 数据库中，表就是（　　）。

A．关系　　B．记录　　C．索引　　D．数据库

4．Access 的数据库类型是（　　）。

A．层次数据库　　B．网状数据库　　C．关系数据库　　D．面向对象数据库

5．二维表由行和列组成，每一行表示关系的一个（　　）。

A．属性　　B．字段　　C．集合　　D．记录

6．Access 数据库表中的字段可以定义有效性规则，有效性规则是（　　）。

A．控制符　　B．文本　　C．条件　　D．前三种说法都不对

7．数据库系统的核心是（　　）。

A．数据模型　　B．数据库管理系统　　C．数据库　　D．数据库管理员

8．下列实体的联系中，属于多对多联系的是（　　）。

A．学生与课程　　B．学生与校长　　C．住院的病人与病床　D．职工与工资

9．在教师表中，如果要找出职称为“教授”的教师，所采用的关系运算是（　　）。

A．选择　　B．投影　　C．连接　　D．自然连接

10．邮政编码是由 6 位数字组成的字符串，为邮政编码设置输入掩码，正确的是（　　）。

A．000000　　B．999999　　C．CCCCCC　　D．LLLLLL

11．可以设置为索引的字段是（　　）。

A．备注　　B．超链接　　C．主关键字　　D．OLE 对象

12．要在查找表达式中使用通配符通配一个数字字符，应选用的通配符是（　　）。

A．*　　B．？　　C．！　　D．#

【习题三】填空题

1．实体之间的对应关系称为联系，有如下 3 种类型：________。

2．关系数据库管理系统能实现的专门关系运算包括选择、连接、________。

3．如果一个工人可管理多个设备，而一个设备只能被一个工人管理，则实体“工人”和实体“设备”之间存在________关系。

4．如果表中一个字段不是本表的主关键字，而是另外一个表的主关键字或候选关键字，这个字段称为________。

5．操作查询包括生成表查询、删除查询、________、追加查询。

6．在数据表视图下向表中输入数据，在未输入数值之前，系统自动提供的数值字段的值是________。

7．Access 2010 数据库的文件扩展名是________。

第 8 章 Access 2010 查询设计

查询是 Access 处理和分析数据的工具，它能够将多个表中的数据抽取出来，供用户查看、统计、分析和使用，查询结果还可以作为其他数据库对象（如报表、窗体）的数据来源。本章将详细介绍查询的基本操作，包括查询的概念和功能、查询的创建和使用。

8.1 查询概述

数据库管理系统的优点不仅在于它能存储数据，更在于它能处理数据，其强大的查询功能，使用户能够很方便从海量数据中找到针对特定需求的数据。在 Access 中，任何时候都可以从已经建立的数据库表中按照一定的条件抽取出需要的记录，查询就是实现这种操作最主要的方法。

8.1.1 查询的功能

（1）选择字段

以一个或多个表或查询为数据源，指定需要的字段，按照一定的准则将需要的数据集中在一起，为这些字段提供一个动态的数据表。例如，对于学生表，可以只选择“学号”“姓名”“性别”“班级 ID”字段建立一个“查询”对象。

（2）选择记录

“查询”对象还可以根据指定的条件查找数据表中的记录，只有符合条件的记录，才能在查询结果中显示。例如，可以基于教师表创建一个“查询”对象，只显示职称为“讲师”的教师信息。

（3）编辑记录

“查询”对象可以一次编辑多个表中的记录，可以修改、删除及追加表中的记录。

（4）实现计算

可以在“查询”对象中进行各种统计计算，如计算某门课的平均成绩。还可以建立一个计算字段来保存计算的结果。

（5）建立新表

“查询”对象可以根据查询到的字段进行计算，生成新的数据表。

8.1.2 查询的类型

Access 2010 提供了多种不同类型的查询方式，以满足对数据的多种不同需求。根据对数据源的操作和结果的不同分为 5 类：选择查询、参数查询、交叉表查询、操作查询和 SQL 查询。

（1）选择查询

选择查询是最常见的查询类型，它可以指定查询准则（即查询条件），从一个或多个表，或其他“查询”对象中检索数据，并按照所需的排列顺序将这些数据显示在“数据表”视图中。使用选择查询还可以将数据分组、求和、计数、求平均值以及进行其他类型总和计算。

（2）参数查询

参数查询利用系统对话框，提示用户输入查询参数，按指定形式显示查询结果。它提高了查询的灵活性，实现了随机的查询需求。

（3）交叉表查询

交叉表查询类似于 Excel 的数据透视表，利用表中的行和列以及交叉点信息，显示来自一个或多个表的统计数据，在行与列交叉处显示表中某字段的统计值。

（4）操作查询

操作查询可以对数据库中的表进行数据操作。“操作查询”又可以分成生成表查询、追加查询、更新查询、删除查询 4 种。

（5）SQL 查询

SQL 查询是查询、更新和管理关系数据库的高级方式，是用结构化查询语言(Structured Query Language)创建的查询。并不是所有的 SQL 查询都能够在设计视图中创建出来，如联合查询、传递查询、数据定义查询和子查询只能通过编写 SQL 语句实现。

8.2　创建查询

8.2.1　案例分析

【案例 8-1】

在“学生课程信息”数据库中查询学生的学号、姓名、课程名称及考分信息；查询的结果保存在“学生考试成绩查询”中；查找 1992 年出生的 2009 级男学生，并显示“姓名”“性别”和“出生日期”字段；查找姓刘或姓张的教师的任课情况；查找考分小于 60 分的女生，或考分大于等于 90 分的男生，查询的结果按“学号”字段升序排序，显示“姓名”“性别”和“考分”；查询出“C 语言程序设计”课程成绩前 6 名的学生的学号、姓名、班级 ID 和考分。

【案例 8-2】

在学生表中，查看本月生日的学生，查询结果按“出生日期”的降序排序；在学生表中，由“性别”字段的内容得到“称呼”字段；在教师表中，统计各类职称的教师人数；为“学生”表创建参数查询；在运行查询时，根据输入的学号，查询学生的成绩信息；使用设计视图创建交叉表查询，使其统计各班男女生的平均成绩。

8.2.2　知识储备

Access 2010 提供了 2 种创建查询的方法，一是使用查询向导创建查询，二是使用设计视图创建查询。选择使用向导的帮助可以快捷地创建所需要的查询，如图 8-1 所示。由于篇幅问题，本文不对向导建立查询进行说明。

1. 使用设计视图创建查询

使用“简单查询向导”创建查询有很大的局限性，它只能建立简单的查询，但实际应用中经常要用到带条件的复杂查询。使用查询设计视图不仅可以自行设置查询条件，创建基于单表或多表的不同选择查询，还可以对已有的查询进行修改。在设计视图中既可以创建如选择查询之类的简单查询，也可以创建像参数查询之类的复杂查询。通常，查询设计视图中查询项目及含义如表 8-1 所示。

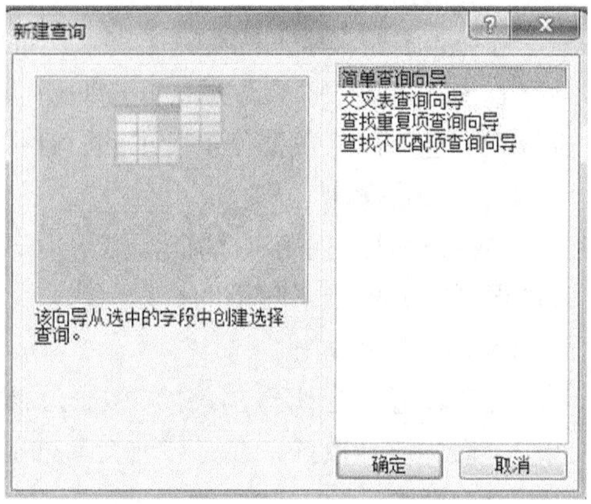

图 8-1　“新建查询向导”对话框

表 8-1　查询项目及含义

项　目	含　义
字段	用来设置查询结果中要输出的列，一般为字段或字段表达式
表	字段所基于的表或查询
排序	用来指定查询结果是否在某字段上进行排序
显示	用来指定当前列是否在查询结果中显示（复选框选中时表示要显示）
条件	用来输入查询限制条件
或	用来输入逻辑的“或”限制条件
总计	在汇总查询时会出现，用来指定分组汇总的方式

（1）创建不带条件的查询

直接在查询设计视图中设置要输出的字段即可。

（2）创建带条件的查询

在实际应用中，并非只是简单的查询，往往需要指定一定的条件。例如，查找职称为讲师的男教师。这种带条件的查询需要通过设置查询条件来实现。

查询条件是运算符、常量、字段值、函数以及字段名和属性等的任意组合，能够计算出一个结果。查询条件在创建带条件的查询时经常用到，因此，了解条件的组成，掌握它的书写方法非常重要。

① 运算符。运算符是构成查询条件的基本元素。Access 提供了关系运算符、逻辑运算符和特殊运算符，3 种运算符及含义分别如表 8-2、表 8-3、表 8-4 所示。

表 8-2　关系运算符及含义

关系运算符	说　明	关系运算符	说　明
=	等于	<>	不等于
<	小于	<=	小于等于
>	大于	>=	大于等于

表 8-3　逻辑运算符及含义

逻辑运算符	说　明
Not	当 Not 连接的表达式为假时，整个表达式为真
And	当 And 连接的表达式均为真时，整个表达式为真，否则为假
Or	当 Or 连接的表达式均为假时，整个表达式为假，否则为真

表 8-4　特殊运算符及含义

特殊运算符	说　明
In	用于指定一个字段值的列表，列表中的任意一个值都可与查询的字段相匹配
Between	用于指定一个字段值的范围，指定的范围之间用 And 连接
Like	用于指定查找文本字段的字符模式。在所定义的字符模式中，用“?”表示该位置可匹配任何一个字符；用“*”表示该位置可匹配任何多个字符；用“#”表示该位置可匹配一个数字；用方括号描述一个范围，用于可匹配的字符范围
Is Null	用于指定一个字段为空
Is Not Null	用于指定一个字段为非空

② 函数。Access 提供了大量的内置函数，也称为表中函数或函数，如算术函数、字符函数、日期/时间函数和统计函数等。这些函数为更好地构造查询条件提供了极大的便利，也为更准确地进行统计计算、实现数据处理提供了有效的方法。Access 2010 的在线帮助已按字母顺序详细列出了它所提供的所有函数与说明，常用函数格式和功能请参考附录。

2. 在查询中进行计算

“查询”对象还可以对数据进行分析和加工，生成新的数据与信息。生成新的数据一般通过计算的方法，常用的计算方法有求和、计数、求最大/最小值、求平均数及表达式等。具体可以用表 8-5 所示的函数。

表 8-5　总计函数

函数名称	显示名称	功　能
Sum	总计	计算组中该字段所有值的和
Avg	平均值	计算组中该字段的算术平均值
Min	最小值	返回组中字段的最小值
Max	最大值	返回组中字段的最大值
Count	计数	返回非空值数的统计数
StDev	标准差	计算组中该字段所有值的统计标准差
Var	方差	计算组中该字段所有值的统计方差
First	第 1 条记录	返回该字段的第 1 个值
Last	最后 1 条记录	返回该字段的最后 1 个值

3. 创建参数查询

在查询设计器窗口中，可以输入查询条件。但有时查询条件可能需要在运行查询时才能确定，此时就需要使用参数查询。

4. 创建交叉表查询

在用查询设计视图设计交叉表查询时，要注意以下几点。

- 一个列标题：只能是一个字段作为列标题。
- 多个行标题：可以指定多个字段作为行标题，但最多为 3 个行标题。
- 一个值：设置为“值”的字段是交叉表中行标题和列标题相交单元格内显示的内容，“值”的字段也只能有一个，且其类型通常为“数字”。

8.2.3 案例实现

【案例 8-1 实现】

操作步骤如下。

（1）打开“学生课程信息”数据库，在数据库窗口中，单击“创建”对象。

（2）单击“查询设计”选项，打开查询设计窗口，并且打开“显示表”对话框，从“显示表”对话框中选择“表”选项卡，依次双击“学生”“课程名称”和“成绩”3 张表，单击“关闭”按钮，结果如图 8-2 所示，表之间的连线表示两个表之间已经建立起关系。

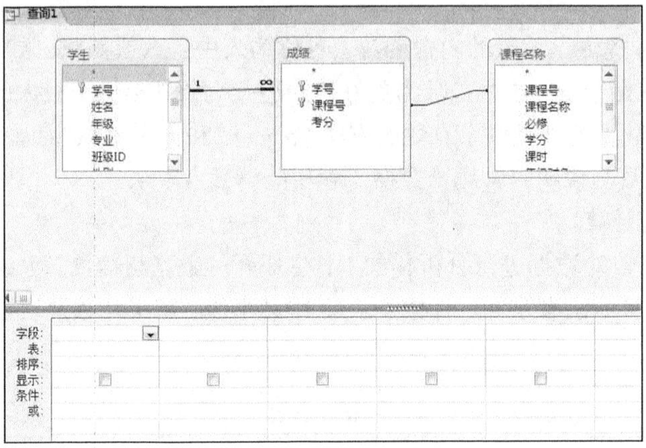

图 8-2 查询设计视图

（3）用鼠标在字段单元格内单击左键，出现按钮后，再单击左键，在列表中选择“学生.学号”“学生.姓名”“课程名称.课程名称”和“成绩.考分”、字段，或者直接在表中双击相应字段，如图 8-3 所示。

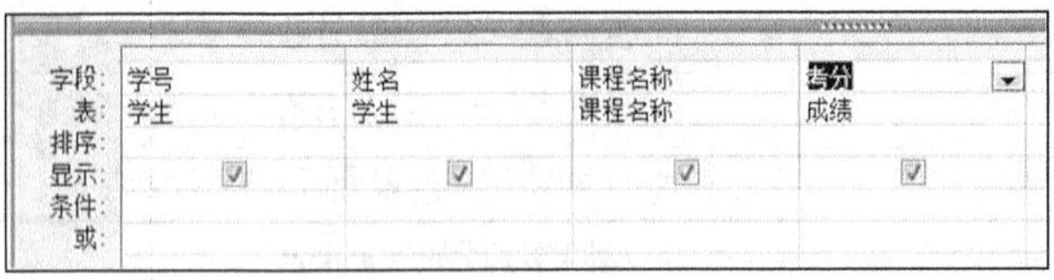

图 8-3 为查询选择字段

（4）关闭查询设计视图或单击工具栏上的“保存”按钮，将打开“另存为”对话框。在“查询名称”文本框中输入“学生考试成绩查询”名称后，系统将按指定的查询名称存放在查询对象列表中。

（5）选择该查询，单击工具栏上的“运行”按钮 切换到数据表视图。这时可看到学生考试成绩查询运行结果。

（6）在“学生课程信息”数据库窗口中选择单击“创建”对象。

（7）单击“查询设计”选项，打开查询设计窗口，并且打开“显示表”对话框。

（8）从显示表对话框中选择“表”选项卡，单击学生表，然后单击“添加”按钮，此时该表被添加到查询设计视图上半部分窗口中，单击“关闭”按钮。

（9）查询结果中没有要求显示“年级”字段，由于查询条件需要使用这个字段，因此在确定查询所需的字段时必须选择该字段。分别双击“姓名”“年级”“性别”和“出生日期”字段，这时 4 个字段依次显示在“字段”行上的第 1 列到第 4 列中，同时“表”行显示出这些字段所在的表的名称，结果如图 8-4 所示。

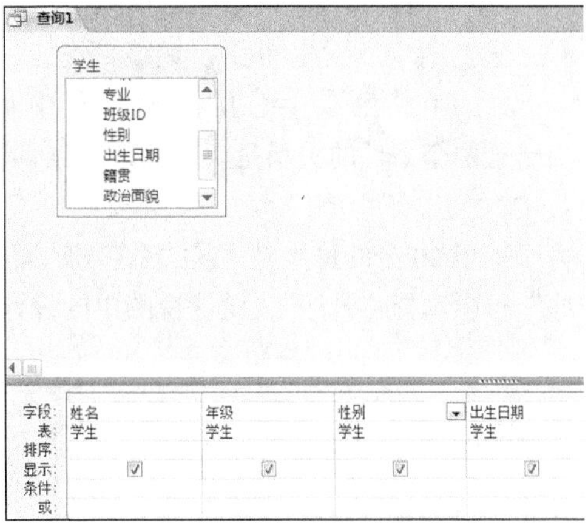

图 8-4　设置查询所涉及字段

（10）按照此例的查询要求，“年级”字段只作为查询的一个条件，并不要求显示，因此取消“年级”字段的显示。单击“年级”字段“显示”行上的复选框，这时复选框内变为空白。

（11）在“性别”字段列的“条件”单元格中输入条件“男”，在“年级”字段列的“条件”单元格中输入条件“2009 级”，在“生日”字段列的“条件”单元格中输入条件“Between #1992-1-1# and #1992-12-31#”，设置结果如图 8-5 所示。

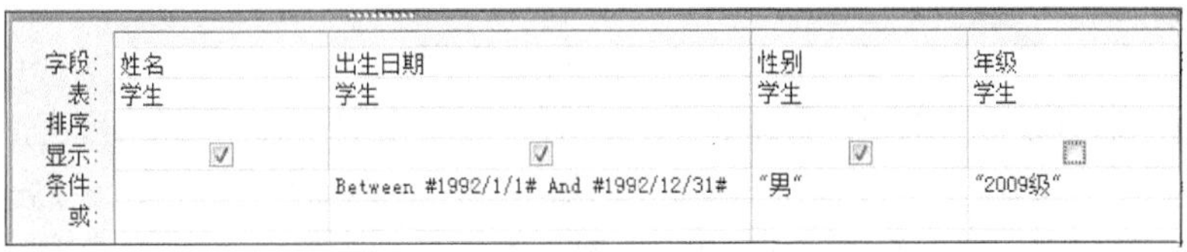

图 8-5　设置查询条件

注意　同一行上的几个条件是“与”的关系，不同行的几个条件为“或”的关系。

（12）单击工具栏上的“保存”按钮，出现“另存为”对话框，在“查询名称”文本框中输入“1992 年出生的 2009 级男生”，然后单击“确定”按钮。

（13）选择该查询，单击工具栏上的“运行”按钮，切换到数据表视图，可以看到“1992 年出生的 2009 级男生”查询执行的结果。

（14）在“学生课程信息”数据库中，单击“创建”对象。

（15）点击“查询设计”选项，打开查询设计窗口，并且打开“显示表”对话框，从“显示表”对话框中选择“表”选项卡，依次双击“教师”“课程表”和“课程名称”3 张表，单击“关闭”按钮。

（16）用鼠标在字段单元格内单击左键，出现 按钮后，再单击左键，在列表中选择教师. 姓名、教师. 性别、教师. 职称、教师. 专业、课程名称. 课程名称。

（17）在图 8-6 中，设置条件行内容为“Like“刘*” Or Like“张*””。

（18）在“学生课程信息”数据库中，单击“创建”对象。

（19）单击“查询设计”选项，打开查询设计窗口，并且打开“显示表”对话框，从“显示表”对话框中选择“表”选项卡，依次双击“学生”和“成绩”2 张表，单击“关闭”按钮。

（20）用鼠标在字段单元格内单击左键，出现按钮后，再单击左键，在列表中选择学生.学号、学生.姓名、学生.性别、成绩.考分。

（21）在“性别”字段的“条件”行中输入“男”，在“考分”字段的“条件”行中输入“>=90”，由于这两个条件的关系是“与关系”，所以应将两个条件写在同一行上。在“性别”字段的“或”行中输入“女”，在“考分”字段的“或”行中输入“<60”,由于考分小于 60 分的女生或者考分大于等于 90 分的男生是“或关系”，所以应将这两个条件都放在“或”行。在“学号”字段的“排序”行中选择“升序”，设计视图中的设计结果如图 8-7 所示。

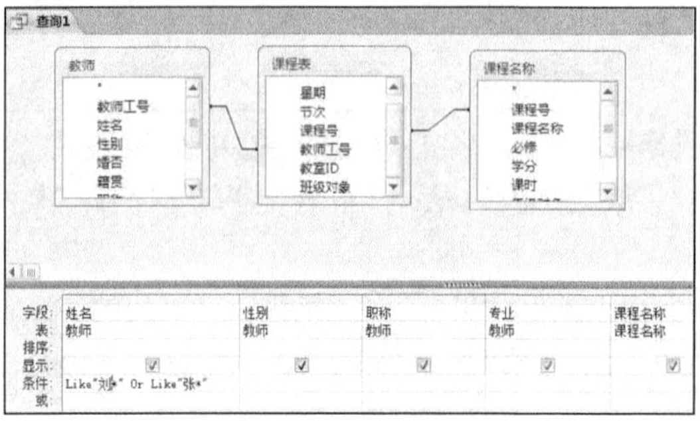

图 8-6　设置查询条件

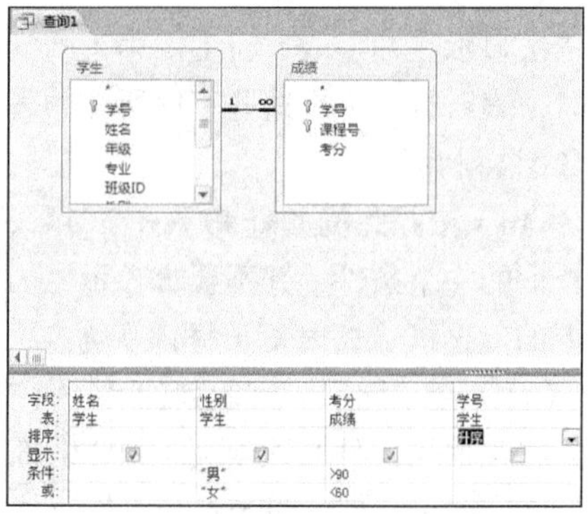

图 8-7　使用“或”行设置条件

（22）在“学生课程信息”数据库中，单击“创建”对象。

（23）单击“查询设计”选项，打开查询设计窗口，并且打开“显示表”对话框，从“显示表”对话框中选择“表”选项卡，依次双击“学生”“课程名称”和“成绩”3 张表，单击“关闭”按钮。

（24）用鼠标在字段单元格内单击左键，出现按钮后，再单击左键，在列表中选择学生. 学号、学生. 姓名、学生. 班级 ID、成绩. 考分、课程名称. 课程名称。

（25）在“课程名称”字段的“条件”行中输入“C 语言程序设计”，根据要求不显示，在“考分”字段的“排序”行中选择“降序”，如图 8-8 所示。在“查询属性”对话框中，将上限值设置为 6，如图 8-9 所示。

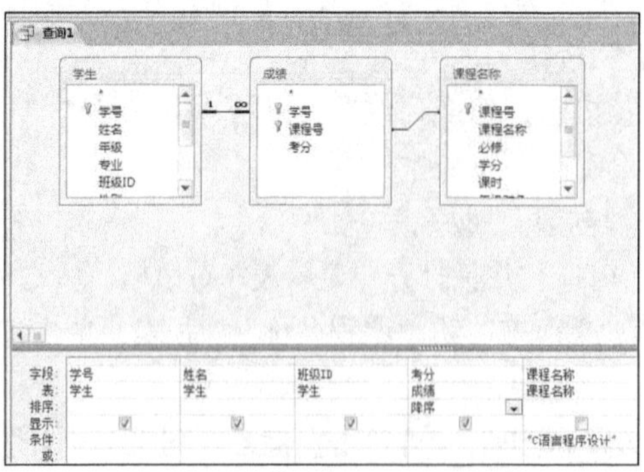

图 8-8　设置查询条件

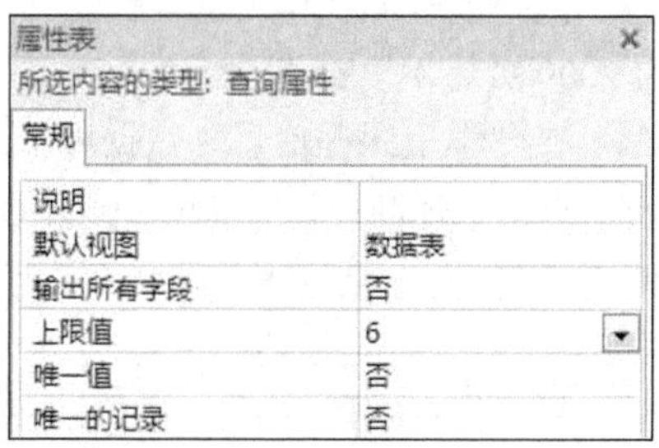

图 8-9　查询属性设置

【案例 8–2 实现】

操作步骤如下。

（1）打开“学生课程信息”数据库，在数据库窗口中，单击“创建”对象。

（2）单击“查询设计”选项，打开查询设计窗口，并且打开“显示表”对话框，从“显示表”对话框中选择“表”选项卡，双击“学生”表，单击“关闭”按钮。

（3）用鼠标在字段单元格内单击左键，出现按钮后，再单击左键，在列表中选择学生.姓名、学生.出生日期。

（4）在第 3 列“字段”单元格中输入“Month([出生日期])”，再在第 3 列的“条件”行中输入“Month(Date())”，去掉“显示”行中复选框的对勾。

（5）在第 2 列“出生日期”字段的“排序”行中选择“降序”，设置如图 8-10 所示。

（6）在“学生课程信息”数据库中，单击“创建”对象。

（7）单击“查询设计”选项，打开查询设计窗口，并且打开“显示表”对话框，从“显示表”对话框中选择“表”选项卡，双击“学生”表，单击“关闭”按钮。

（8）用鼠标在字段单元格内单击左键，出现按钮后，再单击左键，在列表中选择学生.姓名、学生.性别。

（9）加入所需的字段“姓名”“性别”后，在第 3 列“字段”单元格中输入“称呼:IIf([性别]=“男”,“先生”,“女士”)”，如图 8-11 所示。

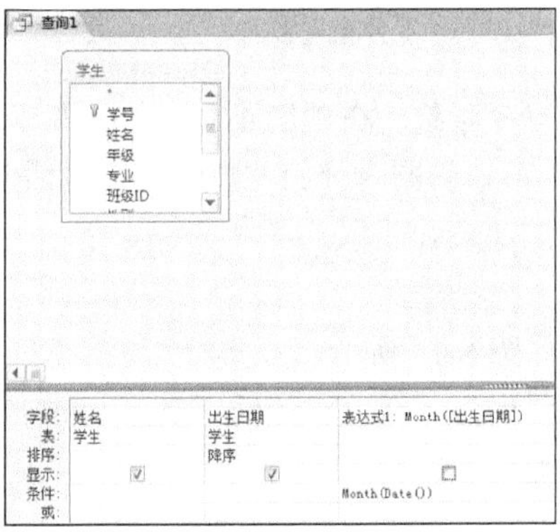

图 8-10　使用 Month 函数设置查询

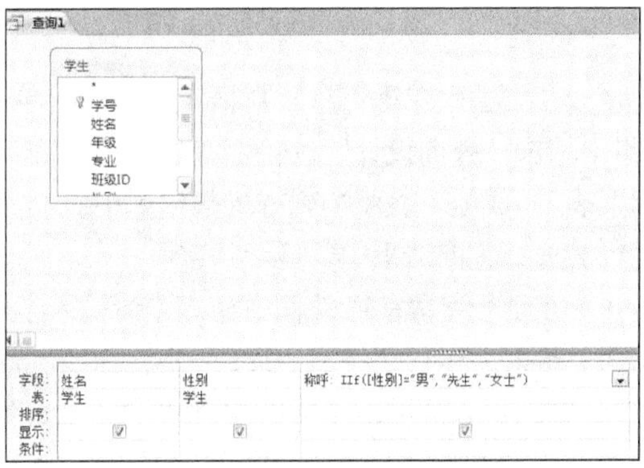

图 8-11　使用 IIf 函数设置查询

（10）IIf 函数有 3 个参数，分别是条件判断式、判断式为真时的返回值和判断式为假时的返回值，如果“性别”字段的内容为“男”，则“称呼”字段显示为“先生”，否则显示为“女士”。查询结果如图 8-12 所示。

思考：如果定义成绩大于或者等于 60 分为合格，小于 60 分为不合格，请根据学生课程的成绩得出该课程考核是合格还是不合格。

（11）在“学生课程信息”数据库窗口中，单击“创建”对象。

（12）单击“查询设计”选项，打开查询设计窗口，并且打开“显示表”对话框，从“显示表”对话框中选择“表”选项卡，双击“教师”表，单击“关闭”按钮。

（13）用鼠标在字段单元格内单击左键，出现按钮后，再单击左键，在列表中选择教师. 职称。

（14）单击工具栏上的“汇总”按钮，此时 Access 在设计网格中插入一个“总计”行。第 1 列“职称”字段的“总计”单元格中选择“分组”，表示按职称分组，第 2 列“教师工号”字段的“总计”单元格中选择“计数”，用于统计各类职称的教师人数，设计结果如图 8-13 所示。

（15）保存查询，设置查询名称为“各类职称的教师人数”。

查询1

姓名	性别	称呼
杨喜枚	男	先生
汤跃	男	先生
黄雄	男	先生
吴可鹏	男	先生
熊琳	女	女士
陈涛	男	先生
文剑超	男	先生
陈洪	男	先生
张越男	女	女士
程昱羲	女	女士
张新蕊	男	先生
刘丹旭	男	先生
刘璐	男	先生
马玉娇	女	女士
刘玮	女	女士
杨辰波	女	女士
赵娇燕	女	女士
张永维	女	女士
张宇	女	女士
任传麒	女	女士
荆全喜	男	先生
刘京博	男	先生
王璐瑶	男	先生
朱冬雪	男	先生
金家琪	女	女士

图 8-12　IIf 函数执行结果

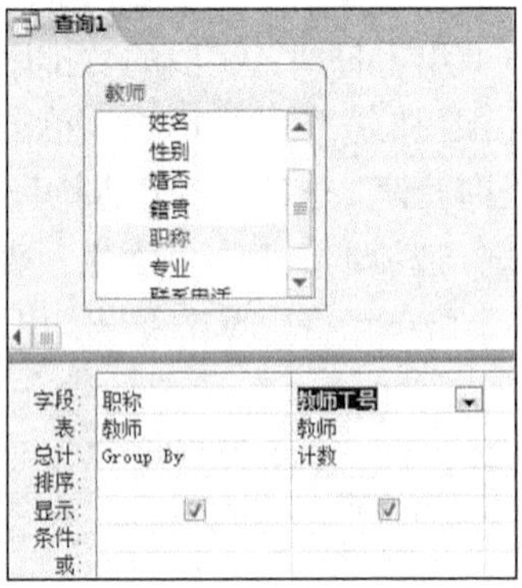

图 8-13　设置分组计数

（16）在“学生课程信息”数据库窗口中，单击“创建”对象。在“创建”选项卡的“查询”选项组中单击“查询设计”按钮。在打开“查询设计”窗口的同时弹出“显示表”对话框，将“学生”表、“成绩”表添加到查询数据源中。

（17）选择查询结果中要显示的字段。

（18）在学号字段的条件框中输入【请输入学号：】，如图 8-14 所示。

（19）单击“运行”按钮。此时出现“输入参数值”对话框，在该对话框中输入 20091001 的学号值，就能查询到相应学号下的成绩信息，如图 8-15 所示。

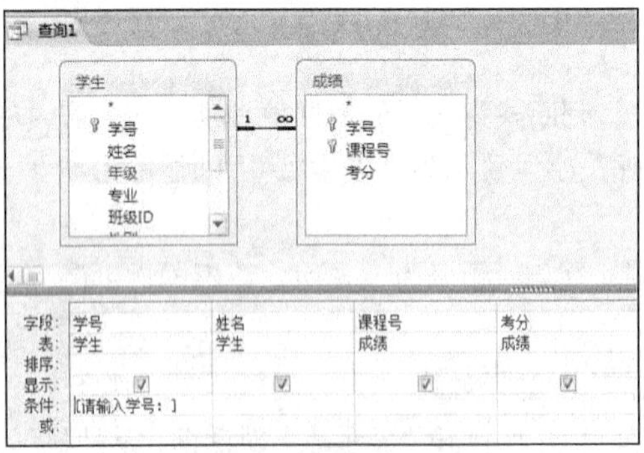

图 8-14　设置参数查询

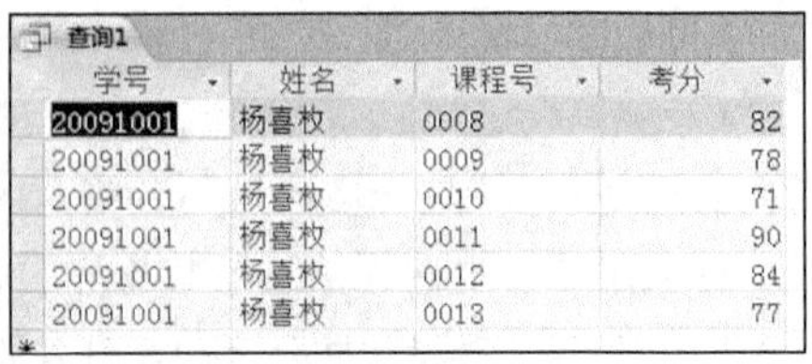

查询1

学号	姓名	课程号	考分
20091001	杨喜枚	0008	82
20091001	杨喜枚	0009	78
20091001	杨喜枚	0010	71
20091001	杨喜枚	0011	90
20091001	杨喜枚	0012	84
20091001	杨喜枚	0013	77

图 8-15　参数查询结果

此时，如果想要输入一个新的参数值，需要重新运行查询。

（20）在“学生课程信息”数据库中打开查询设计视图，将学生表和成绩表添加到设计视图上半部分的窗口中。

（21）单击工具栏上的“交叉表”按钮。

（22）双击学生表中的“班级 ID”字段，单击“班级 ID”字段的“交叉表”行，单击其右侧向下箭头按钮，从打开的下拉列表中选择“行标题”；再双击学生表中的“性别”字段，单击“性别”字段的“交叉表”行，单击其右侧向下箭头按钮，从打开的下拉列表中选择“列标题”；为了在行和列交叉处显示成绩的平均值，应单击成绩表中“考分”字段的“交叉表”行，单击其右侧向下箭头按钮，从打开的下拉列表中选择“值”，单击“考分”字段的“总计”行，单击其右侧向下箭头按钮，然后从下拉列表中选择“平均值”，如图 8-16 所示。

（23）单击“保存”按钮，将查询命名为“每班男女生平均成绩交叉表”，单击“确定”按钮。切换到数据表视图，即可得到查询结果，如图 8-17 所示。

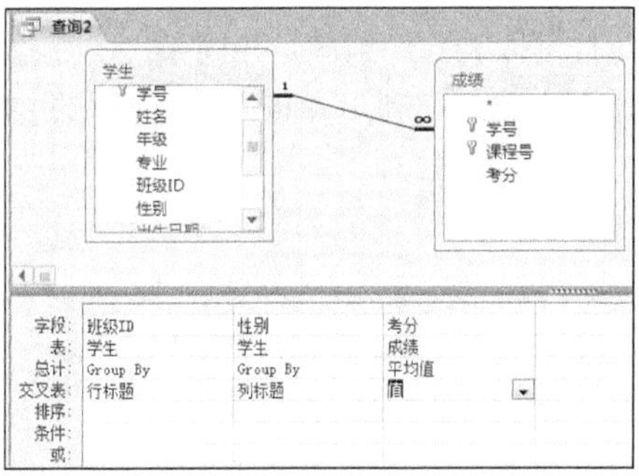

图 8-16　设置交叉表查询

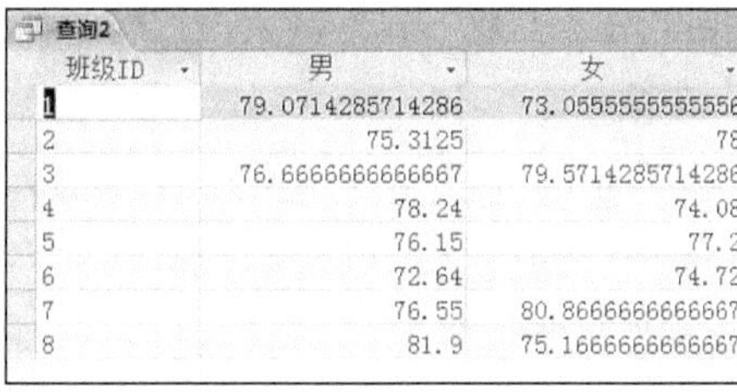

班级ID	男	女
1	79.0714285714286	73.0555555555556
2	75.3125	78
3	76.6666666666667	79.5714285714286
4	78.24	74.08
5	76.15	77.2
6	72.64	74.72
7	76.55	80.8666666666667
8	81.9	75.1666666666667

图 8-17　交叉表查询结果

思考题：使用设计视图创建交叉表查询，分职称段统计出各专业男女教师的人数。

8.3　创建操作查询

8.3.1　案例分析

以课程名称表为依据，查询课程类型为必修课的课程，并生成新表。

8.3.2　知识储备

操作查询用于对数据库进行复杂的数据管理操作，用户可以根据自己的需要利用查询创建一个新的数据表以及对数据表中的数据进行增加、删除和修改等操作。也就是说，操作查询不像选择查询那样只是查看、浏览满足检索条件的记录，而是可以对满足条件的记录进行更改。

操作查询共有 4 种类型：生成表查询、更新查询、追加查询和删除查询。所有查询都将影响到表，其中，生成表查询在生成新表的同时，也生成新表数据；而删除查询、更新查询和追加查询只修改表中的数据。

注意　由于操作查询将改变数据表内容，而且某些错误的操作查询可能会造成数据表中数据的丢失，因此用户在进行操作查询之前，应该先对数据库或表进行备份。

1. 生成表查询

运行生成表查询可以使用从一个或多个表中提取的全部或部分数据来新建表，这种由表产生查询，再由查询来生成表的方法，使得数据的组织更加灵活、使用更加方便。生成表查询所创建的表，继承源表的字段数据类型，但并不继承源表的字段属性及主键设置。

生成表查询可以应用在很多方面，可以创建用于导出到其他 Access 数据库的表、表的备份副本或包含所有旧记录的历史表等。

2. 删除查询

要使数据库发挥更好的作用，就要对数据库中的数据经常进行整理。整理数据的操作之一就是删除无用的或坏的数据。前面介绍的在表中删除数据方法只能手动删除表中记录或字段的数据，非常麻烦。

删除查询可以通过运行查询自动删除一组记录，而且可以删除一组满足相同条件的记录。

删除查询可以只删除一个表内的记录，也可以删除在多个表内利用表间关系相互关联的表间记录。由于篇幅问题，在此就不做具体介绍了。

3. 更新查询

更新查询用于修改表中已有记录的数据。创建更新查询首先要定义查询准则，找到目标记录，还需要提供一个表达式，用表达式的值去替换原有的数据。

4. 追加查询

如果希望将某个表中符合一定条件的记录添加到另一个表中，可使用追加查询。追加查询可将查询的结果追加到其他表中。

无论哪一种操作查询，都可以在一个操作中更改许多记录，并且在执行操作查询后，不能撤销刚刚做过的更改操作。因此，在使用操作查询之前，应该备份数据。

8.3.3 案例实现

操作步骤如下。

（1）打开“学生课程信息”数据库，打开查询设计视图，将课程名称表添加到查询显示窗口中，并将课程名称表中的所有字段设为查询字段。在“必修”字段对应的“条件”文本框中输入“yes”（“yes”代表必修，“no”代表选修），如图 8-18 所示。

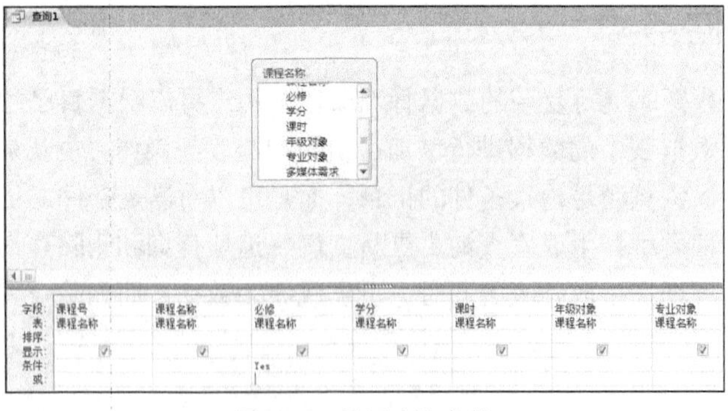

图 8-18　设置查询条件

（2）单击工具栏上“生成表”菜单命令，打开如图 8-19 所示的“生成表”对话框。输入新表的名称为“必修课”，并选择保存到当前数据库中，单击“确定”按钮，完成表名称的设置。

（3）在工具栏中单击“运行”按钮，打开如图 8-20 所示的提示框，单击“是”按钮。关闭查询，本例以“生成表查询”为名保存对该查询所做的修改。此时，可从数据库窗口的“表”对象列表和“查询”对象列表中看到新生成的表和查询。

图 8-19　“生成表”对话框

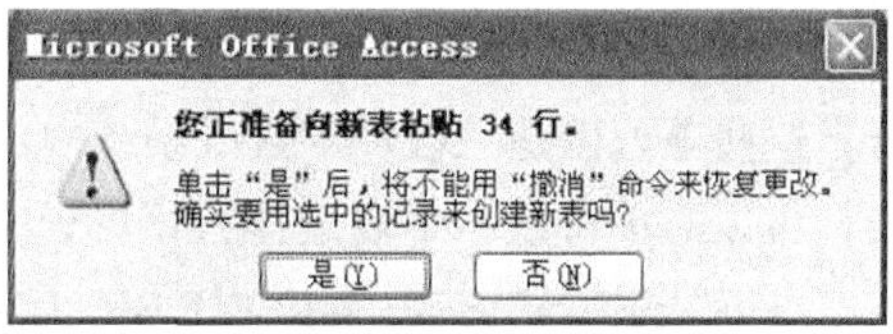

图 8-20　生成确认

8.4　SQL 查询

8.4.1　案例分析

使用 SQL 查询语句实现：查找并显示学生表中的所有字段；查找并显示学生表中“学号”“姓名”“性别”专业”和“政治面貌”5 个字段；查找政治面貌为党员的女学生，并显示“姓名”“性别”“专业”“班级 ID”和“家庭收入”；查找成绩不及格学生的信息，并显示“学号”“姓名”“班级 ID”和“考分”,结果按学号的升序排序；统计教师表中职称为教授的人数，并将计算字段命名为“教授人数”。

8.4.2　知识储备

SQL 是 Structured Query Language(结构化查询语言)的缩写，是在数据库系统中应用广泛的数据库查询语言。在使用它时，只需要发出“做什么”的命令，“怎么做”是不用使用者考虑的。SQL 功能强大、简单易学、使用方便，已经成为了数据库操作的基础，现在几乎所有的数据库均支持 SQL。

SQL 由 SQL 的数据定义语言、SQL 的数据操作语言、SQL 的特定查询语言组成，其中 SQL 的数据定义语言由 CREATE、DROP 和 ALTER 命令组成，而 SQL 数据操作语言是完成数据操作的命令，它由 INSERT（插入），DELETE（删除），UPDATE（更新）和 SELECT（查询）等组成。SQL 特定查询，主要包括联合查询、传递查询、数据定义查询和子查询。由于篇幅的问题，本书只介绍 SELECT 语句。

SELECT 语句是 SQL 语言中功能强大、使用灵活的语句之一，它能够实现数据的筛选、投影和联接操作，并能够完成筛选字段重命名、多数据源数据组合、分类汇总和排序等具体操作。SELECT 语句的一般格式为：

```
SELECT [ALL|DISTINCT] *|<字段列表>
FROM <表名 1>[, <表名 2>] …
[WHERE <条件表达式>]
[GROUP BY <字段名> [HAVING <条件表达式>]]
[ORDER BY <字段名> [ASC|DESC]]。
```

该语句从指定的基本表中，创建一个由指定范围内、满足条件、按某字段分组、按某字段排序的指定字段组成的新记录集。

在该语句中，ALL 表示检索所有符合条件的记录，默认值为 ALL；DISTINCT 表示检索要去掉重复行的所有记录；*表示检索结果为整个记录，即包括所有的字段；<字段列表>使用“,”将项分开，这些项可以是字段、常数或系统内部的函数；FROM 子句说明要检索的数据来自哪个或哪些表，可以对单个或多个表进行检索；WHERE 子句说明检索条件，条件表达式可以是关系表达式，也可以是逻辑表达式；GROUP BY 子句用于对检索结果进行分组，可以利用它进行分组汇总；HAVING 必须跟随 GROUP BY 使用，它用来限定分组必须满足的条件；ORDER BY 子句用来对检索结果进行排序，如果排序时选择 ASC，表示检索结果按某一字段值升序排序，如果选择 DESC，表示检索结果按某一字段值降序排列。

8.4.3 案例实现

操作步骤如下。

（1）SELECT * FROM 学生。

（2）SELECT 学号，姓名，性别，专业，政治面貌 FROM 学生。

（3）SELECT 姓名，性别，专业，班级 ID，家庭收入 FROM 学生 WHERE 政治面貌= " 中共党员 " AND 性别= " 女 " 。

（4）SELECT 学生.学号，学生.姓名，学生.班级 ID，成绩.考分 FROM 学生，成绩 WHERE 学生.学号=成绩.学号 AND 成绩.考分<60 order by 学生.学号。

（5）SELECT COUNT(*) AS 教授人数 FROM 教师 GROUP BY 职称 HAVING 职称= " 教授 " 。

其中，AS 子句后定义的是新字段名。

8.5 综合案例

8.5.1 案例分析

新建一个实验文件夹（以学号或者姓名命名），下载案例素材压缩包“应用案例 3-查询操作.rar”至该实验文件夹下并解压。本案例中提及的文件均存放在此文件夹下。

在 samp6.accdb 数据库中已经设计好表对象 tOrder、tDtail、tEmployee、tBook，按以下要求完成设计。

（1）创建一个查询，查找清华大学出版社出版的图书中定价大于等于 20 且小于等于 30 的图书，并按定价从大到小顺序显示“书籍名称”“作者名”和“出版社名称”。所建查询名为“QT1”。

（2）创建一个查询，查找某年出生雇员的售书信息，并显示“姓名”“书籍名称”“订购日期”“数量”和“单价”。当运行该查询时，提示框中应显示“请输入年份”。所建查询名为“QT2”。

（3）创建一个查询，计算每句雇员的奖金，显示标题为“雇员号”和“奖金”，所建查询名为 QT3。

说明

奖金=每名雇员的销售金额（单价*数量）合计数×5%。

（4）创建一个查询，查找单价低于定价的图书，并显示“书籍名称”“类别”“作者名”“出版社名称”，所建查询名为“QT4”。

8.5.2　案例实现

先解决第一个问题，操作步骤如下。

（1）单击创建项，单击查询命令，打开如图 8-21 所示的对话框。

（2）选择 tBook 表，单击添加，进入查询的设计窗口，如图 8-22 所示。

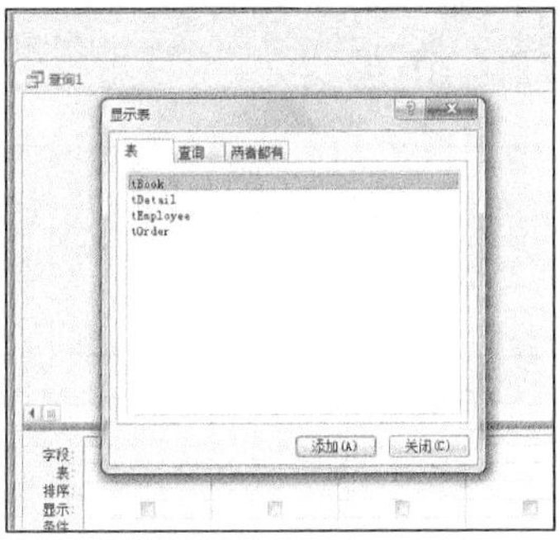

图 8-21　显示表

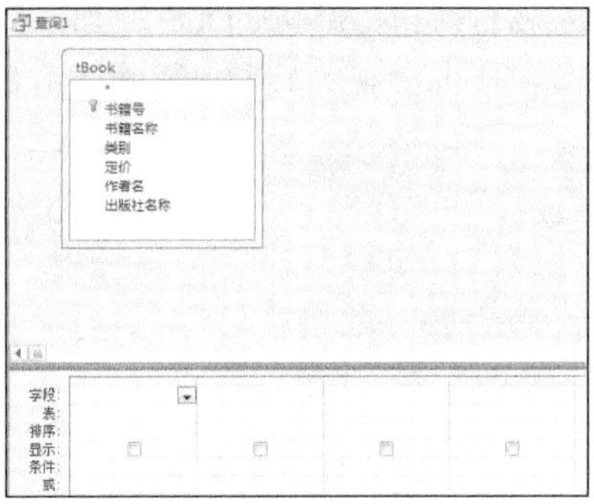

图 8-22　选择 tBook 表

（3）在字段行选择查询结果中要显示的列，在条件行中定义相应字段的条件，在排序行中设置相应字段的排序方式，设置的结果如图 8-23 所示。

（4）单击运行按钮，得到如图 8-24 所示的查询结果。

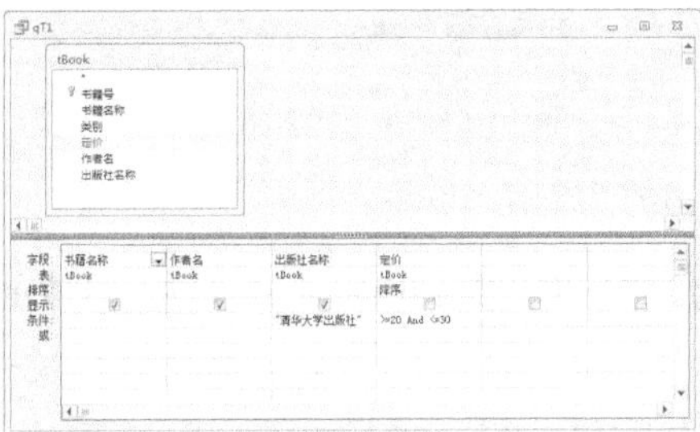

图 8-23　设置条件

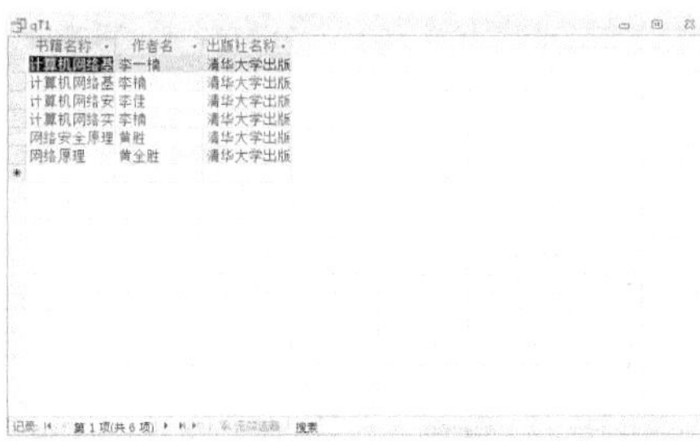

图 8-24　查询结果

再完成第二个问题，操作步骤如下。

（1）单击创建项，单击查询命令，打开如图 8-21 所示的对话框。

（2）选择 tOrder、tDtail、tEmployee、tBook 表，单击添加，进入查询的设计窗口，如图 8-25 所示。

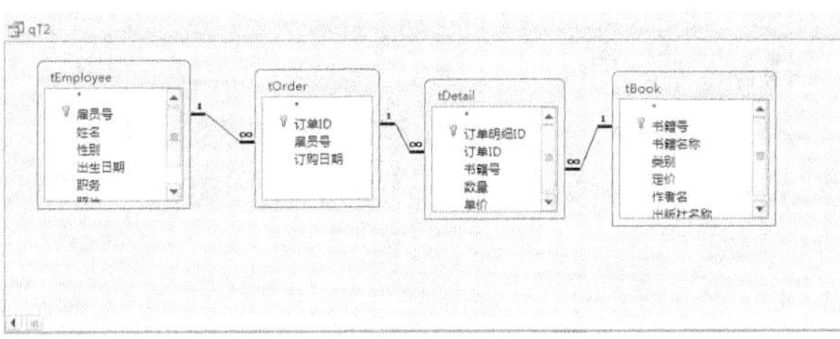

图 8-25　选择表

（3）在字段行选择查询结果中要显示的列，在条件行中定义相应字段的条件，设置的结果如图 8-26 所示。

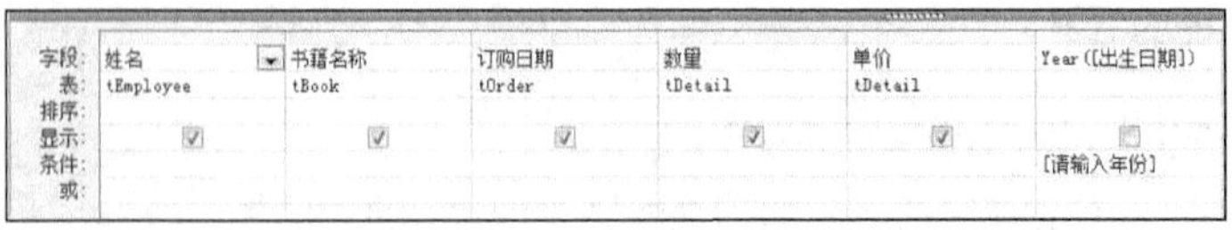

图 8-26　设置查询条件

（4）单击运行按钮，得到如图 8-27 所示的参数输入对话框。

（5）在该对话框中输入 1972，得到如图 8-28 所示的查询结果。

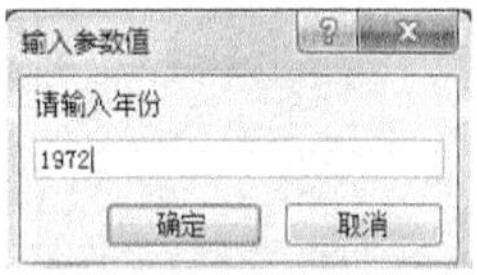

图 8-27　输入参数

qT2

姓名	书籍名称	订购日期	数量	单价
魏小红	网络原理	1999年1月1日	100	34.5
魏小红	计算机原理	1999年1月1日	200	12

图 8-28　查询结果

再完成第三个问题，操作步骤如下。

（1）单击创建项，单击查询命令，打开如图 8-21 所示的对话框。

（2）选择 tOrder、tDtail、tEmployee 表，单击添加，进入查询的设计窗口，如图 8-29 所示。

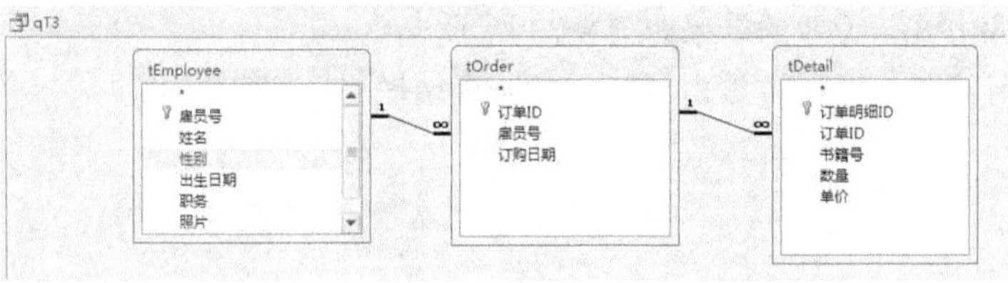

图 8-29　选择表

（3）在字段行选择查询结果中要显示的列，在条件行中定义相应字段的条件，设置的结果如图 8-30 所示。

（4）单击运行按钮，得到如图 8-31 所示的查询结果。

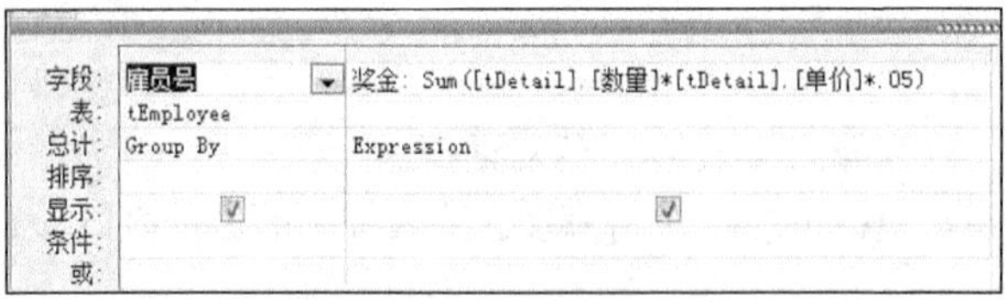

图 8-30　设置查询

qT3

雇员号	奖金
1	706.75
2	487.5
3	69.7
4	105
5	292.5

图 8-31　查询结果

再完成第四个问题，操作步骤如下。

（1）单击创建项，单击查询命令，打开如图 8-21 所示的对话框。

（2）选择 tDtail、tBook 表，单击添加，进入查询的设计窗口，如图 8-32 所示。

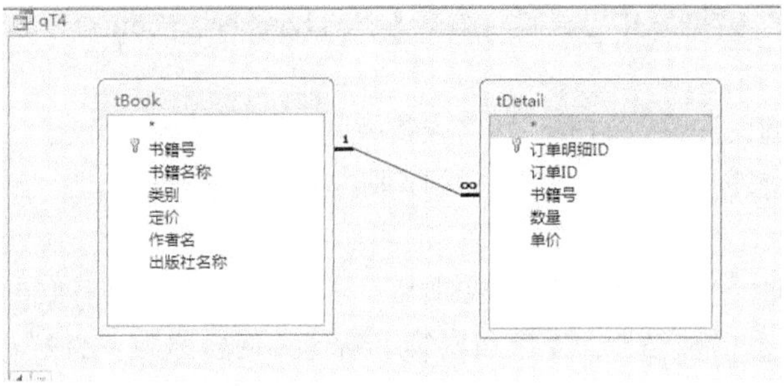

图 8-32　选择表

（3）在字段行选择查询结果中要显示的列，在条件行中定义相应字段的条件，设置的结果如图 8-33 所示。

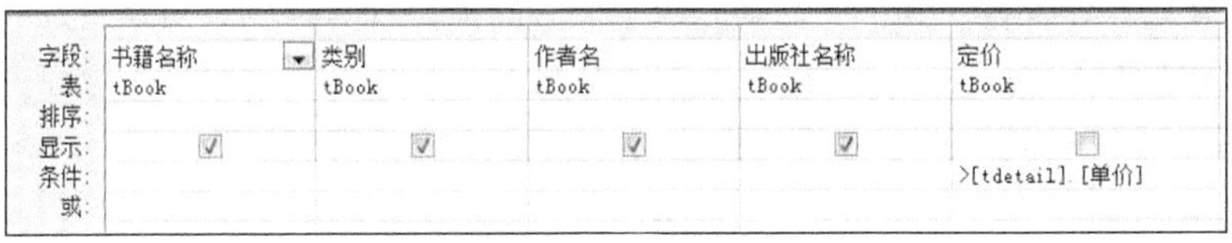

图 8-33　设置查询

（4）单击运行，得到如图 8-34 所示的查询结果。

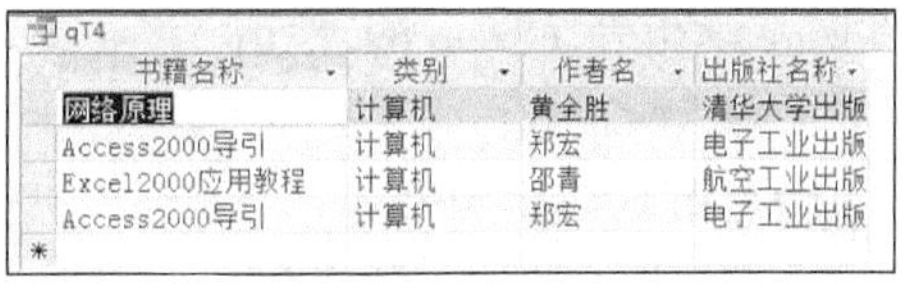

图 8-34　查询结果

习　题

【习题一】操作题

新建一个实验文件夹（以学号或者姓名命名），下载案例素材压缩包“应用案例 4-查询操作.rar”至该实验文件夹下并解压。本案例中提及的文件均存放在此文件夹下。

1．在 samp7.accdb 数据库中已经设计好表对象 tQuota 和 tStock，按以下要求完成设计。

（1）创建一个查询，在 tStock 表中查找“产品 ID”第一个字符为“2”的产品，并显示“产品名称”“库存数量”“最高储备”和“最低储备”等字段内容，查询名为“qT1”。

（2）创建一个查询，计算每类产品库存金额合计，并显示“产品名称”和“库存金额”两列数据。要求只显示“库存金额”的整数部分。所建查询名为“qT2”。

说明：库存金额=单价*库存数量。

（3）创建一个查询，查找单价低于平均单价的产品，并按“产品名称”升序和“单价”降序显示“产品名称”“规格”“单价”和“库存数量”等字段内容。所建查询名为“qT3”。

（4）创建一个查询，运行该查询后可将“tStock”表中所有记录的“单位”字段值设为“只”。所建查询为“qT4”。要求创建此查询后，运行该查询并查看结果。

2．在 samp8.accdb 数据库中已经设计好表对象 tTeacher、tCourse、tStud、tGrade，按以下要求完成设计。

（1）创建一个查询，按输入的教师姓名查找教师的授课情况，并按“上课日期”字段降序显示“教师姓名”“课程名称”“上课日期”三个字段内容，所建查询名为“qT1”；当运行该查询时，应显示参数提示信息：“请输入教师姓名”。

（2）创建一个查询，查找学生的课程成绩大于等于 80 且小于等于 100 的学生情况，显示“学生姓名”“课程名称”和“成绩”三个字段内容，所建查询名称为“qT2”。

（3）对表“tGrade”创建一个分组总计查询，假设学号字段的前 4 位代表年级，要统计各个年级不同课程的平均成绩，显示“年级”“课程 ID”和“成绩之 Avg”，并按“年级”降序排列，所建查询为“qT3”。

（4）创建一个查询，按“课程 ID”分类统计最高分成绩与最低分成绩的差，并显示“课程 ID”“课程名称”“分差”等内容。其中，最高分与最低分的差由计算得到，所建查询名为“qT4”。

【习题二】选择题

1．在成绩中查找成绩≥80 且成绩≤90 的学生，正确的条件表达式是（　　）。

A．成绩 Between 80 and 90　　B．成绩 Between 80 to 90

C．成绩 Between 79 and 91　　D．成绩 Between 79 to 91

2．“学生表”中有“学号”“姓名”“性别”和“入学成绩”等字段，执行如下 SQL 命令后的结果是（　　）。

Select avg（入学成绩） From 学生表 Group by 性别

A．计算并显示所有学生的平均入学成绩

B．计算并显示所有学生的性别和平均入学成绩

C．按性别顺序计算并显示所有学生的平均入学成绩

D．按性别分组计算并显示不同性别学生的平均入学成绩

3．若在数据库中已有同名表，要通过查询覆盖原来的表，应使用的查询类型是（　　）。

A．删除　　B．追加　　C．生成表　　D．更新

4．将表 A 的记录添加到表 B 中，要求保持表 B 中原有的记录。可以使用的查询是（　　）。

A．选择查询　　B．生成表查询　　C．追加查询　　D．更新查询

5．在 Access 中，“查询”对象的数据源可以是（　　）。

A．表　　B．查询　　C．表和查询　　D．表、查询和报表

6．在 SQL 语言的 SELECT 语句中，用于实现选择运算的子句是（　　）。

A．FOR　　B．IF　　C．WHILE　　D．WHERE

7．如果在查询的条件中使用了通配符“[ ]”，它的含义是（　　）。

A．通配任意长度的字符　　B．通配不在括号内的任意字符

C．通配方括号内列出的任一单个字符　　D．错误的使用方法

8．在创建交叉表查询时，列标题字段的值显示在交叉表的位置是（　　）。

A．第 1 行　　B．第 1 列　　C．上面若干行　　D．左面若干列

9．在 SQL 查询中“GROUP BY”的含义是（　　）。

A．选择行条件　　B．对查询进行排序

C．选择列字段　　D．对查询进行分组

10．假设“公司”表中有编号、名称、法人等字段，查找公司名称中有“网络”二字的公司信息，正确的命令是（　　）。

A．SELECT * FROM 公司 FOR 名称 ="*网络*"

B．SELECT * FROM 公司 FOR 名称 LIKE "*网络*"

C．SELECT * FROM 公司 WHERE 名称 ="*网络*"

D．SELECT * FROM 公司 WHERE 名称 LIKE "*网络*"

11．在书写查询准则时，日期型数据应该使用适当的分隔符括起来，正确的分隔符是（　　）。

A．*　　B．%　　C．&　　D．#

12．假设有一组数据：工资为 800 元，职称为“讲师”，性别为“男”，在下列逻辑表达式中结果为“假”的是（　　）。

A．工资>800 AND 职称="助教" OR 职称="讲师"

B．性别="女" OR NOT 职称="助教"

C．工资=800 AND （职称="讲师" OR 性别="女"）

D．工资>800 AND （职称="讲师" OR 性别="男"）

【习题三】填空题

1．“查询”设计视图窗口分为上下两部分，上半部分为__________区；下半部分为设计网格。

2．创建分组统计查询时，总计项应选择__________。

3．创建交叉表查询，必须对行标题和__________进行分组操作。

4．若要查找最近 20 天之内参加工作的职工记录，查询准则为__________。

5．如果要将某表中的若干记录删除，应该创建__________查询。

6．在查询设计视图中，设计查询准则的相同行之间是_______的关系，不同行之间是_______的关系。

第 9 章 Access 2010 报表和窗体的建立

报表是 Access 数据库的对象之一，其主要作用是比较和汇总数据、显示经过格式化且分组的信息，并将它们打印出来。报表的数据来源可以是已有的数据表、查询或者是新建的 SQL 语句，但报表只能查看数据，不能通过报表修改或输入数据。

窗体就是作为控制数据访问的用户界面，窗体使得用户与 Access 之间产生了连接。利用窗体对象可以设计友好的用户操作界面，避免直接让用户使用和操作数据库，使数据输入和数据查看更加容易和安全。本章主要介绍报表的一些基本应用操作和窗体的一些基本操作，包括报表的创建、报表的设计，分组记录报表及报表的打印，窗体的概念和作用，窗体的组成和结构，窗体的创建和设置等。

9.1 报表概述

9.1.1 报表的功能

在 Access 2010 系统中，报表的功能非常强大，可以用于查看数据库中的各种数据，并且能够对数据进行统计、汇总，然后打印输出，因此报表是以打印格式显示数据的一种有效方式。因为报表上所有内容的大小和外观可以调整，所以能够按照用户所需的方式显示和打印要查看的信息。

报表的功能主要包括：

（1）可以呈现格式化的数据；

（2）可以分组组织数据，进行汇总；

（3）可以生成清单、订单、标签、名片和其他所需要的输出内容；

（4）可进行计数、求平均值、求和等统计计算；

（5）可以嵌入图像或图片来丰富数据显示。

报表的主要好处是分组数据和排序数据，以使数据具有更好的可视效果。通过报表，我们能很快获取主要信息。

9.1.2 报表的类型

根据主体节内字段数据的显示位置，可以将报表划分为以下三种类型。

（1）纵栏式报表：纵栏式报表也称窗体报表，其中，数据字段的标题信息与字段记录数据一起被安排在每页的主体节区域内显示，如图 9-1 所示，每个字段内容都显示在单独的一行上，并在字段的左边显示标签。

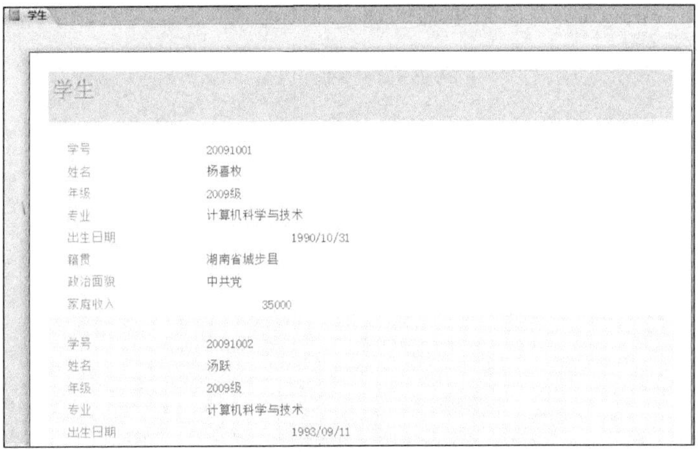

图 9-1　纵栏式报表

（2）表格式报表：表格式报表以行和列的格式显示数据，如图 9-2 所示，所有字段的标签都显示在报表顶部的一行（即页面页眉节）上，并在字段标签的下面显示所有记录。

（3）标签报表：标签报表是特殊类型的报表，如图 9-3 所示。

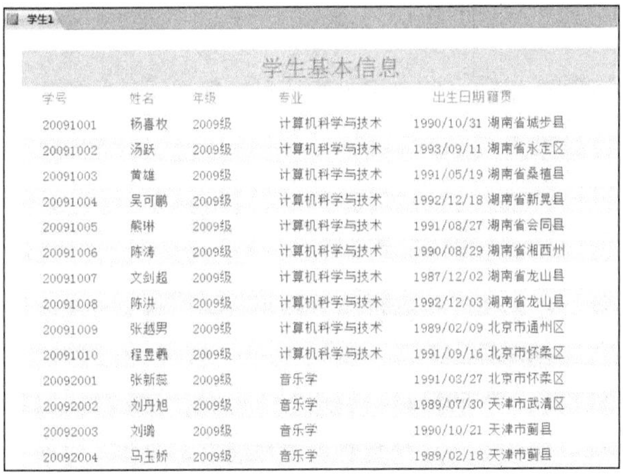
学生1

学生基本信息

学号	姓名	年级	专业	出生日期	籍贯
20091001	杨喜枚	2009级	计算机科学与技术	1990/10/31	湖南省城步县
20091002	汤跃	2009级	计算机科学与技术	1993/09/11	湖南省永定区
20091003	黄雄	2009级	计算机科学与技术	1991/05/19	湖南省桑植县
20091004	吴可鹏	2009级	计算机科学与技术	1992/12/18	湖南省新晃县
20091005	熊琳	2009级	计算机科学与技术	1991/08/27	湖南省会同县
20091006	陈涛	2009级	计算机科学与技术	1990/08/29	湖南省湘西州
20091007	文剑超	2009级	计算机科学与技术	1987/12/02	湖南省龙山县
20091008	陈洪	2009级	计算机科学与技术	1992/12/03	湖南省龙山县
20091009	张越男	2009级	计算机科学与技术	1989/02/09	北京市通州区
20091010	程昱羲	2009级	计算机科学与技术	1991/09/16	北京市怀柔区
20092001	张新蕊	2009级	音乐学	1991/03/27	北京市怀柔区
20092002	刘丹旭	2009级	音乐学	1989/07/30	天津市武清区
20092003	刘璐	2009级	音乐学	1990/10/21	天津市蓟县
20092004	马玉娇	2009级	音乐学	1989/02/18	天津市蓟县

图 9-2　表格式报表

图 9-3　标签报表

9.1.3　报表的视图

图 9-4　报表“视图”菜单

报表提供了 3 种视图：设计视图、布局视图和报表视图。

- 设计视图：用于创建和编辑报表。
- 布局视图：用于设计报表的布局。
- 报表视图：用于显示报表页面数据。

使用主窗口“视图”菜单中的相应命令，如图 9-4 所示，可以在 3 个视图之间进行切换。

9.1.4 案例分析

使用报表向导创建如图 9-5 所示的专业分组“学生信息”报表，创建学生信息标签报表。

按专业分组学生信息

按专业分组学生信息

专业	学号	姓名	年级	出生日期	籍贯	政治面貌
法学						
	20094010	周鑫文	2009级	1991/03/12	湖南省天心区	共青团员
	20094001	金柳义	2009级	1988/03/23	浙江省龙泉	共青团员
	20094002	刘永峰	2009级	1992/01/01	安徽省肥东县	共青团员
	20094003	陈全胜	2009级	1991/04/28	安徽省怀远县	共青团员
	20094004	王玉松	2009级	1991/11/04	安徽省太和县	共青团员
	20094005	邵伟男	2009级	1992/08/13	安徽省泗县	共青团员
	20094006	周丽娟	2009级	1993/11/29	湖南省芙蓉区	共青团员
	20094007	蒋琰	2009级	1992/04/16	湖南省天心区	共青团员
	20094008	代卓煌	2009级	1992/09/26	湖南省天心区	中共党员
	20094009	陈龙	2009级	1989/10/05	湖南省天心区	共青团员
	20104010	龙杰	2010级	1990/11/05	湖南省泸溪县	中共党员
	20104004	吴展图	2010级	1991/06/28	湖南省芝山区	共青团员
	20104009	谌建飞	2010级	1992/07/26	湖南省芷江县	共青团员
	20104008	蒋闰燕	2010级	1992/03/16	湖南省泸溪县	共青团员
	20104007	李群刚	2010级	1993/01/29	湖南省芷江县	共青团员
	20104005	凌华	2010级	1991/09/04	湖南省溆浦县	共青团员

图 9-5　学生信息报表

9.1.5 知识储备

报表可以用自动方式、向导方式及设计视图方式创建。

1. 使用自动方式创建

用自动方式可以基于一个表或查询快速创建报表，所建报表能够显示数据源中的所有字段和记录。

2. 使用向导方式创建

向导将提示输入记录源、字段、版面以及所需格式等，并根据用户的回答来创建报表。

（1）使用报表向导创建报表

虽然自动创建报表方式可以快速地创建一个报表，但数据源只能来自一个表或查询中。如果报表中的数据来自于多个表或查询，则可以使用向导。

向导通过引导用户回答问题来获取创建报表所需的信息，创建的“报表”对象可以包含多个表或查询中的字段，并可以对数据进行分组、排序以及计算各种汇总数据等，向导还可以创建图表报表和标签报表。

（2）使用标签向导创建标签报表

生活中很多物品经常要使用标签。方便起见，Access 数据库中提供了标签向导来制作标签报表。但标签报表只能基于单个表或查询，所以如果所需字段来自多个表，则需要先创建一个查询。

标签向导可引导用户逐步完成创建标签的过程，获得各种标准尺寸的标签和自定义标签。该向导除了提供几种规格的邮件标签外，还提供了其他标签类型，如胸牌和文件夹标签等。

3. 在设计视图中创建

可以在设计视图中创建报表并对其进行自定义，使其满足自己的需要。使用前面一种方法创建报表比较简单，由于版面原因，在此不做说明，下面重点介绍用向导和设计视图来创建报表的方法。我们先介绍使用向导创建报表，使用设计视图创建报表将单独在下一节中介绍。

9.1.6　案例实现

操作步骤如下。

（1）打开“学生课程信息”数据库窗口，单击“创建”对象按钮。

（2）单击工具栏上的“报表向导”按钮，打开“报表向导”对话框。在“报表向导”对话框中指定“学生”作为数据来源，最后单击“确定”按钮，如图 9-6 所示。

（3）在图 9-6 所示的“可用字段”中，逐一双击欲使用的字段，再单击“下一步”按钮。

（4）在图 9-7 中设置分组，双击“专业”字段以此为分组依据，单击“下一步”按钮。

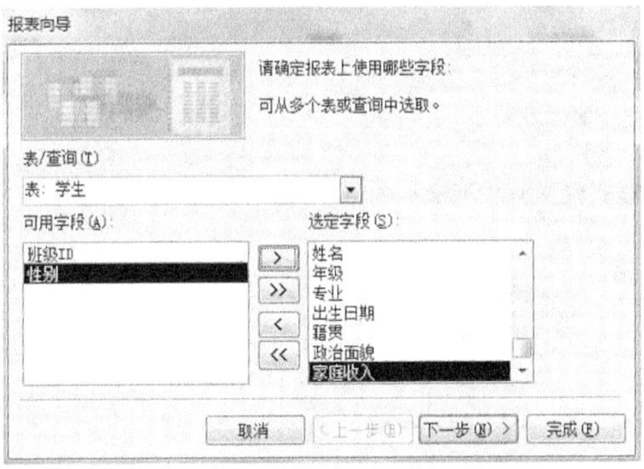

图 9-6　选择学生表字段

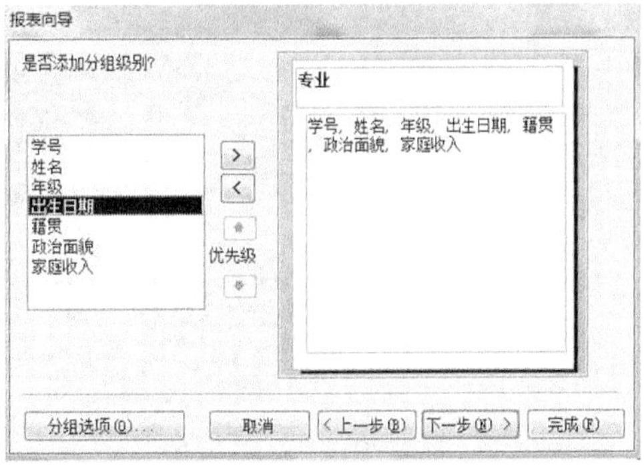

图 9-7　设置分组依据

（5）在图 9-8 中选取排序依据，表示预览及打印时，将以此字段做排序依据，本题目没有排序要求，直接单击“下一步”按钮。

（6）在图 9-9 中确定好报表布局，单击“下一步”按钮。

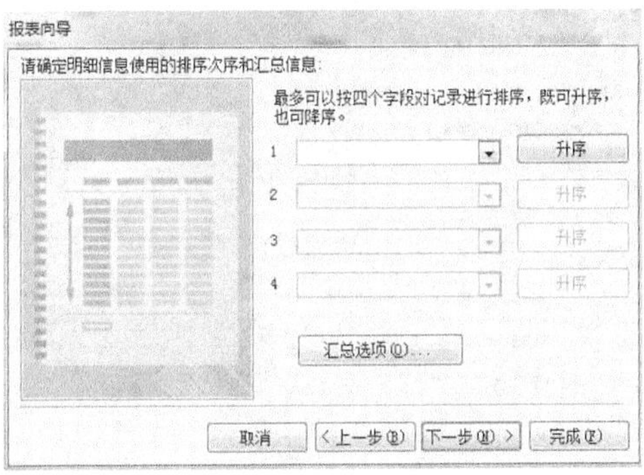

图 9-8　设置排序依据

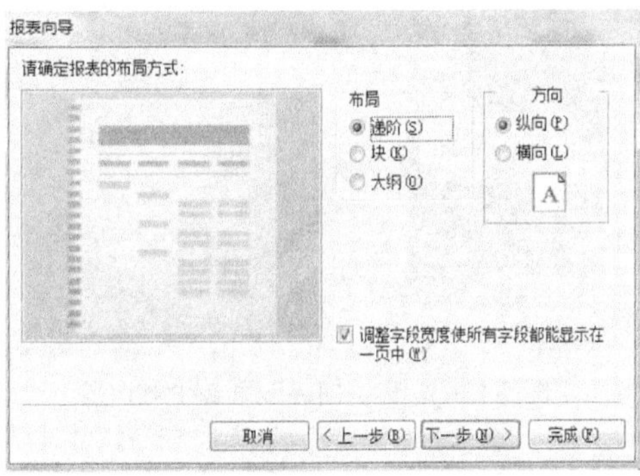

图 9-9　确定报表布局

（7）在图 9-10 中确定好报表名称：按专业分组学生信息，单击“完成”按钮。

（8）在“学生课程信息”数据库窗口，选择学生表，单击“创建”按钮，选择“标签”按钮，如图 9-11 所示。

（9）单击“确定”按钮，打开“标签向导”第 1 个对话框，选择标签尺寸，如图 9-12 所示。如果需要自行定义标签的大小尺寸，可单击“自定义”按钮打开“新建标签”对话框进行具体设置。

（10）单击“下一步”按钮，打开“标签向导”第 2 个对话框，指定标签外观，包括设置标签文本的字体和颜色，如图 9-13 所示。

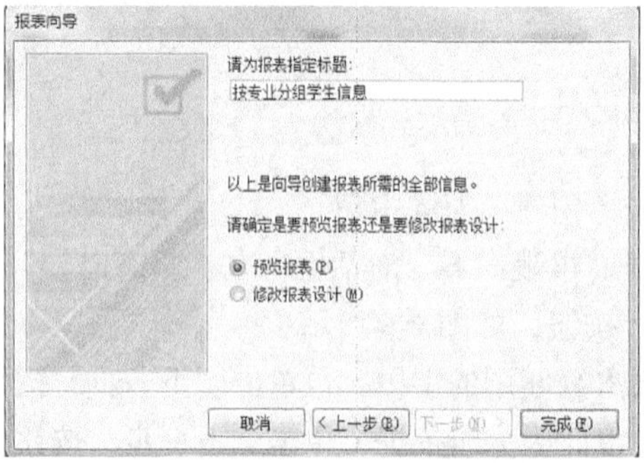

图 9-10　指定报表标题

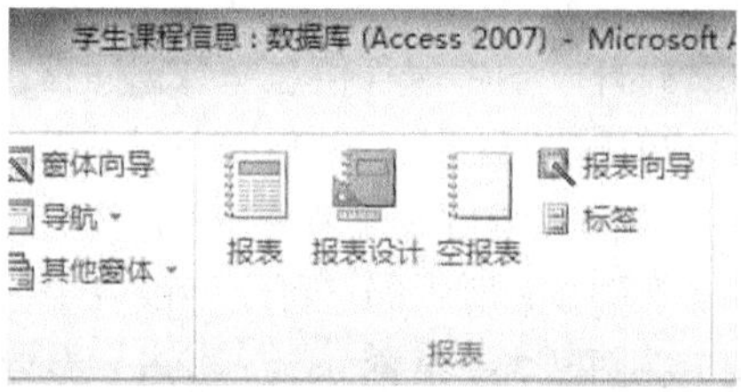

图 9-11　选择标签向导

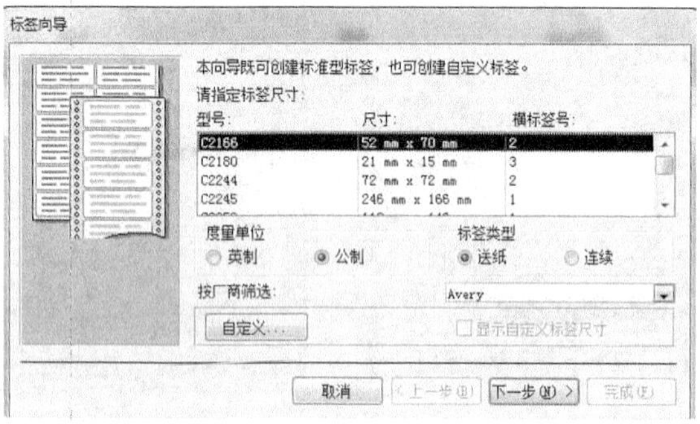

图 9-12　“标签向导”第 1 个对话框

（11）单击“下一步”按钮，打开“标签向导”的第 3 个对话框，在“原型标签”框中指定字段及其结构。本例共添加了 4 个显示字段，并且在每个字段前面添加了提示文本，如图 9-14 所示。

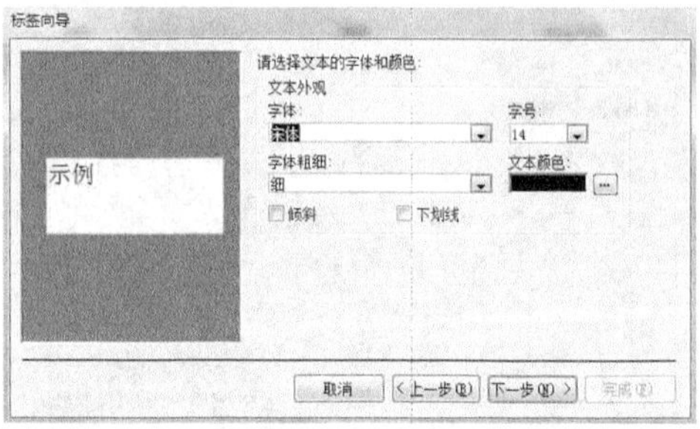

图 9-13　“标签向导”第 2 个对话框

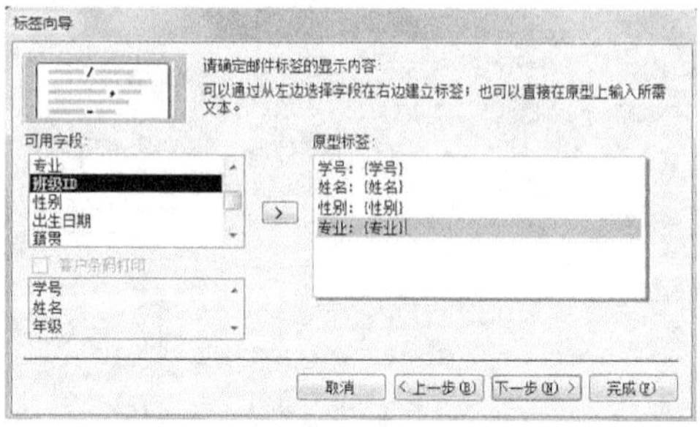

图 9-14　“标签向导”第 3 个对话框

（12）单击“下一步”按钮，打开“标签向导”的第 4 个对话框，对整个标签进行排序。本例以“学号”为排序字段，如图 9-15 所示。

（13）单击“下一步”按钮，打开“标签向导”的第 5 个对话框，设置报表的名称为“学生基本信息”，如图 9-16 所示。

（14）单击“完成”按钮，标签报表创建完成并自动保存，同时自动在“打印预览”视图中打开，如图 9-17 所示。

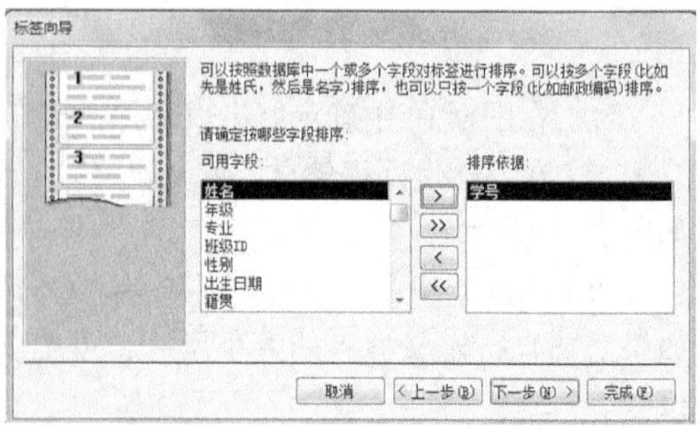

图 9-15　“标签向导”第 4 个对话框

图 9-16　“标签向导”第 5 个对话框

图 9-17　完成的标签报表

9.2　使用设计视图创建报表

9.2.1　案例分析

在设计视图中创建学生信息报表，如图 9-18 所示。在该“学生信息报表”中，按照学生的“学号”由小到大进行排序。然后在“学生信息报表”中添加分组设置，以专业字段进行分组，结果如图 9-19 所示。

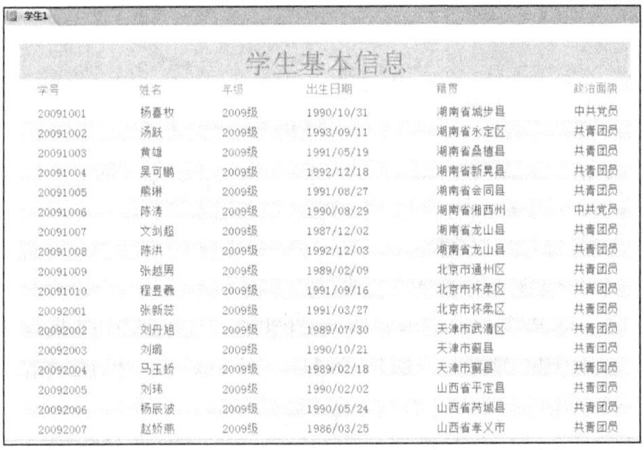

图 9-18　学生信息报表

图 9-19　按专业分组后的学生信息

9.2.2　知识储备

报表可使用的工具包括字段列表、工具箱、标尺等，我们可以在字段列表中，拖曳字段至报表内。

本节要说明的是用向导无法完成创建报表的操作，则必须在设计窗口手动完成报表的设计。如果是新报表最好使用报表向导，让 Access 快速产生报表，再使用设计视图，为报表加入符合实际需求的设计。

1. 报表的组成

报表是由几个区域组成，每个区域称为"节"。一般报表包含 7 个节，数据可置于任一节。每一节任务不同，适合放置不同的数据，如图 9-20 所示，各部分说明如下。

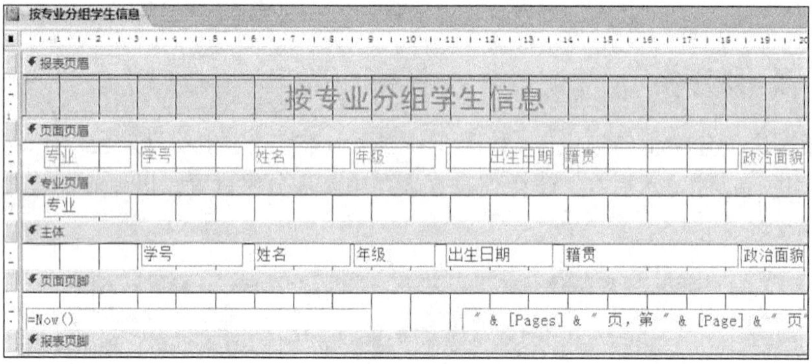

图 9-20　报表的组成

- 报表页眉：处于报表的开始位置，一般用其显示报表的标题或报表简介，每份报表只有一个报表页眉。在图 9-20 中，报表的大标题就是"按专业分组学生信息"。
- 页面页眉：处于每页的开始位置，一般用来显示字段名称或记录的分组名称，报表的每一页有一个页面页眉，以保证当数据较多报表需要分页的时候，在报表的每页上面都有一个表头。
- 主体：处于报表的中间部分，一般用来打印表中或查询中的记录数据，是报表显示数据的主要区域。
- 页面页脚：处于每页的结束位置，一般用来显示本页的汇总说明、页号等信息。按照图 9-20 的报表设计，将在报表的每页下面输出页码和当前时间。
- 报表页脚：处于报表的结束位置，用于对整个报表信息的汇总及显示。按照图 9-20 的报表设计，将在报表的最后输出记录数量。
- 组页眉、组页脚：组页眉是输出分组的有关信息，一般常用来设计分组的标题或提示信息。组页脚也是输出分组的有关信息，一般常用来放置分组的小计、平均值等。图 9-20 中的专业页眉、专业页脚就是组页眉和组页脚。

2. 报表的记录排序

在报表中对数据进行分组是通过排序实现的。对数据按照某些字段进行排序，排序的结果是将排序字段相同的数据集中到一起，然后按照某种规则划分不同的组，对分组后的数据可以进行汇总。

3. 记录分组

在 Access 中，相关计算组成的集合称为组。在报表中，可以对记录按指定的规则进行分组，分组后可以显示各组的汇总信息。分组中的信息通常放置在报表设计视图中的“组页眉”节和“组页脚”节。

- 组页眉：用来在记录组的开头放置信息，如组名称或组总计数。
- 组页脚：用于在记录组的结尾放置信息，如组名称或组总计数。

9.2.3　案例实现

操作步骤如下。

（1）打开“学生课程信息”数据库窗口，单击“创建/报表设计”对象按钮，右击空白处选择“报表页眉/页脚”选项，会在报表中添加报表的页眉和页脚节区，如图 9-21 所示。

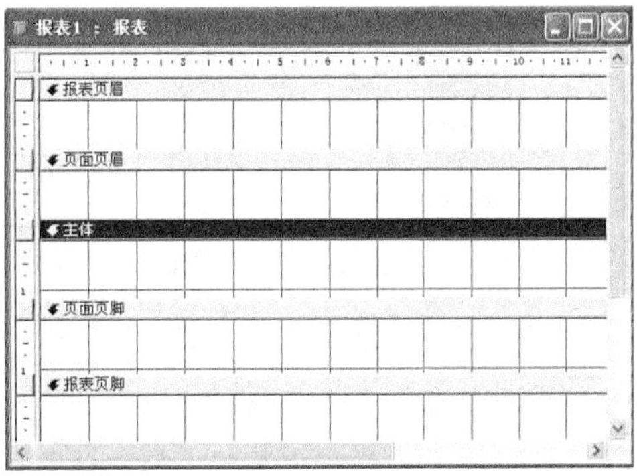

图 9-21　报表设计视图

（2）单击窗口右上角“属性表”选项，打开报表的“属性”窗体；或双击报表选择器，打开报表的“属性”窗体，单击“数据”选项卡，选择记录源为学生表，如图 9-22 所示。

（3）单击控件工具箱中的“标签”按钮，在报表页眉中添加标题“学生基本信息”，设置标签格式改变显示效果。

（4）在页面页眉中添加标签，依次添加标题为“学号”“姓名”“年级”“出生日期”“籍贯”“政治面貌”的标签控件，设计在报表每页的顶端，作为数据的列标题。

（5）单击工具箱中的“文本框”按钮，在主体中添加文本框，并去掉相应的附加标签。

（6）选中该文本框，在“文本框”属性对话框，单击“数据”选项卡，选择控件来源为学号字段，如图 9-23 所示。此时，已将文本框与“学号”字段绑定起来。

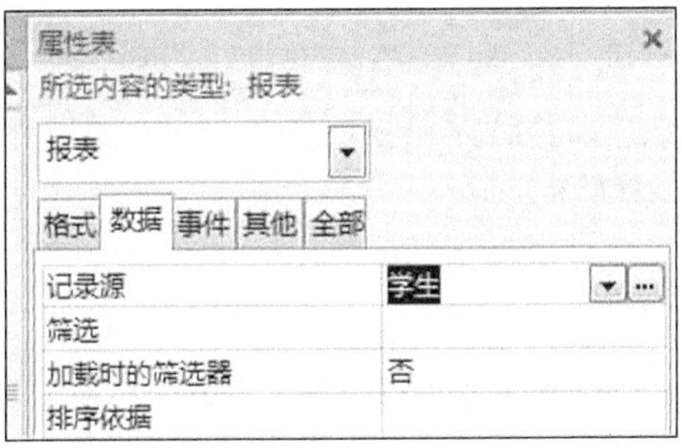

图 9-22　选择记录源

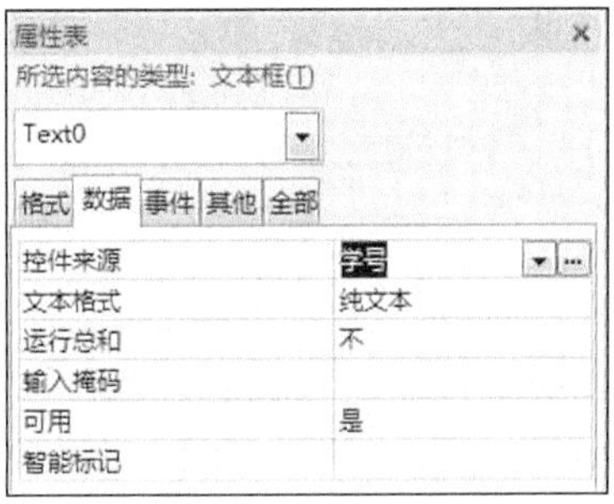

图 9-23　选择控件来源

（7）用同样的方法，在主体中依次添加“姓名”文本框、“年级”文本框、“出生日期”文本框、“籍贯”文本框和“政治面貌”文本框，或直接从字段列表中将这些字段拖曳到报表主体节区里。两种方法均可创建绑定的显示字段数据的文本框控件。

（8）调整各个控件的布局和大小、位置及对齐方式等，修正报表页面页眉节和主体节的高度，以合适的尺寸容纳其中包含的控件。

（9）在页面页脚中添加 2 个文本框控件，一个用来显示日期，一个用来显示页码信息，分别在“文本框”属性对话框中的控件来源中输入“=Now()”和“"共"&[Pages]&"页，第"&[Page]&"页"”，如图 9-24、图 9-25 所示。

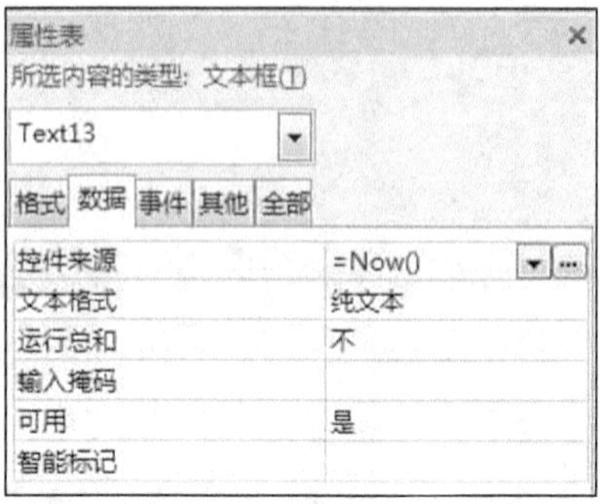

图 9-24　显示日期

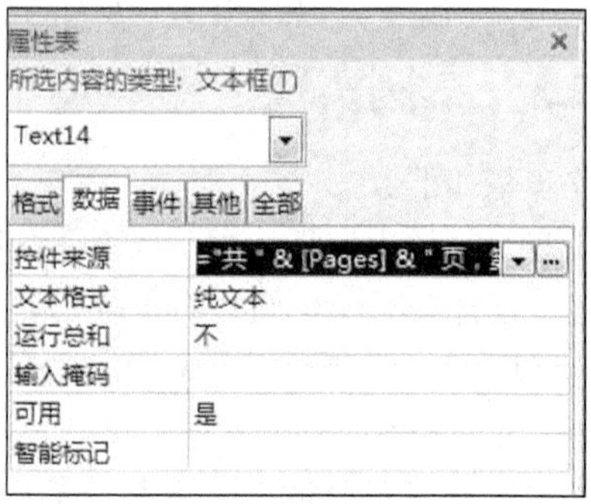

图 9-25　显示页码

（10）在报表页脚中添加汇总信息，依次添加一个“合计:”标签控件，添加一个文本框，在控件来源中输入“=Count([学号])”，再添加一个“条信息”标签控件。设计结构如图 9-26 所示。

（11）利用“报表视图”工具查看报表显示，以“学生信息报表”命名并保存报表。设计过程结束。

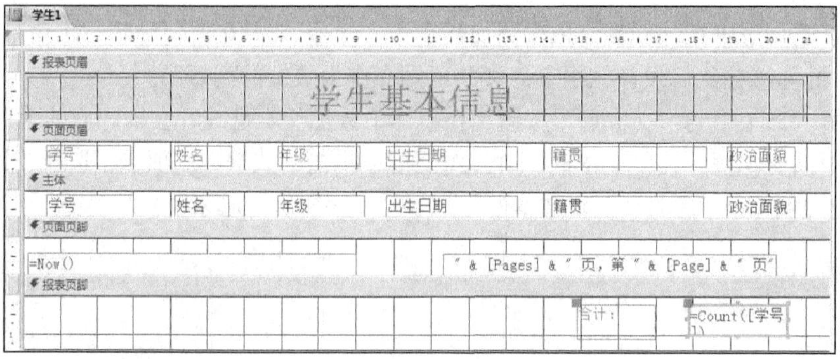

图 9-26　设计报表布局

（12）在设计视图中打开“学生信息报表”。

（13）执行“设计 | 分组和排序”菜单命令，打开“分组和排序”对话框。

（14）单击“添加排序”命令，从下拉列表中选择排序字段，本例中，在下拉列表中选择“学号”字段，“排序次序”中可以设置升序的排序方式，如图 9-27 所示。

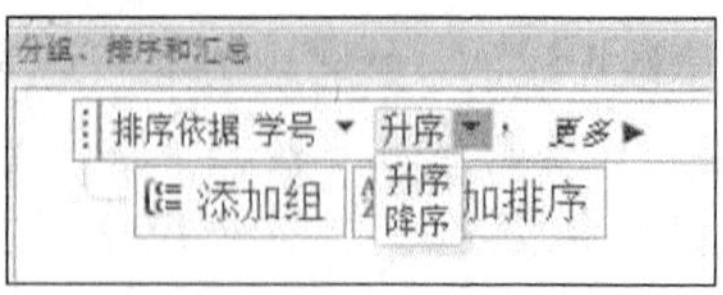

图 9-27　添加排序字段

（15）完成对报表数据的排序。在“报表视图”中查看报表，如图 9-28 所示。

学生1

学生基本信息

学号	姓名	年级	出生日期	籍贯	政治面貌
20091001	杨喜枚	2009级	1990/10/31	湖南省城步县	中共党员
20091002	汤跃	2009级	1993/09/11	湖南省永定区	共青团员
20091003	黄雄	2009级	1991/05/19	湖南省桑植县	共青团员
20091004	吴可鹏	2009级	1992/12/18	湖南省新晃县	共青团员
20091005	熊琳	2009级	1991/08/27	湖南省会同县	共青团员
20091006	陈涛	2009级	1990/08/29	湖南省湘西州	中共党员
20091007	文剑超	2009级	1987/12/02	湖南省龙山县	共青团员
20091008	陈洪	2009级	1992/12/03	湖南省龙山县	共青团员
20091009	张越男	2009级	1989/02/09	北京市通州区	共青团员
20091010	程昱戬	2009级	1991/09/16	北京市怀柔区	共青团员
20092001	张新蕊	2009级	1991/03/27	北京市怀柔区	共青团员
20092002	刘丹旭	2009级	1989/07/30	天津市武清区	共青团员
20092003	刘璐	2009级	1990/10/21	天津市蓟县	共青团员
20092004	马玉娇	2009级	1989/02/18	天津市蓟县	共青团员
20092005	刘玮	2009级	1990/02/02	山西省平定县	共青团员
20092006	杨辰波	2009级	1990/05/24	山西省芮城县	共青团员

图 9-28　排序后的报表

（16）再执行“设计 | 分组和排序”菜单命令，打开“分组和排序”对话框。

（17）单击“添加组”命令，从下拉列表中选择分组字段，本例中，在下拉列表中选择“专业”字段，如图 9-29 所示。

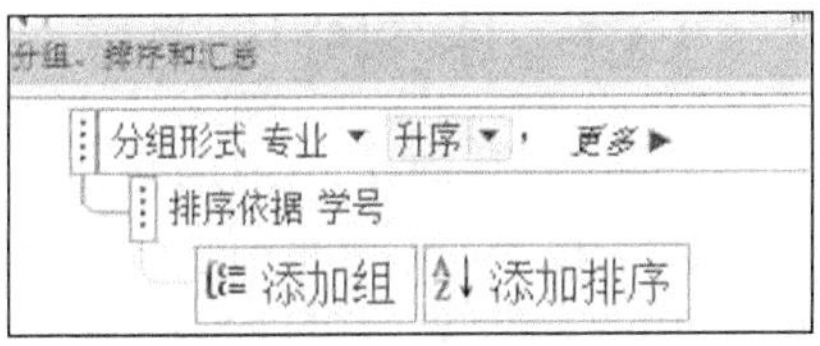

图 9-29　“分组、排序和汇总”对话框

（18）关闭对话框，预览报表，如图 9-19 所示。

9.3　报表的打印

完成了报表的设计，就可以进行报表输出打印的操作了。

1. 预览报表

预览报表可显示打印页面的版面，快速查看报表打印结果的页面布局情况，还能在打印之前确认报表数据是否正确。

在设计视图中预览报表的方法是，右击打开快捷菜单中选择“打印预览”或“报表视图”按钮。如果要在数据库窗体中预览报表，可以在数据库窗口中单击“报表”对象按钮，选择需要预览的报表，然后右击直接选择“打印预览”按钮。

- 预览报表的页面布局：通过“布局视图”可以快速检查报表的页面布局，因为 Access 只是使用基础表中的数据或通过查询得到的数据来显示报表版面，这些数据只是报表上实际数据的示例(并非实际数据本身)。
- 预览报表中的数据：如果要查阅报表中的实际数据，可以使用“打印预览”视图方法。

2. 打印报表

打印报表之前，还需要检查页边距、页方向和其他页面设置。当确定设置符合要求后，可以在数据库窗口中选定需要打印的报表，或在“设计”视图、“打印预览”或“布局视图”中打开

相应的报表，然后执行“文件 | 打印”菜单命令，选择打印的类型，在弹出的“打印”对话框中进行打印机的型号、打印范围和打印份数的设置。如图 9-30 所示。

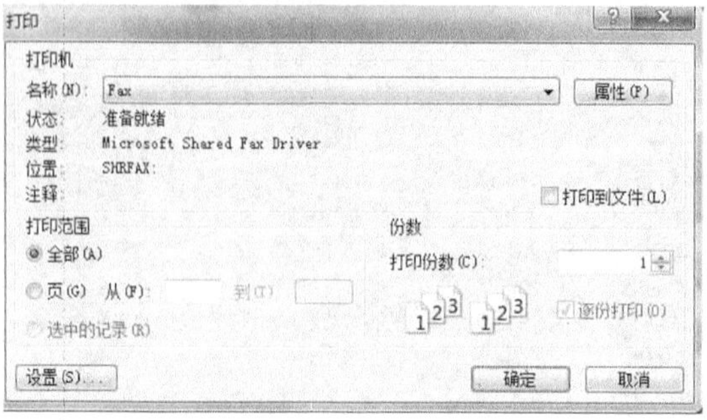

图 9-30　“打印”对话框

9.4　窗体及窗体的创建

9.4.1　案例分析

使用“窗体向导”创建如图 9-35 所示的教师（纵栏式）窗体；使用“设计视图”创建一个教师窗体；创建一个如图 9-31 所示的窗体，假设每个学生每年家庭的一切开支为 10000 元，根据每个同学的家庭收入，系统自动给出家庭的年收入结余；在图 9-31 所示的家庭年收入结余窗体中设置命令按钮，方便实现查看其他同学信息；创建“性别”组合框去替代已经创建的“性别”文本框。

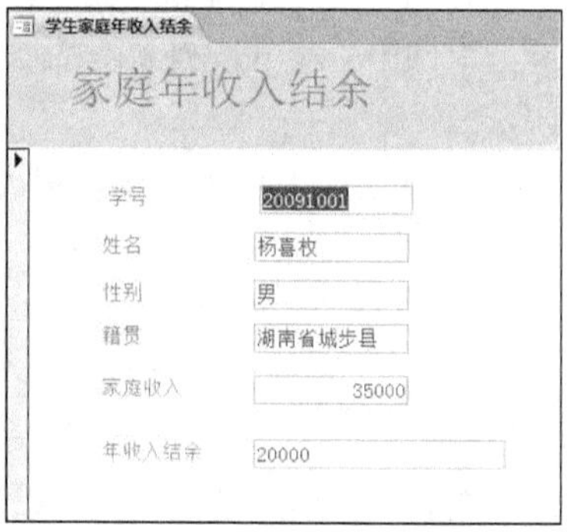

图 9-31　家庭年收入结余窗体

9.4.2　知识储备

1. 窗体概述

窗体本身并不存储数据，但应用窗体可以使数据库中数据的输入、修改和查看变得直观、容易。窗体中包含了各种控件，通过这些控件可以打开报表或其他窗体、执行宏或 VBA 编写的代码程序。在一个数据库应用系统开发完成后，对数据库的所有操作都可以通过窗体来集成。

2. 窗体的功能

用户通过使用窗体来实现数据维护、控制应用程序流程等人机交互的功能。窗体的功能包括以下几个方面。

（1）显示和编辑数据表中的数据

大多数用户并非数据库的创建者，使用窗体可以更方便、更友好地显示和编辑数据表中的数据，如图 9-32 所示。

（2）显示提示信息

通过窗体可以显示关于一个数据库的某种消息(如解释或警告信息)，为数据库的使用提供说明，或者为排错提供帮助，或者及时告知用户即将发生的事情。例如，在用户进行删除记录的操作时，可显示一个提示对话框窗口，要求用户进行确认，如图 9-33 所示。

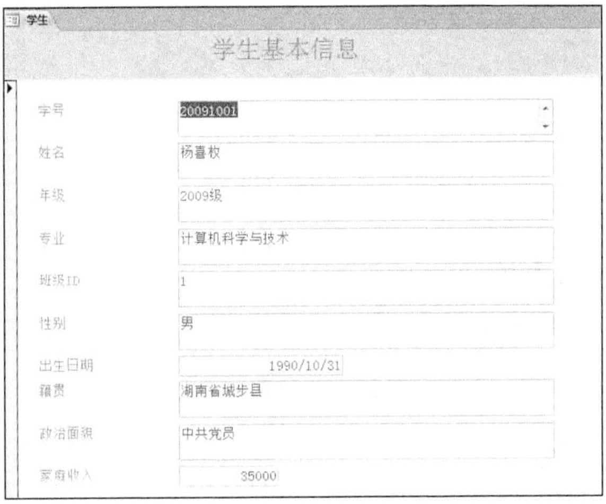

图 9-32　显示和编辑数据库中的数据

（3）控制程序运行

通过窗体可以将数据库的其他对象连结起来，并控制这些对象进行工作。图 9-34 所示是“教学信息管理”数据库的主界面窗体，这个窗口包含了几个命令按钮，可以完成系统功能的切换，简化了启动数据库中各种窗体和报表的过程。

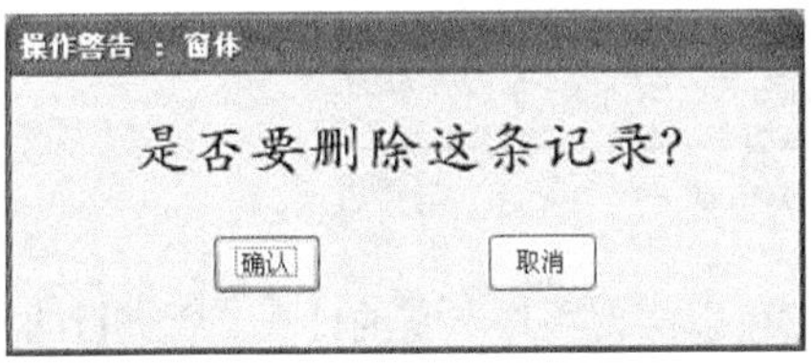

图 9-33　显示提示信息

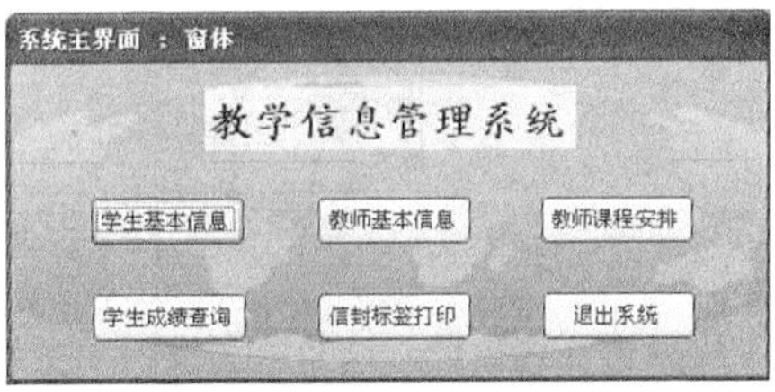

图 9-34　作为切换面板控制程序运行

（4）打印数据

在 Access 2010 中，可以将窗体中的信息打印出来，供用户使用。

3. 窗体的类型

窗体是由窗体本身和窗体所包含的控件组成，窗体的形式是由其自身的特性和其所包含控件的属性决定的。

从不同角度可将窗体分成不同的类型。从逻辑上可分为主窗体和子窗体；从功能上可分为提示性窗体、控制性窗体和数据性窗体；从数据显示方式上可分为纵栏式、表格式、数据表窗体、图表窗体、数据透视表窗体和数据透视图窗体。下面按数据显示方式的不同分类介绍窗体。

（1）纵栏式窗体：通常每屏显示一条记录，按列分布，左边显示数据的说明信息，右边显示数据，如图 9-35 所示。

（2）表格式窗体：表格式窗体将每条记录的字段横向排列，字段标签放在窗体顶部，即窗体页眉处，如图 9-36 所示。

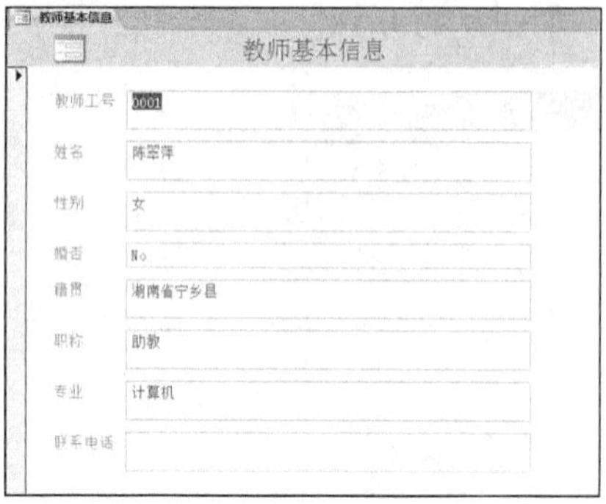

图 9-35　纵栏式窗体

图 9-36　表格式窗体

（3）数据表窗体：在外观上和数据表以及查询的数据表视图很相似，如图 9-37 所示。

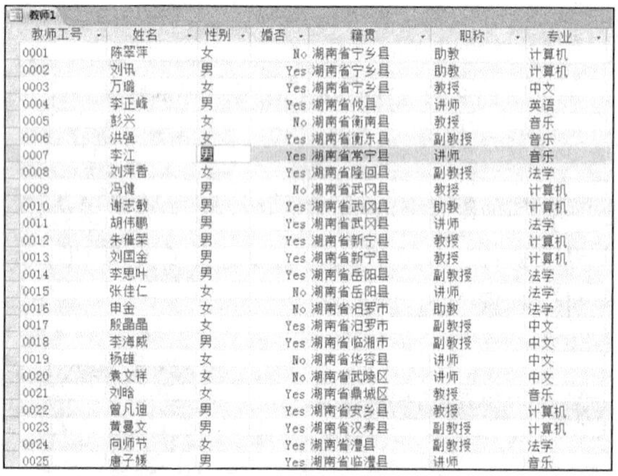

教师工号	姓名	性别	婚否	籍贯	职称	专业
0001	陈翠萍	女	No	湖南省宁乡县	助教	计算机
0002	刘讯	男	Yes	湖南省宁乡县	助教	计算机
0003	万晴	女	Yes	湖南省宁乡县	教授	中文
0004	李正峰	男	Yes	湖南省攸县	讲师	英语
0005	彭兴	女	No	湖南省衡南县	教授	音乐
0006	洪强	女	Yes	湖南省衡东县	副教授	音乐
0007	李江	男	Yes	湖南省常宁县	讲师	音乐
0008	刘萍香	女	Yes	湖南省隆回县	副教授	法学
0009	冯健	男	No	湖南省武冈县	教授	计算机
0010	谢志毅	男	Yes	湖南省武冈县	助教	计算机
0011	胡伟鹏	男	Yes	湖南省武冈县	讲师	法学
0012	朱催荣	男	Yes	湖南省新宁县	教授	计算机
0013	刘国金	男	Yes	湖南省新宁县	教授	计算机
0014	李思叶	男	Yes	湖南省岳阳县	副教授	法学
0015	张佳仁	女	No	湖南省岳阳县	讲师	法学
0016	申金	女	No	湖南省汨罗市	助教	法学
0017	殷晶晶	女	Yes	湖南省汨罗市	副教授	中文
0018	李涛威	男	Yes	湖南省临湘市	副教授	中文
0019	杨雄	女	No	湖南省华容县	讲师	中文
0020	袁文祥	女	No	湖南省武陵区	讲师	中文
0021	刘晗	女	Yes	湖南省鼎城区	教授	音乐
0022	曾凡迪	男	Yes	湖南省安乡县	教授	计算机
0023	黄曼文	男	Yes	湖南省汉寿县	副教授	计算机
0024	向师节	女	Yes	湖南省澧县	副教授	法学
0025	唐子铴	男	Yes	湖南省临澧县	讲师	音乐

图 9-37　数据表窗体

（4）数据透视表窗体：这是一种交互式的窗体，它可以实现用户选定的计算。所进行的计算与数据在透视表中的排列有关。图 9-38 所示为计算各专业不同职称的教师人数的数据透视表窗体。

（5）数据透视图窗体：也是一种交互式的窗体，类似于数据透视表窗体的功能，区别是数据透视图窗体通过选择图表类型来直观地显示数据。图 9-39 所示为计算各专业不同职称的教师人数的数据透视图窗体。

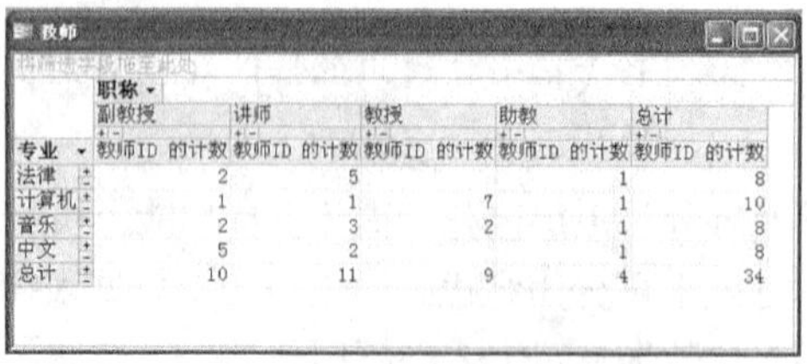

专业	副教授 教师ID 的计数	讲师 教师ID 的计数	教授 教师ID 的计数	助教 教师ID 的计数	总计 教师ID 的计数
法律	2	5		1	8
计算机	1	1	7	1	10
音乐	2	3	2	1	8
中文	5	2		1	8
总计	10	11	9	4	34

图 9-38　数据透视表窗体

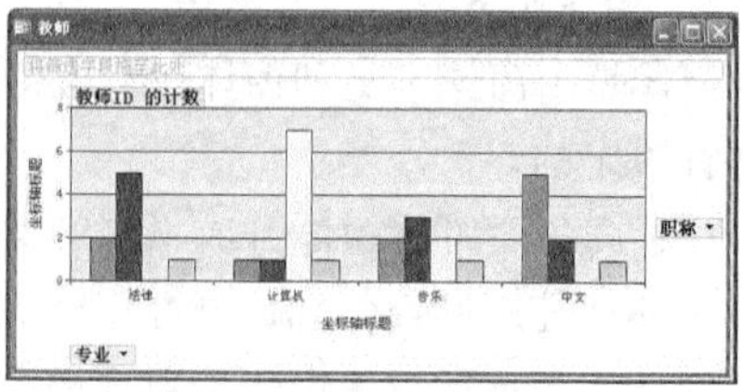

图 9-39　数据透视图窗体

4. 窗体的视图

为了能从各个层面查看窗体的数据源，Access 为窗体提供了 6 种视图：设计视图、数据表视图、数据透视表视图、数据透视图视图、布局视图、窗体视图。不同的“窗体”视图以不同的形式来显示相应窗体的数据源。其中设计视图主要用于对窗体进行外观的设计，以及进行数据源的绑定；其他 5 种视图则主要是对绑定窗体的数据源从不同角度与层面进行操作与管理。

（1）设计视图

设计视图是窗体的设计界面，主要用于创建、修改、删除及完善窗体。只有在设计视图中可以看到窗体中的各个“节”。

（2）数据表视图

以数据表的形式显示窗体的数据(该视图表现形式与数据表窗体大体相似，可以同时看到多条记录)。这种视图便于编辑、添加、修改、查找、删除数据，主要用于对绑定窗体的数据源进行数据操作。

（3）数据透视表视图

数据透视表视图是以表格模式动态地显示数据统计结果的一种视图。

（4）数据透视图视图

数据透视图视图是以图形模式动态地显示数据统计结果的一种视图。

（5）布局视图

布局视图主要用于调整和修改窗体设计，它可以根据实际数据调整列宽，可以在窗体上放置新的字段，并设置窗体及其控件的属性、调整控件的位置和宽度等。

（6）窗体视图

窗体视图是窗体的打开状态，或称为运行状态，用来显示窗体的设计效果，是提供给用户使用数据库的操作界面。

5. 创建窗体的方法

创建窗体时，应该根据所需功能明确关键的设计目标，然后使用合适的方法创建窗体。如果所创建的窗体清晰并且容易控制，那么窗体就能很好地实现它的功能。

Access 2010 提供了多种创建窗体的方法。

（1）使用自动方式创建窗体：这是最快的创建方法，但可控范围最小。

（2）使用向导创建窗体：在向导的提示下逐步提供创建窗体所需要的参数，最终完成窗体的创建。

（3）使用空白窗体创建窗体：这是个性化创建方法，但较为麻烦。

（4）使用设计器创建窗体：在窗体设计视图中，可以自行创建窗体，独立设计窗体的每一个对象，也可以在已有窗体的基础上修改、完善。这是最灵活的创建窗体方法。

这几种方式经常配合使用，即先通过自动或向导方式生成简单样式的窗体，然后通过设计器进行编辑、修饰等，直到创建出符合用户需求的窗体。由于篇幅的问题，这里我们只介绍常用的使用向导和使用设计器来创建窗体的方法，窗体创建其他的方法可以参考其他教材。

6. 在设计视图中创建窗体

窗体是用户访问数据库的窗口。窗体的设计要适应人们输入和查看数据的具体要求和习惯，应该有完整的功能和清晰的外观。有效的窗体可以加快用户使用数据库的速度，视觉上有吸引力的窗体可以使数据库更实用、更高效。

（1）窗体设计视图组成

右击“窗体”对象弹出快捷菜单，在菜单中选择“设计视图”选项，可以进入窗体设计视图。一个完整的窗体是由窗体页眉、页面页眉、主体、页面页脚和窗体页脚共 5 个部分组成，每个部分称为一个“节”，每个节都有特定的用途，并且按窗体中预见的顺序打印。主体节是必不可少的，根据需要可以显示或者隐藏其他的节，如图 9-40 所示，每个节说明如下。

① 窗体页眉：显示对每条记录都一样的信息，如窗体的标题。在窗体视图中，窗体页眉始终显示相同的内容，不随记录的变化而变化，打印时则只在第一页出现一次。

② 页面页眉：设置窗体打印时的页眉信息，打印时出现在每页的顶部。它只出现在设计窗口及打印后，不会显示在窗体视图中，即窗体执行时不显示。

③ 主体：通常包含大多数控件，用来显示记录数据。控件的种类比较多，包括：标签、文本框、复选框、列表框、组合框、选项组、命令按钮等，它们在窗体中起不同的作用。

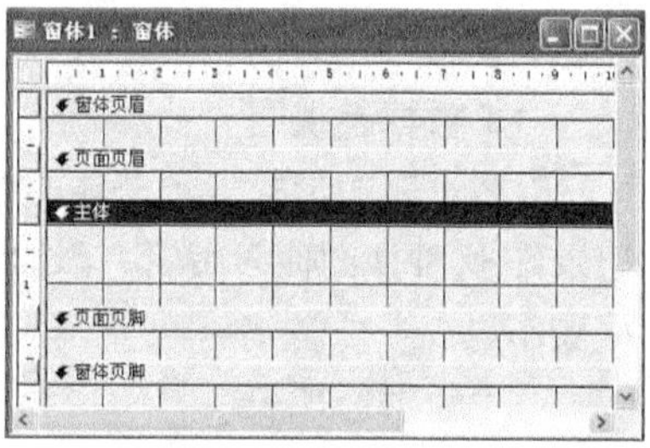

图 9-40　窗体的各节

④ 页面页脚：设置窗体打印时的页脚信息，只有在设计窗口及打印后才会出现，并打印在每页的底部。通常，页面页脚用来显示日期及页码。

⑤ 窗体页脚：一般用于显示功能按钮(如帮助导航)或者汇总信息等。

每节都可以放置控件，但在窗体中，页面页眉和页面页脚使用较少，它们常被用在报表中。

（2）窗体控件

窗体各控件的名称及功能如表 9-1 所示。

表 9-1　控件名称及功能

按　钮	名　称	功　能
	选择对象	选取控件、节或窗体，单击该按钮可以释放锁定的工具箱按钮
	控件向导	打开或关闭控件向导。按下该按钮，在创建其他控件时，会启动控件向导来创建控件，如组合框、列表框、选项组和命令按钮等控件都可以使用控件向导来创建
	标签	显示文字，如窗体标题、指示文字等。Access 会自动为其他控件附加默认的标签控件
	文本框	显示、输入或编辑窗体的基础记录源数据，显示计算结果，或接受用户输入的数据
	选项组	与复选框、选项按钮或切换按钮搭配使用，显示一组可选值
	切换按钮	常作为“是/否”字段使用控件，接收用户“是/否”型的选择值，或选项组的一部分
	选项按钮	常作为“是/否”字段使用控件，接收用户“是/否”型的选择值，或选项组的一部分
	复选框	常作为“是/否”字段使用控件，接收用户“是/否”型的选择值，或选项组的一部分
	组合框	该控件结合了文本框和列表框的特性，既可在文本框中直接输入文字，也可在列表框中选择输入的文字，其值会保存在定义的字段变量或内存变量中
	列表框	显示可滚动的数值列表，在“窗体”视图中，可以从列表中选择某一值作为输入数据，或者使用列表提供的某一值更改现有的数据，但不可输入列表外的数据值
	命令按钮	完成各种操作，例如查找记录、打开窗体等
	图像	在窗体中显示静态图片，不能在 Access 中进行编辑
	非绑定对象框	在窗体中显示非绑定型 OLE 对象，例如 Excel 电子表格。当记录改变时，该对象不变
	绑定对象框	在窗体中显示绑定型 OLE 对象，如 Excel 电子表格。当记录改变时，该对象会一起改变
	分页符	在窗体上开始一个新的屏幕，或在打印窗体上开始一个新页
	选项卡	创建一个多页的选项卡控件，在选项卡上可以添加其他控件
	子窗体/子报表	添加一个子窗体或子报表，可用来显示多个表中的数据
	直线	用于显示一条直线，可突出相关的或特别重要的信息
	矩形	显示一个矩形框。可添加图形效果，将一些组件框在一起

9.4.3　案例实现

操作步骤如下。

（1）打开“学生课程信息”数据库文件。

（2）单击“创建”菜单。

（3）单击“窗体向导”，从中选取“教师”表，如图 9-41 所示。

（4）在图 9-41 中的“可用字段”列表选取欲使用的字段，或单击 >> 按钮选取全部字段，然后单击“下一步”按钮。

（5）在出现的对话框中确定所需窗体布局，本题中选取“纵栏表”选项，如图 9-42 所示，然后单击“下一步”按钮。

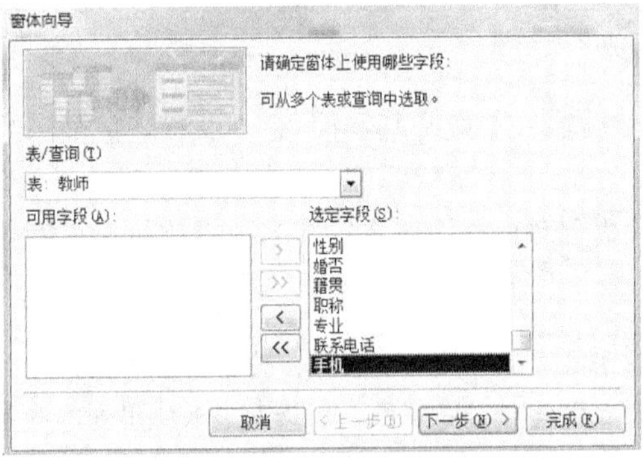

图 9-41　选取显示在窗体中的字段

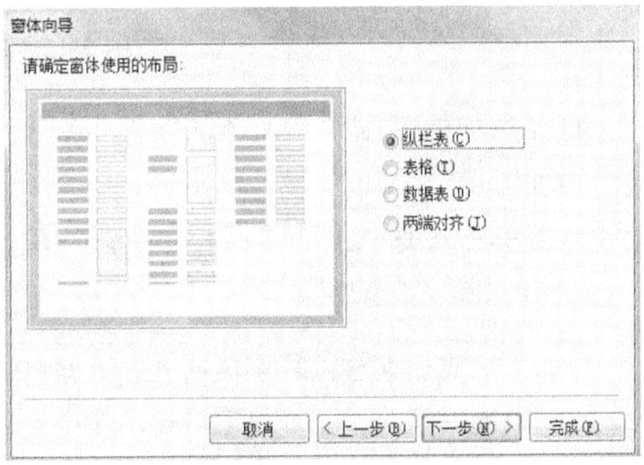

图 9-42　选取窗体布局

（6）输入新窗体标题“教师基本信息”，如图 9-43 所示，然后单击“完成”按钮。

（7）最后得到如图 9-35 所示的窗体。

（8）在“学生课程信息”数据库文件中单击“创建”菜单，再单击“窗体设计”按钮，打开窗体“设计视图”。

（9）执行添加现有字段命令，打开数据库表。如图 9-44 所示。

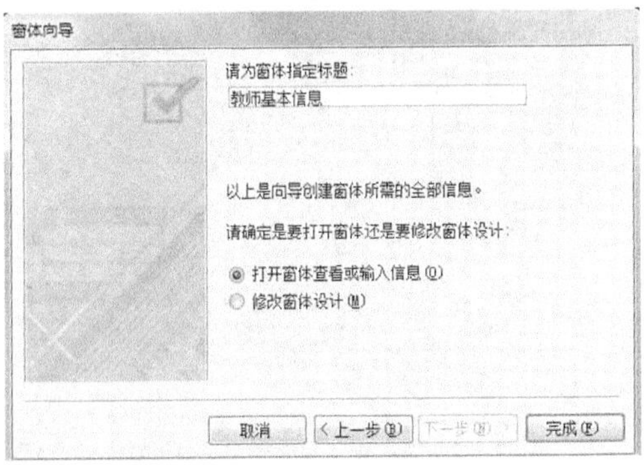

图 9-43　指定窗体标题

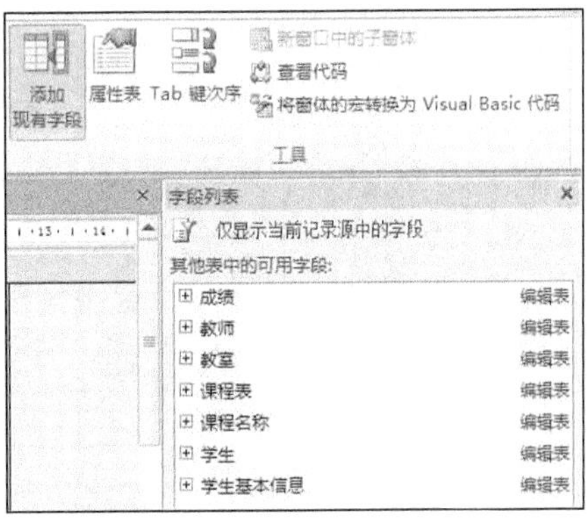

图 9-44　执行添加现有字段命令

（10）展开教师表，在字段列表中双击选取所有的字段。可以看到所有字段显示在窗体设计窗口的“主体”区域，如图 9-45 所示。

图 9-45　自动添加字段结果

（11）添加标签控件到窗体的窗体页眉节中，然后输入“教师基本信息”，设置好字符格式，如图 9-46 所示。

（12）单击工具栏上的“保存”按钮，在“另存为”对话框中输入窗体名称“教师基本信息窗体”，单击“确定”按钮。

> **说明**　我们也可以从字段列表，直接将选取的字段用鼠标拖曳至主体，为窗体添加新控件。可以逐一添加，也可以同时选取多个字段一次性添加。若该字段在数据表中未使用查阅向导，就会默认显示为文本框的形式；若已经使用查阅向导，则自动添加组合框控件。

若要删除控件，只需要选取控件后，按【Delete】键即可。

（13）在家庭年收入结余窗体中，前 5 个文本框为绑定型控件，直接双击相应字段即可，第 6 个文本框为计算型控件，计算型控件中表达式为：[家庭收入]-10000，此外，还有一个标签控件显示窗体标题的，其设计视图如图 9-47 所示。

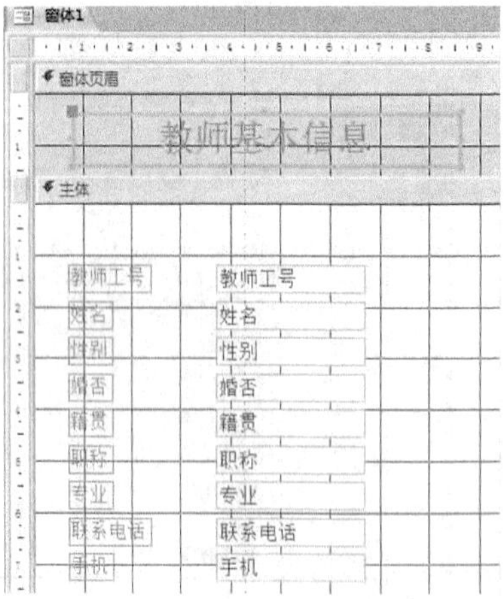

图 9-46　添加标签控件

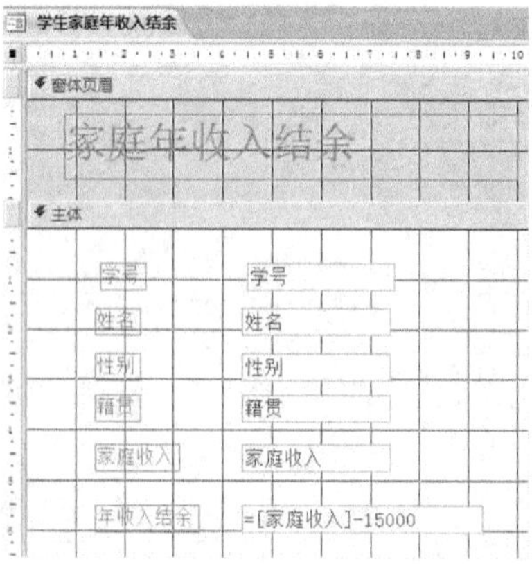

图 9-47　家庭年收入结余窗体设计视图

（14）在家庭年收入结余窗体设计视图中添加一个命令按钮，弹出命令按钮向导 1 对话框，如图 9-48 所示。

（15）选择记录导航中的转至下一项记录项，单击“下一步”按钮，出现如图 9-49 所示的对话框，在此选择文本项，不修改文本的值，然后单击“下一步”按钮。

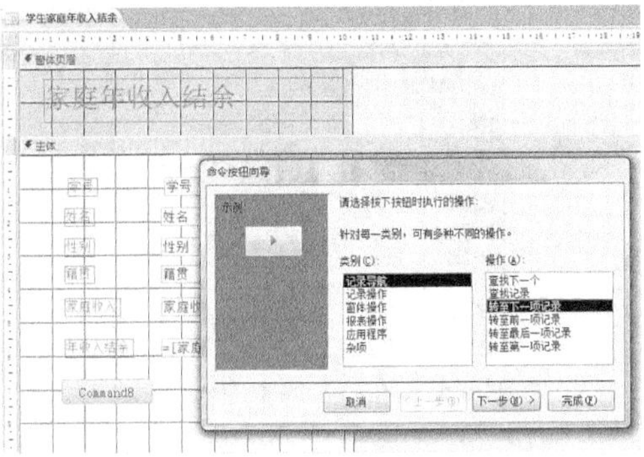

图 9-48　命令按钮向导 1 对话框

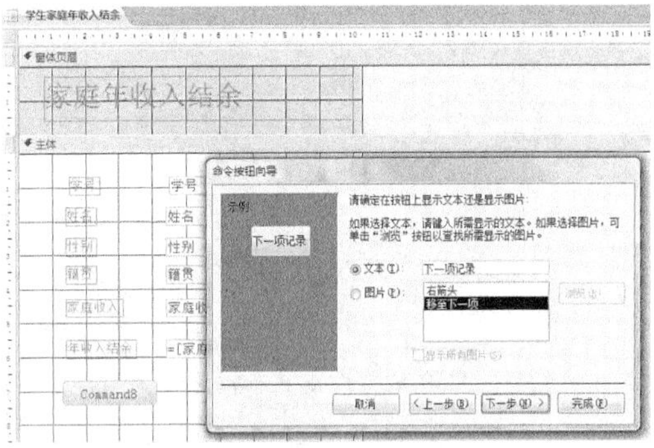

图 9-49　命令按钮向导 2 对话框

（16）再添加一个命令按钮，弹出如图 9-48 所示的对话框，在该对话框中，选择记录导航中的转至上一项记录项，单击“下一步”按钮，出现如图 9-49 所示的对话框，在此选择文本项，不修改文本的值，然后单击“下一步”按钮。设置结果如图 9-50 所示。

（17）右击窗体对象选择窗体视图，得出如图 9-51 所示的运行结果，可以单击“下一项记录”命令，转到下一个学生的家庭收入结余显示；如果单击“前一项记录”命令，即可显示前一个学生家庭收入结余的情况。

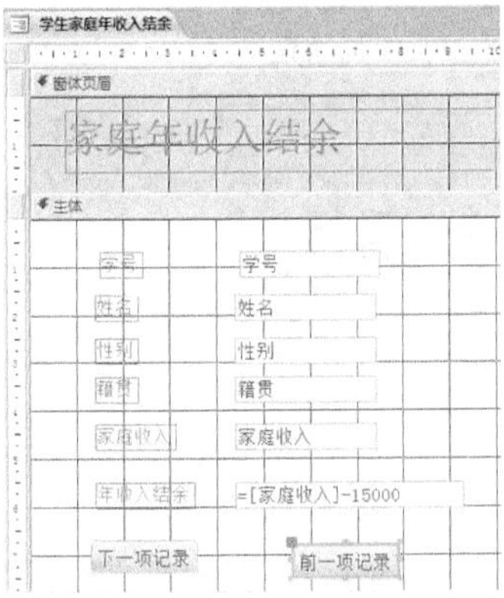

图 9-50　添加命令按钮后

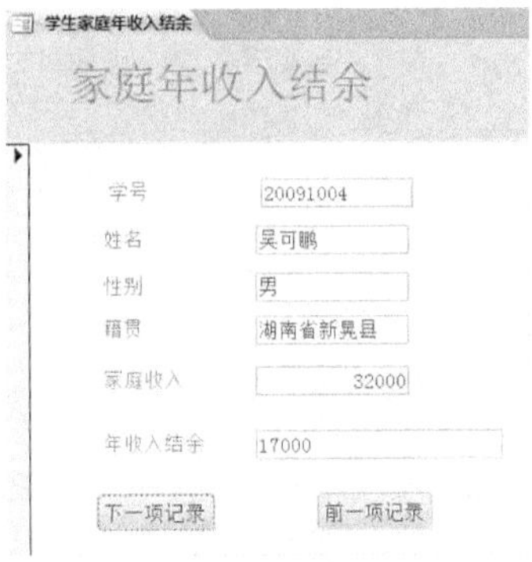

图 9-51　添加命令按钮后运行结果

（18）打开学生表设计视图，选中“性别”文本框，右击选择更改为“组合框”命令。如图 9-52 所示。

（19）打开属性对话框，选择性别组合框，在数据属性的行来源里依次输入“男”“女”，设置结果如图 9-53 所示。

（20）转到窗体视图后，我们可以看到，从性别打开的下拉列表中，可以看到男和女两个选项，设置结果如图 9-54 所示。

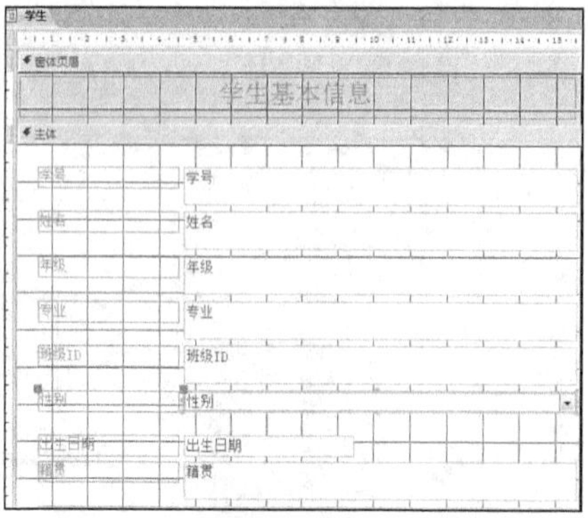

图 9-52　性别文本框更改为组合框

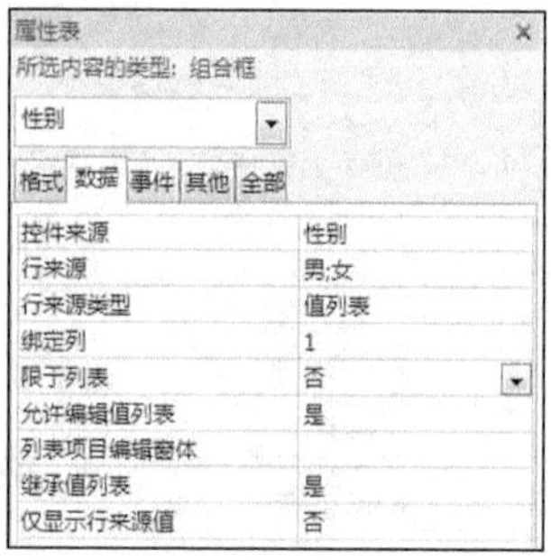

图 9-53　在行来源中输入男和女

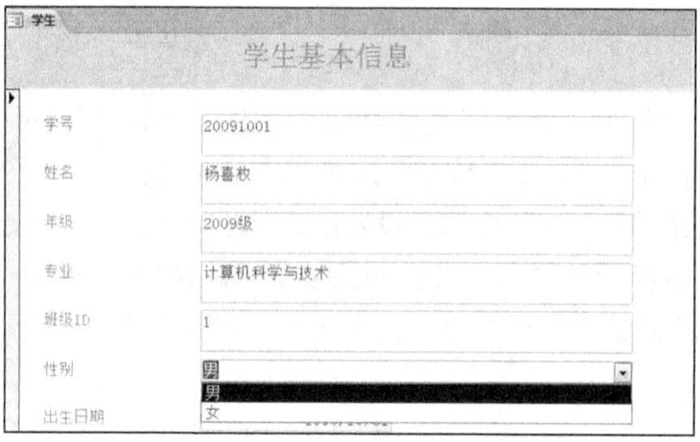

图 9-54　性别设置为组合框的结果

9.5　综合案例

9.5.1　案例分析

设计一个如图 9-55 所示的教学信息管理系统主界面，把前面创建的查询、报表和窗体组合在这个界面中，通过该窗体，可以启动这些对象。

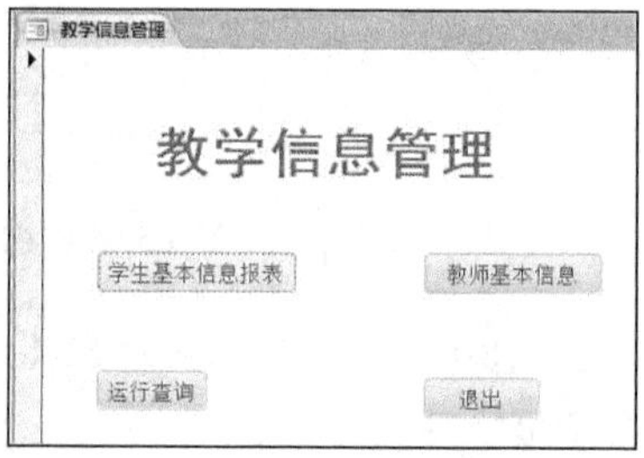

图 9-55　教学信息管理窗体

9.5.2　案例实现

操作步骤如下。

（1）打开“学生课程信息”数据库文件，单击“创建”菜单，再单击“窗体设计”按钮，打开窗体“设计视图”。

（2）在窗体中添加标签控件，标题为“教学信息管理”。

（3）单击工具栏中的“命令按钮”控件，然后在窗体中的合适位置单击，系统即将一个初始按钮放置在窗体上，同时打开如图 9-56 所示的“命令按钮向导”对话框。

（4）选择“报表操作”项和“打开报表”操作项，如图 9-57 所示，然后单击“下一步”按钮。

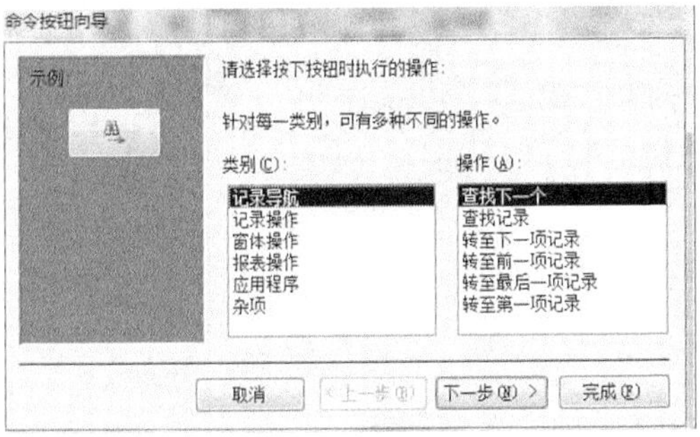

图 9-56　命令按钮向导 1

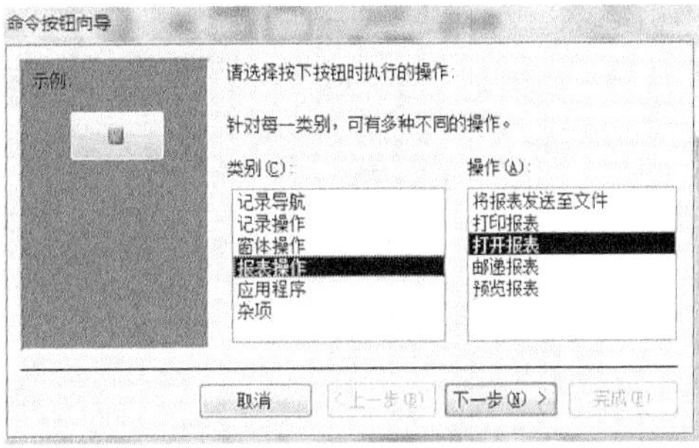

图 9-57　确定命令按钮操作类型

（5）在对话框中确定命令按钮打开的“学生基本信息”报表，如图 9-58 所示，单击“下一步”按钮。

（6）在系统对话框中，选定“文本”，并在相应的编辑框中输入“学生基本信息报表”，如图 9-59 所示，再单击“下一步”按钮。

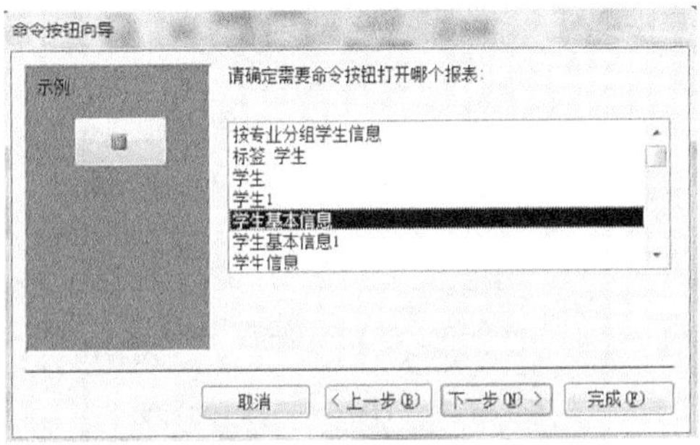

图 9-58　确定打开的报表

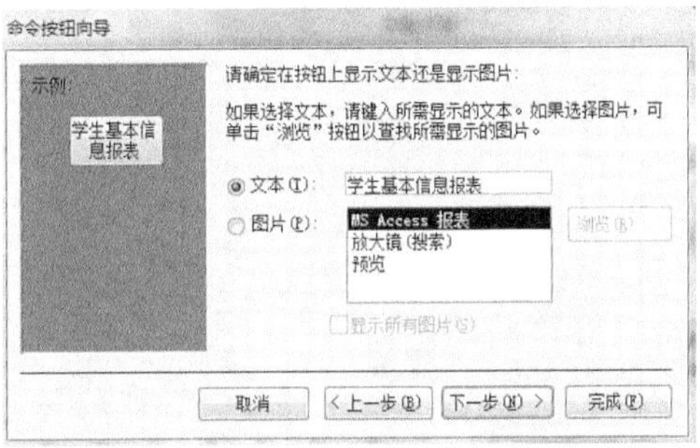

图 9-59　确定命令按钮上的显示

（7）按照该方法设置其他的命令按钮，设置完成后如图 9-60 所示。

（8）运行窗体视图，测试的结果如图 9-61、图 9-62、图 9-63、图 9-64 所示。

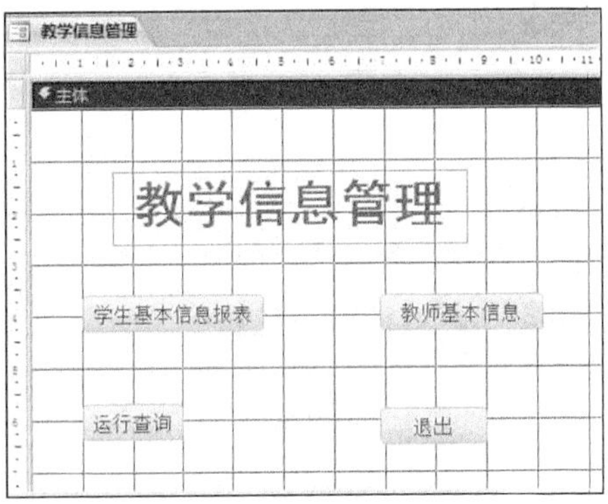

图 9-60　窗体设置结果

学号	姓名	课程名称	考分
20091001	杨喜枚	信号与系统	78
20091001	杨喜枚	数字信号处理	90
20091001	杨喜枚	电子商务概论	77
20091001	杨喜枚	微机系统与接	71
20091001	杨喜枚	计算机科学与	84
20091001	杨喜枚	数据结构	82
20091002	汤跃	电子商务概论	80
20091002	汤跃	计算机科学与	69
20091002	汤跃	数字信号处理	79
20091002	汤跃	信号与系统	89
20091002	汤跃	微机系统与接	80
20091002	汤跃	数据结构	80
20091003	黄雄	微机系统与接	75
20091003	黄雄	数据结构	80
20091003	黄雄	电子商务概论	77
20091003	黄雄	信号与系统	74
20091003	黄雄	数字信号处理	91
20091003	黄雄	计算机科学与	81
20091004	吴可鹏	数字信号处理	90
20091004	吴可鹏	信号与系统	76

图 9-61　单击运行查询按钮的结果

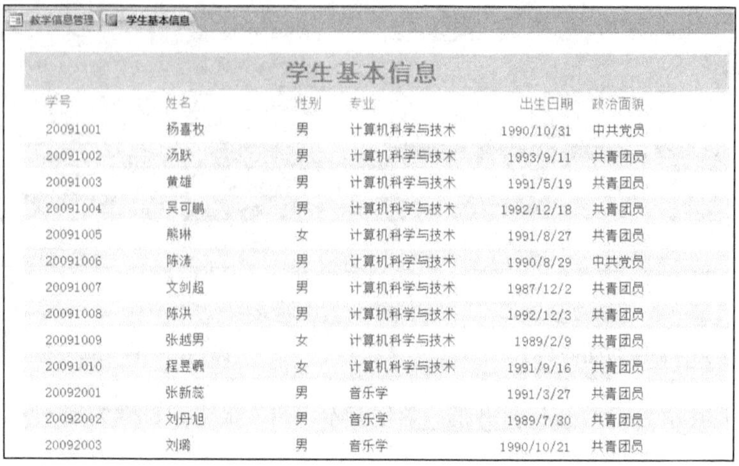

学生基本信息

学号	姓名	性别	专业	出生日期	政治面貌
20091001	杨喜枚	男	计算机科学与技术	1990/10/31	中共党员
20091002	汤跃	男	计算机科学与技术	1993/9/11	共青团员
20091003	黄雄	男	计算机科学与技术	1991/5/19	共青团员
20091004	吴可鹏	男	计算机科学与技术	1992/12/18	共青团员
20091005	熊琳	女	计算机科学与技术	1991/8/27	共青团员
20091006	陈涛	男	计算机科学与技术	1990/8/29	中共党员
20091007	文剑超	男	计算机科学与技术	1987/12/2	共青团员
20091008	陈洪	男	计算机科学与技术	1992/12/3	共青团员
20091009	张越男	女	计算机科学与技术	1989/2/9	共青团员
20091010	程昱羲	女	计算机科学与技术	1991/9/16	共青团员
20092001	张新蕊	男	音乐学	1991/3/27	共青团员
20092002	刘丹旭	男	音乐学	1989/7/30	共青团员
20092003	刘璐	男	音乐学	1990/10/21	共青团员

图 9-62　单击学生基本信息报表按钮的结果

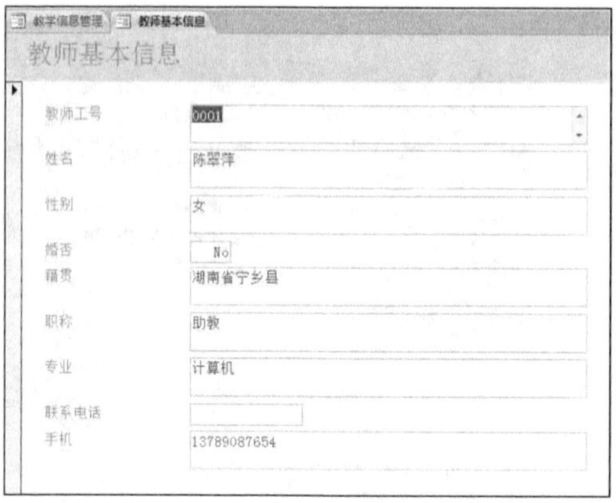

图 9-63　单击教师基本信息按钮的结果

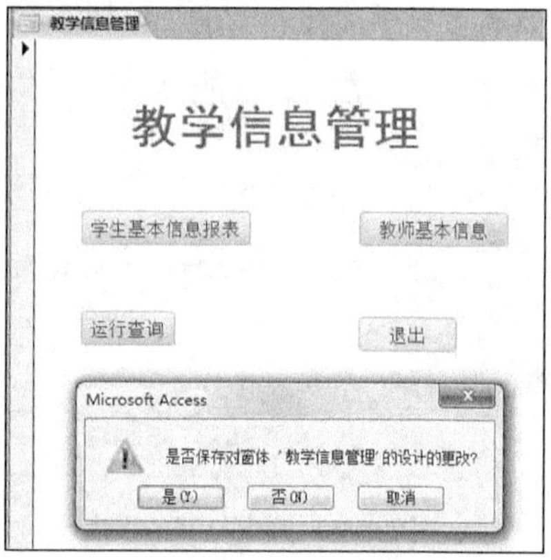

图 9-64　单击退出按钮的结果

习　题

【习题一】操作题

新建一个实验文件夹（以学号或者姓名命名），下载案例素材压缩包“应用案例 5-窗体操作.rar”至该实验文件夹下并解压。本案例中提及的文件均存放在此文件夹下。

在 samp9.accdb 数据库中已经设计好表对象“tStud”，同时还窗体对象“fStud”，请在此基础上按照以下要求补充“fStud”窗体设计。

（1）在窗体的“窗体页眉”中距左边 0.4cm，距上边 1.2cm 处添加一个直线控件，控件宽度为 10.5cm，控件命名为“tLine”。

（2）将窗体中名称为“lTalbel”的标签控件上的文字颜色改为“蓝色”（蓝色代码为 16711680），字体名称改为“华文行楷”，字体大小改为 22。

（3）将窗体边框改为“细边框”样式，取消窗体中的水平和垂直滚动条、记录选择器、导航按钮和分隔线，只保留窗体的关闭按钮。

（4）假设“tStud”表中，“学号”字段的第 5 位和第 6 位编码代表该生的专业信息，当这两位编码为“10”时表示“信息”专业，为其他值时表示“管理”专业。设置窗体中名称为“tSub”的文本框控件的相应属性，使其根据“学号”字段的第 5 位和第 6 位编码显示对应的专业名称。

（5）在窗体中有一个“退出”命令按钮，名称为“CmdQuit”，其功能为关闭“fStud”窗体。

【习题二】选择题

1．关于报表叙述正确的是（　　）。

A．报表只能输入数据　　B．报表只能输出数据

C．报表可以输入/输出数据　　D．报表不能输入数据和输出数据

2．Access 报表对象的数据源可以是（　　）。

A．表、查询和窗体　　B．表和查询

C．表、查询和 SQL 命令　　D．表、查询和报表

3．要改变窗体上文本框控件的输出内容，应设置的属性是（　　）。

A．标题　　B．查询条件　　C．控件来源　　D．记录源

4．如果要在整个报表的最后输出信息，需要设置（　　）

A．页面页脚　　B．报表页脚　　C．页面页眉　　D．报表页眉

5．Access 的控件对象可以设置某个属性来控制对象是否可用（不可用时显示为灰色）。需要设置的属性是（　　）。

A．Default　　B．Cancel　　C．Enabled　　D．Visible

6．在窗体上，设置控件 Command0 为不可见的属性是（　　）。

A．Command0.Colore　　B．Command0.Caption

C．Command0.Enabled　　D．Command0.Visible

7．若要在报表的每一页底部都输出信息，需要设置的是（　　）。

A．页面页脚　　B．报表页脚　　C．页面页眉　　D．报表页眉

8．下列控件中与数据表中的字段没有关系的是（　　）。

A．文本框　　B．复选框　　C．标签　　D．组合框

9．可设置分组字段显示分组统计数据的报表是（　　）。

A．纵栏式报表　　B．表格式报表　　C．图表报表　　D．标签报表

10．能够接受数值型数据输入的窗体控件是（　　）。

A．图形　　B．文本框　　C．标签　　D．命令按钮

11．在窗体设计视图中，必须包含的部分是（　　）。

A．主体　　B．窗体页眉和页脚

C．页面页眉和页脚　　D．以上 3 项都要包括

12．如果设置报表上某个文本框的控件来源属性为“=3*2+7”，则预览此报表时，该文本框的显示信息是（　　）。

A．13　　B．3*2+7　　C．未绑定　　D．出错

【习题三】填空题

1．函数 Now( )返回值的含义是__________。

2．纵栏式窗体将窗体中的一个显示记录按列分隔，每列的左边显示字段名，右边显示__________。

3．在显示具有__________关系的表或查询中的数据时，子窗体特别有效。

4．在 Access 数据库中，如果窗体上输入的数据总是取自表或查询中的字段数据，或者取自某固定内容的数据，可以使用__________控件来完成。

5．计算控件的控件来源属性一般设置为__________开头的计算表达式。

6．要设计出带表格线的报表，需要向报表中添加__________控件完成表格线显示。

附录

Access 中常用函数

类 型	函数名	函数格式	说 明
算术函数	绝对值	Abs(<数值表达式>)	返回数值表达式的绝对值
	取整	Int(<数值表达式>)	返回不大于数值表达式值的最大整数值
		Fix(<数值表达式>)	返回数值表达式值的整数部分值
		Round(<数值表达式>,[<表达式>])	返回按照指定的小数位数进行四舍五入运算的结果。[<表达式>]是进行四舍五入运算小数点右边应保留的位数
	平方根	Sqr(<数值表达式>)	返回数值表达式值的平方根值
	符号	Sgn(<数值表达式>)	返回数值表达式的符号值：当数值表达式值大于 0，返回值为 1；当数值表达式值等于 0，返回值为 0；当数值表达式值小于 0，返回值为-1
	随机数	Rnd(<数值表达式>)	产生一个 0 ~ 1 之间的随机小数，为单精度类型。如果数值表达式的值小于 0，每次产生相同的随机数；如果数值表达式的值大于 0，每次产生新的随机数；如果数值表达式的值等于 0，产生最近生成的随机数，且生成的随机数序列相同；如果省略数值表达式参数，则默认参数值大于 0
	正弦函数	Sin(<数值表达式>)	返回数值表达式的正弦值
	余弦函数	Cos(<数值表达式>)	返回数值表达式的余弦值
	正切函数	Tan(<数值表达式>)	返回数值表达式的正切值
	自然指数	Exp(<数值表达式>)	计算 e 的 *N* 次方，*N* 是数值表达式
	自然对数	Log(<数值表达式>)	计算以 e 为底的数值表达式的值的对数
文本函数	生成空格字符	Space(<数值表达式>)	返回由数值表达式的值确定的空格个数组成的空字符串
	字符重复	String(<数值表达式>,<字符表达式>)	返回一个由字符表达式的第一个字符重复组成的、指定长度为数值表达式值的字符串
	字符串截取	Left(<字符表达式>,<数值表达式>)	返回一个子串，该子串是从字符表达式左侧起的 *N* 个字符（*N* 是数值表达式的值）
		Right(<字符表达式>,<数值表达式>)	返回一个子串，该子串是从字符表达式右侧起的 *N* 个字符（*N* 是数值表达式的值）
		Mid(<字符表达式>,<数值表达式 1>[,<数值表达式 2>])	返回一个子串，该子串是从字符表达式最左端某个字符开始的连续若干个字符，其中数值表达式 1 的值是开始的字符位置，数值表达式 2 是终止的字符位置。若省略了数值表达式 2，则返回的值是：从字符表达式最左端某个字符开始，截取到最后 1 个字符为止的若干个字符

续表

类 型	函数名	函数格式	说 明
文本函数	字符串长度	Len(<字符表达式>)	返回字符表达式的字符个数
	删除空格	LTrim(<字符表达式>)	返回去掉字符表达式开始空格的字符串
		RTrim(<字符表达式>)	返回去掉字符表达式尾部空格的字符串
		Trim(<字符表达式>)	返回去掉字符表达式开始和尾部空格的字符串
	字符串检索	InStr([<数值表达式>,]<字符串>,<子字符串>[,<比较方法>])	返回一个值，该值是检索子字符串在字符串中最早出现的位置。其中，数值表达式为可选项，是检索的起始位置，若省略，从第一个字符开始检索。比较方法为可选项，指定字符串比较的方法。值可以为 1、2 或 0：值为 0（默认）做二进制比较；值为 1 做不区分大小写的文本比较；值为 2 做基于数据库中包含信息的比较。若制定比较方法，则必须指定数据表达式
	大小写转换	UCase(<字符表达式>)	将字符表达式中小写字母转换成大写字母
		LCase(<字符表达式>)	将字符表达式中大写字母转换成小写字母
日期/时间函数	截取日期分量	Day(<日期表达式>)	返回日期表达式日期的整数（1 ~ 31）
		Month(<日期表达式>)	返回日期表达式月份的整数（1 ~ 12）
		Year(<日期表达式>)	返回日期表达式年份的整数
		Weekday(<日期表达式>)	返回 1 ~ 7 的整数，表示星期几
	截取时间分量	Hour(<时间表达式>)	返回时间表达式的小时数（0 ~ 23）
		Minute(<时间表达式>)	返回时间表达式的分钟数（0 ~ 59）
		Second(<时间表达式>)	返回时间表达式的秒数（0 ~ 59）
	获取系统日期和系统时间	Date()	返回当前系统日期
		Time()	返回当前系统时间
		Now()	返回当前系统日期和时间
	时间间隔	DateAdd(<间隔类型>,<间隔值>,<表达式>)	对表达式表示的日期按照间隔类型加上或减去指定的时间间隔值
		DateDiff(<间隔类型>,<日期 1>,<日期 2>[,W1][,W2])	返回日期 1 和日期 2 之间按照间隔类型所指定的时间间隔数目
日期/时间函数	时间间隔	DatePart(<间隔类型>,<日期>[,W1][,W2])	返回日期中按照间隔类型所指定的时间部分值
	返回包含指定年月日的日期	DateSerial(<表达式 1>,<表达式 2>,<表达式 3>)	表达式 1 值为年、表达式 2 值为月、表达式 3 值为日，返回由这 3 个表达式组成的日期值
SQL 聚合函数	总计	Sum(<字符表达式>)	返回字符表达式中值的总和。字符表达式可以是一个字段名，也可以是一个含字段名的表达式，但所含字段应该是数字数据类型的字段
	平均值	Avg(<字符表达式>)	返回字符表达式中值的平均值。字符表达式可以是一个字段名，也可以是一个含字段名的表达式，但所含字段应该是数字数据类型的字段

续表

类 型	函数名	函数格式	说 明
	计数	Count(<字符表达式>)	返回字符表达式中值的个数，即统计记录个数。字符表达式可以是一个字段名，也可以是一个含字段名的表达式，但所含字段应该是数字数据类型的字段
	最大值	Max(<字符表达式>)	函数返回字符表达式中值中的最大值。字符表达式可以是一个字段名，也可以是一个含字段名的表达式，但所含字段应该是数字数据类型的字段
	最小值	Min(<字符表达式>)	返回字符表达式中值中的最小值。字符表达式可以是一个字段名，也可以是一个含字段名的表达式，但所含字段应该是数字数据类型的字段
转换函数	字符串转换字符代码	Asc(<字符表达式>)	返回字符表达式首字符的 ASCII 值
	字符代码转换字符	Chr(<字符表达式>)	返回与字符代码对应的字符
		Nz(<表达式>[,规定值])	如果表达式为 Null，Nz 函数返回 0；对零长度的空串可以自定义一个返回值（规定值）
	数值数字转换成字符串	Str(<数值表达式>)	将数值表达式转换成字符串
	字符串转换成数字	Val(<字符表达式>)	将数值字符串转换成数值型数字
程序流程函数	选择	Choose(<索引式>,<表达式 1>[,<表达式 2>]…[,<表达式 n>])	根据索引式的值来返回表达式列表中的某个值。索引式值为 1，返回表达式 1 的值；索引式值为 2，返回表达式 2 的值，以此类推。当索引式值小于 1 或大于列出的表达式数目时，返回无效值(Null)
	条件	IIf(<条件表达式>,<表达式 1>,<表达式 2>)	根据条件表达式的值决定函数的返回值，当条件表达式的值为真，函数返回值为表达式 1 的值，反之，函数返回值为表达式 2 的值
程序流程函数	开关	Switch(<条件表达式 1>,<表达式 1>[,<条件表达式 2>,<表达式 2>][…,<条件表达式 n>,<表达式 n>])	计算每个条件表达式，并返回列表中第一个条件表达式为 True 时与其关联的表达式的值
消息函数	利用提示框输入	InputBox(提示[,标题][,默认])	在对话框中显示提示信息，等待用户输入正文并单击按钮，返回文本框中输入的内容（String 型）
	提示框	MsgBox(提示[,按钮、图标和默认按钮][,标题])	在对话框中显示消息，等待用户单击按钮，并返回一个 integer 型数值，告诉用户单击的是哪个按钮

参考文献

[1] 刘相滨，刘艳松. Office 高级应用. 北京：电子工业出版社，2016.

[2] 沈玮，周克兰，钱毅湘，刁红军. Office 高级应用案例教程. 北京：人民邮电出版社，2015.

[3] 雷运发. Office 高级应用实践教程（Windows 7+office2010）. 北京：中国水利水电出版社，2015.

[4] 李润来，马文辉. PowerPoint 2010 多媒体课件制作. 北京：人民邮电出版社，2015.

[5] 杨学林，陆凯. Office2010 高级应用教程，北京：人民邮电出版社，2015.

[6] 刘嫔，张卉. PowerPoint 多媒体课件制作案例教程. 北京：人民邮电出版社，2015.

[7] 何振林，胡绿慧.MS Office 与 VBA 高级应用案例教程. 北京：中国水利水电出版社，2013.

[8] 杨杰，万李.Access 2010 数据库应用技术. 长春：吉林大学出版社，2013.

[9] 何立群，丁伟 .数据库技术应用教程（Access 2010）.北京：高等教育出版社，2014.

[10] 杨威. 办公自动化实用教程. 北京：人民邮电出版社，2015.

[11] 盖玲，李捷. EXCEL2010 数据处理与分析立体化教程. 北京：人民邮电出版社，2015.

[12] 杜德昌. 计算机应用基础.北京：人民教育出版社，2014.

[13] 宋绍成等. 大学计算机（第 2 版）.北京：高等教育出版社，2015.

[14] 王冬梅等. 大学计算机实验指导与习题集（第 2 版）. 北京:高等教育出版社，2015.

[15] 高伟增，苗国义. Visual Basic 程序设计案例教程. 北京：邮电大学出版社，2013.

[16] 邓芳主编. Excel 高效办公：数据处理与分析（修订版）. 北京：人民邮电出版社，2012.

[17] 雏志资讯编. Office 2010 高效办公应用技巧(双色精华版). 北京：人民邮电出版社,2015.

[18] 恒盛杰资讯编. Office 办公无忧: PPT 制作应用大全. 北京：机械工业出版社，2014.

[19] 参考网址：http://blog.sina.com.cn/s/blog_566d8c2901012ly7.html.